Walter J. Spielberger Hilary L. Doyle

Walter J. Spielberger

PANZER V PANTHER

und seine Abarten

Maßstabskizzen: Hilary L. Doyle

Motor buch Verlag
spezial

Einbandgestaltung: Sven Rauert

Farbillustration: Anthony T. Kaye

Bildnachweis:
v. Brockhusen 2, Doyle 7, Eberan Eberhorst 8, Esser 34, v. Falkenhausen 2, Feist 1, Französische Streitkräfte (Ecole D'Application de L'Arme Blindée et De la Cavalerie) 32, Gaertner 6, Hederich 12, Hemscheidt 1, Henschel 24, Icken 7, Kniepkamp 1, Leitz 2, Maybach 26, Mann & Hummel 5, Maschinenfabrik Augsburg-Nürnberg 61, Rau 3, Renk 5, Schindler 5, Siepmann 3, Spielberger 274, Stollberg 2, Zahnradfabrik Friedrichshafen 9

ISBN 978-3-613-03165-4

Sie finden uns im Internet unter:
www.motorbuch-verlag.de

Spezialausgabe: 1. Auflage 2010

Druck und Bindung: Druck- & Medienzentrum Gerlingen, 70839 Gerlingen
Printed in Germany

Inhalt

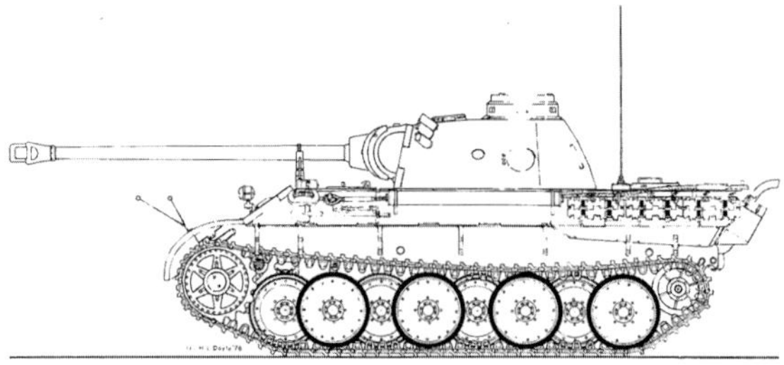

Panzerkampfwagen Panther
Ausf. D Seite 32 ff

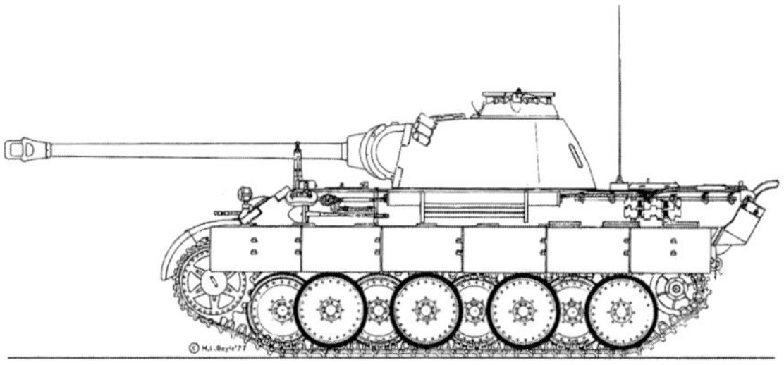

Panzerkampfwagen Panther
Ausf. A Seite 98 ff

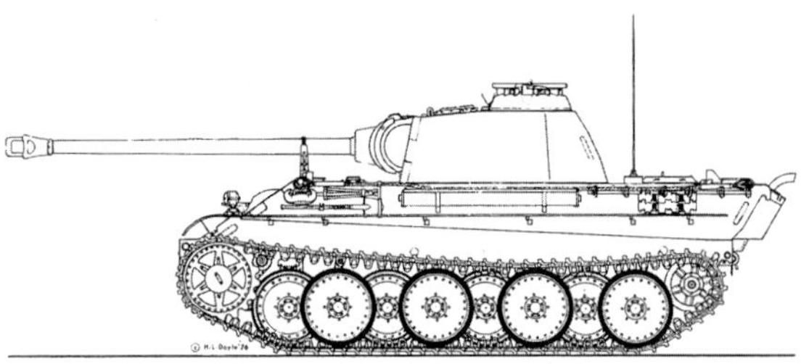

Panzerkampfwagen Panther
Ausf. G Seite 125 ff

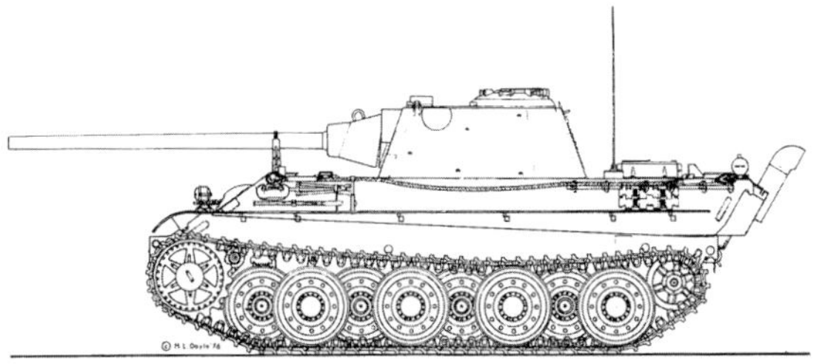

Panzerkampfwagen Panther
Ausf. F Seite 147 ff

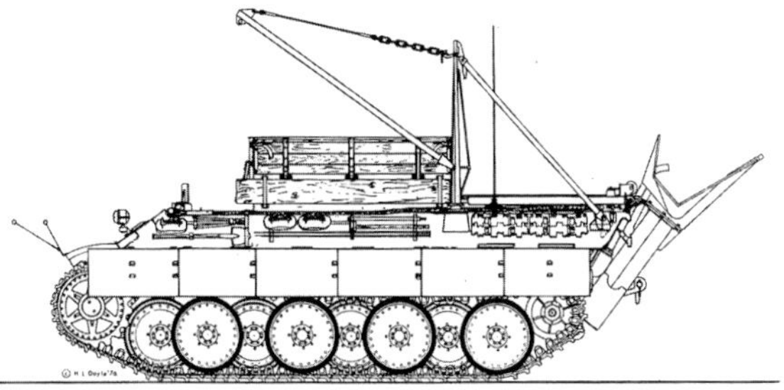

Bergepanther
Seite 200 ff

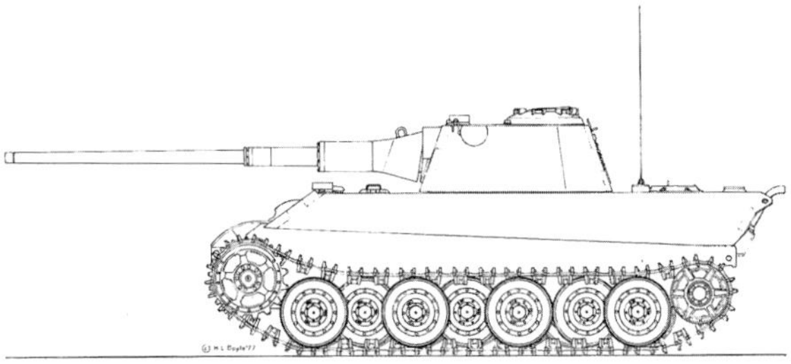

Panzerkampfwagen Panther II
Seite 88, 169 ff

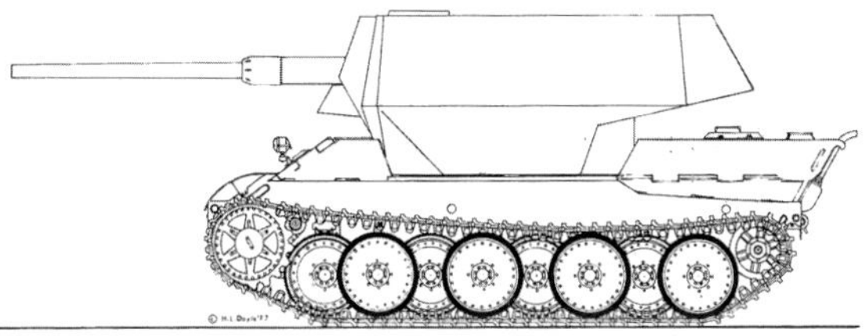

Flakpanzer Panther
Seite 214 ff

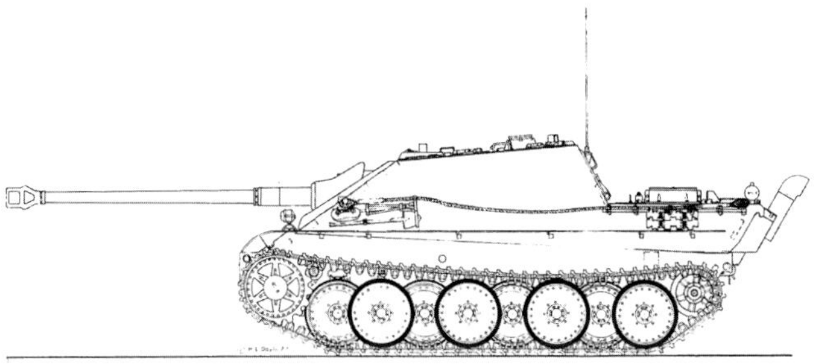

Jagdpanther
Seite 185 ff

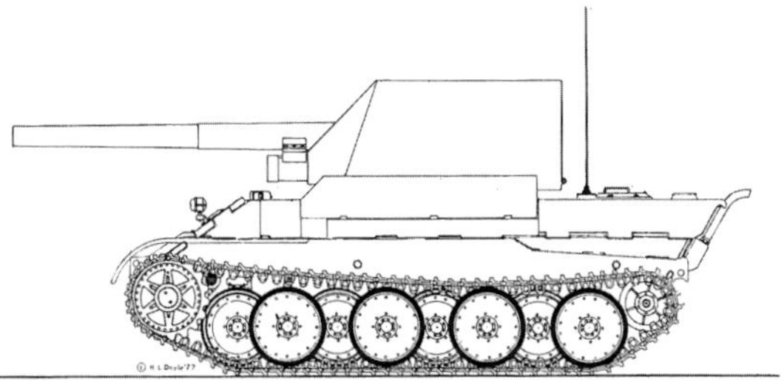

Panzerartillerie auf Fahrgestell Panther
Seite 220 ff

Anlagen

Vorwort

Mit dem vorliegenden Band der Buchreihe »Militärfahrzeuge« ist die Geschichte der Entwicklung deutscher Panzerfahrzeuge fast beendet. Daß gerade der Panzerkampfwagen PANTHER diese Geschichte beschließt, war beabsichtigt, hat er doch mehr als jedes andere deutsche Panzerfahrzeug die Neuentwicklung moderner Kampfpanzer beeinflußt.
Wenn man heute bedenkt, daß der Zeitraum vom ersten Konzept bis zum ersten Versuchsfahrzeug weniger als ein Jahr betrug, so ist diese Leistung der deutschen Heeres- und Rüstungsstellen sowie der Industrie einmalig in der Geschichte.
Daß trotz aller technischen Schwierigkeiten, die bei einem derart fortschrittlichen Entwurf unvermeidlich blieben, das Fahrzeug dennoch erfolgreich eingesetzt werden konnte, ist nur dem unermüdlichen Einsatz aller am Projekt Beteiligten zu verdanken. Sie waren es, die trotz aller Probleme Lösungen fanden, oft technisches Neuland betraten und Tag und Nacht nur eines im Sinne hatten: der schwerringenden Truppe ein überragendes Kampffahrzeug zu geben. Dieses gelang in überzeugender Weise. Durch den russischen T 34 angeregt, konnten die fortschrittlichen Gedanken der deutschen Panzerentwicklung in einer Lösung vereinigt werden, deren Einfluß noch heute richtungweisend ist. Dieser Band versucht, noch einmal die Schwierigkeiten aufzuzeigen, die bei der Planung, Entwicklung und Fertigung des Panzerkampfwagens Panther zu überwinden waren. Die sich oft überschneidenden Interessen und Kompetenzen der einzelnen Ämter und Dienststellen, sowie die politische Einflußnahme dokumentieren das Dilemma jener Zeit.
Durch die Mitarbeit einiger Fachleute war es möglich, auch eingehend über die langfristigen Vorhaben der deutschen Panzerentwicklung zu berichten. Diese reichten damals schon von der infraroten Gefechtsfeldbeleuchtung, dem stabilisierten Zielfernrohr, der Waffenstabilisierung, dem Ottomotor mit Benzineinspritzung, dem luftgekühlten Dieselmotor bis zu elektrischen, hydrostatischen und hydrodynamischen Schalt- und Lenkgetrieben.

Dankbar erwähne ich die Mitarbeit von
– Oberst a.D. Dipl.-Ing. W. Esser, ehemals Leiter der Heeresversuchsstelle für Panzer und Motorisierung in Kummersdorf bei Berlin;
– Oberst a.D. Dipl.-Ing. Th. Icken, ehemals OKH/AHA/In 6 (Inspektion der Panzertruppe);
– Oberstleutnant a.D. Dipl.-Ing. K. Stollberg, ehemals OKH/Heereswaffenamt/WaPrüf 6 – Gruppenleiter für die Entwicklung der Panzer-Fahrgestelle.
Ferner darf ich mich noch für die jahrelange Zusammenarbeit mit Peter Chamberlain, Hilary L. Doyle, Col. Robert J. Icks, Tom L. Jentz und Hofrat Dr. Friedrich Wiener bedanken.

Mit dem Panzerkampfwagen PANTHER erschien 1943 das beste Kampffahrzeug des Zweiten Weltkrieges auf dem Gefechtsfeld. Es überzeugte durch seine Beweglichkeit, seinen Panzerschutz und nicht zuletzt durch die überragende Feuerkraft seiner Kanone. Alles Kriterien, die auch heute noch den Kampfwert eines modernen Kampfpanzers bestimmen. Somit bildete der PANTHER in beachtenswerter Weise den Abschluß der Panzerkampfwagen des Deutschen Heeres im Zweiten Weltkrieg und ebnete richtungweisend den Weg zum modernen Kampfpanzer der Gegenwart. Diesen Weg zu dokumentieren, ist Aufgabe dieses Buches. Wir sind Kritik gegenüber aufgeschlossen und würden uns freuen, von unseren Lesern zu hören.

Walter J. Spielberger

Der Panzerkampfwagen »Panther« und seine Abarten

Mit dem Panzerkampfwagen IV war die Reihe der noch im Frieden entwickelten Panzerfahrzeuge abgeschlossen. Es hat während dieser Zeit eine Anzahl von Entwürfen für schwerere Panzerkampfwagen gegeben, die jedoch in ihrer Masse nicht über das Prototypstadium hinauskamen. Man war sich seitens des Oberkommando des Heeres keineswegs der Notwendigkeit schwerer Kampfpanzer bewußt.

Tatsache ist, daß man sich erst nach dem Auftreten der russischen Kampfpanzer T 34 im Juli 1941 – dann allerdings mit Nachdruck – mit der Entwicklung schwererer Kampfpanzer befaßte. Wie ein roter Faden zieht sich bei einer Betrachtung der Panzerfahrzeuge des Zweiten Weltkrieges der Hinweis auf den russischen T 34. Von deutscher Seite mußte nicht nur die Hauptbewaffnung und die Panzerung sämtlicher Panzerkampfwagen, sondern auch die gesamte Panzerabwehr der durch den T 34 geschaffenen neuen Lage angepaßt werden. Letztlich wurde auch die in diesem Buch beschriebene Neukonstruktion des Kampfpanzers Panther durch den T 34 ausgelöst und maßgeblich beeinflußt.

Es ist deshalb angebracht, kurz auf die Entstehungsgeschichte dieses russischen Kampfpanzers einzugehen. Die Erfahrungen des Spanien-Feldzuges im Jahre 1937 brachte die Forderung nach einem granatsicheren Panzerkampfwagen. Als erste Entwicklung erschien im Frühjahr 1937 der Typ T 46-5 (T 111). Nach Auswertung der Erfahrungen mit diesem Fahrzeug und nach weiteren Zwischenlösungen ergab sich der Typ A 20, ein direkter Vorläufer des T 34. Als Ausführung A 30 erhielt das Fahrzeug eine 7,62 cm Hochleistungskanone. Versuche mit Christie-Laufwerken am Panzer T 32 in den Jahren 1939 und 1940 führten schließlich 1940 zum Fahrzeug T 34. Dieser Kampfpanzer stellte ohne Zweifel mit seinem leistungsfähigen Dieselmotor und trotz des einfachen Kupplungslenkgetriebes sowie des primitiven Schaltgetriebes das fortschrittlichste Panzerfahrzeug seiner Zeit dar. Es verband in vorbildlicher Weise Feuerkraft, Beweglichkeit und Panzerschutz. Der T 34 war in diesen Punkten zum damaligen Zeitpunkt allen Panzerfahrzeugen der westlichen Welt weit überlegen. Seine wenigen Nachteile lagen in den damals noch nicht ganz ausgereiften Antriebsaggregaten, der begrenzten Aufnahmefähigkeit seines Laufwerks, der verringerten Führbarkeit durch das Fehlen von Funkgeräten, der unzureichenden Sichtmöglichkeit und in der Tatsache, daß bei vier Mann Besatzung durch Überlastung des Kommandanten, der auch die Funktion des Richtschützen wahrzunehmen hatte, die Kampfkraft des T 34 erheblich vermindert wurde.

Dieser insgesamt fortschrittliche Panzer konnte wegen der Dicke und Schrägstellung der Panzerung mangels ausreichend panzerbrechender Waffen von der deutschen Panzertruppe und Panzerabwehr nur sehr schwer bekämpft werden. Umso nachdrücklicher wurde von der tiefbeeindruckten deutschen Panzertruppe sein Nachbau mit Nachdruck gefordert.

Ein kurzer Vergleich der Hauptkonstruktionsmerkmale der damals vorwiegend verwendeten Panzerkampfwagen schließt die für den Panther zugrundegelegten Richtwerte mit ein:

	T 34 (1941)	Panzer IV Ausf. F1 (1941)	Panther (1942) Anhaltswerte
Gefechtsgewicht (kg)	26300	22300	43000
Leistungsgewicht (PS/t)	19	11,9	16
Bodendruck (bar)	0,64	0,79	0,88
Vo (Pz.Gran.) (m/s)	660	450	1120
Bewaffnung	7,62 cm L/30,5	7,5 cm L/24	7,5 cm L/70
Panzerung: vorne, seitlich, hinten (mm)	45/45/40	50/20+ 20/20	80/40/40
Kraftstoffvorrat (l)	480 (Diesel)	470 (Otto)	720 (Otto)
Fahrbereich (km)	455	210	240

Die unangenehme Überraschung, die der T 34 der Deutschen Wehrmacht bescherte, hätte nicht so groß zu sein brauchen. Die Tatsache, daß die Russen 1941 über ein bedeutend besseres Kampffahrzeug verfügten, wurde durch einen Umstand bekannt, der in Guderians »Erinnerung eines Soldaten« Erwähnung findet. Dort heißt es u. a.»..Ein eigenartiger Umstand machte mich allerdings in bezug auf das Panzergerät stutzig: Noch im Frühjahr 1941 hatte Hitler einer russischen Offizierskommission ausdrücklich gestattet, unsere Panzerschulen und Panzerfabriken zu besichtigen und hatte befohlen, den Russen alles zu zeigen. Hierbei wollten die Russen beim Betrachten unseres Panzers IV nicht glauben, daß dieser unseren schwersten Typ darstellte. Sie erklärten immer wieder, wir verheimlichten ihnen unsere neueste Konstruktion, deren Vorführung ihnen Hitler zugesagt hatte. Die Zudringlichkeit der Kommission war so groß, daß unsere Fabrikanten und Waffenamtsoffiziere schließlich sagten, die Russen scheinen selbst bereits schwerere und bessere Typen zu besitzen als wir. Der Ende Juli 1941 vor unserer Front auftretende Panzer T 34 offenbarte uns die russische Neukonstruktion...«

Sämtliche Neuentwicklungen für Fahrzeuge der 30 t Klasse (VK 3001) wurden angehalten. Bei der Maschinenfabrik Augsburg-Nürnberg wurden zu diesem Zeitpunkt als Vorstufen zum VK 3001 die Konstruktionsstudien VK 2001 und VK 2401 bearbeitet. Vom VK 3001 war bereits eine Flußstahlwanne im Auftrag. Von den am Projekt eines 30 t Panzers beteiligten Firmen verlegten sich Henschel und Porsche auf die Entwicklung eines 36 t bzw. 45 t schweren Fahrzeuges, welches letztlich in der Lage sein sollte, eine 8,8 cm Kanone im Drehturm aufzunehmen. Dadurch sollte es möglich werden, einen Vorsprung bezüglich der Bewaffnung sicherzustellen.

Am 18. 7. 1941 erhielt bereits die Firma Rheinmetall-Borsig in Düsseldorf einen Auftrag zur Entwicklung einer Kampfwagenkanone mit einer Durchschlagsleistung von 140 mm Panzerung auf 1000 m Entfernung. Gleichzeitig wurde Rheinmetall auch mit dem Entwurf für den Panzerturm des VK 3002 beauftragt, in dem diese Kanone eingebaut werden sollte und aus dem sich später der Panther-Turm ergab. Anfang 1942 wurde ein Versuchsrohr, Kaliber 7,5 cm Länge L/60 beschossen, dessen Leistung an der Grenze der Forderung lag. Daraufhin wurde ein Kaliber 7,5 cm mit einer Länge L/70 gewählt und eine Lieferung für Juni 1942 in Aussicht gestellt. Daraus ergab sich nach eingehender Erprobung die in Serie gefertigte 7,5 cm Kampfwagenkanone (KwK) 42 L/70. Außer beim Panzerturm VK 3002 sollte diese Waffe auch in die Panzertürme VK 3601 und VK 4501 der Firma Henschel eingebaut werden.

Die Forderung des OKH/AHA/Ag K/In 6 für die Entwicklung eines Panzerfahrgestelles VK 3002 erging mit einem Auftrag des Heereswaffenamtes vom 25. 11. 1941 an die Firmen Daimler-Benz AG in Berlin-Marienfelde und Maschinenfabrik Augsburg-Nürnberg AG in Nürnberg. Für das neue Fahrzeug wurden folgende Konstruktionsrichtlinien festgelegt:

Max. Breite 3150 mm, max. Höhe 2990 mm, Bodenfreiheit mindestens 500 mm. Die Leistung des Motors war mit 650 bis 700 PS eingeplant. Eine ausreichende Kühlung mußte bis +42° C Außentemperatur sichergestellt sein. Eine Stirnpanzerung von 60 mm bei 35° Neigung und eine seitliche Panzerdicke von 40 mm bei 50° Neigung wurde vorgeschrieben. Die Panzerung war überall abzuschrägen. Bei Boden und Decke der Wanne wurden 16-mm-Bleche für ausreichend erachtet. Die Steigfähigkeit mußte bis zu 35°, die Kletterfähigkeit bis zu 800 mm betragen. Bei 35 t Gefechtsgewicht war eine Ge-

Der russische Kampfwagen T 34, der die Neuorientierung im deutschen Panzerbau auslöste. Das gezeigte Fahrzeug befand sich in deutschen Händen.

Reichsminister für Rüstung und Kriegsproduktion Albert Speer und Oberst Dipl.-Ing. Willi Esser, Leiter der Heeresversuchsstelle für Panzer und Motorisierung, bei der Besichtigung eines T 34.

schwindigkeit von 4 km/h im kleinsten Gang und eine Höchstgeschwindigkeit von 55 km/h vorgeschrieben. Das entsprach einer größten Übersetzung von 13,75. Der Fahrbereich war mit 5 Stunden Vollastbetrieb angesetzt.
In Hinblick auf die Wichtigkeit des Vorhabens fanden am 8. 12. 1941 Besprechungen statt, die sich mit der Erweiterung der Fertigungskapazität bei MAN befaßten. Das OKH bestand darauf, das neue Werk auf OKH-eigenem Grund und Boden zu errichten. Als Standort wurde Röthenbach/Feucht an der Schwarzach (Oberfranken) bestimmt. Der Bau sollte von einer noch zu gründenden Gesellschaft – einerGmbH – errichtet werden. Ein Gesellschaftskapital von RM 50000.– wurde von der MAN eingebracht. Als Betriebskapital waren sechs Millionen RM vorgesehen. Die jährliche Gesamterzeugung war auf 1200 Panzerkampfwagen ausgelegt. Bei einem durchschnittlichen Stückpreis von RM 65000.– pro Fahrzeug ergab sich ein jährlicher Umsatz von rund 80 Millionen RM.
Bei der Namensgebung für das Werk erwog man neben einer Sagengestalt einen verdienten Mitarbeiter der MAN, aber auch einen Bezug auf die geographischen Verhältnisse. Vorgeschlagen wurde die Bezeichnung »Schwarzach-Werk GmbH«. Schließlich einigte man sich auf »Fränkische Fahrzeugwerke« (FFW), deren erste Ausbaustufe mit 57750 m² angesetzt war; an Baukosten mußten dafür 57,4 Millionen RM aufgewendet werden. Der Monatsausstoß sollte später auf 150 Panther erhöht werden. Obwohl bereits 4 Millionen RM verbaut waren, wurde das Bauvorhaben Röthenbach im Juli 1942 stillgelegt.
Während einer Besprechung im Heereswaffenamt am 22. 1. 1942 wurde festgestellt, daß das ursprünglich für den Panther auf 32,5 t festgelegte Gefechtsgewicht durch Änderung der Konstruktionsdaten auf rund 36 t erhöht wurde. Das Heereswaffenamt hatte ein Modell fertigen lassen. Gleichzeitig wurde auch ein Modell des Daimler-Benz-Entwurfes gezeigt. Das in seinem Aussehen gefällige Daimler-Benz-Fahrzeug zeigte einen Heckantrieb, einen Dieselmotor, ein Blattfederlaufwerk und einen spitzzulaufenden Bug. Um die Probleme des Heckantriebes besser studieren zu können, hatte Daimler-Benz vor Beginn der Konstruktion beim vorher gebauten VK 2001 (DB) mit Überlagerungs-Lenkgetriebe durch Umsetzen des Kegelrades die Drehrichtung des Kettenantriebs reserviert. Die hydraulische Betätigung der Lenkung ergab die Möglichkeit einer Fernbetätigung und den Versuch einer Verlegung des Fahrersitzes in den Drehturm. Am 2. 2. 1942 erhielt Daimler-Benz die Genehmigung, ihre Entwürfe ohne Änderung als Musterfahrzeuge auszuführen. Das erste Versuchsfahrzeug VK 3002 (DB) sollte bis Mai 1942 ausgeliefert sein. MAN versuchte ebenfalls, zu diesem Zeitpunkt den ersten Prototyp mit Ottomotor und Frontantrieb fertigzustellen. Zunächst sollte das Überlagerungs-Lenkgetriebe L 600 C des Panzerkampfwagens Tiger eingebaut werden.
Die Maschinenfabrik Augsburg–Nürnberg hatte zwischenzeitlich Vorschläge für die Vereinfachung der Konstruktion unterbreitet, welche vom Heereswaffenamt angenommen wurden. Erst mit einem der neuen Form angepaßten Lenkgetriebe ließ sich auch bei der MAN-Lösung ein zugespitzter Bug ermöglichen. Das geänderte Lenkgetriebe mußte daher bis zum August 1942 fertiggestellt sein.
Eine Angleichung des MAN-Entwurfes an die Lösung Daimler-Benz wurde nicht verlangt, daher entfiel die Notwendigkeit, den Daimler-Benz Dieselmotor für den MAN-Entwurf vorzusehen. Auf dem Gebiet des Panzermotorenbaus hatte die MAN schon 1936 im Auftrag des Heereswaffenamtes einen 8-Zylinder Dieselmotor für Lastkraftwagen entwickelt, aus dem nach einigen Änderungen der Dieselmotor 1038 G1 entstand, der bei n=2500 1/min 180 PS leistete. Von den beiden Versuchsmotoren wurde einer 1941 in einem Panzerkampfwagen LaS 138 eingebaut und bei der Verskraft Kummersdorf eingehend erprobt. Die verbesserte Ausführung 1038 GL2 wurde nicht weiterverfolgt.
1941 erhielt die MAN den Auftrag, gemeinsam mit der Argus-Motoren-GmbH, Berlin einen luftgekühlten Dieselmotor für Panzerkampfwagen zu entwickeln, der mit 16 Zylindern, Typ LD 220 – luftgekühlter Viertakt Dieselmotor in H-Bauweise, 135x165 mm Bohrung/Hub – Hubraum 37,8 l, bei n = 2200 1/min 700 PS erbringen sollte. Für Versuche wurden zwei von Argus und MAN, Augsburg stammende Einzylinder-Triebwerke verwendet. Die Versuche mit dem Vollmotor begannen 1944 in Berlin und Nürnberg. Sie kamen nicht mehr zum Abschluß.

zerkampfwagen T 34 (r)

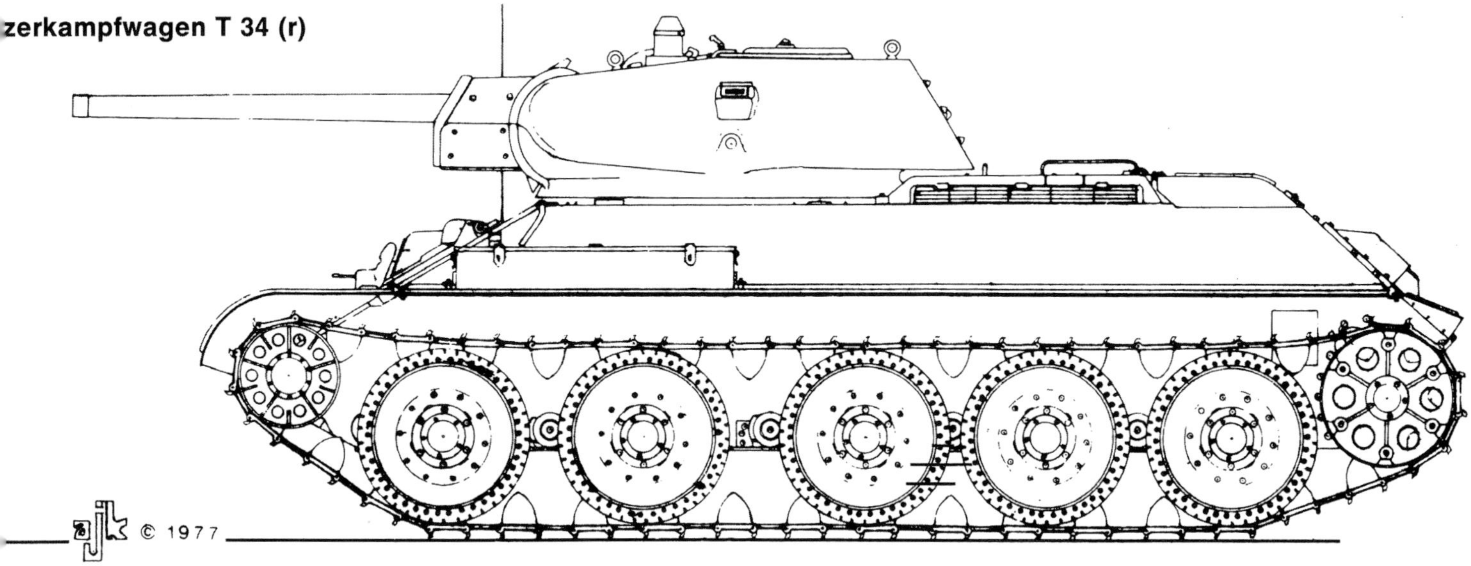

zerkampfwagen VK 3002 (DB)

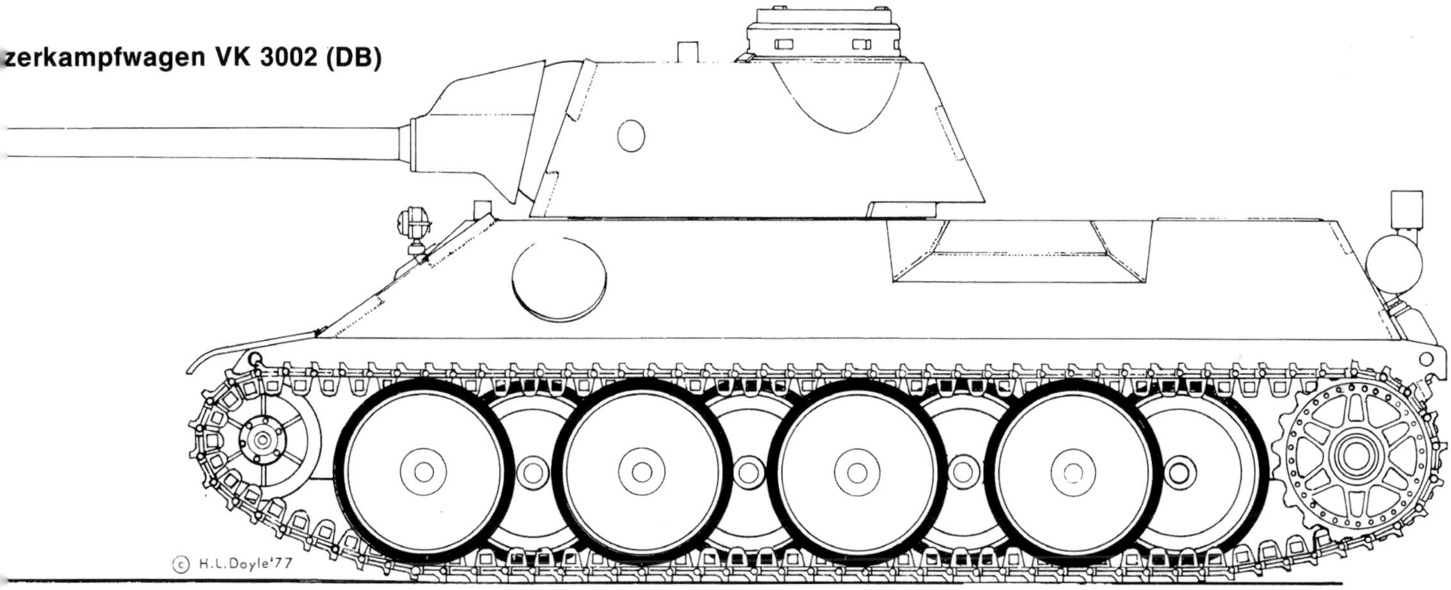

zerkampfwagen VK 3002 (MAN)

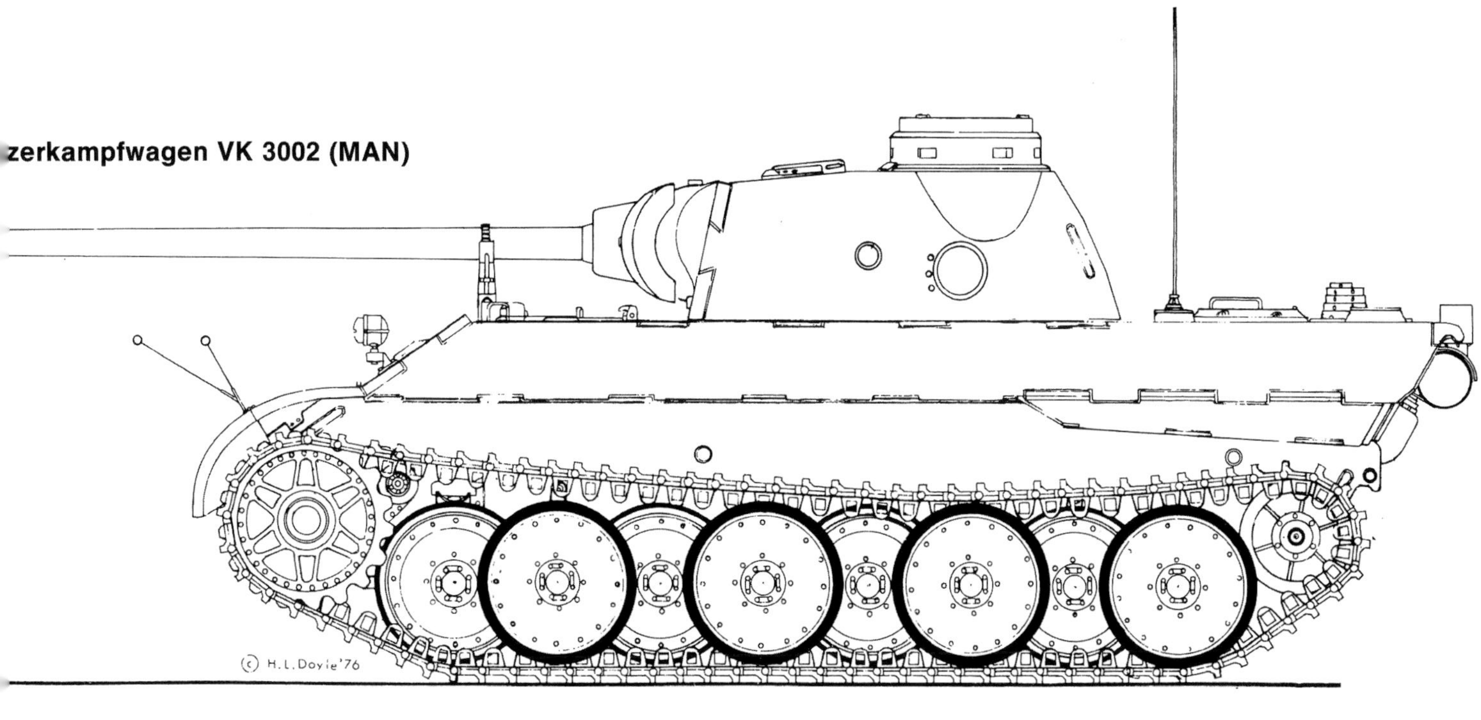

Für den Panther gab die MAN die Zusage, aus dem Werk Augsburg einen entsprechenden flüssigkeitsgekühlten Dieselmotor mit 650 PS Leistung zu liefern. Dafür lag ab 1940 ein Entwicklungsauftrag des Heereswaffenamtes vor, der einen Zweitaktmotor mit 8-Zylindern in V-Form forderte. Bei n=2000 1/min sollte eine Leistung von 450 PS erbracht werden. Später wurden 650 PS Leistung verlangt. Oberst Fichtner, Heereswaffenamt/Wa Prüf 6, machte dies zur Bedingung und empfahl, die Leistung, wenn möglich, auf 700 PS zu steigern. Nach Angaben des Werkes Augsburg der MAN sollte der Versuchs-Dieselmotor im September 1942 laufen und die Serienfertigung ein Jahr später beginnen. Abgeschlossen wurden jedoch nur die Versuche mit einem Zweizylinder-Aggregat, die Arbeiten am Vollmotor konnten zu keinem Abschluß gebracht werden. Der Motor verlor an Interesse, da er zum Einbau in die vorgesehenen Panzerkampfwagen zu lang, zu groß und zu schwer war. Die Maybach Motorenwerke in Friedrichshafen hatten im Juni 1941 auf Weisung des Heereswaffenamtes mit der Entwicklung eines kleinbauenden und leichten 12-Zylinder-Motors begonnen, der bei der üblichen Drehzahl von 3000 1/min 650 bis 700 PS Leistung bringen sollte. Acht Monate nach dem ersten Zeichenstrich wurden im Februar 1942 die ersten in Einzelanfertigung hergestellten Motoren des Baumusters HL 210 an die Firmen Henschel und MAN geliefert. Vom Nachfolgebaumuster HL 230 wurde ab 1943 alle 25 Minuten ein Motor hergestellt, im Monat bis zu 1000 Stück. Maybach hat bis Kriegsende insgesamt 140000 Motoren mit einer

Geschichtliche Entwicklung der Motorraum-Abmessungen von deutschen Panzerkampfwagen zwischen 1935 und 1942. (Aufstellung der Fa. Maybach)

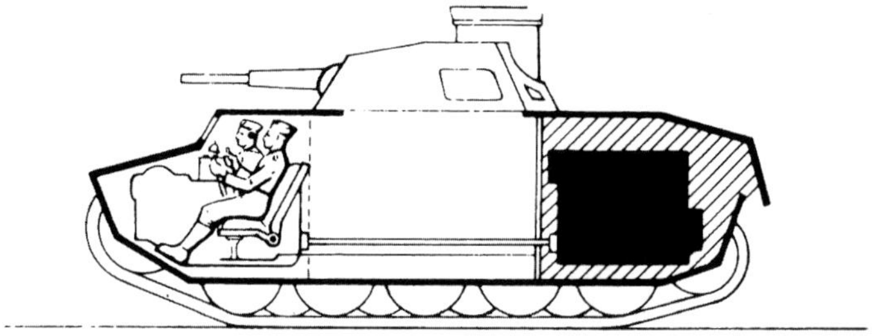

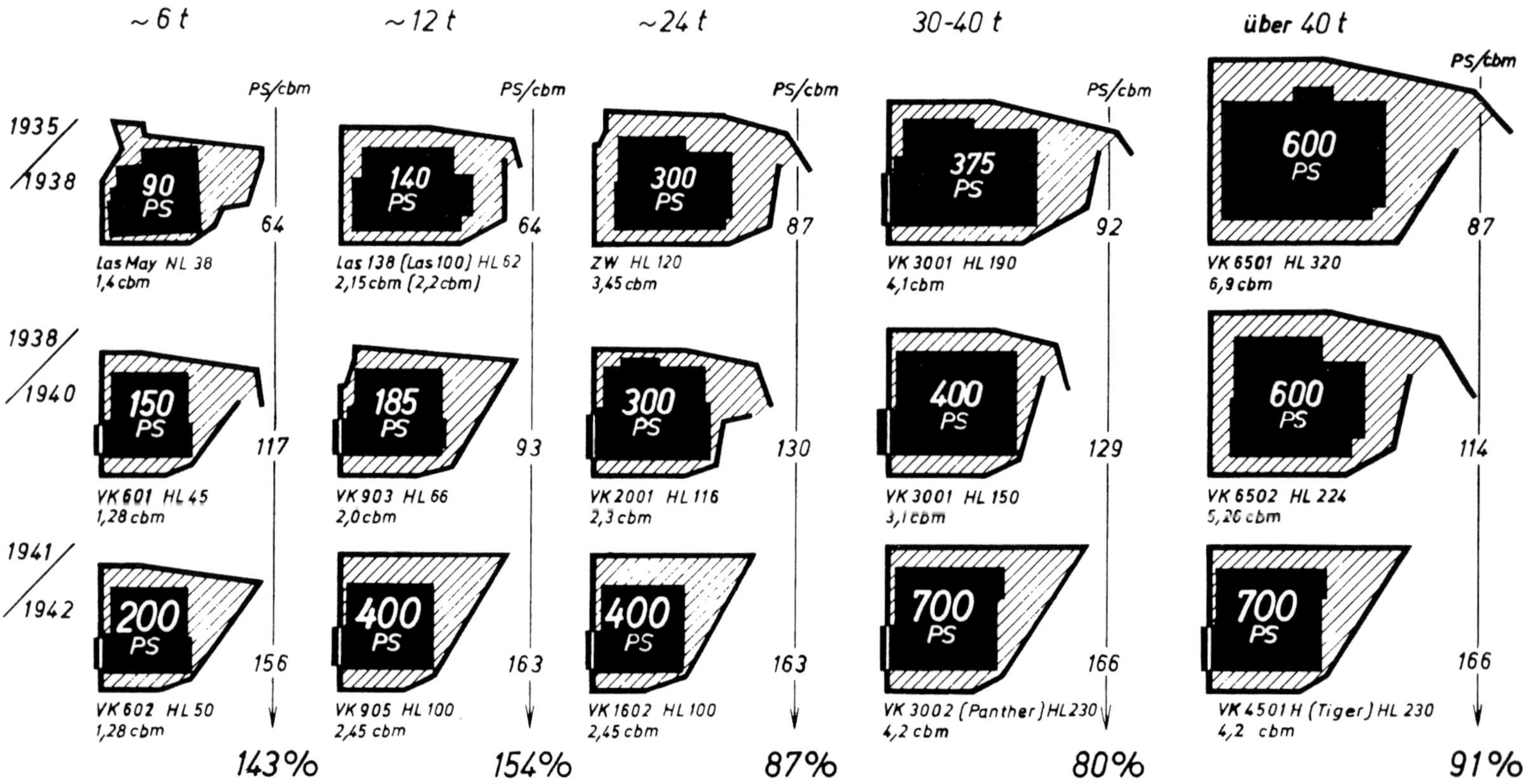

Steigerung der Leistung je Einheit des Maschinenraumes (PS pro cbm)

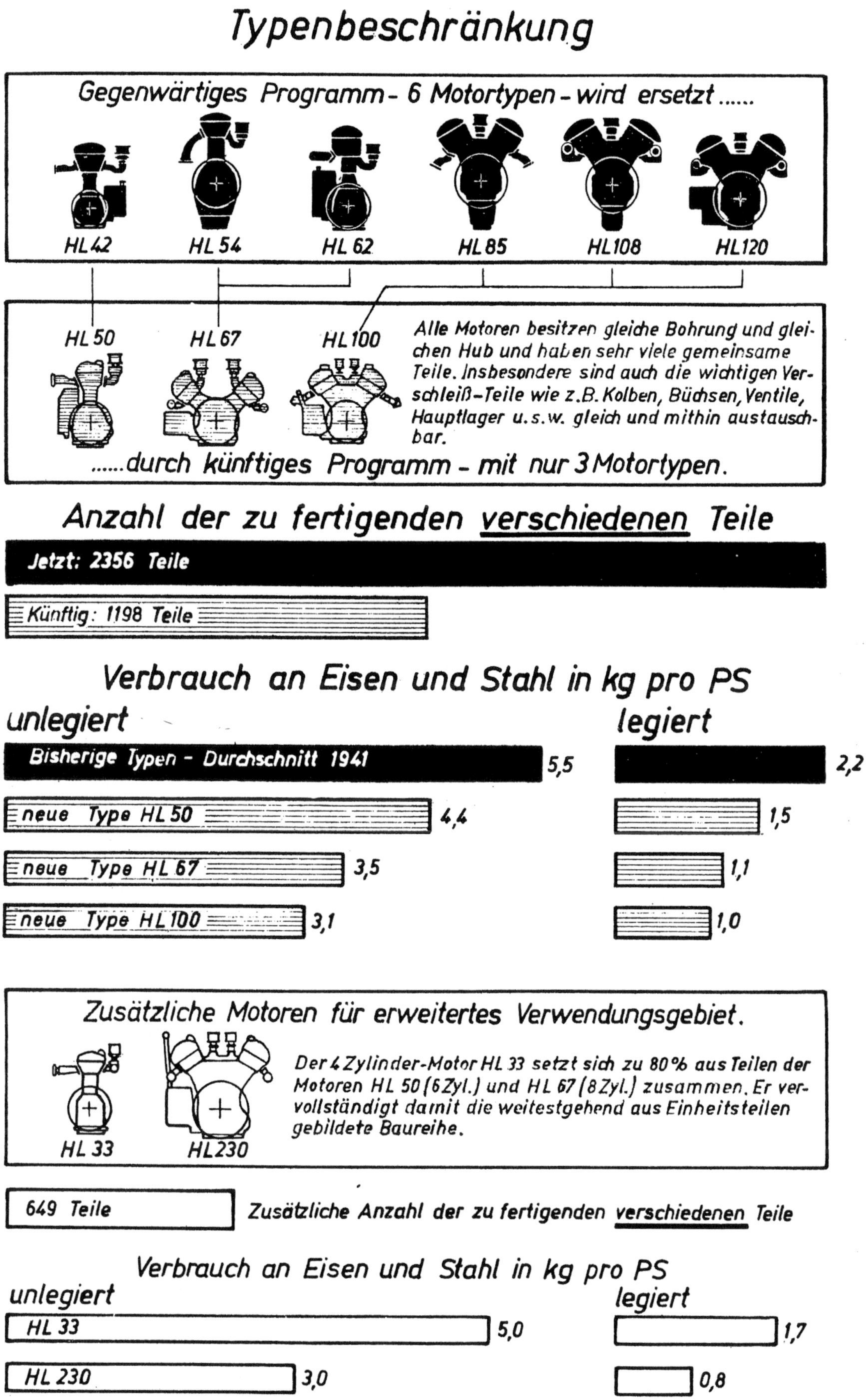

Von Maybach vorgeschlagene Typenbeschränkung im deutschen Panzermotorenbau.

Gesamtleistung von 40 Millionen PS und über 30000 halbautomatische Schaltgetriebe an die Deutsche Wehrmacht geliefert. Maybach war für die gesamte maschinelle Ausrüstung der Panzerfahrzeuge bis zur Motorraumtrennwand verantwortlich u. a. auch für die Bemessung und Ausbildung der Kühlanlagen, die Gestaltung des gesamten Motorraumes, die Luftfilterung und für die Startbedingungen bei niedrigen Temperaturen. Erst am 3. 2. 1942 wurden beim Heereswaffenamt in Berlin die technischen Forderungen für die Entwicklung des Panther festgelegt. Innerhalb von 17 Tagen war es der MAN* gelungen, die hauptsächlichsten konstruktiven Fragen zu klären. Auch konnte über die Größenverhältnisse soweit unterrichtet werden, wie es zur Beurteilung der Werkzeugmaschinen und Fabrikationseinrichtungen nötig war.

Auf Vorschlag von Speer befahl Hitler am 6. 3. 1942 alle vorbereitenden Maßnahmen für eine Serienfertigung des Daimler-Benz Kampfpanzers VK 3002 einzuleiten und dieser Firma einen Auftrag zur Fertigung von 200 Stück dieser Fahrzeuge zu erteilen.

Hitler erwartete eine Vollzugsmeldung innerhalb von acht Tagen, er glaubte annehmen zu können, daß der Panther Entwurf von Daimler-Benz mit Dieselmotor dem der MAN mit Ottomotor überlegen sein werde. Bei den verschiedenen Konstruktionsunterschieden glaubte er in fast allen Fällen, dem Daimler-Benz-Entwurf den Vorzug geben zu müssen. Das Heereswaffenamt bevorzugte jedoch den Panther-Entwurf der Firma MAN.

Die Konstruktionszeichnungen für beide Projekte lagen Anfang Mai 1942 vor. Zur Begutachtung der Entwürfe war ein Panther-Ausschuß eingesetzt worden, dessen Vorsitzer Oberst Thomale OKH/In 6 (Inspektion der Panzertruppen) und Professor Dr.-Ing. Eberan von Eberhorst, Technische Hochschule Dresden, waren. Dem Vergleich der beiden Lösungen waren zwei militärische Grundforderungen vorangestellt worden:

a) die Truppe brauchte eine große Anzahl von Panzerkampfwagen dieser Art mit leistungsfähiger Bewaffnung spätestens zu Anfang des Sommers 1943. Der Anlauf der Serienfertigung im Dezember 1942 war daher erste Voraussetzung. Der Ausschuß hielt es für seine Pflicht, diese Voraussetzung allen anderen voranzustellen.
b) die Truppe brauchte ferner Waffen überlegener Qua-

*Unter der technischen Leitung von Ing. Paul Max Wiebicke, geb. 11. 4. 1886 in Chemnitz. Seit 1916 bei der MAN, Augsburg als Motorenkonstrukteur. Ab 1936 Technischer Direktor und verantwortlicher Leiter für die gesamte Fahrzeugentwicklung. Gestorben am 8. 3. 1951 in Nürnberg.

Überlegungen der Maybach Motorenbau GmbH führten zu dieser Studie über den Aufwand für Umpanzerung und Laufwerk in Bezug auf die Motorlänge.

1. Motoren geringerer Abmessungen sparen an Gewicht für Umpanzerung und Laufwerk zu Gunsten größerer Waffe oder besserer Panzerung.

2. Motoren größerer Abmessungen bedingen eine Gewichtserhöhung für Umpanzerung und Laufwerk, was entweder eine Verringerung des Kampfwertes (schwächere Waffe) bzw. dünnere Panzerung zur Folge hat, oder schwerere Fahrzeuge mit wiederum größerer Antriebsleistung erfordert.

3. Größenordnung: Das Gewicht je laufenden Millimeter (l) Umpanzerung mit anteiligem Laufwerk beträgt bei den Kampfwagen je nach Stärke der Panzerung 2 bis 10 kg.

Man stelle sich vor:

2000 bis 10000 kg je laufenden Meter!

Daimler-Benz entwickelte den VK 3002 im Rahmen der Panther-Ausschreibung. Das Bild zeigt einen der Prototypen mit einem Stützrollen-Laufwerk. Die dem T 34 angeglichene Formgebung ist offensichtlich.

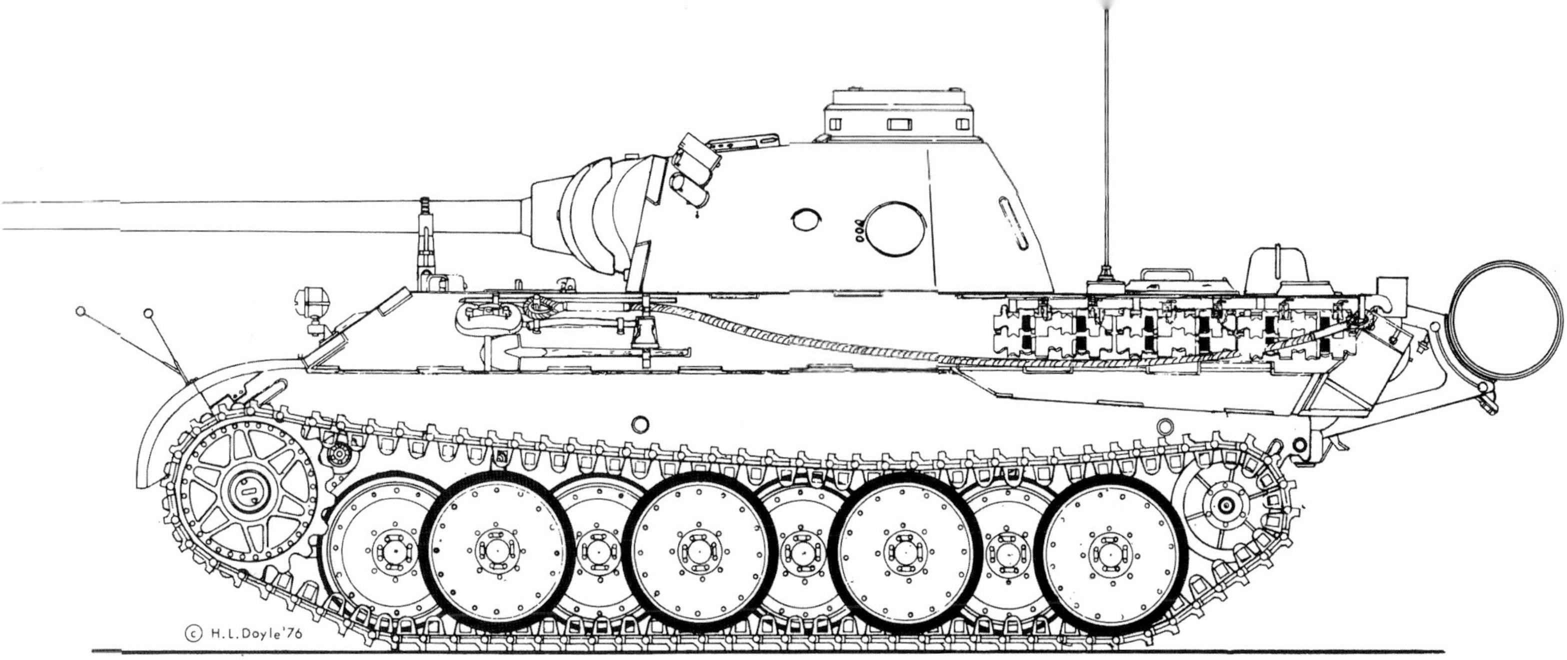

Panzerkampfwagen VK 3002 (MAN) (Vorschlag mit abwerfbarem Kraftstoffbehälter)

1933.42

1934.42

Holzmodell des Daimler-Benz Panther-Vorschlages, diesmal mit einem geschachtelten Laufwerk.

lität, um die zahlenmäßig materielle Überlegenheit der Gegner auszugleichen. Um diese Forderung sicherzustellen, mußte zur technischen Höchstleistung fallweise ein Mehr an Bearbeitung und eine gewisse Abkehr von der jeweils primitivsten Lösung verantwortet werden.

Die rein taktischen Forderungen nach Beweglichkeit einschließlich hohem Aktionsradius mit 40 km/h Dauergeschwindigkeit auf der Straße und 55 km/h Höchstgeschwindigkeit wurden von beiden Entwürfen erfüllt. Das vorgesehene Leistungsgewicht von 22 PS/t wurde von beiden Lösungen nicht erreicht. Hierzu mußte die Industrie einen Motor höherer Leistung schaffen, dessen Einbauvolumen und Anschlußmaße den Einbau im Panther gewährleisteten.

Im MAN Panther konnten 750 l Kraftstoff, im Entwurf der Firma Daimler-Benz dagegen nur 550 l mitgeführt werden. Der größere Fahrbereich gab dem MAN Panther eine erhebliche Überlegenheit.

Beide Lösungen sahen die gleiche Waffe vor und erlaubten die Mitführung gleicher Munitionsmengen. Daimler-Benz konnte jedoch den termingerechten Ausstoß seines Turmes nicht einhalten. Außerdem verlangte dieser Turmentwurf eine weitgehende Änderung der vorgesehenen Kanone. Optik- und MG-Lagerung waren bei der Daimler-Benz Lösung nicht so beschußsicher wie beim Rheinmetall-Turm des MAN Panther.

Die an sich bestechende äußere Form des Daimler-Benz Turmes wurde in ihrem Wert fraglich durch den um 50 mm geringeren lichten Turmdurchmesser. Dieses und noch andere Unklarheiten zwangen zur Ablehnung des Daimler-Benz Turmes. Da der Rheinmetall Turm nicht auf das Daimler-Benz Fahrgestell aufgesetzt werden konnte, ergab sich die Tatsache, daß für das Daimler-Benz Fahrzeug tatsächlich kein geeigneter Turm vorhanden war.

Hinsichtlich Panzerung und Schrägstellung der Flächen entsprachen beide Lösungen den gestellten Forderungen. Die äußere Form war bei beiden Entwürfen wertmäßig etwa gleichzusetzen. Die Raumverhältnisse im Kampfraum waren bei der Daimler-Benz Lösung auf Grund des vorhandenen Heckantriebes in Bezug auf Sitzbequemlichkeit für Fahrer und Funker besser als beim MAN Vorschlag mit Frontantrieb. Jedoch waren beim Daimler-Benz Entwurf wegen der außen angebrachten Blattfederung des Laufwerks die Wanne 100 mm schmaler und der Turm 50 mm enger. Die Frage nach Vor- und Nachteilen des Front- bzw. Heckantriebes war beim Vergleich der beiden Lösungen ohne Belang, weil aus terminlichen Gründen nur einer Lösung in ihrer Gesamtheit der Vorzug gegeben werden konnte. Offenbar hatten sich in vier Feldzügen weder auf eigener noch auf gegnerischer Seite überragende Vor- und Nachteile gezeigt, welche eine Abkehr von der bisherigen Frontantriebsbauweise erzwingen konnten. Es war die entscheidende Aufgabe des Panzerkampfwagens, den Gegner zu vernichten. Dies geschah mit den Waffen, nicht mit dem Fahrgestell. Demnach diktierte die Forderung, den Gegner mit den Waffen zu vernichten, die Bedingungen an das Fahrgestell.

Diesen Forderungen entsprach zweifellos die von Dr.-Ing. Lehr entwickelte MAN-Doppeldrehstab-Federung am besten. Die Bedenken, daß bezüglich dieser Federart noch nicht genügend Erfahrungen vorliegen, die Austauschbarkeit gebrochener Drehstäbe schwierig sei und die Konstruktion einen höheren Fertigungsaufwand verlange, erschienen nicht so schwerwiegend, daß sie nicht dem taktischen Vorteil, die Waffen in einer bis dahin nicht erreichten Weise einsetzen zu können, untergeordnet werden mußten. Ihre Überwindung fiel umso leichter, als in der Zwischenzeit Prüfmaschinen und -Verfahren geschaffen worden waren, die ein Höchstmaß an vorausbestimmbarer Sicherheit boten. Ferner waren hinsichtlich Konstruktion, Materialbehandlung und -Vergütung von Drehstabfedern im Gegensatz zur Blattfeder wesentliche Fortschritte gemacht worden. Die Höchstbelastung der Drehstabfedern wurde beiderseits durch Anschläge an je drei Schwingarmen niedrig gehalten, um die Bruchgefahr auf ein Mindestmaß einzuschränken. Auch hatte die Truppe gelernt, die Drehstabfeder instandsetzungsmäßig richtig zu behandeln. Bei dieser Sachlage bestand die Pflicht, die vom Techniker dem Soldaten gebotenen Mittel zur Überlegenheit, die entscheidend sein konnten, für den Kampf einzusetzen. Sie ergab eindeutig die wertmäßige Überlegenheit des deutschen Panzerkampfwagens.

Der Soldat erwartete ein in allen Lagen leicht bedienbares und betriebssicheres Schalt- und Lenkgetriebe. Beide vorgestellten Lösungen erfüllten diese Forderung nicht hundertprozentig. Um Rückschlägen vorzubeugen, wurde ein ZF-Allklauenschaltgetriebe und mußte zunächst ein Kupplungslenkgetriebe bei dem zur Ausführung kommenden Entwurf eingebaut werden. Hierdurch wurde ein, wenn auch nicht den Idealforderungen entsprechendes Schalt- und Lenkgetriebe, so doch ein truppenreifes und truppenbekanntes Getriebe verwendet. Den entwickelnden Firmen wurde Zeit gegeben, ihre Lenkgetriebe-Konstruktion mit passenden Anschlußmaßnahmen ausreifen zu lassen, um diese dann, anstelle der ursprünglichen, in das Fahrzeug einzubauen.

Die Herstellung der Tauchfähigkeit war beim MAN-Entwurf bedeutend besser gelöst, als beim Daimler-Benz-Entwurf. Ihr Vorteil gegenüber der Daimler-Benz Lösung waren:

- sofortige und zeitlich unbegrenzte Tauchfähigkeit
- Wegfall der Betätigung von Luftklappen beim Übergang von Land auf Wasser und umgekehrt
- Unbegrenzte Zeitdauer der Unterwasserfahrt
- keine Einbuße der Beschußsicherheit durch die Tauchausrüstung.

Die Bergung Verwundeter aus dem Kampfwagen wurde beim MAN-Entwurf durch die unmittelbar über dem Fahrer- und Funkersitz liegenden Luken wesentlich erleichtert.

Bezüglich der Instandhaltung zeigte die Blattfederbauweise des Daimler-Benz Laufwerkes folgende Vorzüge:

- ähnliche Laufwerke waren der Truppe bekannt
- die Federn waren ohne große Schwierigkeiten auszuwechseln und instandzusetzen
- sämtliche Arbeiten am Laufwerk konnten außerhalb des Kampfraumes mit seinen einengenden Arbeitsbedingungen vorgenommen werden.

Dafür mußten im Gegensatz zur Drehstabfederung zum Ausbau der Mittelblattfeder sämtliche Laufrollen ausgebaut werden. Mit der Doppeldrehstabfederung der Firma MAN hatte die Truppe noch keinerlei Erfahrung. Sie hatte keine Eigendämpfung und erforderte eine besonders sorgsame Handhabung beim Ein- und Ausbau. Dieser vollzog sich unter schwierigeren Bedingungen als beim Blattfederlaufwerk. Dennoch wurde die Doppeldrehstabfederung unter den Voraussetzungen als feldverwendungsfähig erachtet, wenn

- Drehstabbrüche auf ein Minimum beschränkt blieben und
- eine Auswechslung mit tragbarem Zeitaufwand möglich gemacht wurde.

Beide Entwürfe sahen in der Endausführung den Einbau des Maybach HL 230 Motors mit 700 PS Leistung vor. Diese Leistung entsprach zwar den Forderungen der Konstruktionsrichtlinien mit einem Leistungsgewicht von 20 PS/t, jedoch nicht mehr den neuesten Truppenforderungen nach mindestens 22 PS/t.

Nach den Kennlinien der Firma Maybach hatte der von der MAN vorgesehene Otto-Motor auch im unteren Drehzahlbereich im Gegensatz zu den bisherigen Maybach-Motoren ein günstigeres Drehmoment.

Daimler-Benz hatte rechts und links je einen Kühler in einem seitlichen Ausbau und führte die Kühlluft hinter den Kühlern über den Motor hinweg, so daß der Motorraum wie bisher der Verstaubung ausgesetzt war.

Dagegen ordnete MAN auf jeder Seite zwei senkrecht stehende Kühler in einem besonderen Schacht an, der gegen den Motorraum einschließlich der Lüfter vollkommen wasserdicht abgeschottet war. Die MAN-Konstruktion war daher in Bezug auf Motorverschmutzung und Tauchfähigkeit überlegen. MAN vermied einen Keilriemenantrieb durch Verwendung von Kegelrädern mit Gelenkwellen für den Lüfterantrieb. Daimler-Benz dagegen trieb einen Lüfter direkt und den zweiten mit drei Keilriemen an.

Ein luftgekühlter Motor stand in ausreichender Größe weder als Otto – noch als Dieselmotor zur Verfügung. Der Heckantrieb von Daimler-Benz verlangte eine seitliche Anordnung des Schaltgetriebes neben dem Motor, wodurch ein Stirnradvorgelege notwendig wurde. Zwischen Vorgelege und Schaltgetriebe befand sich die öldruckgesteuerte Hauptkupplung.

Das Schaltgetriebe war eine Eigenentwicklung von Daimler-Benz in Verbindung mit der Firma Ortlinghaus und bediente sich ölhydraulisch gesteuerter Mehrlamellenkupplungen zur Übertragung der Antriebskräfte. Obwohl mit diesem Getriebe zweifellos stoßfreie Schaltungen bei kurzen Schaltzeiten zu erreichen waren und seine Bedienung sehr einfach schien, mußte eine sofortige Einführung abgelehnt werden, da noch keinerlei Erfahrungen über seine Eignung – nur in kleinen Rangier-Diesellokomotiven, allerdings nicht in Lastkraft-

wagen – vorlagen. Nachteilig war ferner seine große Baulänge.
Die Konstruktion dieses Getriebes sollte weiterverfolgt werden. Zwar war der Einbau des ZF-Allklauengetriebes im Daimler-Benz-Entwurf räumlich möglich, durch den größeren Getriebesprung bedingt wurde jedoch eine Umkonstruktion der gesamten Kraftübertragungsorgane bis zum Triebrad nötig. Daimler-Benz mußte dann, wie auch MAN, im Seitenvorgelege eine zweistufige Übersetzung verwenden.
Die Schaltung des heckgelagerten Getriebes zwang zu einem aufwendigen Übertragungsgestänge, welches vom Standpunkt einfacher Bedienung und Einstellung abgelehnt wurde. Das Allklauengetriebe, welches in einem so schweren Fahrzeug mit derart hohen Fahrwiderständen fahrtechnisch Nachteile brachte, wurde wegen seiner einfachen Bauweise akzeptiert, da die Einführung des Maybach-OLVAR-Getriebes, des elektromagnetischen ZF-Getriebes oder des Puls-Getriebes zu diesem Zeitpunkt wegen nicht nachgewiesener Standfestigkeit als verfrüht angesehen werden mußte. Um jedoch die Fahrausbildung zu erleichtern und den Fahrer zu entlasten, war die beschleunigte Erprobung solcher Getriebe notwendig, um ihre Einführung zu prüfen. Die volle Austauschbarkeit dieser Getriebearten mußte vorgesehen werden, was nach Angabe der MAN bereits für das im Panzerkampfwagen Tiger vorhandene OLVAR-Getriebe der Firma Maybach geschah.
Die Entwürfe beider Firmen sahen Kupplungslenkgetriebe vor. Daimler-Benz schlug hierfür eine Öldruck-Mehrscheibenkupplung, MAN dagegen eine Einscheiben-Trockenkupplung vor.
Hinsichtlich der Lenkbremsen lagen für Panzerfahrzeuge dieses Gewichtes und bei den geforderten Höchstgeschwindigkeiten keine Erfahrungen vor. Jedoch wußte man von Fahrzeugen ähnlicher Größe, aber geringerer Geschwindigkeit, daß der Bremsverschleiß und der Kraftaufwand für den Fahrer außerordentlich groß war. Die dem Verschleiß unterworfenen Teile waren demnach reichlich zu dimensionieren, leicht austauschbar einzubauen und gut zu kühlen. Das Nachstellen der Bremsen mußte, ohne den Kampfwagen zu verlassen, mit einfachen Mitteln möglich sein. Die von der MAN vorgesehene Vollscheibenbremse erschien der Panther-Kommission zu diesem Zeitpunkt aus thermischen Gründen ungeeigneter als eine Backenbremse.
Das von der MAN als weitere Verbesserung vorgesehene Überlagerungs-Lenkgetriebe wurde grundsätzlich als zweckmäßig betrachtet, da es in der Bedienung geringeren Kraftaufwand erforderte, wesentlich weniger Lenkverluste hervorrief und keine Teile aufwies, die hohem Verschleiß unterworfen waren. Um auf der Stelle wenden zu können, forderte die Kommission zusätzlich eine entsprechende Bremslenkung. Ein Überlagerungs-Lenkgetriebe, allerdings mit zwei Radien, war für den Tiger entwickelt worden und hatte sich ohne nennenswerte Anfangsschwierigkeiten bewährt. Für die Großserienfertigung des Panther wurde jedoch von der Industrie behauptet, daß die dafür benötigten Zahnradbearbeitungsmaschinen – vor allem für die Innenverzahnungen – nicht zur Verfügung stünden und in ausreichendem Maß auch nicht beschafft werden konnten. Eine Verwendung der Kupplungsbremslenkung erschien zunächst als eine zweckmäßige Behelfslösung. Die Entwicklung und Erprobung eines Überlagerungs-Lenkgetriebes für den Panther sollte im Hinblick auf seine Vorteile beschleunigt werden. Die Einbaumöglichkeit war im MAN-Entwurf bereits vorgesehen.
Beide Entwürfe sahen im Hinblick auf die geforderten Dauer- und Höchstgeschwindigkeiten Schachtellaufwerke mit je acht Laufrollen vor, beide lagen an der Grenze der zulässigen Laufrollenbelastung.* Schäden an den Laufrollenbandagen waren später wesentlich geringer als anfänglich befürchtet. Die geforderten Geschwindigkeiten ließen bei den vorliegenden Gewichtsverhältnissen keine andere Laufwerkauslegung zu. MAN hatte an Schwingarmen einzeln abgestützte Laufrollen, während Daimler-Benz die Laufrollen paarweise an einem Ausgleichshebel lagerte, der an einer Schwinge angelenkt war. Die Laufrollen waren bei MAN einzeln durch eine Doppeldrehstabfeder abgefedert. Daimler-Benz sah für das vordere und hintere Laufrollenpaar eine drehbar gelagerte kurze Blattfeder vor. Die Abstützung der mittleren zwei Laufrollenpaare erfolgte über eine lange Blattfeder.

* Die geniale Idee zur Verwendung eines Schachtellaufwerkes, welches auch bei allen deutschen Zugmaschinen verwendet wurde, stammte von Ministerialrat Dipl.-Ing. Kniepkamp, Heereswaffenamt WaPrüf 6. Bei gegebener Kettenauflagelänge wurde so viel Laufrollengummi auf die Gleiskette gebracht, wie es der damals geringen Walkfähigkeit des Gummis entsprach.

Trotz gleicher Fahrzeugbreite hatte Daimler-Benz infolge der außenliegenden Blattfedern und deren Ausgleichshebel eine um 100 mm schmälere Wanne und eine um 120 mm schmälere Gleiskette. Die Auslegung des Laufwerkes ergab somit bei Daimler-Benz den höheren spezifischen Bodendruck. Er betrug 0,83 bar gegenüber 0,68 bar beim MAN Fahrzeug, der dem Wert des russischen T 34 mit 0,66 bar nahe kam.

Die dämpfungsfreie Drehstabfederung bei MAN bedingte die Verwendung von Stoßdämpfern, die an den Kurbeln der zweiten und vorletzten Laufrolle in der Panzerwanne angebracht waren. Es wurden hierfür die Stoßdämpfer HT 90 der Firma Hemscheidt vorgesehen, deren gute Funktion schon beim Panzerkampfwagen Tiger unter Beweis gestellt worden war.

Da der Stoßdämpfer HT 90 im Panther jedoch bei der niedrigen Eigenschwingungszahl der Doppelstabfederung nur halb so hoch spezifisch belastet wurde, wie der kleinere Hemscheidt Stoßdämpfer im Panzer III, war unter Berücksichtigung seiner Verlegung in den Innenraum mit einer guten Bewährung zu rechnen.

Der wesentliche Vorzug der Doppeldrehstabfederung der MAN waren die großen Federwege (510 mm) bei geringer Beanspruchung des Federmaterials. Nach den Dauerschwingungsversuchen der MAN war die Beanspruchung im Betrieb (± 16 kg/mm² = ± 160 N/mm²) niedriger als die durch Oberflächendrücken oder Funken der Oberfläche mit Stahlkies erzielte zulässige Dauerfestigkeit von ± 20 bis 22 kg/mm² (200 bis 220 N/mm²). Die Weichheit der Doppeldrehstabfeder ermöglichte außerordentlich niedrige Eigenschwingungszahlen des Fahrzeugs für Hub- und Nickschwingungen.

Diese Federweichheit ließ im Gelände eine höhere Geschwindigkeit erwarten, wobei eine bessere Beobachtungsmöglichkeit des Zieles gegeben war und die Besatzung weniger ermüdete. Die weichere Federung wirkte sich überdies vorteilhaft für die Gummibandagen der Laufrollen, Stoßdämpfer sowie die gesamte Laufwerkbeanspruchung aus.

Die Bruchwahrscheinlichkeit der Federstäbe wurde durch eine Ausschlagbegrenzung des 1., 2. und 7. Schwingarmes auf ein Mindestmaß herabgedrückt. Die Weichheit der Federung, welche für die Kampfkraft mit entscheidend war, konnte vom Blattfederlaufwerk der Daimler-Benz-Lösung nicht erwartet werden. Als fortschrittlichere Lösung war demnach der Doppeldrehstabfederung der Vorrang zu geben, obwohl gewisse Instandsetzungsschwierigkeiten in Kauf genommen werden mußten.

Die Tauchfähigkeit wurde bei Daimler-Benz dadurch erreicht, daß neben dem Verschluß aller Luken und Deckel die Luftein- und Austritte des Motorenraumes durch Klappen verschlossen wurden, wobei vorgesehen war, die Verriegelung der Klappen von außen vorzunehmen. Nach Beendigung der Tauchfahrt war ein Öffnen der Klappen von innen möglich. Dies bedeutete, daß nach durchgeführter Tauchbereitschaft die Kühlung des Motors ausgeschaltet war. In diesem Zustand waren im Truppenversuch bereits bei einer Fahrt bis zu zehn Minuten Motorschäden aufgetreten.

Im Gegensatz zum Daimler-Benz-Fahrzeug wurden beim MAN-Panzer die Kühler und die Luftführung der Kühlluft nicht abgeschlossen. Erst kurz vor Beginn der Tauchfahrt wurden vom Fahrersitz aus die Lüfterantriebe ausgeschaltet, so daß bis dahin eine einwandfreie Kühlung wie bei normalem Fahrbetrieb sichergestellt war. Während der Tauchfahrt wurden die Kühler vom Wasser umspült, wodurch die Dauer der Tauchfahrt unbegrenzt war. Die Flutung der Kühleinrichtung machte bei der MAN-Lösung eine Seewasserbeständigkeit erforderlich.

Der Schwerpunkt lag bei der Daimler-Benz-Lösung genau über der Mitte der Kettenauflage, während er sich bei der MAN-Konstruktion 120 mm hinter der Mitte befand. Daimler-Benz sah eine stärkere Ineinanderschachtelung der Laufrollen als MAN vor. Aus Gründen der Gewichtsersparnis sollte überprüft werden, ob nicht auch MAN die gleiche Ineinanderschachtelung wie Daimler-Benz ausführen konnte.

Der in den Konstruktionsrichtlinien festgelegte fünfstündige Vollastbetrieb bedingte einen Stundenverbrauch von 240 l Kraftstoff. Da für 30 km/h Durchschnittgeschwindigkeit jedoch nicht die volle Motorleistung erforderlich war, wurden der Errechnung des Fahrbereiches Erfahrungswerte der Kraftfahrversuchsstelle Kummersdorf zugrunde gelegt, und zwar für Straßenfahrt 8 l/t 100 km und für mittelschweres Gelände 11 l/t 100 km Otto-Kraftstoff mit Oktanzahl 74. Das ergab wegen des unterschiedlichen Kraftstoffvorrates der beiden Entwürfe – MAN = 750 l, Daimler-Benz = 550 l folgende Fahrbereiche für

	MAN	Daimler-Benz
bei Straßenfahrt	270 km	195 km
in mittelschwerem Gelände	195 km	140 km

Als Vorteile, die sich aus der Front- bzw. Heckantriebsweise ergaben, ließen sich folgende nachweisen:

1) Frontantrieb MAN
- Direkte Bedienung des Schaltgetriebes
- Direkte Bedienung des Lenkgetriebes
- Nachstellbarkeit der Lenkbremsen ohne Verlassen des Kampfwagens
- Horizontale Einstiegluken vorteilhafter
- Bessere Selbstreinigung der Gleisketten (Bei den damaligen Gleisketten mit offenen Fenstern war tatsächlich die Selbstreinigung der Ketten bis zum Eingriff des Triebrades in schwerem Boden und bei Pappschnee beim Frontantrieb besser)

2) Heckantrieb Daimler-Benz
- Vermeidung von Wärme-, Lärm- und Geruchsbelästigung im Kampfraum durch Schalt- und Lenkgetriebe sowie der Bremsen
- unbehinderte Sitzlage für Fahrer und Funker
- freizügigere Kampfraumausnutzung
- geringere Bauhöhe.

Bei der Berechnung des Kampfraumes wurde bei MAN über die ganze Länge und Breite die durch die Drehstabfedern beanspruchte Höhe abgezogen. Ferner wurde ein zylindrischer Körper vom Durchmesser der Lenkbremsen über die ganze Breite des Fahrzeuges abgerechnet. Es folgten der vom Schalt- und Lenkgetriebe beanspruchte Raum sowie der Platz für den Kardantunnel über die ganze Länge zwischen Getriebe und Motortrennwand mit einem Querschnitt von 250x250 mm. Die Drehbühne unter dem Turm mußte über die Kardanwelle und den Turmdrehantrieb gelegt werden. Die große Höhe des Panzerkampfwagens Panther wurde durch diese Tatsachen erzwungen. Außerdem konnte der Fahrersitz nicht zwischen die Drehstabfedern gesetzt werden.

Bei Daimler-Benz wurde ohne jeden Abzug der gesamte lichte Wannenraum vor der Motortrennwand berechnet.

Bei MAN ergab sich ein zur Verfügung stehender Kampfraum von 7,26 m^3, während dieser bei der Daimler-Benz-Lösung 6,43 m^3 betrug. Die Daimler-Benz-Konstruktion hatte eine um 52 mm geringere Wannenhöhe und eine um 195 mm geringere Gesamthöhe.

In Bezug auf den Fertigungsaufwand an Arbeitstunden wurde ermittelt, daß das Daimler-Benz-Fahrgestell ungefähr den gleichen Aufwand erforderte wie das von MAN in der zuletzt vorgeschlagenen vereinfachten Ausführung. Dies ließ sich dadurch erklären, daß die Firma MAN konstruktive Vereinfachungen wie Ersatz des Überlagerungslenkgetriebes durch ein Kupplungslenkgetriebe und der Planetenraduntersetzung im Seitenvorgelege durch ein zweistufiges Stirnradvorgelege vorgenommen hatte. Hingegen hatte Daimler-Benz anstelle ihres einfachen Stützrollen-Laufwerkes mit Eisenlaufrollen auf Grund der Geschwindigkeitsforderung ein Schachtellaufwerk vorgesehen. Allgemein wurde festgestellt, daß der Maschinenpark zur Fertigung des Panzerkampfwagens III für die vereinfachte Bauart des MAN-Panthers und auch für den Daimler-Benz-Panther bis auf geringfügige Ergänzungen ausreichend sein würde. Bei einigen Firmen war ein Drehwerk für die Bearbeitung der Turmöffnung im Wannendach zu beschaffen. Für die Bearbeitung der Wanne des MAN-Fahrzeuges war ein besonderes Wannenbohrwerk vorgesehen, welches von der MAN entwickelt wurde und von dem zehn Stück in Auftrag gegeben wurden.

Zusammenfassend wurde festgestellt, daß vom fertigungstechnischen- und Beschaffungs-Standpunkt keiner von beiden Bauarten mit Kupplungslenkgetriebe und Schachtellaufwerk ein besonderer Vorzug gegeben werden konnte. Für die Fertigung der Fahrgestelle ergaben sich im Vergleich ein Aufwand von 1063 Arbeitsstunden bei Daimler-Benz und 1078,5 bei MAN.

Am 11. 5. 1942 gab der Ausschuß zur Begutachtung der Panzerkampfwagen Panther, der im OKH Berlin, Bendlerstraße getagt hatte, dem Vorsitzer der Panzerkommission, Professor Dr.-Ing. h. c. F. Porsche, die Entscheidung über die Auswahl wie folgt bekannt:

»Der Ausschuß zur Begutachtung der von den Firmen Daimler-Benz AG und Maschinenfabrik Augsburg–Nürnberg AG (MAN) vorgestellten Entwürfe eines Panzerkampfwagens Panther hat nach den Sitzungen am 1., 5., 6. und 7. Mai 1942 einstimmig beschlossen, den Entwurf der Firma MAN in der Ausführung mit 8-Rollen Schachtellaufwerk und Doppeldrehstabfederung, ZF-Allklauen Schaltgetriebe und Kupplungsbremslenkung den Vorzug zu geben und die Ausstattung der Panzertruppe mit dem gewählten Panzerkampfwagen vorzuschlagen.«

Dieses Gutachten wurde am 13. 5. 1942 Hitler vorgelegt und eingehend besprochen. Hitler* erschien die Panzerung zu schwach, die Heckantriebslage der Daimler-Benz-Lösung hielt er für richtig. Er sah jedoch ein, daß die schnellsten Fertigungsmöglichkeiten ausschlaggebend waren und auf keinen Fall zwei Typen nebeneinander in die Fertigung gelangen durften. Er sagte zu, die Denkschrift über Nacht zu studieren und am nächsten Tag über seinen Adjutanten Major Engel Bescheid zu geben. Major Engel berichtete am 14. 5. 1942, daß Hitler mit dem Endresultat der Denkschrift einverstanden wäre und der MAN-Panther zu bauen sei. Den Vorschlägen von Professor Dr.-Ing. Porsche wäre dabei Folge zu leisten. Dieser hatte vorgeschlagen, zu untersuchen, ob sich ein Kolben-Danek-Lenkgetriebe, ähnlich wie im Panzerkampfwagen 38 (t), einbauen ließe. Die obere Frontplatte sollte außerdem 80 mm dick werden.

Bereits am 4. 5. 1942 hatte bei der MAN eine Besprechung wegen der Fertigung des Panthers (VK 3002) stattgefunden. Dabei waren folgende Hauptdaten festgelegt worden:

- Otto-Motor, Maybach HL 210/230, etwa 600 PS
- Maybach OLVAR-Getriebe 0640 1216 (wie Panzerkampfwagen Tiger)
- Inhalt der Kraftstoffbehälter etwa 700 l
- Stirnrad-Seitenvorgelege doppelt untersetzt, darin Zahnräder mit Modul 9 und 11.

Die mittlere Zahngruppe brauchte nicht geschliffen zu werden, da kein Auslauf vorhanden war.

– Gefechtsgewicht	35 t
– Gesamtlänge des Fahrzeuges mit Kanone	8625 mm
– Gesamtlänge des Fahrgestelles	6839 mm
– Gesamtbreite des Fahrgestelles	3270 mm
– Wannenhöhe	1314 mm
– Höchstgeschwindigkeit	55 km/h.

Die Scharnier-Gleiskette hatte 86 Glieder. Die Überbreite des Fahrzeuges war nach Angabe der Firma MAN beim Transport auf der Deutschen Reichsbahn zugelassen.

Die endgültige Ausführung des Lenkgetriebes lag zu diesem Zeitpunkt noch nicht fest, man nahm aber an, daß vorerst ein einfaches Kupplungslenkgetriebe eingebaut würde, da bei den verschiedenen Nachbaufirmen die erforderlichen Verzahnungsmaschinen für die Fertigung eines Überlagerungslenkgetriebes nicht zur Verfügung standen (29 Zahnräder je Lenkgetriebe). Insbesonders fehlten Zahnstoßmaschinen für die Innenverzahnung des Hohlrades. Das Gehäuse sollte aus Stahlguß Güteklasse Stg. 60.81 mit einer Festigkeit von 60 kg/mm hergestellt werden (heute GS 60), auftretende Lunkerstellen durften zugeschweißt werden, Bedingung war jedoch, die Gehäuse nach dem Schweißen auszuglühen. In einer Besprechung beim Reichsminister für Rüstung und Kriegsproduktion am 19. 5. 1942 wurde vereinbart, den Großteil der Betriebsmittelbeschaffung für den Panther in Frankreich durchzuführen. Die Entwicklungsarbeiten am Panther, Bauart Daimler-Benz, wurden eingestellt. Die beiden im Bau befindlichen Prototypen mit Dieselmotor wurden für Studienzwecke fertiggestellt, einer davon mit Stützrollen-Laufwerk. Gleichzeitig sollte durch Einsatz aller freiwerdenden Kräfte der schnellste Fertigungsanlauf des MAN-Panthers bei Daimler-Benz erreicht werden. Mit der Fertigung des MAN-Panthers sollten MAN, Nürnberg und Daimler-Benz, Berlin-Marienfelde noch im Jahr 1942 beginnen. Die Firmen Maschinenfabrik Niedersachsen-Hannover (MNH) und Henschel, Kassel, sollten im Juli 1943 mit der Auslieferung einsetzen und

* An mehreren Stellen wird in diesem Buch erwähnt, daß Hitler grundsätzliche Entscheidungen mit großer Auswirkung auf dem Gebiet der Panzer-Entwicklung und Fertigung selbst getroffen hat. Entscheidend beeinflußt wurde er hierbei in vielen Fällen durch Hauptdienstleiter (Staatssekretär) Dipl.-Ing. Karl Otto Saur (1902–1966), Leiter des Technischen Amtes im Reichsministerium für Rüstung und Kriegsproduktion. Saur, der bis zum Jahr 1937 bei der Firma Thyssen war, zeichnete unter Speer verantwortlich für das Entwicklungs- und Fertigungsprogramm. Er genoß das volle Vertrauen von Hitler und Speer und wurde im April 1945 durch Hitler zum Nachfolger Speer's ernannt. Saur setzte sich gegenüber der Industrie und dem Heereswaffenamt mit Nachdruck für eine Steigerung der Kriegsproduktion ein. Sein Verständnis für eine gründliche Erprobung neu entwickelter Geräte und deren Standfestigkeit ließ zu wünschen übrig. Materialerhaltung und Ersatzteilversorgung wurden nur zweitrangig behandelt. Die Steigerung der Panzerproduktion in den letzten Kriegsjahren war jedoch zweifellos mit sein Verdienst.

zwar mit folgenden Stückzahlen: Juli 1, August 3, September 5, Oktober 10 und November 15, die Fertigung war dann auf monatlich 50 Stück zu bringen. Nach überschlägiger Schätzung stand das Arbeitsstundenverhältnis im Vergleich zum Panzer III bei etwa 1:1, 25 d. h. anstelle von 4 Panthern konnten 5 Panzer III hergestellt werden. Preis (ohne Waffen) PzKpfw III RM 96163,—; Panther RM 117100,—.

Mit dem vorgesehenen Fertigungsanlauf des Panther zeigte man sich im Reichsministerium für Rüstung und Kriegsproduktion am 4. 6. 1942 keineswegs befriedigt. Es mußte dafür gesorgt werden, daß bis zum 12. 5. 1943 mindestens 250 Panther zur Verfügung standen. Hitler äußerte auch Zweifel, ob eine dickere Frontpanzerung von 80 mm auch noch für das Frühjahr 1943 ausreichen würde. Er forderte, daß wenigstens alle senkrechten Frontteile des Panthers mit 100 mm Panzerblechen geschützt werden.

Henschel war am 13. 6. 1942 aufgefordert worden, sich auf eine Fertigung von 70 Panthern pro Monat einzurichten, ohne dabei die laufende Panzer III Fertigung zu beeinträchtigen.

Am 18. 6. 1942 wurde eine Untersuchung eingeleitet, um festzustellen, ob eine Fertigung von 254 Panther bis Ende April 1943 erwartet werden könnte. Gefordert wurden von Daimler-Benz, Berlin-Marienfelde 91 Fahrzeuge, von Henschel, Kassel 36, von MNH, Hannover 61 und von der MAN, Nürnberg 84 Stück. MAN bat um Überlassung einer Halle der Firma Südeisen in Nürnberg zur Fertigung des Panthers. Die Panther-Hersteller schlugen eine Zusammenfassung der Lenkgetriebe-Fertigung vor. MAN hatte Normteile für 2000 Fahrzeuge in Auftrag gegeben und Anschlußaufträge für 1000 bzw. 1500 weitere vorgeplant. Die Firmen wollten die ersten Fahrzeuge jeweils zur Erprobung und als Modell behalten, was jedoch abgelehnt wurde, da die im August und September 1942 erwarteten Versuchsfahrzeuge unbedingt für Erprobungen bei der Verskraft in Kummersdorf und bei der Entwicklungsfirma MAN gebraucht wurden. Die Panther-Fertigung wurde in die gleiche Dringlichkeitsstufe wie das Mineralöl- und Lokomotivbau-Programm aufgenommen. Von Henschel wurde verlangt, die Fertigung vorzuziehen, dabei sollten im Januar 1943 ein, im Februar fünf, im März zehn und im April 1943 20 Stück geliefert werden. Es wurde starker Druck auf alle Firmen ausgeübt, um die Forderung Hitlers unbedingt zu erfüllen. MAN versuchte, das erste Versuchsfahrzeug schon im August 1942 auszustoßen und mit der Serienfertigung im November zu beginnen. Henschel bezeichnete den Panther-Auftrag über 200 Fahrzeuge als zu gering und verlangte eine Aufstokkung auf 1000 Panther. Ein Absinken der Panzer-III-Fabrikation würde sich als unabwendbar erweisen.

Folgendes Lieferprogramm war festgelegt worden:

Firma	Nov. 42	Dez. 42	Jan. 43	Febr. 43	März 43	April 43
MAN	1	3	10	20	25	25
Daimler-Benz	–	1	10	20	30	30
MNH	–	–	1	10	20	30
Henschel	–	–	1	4	9	12
Summe	1	4	22	54	84	97

Der Vorschlag wurde gemacht, wenigstens 250 Fahrzeuge mit dem Kupplungslenkgetriebe, Bauart MAN, auszurüsten, bis die Fertigung eines Einradien-Lenkgetriebes sichergestellt war. Henschel bestätigte am 20. 6. 1942 die Fertigung von 26 Panzern bis Ende April 1943, wies aber darauf hin, daß diese Fertigung einen Ausfall von etwa 100 Panzerkampfwagen III mit sich brachte. Der Vorschlag von Henschel ging dahin, die Tiger-Produktion auf monatlich 50 Stück zu erhöhen, was einen Ausfall von nur 75 Panzer III mit sich bringen würde. Es war wegen der beengten Verhältnisse im Werk Kassel-Mittelfeld nicht möglich, Panther und Tiger gleichzeitig in den geforderten Stückzahlen zu bauen. Henschel erklärte sich außerstande, weiter Panther zu fertigen, ohne zuvor die Panzer-III-Produktion auslaufen zu lassen.

Die Seiten- und Höhenrichtmaschinen für die Waffenanlage sollten von der Firma Lohmann-Werke, Zweigwerk Pabianice bei Litzmannstadt beigestellt werden. Ein Auftrag über 150 Stück monatlich wurde am 7. 7. 1942 erteilt.

Professor Dr.-Ing. h. c. Porsche teilte am 2. 7. 1942 anläßlich einer Sitzung der Panzerkommission als deren Leiter mit, daß Hitler erneut die Forderung erhoben habe, mit größter Beschleunigung für alle Arten von Heeresfahrzeugen luftgekühlte Dieselmotoren zu entwickeln. Mit deren Einführung sollte noch 1943 begonnen werden. Die Firmen Daimler-Benz, Klöckner-Humboldt-Deutz, Krupp, Maybach, Österreichische Auto-

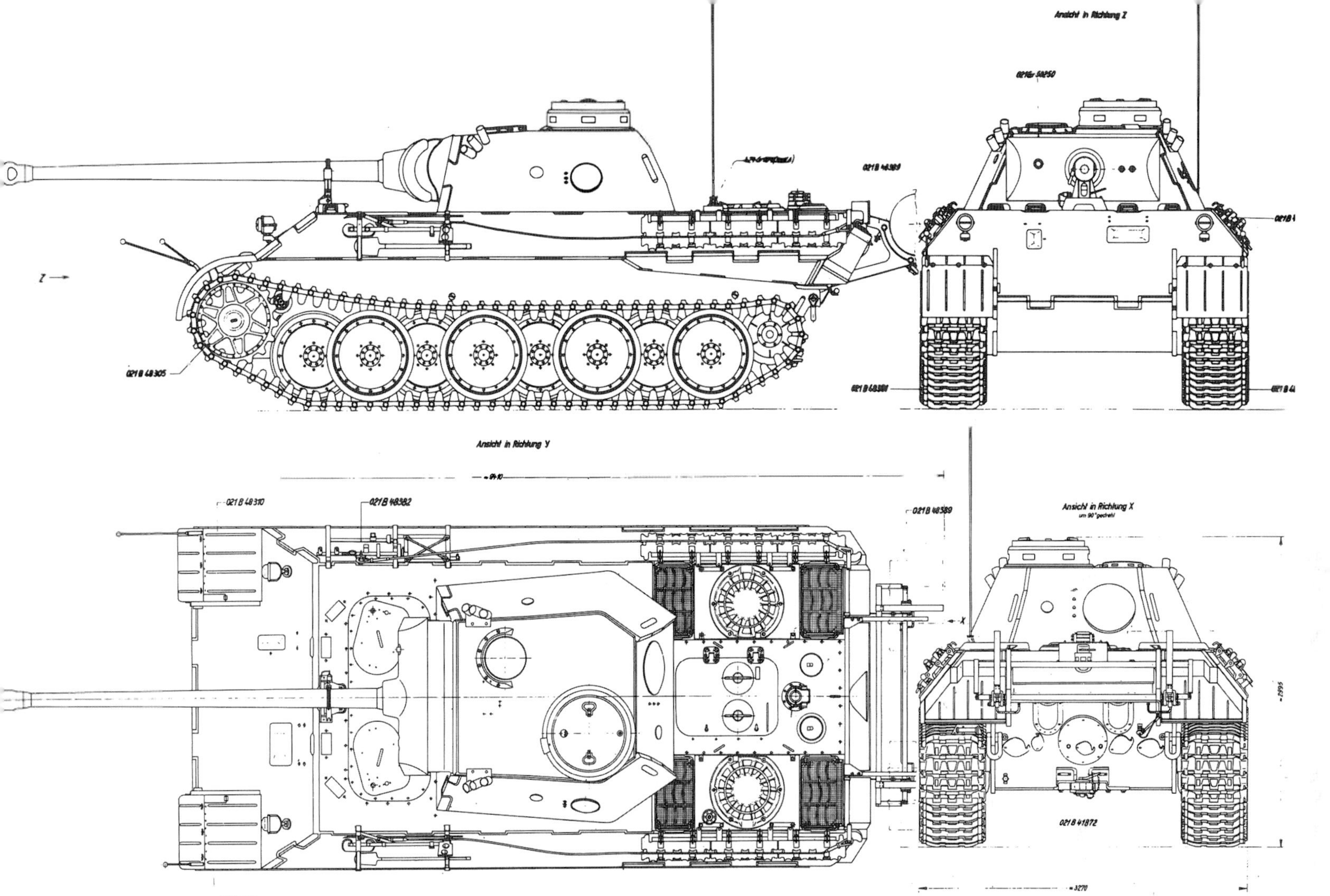

Oben: Der MAN-Vorschlag vom 21.07.1943 zeigt die am Heck angebrachte Vorrichtung für den Zusatz-Kraftstoffbehälter.

Unten: Quer- und Längsschnitte des Panzerkampfwagen »Panther«, Ausf. A, vom 24.07.1943.

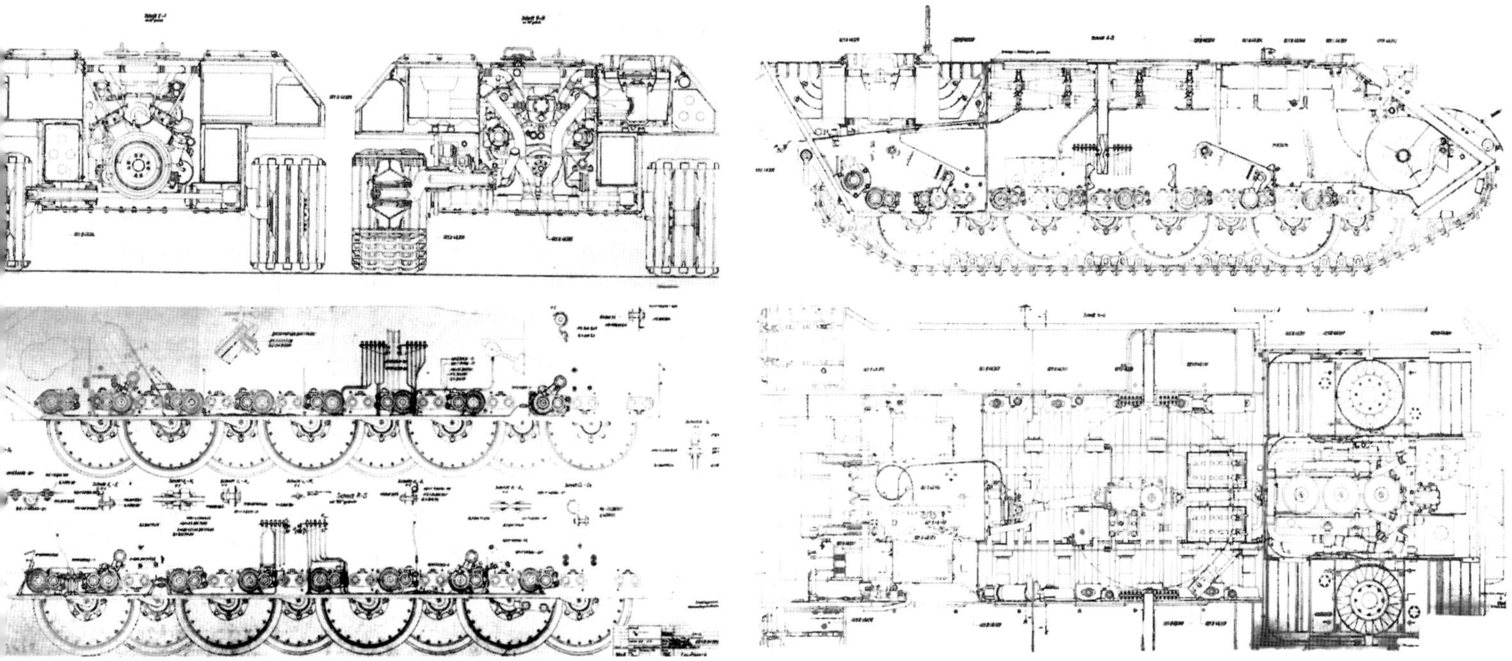

mobil Fabrik, Opel, Phänomen, Tatra, Simmering, Steyr sowie Wigru-Fahrzeug-Industrie wurden aufgefordert, einem Arbeitsausschuß beizutreten und ihre Erfahrungen bzw. Entwicklungsideen für diese Sache zur Verfügung zu stellen. Mit der Leitung des Ausschusses wurde Oberstleutnant Holzhäuer beauftragt.

Die Bedarfsübersicht des Heeres sah acht luftgekühlte Dieselmotoren unterschiedlicher Größe vor:

– 30 PS	Pkw Volkswagen (KdF-Wagen)
– 70 bis 80 PS	Lkw 1,5 t, Lkw 3 t, Radschlepper Ost, Raupenschlepper Ost, kleines Kettenkrad
– 110 bis 120 PS	Lkw 4,5 t, leichter Panzerspähwagen, Zugkraftwagen 1 und 3 t
– 220 bis 240 PS	Lkw 6,5 t, schwerer Panzerspähwagen, Zugkraftwagen 8 t, Panzerkampfwagen
– 280 bis 320 PS	Zugkraftwagen 12 und 18 t
– 530 bis 570 PS	Panzerkampfwagen
– 700 bis 750 PS	Panzerkampfwagen
– 1000 bis 1200 PS	Panzerkampfwagen

Für diese Motoren wurden Einheits-Zylindergrößen festgelegt. Die angegebenen Leistungen sollten durch Mehrzylinder-Anordnung (4 bis 18 Zylinder) erreicht werden. Ursprünglich war geplant, zwei Zylindergrößen und zwar mit 1,1 und 2,2 l Hubraum zu wählen. Letztlich wurden jedoch drei Zylindergrößen festgelegt und zwar mit 0,8, 1,25 und 2,3 l Hubraum. Erwartet wurden von dem Zylinder mit

- 0,8 l Hubraum bei n = 2800 1/min eine Zylinderleistung von 13 PS
- 1,25 l Hubraum bei n = 2400 1/min eine Zylinderleistung von 20 PS
- 2,3 l Hubraum bei n = 2200 1/min eine Zylinderleistung von 30 bis 34 PS, mit Aufladung eine solche von 40 bis 45 PS.

Die Probeläufe der Einzylinder-Versuchsmotoren sollten am 15. 10. 1942 beginnen. Seit März 1943 wurden 4-Zylindermotoren der 1,25 l Baugruppe – Hersteller Klöckner-Humboldt-Deutz – bei Verskraft Kummersdorf-Schießplatz, harten Prüfstandsläufen unterworfen. Ab Herbst 1943 waren 4- und 6-Zylindermotoren dort zur Fahrerprobung in Lastkraftwagen. Der Weg zu einem Viel-Zylindermotor für Panzerfahrzeuge war noch sehr weit. Tatsächlich wurde für Panzerkampfwagen keiner dieser Motoren zur Erprobung fertig, so daß an eine Serienfertigung nicht zu denken war. Henschel sagte am 16. 7. 1942 folgende Panther-Ausstoßzahlen zu: Dezember 1942 1, Januar 1943 5, Februar 10, März 15 und April 20. Um den dauernden Druck des Ministeriums Speer abzuwälzen, versuchte Henschel bis zum April 1943 bis zu 66 Panther herzustellen.

In der Panzerkommissionsitzung vom 14. 7. 1942 wurde der Einbau von 100 Kupplungslenkgetrieben in den Panther beschlossen unter der Bedingung, daß bis Ende April 1943 alle bis dahin vorhandenen Panther auf Einradien-Lenkgetriebe umgerüstet werden mußten.

Bis zum 13. 7. 1942 waren etwa 70 % der für 1000 Fahrzeuge notwendigen Teile bestellt. Engpässe erwartete man vor allem bei den Schwingarmen, die vorläufig nur von der Firma Siepmannwerke, Belecke/Möhne hergestellt werden konnten. Die Wahl der Lenkbremse war nicht vor dem 27. 7. 1942 zu erwarten. Bei der Firma Adlerwerke, Frankfurt a. M. wurden 50 der von der Firma Maybach entwickelten OLVAR-Getriebe zum Einbau in den Panther in Auftrag gegeben. Sie sollten als Versuchsserie gelten. Die damit ausgerüsteten Panther sollten als Ausführung B bezeichnet werden. Zu einem serienmäßigen Einbau ist es jedoch nicht mehr gekommen. ZF lieferte noch 1942 61 Stück AK 7-200 Schaltgetriebe für die Serienfertigung.

Die zehn 8-Spindelbohrwerke zur Wannenbearbeitung wurden bei den Firmen Herkules, Siegen und Berninghaus, Velbert gefertigt. Das erste Wannenbohrwerk kam am 15. 9. 1942 zur Auslieferung.

Am 13. 7. 1942 wurde festgelegt, daß das Einradien-Lenkgetriebe *das* Lenkgetriebe für den Serien-Panther werden sollte. Es lag ein eindeutiger Befehl von Reichsminister Speer vor, schon zu Beginn der Fertigung dieses Getriebe einzubauen. Die Fertigung von 60 Kupplungslenkgetrieben für den Anlauf der Fertigung wurde daher am 14. 7. 1942 eingestellt. MAN wollte die Versuche mit dem Einradien-Lenkgetriebe bis Mitte Oktober abschließen. Eine Vereinfachung wurde dadurch herbeigeführt, daß anstelle der für die Ermittlung des praktischen Bestwertes erwogenen drei Lenkradien (50, 80 oder 115 m im höchsten Gang), die Versuche auf zwei Radien (80 oder 115 m) beschränkt werden sollten. Damit ergab sich für die Planung, daß für die ersten 20 bis 30 Einradien-Lenkgetriebe je zwei austauschbare Zahnradsätze gefertigt werden mußten. Man legte sich endgültig auf einen 80 m Radius im höchsten Gang fest.

Ende Juli 1942 befaßte man sich mit dem Gedanken, das Reichsbahnausbesserungswerk Berlin-Falkensee zur

Erster MAN Prototyp VK 3002 im Werksversuch.

Panther-Fertigung zu nutzen. Eine Entscheidung, ob die Gesamtplanung in Händen der Firma Henschel oder der Altmärkischen Kettenwerk GmbH (Alkett) liegen sollte, war noch nicht gefallen.
Am 4. 8. 1942 teilte die Maschinenfabrik Augsburg–Nürnberg mit, daß sie mit der Bearbeitung der zweiten Flußeisenwanne beginne und die anderen Hersteller von Panther auffordere, Meister bzw. Vorarbeiter zur Einarbeitung nach Nürnberg zu schicken.
Am 7. 8. 1942 gab die Firma Henschel bekannt, daß sie die Fertigung des Einradien-Lenkgetriebes Nr. 48367 übernehmen werde. Der Beginn der Montage wurde auf den 10. 10. 1942 festgelegt. Ab 1. 1. 1943 sollten monatlich 110 Satz hergestellt werden.
Der Rheinmetall-Turm für das zweite Panther Versuchsfahrzeug wurde nicht rechtzeitig fertig, das Turmgehäuse stand erst am 16. 9. 1942 zur Verfügung, anschließend wurde es bei Rheinmetall in Düsseldorf komplettiert.
Am 18. 9. 1942 wurde angekündigt, daß 15 Panther in eine hohe, neue Sonderstufe kommen sollten, damit deren rechtzeitige Fertigung gesichert war. (Stufe DE = Dringliche Entwicklung) Ende September 1942 wurde die Panther-Entwicklung im Konstruktionsbüro der Firma Daimler-Benz, Berlin-Marienfelde eingestellt.
Das erste, mit Flußstahl-Wanne versehene Panther-Fahrgestell (Prototyp VK 3002) kam im September 1942 bei der MAN zur Auslieferung. Unterschiedlich zum späteren Serienfahrzeug wurden beim Panther V1 die Stoßdämpfer am ersten und achten Schwingarm angebracht.
Die 11. Sitzung der Panzerkommission fand am 2. und 3. 11. 1942 in Eisenach statt. Auf dem Standortübungsplatz des Panzer Regiments 2 Eisenach in Berka, einer Außenstelle der Verskraft Kummersdorf für schweres Gelände, standen zur Vorführung bereit:
Zwei Henschel-Tiger (einer in Normalausführung, einer mit elektrischem ZF Schaltgetriebe, Typ 12E–170), zwei Porsche Tiger, ein MAN-Panther (mit Turm), ein Daimler-Benz Panther, ein VK 3601 (Henschel), ein Panzerkampfwagen III (ZW 40) mit OLVAR-Schaltgetriebe, ein Zugkraftwagen 1 t, ein Zugkraftwagen 3 t, ein Raupenschlepper Ost, zwei Radschlepper Ost, ein Latil Schlepper, zwei Maultiere 2 t (Bauart SS), ein Maultier 2 t (Bauart Opel), ein Maultier (Bauart Luftwaffe) und ein 3 t Lastkraftwagen Opel A-Typ. Besichtigt werden konnten außerdem: ein Panzerkampfwagen II (LaS 138) mit elektrischem ZF-Schaltgetriebe, ein Panzerkampfwagen III mit breiter (Ost)-Gleiskette, ein Panzerkampfwagen III mit gummisparenden Laufrollen, zwei Panzerkampfwagen III als Flammenwerferpanzer und zwei Panzerspähwagen mit Flammenwerfer-Ausrüstung. An Feindfahrzeugen waren ein T 34 und ein KW I vorhanden.
Speer fuhr den MAN-Panther mehr als 1½ Stunden im Gelände und drückte sich lobend über dessen Fahreigenschaften aus, obwohl zu diesem Zeitpunkt das

Panzerkampfwagen Panther Ausf. D (Sd. Kfz. 171)

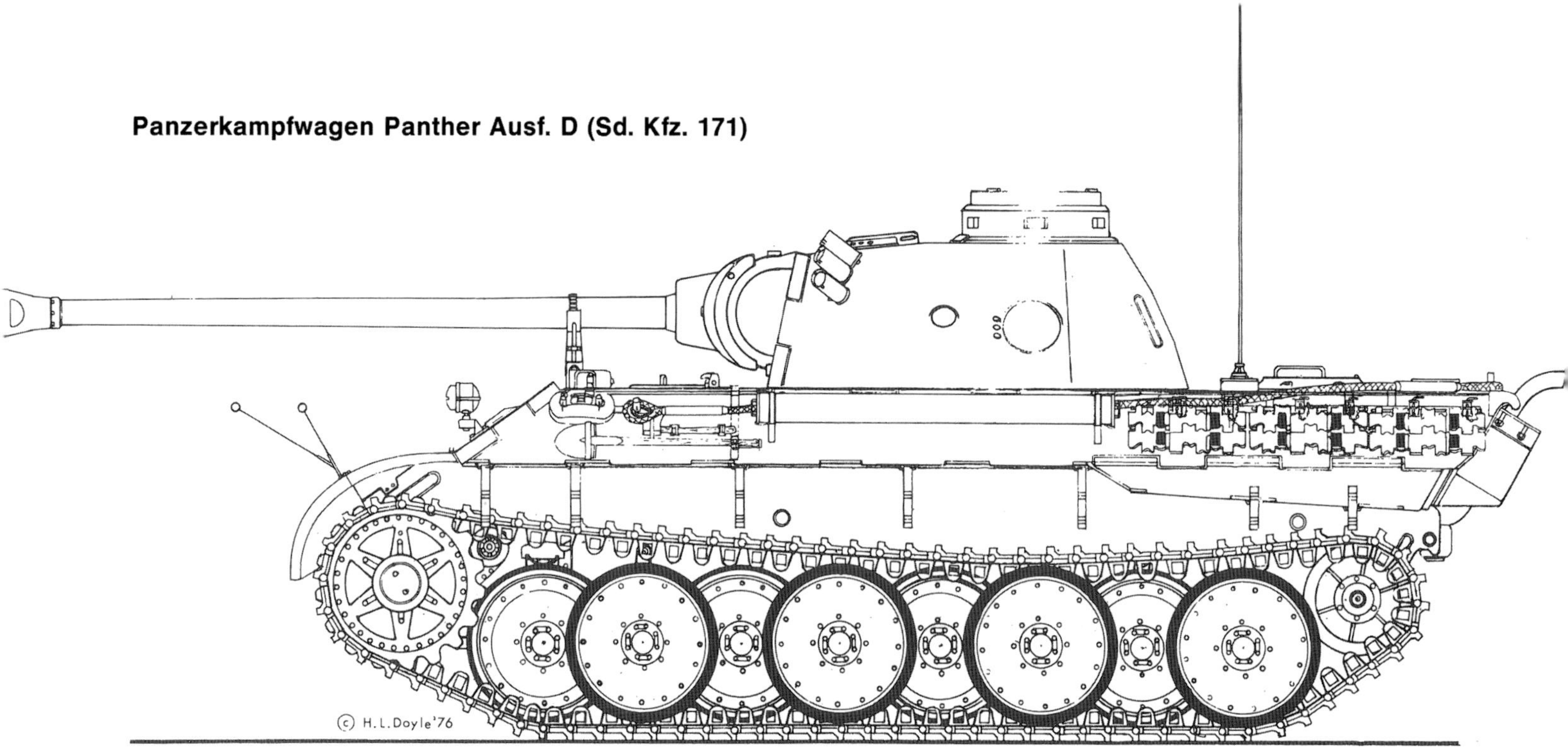

Fahrzeug noch mit einem Kupplungslenkgetriebe ausgerüstet war. Der zweite MAN-Panther, der zu dieser Vorführung abgestellt wurde, war mit einem Überlagerungslenkgetriebe versehen. Es stellte sich bei diesen Versuchen heraus, daß die Überlagerung auch in schwierigem Gelände ausreichte, ohne daß beim Lenken eine Lenkbremse in Anspruch genommen werden mußte.

Die Produktion der Einradien-Lenkgetriebe lief, beginnend mit zwei Stück, am 28. 11. 1942 bei Henschel an. Am 4. 12. 1942 wurde das erste an die MAN gelieferte Lenkgetriebe für den Einbau in das erste Versuchsfahrzeug freigegeben.

Die Maschinenfabrik Augsburg–Nürnberg war im November 1942 nicht in der Lage, die zugesagten Panther zu liefern, die ersten vier Produktionsfahrzeuge sollten im Dezember zur Auslieferung gelangen. Für die ersten 30 Stück war von MAN der Einbau eines Kupplungs-Lenkgetriebes vorgesehen. Im Dezember 1942 lagen bei Henschel Aufträge über 1100 Einradien-Lenkgetriebe vor. Maybach fertigte 20 Motoren HL 210 für die Vorserie Panther.

Am 17. 12. 1942 fand im Rüstungsministerium in Berlin eine Sitzung statt, in der die besondere Dringlichkeit des gesamten Panzer-Programmes hervorgehoben wurde. Bezüglich des Panther stellte Oberst Thomale, OKH/In 6 (Inspektion der Panzertruppen), fest, daß der Einbau der MG noch nicht befriedige. Für den vorgesehenen, an der Heckwand außen angebrachten, abwerfbaren Kraftstoffbehälter, die Winterausrüstung sowie die Tauchfähigkeit mußten noch brauchbare Lösungen gefunden werden. Thomale erklärte sich bereit, die ersten 50 Panther ohne Taucheinrichtung abzunehmen, diese Ausrüstung mußte aber nachgeliefert werden. Hauptdienstleiter Saur vom Reichsministerium für Rüstung und Kriegsproduktion wies darauf hin, daß zwei der ersten Panther mit einer Vorpanzerung von 30 bzw. 50 mm Dicke versehen werden mußten. Während die

Die Vorserienmodelle der MAN waren noch an der in die Turmseitenwand einschneidende Kommandantenkuppel zu erkennen.

Diese Zeichnung einer Propagandazeitschrift zeigt die Aufteilung der Besatzung im Panther. Lediglich der Funker ist nicht zu sehen.

Poststempel der Firma Alkett Berlin-Tegel, die für zahlreiche Panzer-Versuchsentwicklungen verantwortlich zeichnete. Die Firma war nur wenig in der Öffentlichkeit bekannt.

Wannenlieferung gesichert erschien, gab es bei der Turmlieferung Schwierigkeiten. MAN erhielt den ersten Turm für den im November abzuliefernden Panther erst am 15. 12. 1942. Mit der Fertigung der Optik wurde erst am 24. 12. 1942 begonnen. Maybach erklärte, daß die Versorgung mit Motoren sichergestellt sei. Die rechtzeitige Anlieferung der Lenkgetriebe war voraussichtlich zu erreichen. Saur entschied, daß für den Panther nur ZF-Allklauenschaltgetriebe infrage kämen. Thomale wies darauf hin, daß von der Truppe die Federung als zu weich angesehen würde. Die Beschaffung verstärkter Schwingarme wurde mit Nachdruck betrieben. Bei der Fertigung der Schwingarme war ein Engpaß zu erwarten. Für die Lieferung von Lüfterantrieben durch Fross-Büssing wurde noch eine verbindliche Lieferzusage seitens der MAN erwartet.
Saur wies ausdrücklich darauf hin, daß die Fertigung der Panzer III nicht nebensächlich wäre und die vorgesehenen Ausstoßzahlen unbedingt eingehalten werden mußten. Alle am Panther-Programm beteiligten Firmen stellten zu diesem Zeitpunkt den Panzer III in Großserie her.
Am 4. 1. 1943 waren bei Henschel die ersten drei Panther-Wannen mechanisch fertig bearbeitet und standen zur Montage bereit. Es fehlten wichtige Teile zur weiteren Verarbeitung wie das Hand- und Fußhebelwerk. MAN wurde als Zulieferer von Henschel darauf aufmerksam gemacht, daß die Montage stehe und wegen der Nichtzuteilung gewisser Teile nicht weitergefertigt werden konnte. Durch die am 31. 12. 1942 bekanntgegebenen umfangreichen Änderungen am Einradien-Lenkgetriebe trat eine Verzögerung von zwei Wochen im Ausstoß ein. Das Risiko des Einbaus eines nicht erprobten Lenkgetriebes wurde bewußt in Kauf genommen.

Am 5. 1. 1943 teilte der Reichsminister für Rüstung und Kriegsproduktion mit, daß sich bei der Montage der ersten Panther bei den Firmen MAN und Daimler-Benz Schwierigkeiten verschiedenster Art ergeben hatten. Henschel und die Maschinenfabrik Niedersachsen-Hannover wurden aufgefordert, vorübergehend einen geeigneten Fachmann zu einer der beiden erstgenannten Firmen zu schicken, um sich dort mit den Problemen der Panther-Fertigung vertraut zu machen.
Zu diesem Zeitpunkt wurde die geplante Fertigung des Aufklärungspanzers Leopard zugunsten des Panther aufgegeben. Hitler verlangte Untersuchungen, den Panther mit einer 7,5 cm Kanone der Länge L/100 oder einer noch stärkeren Bewaffnung auszurüsten. Um höhere Durchschlagsleistungen zu erreichen, sollten seiner Meinung nach entsprechend schärfere Pulverarten verwendet werden.
Laut Führerbefehl vom 8. 1. 1943 sollte im Zuge der gegenseitigen Rüstungshilfe der Panther in Italien für die italienischen Streitkräfte nachgebaut werden. Dabei sollten weder der italienische Staat noch die in Frage kommenden Nachbaufirmen irgendwelche Lizenzgebühren entrichten. Die zum Nachbau notwendigen Zeichnungen und Konstruktionsunterlagen waren dem königlich-italienischen Kriegsministerium ausgehändigt worden.
MAN war es trotz aller Anstrengungen nicht gelungen, die bis Ende Dezember 1942 zugesagten vier Panther auszuliefern. Rheinmetall konnte auch die Türme noch nicht beistellen. An den Fahrgestellen traten immer wieder neue Schwierigkeiten auf. Betroffen waren vor allem die Zahnräder der Seitenvorgelege. ZF hatte hier, um einen möglichst starken Zahnfuß zu bekommen, eine korrigierte Zahnform verwendet, die bereits nach kurzer Fahrtstrecke erkennbare Dauerbrüche aufwies.

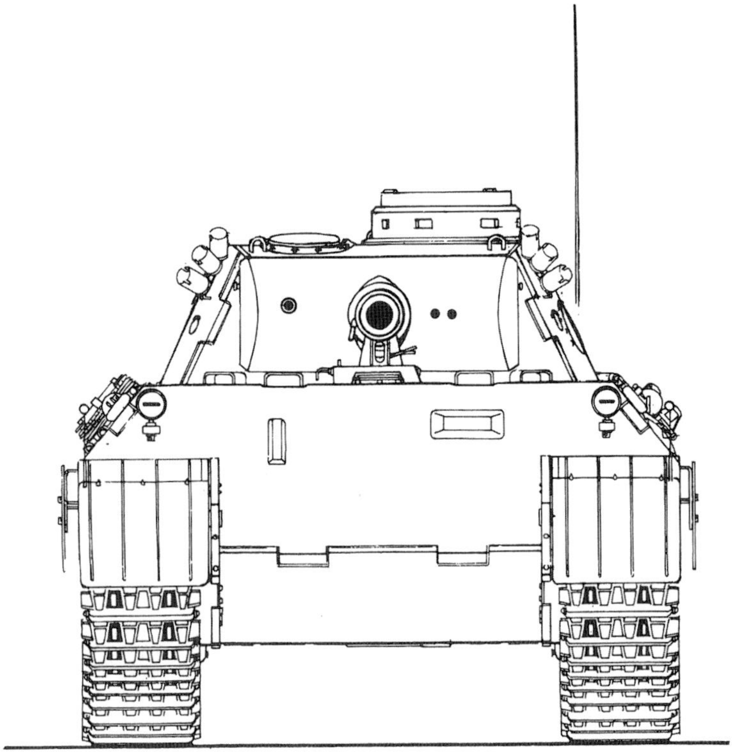

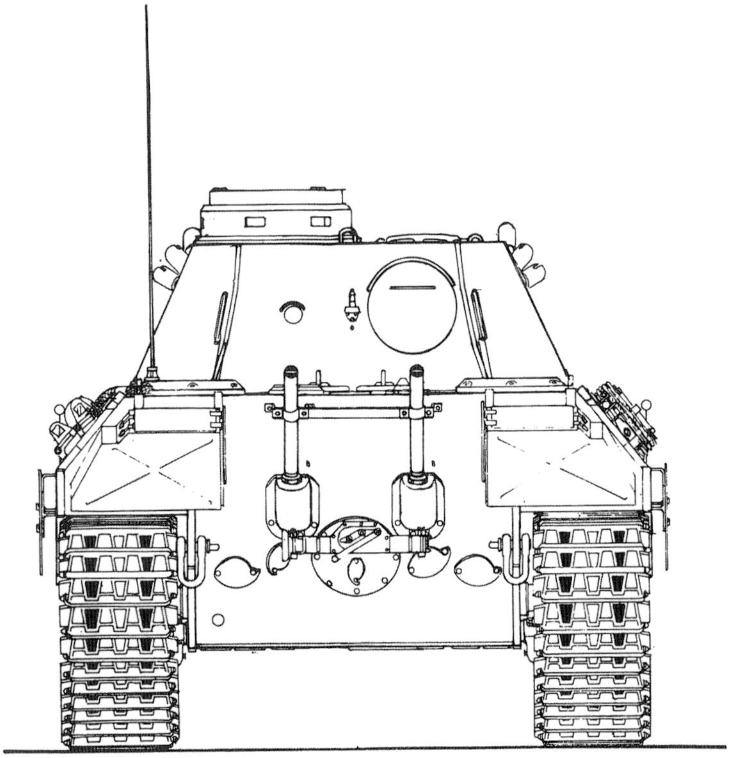

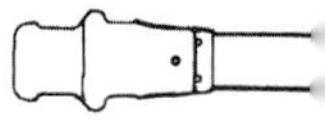

4-Seitenansicht des ersten Produktionsmodells Panzerkampfwagen Panther Ausf. D (Sd. Kfz. 171)

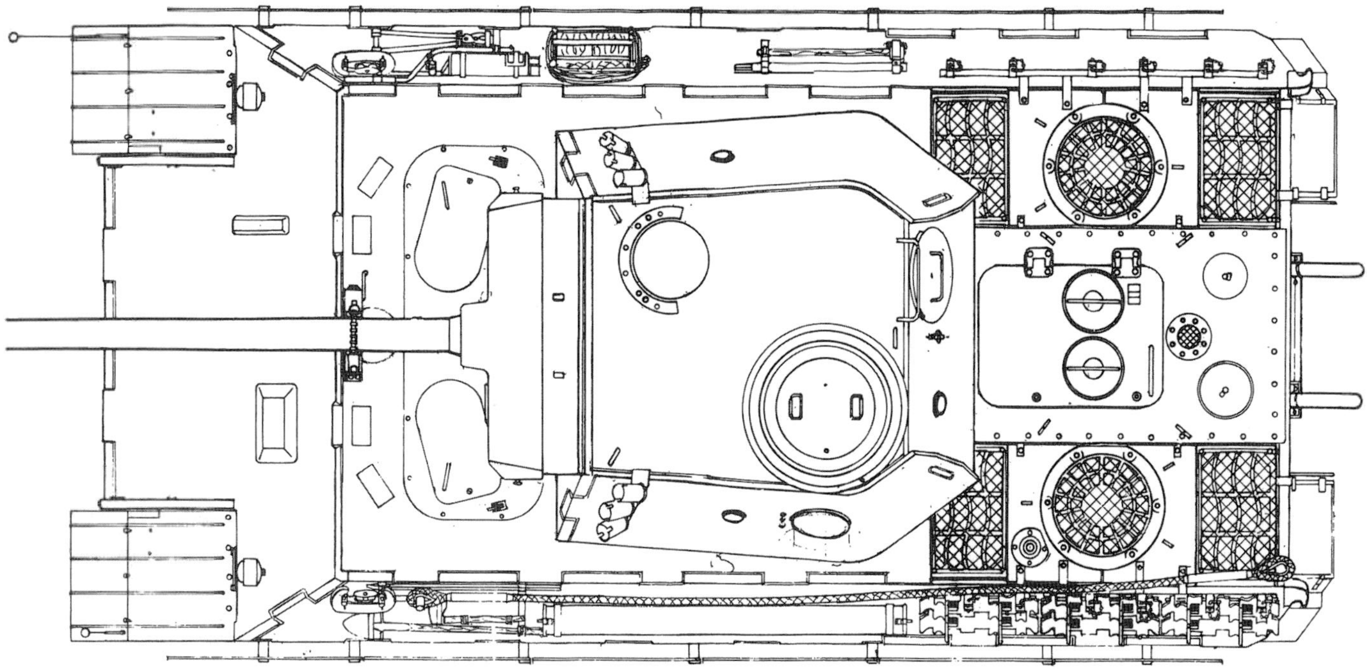

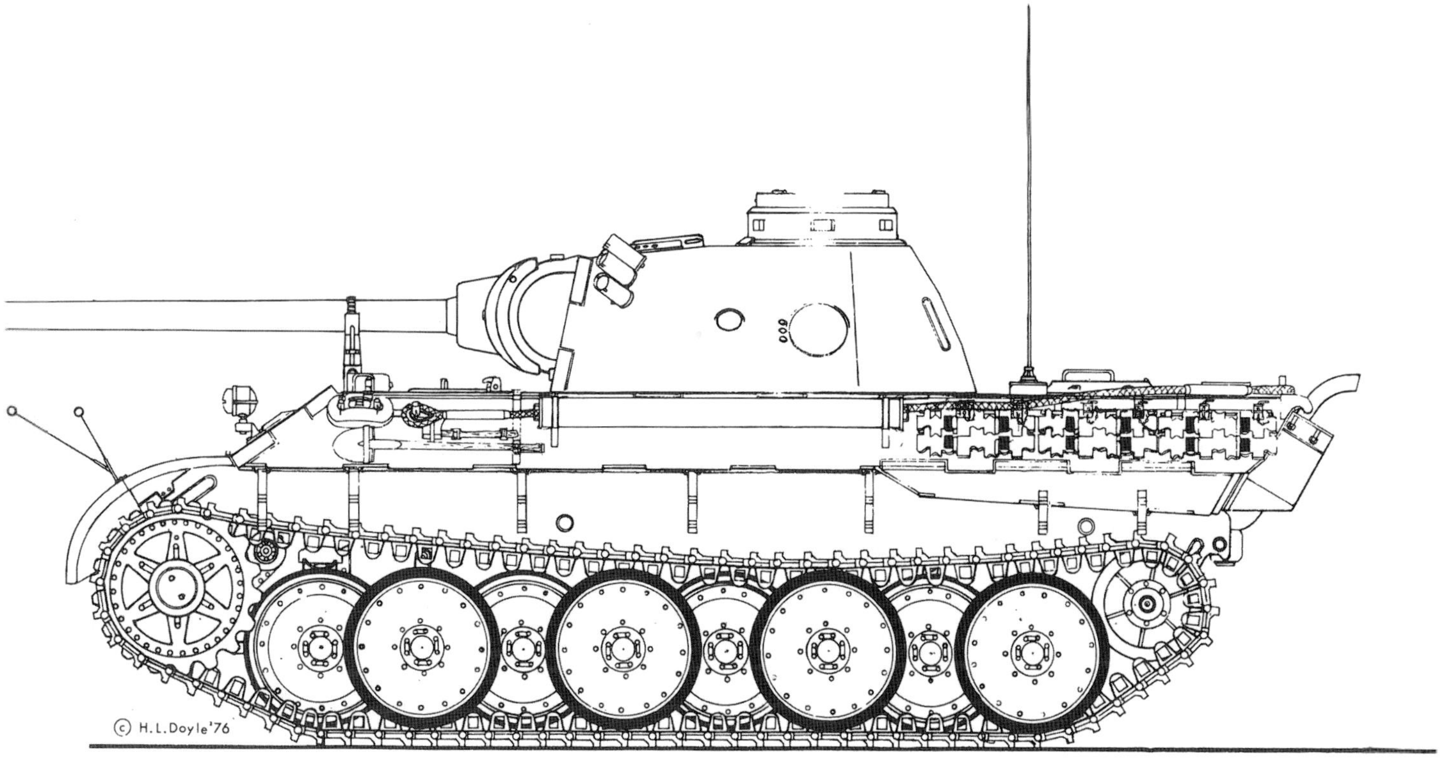
© H.L.Doyle'76

Der erste Panther bei MAN wurde am 11. 1. 1943 fahr- und funktechnisch abgenommen. Bis Ende Januar 1943 sollten von MAN 14 Panther fertiggestellt sein.
Der Terminplan bei Henschel für die Fertigstellung des ersten Panther sah eine Übergabe an den Einfahrbetrieb für den 18. 1. 1943 vor. Die ersten Fahrzeuge wurden ohne Winterausrüstung und Tauchanlage geliefert. Die Firma Wegmann gab bekannt, daß die ersten beiden, bei ihr gefertigten Panther-Türme, am 15. bzw. 17. 1. 1943 ausgeliefert würden. Im Laufe des Januar 1943 fanden eingehende MAN-Werksversuche mit dem Einradien-Lenkgetriebe statt. Bei Henschel befanden sich Ende Januar 1943 sechs Fahrzeuge auf der Taktstraße. Daimler-Benz teilte am 25. 1. 1943 mit, daß zugunsten der Panther Produktion die Marine-Motorenfertigung beschleunigt aus dem Werk Berlin-Marienfelde verlagert werden mußte.
Eine Aufstellung des Hauptausschusses Waffen vom 29. 1. 1943 vermittelt einen interessanten Einblick in das vom Reichsminister für Rüstung und Kriegsproduktion festgelegte Panzerproduktionsprogramm. Ab Oktober 1943 sollten monatlich folgende Stückzahlen zur Auslieferung kommen:

- 150 leichte Panther (mit 5 cm KwK 39 L/60)
- 900 schwere Panther (mit 7,5 cm KwK 42 L/70)
- 75 Tiger
- 10 Mäuschen
- 250 leichte Sturmgeschütze (auf Panzer III)
- 250 schwere Sturmgeschütze (auf Panther)
- 200 leichte Selbstfahrlafetten (auf Panzer II)
- 150 schwere Selbstfahrlafetten (auf Panzer III/IV)
- 15 superschwere Selbstfahrlafetten (auf Tiger)

Am 24. 1. 1943 trafen der erste und zweite, am 26. 1. der dritte MAN-Serienpanther bei der Panzer-Abteilung 51 auf dem Truppenübungsplatz Grafenwöhr ein. Da die beiden ersten Fahrzeuge der Truppe für Ausbildungszwecke zur Verfügung gestellt werden mußten, stand nur das dritte für Industrieversuche zur Verfügung. Der vierte MAN-Panther wurde an die Verskraft in Kummersdorf für die Einleitung von Erprobungen geliefert, die noch nicht begonnen hatten. Die Fahrzeuge waren von der amtlichen Abnahme nicht freigegeben worden, kamen aber auf persönlichen Befehl Speers zur Truppe. Die Abnahme sollte auf dem Truppenübungsplatz Grafenwöhr nachgeholt werden. Von der rechten und linken vorderen unteren Ecke des Turmgehäuses mußten

Die ersten Panther-Wannen auf dem Wannenbohrwerk der MAN.

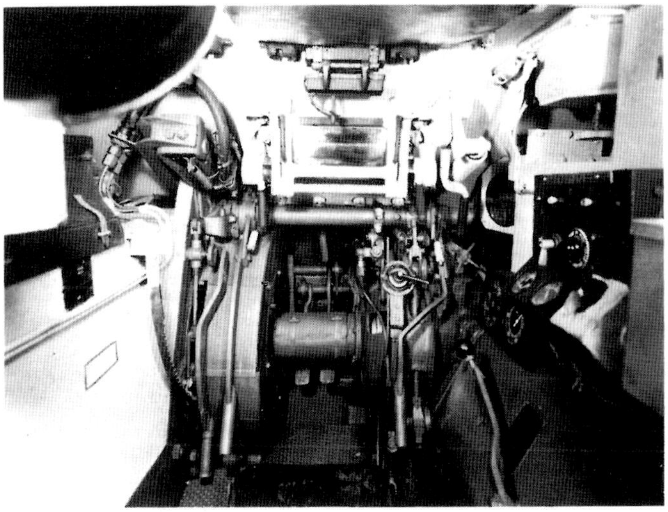

Fahrersitz im Panther.

Fahrer- und Funkersitz mit dazwischenliegendem Schalt- und Lenkgetriebe. Bei der ersten Panther-Ausführung war beim Funker nur eine MG-Klappe vorhanden.

Hier wird der Sitz des Turmdrehkranzes bearbeitet.

Anfang 1943 lief die Serienfertigung des Panther bei vier Herstellern an.

Ein Blick in die Wanne zeigt die Doppelandordnung der Drehstäbe, sowie die Gelenkwellen vom Motor zum Getriebe.

Details der Panther-Fertigung bei der Maschinenfabrik Augsburg-Nürnberg in Nürnberg.

Das fertige Fahrgestell wird auf die Gleisketten gehoben.

Bei einem der ersten von MAN hergestellten Panther wird die Anbringung der Werkzeuge und sonstigen Ausrüstung an beiden Fahrzeugseiten gezeigt.

bis zu 30 mm abgenommen werden, da diese Ecken gegen die geschlossenen Fahrer- und Funkerluken stießen. Ferner ergaben sich Probleme beim Turmschwenkwerk, da sich bei Schräglage des Panther der Turm nicht drehen ließ.

Die bei allen vier Herstellern anlaufenden Produktionsfahrzeuge führten die Bezeichnung Panzerkampfwagen Panther, Ausführung D (Sd. Kfz. 171). Es wurden ca. 850 Panther, Ausführung D, gebaut.

Der Panzerkampfwagen Panther bestand aus dem Fahrgestell und dem um 360° drehbaren Turm. In der Panzerwanne trennte eine Schottwand den Kampf- vom Motorraum. Die Wanne diente zur Aufnahme des Motors, der Kraftübertragungsteile sowie der Laufwerklagerung. In der Panzerwanne und im Turm waren Klappen, Deckel und Ventile angebracht, die verschiedenen Zwecken dienten. Bei einem inzwischen entstandenen Gefechtsgewicht von 45 t – ursprünglich 35 t (!) – und einer Motorenleistung von 700 PS war ein Leistungsgewicht von 15,5 PS/t gegeben.

Der Motor, ein flüssigkeitsgekühlter, 12-Zylinder V-Form-Vergasermotor der Bauart HL 230 P 30 war eine Entwicklung der Maybach-Motoren-Gesellschaft in Friedrichshafen. Mit der Konzeption des Motors HL 230 hatte Maybach versucht, in weitestgehendem Maße alle Forderungen zu erfüllen, die ein Kampfpanzer der 30 bis 40 t Gewichtsklasse stellte. Weitgehend wurde die Forderung nach geringer Baulänge erfüllt. Der Motor war damit kaum länger als der bewährte 12-Zylinder-Motor HL 120, der in den Panzerkampfwagen III und IV vorhanden war. Die einmalig geringe Baulänge hatte wesentlich dazu beigetragen, daß der Motorraum des Panthers sehr kurz gehalten werden konnte und dadurch Gesamtlänge und Gewicht günstig beeinflußt wurden. Der Anteil des Kampfraumes zum Gesamtraum betrug somit 63,7 %. Auch das Gewicht des Motors konnte niedrig gehalten werden, obwohl für die Großserie der zuerst in Leichtmetallausführung vorgestellte HL 230 Motor auf Grauguß umgestellt werden mußte. Der Graugußblock zeichnete sich durch eine hohe Steifigkeit aus. Das Leistungsgewicht des Motors betrug 1,72 kg/PS bei einer Hubraumleistung von 30,5 PS/l und einer mittleren Kolbengeschwindigkeit von 14,5 m/s.

Die Entwicklungszeit, die für ein so hochgespanntes Ziel besonders lang hätte sein müssen, stand nicht zur

Seitenansicht des Panther, Ausf. D mit anfangs vorhandener Kommandantenkuppelausführung, MP-Pfropfen und Verständigungsöffnung in der Turmseitenwand.

Fahrzeug aus der Henschel-Fertigung vor dem Aufziehen der Gleisketten.

Panzerkampfwagen Panther Ausf. D.

Bei Henschel wurden Panther und Tiger zur gleichen Zeit gebaut. Der Panther trägt bereits den ab 1943 eingeführten RAL 7028-Anstrich Dunkelgelb, während der Tiger noch die Rostschutz-Grundierfarbe RAL 8012 Rot hat.

Das erste an die Henschel-Versuchsstelle gelieferte Fahrzeug, welches in Haustenbeck für Unterwasserversuche vorbereitet wurde (Fahrgestell Nr. 212061).

An dieser Stelle peitschte die Gleiskette gegen die Laschen der Schürzenhalterung und riß diese ab.

Die Anbringung der seitlichen Kettenschürzen wies zu schwache Halterungen auf.

Die Kettenschürzen wurden ineinander geschoben und verformt.

Verfügung, als der Panther unerwartet sehr schnell entwickelt werden und in Serie gehen mußte. Es war daher nicht möglich, die Entwicklung abzuschließen und die notwendige Erprobung durchzuführen.
Die Truppe hatte zu den Maybach-Motoren ein Vertrauen gewonnen, da die verschiedenen Motoren für die neuentwickelten Panzerfahrzeuge kaum nennenswerte Schwierigkeiten bereitet hatten. Beim schnellen Aufbau der Wehrmacht konnte kaum ein Panzer bis zur Serienreife entwickelt werden. Im Gegensatz zu den Motoren waren die anlaufenden Serien mit allerlei Mängeln behaftet, die erst spät in der laufenden Fertigung beseitigt werden konnten. Die noch beim Motorenmuster HL 120 nebeneinander auf der Kurbelwelle liegenden Pleuellager waren durch ein Gabelpleuel und ein auf den gleichen Kurbelzapfen liegendes Faustpleuel ersetzt worden, womit der Motor um einen halben Zylinderdurchmesser kürzer wurde. Die an diesen Lagern im Anfang auftretenden Schäden konnten behoben werden. Die Probleme, die durch die gegenüber den vorhergehenden Baumustern wesentlich verringerten Zylinderabstände entstanden, waren nicht so leicht in den Griff zu bekommen. Alle diese Anlaufschwierigkeiten, die folgerichtig bei der Truppe im Einsatz zu großen Schwierigkeiten führen mußten, konnten am Ende der Entwicklung weitgehend besei-

Eine herausgerissene Halterung für die Kettenschürzen.

Der auf dem Bild ersichtliche Deckel in der Mitte der Heckwand ließ sich anfangs nicht abdichten. Eine neue Dichtung mußte entwickelt werden.

Der oberhalb der Kettenschürzen angebrachte Behälter für das Rohrwischgerät erwies sich beim Tauchen als undicht.

Durch die Ablagerung von Staub oder Sand ließ sich die Fahrersehklappe nicht einwandfrei schließen.

tigt werden, so daß auch der HL 230 Motor fast die Betriebssicherheit der anderen Maybach Motoren erreichte. Die nassen Zylinder-Laufbüchsen der in V-Form angeordneten Zylinder waren auswechselbar. Der Kurbeltrieb bestand aus der Kurbelwelle mit Schwungrad, den Pleuelstangen und Kolben. Diese waren aus Leichtmetall geschmiedet. Die Kurbelwelle war in Rollenlagern siebenfach gelagert. In späteren Ausführungen stützte ein achtes Lager die Kurbelwelle auf der Schwingungsdämpferseite ab. Auf jedem Kurbelzapfen befand sich ein Gabelpleuel, welches ein Nebenpleuel für die zweite Zylinderseite umfaßte. Die Nockenwelle war im Zylinderkopf gelagert und betätigte über Kipphebel die schräg hängenden Ventile. Die kleineren Auslaßventile waren zur besseren Kühlung hohl und mit einem besonderen Salz gefüllt.

Um bei starken Schräglagen des Fahrzeugs eine einwandfreie Schmierung der Motorteile zu erzielen und mit Rücksicht auf eine im Panther geforderte geringe Bauhöhe war, wie bei allen Panzerkampfwagen, eine Trockensumpfschmierung vorhanden.

Die Anlage zum Kühlen des Motorkühlwassers und des Getriebeschmieröles konnte für die Fahrt unter Wasser (UK-Fahrt) abgestellt werden. Die Kühler, die Lüfter und die Luftführung waren vom Motorraum getrennt und gegen Wassereintritt abgedichtet. In den Seitenschrä-

Vorderansicht des für Tauchversuche hergerichteten Panther.

Ursprüngliche Form der Walzenblende mit Geschützzurrung.

Beiderseits am Heck waren Blechkästen zur Unterbringung des Mannschaftsgepäcks angebracht. Auch sie erwiesen sich als undicht.

Panther, fertig zur Abnahme.

Panther, Ausf. D bei der Abnahme.

In den offiziellen Erkennungsblättern wurde nun erstmals auch der Panther geführt. Unten noch ein Fahrzeug mit kugelförmiger Mündungsbremse.

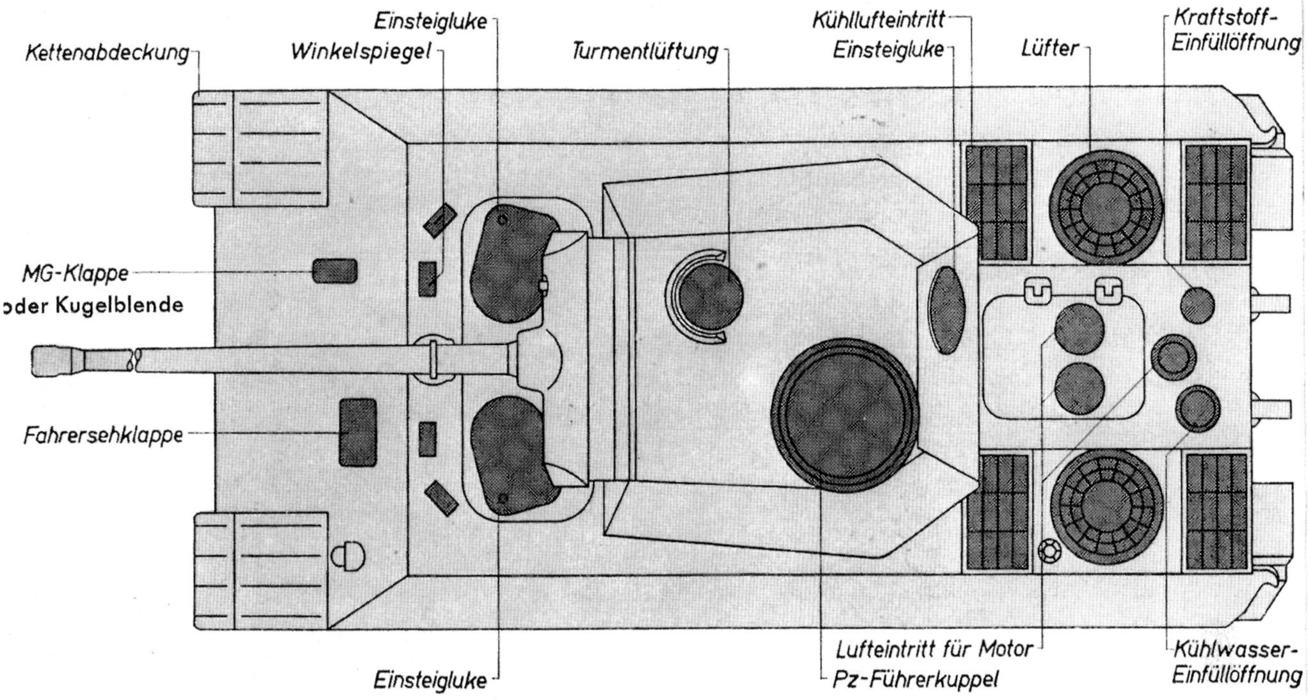

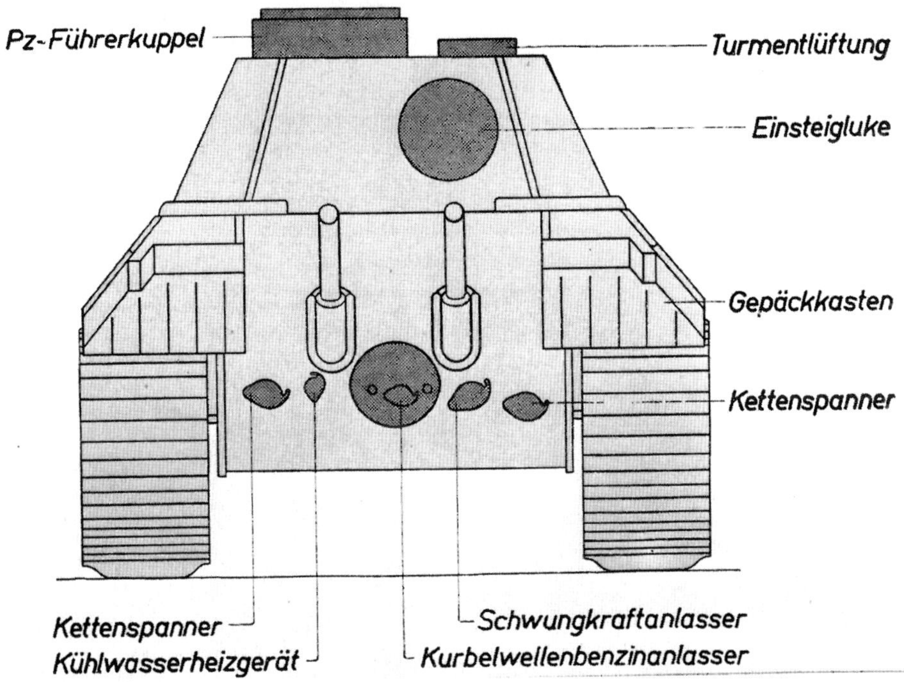

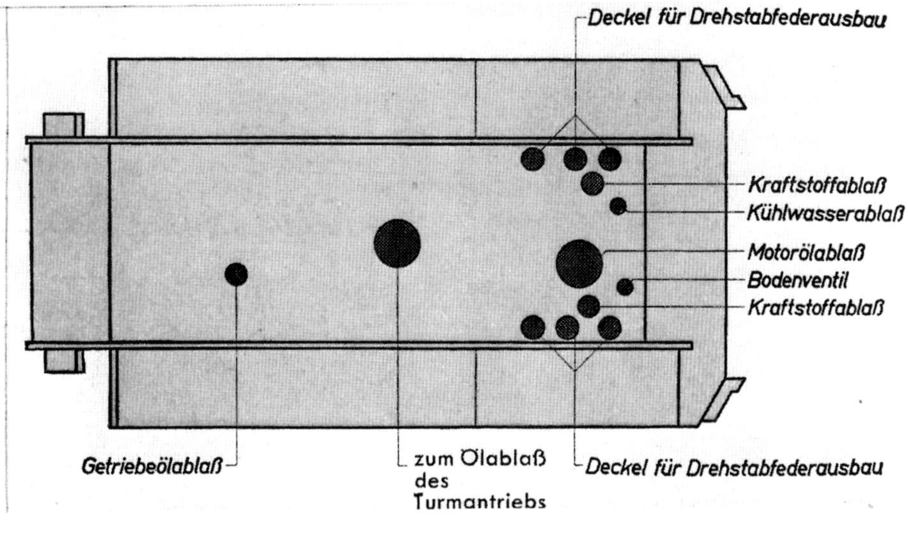

Eine schematische Darstellung des Panther zeigt die Ansicht von oben, die Heckansicht sowie die Panzerwanne von unten. Einstiegsöffnungen und Wartungsöffnungen sind dunkel angedeutet.

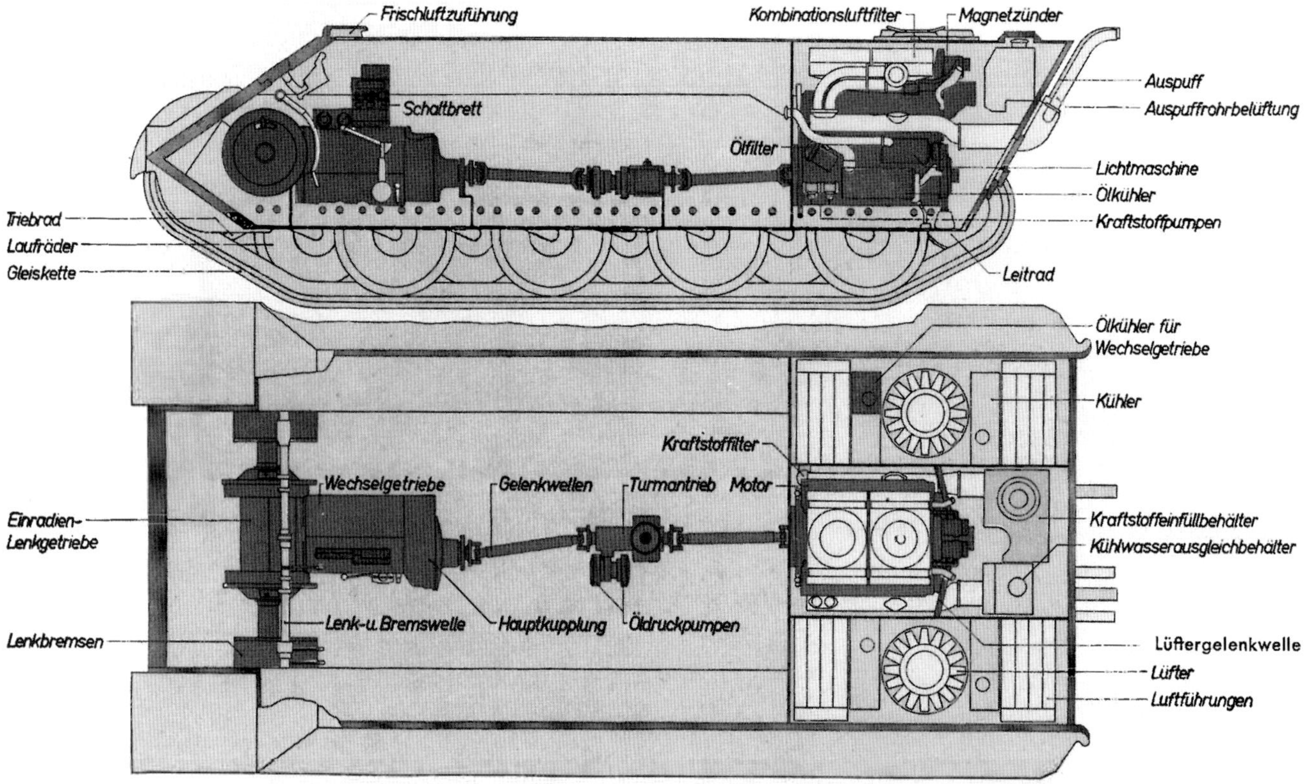

Die Antriebsaggregate des Panther in schematischer und perspektivischer Darstellung.

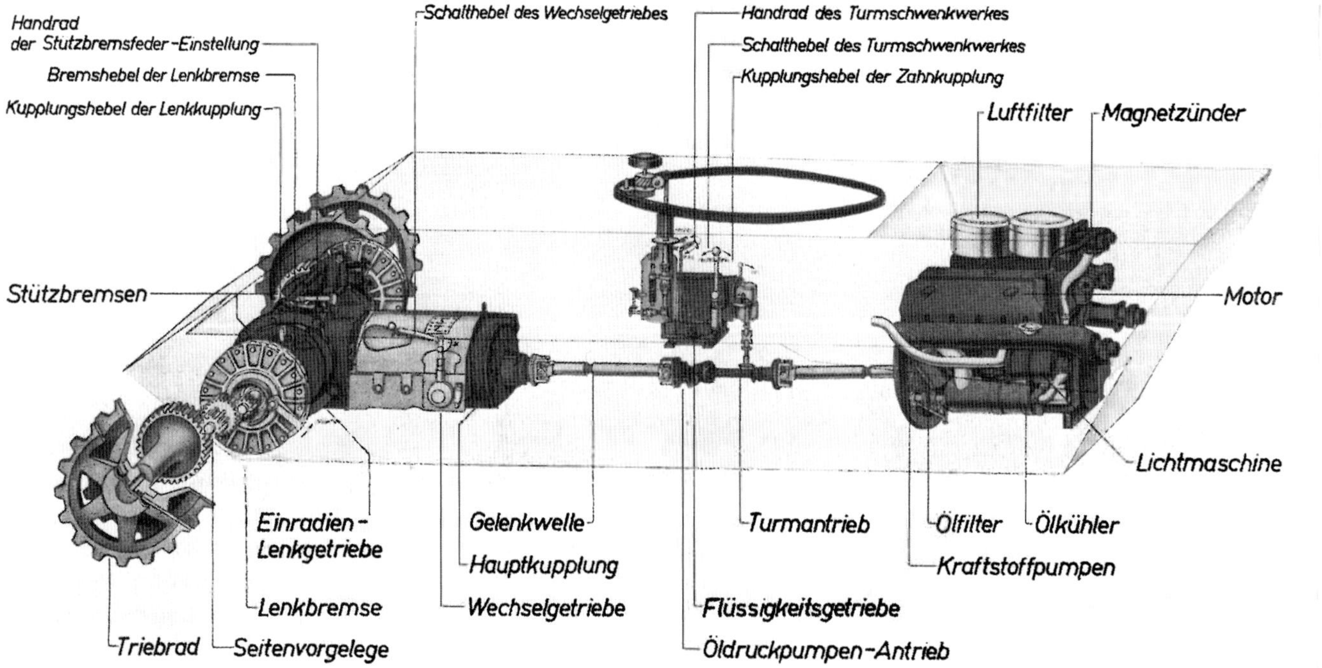

Motor, Lichtmaschinenseite (Wirbelöl-Luftfilter).

Motor, Anlasserseite (Wirbelöl-Luftfilter).

Motor, Lichtmaschinenseite (Kombinations-Luftfilter).

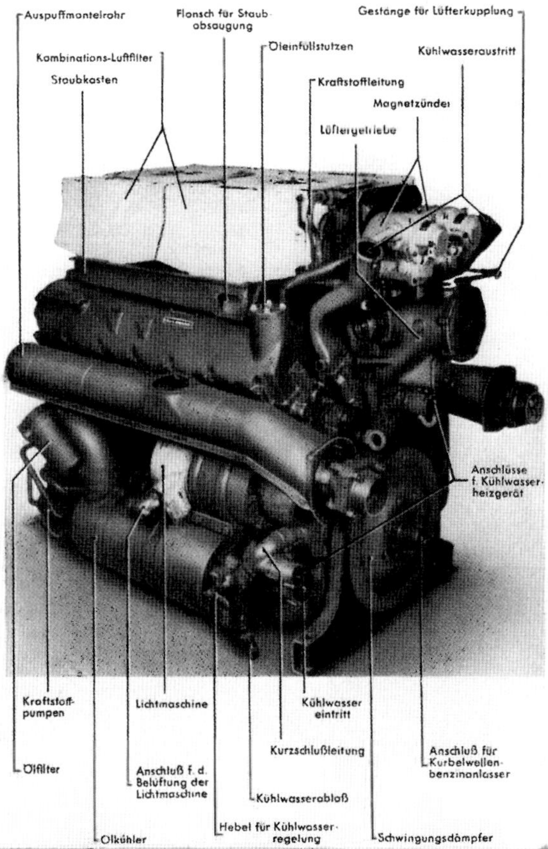

Motor, Anlasserseite (Kombinations-Luftfilter).

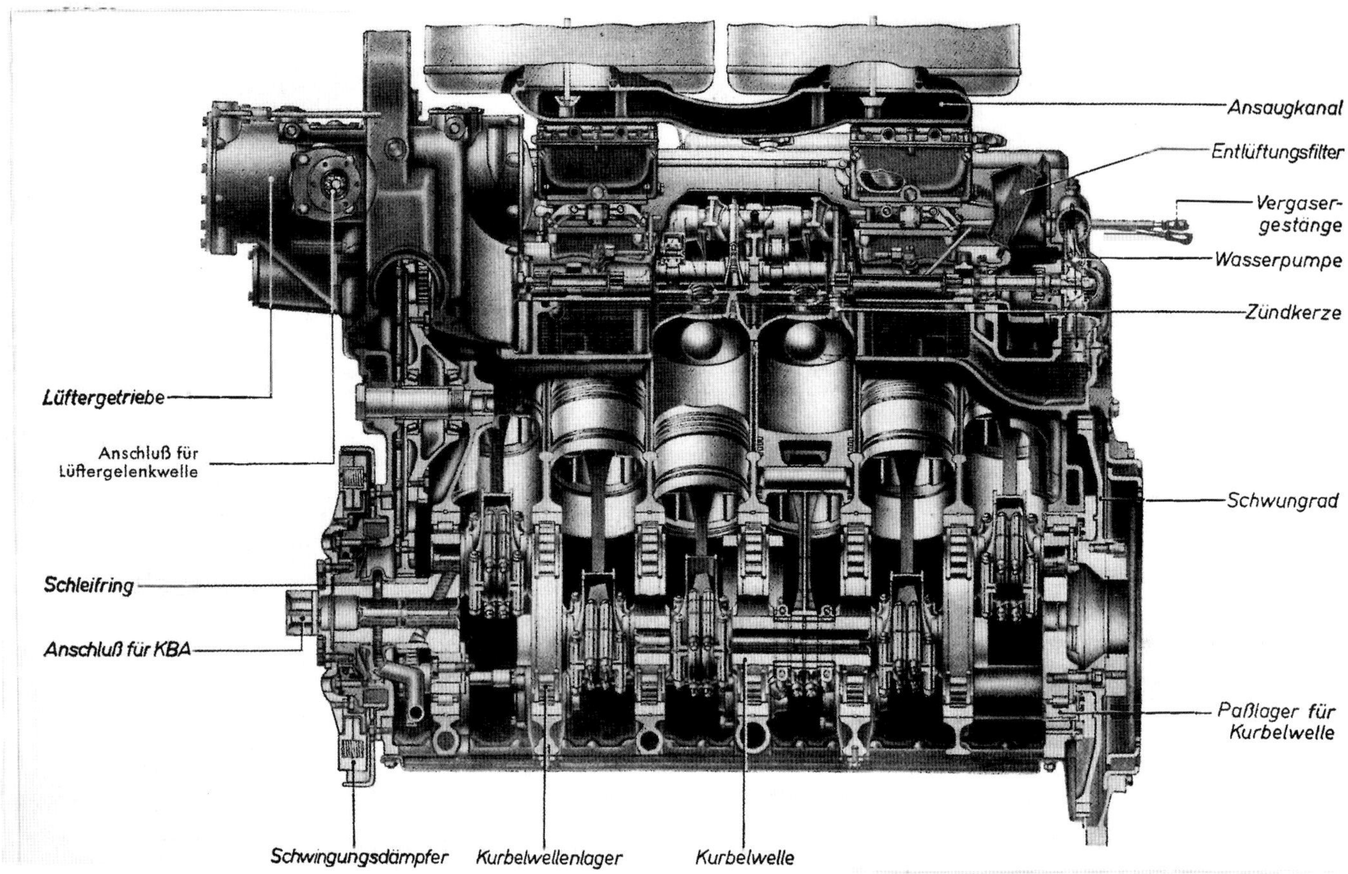

Oben: Motor, Längsschnitt.

Unten: Motor, Querschnitt.

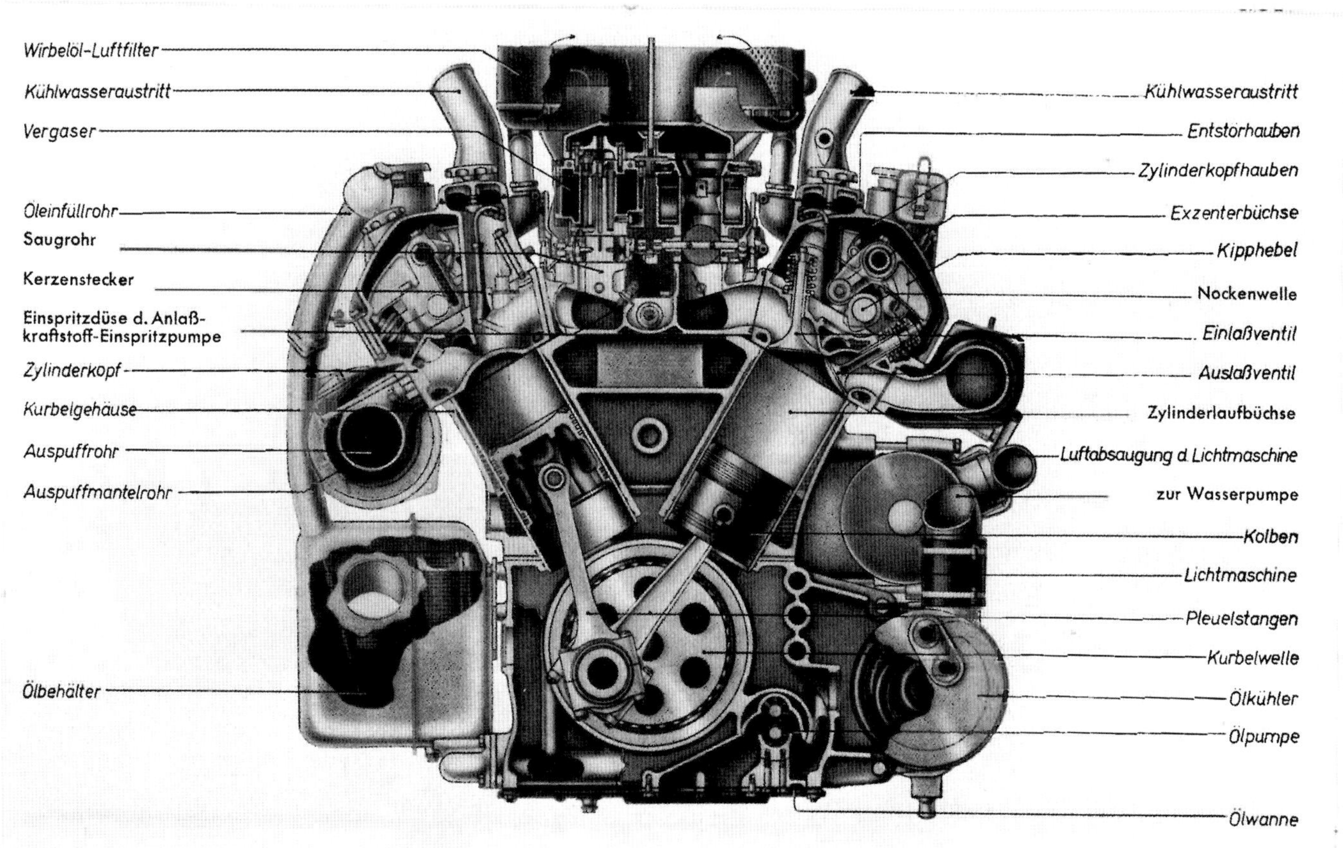

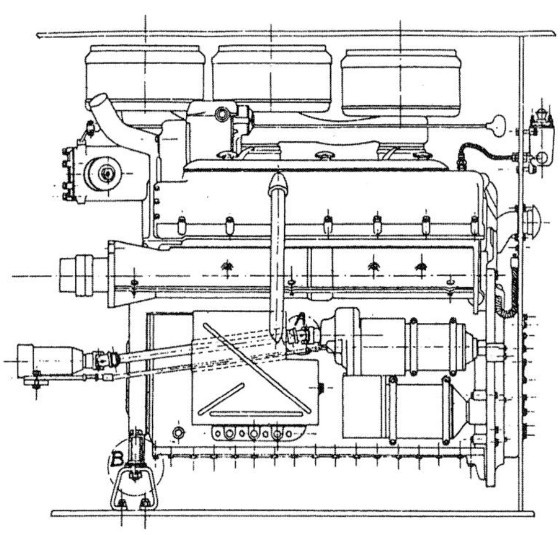

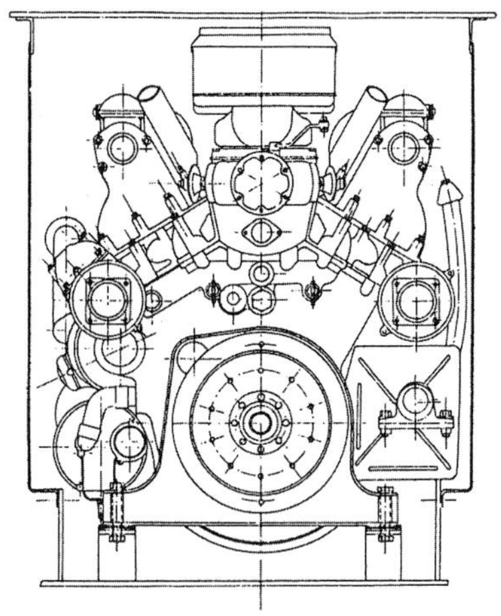

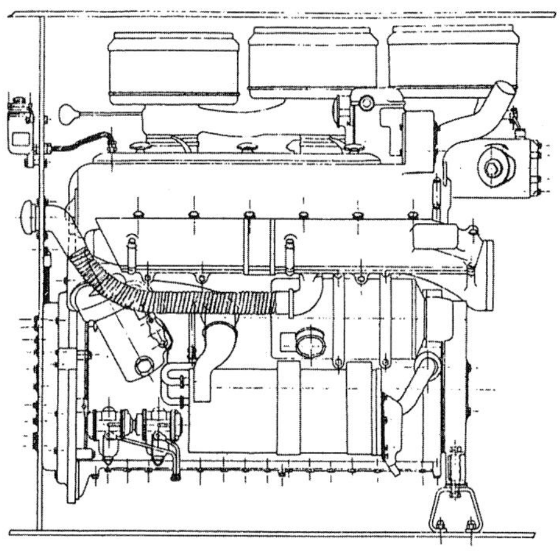

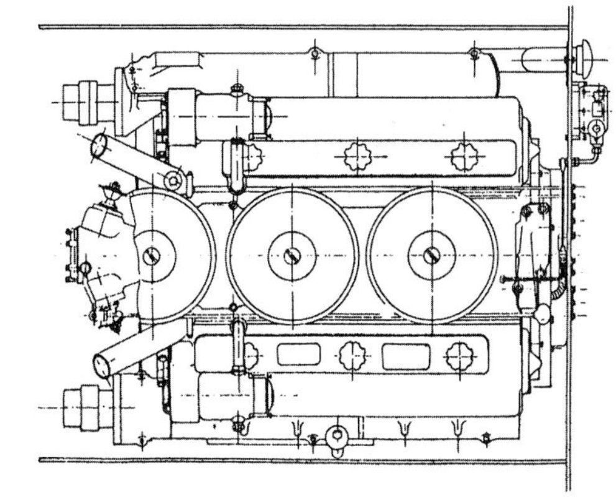

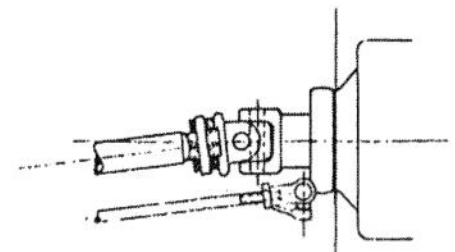

HL 210

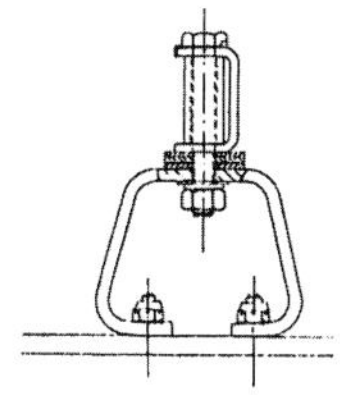

Gegenüberstellung der Motoren Maybach HL 210 und HL 230.

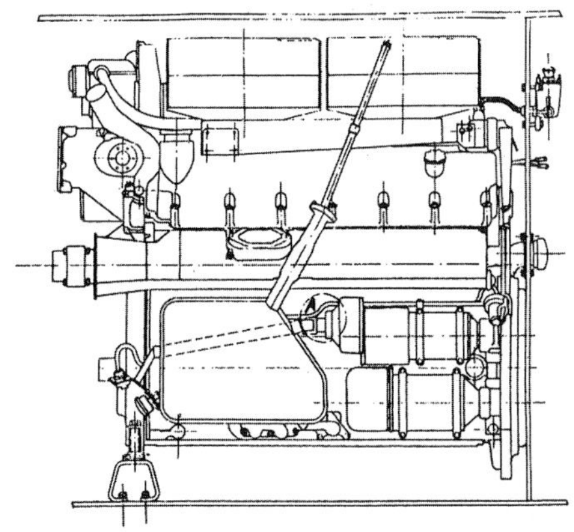

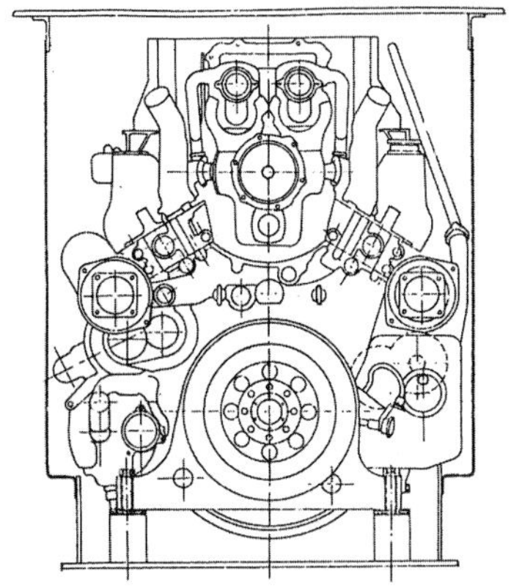

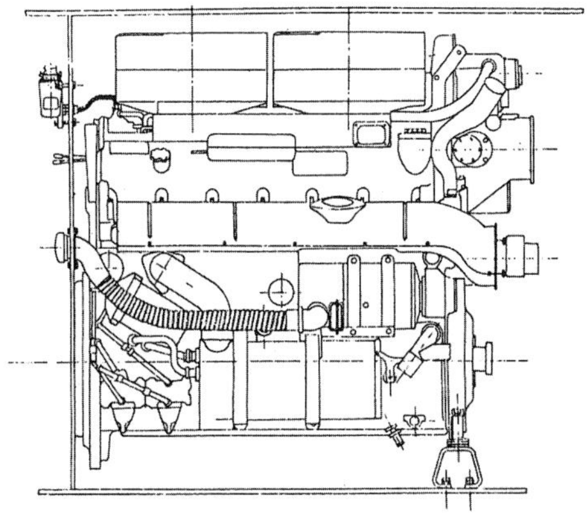

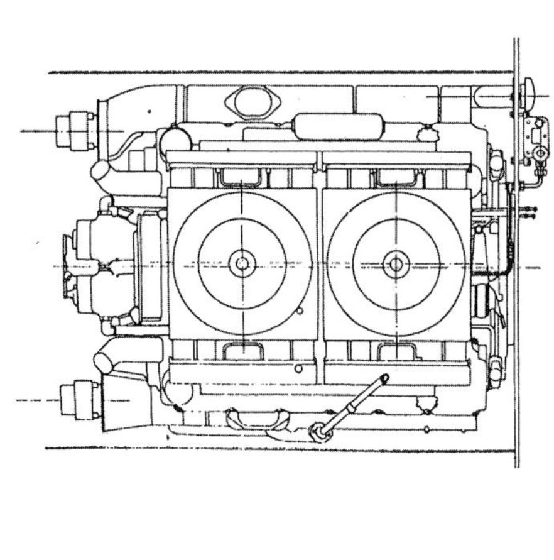

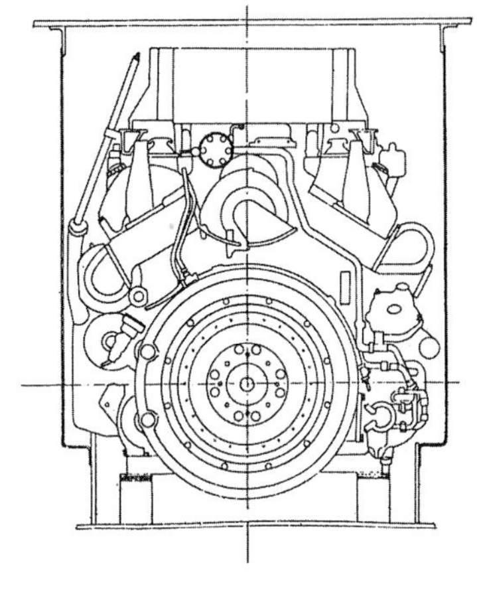

HL 230

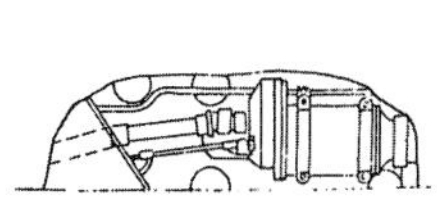

Maybach-Zeichnung im Maßstab 1:2 der Zylinderanordnung beim Motor HL 230. Der enge Zylindersprung war gegeben durch Verwendung der Scheibenkurbelwelle. Die geringen Wasserräume an den Wänden haben in keinem Fall zu Kolbenfressern geführt; es war nicht notwendig, besondere Maßnahmen zu treffen.

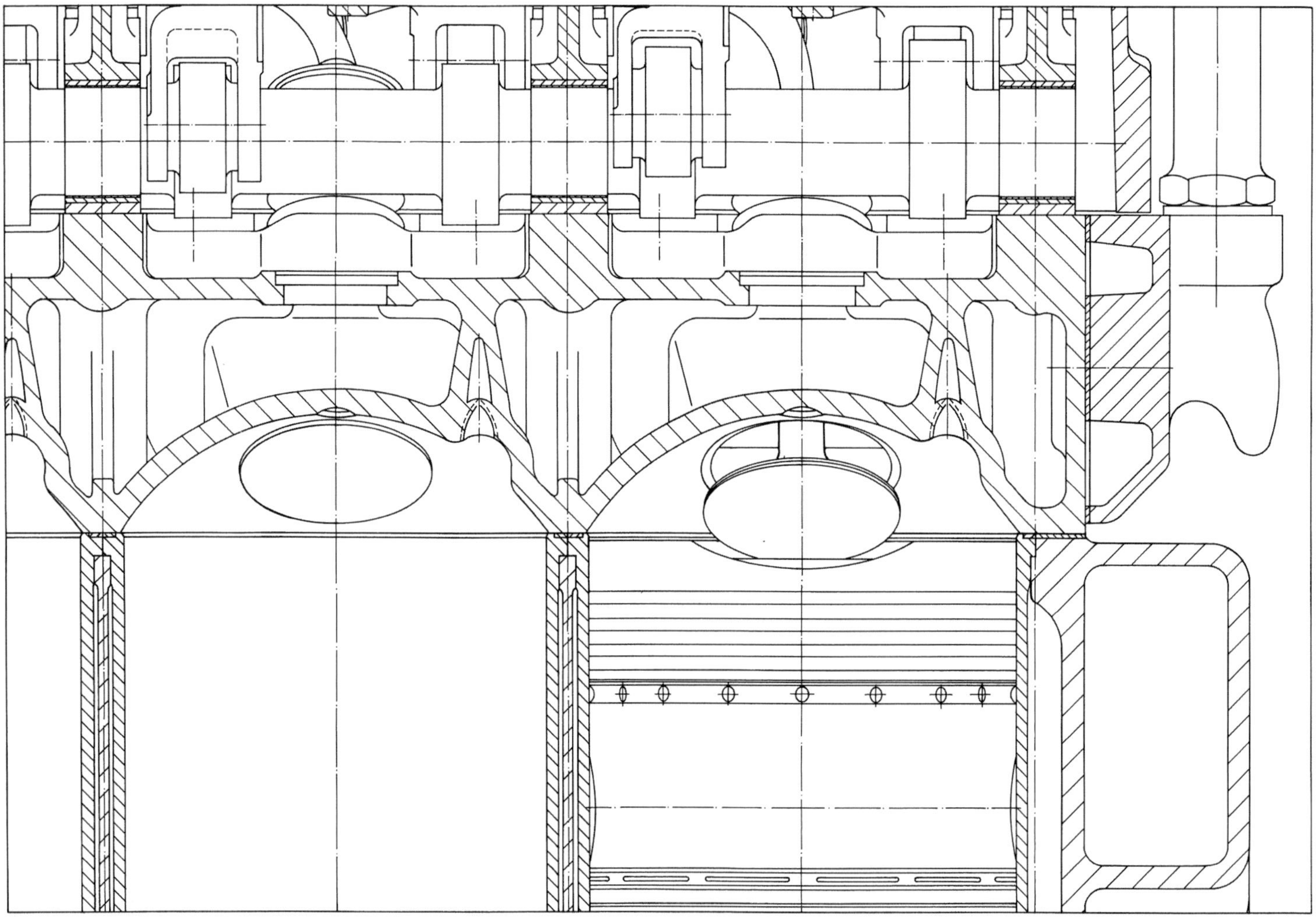

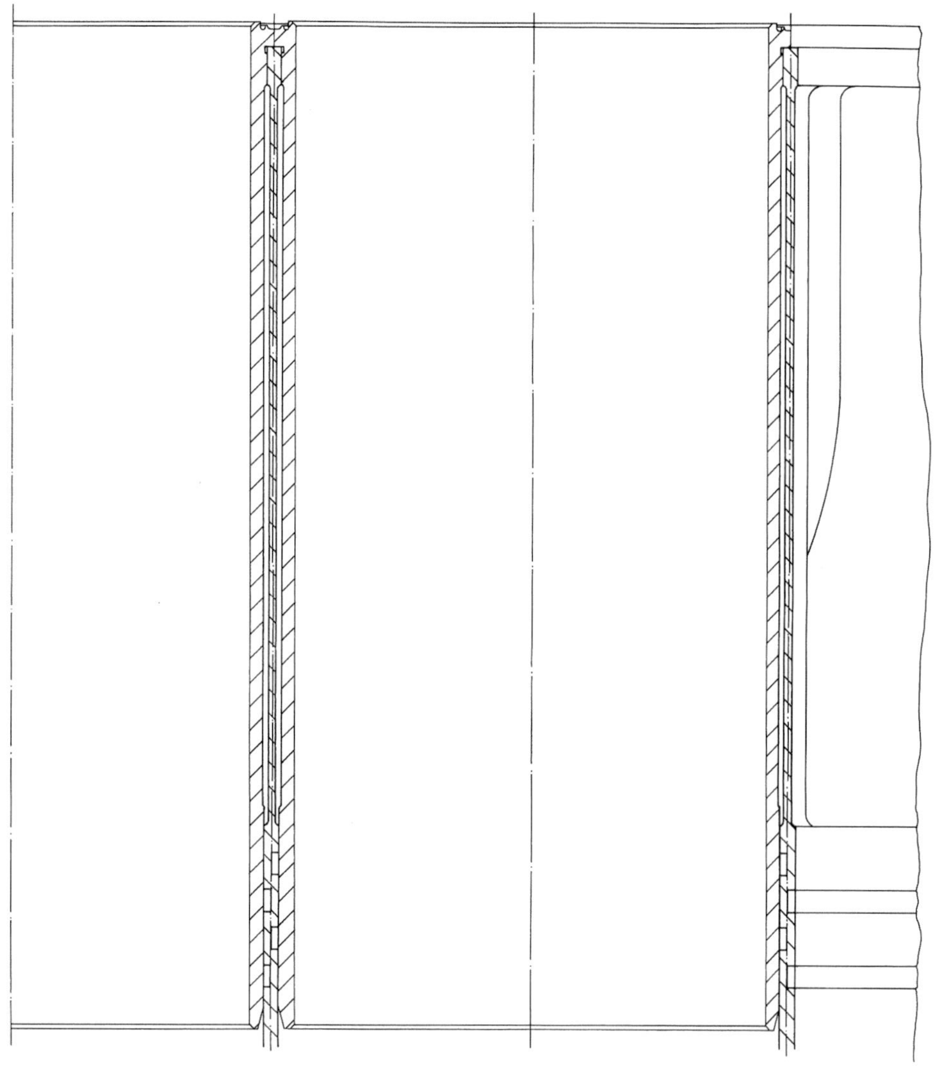

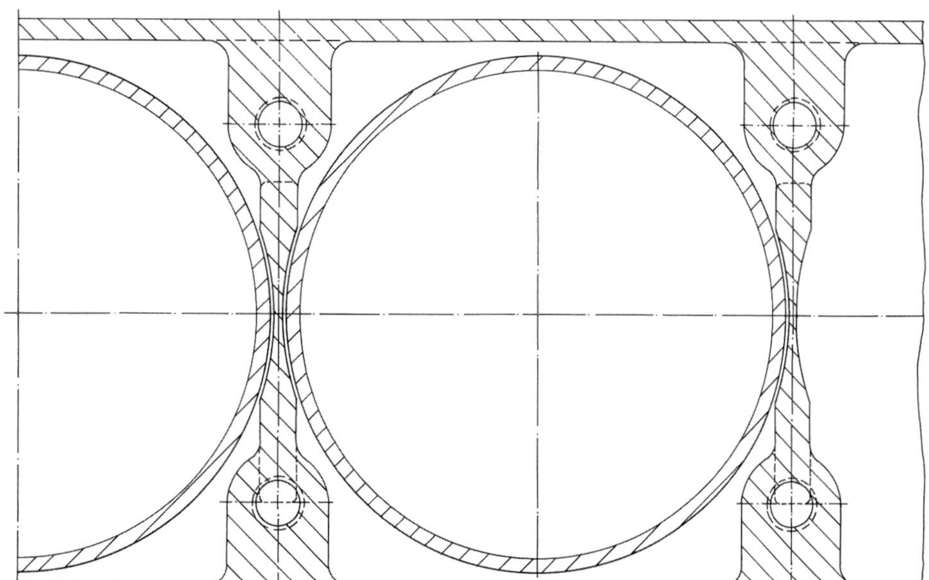

Beim HL 230-Motor war das Kurbelgehäuse zum Zylinderkopf gegen Öl und Wasser durch eine Reinzolit-Dichtung (1) abgedichtet. Die Zylinderbuchsen (2) gegen den Zylinderkopf – also die Kompressionsräume – waren durch Rechteck-Weichkupferringe (3 und 4) abgedichtet. Diese Ringe wurden durch das Festziehen des Zylinderkopfes in das Profil der Zylinderbuchsenoberseite eingedrückt. Ziffer 4 zeigt zwei in das Profil eingedrückte Ringe.

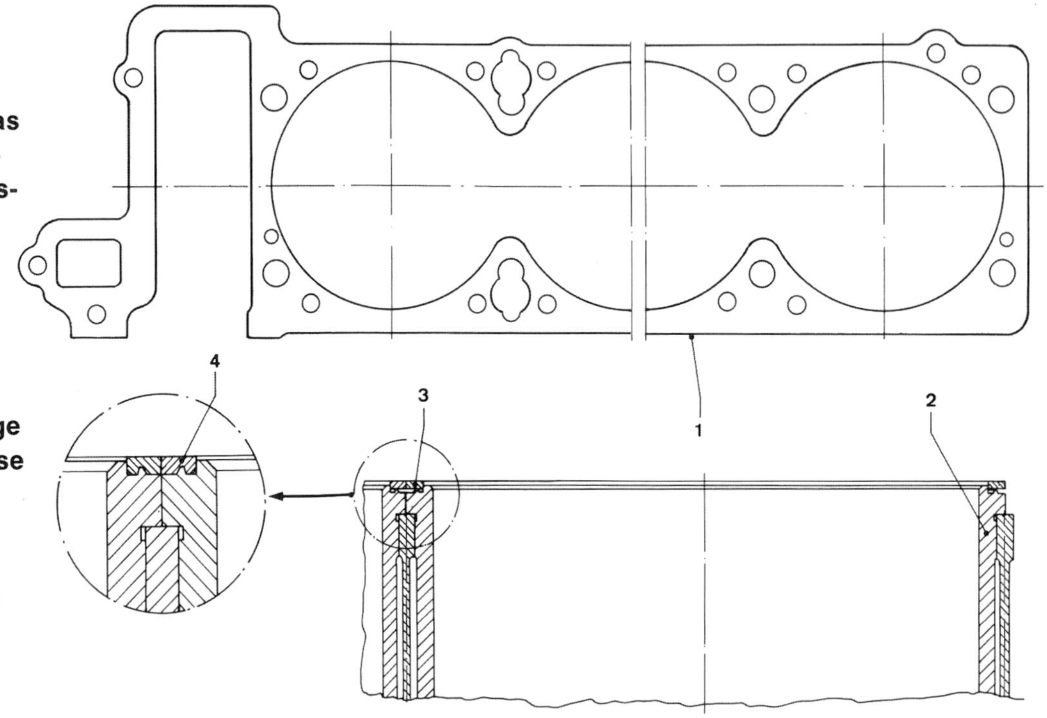

Unterschiede zwischen den Maybach Motoren HL 230 P 30 (Panther) und HL 230 P 45 (Tiger).

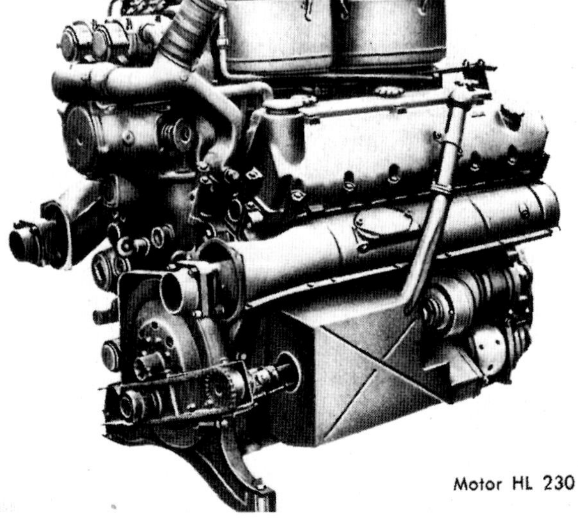

Motor HL 230 P 45

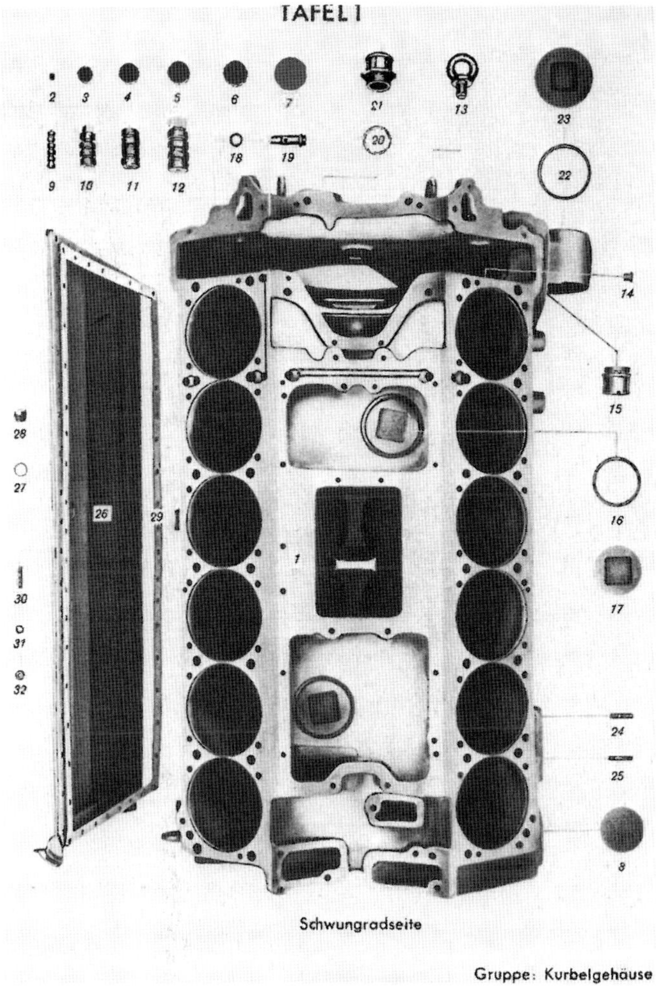

Kurbelgehäuse des HL 230 Motors.

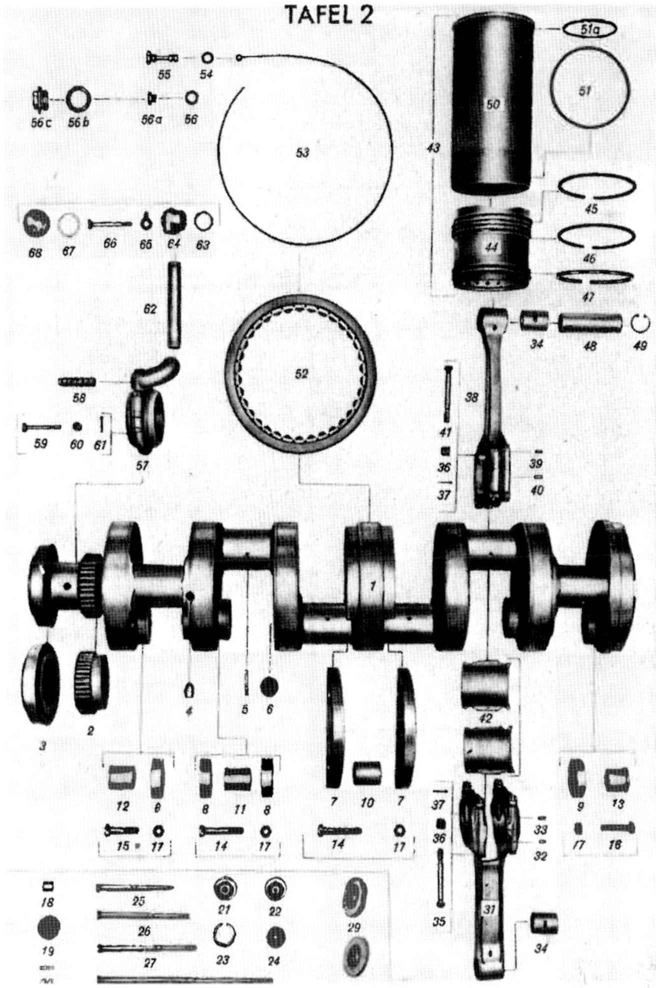

Einzelteile des HL 230 Motors.

Gesamtansicht und Einzelheiten einer Scheibenkurbelwelle.

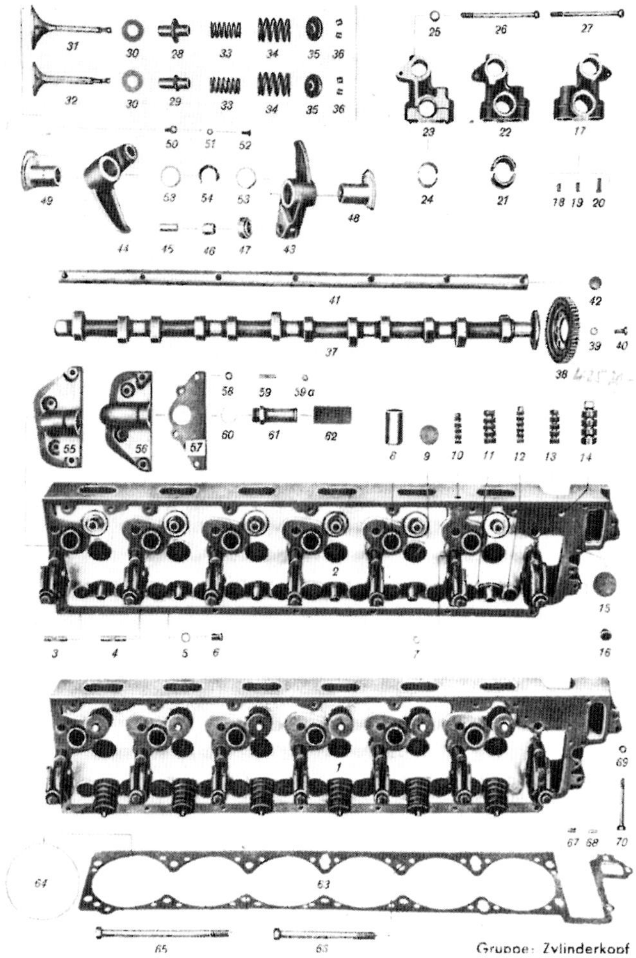

Motor HL 230 – Zylinderkopf ▲

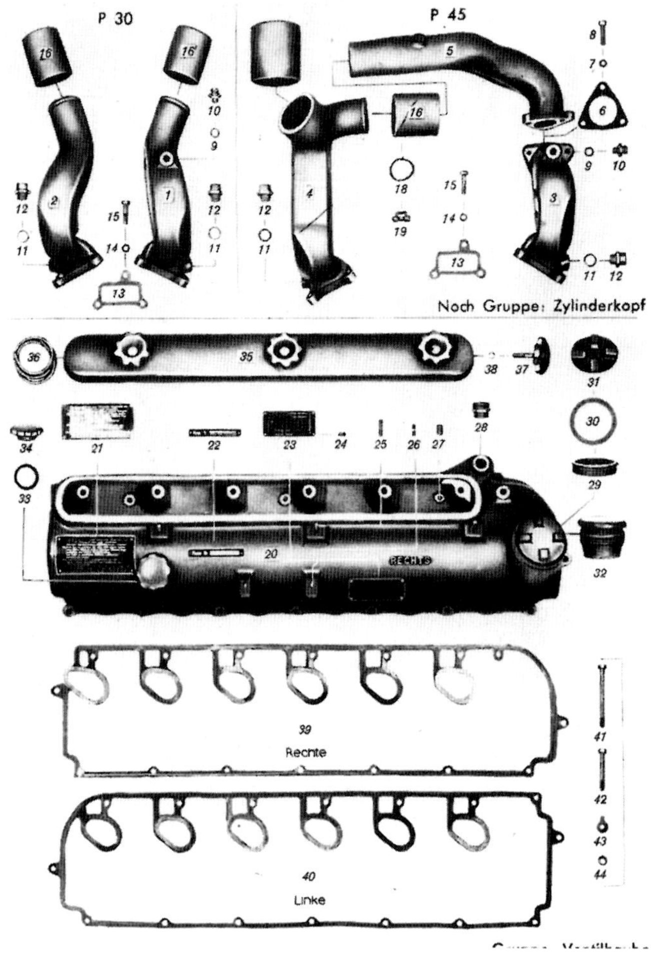

Motor HL 230 – Ventildeckel

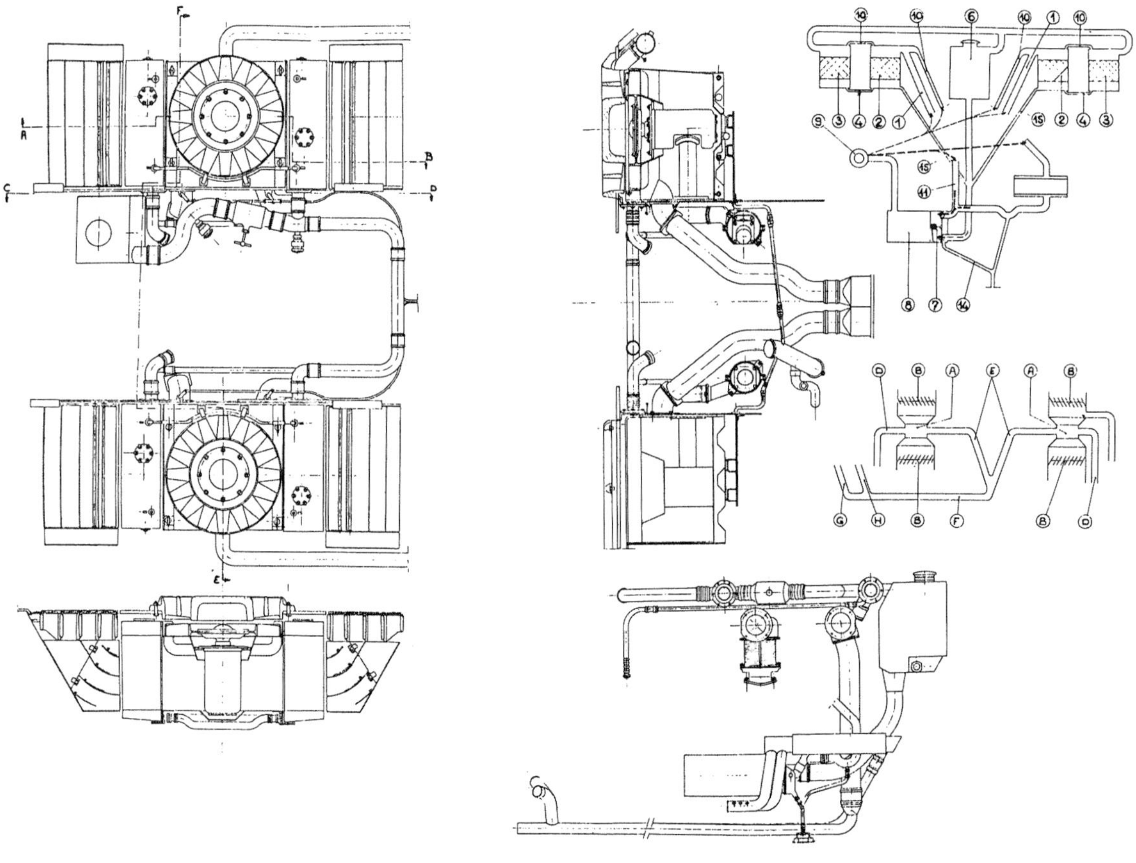

Einzelheiten der Kühlanlage.

gen der Wanne, rechts und links vom Motor waren je zwei senkrecht stehende Kühler und je ein Schraubenlüfter zwischen den beiden Kühlern eingebaut. Bei Tauchfahrt wurden die Lüfter abgestellt und vom Wasser überflutet. Der Antrieb der Lüfter erfolgte vom Motor über ein Getriebe mit zwei Übersetzungen für Winter- und Tropeneinsatz und eine ausrückbare Kupplung. In der Nabe der Schraubenlüfter wurde das Drehmoment über eine Rutschkupplung auf das Lüfterrad übertragen. Die Rutschkupplung verhinderte, daß beim Beschleunigen des Motors zu große Kräfte übertragen wurden, die zu Brüchen im Lüfterantrieb führen könnten. Der Wasserstand der Kühlanlage wurde in einem Ausgleichsgefäß im Heck des Fahrzeuges ausgeglichen. Das Kühlwasser wurde in dieses Ausgleichsgefäß eingefüllt.

Die ursprünglich in deutschen Panzerfahrzeugen eingebauten Naßluftfilter mit ölbenetztem Metallgewebe oder mit Ölfüllung zur Filterung der Motorverbrennungsluft, waren besonders wartungsabhängig und führten bei den Panzereinsätzen in Nordafrika und Rußland zu vielen Motorausfällen. Die bei der Groß-Gasreinigung bekannte Zyklonenentstaubung war berufen, auch für die Aufgaben der Staubentfernung aus der Motorverbrennungsluft den Truppenforderungen gerecht zu werden. Professor Dr.-Ing. Feifel von der Technischen Hochschule Wien hat als Erster an die Spitze einer Theorie der Zyklonenentstaubung die Forderung nach einer rechnerisch verfolgbaren Umlaufströmung in der Zyklonkammer gestellt, die dem idealen Verlauf nahekommt.

Das Ergebnis dieser Entwicklungsarbeit, der Zyklon-Filter von Professor Dr.-Ing. Feifel, zeigte ausgezeichnete Eigenschaften. Es gelang, die Vorgänge im Wirbelkern und Wirbelfuß zielbewußt in den Dienst der Staubabscheidung beim Panzerkampfwagen-Motor zu stellen.

Das Filterwerk Mann & Hummel GmbH in Ludwigsburg übernahm die serienmäßige Herstellung dieser Filter, die in die Panzerkampfwagen Tiger und Panther eingebaut wurden. Die Schleuderkammer des Zyklon-Filters enthielt keinerlei bewegte Teile. Ihr Durchflußwiderstand war unabhängig von der Betriebsdauer, er betrug bei maximaler Motordrehzahl etwa 150 bis 200 mm WS und sank mit abnehmender Drehzahl ohne wesentliche

Wirbelöl-Verbrennungs-Luftfilter.

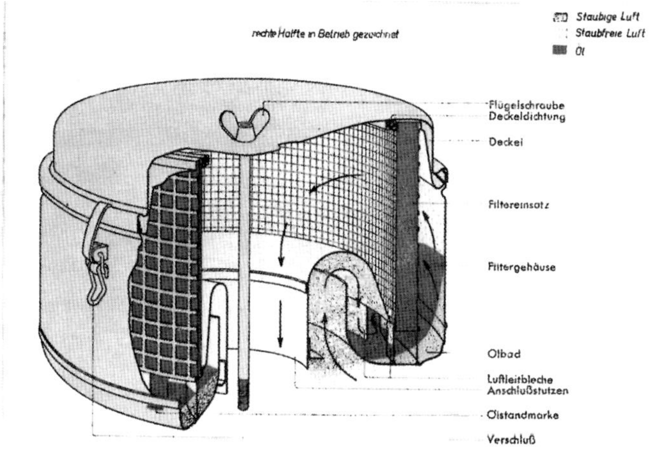

Kombinations-Verbrennungs-Luftfilter.

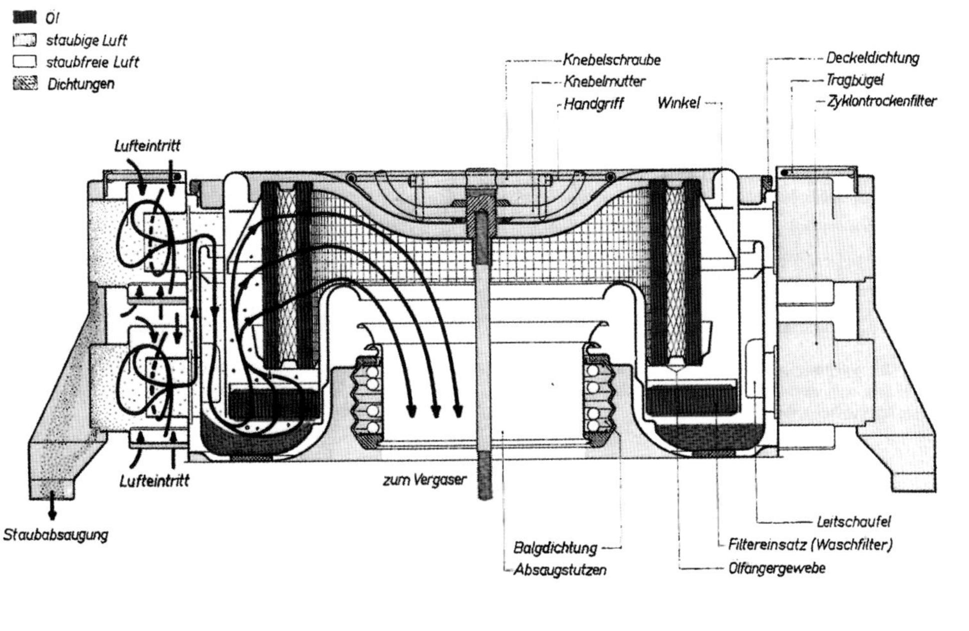

Zyklonbatterie.

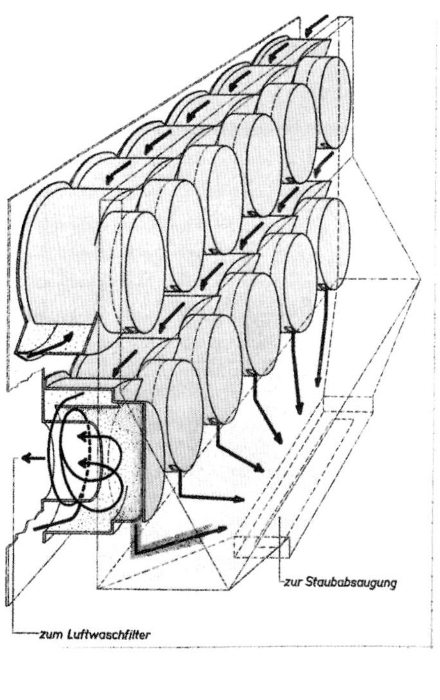

Einbuße in der Güte der Ausscheidung. Bei maximaler Motordrehzahl wurde eine Staubausscheidung von 99 % erreicht. Feifel-Filter wurden ausschließlich als Vorfilter verwendet, wobei eine Parallelschaltung der Zyklone durchgeführt wurde. Beim Maybach-Motor, Muster HL 230 P 30 wurden diese Filter serienmäßig eingebaut. Der Staub aus dem Absetzraum wurde selbsttätig durch das Gebläse der Kühlanlage abgesaugt. Dadurch wurde eine teilweise Wartungsfreiheit erreicht, der zur Verbesserung der Staubausscheidung nachgeschaltete Ölbadfilter mußte auch jetzt noch gewartet werden. Auf Anregung von Dr.-Ing. h. c. Ledwinka der Tatra-Werke wurden zusammen mit der Firma J. Hückels und Söhne, Neutitschein, eingehende Erprobungen durchgeführt, den Ölbadfilter beim Panther durch einen wartungsfreien Filzfilter zu ersetzen. Diese Untersuchungen wurden jedoch nicht mehr zum Abschluß gebracht.

Der Auspuff wurde im Betrieb sehr heiß und war daher mit einem Kühlmantel umgeben. Die Kühlluft wurde zwischen Auspuffrohr und Kühlmantel durch ein Rohr vom Lüfter abgesaugt. Um die Kühlung wirksamer zu machen, wurde auf der linken Seite die Luft durch das Auspuffmantelrohr gedrückt und strömte durch zwei Rohre, welche an der Heckwand neben dem linken Auspuffrohr angebracht waren, ins Freie.

Die fünf eingebauten Kraftstoffbehälter faßten etwa 730 Liter (560 kg), davon waren etwa 130 Liter als Reserve vorgesehen. Der ganze Inhalt reichte für Straßenfahrten bei einer mittleren Geschwindigkeit von 23 bis 26 km/h für 250 bis 270 km; davon die Reserve für 40 bis 50 km. Zwei Doppelstößelpumpen förderten den Kraftstoff zu den vier Doppelfallstrom-Geländevergasern.

Motor und Schaltgetriebe waren durch zwei Gelenkwellen verbunden, zwischen denen der Turmantrieb lag. Die zwischen den beiden Gelenkwellen liegende Welle war in einem Gehäuse gelagert. Von ihr wurden der Turmantrieb und die beiden Öldruckpumpen für die Be-

Wirkungsgrad des Zyklon-Luftfilters.

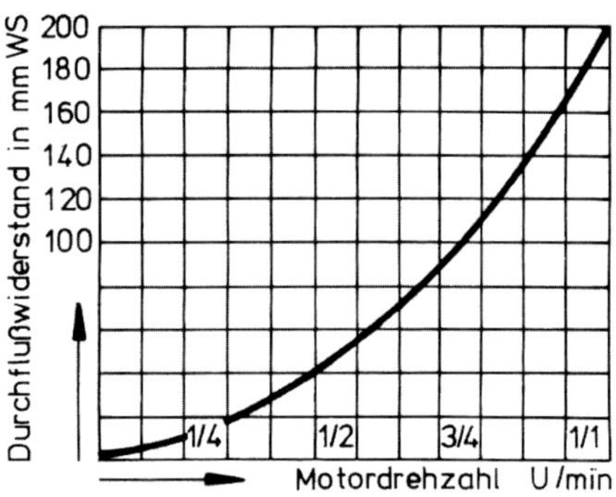

Der Durchflußwiderstand des Zyklon-Filters ist niedrig.

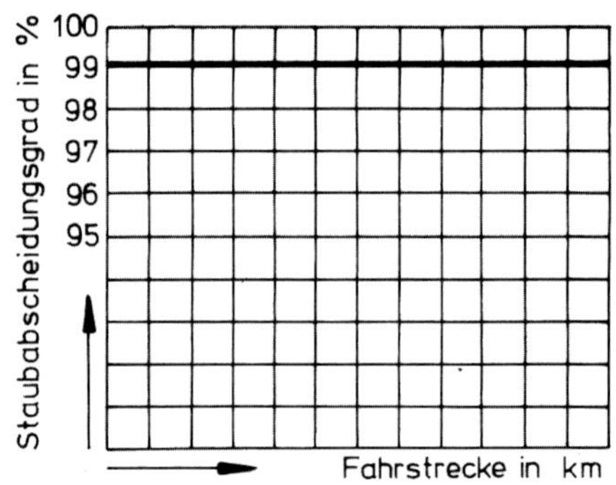

Der Ausscheidungsgrad des Zyklon-Filters ist bei gleichbleibender Belastung von der Betriebsdauer unabhängig und bleibt stets gleich gut.

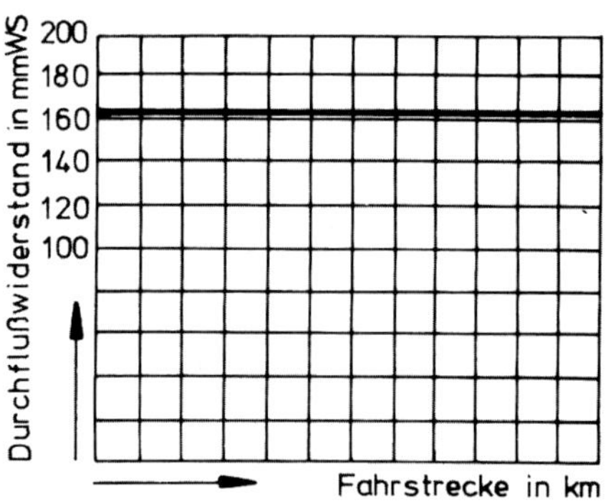

Der Durchflußwiderstand des Zyklon-Filters ist bei gleichbleibender Belastung von der Beanspruchungsdauer unabhängig.

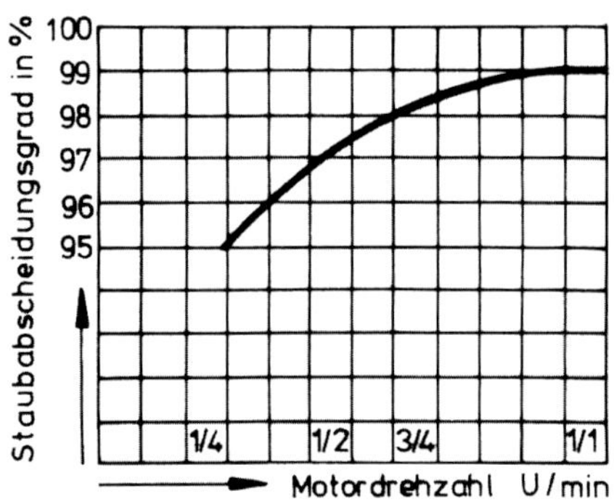

Der Ausscheidungsgrad des Zyklon-Filters ist von der Drehzahl des Motors weitgehend unabhängig.

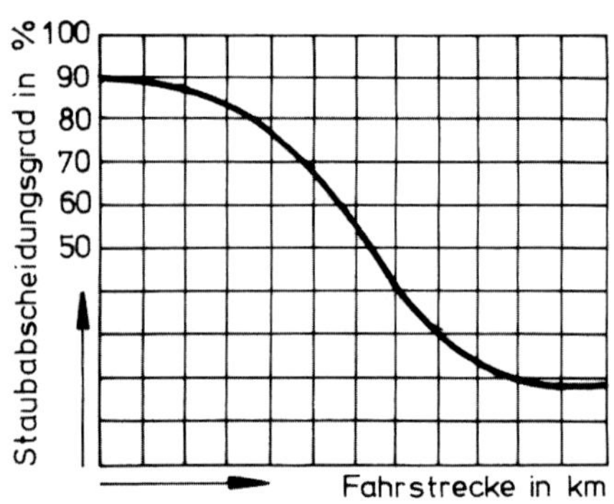

Der Staubausscheidungsgrad eines gewöhnlichen Naßluftfilters sinkt nach kurzer Betriebsdauer stark.

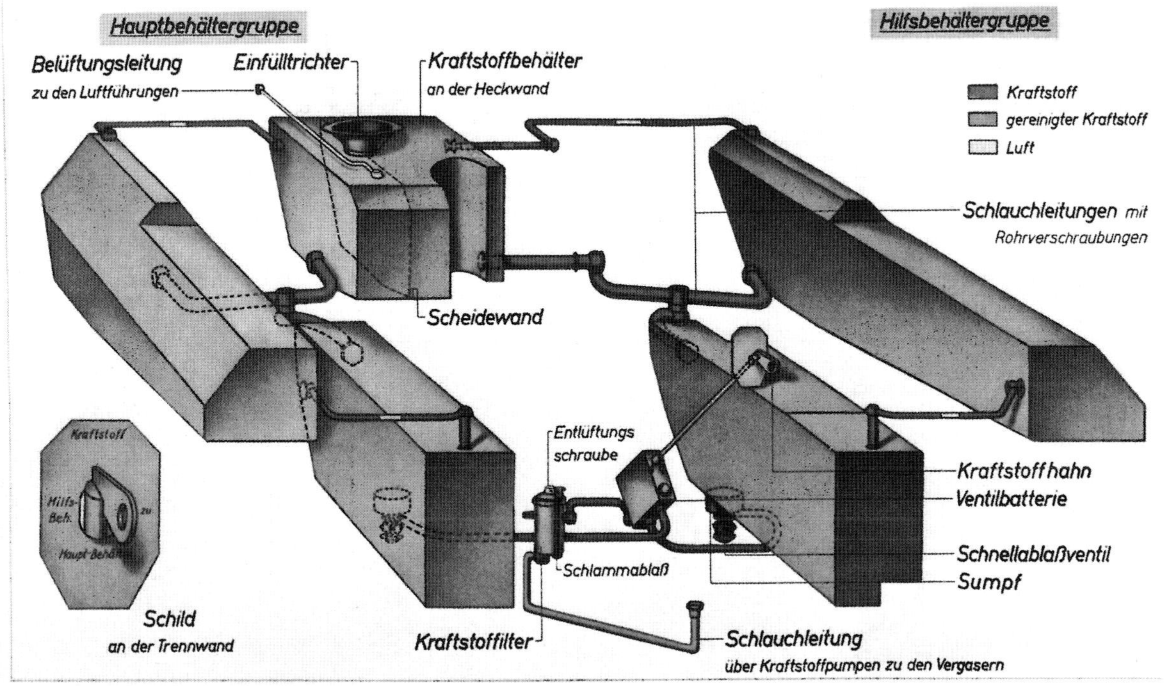

Kraftstoff-anlage.

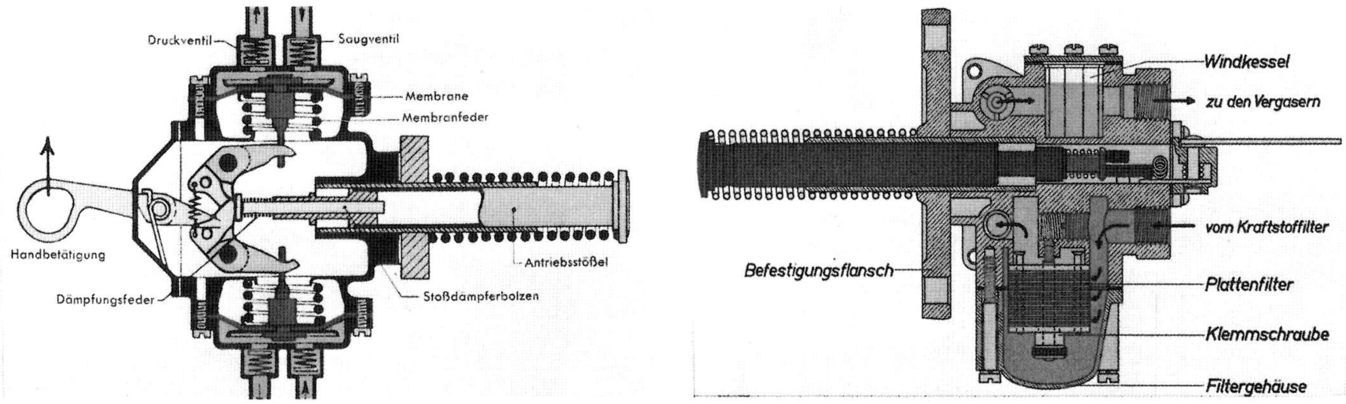

Kraftstofförderpumpe, Wirkungsweise.

Kraftstofförderpumpe.

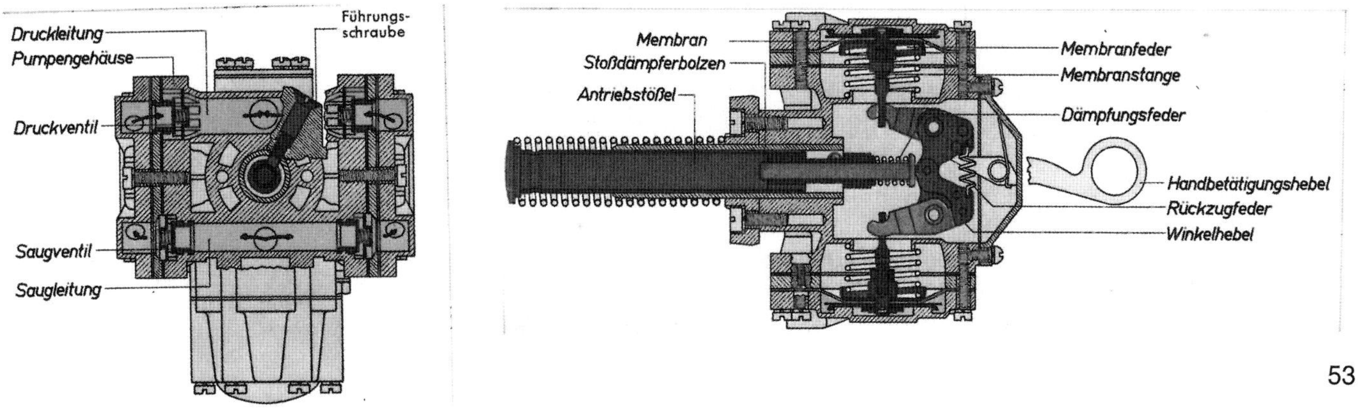

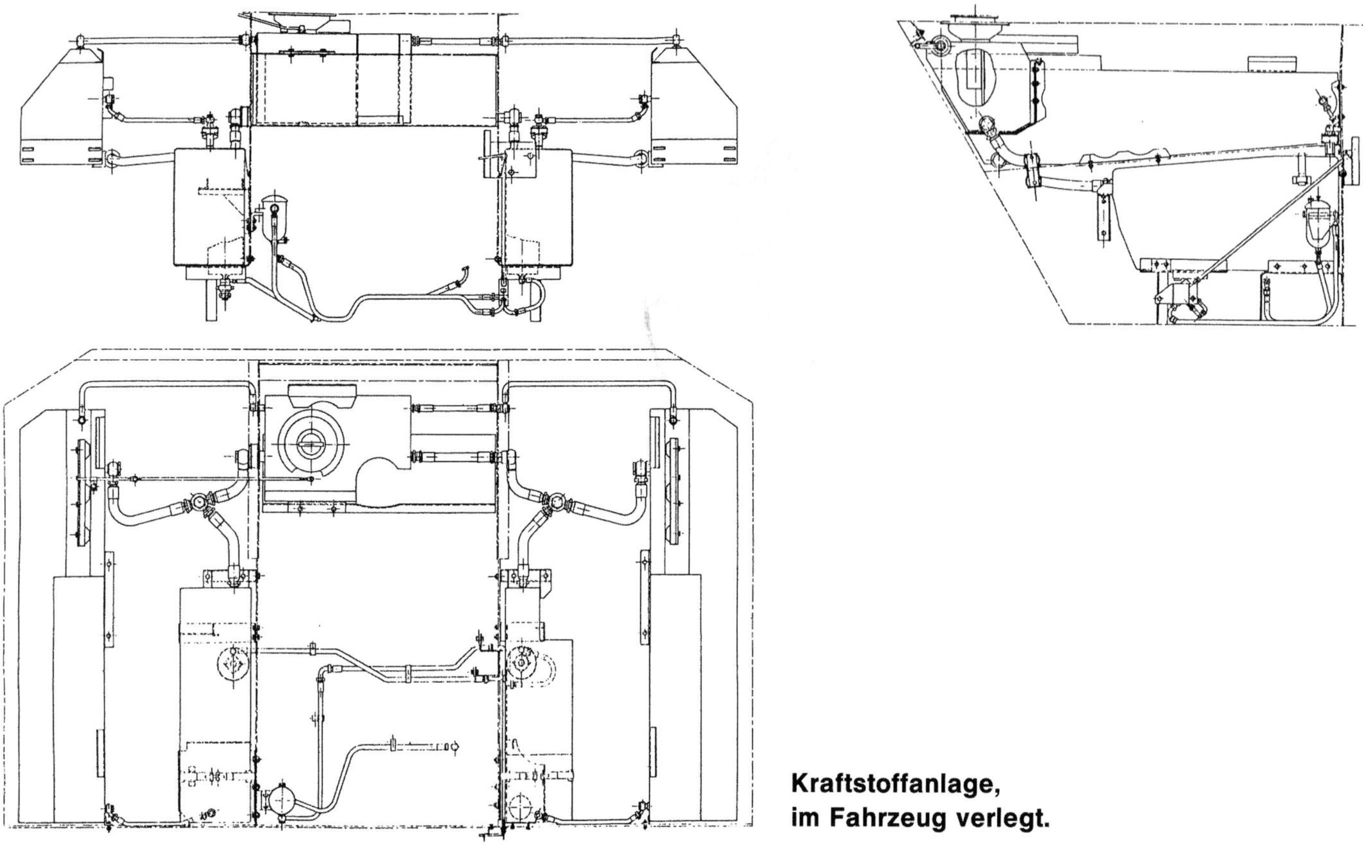

Kraftstoffanlage, im Fahrzeug verlegt.

tätigung der Lenkbremsen angetrieben. Der Turmantrieb erfolgte vom ersten Kegelradpaar über eine kurze Gelenkwelle und ein Flüssigkeitsgetriebe (Böhringer-Sturmgetriebe).
Da der Panther tauchfähig entwickelt war, wurde der Motorraum wasserdicht vom Kühler- und Lüfterraum sowie von den Kraftstoffbehältern getrennt. Der Motorraum wurde durch die Verbrennungsluft des Motors durchströmt und außerdem durch die bereits erwärmte Kühlluft der Getriebe, die in Mantelrohren an den Auspuffrohren vorbeigeführt wurde, nur unzulänglich entlüftet. Dazu führten undichte Kraftstoffleitungen zu zahlreichen Motorbränden, vor allem bei den ersten Baureihen. Abhilfe wurde durch das Absaugen der unten liegenden, leicht brennbaren Gase durch Luft geringeren Druckes im Ansaugraum unter den seitlich eingebauten Lüftern geschaffen. Auch sie waren anfänglich zu wenig leistungsfähig.
Die als trockene Dreischeibenkupplung ausgebildete Hauptkupplung trennte den Kraftfuß zwischen Motor und Schaltgetriebe.

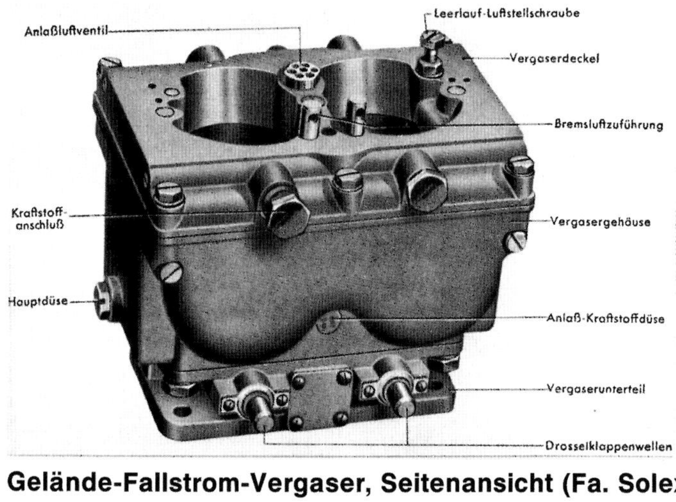

Gelände-Fallstrom-Vergaser, Seitenansicht (Fa. Solex).

Vergaser, Ansicht von oben ohne Deckel.

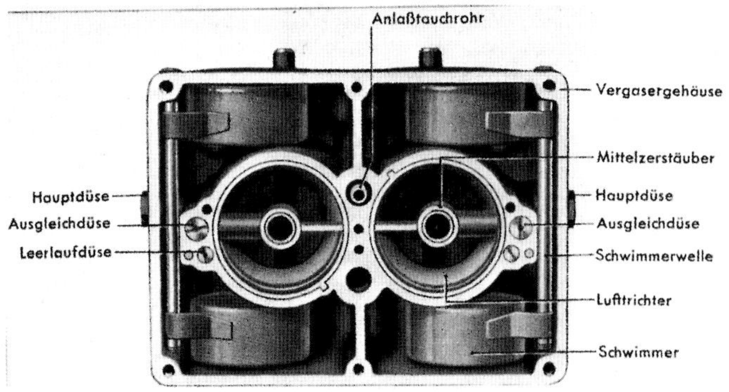

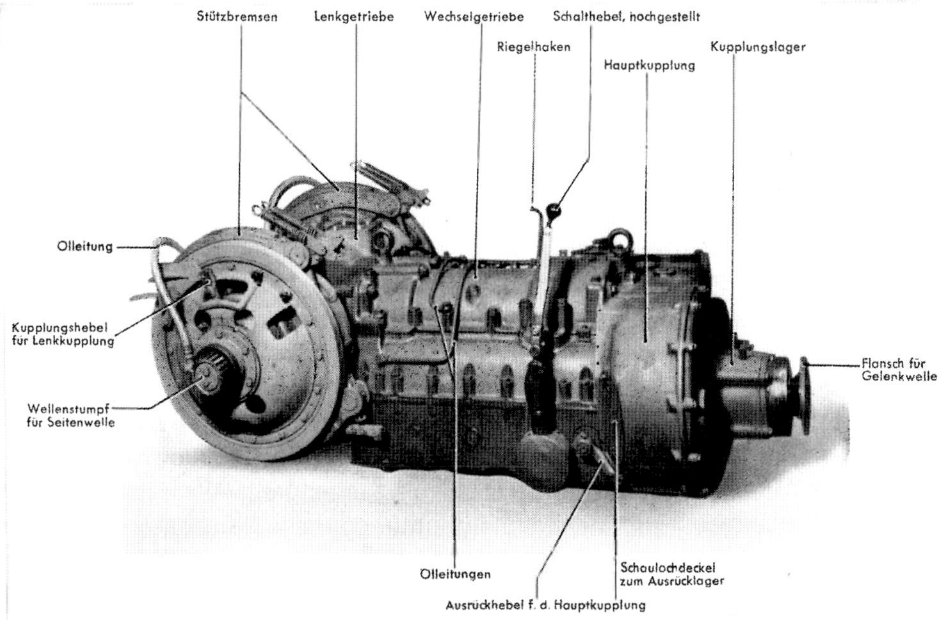

Schalt- und Lenkgetriebe, linke Seite.

Außer den Maybach-VARIOREX- und OLVAR-Getrieben, welche hinsichtlich Werkstoff, Wälzlager, Genauigkeit der Fertigung, Arbeitszeit und Instandsetzung sehr aufwendig waren, gab es keine halb- oder vollautomatisch schaltende Getriebe der benötigten Größe, und auch keine geeigneten Getriebe ohne Zugkraftunterbrechung. Deshalb wurde die bekannte Mehrscheibenkupplung und das handbetätigte Schaltgetriebe gewählt. Die Zahnradfabrik Friedrichshafen plädierte für die Konzeption eines einfachen Getriebes, vor allem im Hinblick auf die Instandsetzung. Graf von Soden, der bekannte Getriebe-Spezialist, faßte 1942 in einer Denkschrift seine Gedanken zum Panzergetriebe zusammen und verlangte darin die »jeweils einfachste Bauweise«.

Im Oberkommando des Heeres gab es zu diesem Zeitpunkt jedoch zwei Richtungen: eine in Bezug auf Automatisierung des Schaltvorganges (Heereswaffenamt), die andere befürwortete das einfache Handschaltgetriebe mit wenigen Gängen (Inspektion der Panzertruppe [In 6]). Es stand zur Diskussion, ob es möglich sei, ein 45 t Fahrzeug mit einem Handschaltgetriebe auszurüsten, welches dem Fahrer keine übermäßige körperliche Belastung auferlegte. In der Zahnradfabrik Friedrichshafen ging man daran, eine ganze Reihe von Entwürfen durchzuarbeiten; Graf von Soden und Dr.-Ing. e. h. Maier entschieden sich für den Dreiwellenentwurf AK 7-200. Die Konstruktion des Siebengang-Allklauen-Panzergetriebes AK 7-200 konnte

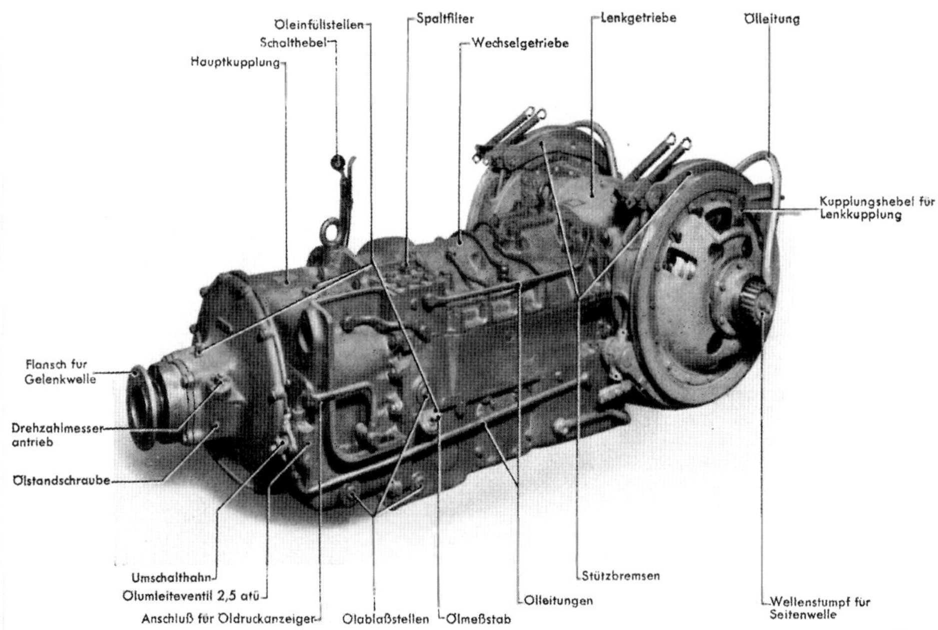

Schalt- und Lenkgetriebe, rechte Seite.

in unwahrscheinlich kurzer Zeit durchgeführt werden. Im Februar 1942 begannen die ersten Entwurfsarbeiten, im August des gleichen Jahres gelangten die ersten zwei Getriebe bereits zur Auslieferung. Mit diesen Versuchsgetrieben gingen sofort die ersten 5000 in Serie, obwohl bis dahin ein Handschaltgetriebe bis 700 PS noch nicht bekannt war. Ursprünglich auftretende kleinere Mängel konnten kurzfristig beseitigt werden. ZF folgte der Forderung nach einer Produktion von 1000 Getrieben im Monat mit der Errichtung einer neuen Produktionsstätte in Passau. Das großzügig vom OKH finanziell unterstützte Werk, die »Waldwerke GmbH«, Passau, nahm Mitte 1943 die Fertigung von Panzergetrieben auf. Ein weiteres Zweigwerk wurde in Schlettstadt, Elsaß, gegründet. Bei den bisherigen Schaltgetrieben waren alle im Eingriff befindlichen Stirnräder im Gehäuse gelagert, eine gute aber sehr aufwendige Lösung. Man versuchte daher das sonst übliche Verfahren, die Stirnräder auf den Wellen zu lagern. Nach den bereits erwähnten anfänglich geringen Schwierigkeiten haben die Schaltgetriebe AK 7-200 ohne Anstände gearbeitet. Das änderte nichts an der Tatsache, daß solche Getriebe in so schweren Fahrzeugen mit derart hohen Fahrwiderständen keine Ideallösung waren. Das Schaltgetriebe war ein Siebengang-Allklauen-Getriebe mit Gleichlaufeinrichtung für alle Gänge, Ausnahme er-

Schaltgetriebe, Getriebeaufbau.

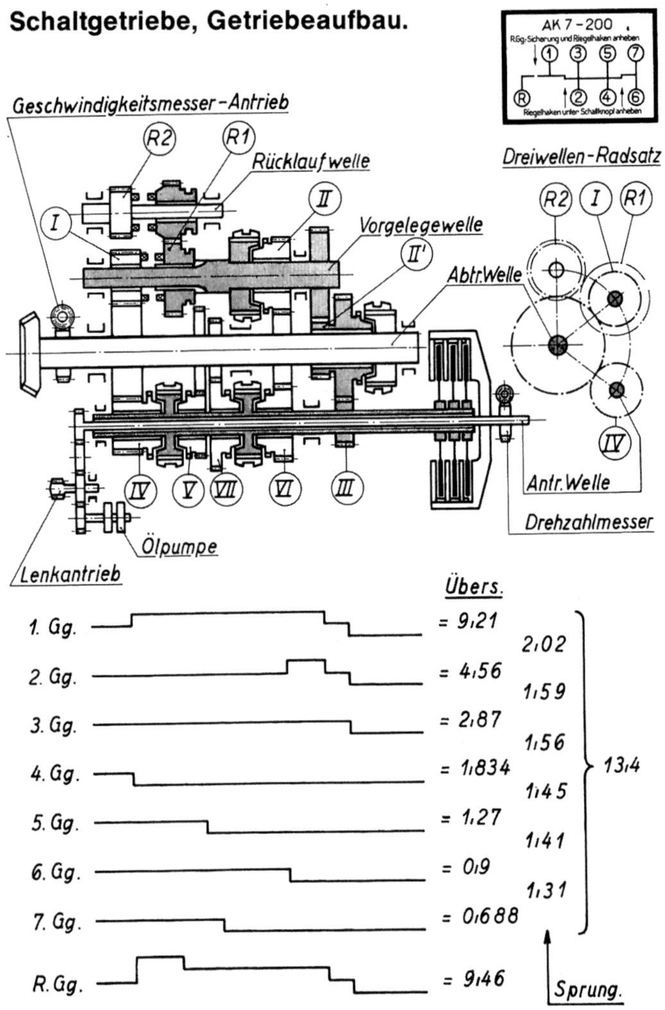

Schaltgetriebe, Kraftfluß in den einzelnen Gängen.

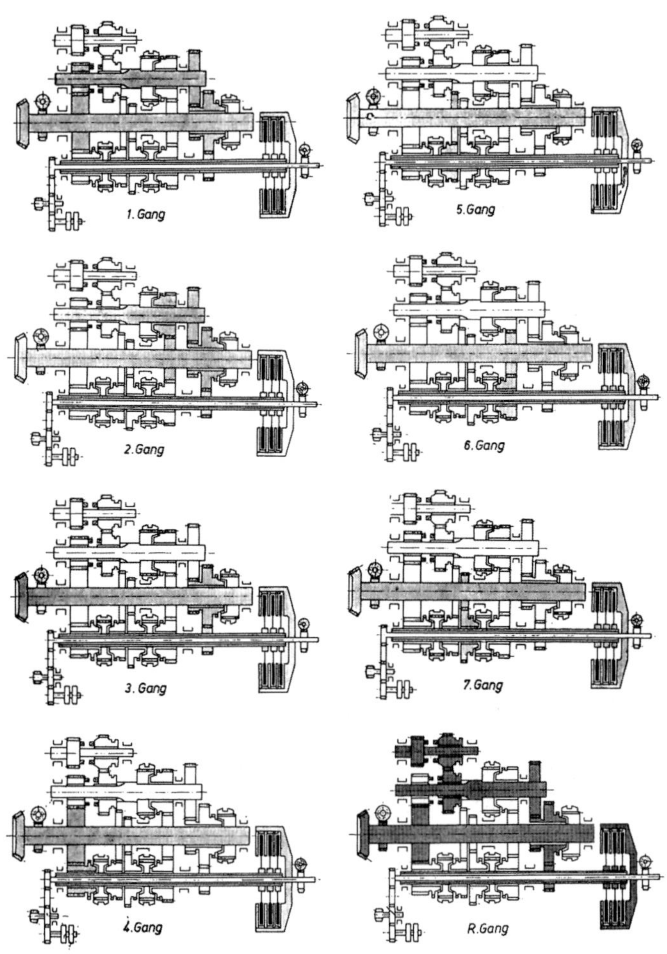

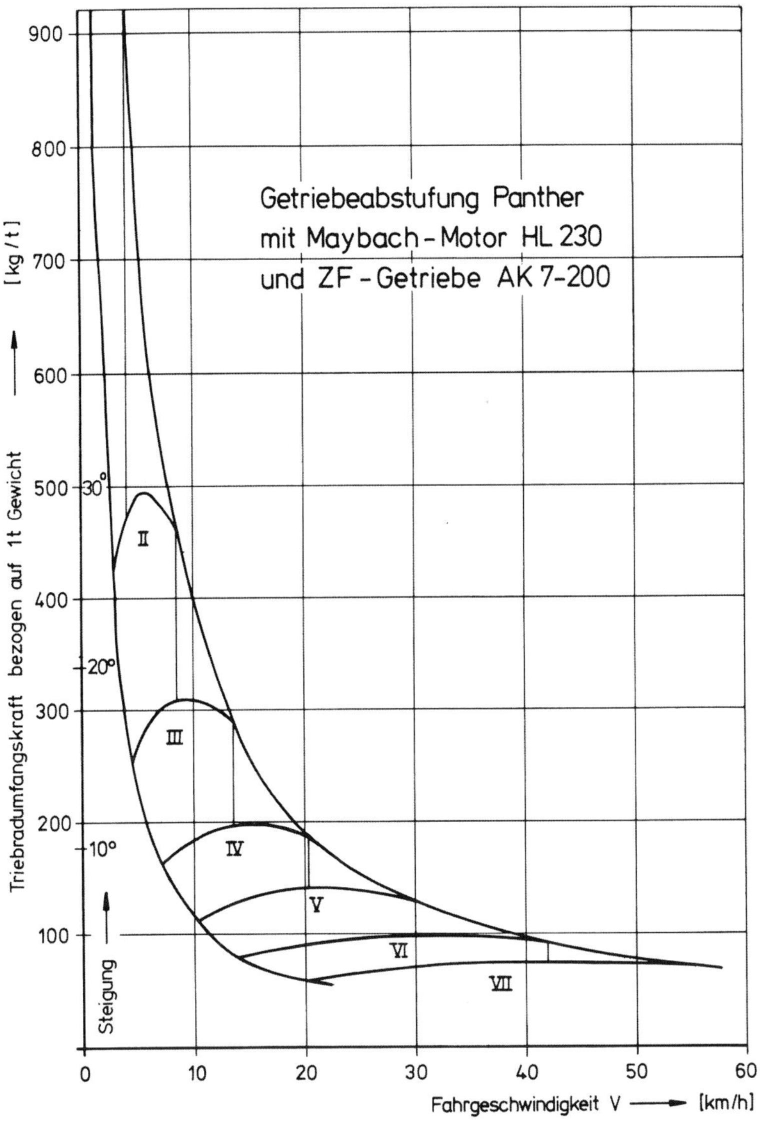

Getriebeabstufung Panther.

ster und Rückwärtsgang. Die Vorwärtsgänge waren durch Verwendung schrägverzahnter Räder geräuscharm. Die einzelnen Räderpaare aller Gänge standen dauernd im Eingriff. Die Synchronisier-Schaltung der Räderpaare erfolgte durch Schiebehülsen, die durch den Schalthebel eingerückt wurden. Beim Schalten wurden zuerst die zu schaltenden Zahnräder durch eine Kegelgleichlaufeinrichtung auf gleiche Drehzahl gebracht und dann erst eine starre Verbindung zwischen der treibenden Welle und dem Zahnrad hergestellt. Die Gleichlaufeinrichtung wurde beim Abwärtsschalten durch Zwischengas, durch Doppelkuppeln beim Aufwärtsschalten in ihrer Wirkung unterstützt. Das Getriebe wurde für eine Höchstgeschwindigkeit von 55 km/h und für 4,1 km/h im 1. Gang ausgelegt. Es hatte somit eine Gesamtübersetzung von 13,4.

Da man vorhatte, den Panther in größeren Stückzahlen zu bauen, mußten alle Aggregate mit einem möglichst geringen Fertigungsaufwand entwickelt werden. Anstelle des beim Tiger verwendeten Zweiradien-Lenkgetriebes wurde ein Einradien-Lenkgetriebe als ausreichend erachtet, das sich in ähnlicher Form im Panzerkampfwagen 38 (t) bewährt hatte, und den großen Radius beim Lenken durch Herabsetzen der Geschwindigkeit an einer Seite über einen Umlauftrieb ermöglichte. Engere Radien mußten durch Auskuppeln und Abbremsen der kurveninneren Gleiskette gefahren werden. Dieses brachte gegenüber dem Kupplungs-Lenkgetriebe einen großen Vorteil, wenn es auch nicht die Annehmlichkeiten des Zweiradien-Lenkgetriebes aufwies. Hätte man damals voraussehen können, welche Schwierigkeiten sich bei dem zu schwach bemessenen Seitenvorgelege durch die hohen Bremsmomente beim Abbremsen mit der Klaue Scheibenbremse während des Lenkens von engen Kurven ergeben würden, wäre es sicher richtiger gewesen, eine aufwendigere Konstruktion des Seitenvorgeleges zu wählen, die größere Sicherheit erwarten ließ. Der Verwendung eines Umlaufgetriebes stand der Engpaß an Zahnradstoßmaschinen für die Fertigung der Hohlräder entge-

Schaltschema des Lenkgetriebes mit Seitenvorgelege und deren Zähnezahlen.

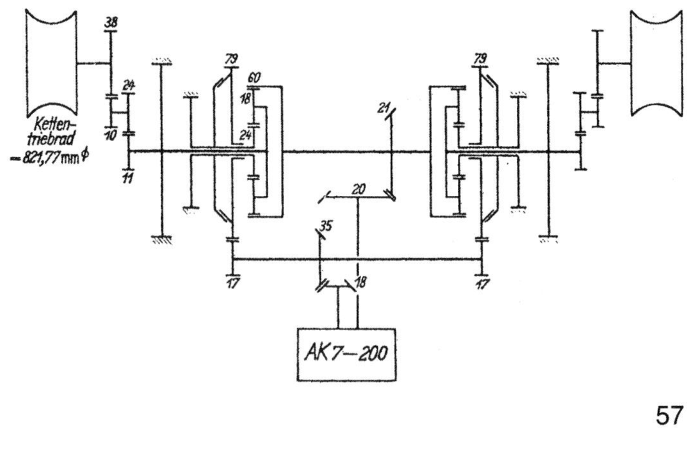

Serienfertigung von Lenkgetrieben.

gen. Bei der Beurteilung des ausgeführten doppelten Stirnradvorgeleges darf aber nicht übersehen werden, daß der für die Stirnräder des Seitenvorgeleges vorausgesetzte hochwertige Legierungsstahl unerwartet bei der Serienfertigung nicht mehr zur Verfügung stand und durch den für diesen Zweck weniger geeigneten Vergütungsstahl VMS 135 (heute 37 MnSi5) ersetzt werden mußte. Das Lenkgetriebe selbst arbeitete gut mit nur geringen Störungen. Es bestand aus einem Hauptkegeltrieb, zwei Umlaufgetrieben, dem Lenkkegeltrieb, zwei Stirnradpaaren und zwei Stützbremsen mit je einer Lenkkupplung. Die Mittenvollräder der Umlaufgetriebe konnten einzeln oder zusammen durch die Stützbremsen festgehalten werden. Zum Lenken in engen Kurven konnte jede einzelne Gleiskette durch eine Vollscheiben-Bremse abgebremst werden, nachdem vorher die Stützbremse gelöst und die Lenkkupplung ausgekuppelt wurde. Bei gelöster Stützbremse konnte ferner je ein Mittenvollrad über eine Lenkkupplung und ein Stirnradpaar vom Lenkkegeltrieb aus, entgegen

Lenkgetriebe, Lenkbremse und Seitenvorgelege, mit Triebrad Panzerkampfwagen Panther.

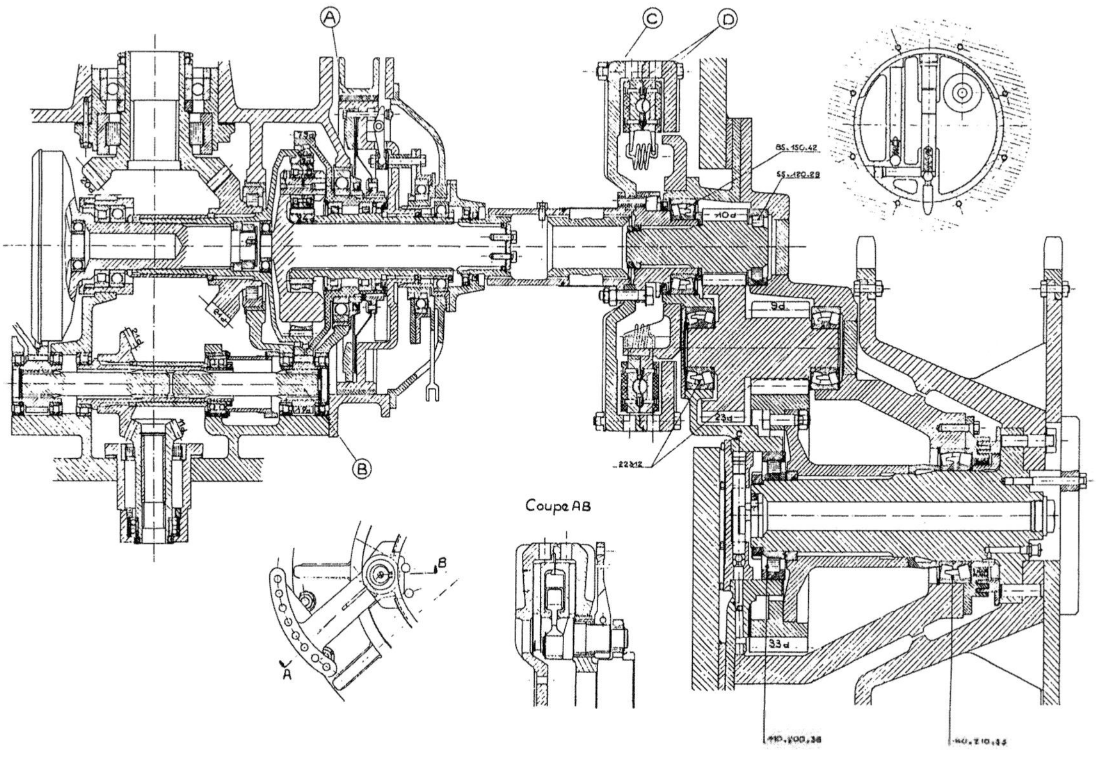

dem Hauptantriebsdrehsinn, angetrieben werden. Dadurch wurde die betreffende Gleiskette verzögert und der Panzerkampfwagen fuhr für jeden Gang »einen« Bogen mit bestimmtem »Radius«. Daher die Bezeichnung »Einradien-Lenkgetriebe«. Die Einradienlenkung hatte geringen Kraftverbrauch und war bei allen Normalfällen anzuwenden.

Um während des Lenkvorganges die auftretenden Handkräfte möglichst klein zu halten, wurde das Bedienen der Stütz- und Fahrbremsen durch eine Öldruckanlage unterstützt. In engen Kurven mußte die auf der Kurveninnenseite liegende Fahrbremse betätigt werden, um die Gleiskette je nach Bedarf bis zum Stillstand zu verzögern.

Bei den bis dahin unbekannten möglichen Geschwindigkeiten und Fahrzeuggewichten des Panther waren die üblichen Bremsen nicht in der Lage, die erforderlichen Bremsmomente aufzubringen. Die von Dr.-Ing. Klaue entwickelte und von den Arguswerken gefertigte

Seitenvorgelege und Triebrad.

Voll-Scheibenbremse erbrachte die erforderlichen Verzögerungswerte und wies die erforderlichen Dauerbremseigenschaften auf. Die Bremsscheibe war als U-förmiger, außen stark verrippter, Ring ausgebildet. Zwei

Lenkbremse, Einzelteile der Vollscheibenbremse.

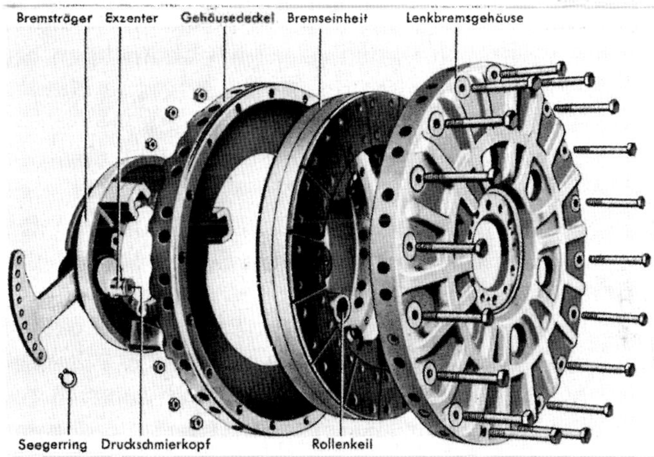

Lenkbremse, Schnitt durch die Vollscheibenbremse.

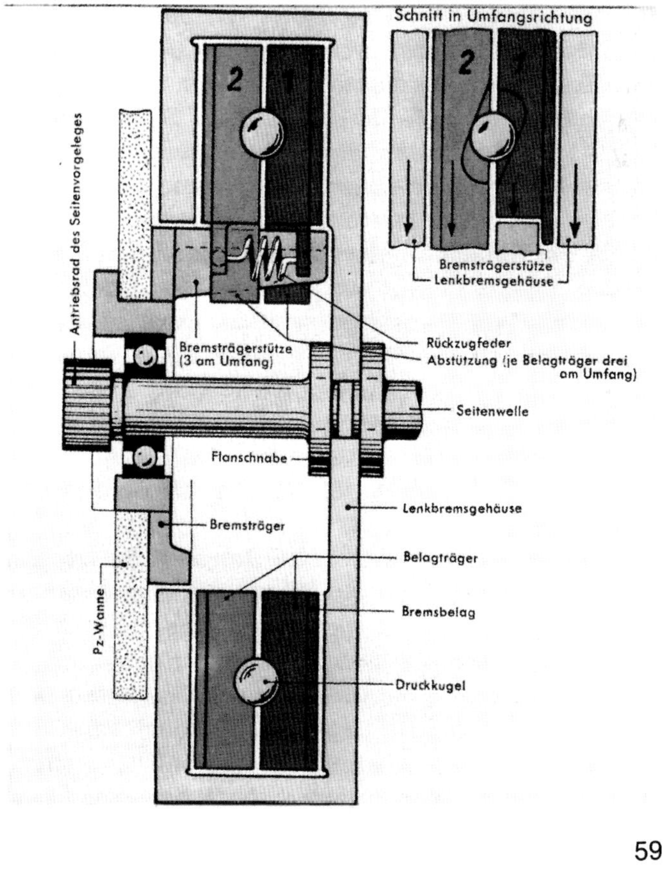

feststehende Bremsringe wurden durch Kugeln, die in schrägliegenden Laufbahnen liefen, auseinander gedrückt und verzögerten den U-förmigen Bremsring. Durch die großen Flächen der Bremsringe blieb der Verschleiß der auf den Bremsringen befestigten Bremsbeläge relativ gering und wurde die anfallende Wärme ausreichend abgeführt. Die hohen Spreizkräfte, welche die Kugeln in den geneigten Laufbahnen erzeugten, bildeten die Grundlage für die bis zu diesem Zeitpunkt noch nie erreichten Bremskräfte.
Bei ruckartiger Betätigung eines Lenkhebels oder der Bremse konnten derart große Momente auftreten, daß Brüche an der zu schwachen Verzahnung oder an der Lagerung der unterdimenionierten Seitenvorlegewelle auftraten.
Beim Zweiradien-Lenkgetriebe, wie es im Tiger eingebaut war, mußte bei engen Kurven eine Lenkbremse nicht betätigt werden und traten damit derart hohe Momente nur bei im allgemeinen seltenen Vollbremsungen auf.
Von den Lenkbremsen wurde die Warmluft durch einen am Wannenboden verlaufenden rechteckigen Kanal unter dem Motor in den rechten Lüfterraum abgesaugt.
Das Seitenvorgelege diente zur weiteren Untersetzung der Antriebsdrehzahl. Es enthielt zwei Stirnradpaare. An der Triebradnabe war das Gehäuse durch eine Labyrinthdichtung verschlossen. Das Triebrad war mit der Triebradwelle im Seitenvorgelege gelagert. Die Zahnkränze des Kettenantriebs waren auswechselbar, ohne daß das Triebrad selbst ausgebaut werden mußte. Das Seitenvorgelege (Kugellager und Verzahnung) war der schwächste Teil des Panther. Es war bedenklich – besonders bei den im Kriege zur Verfügung stehenden nicht besonders hochbelastbaren Stählen – mit einem Stirnradgetriebe die auftretenden Drehmomente zu übertragen. Ein Umlaufgetriebe wäre die richtige Lösung gewesen, die Versuchs-Seitenvorgelege mit Planetenuntersetzung liefen ohne Störung. Es konnte aber, wie bereits ausgeführt, wegen des Engpasses an Verzahnungsmaschinen für die Hohlräder nicht in die Serie übernommen werden. Zur Überbrückung der Entfernung mußten ein Vorgelege vor dem Haupttrieb eingebaut werden, dessen Lager aus Einbaugründen viel zu schwach bemessen waren und auch nicht verstärkt werden konnten. Wegen einer zu hoch belasteten Verzahnung und einer zu schwachen Lagerung wurden die Zahnräder aus der Flucht gedrückt und dadurch Lager- und Zahnbruch vorprogrammiert.
Es wurde von Seiten der Industrie behauptet, daß innenverzahnte Räder wegen fehlender Bearbeitungsmaschinen nicht zu beschaffen wären. So konnten die im Werksversuch bewährten Seitenvorgelege mit Planetenuntersetzung und vorgeschaltetem Stirnradgelege nicht in die Serienfahrzeuge eingebaut werden. Alle Versuche, das Vorgelege zu verbessern, blieben trotz hoher Sonderprämien ohne Erfolg. Die am Anfang zu schwachen Gehäuse, deren Außenlagerung durch den Gleiskettenzug aus der Fluchtrichtung verbogen wurde, sind noch durch verstärkte ersetzt worden.
Wie zeigte sich der Entwicklungsstand der Laufwerke deutscher Panzerkampfwagen vor Inangriffnahme des Projekts Panther? Mit den Panzerkampfwagen III und IV standen der deutschen Panzertruppe zunächst nur beschränkt einsetzbare Kampffahrzeuge zur Verfügung. Das Fahrgestell des Panzerkampfwagens III war – nachdem sich die Laufwerke der ersten Serien mit Doppellaufrollen-Aufhängung nicht bewährt hatten – durchaus brauchbar. Es war relativ betriebssicher, mit Ausnahme der Gummibandagen der im Durchmesser zu kleinen Laufrollen. Die Drehstäbe des Panzerkampfwagens III waren am Anfang, bis man eine Oberflächenverfestigung durch Kugelstrahlung erfunden hatte, noch nicht ausreichend dauerfest. Das Fahrzeug war grundsätzlich zu klein, um eine Bewaffnung der Größe 7,5 cm mit einer Kaliberlänge von L/50* im Drehturm unterbringen zu können, so daß es nach dem Auftreten des russischen T 34 seine Wirksamkeit verloren hatte. Als Fahrgestell für Sturmgeschütze konnte es jedoch mit einer ausreichend starken Bewaffnung trotz einiger Mängel beim Einbau des Geschützes mit gutem Erfolg bis zum Kriegsende verwendet werden.
Dagegen war das Fahrgestell des Panzerkampfwagens IV groß genug, um eine 7,5 cm Kanone L/50 im Drehturm aufzunehmen. Das Fahrgestell wies aber kraftfahrzeugtechnisch grundsätzliche Fehler auf. Als man feststellte, daß der im Fahrgestell bessere Panzer III für

*Bis zu diesem Zeitpunkt hatten sich die Ballistiker nicht gegenüber den Taktikern durchsetzen können, welche die Beweglichkeit des Panzerkampfwagens nicht durch den Rohrüberstand der Waffe eingeschränkt sehen wollten.

eine 7,5 cm Kanone L/50 im Drehturm zu klein war, wurde die Fertigung des Panzerkampfwagens IV mit Nachdruck gesteigert. Es war nun nicht mehr möglich, die Schwachstellen am Panzer IV Fahrgestell wirksam zu beheben. Sie hätten in der Praxis eine Neukonstruktion der Lenkbremsen und damit auch des Lenkgetriebes, des Laufwerks und damit der Wanne sowie der Kühlanlage und damit des Motorraums zur Folge gehabt. Dieser Gedanke ist mehrfach durchgearbeitet und immer wieder verworfen worden. Die Laufrollen des Laufwerkes waren im Durchmesser zu klein, um den Gummibandagen auch nur eine einigermaßen befriedigende Lebensdauer zu ermöglichen. Die Gleisketten waren zu schmal. Die Rollenwagen mit Blattfedern entsprachen in keiner Weise mehr dem Stand der Technik. Versuche mit einer Kegelstumpffederung führten zu keinem brauchbaren Ergebnis.

Die Bandbremsen am Lenkgetriebe waren technisch überholt, wenig betriebssicher und erforderten einen hohen Wartungsaufwand. Motor und Schaltgetriebe arbeiteten zufriedenstellend. Unzulänglich war die Verbrennungsluftfilterung und die Ausbildung der Kühler und Lüfter. Durch die räumliche Trennung von Lüftern und Kühlern ergab sich automatisch ein schlechter Kühlwirkungsgrad, wenn Luft irgendwo in den Motorraum eintrat.

Der Panzer IV war dem russischen T 34 in allen wesentlichen Punkten klar unterlegen. Unter diesen Voraussetzungen war die Konstruktion eines neuen, wesentlich leistungsfähigeren Kampfpanzers so schnell wie nur irgendwie möglich, vordringlich geworden.

Mit dem Panther wurde dieses neue Baumuster in unvorstellbar kurzer Zeit geschaffen. Mit diesem Fahrgestell wurden große Schritte auf verschiedensten Gebieten der Kraftfahrtechnik nach vorne gewagt, die teils volle Erfolge waren, teils nach verschiedenen Fehlschlägen zu einer zufriedenstellenden Lösung gebracht werden konnten, teils erst gegen Ende des Krieges zur Serienreife kamen und teils ihre Funktion bis zum letzten Augenblick nur sehr bedingt erreicht haben. Die größte Leistung wurde jedoch – mit Abstand – bei der Gestaltung des Laufwerkes erbracht. Dieses Laufwerk, welches damals völlig neue Maßstäbe für die Leistungsfähigkeit von Gleisketten-Laufwerken setzte und trotz seiner kühnen Konstruktion im Gesamtkonzept wie im Detail kaum zu wirklich ernsten Schwierigkeiten geführt hatte, war das Werk von Professor Dr.-Ing. Lehr*, einem namhaften Forscher auf dem Gebiet der Schwingungslehre und der Dauerfestigkeit. Professor Lehr besaß die ganz seltene Gabe, neben höchstem wissenschaftlichen Können einen klaren Blick für das praktisch Mögliche zu haben.

Professor Lehr ging von der Voraussetzung aus, daß die Federung den Panzer befähigen sollte, das mit starken Unebenheiten durchsetzte Gelände des Kampffeldes sicher, mit großer Wendigkeit und Fahrgeschwindigkeit zu bewältigen. Daraus ergab sich auch die Frage, wie groß die Nickschwingungsausschläge und die Spitzenbeschleunigungen sein dürfen, die bei den verschiedenen Schwierigkeitsgraden des Geländes höchstens zugelassen werden konnten. Als ein Fernziel, welches unter Ausnutzung aller Möglichkeiten und unter Aufbietung eines sehr großen technischen Aufwandes noch ereichbar zu sein schien, ergab sich die Forderung, den Panzer so abzufedern, daß er Bodenwellen bis zu 500 mm Höhe mit hoher Geschwindigkeit befahren konnte, ohne daß die Federung durchschlug. Die im Panther ausgeführte Federung vermochte eine Grenzwellentiefe von 150 mm zu bewältigen. Eine solche Tiefe von 300 mm verlangte einen Hub von 300 bis 350 mm, gerechnet von der Gleichgewichtslage bis zum Anschlag**. Um zu prüfen, welche Schwierigkeiten bei Bewältigung einer Grenzwellentiefe von 300 bis 350 mm auftraten, war von WaPrüf 6 ein Versuchsfahrzeug mit 400 mm Hub im Auftrag gegeben worden, welches auch im schweren Gelände eine Höchstgeschwindigkeit von 40 bis 45 km/h entwickeln sollte. Dabei wurden anstelle der beim Panther verwendeten »Haarnadelfeder« mit zwei Drehstäben, drei Drehstäbe hintereinander geschaltet. Die Frage, welche Geschwindigkeiten der Panzer im Kampfgelände erreichen mußte, wurde am 8. 12. 1943 mit Schreiben Nr. 32/43 g vom Generalinspekteur der Panzertruppen klar beantwortet:

»Betr.: Gummisparende Laufwerke

Bei der Entwicklung gummisparender Laufwerke für Panzerkampffahrzeuge (Tiger, Panther, Panzer IV und

*Dr.-Ing. habil. Ernst Lehr, geboren am 4. 7. 1896, gefallen bei einem Luftangriff am 25. 3. 1944 in Berlin.

**Die Fahrversuche wurden bei der Verskraft in Kummersdorf auf einer Betonfahrbahn gemacht, auf der Schwellen von 100 mm Höhe im Abstand von 6 m verlegt waren.

Federungsauslegung am Panther.

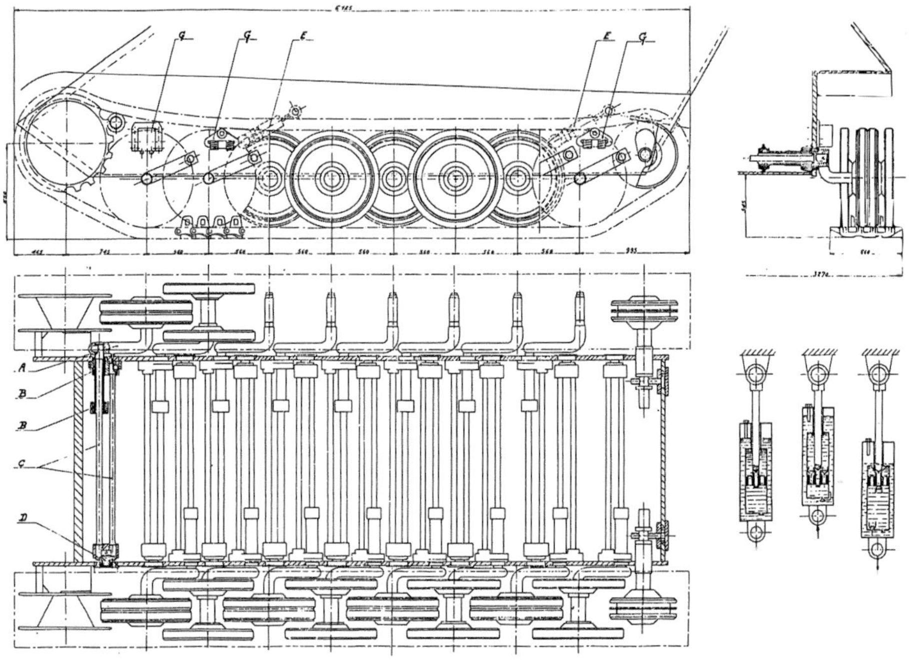

leichter Panzerjäger IV) fordert Gen.Insp.d.Pz.Tr. in allen Teilen des Laufwerkes eine Eignung für

30 km/h Dauergeschwindigkeit auf dem Gefechtsfeld
40 km/h Höchstgeschwindigkeit auf dem Gefechtsfeld

Diese in den Grundsätzen für die Führung des Panzerkampfes begründete Forderung kann durch die etwaige Feststellung, daß die Fahrgeschwindigkeit von Panzerfahrzeugen auf dem Gefechtsfeld praktisch vielfach geringer sei, in keinem Falle eingeschränkt werden«.

Die Sicht könnte bei hohen Geschwindigkeiten wesentlich verbessert werden, wenn für die Panzerbesatzung kreiselstabilisierte Optiken vorgesehen würden, die das Blickfeld unabhängig von den Schwingungen des Fahrzeuges in Ruhe hielt. Von einem gut gefederten Panzer wurde ferner verlangt, daß er auch beim Befahren von rauhem Gelände einen brauchbaren Beobachtungsstand bildete. Jedenfalls sollte der Richtschütze das Ziel dauernd im Auge behalten können. Das war nicht der Fall, wenn er bei jeder größeren Bodenwelle den Kopf vom Zielfernrohr zurücknehmen mußte, damit ihm dieses nicht ins Gesicht schlug. Vorbedingung zur Beseitigung dieses Übelstandes war, daß die Nickschwingungsausschläge kleiner blieben als etwa $\varphi_N = \pm 2°$ und daß die Beschleunigung am Kopf des Richtschützen auch bei den härtesten Stößen unter etwa 40% der Fallbeschleunigung lag. ($b_{max\infty}0{,}4\,g$) Dies zu erfüllen, war nicht einfach, obwohl beim Panther die Anordnung der Dämpfer am ersten und letzten Schwingarm bereits weitgehend genügte.

Schema der Drehstabanordnung im Panzerkampfwagen Panther.

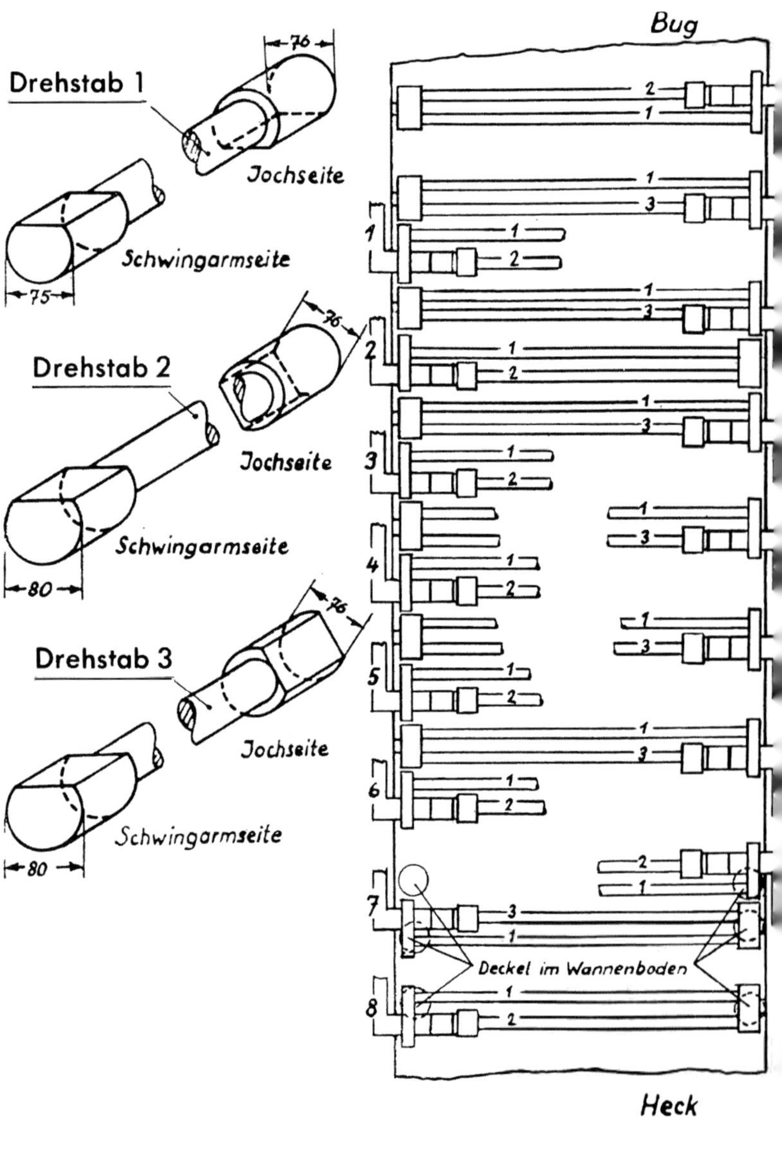

Die Qualität einer Federung wurde umso besser, je kleiner die Winkelausschläge der Nickschwingungen und je geringer die Beschleunigungen wurden, die sich durch das Überfahren von Unebenheiten im Gelände ergaben. Bei Vergleichen zeigten bei einer Fahrgeschwindigkeit von 5 km/h alle Fahrzeuge angenähert denselben Wert der Neigungswinkelsumme. Mit Vergrößerung der Fahrgeschwindigkeit stiegen auch die Kennlinien an, mit Ausnahme des mit Stoßdämpfern an den Schwingarmen 1 und 8 ausgerüsteten Panther V1, bei dem eine stetige Abnahme festzustellen war. Die hier eingeschlagene Richtung mußte daher konsequent weiterverfolgt werden, um das gesteckte Ziel zu erreichen. Gegenüber dem Versuchspanther V1 zeigte die Serienausführung des Panther, bei der es nicht möglich war, die Dämpfer an den Schwingarmen 1 und 8 anzubringen, eine Verschlechterung der Dämpfung. Diese war geringer, da die Dämpfer an den zweiten und siebenten Schwingarmen angriffen, während eine bessere Dämpfung, wie sie beim Versuchspanther V1 vorhanden war, die Anordnung der Dämpfer an den ersten und achten Schwingarmen erforderte. Dies zeigte anschaulich den großen Einfluß der Dämpfung auf die Federungseigenschaften, da die Federung selbst bei beiden Fahrzeugen völlig gleich war.

Hemscheidt entwickelte für den Panther einen Versuchsstoßdämpfer, der ein größeres Volumen aufwies. Verglichen mit dem Serienstoßdämpfer HT 90 ergaben sich folgende Unterschiede:

	HT 90	HT125
Länge ganz ausgezogen	605 mm	710 mm
Länge ganz zusammengeschoben	445 mm	550 mm
Dämpferweg	160 mm	160 mm

Den anderen Grenzfall bildeten die beiden Ausführungen des Panzerkampfwagens IV, von denen eine mit Kegelstumpffederung ausgerüstet war. Es ergab sich ein erheblicher Anstieg der Nickschwingungen mit Zunahme der Geschwindigkeit. Bereits bei einer Fahrgeschwindigkeit von 22 bis 25 km/h wurden die Erschütterungen so stark, daß eine schnellere Fahrt nicht mehr möglich war.

Die Kennlinien für den mit Blattfedern ausgerüsteten Prototyp VK 3001 (DB) und US-Panzer »General Sherman-M4« fielen angenähert zusammen. Die Beschleu-

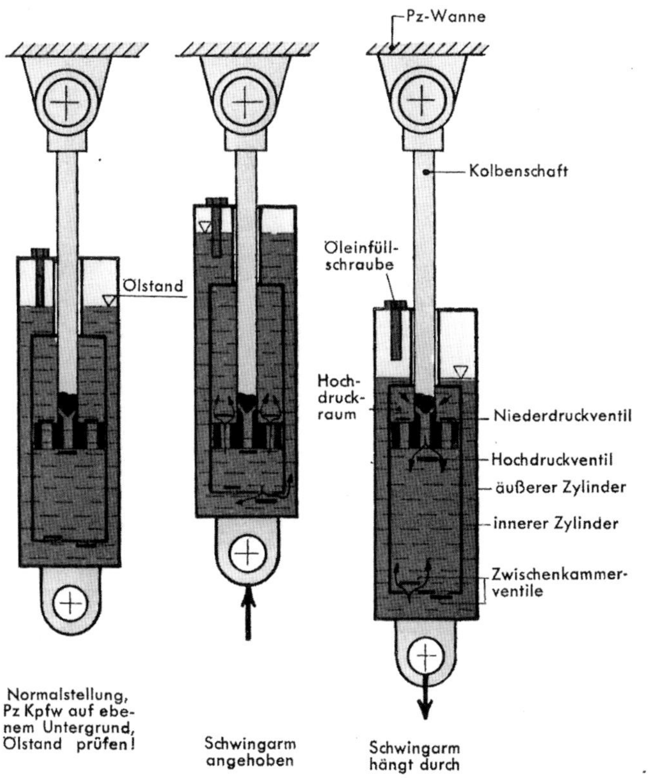

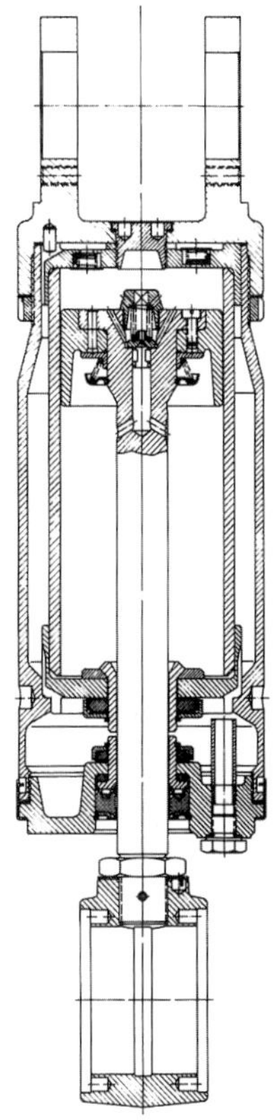

Links:
Wirkungsweise der Stoßdämpfer.

Einzelheiten des Panther-Stoßdämpfers (HT 90).

Befestigung der Stoßdämpfer im Innern der Wanne.

nigungen und Stöße waren mehrmals so groß wie beim Panther. Auch beim T 34 wurde bei 25 km/h das Aufschlagen so stark, daß eine weitere Steigerung der Geschwindigkeit nicht mehr möglich war. Bei allen untersuchten Panzern lag die Eigenschwingungszahl der Nickschwingungen wesentlich niedriger als die Eigenschwingungszahl der Hubschwingungen. Sie lag beim Panther mit 31/min bei weitem am niedrigsten. Aus Platzrücksichten glaubte man nicht, die Nickeigenschwingungszahl eines Fahrzeuges noch wesentlich unter 30/min bringen zu können.
Die wichtige Rolle der Dämpfung mußte immer wieder betont werden. War sie zu klein, ergab sich bei der kritischen Geschwindigkeit eine sehr unliebsame Aufschaukelung. Machte man sie zu groß, so wurden im Fahrzeug bei hohen Geschwindigkeiten unangenehme Beschleunigungen fühlbar. Um eine gute Federung zu erhalten, mußte man vor allem darauf bedacht sein, die Eigenschwingungszahl der Nickschwingungen so niedrig wie möglich zu halten. Gleichzeitig mußte durch entsprechende Anordnung der Dämpfer dafür gesorgt werden, daß die Nickschwingungen mit D = 0,4 bis 0,5 gedämpft wurden. Kleinere Dämpfungen waren unzureichend. Entsprach die Dämpfung nicht den gestellten Forderungen, so nützte eine weiche Federung auch nichts. Die Dämpfung war ebenso wichtig wie die Federung und nicht von ihr zu trennen. Bei der Entwicklung des Panther wurde von der Panzerkommission ausdrücklich die Bedingung gestellt, daß die Dauerhaltbarkeit der Federn für eine Fahrstrecke von 10000 km gewährleistet sein mußte. Die untere Streugrenze der für die Drehstabfeder angegebenen Drehschwingungsfestigkeit lag bei einem Schaftdurchmesser von 50 bis 60 mm bei $\pm$ 20 kg/mm^2. Sie gewährte somit die beste Werkstoffausnutzung, vor allem als man durch Oberflächendrücken oder Funken der Oberfläche mit Stahlkies eine Erhöhung der Dauerhaltbarkeit auf nahezu den doppelten Betrag der bei nur geschliffener Schaftoberfläche vorliegenden Drehschwingungsfestigkeit erreicht hatte. Nachteilig erwies sich immer wieder, daß sich unter Berücksichtigung der angegebenen Festigkeitswerte schon bei einem Laufrollen-Hub von 200 mm eine Schaftlänge ergab, die größer war als die Breite der Panzerwanne. Es wurden zahlreiche Möglichkeiten durchgearbeitet, um diesen Nachteil zu beheben und zwar indem man mehrere Drehstabfedern hintereinander oder parallel schaltete. Von all diesen Möglichkeiten führte jedoch nur die beim Panther vorgesehene Konstruktion der sogenannten »Haarnadelfeder« zu einem brauchbaren Ergebnis. Diese Konstruktion war

zunächst insofern ein Wagnis, als hierbei der Federstab nicht nur auf Verdrehung, sondern auch in ziemlich hohem Maß auf Biegung beansprucht wurde. Nachdem jedoch Dauerversuche gezeigt hatten, daß diese zusammengesetzte Beanspruchung überraschend gut ertragen wurde, konnte die Einführung in die Großserie vorgenommen werden. Beim Einsatz des Panther haben sich fast keine Beanstandungen ergeben. Die beiden hintereinander geschalteten Drehstabfedern waren durch ein Gelenk verbunden. Die Drehstäbe hatten eine kreisrunde Nuß mit einer angefrästen Haltefläche, da die Aufnahmen der von Dr.-Ing. Lehr eingesetzten Prüfmaschinen derartige Halterungen aufwiesen, gleichzeitig sollte verhindert werden, daß die Drehstäbe in ihren Halterungen falsch eingebaut wurden. Das Gelenk hatte zwei zylindrische Aufnahmen für die Drehstabnüsse. Durch Keile mit gegeneinander geneigten Schrägen wurden beide Drehstäbe gehalten. Am Gelenk war auf der von Drehstäben gegenüberliegenden Seite ein Zapfen angebracht, der in einer Bohrung in einer Strebe der Wanne das Gelenk hielt und eine pendelnde Bewegung ermöglichte.

Erst durch Verstärkung des Gelenkes konnte eine volle Betriebssicherheit gewährleistet werden. Da der Einbau der Doppeldrehstäbe mit gewissen Unbequemlichkeiten bei der Instandsetzung verbunden war, bestand der Wunsch nach einfacherer Lösung. Eine solche konnte aber nicht gefunden werden. Es hatte keinen Zweck, dabei Vorschläge in Erwägung zu ziehen, die einen wesentlich geringeren Hub gestatteten. Denn die Schwierigkeit bestand gerade darin, eine dauerhaltbare Feder zu erhalten, die einen Hub von mehr als 500 mm an der Laufrolle ermöglichte. Bei Verwendung einer Einfachdrehstabfeder ging der wirksame Hub auf etwa 220 mm zurück. Außerdem ergab sich dann eine wesentlich höhere Eigenschwingungszahl des Fahrzeuges. Beide Eigenschaften bedeuteten jedoch gegenüber dem beim Panther erreichten Stand einen derart schwerwiegenden Rückschritt, daß eine entsprechende Maßnahme nicht in Betracht kam. Dennoch wurde aus Materialersparnisgründen für den weiterentwickelten Panther II eine Einfachdrehstabfederung vorgesehen.

Infolge schlechterer Werkstoffausnützung hätten alle anderen möglichen Federungsarten, wie Schrauben-, Blatt-, Kegelstumpf- und Gummifederung bei einer der Panther-Federungseigenschaft gleichkommenden Güte erheblich größere Gewichte erbracht. Die Drehstabfederung ermöglichte mit Abstand die beste Werkstoffausnutzung. Trotzdem war diese Federart immer wieder einer harten Kritik unterworfen. Angeführt wurden u. a.:

- die große Zahl der in der Panzerwanne erforderlichen Bohrungen und der damit verbundene erhöhte Fertigungsaufwand. Jedoch lag dadurch die Federung unter Panzerschutz und war gegen Verschmutzung und Beschädigung weitgehend geschützt.
- die Anordnung der Drehstabfederung verursachte eine um 50 bis 55 mm größere Wannen- und Gesamthöhe. Durch den Frontantrieb bedingt, ergab sich durch den Kardantunnel eine weitere Vergrößerung der Gesamthöhe um etwa 140 mm auf 195 mm.

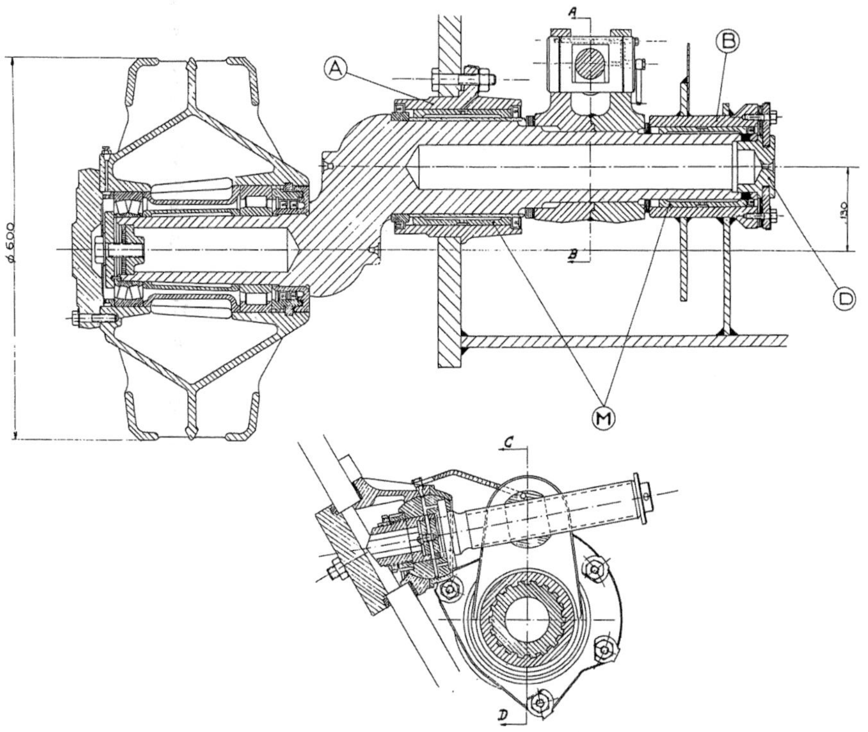

Leitrad mit Spindel für Kettenspanner.

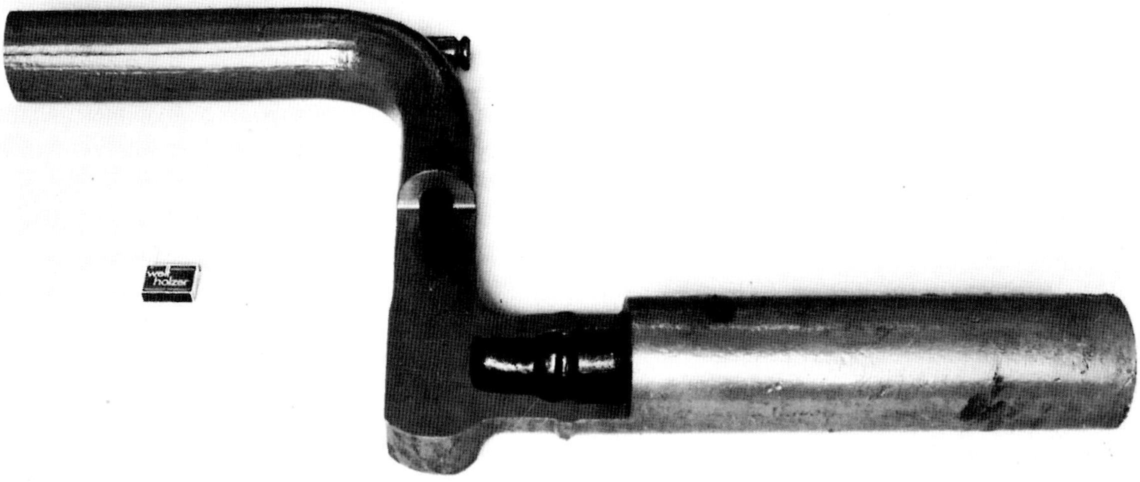

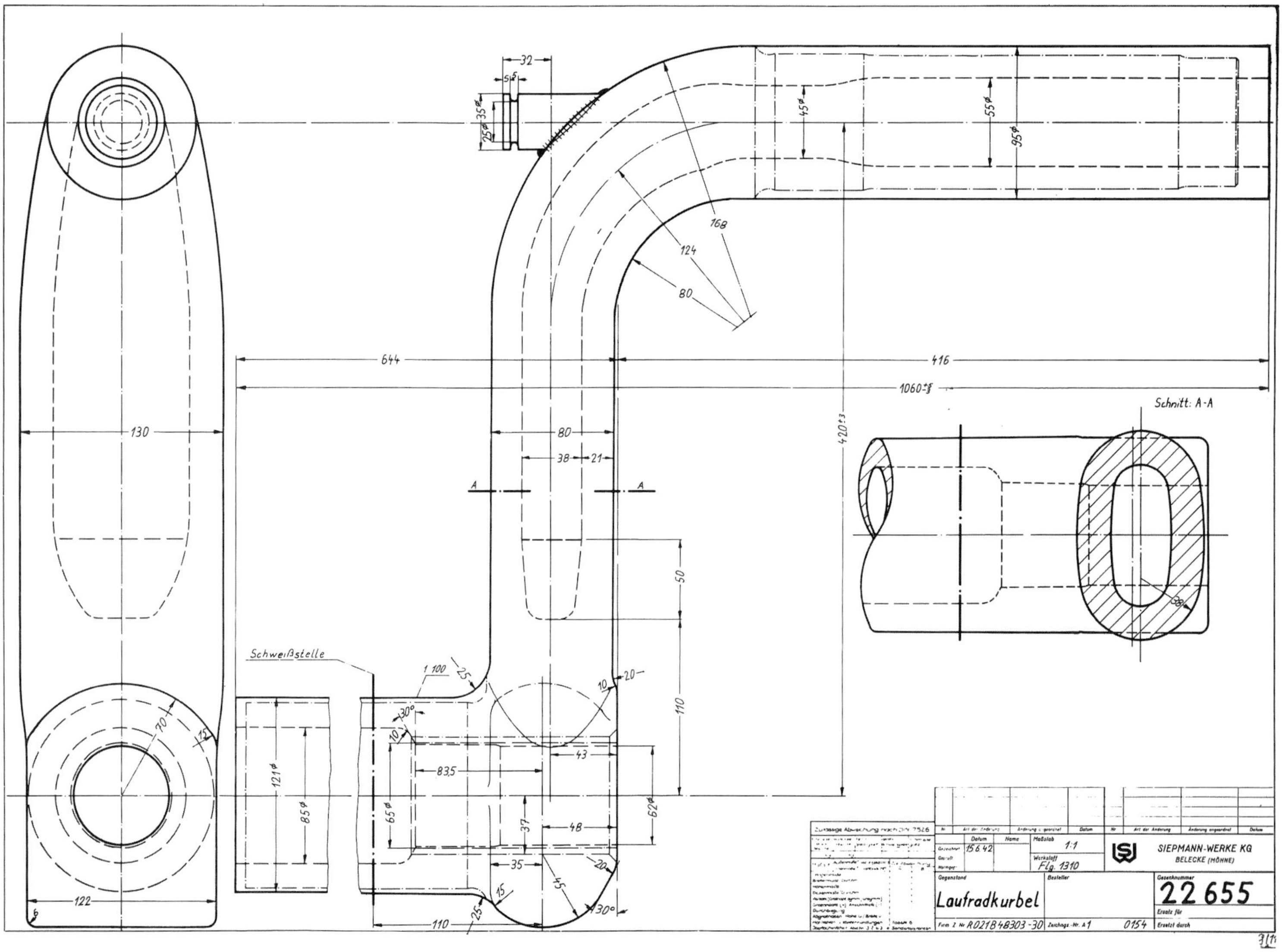

Schweißstelle
Schnitt: A-A
Laufradkurbel
SIEPMANN-WERKE KG
BELECKE (MÖHNE)
22 655

Der hohlgeschmiedete Schwingarm des Panther in Bild und Zeichnung.
◀

Fertigung des hohlgeschmiedeten Schwingarmes: Der Schwingarm für die Laufrolle hatte zwei Lagerzapfen. Der eine (1) trug die Laufrolle, der andere (2) war im Panzergehäuse gelagert. Um das Gewicht des Schwingarms möglichst klein, bei höchster Festigkeit, zu halten, wurde er aus hochfestem Walzstahl, soweit wie möglich, hohl geschmiedet. Die Laufrollenachse (1) und der Hebelarm (3) wurden aus einem vollen Stahlzylinder im gestreckten Zustand auf Schmiedemaschinen hohl aufgedornt. Die Nabe (4), welche die Drehstabfeder aufnahm, wurde auf anderen Schmiedemaschinen an den Hebelarm angestaucht und hohlgedornt. Ein Rohrende, das den Lagerzapfen (2) für die Lagerung des Schwingarms im Panzergehäuse bildete, wurde mit Stumpfschweißmaschinen an die Nabe (4) elektrisch angeschweißt. Durch das rechtwinkelige Abbiegen der Laufrollenachse (1) wurde die endgültige Rohform des Schwingarms fertiggestellt.

Pz Kpfw Panther

Hohlgeschmiedeter Schwingarm

Entwicklung und Hersteller
Siepmann-Werke K.G. Warstein (Möhnesee)

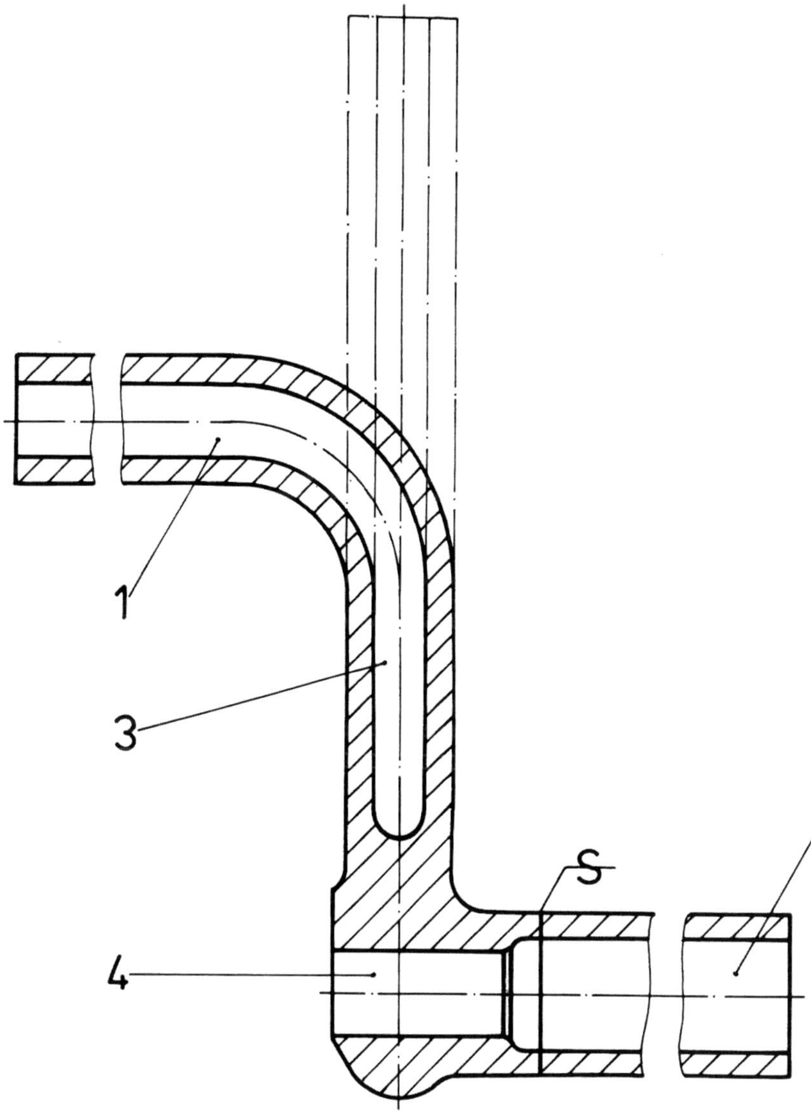

1 Laufrollenachse
2 Rohr - Lagerzapfen für Lagerung im Panzer - Gehäuse
3 Hebelarm
4 Nabe mit Aufnahme für Drehstabfeder
S Schweißnaht

– die Herstellung und Bearbeitung der Schwingarme bildeten einen Engpaß. Nachdem man die Schwingarme aus mehreren, zum Teil röhrenförmigen Teilen durch elektrische Stumpfschweißung zusammensetzte, entfiel auch dieser Einwand.
– die Federn überzogen den Boden der Wanne wie einen Rost, was das Anbringen von Bodenausstiegsluken unmöglich machte.
– das Auswechseln der Doppeldrehstabfedern war mühsam und langwierig, dies vor allem nach Minenschäden.

Fest stand, daß es bis zu diesem Zeitpunkt keiner anderen Federart gelungen war, gleich günstige Federungseigenschaften zu erreichen.

Das Laufwerk des Panther bestand je Fahrzeugseite aus vier inneren und vier äußeren Laufrollen, acht Schwingarmen, acht Doppel-Drehstäben, zwei Stoßdämpfern, einem Leitrad mit Kettenspanner, einer Stützrolle, drei Anschlagböcken für die Schwingarme und einer Gleiskette.

Dr.-Ing. Lehr hatte gehofft, ohne Anschlagfedern an den beiden vorderen Laufrollen auszukommen. Sie mußten aber nachträglich angebracht werden. Der Einbau solcher Anschläge war wegen Platzmangel beim Schachtellaufwerk schwierig. Diese Tellerfederanschläge wurden in ihrer Wirkung sehr beeinträchtigt, wenn sie durch Lehm und Schlamm verklebt wurden. Da die Schwingarme auf einer Seite des Laufwerks geschoben eingebaut waren, mußte wegen Durchschlagens der Federung auch an der ersten Kurbel ein Anschlag angebracht werden.

Für das Laufwerk lagen als Vorbild vor allem die Schachtellaufwerke der deutschen Halbketten-Zugmaschinen vor, welche folgende Vorteile aufwiesen: Die großen Laufrollen, die auch bei starken Unebenheiten nur eine relativ geringe Bewegung machten und bei denen die Kraftrichtung aus den Bodenhindernissen immer noch günstig blieb. Auch hielt sich die Dauerhaltbarkeit der großen Gummibandagen bei einer relativ breiten Auflagefläche der Laufrollen und geringen Flächenpressungen des Gummis in akzeptablen Grenzen. Der geringe Abstand der acht Laufrollen voneinander an einer Gleiskette gab dieser eine sonst nie erreichte verhältnismäßig gleichmäßige Bodenauflage.

Die Laufrollen waren geschachtelt angeordnet und als Scheibenräder mit abnehmbaren Vollgummibandagen ausgebildet. An den Scheiben der Laufrollen (Abstand der Laufrollen 560 mm) war eine Schräge für die Aufnahme der Gummibandagen angepaßt, eine zweite Schräge wurde angeschraubt. Die Gummibandage der Laufrolle wurde zwischen beide Schrägen eingelegt und durch das Anziehen der Schrauben (Ausf. D 16, ab

Laufrollen und Schwingarme von innen gesehen.

Einzelheiten der Laufrollen (Ausf. D).

Die Vollgummireifen waren nicht auf die Laufrolle aufvulkanisiert und ließen sich ohne besondere Hilfsmittel auswechseln. Mit einem Vorschlaghammer wurden Gummireifen und Felgenring von Scheibenrad abgeschlagen.

Der Kettenspanner für die Gleiskette war am Fahrzeugheck untergebracht.

Ausf. A 24 Stück) eingepreßt. Dadurch wurde das aufwendige Eindrehen der Rillen für das Aufvulkanisieren der Gummibandagen eingespart. In die Bandagen waren an der Innenseite Stahldrähte einvulkanisiert, die einen Teil der Haltekräfte ersetzten, die durch die früheren Stahlbandagen auf den aufvulkanisierten Gummi ausgeübt wurden. Dieses Verfahren hatte sich bewährt. Die inneren Laufrollen trugen Kettenführungsringe. Jede Laufrolle mit 860 mm Durchmesser war mit Schrägrollenlagern auf einem Schwingarm gelagert. Dieser war in Preßstoffbüchsen in der Panzerwanne schwenkbar. Der Liniendruck der Laufrollen mit Gummibandagen betrug 141 kg/cm. Die zur Federung verwendeten Doppeldrehstäbe wurden untereinander durch Keile befestigt. Die ursprünglichen Drehstäbe für den Panther waren mit Kerbverzahnungen nach der Kraftfahrnorm DIN Kr 231 Bl. 1 ausgerüstet. Diese hatten einen Radius im Kerbgrund von 0,4 mm. Die Scharfkantigkeit verursachte Brüche der Drehstäbe, die immer von der Kerbverzahnung ausgingen. Aus diesem Grund schlug Dr.-Ing. Lehr als Eigenerfindung eine Keilbefestigung mit Flächen an den Drehstabköpfen vor, die nach eingehender Untersuchung auch eingeführt wurde. Die Flächen mußten zur Verhütung von Reibkorrosion verkupfert werden, was bei den Drehstabherstellern durch Aufspritzen erfolgte.
Dennoch traten erhebliche Schwierigkeiten bei der Truppe auf, wenn auch die meisten Brüche aus dem Kopfbereich auf den Schaft verlagert worden waren.
Die Firma Porsche entwickelte daraufhin eine eigene Kerbverzahnung mit einem Kerbgrundradius von 0,8 mm. Abgesehen vom Vorteil der geringeren Kerbwirkung war es nun möglich, den Kerbgrund wie den Schaft einer Kugelstrahlbehandlung zu unterziehen, wodurch bessere Lebensdauerwerte erzielt wurden.
Hersteller der Drehstabfedern waren drei Firmen: Röchling, Dittmann-Neuhaus und Hoesch. Während Röchling und Hoesch das Kugelstrahlen (Röchling-Patent) anwandten, benutzte Dittmann-Neuhaus statt-

Mit einem Kettenschließer, der als Sonderwerkzeug vorhanden war, ließ sich die Gleiskette leicht trennen und schließen.

Mit einem Drahtseil wurde die Gleiskette über das Triebrad gezogen und gehoben.

Dann wurde die entspannte Kette geschlossen.

Einzelheiten der Gleiskette des Panzerkampfwagens Panther.

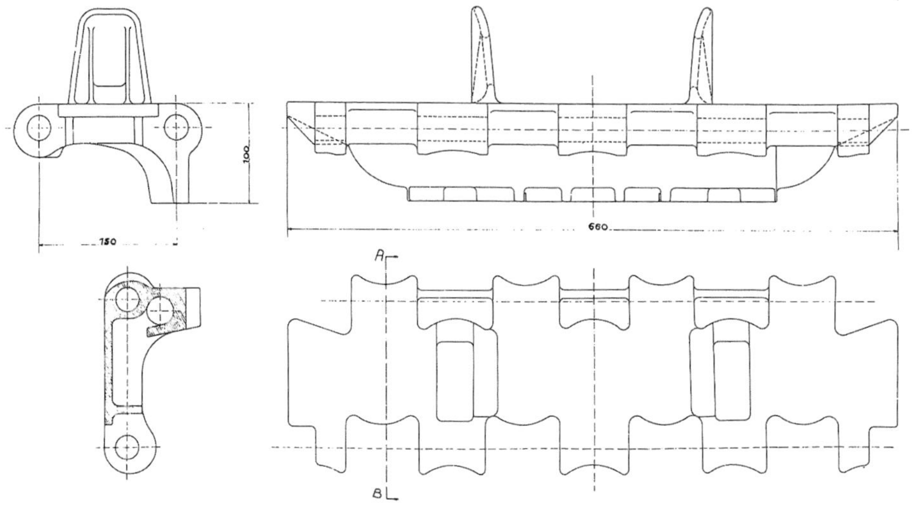

Panther beim Überfahren der Wellenbahn auf dem Versuchsgelände der Maschinenfabrik Augsburg-Nürnberg. Rechts am Fahrzeug der Tastschwingenschreiber zum Messen der Hubschwingungen.

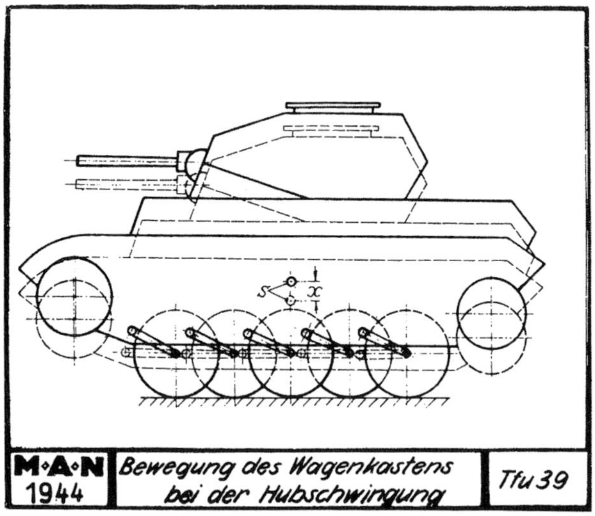

Schematische Darstellung der Bewegung des Wagenkastens
bei der Hubschwingung.

Anordnung beim Panther zur Messung der Hubschwingungen.

Resonanzkurvenschar für die senkrechte Schwerpunktsbeschleunigung.

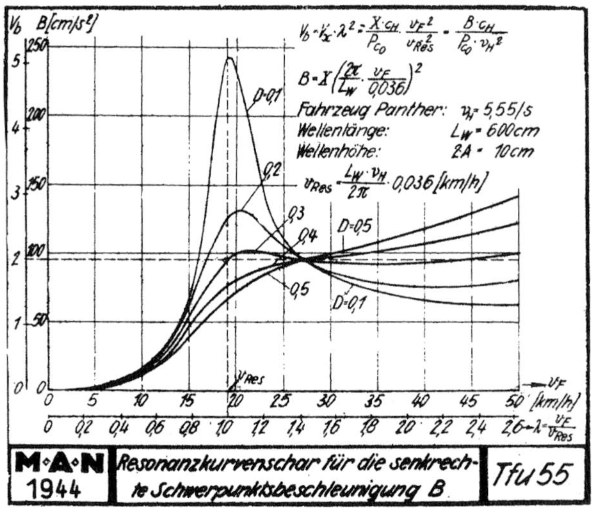

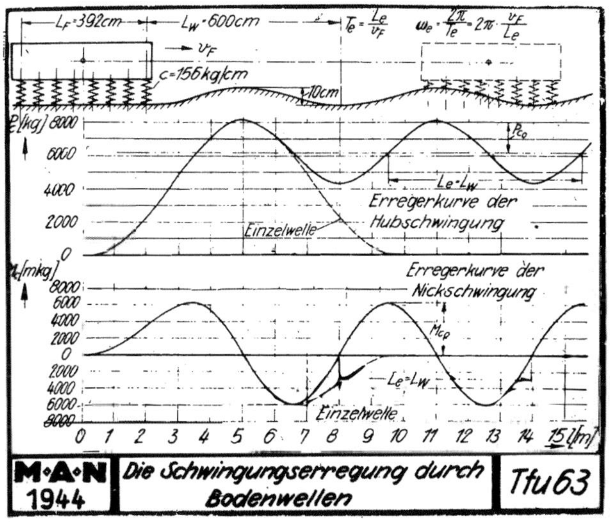

Schwingungserregung durch Bodenwellen.

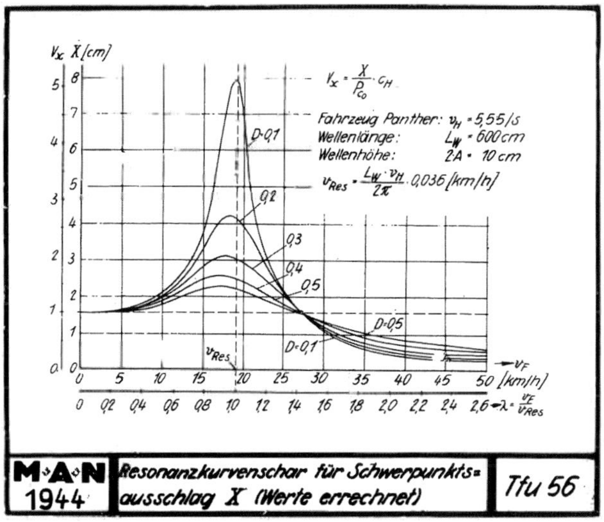

Resonanzkurvenschar für Schwerpunktsausschlag (Werte errechnet).

Ermittlungen von Fahrzeuglängsneigungen von Panzerkampfwagen auf der Betonwellenbahn 2 der Verskraft Kummersdorf. Das Diagramm zeigt die hervorragende Leistung des Panther-Laufwerks. (Länge der Fahrstrecke 1 km)

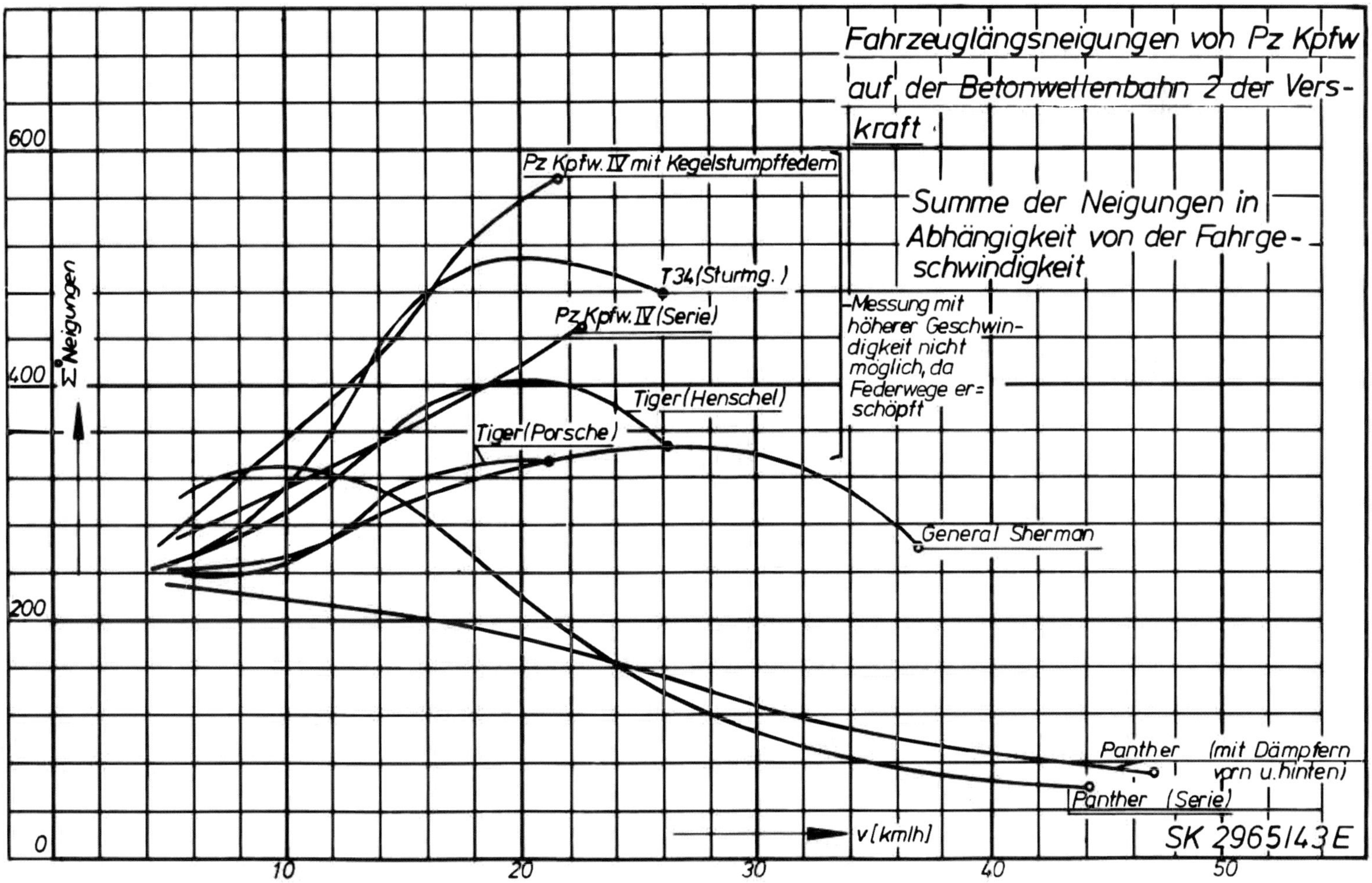

dessen das Oberflächendrücken. Als Federwerkstoff wurde Qualität 50 Cr V 4 verwendet, jedoch mußte man eine Analysenauswahl treffen, in der die wichtigsten Legierungsanteile wie C und Cr an der oberen Grenze zu halten waren.
Die Stoßdämpfer konnten nur in der Wanne untergebracht werden, da das Schachtellaufwerk keinen Platz für den üblichen Einbau der Teleskopstoßdämpfer bot. Über einen an den innenliegenden Schwingarmzapfen angebautem Hebel von 250 mm Länge waren die Stoßdämpfer am 2. und 7. Schwingarm angebaut. Der anfänglich geplante Anbau am 1. und 8. Schwingarm war in der Serie aus Platzgründen nicht möglich. Die Stoßdämpfer wirkten einseitig und dämpften nur die Abwärtsbewegung der Laufrolle.
Der Unterschied in der Dämpferwirkung zwischen beiden Anordnungen wurde auf der Prüfwellenbahn der Verskraft Kummersdorf offensichtlich. Folgende Nickneigungswinkel wurden auf eine Entfernung von 1000 m gemessen: (Angabe in () für Serienfahrzeug mit Dämpfung am 2. und 7. Schwingarm) 10 km/h = 220 (330), 40 km/h = 90 (65). Da gerade bei höherer Geschwindigkeit die Nickneigungszahl bei der Serienausführung abnahm, wurde die Stoßdämpferanordnung belassen. Als Nachteile des Einbaus der Stoßdämpfer im Fahrzeug ergaben sich eine Wärmebelästigung von Fahrer und Funker und eine sehr hohe Beanspruchung des Hohlzapfens am Schwingarm. So konnte der zweite Schwingarm nicht wie die anderen als Hohlschwingarm ausgebildet werden, da der Hohlarm weder das Biege-, noch das Verdrehmoment aus den Radkräften ohne Verformung aufnehmen konnte. Der Hohlschwingarm mit 420 mm Länge war eine besondere Leistung des Laufwerks. Der gebogene Schwingarm für das Tragrollenlager und das Kreuzstück, in dem der Drehstab aufgenommen wurde, waren ein Schmiedeteil, an dem der Hohlzapfen, der in der Wanne gelagert war, angeschweißt wurde. Als später wegen des großen Bedarfes die Eisenwerke Oberdonau, Linz in die Fertigung eingeschaltet werden mußten, ergaben sich Anfangsschwierigkeiten, da die Wandstärken des innen hohlen Schwingarmes durch Verlagerung des Hohlraumes verschieden stark waren. Die hohlen Schwingarme waren eine Entwickung der Großschmiede Siepmann, Beleke im Sauerland.

Das hinten liegende Leitrad war auf einer Kurbel befestigt, die in der Panzerwanne in Preßstoffbuchsen gelagert war. Zum Spannen der Gleiskette wurde die Leitradkurbel durch Linksdrehen der Stellspindel des Kettenspanners nach hinten geschwenkt.
Zwei zentrale Abschmierbatterien versorgten über Schmierleitungen Schwingarmlager, Leitradlager und Stoßdämpferbolzen. Die Scharnier-Gleiskette (Typ Kgs 64/660/150) bestand aus 86 Gliedern, die durch trocken gelagerte Bolzen gelenkig verbunden waren. Die Kettenbolzen waren durch einen Abstandring mit Spannstift gesichert. Der spezifische Bodendruck der Gleiskette betrug 0,87 bar. Entwickungsfirma und Hersteller der Gleisketten war die Firma Ritscher, Moorburger Treckerwerke, Hamburg-Moorburg.
Die Nachteile des Laufwerkes zeigten sich durch die Gefahr einer starken Verschmutzung während der Schlammperioden in Rußland, bei einbrechendem Frost froren an abgestellten Panzern die ineinanderlaufenden Laufrollen zusammen, falls vorhandener Schlamm nicht vorher entfernt wurde. Bei Beschußschäden verhakten sich die Laufrollen ineinander und

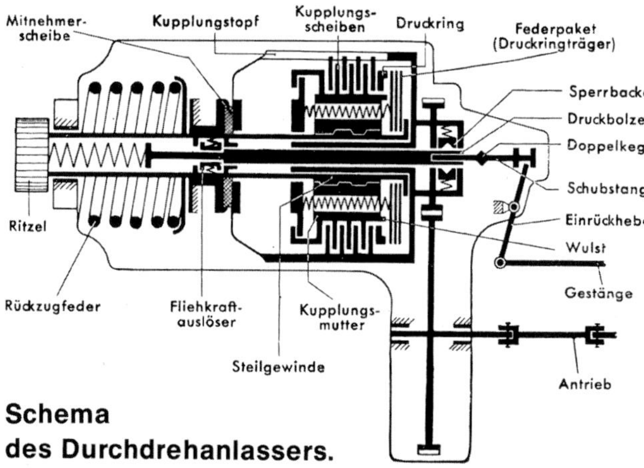

Schema des Durchdrehanlassers.

Durchdrehanlasser, Schnitt.

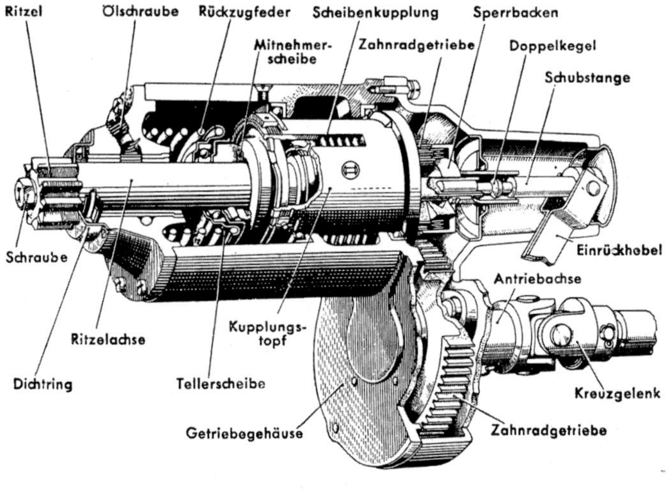

konnten meistens nur mit großer Schwierigkeit voneinander getrennt werden. Außerdem mußten bei einer beschädigten Laufrolle meist mehrere ausgebaut werden. Deshalb wurde dieses fahrtechnisch beste Laufwerk nach dem Zweiten Weltkrieg nie wieder gebaut.

Die elektrische Anlage hatte eine Spannung von 12 Volt. Zwei 12 Volt-Blei-Batterien mit einer Kapazität von je 120 oder 150 Ah waren im Kampfraum unter den Bodenblechen, eingebaut. Der Generator mit getrenntem Reglerschalter gab eine Leistung von 700 Watt ab. Die Kühlluft für den Generator wurde durch einen Metallschlauch aus dem Kampfraum angesaugt. Die elektrische Anlage war voll entstört.

Zum Anlassen der Panzermotoren standen neben den elektrischen Anlassern für 24 Volt auch handbetriebene Durchdrehanlasser, Typ AL/RBI/RI oder Schwungkraftanlasser, Typ AL/ZMI der Firma Bosch zur Verfügung. Dadurch wurde eine volle Unabhängigkeit von der elektrischen Anlage,vor allem bei tiefen Temperaturen (Forderung −40° C), erreicht. Die verwendeten Schwungkraftanlasser stellten geschlossene Bauteile dar, die, wie elektrische Anlasser, am Motor befestigt

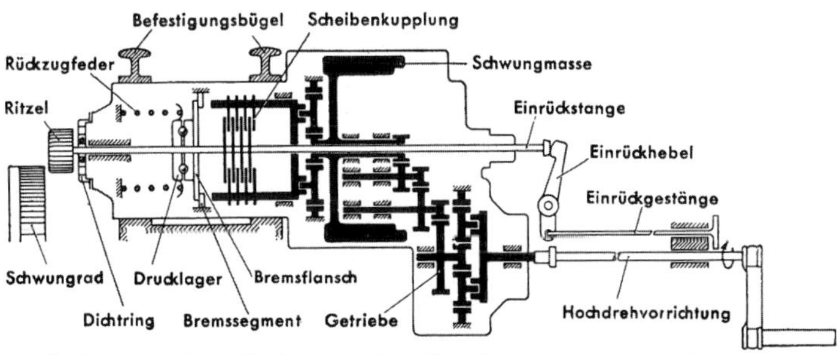

Schema des Schwungkraftanlassers (Bosch).

Schwungkraftanlasser, Schnitt.

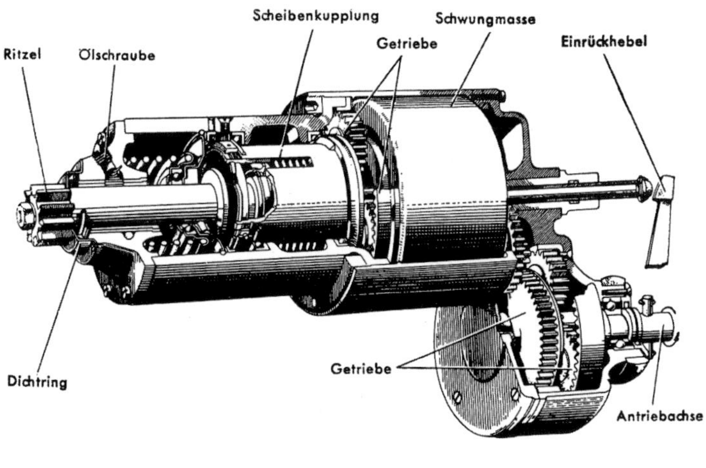

und wie diese über ein Ritzel in das Schwungrad des Motors eingriffen. Das Anlasserschwungrad wurde durch eine Handkurbel über ein Planetengetriebe und Stirnradvorgelege mit einer Übersetzung von 140 auf 10000 1/min gebraucht. Zur Übertragung des dabei aufgespeicherten Arbeitsvermögens wurde das Ritzel mechanisch in die Verzahnung des Motorschwungrades eingespurt und dann durch Lamellen mit dem Anlaßschwungrad gekuppelt. Zum sicheren Einspuren faßte die Lamellenkupplung stufenweise, so daß das Ritzel schon vorher leicht gedreht, die Kupplung aber erst nach dem Einspuren kraftschlüßig wurde. Die Lamellen der Kupplung schliffen aufeinander, wenn ein bestimmtes, Drehmoment überschritten wurde; auf diese Weise wurde der Eingriff gedämpft. Außerdem wirkte die Kupplung als Freilauf, wenn das Ritzel nach dem Einsetzen der Zündung im Motor von dessen Schwungrad überholt wurde, damit wurde verhindert, daß der Schwungkraftanlasser vom Motor her unzulässig beschleunigt wurde. Nach dem Anlaßvorgang zog eine Rückzugfeder das Ritzel aus dem Eingriff.

Im Panther wurde erstmalig eine automatisch wirkende Feuerlöschanlage eingebaut. Beim Überschreiten einer Temperatur von 160° C wurde eine bestimmte Löschmittelmenge (Kohlenstoff-Chlor-Brom [CB]) etwa 7 Sekunden lang in Richtung der besonders gefährdeten Stellen gespritzt. Die Anlage hatte anfänglich nur mangelhaft funktioniert. Die Wärmefühler der Anlage sollten durch den Löschmittelstrahl gekühlt werden. Da aber Sprühdose und Wärmefühler nicht auf einer gemeinsamen Halterung gelagert waren, wurden die Wärmefühler nur unzureichend gekühlt und veranlaßten einen weiteren Einsatz der Löschanlage. Durch eine gemeinsame Halterung verbesserte sich der Wirkungsgrad der Anlage. Eine andere Schwäche der Löschanlage konnte jedoch nicht beseitigt werden. Drei Wärmefühler reichten nicht aus für die Überwachung des Motorraumes. Die Anlage wurde durch die sehr hohe Temperatur im Motorraum automatisch in Betrieb gesetzt, ohne daß ein Brand ausgebrochen war. In Falle eines wirklichen Brandes stand dann nur noch ein reduzierter Vorrat an Löschmittel zur Verfügung.

Man half sich dadurch, daß nur noch zwei Löschmittelflaschen von der Automatik betätigt wurden, die restlichen zwei konnten von Hand ausgelöst werden.

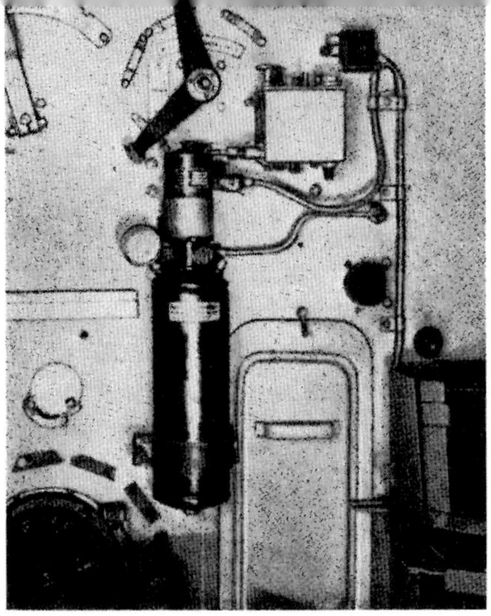

Die Anbringung des Löschmittelbehälters am Brandschott zwischen Kampf- und Motorraum.

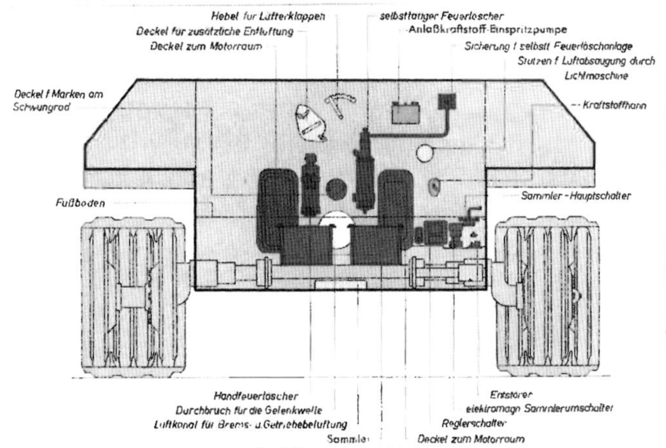

Bei der automatischen Feuerlöschanlage waren je ein Wärmefühler und eine Löschgruppe beim Vergaser, bei den Kraftstoffpumpen und beim Anlasser eingebaut.

Übersicht über die automatische Feuerlöschanlage.

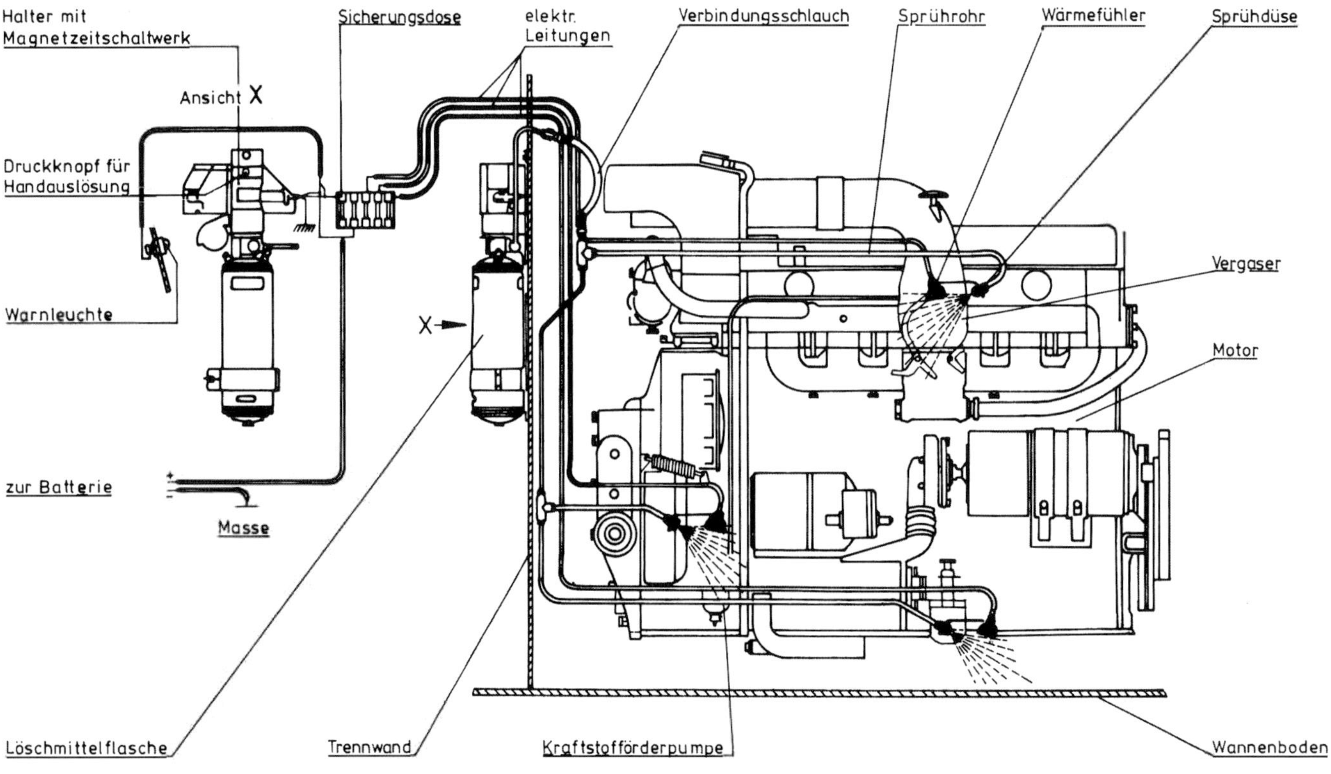

Übersichtsskizze des für den Panther Ausf. D verwendeten Drehturmes.

Der um 360° drehbare **Turm** für drei Mann Besatzung stützte sich mit dem Tragring auf dem Turmkugellager bei einem lichten Bedienungskreisdurchmesser von 1650 mm ab. Er bestand aus dem Turmmantel, Turmdach mit Kommandantenkuppel und der Walzenblende mit Geschütz und MG. Am 18. 7. 1941 war ein Auftrag zur Entwickung einer Kanone mit 140 mm Durchschlagsleistung auf 1000 m Entfernung erteilt worden. Das Ergebnis war die 7,5 cm KwK 42 L/70. Sie wurde von der Firma Rheinmetall-Borsig AG in Unterlüß gebaut. Für sie wurden im Fahrzeug 79 Schuß Munition mitgeführt. Die 7,5 cm Kampfwagenkanone 42 L/70 war eine halbautomatische Waffe mit elektrischer Abfeuerung. Sie verschoß Hartkernmunition und Sprenggranaten (Patronenmunition). Die Gewichte und Maße der Patronen waren: Panzergranate 14,3 kg, 893 mm lang, Sprenggranate 11,2 kg, 929 mm lang. Zum Anrichten der Ziele diente das Turmzielfernrohr 12 mit 2,5 facher Vergrößerung und 28° Gesichtsfeld. Das Rohr war ein Vollrohr mit abnehmbarem Bodenstück. Es war in der Rohrwiege gelagert und geführt. An der Rohrmündung befand sich ein Linksgewinde zum Aufschrauben einer Mündungsbremse, sie wirkte dem Rücklauf des Rohres entgegen. Die Rücklaufenergie des Rohres wurde zu etwa 70% dadurch abgebremst, daß die beim Schuß ausströmende Pulvergase gegen die Prallflächen der Bremse stießen, seitlich abgeleitet wurden und somit der Rücklaufbewegung des Rohres entgegenwirkten. Ohne Mündungsbremse durfte nicht geschossen werden. Das Bodenstück diente zur Aufnahme des Verschlusses und der Bewegungseinrichtung. Eine Rohrausblasevorrichtung, durch Preßluft betrieben, war

Drehturm, von links.

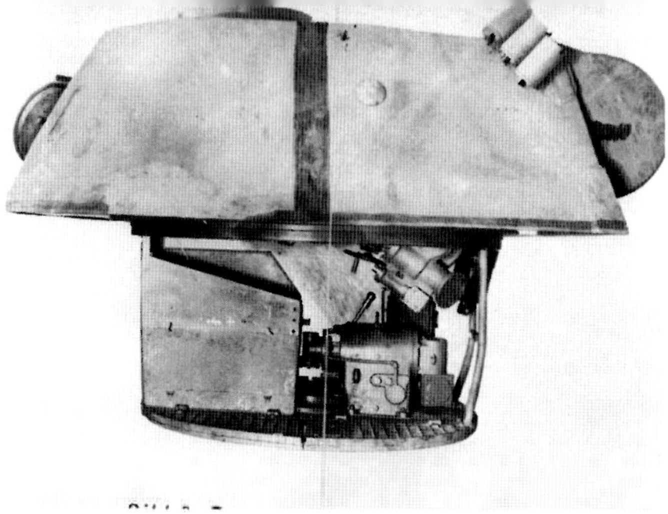

Drehturm, von rechts.

Blick in den Drehturm, von vorn.

Bühne, von links.

vorhanden. Die Rohrwiege trug das Rohr und gab ihm mit Hilfe der Höhenrichtmaschine und des Turmschwenkwerkes die Schußrichtung. Die Rohrbremse war als Flüssigkeitsbremse ausgelegt, der Rohrvorholer dagegen als Luftvorholer gebaut. Mit dem Turm war die Drehbühne fest verbunden. In der Mitte der Bühne war unten ein Schleifringübertrager für die Übertragung der elektrischen Einrichtung vom Fahrgestell zum Turm angeordnet. Zur Abdichtung des Turmes gegen die Panzerwanne diente eine Labyrinthdichtung. Gegen das Eindringen von Wasser konnte der verbleibende Zwischenraum zwischen Tragring und äußerem Kugellagerring durch Stahlband mit Gummiauflage abgedichtet werden.

In Marschstellung wurde die Kanone durch eine Rohrstütze festgelegt, die auf dem Bugpanzerdach umklappbar war. Das Richten der Kanone der Höhe nach erfolgte durch die Höhenrichtmaschine von Hand aus. Zur Seitenrichtung diente das Turmschwenkwerk, welches hydraulisch oder von Hand betätigt wurde. Bei hydraulischem Antrieb konnte der Turm in einer Minute um 360° geschwenkt werden.

Der zum Schwenken des Turmes erforderliche Öldruck wurde durch ein Flüssigkeitsgetriebe erzeugt, das vom Turmantrieb aus über eine Gelenkwelle angetrieben wurde. Zur Schonung des Flüssigkeitsgetriebes bei Marschfahrt konnte es durch eine Zahnkupplung, die im gleichen Gehäuse eingebaut war, vom Ladeschützensitz aus durch einen Hebel abgeschaltet werden. Die Handbetätigung erfolgte vom Handrad des Turmschwenkwerkes, dessen Drehung über eine Getriebe- und Übertragungseinrichtung ebenfalls auf die Schaltkupplung übertragen wurde. Ein rechts im Turm befindlicher Hilfstrieb erlaubte den Ladeschützen, dem

Geschütz mit Panzerblende und Lagerplatte.

Linke Seitenwand, von innen.

Bühne, von rechts.

Turmlagerung mit Dichtung.

Richtschützen beim manuellen Drehen des Turmes zu helfen.

Das Flüssigkeitsgetriebe, ein drehzahlunabhängiges Boehringer-Sturm-Ölgetriebe vom Typ M 4 S bestand aus zwei gleichen Drehflügelwerken mit umlaufendem Gehäuse, von welchem das eine als angetriebene Pumpe, das andere als Ölmotor arbeitete. Sie waren durch einen Saug- und Druckkanal in einem feststehenden Rohrkörper zu einem geschlossenen Kreislauf vereinigt. Die Regelung der Abtriebsdrehzahl am Ölmotor und damit der Schwenkgeschwindigkeit des Turmes erfolgte durch Regelung der Fördermenge der Pumpe.

Dem Richtschützen stand beim Panther D ein binokulares Turmzielfernrohr TZF 12 zur Verfügung, welches an der Walzenblende zwei Ausblicköffnungen bedingte. Das Höhenrichtfeld der Kanone betrug -8° bis +20°.

Bei den ersten Prototypen schnitt die Kommandanten-

Turmschwenkwerk mit Öldruckpumpen.

Drehturm von außen mit Propfen für MP-Öffnung und Verständigungsöffnung. Unmittelbar unter dem Drehturm ein Geschoßdurchschlag.

Einzelheiten des Turminneren eines Panther-Turmes der ersten Ausführung. Links im Bild der Kommandantensitz.

Bei der Ausf. D hatte der Anzeiger für das Turmschwenkwerk noch eine doppelte Skala.

Inneres des Panther-Drehturms zeigt die Öffnungen für die MP sowie die für Verständigung. Unter der MP-Öffnung die Anzeige für die Turmstellung.

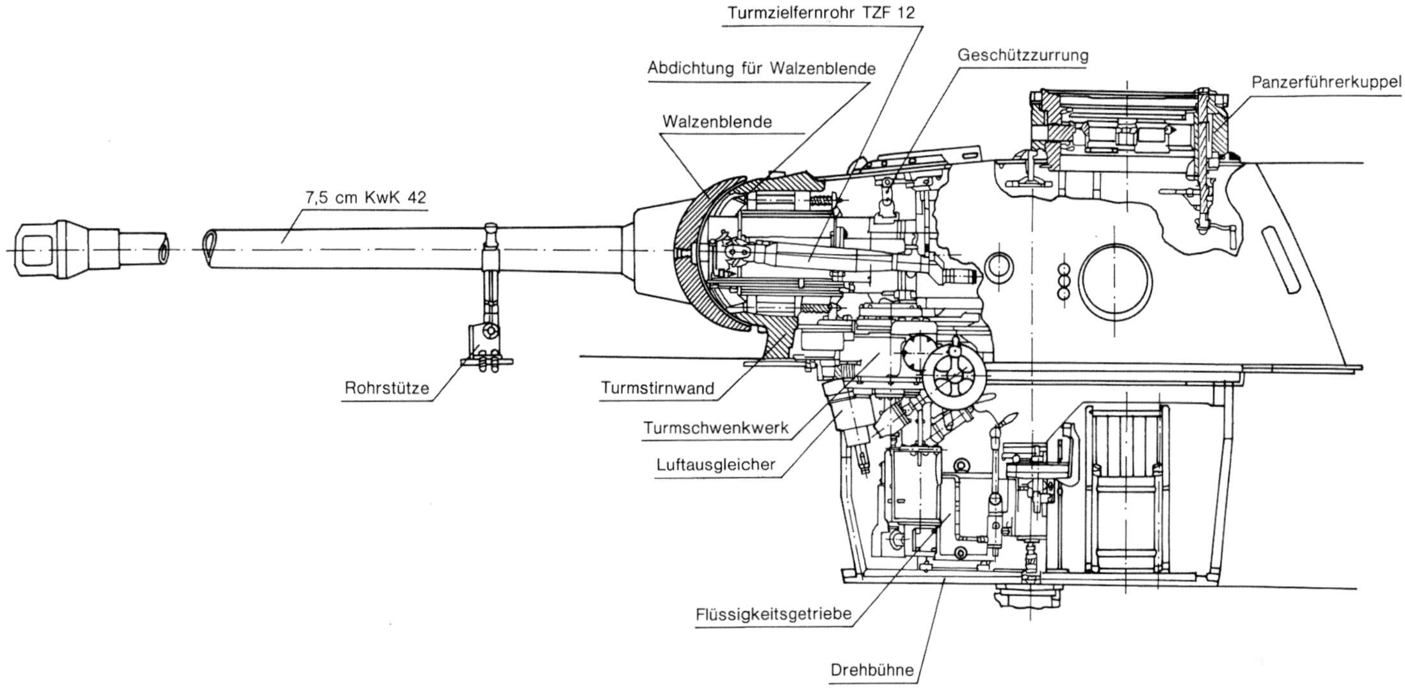

Gegenüberstellung der Drehtürme für die Ausführungen D (oben) und A sowie G. Schnittzeichnungen Turmseite links, **Skizzen F. Gruber.**

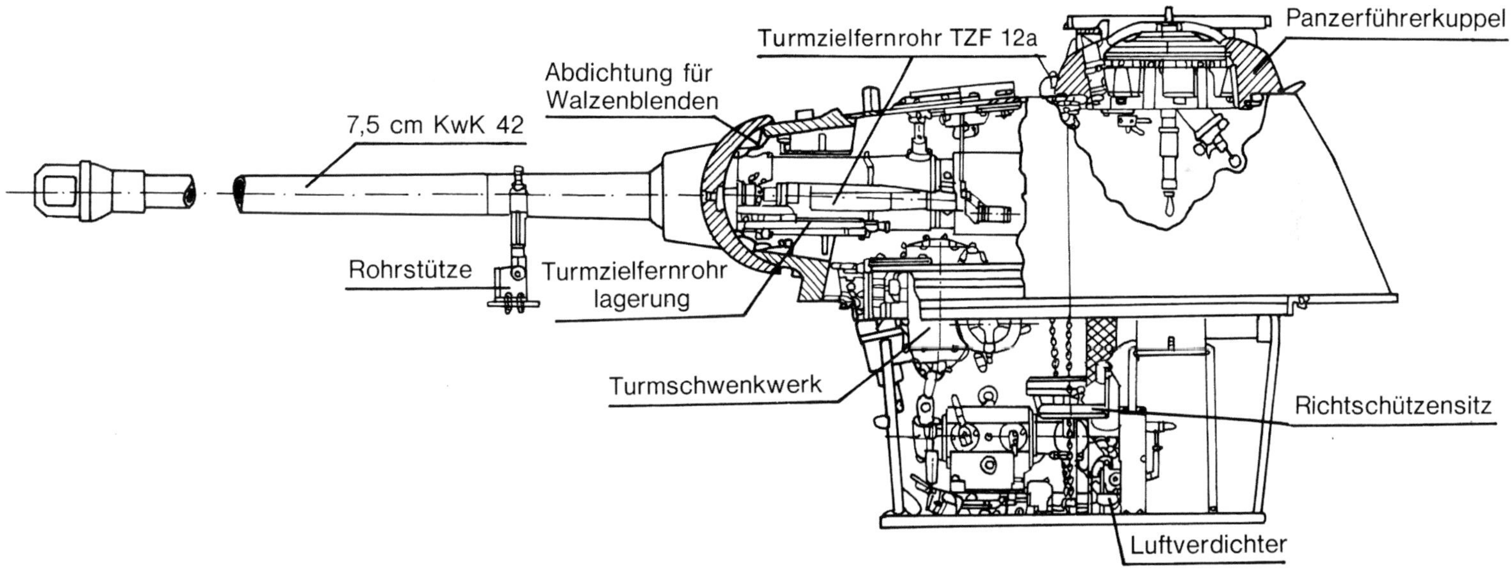

kuppel in die linke Turmseitenwand ein. Sie wurde in der Serienfertigung mehr zur Turmmitte verlegt. Bei den älteren Panther der Ausführung D war in der linken Turmseitenwand eine kreisförmige Verständigungsöffnung eingelassen. Ferner waren bei diesen Türmen in beiden Seitenwänden und in der Turmrückwand je eine Öffnung für eine Maschinenpistole vorhanden, welche mit einem Pfropfen verschlossen werden konnte. Der Zwölfuhrzeiger der Ausführung D hatte zwei Zifferscheiben, wobei die linke innen eine Teilung von 0 bis 12 und außen eine Einteilung von 0 bis 64 Strich zeigte. Sie diente zur Grobeinstellung. Die rechte Zifferscheibe hatte eine 0 bis 100 Stricheinteilung zur Feinteilung. Die Drehbühne des Panthers Ausführung D bestand aus

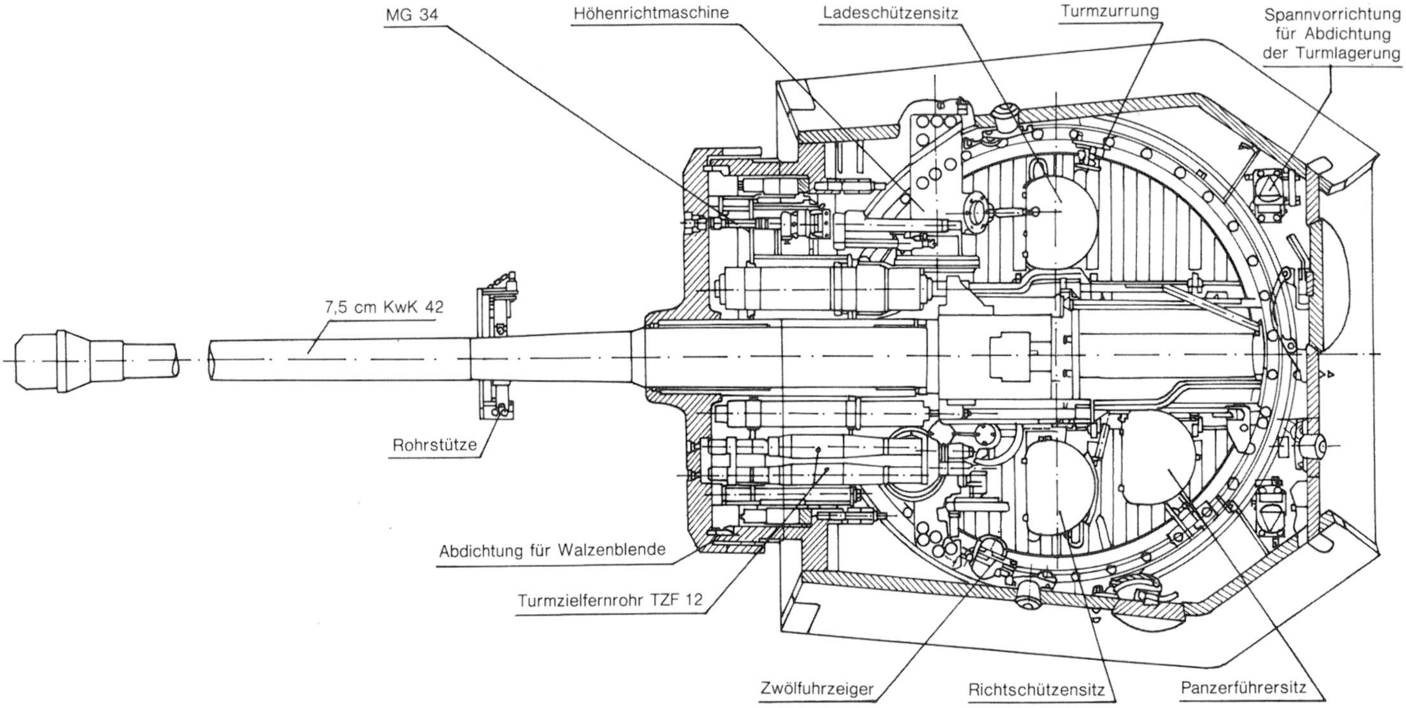

Grundriß der Drehtürme Ausf. D (oben) und A sowie G, Skizzen F. Gruber.

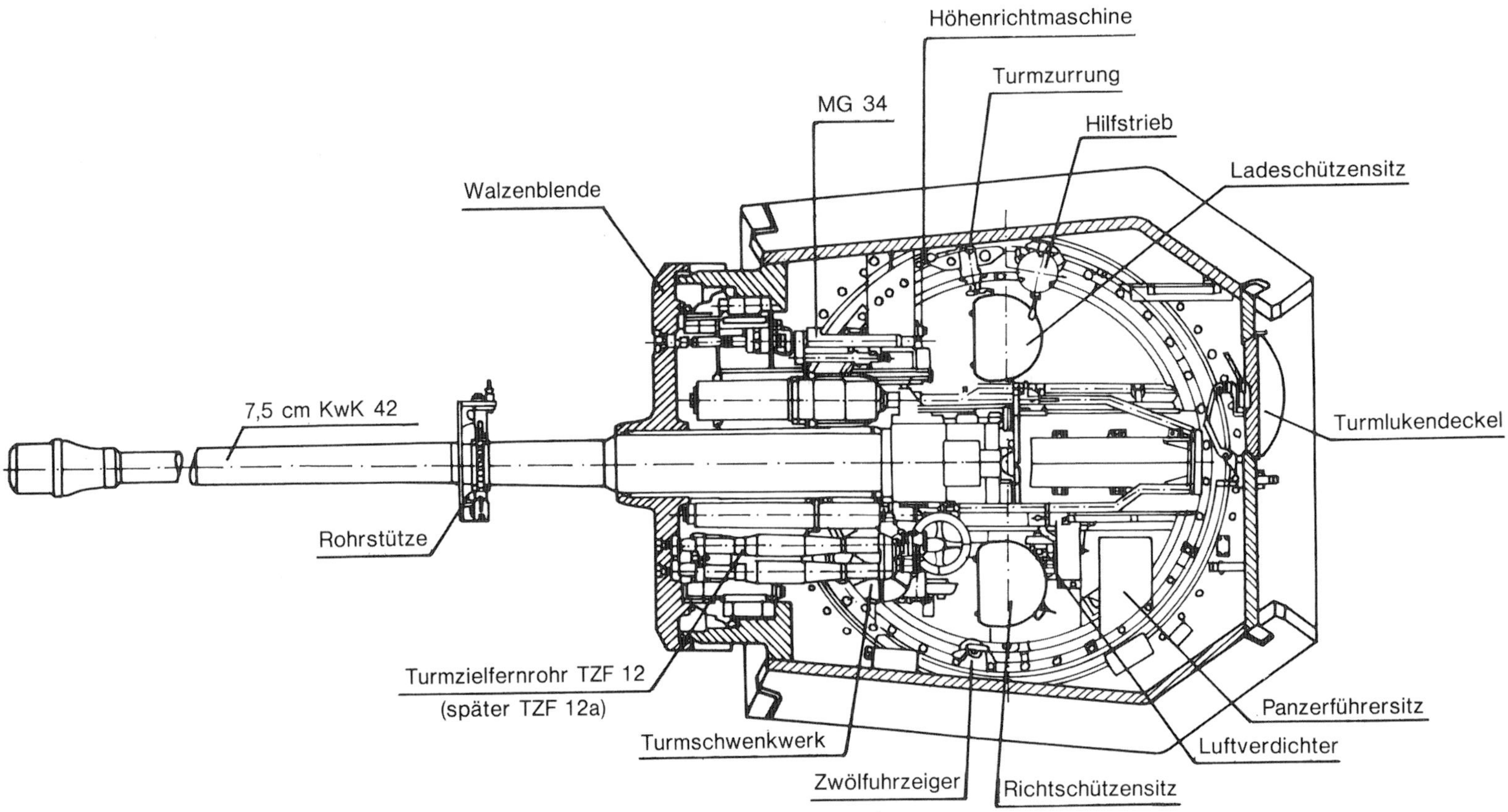

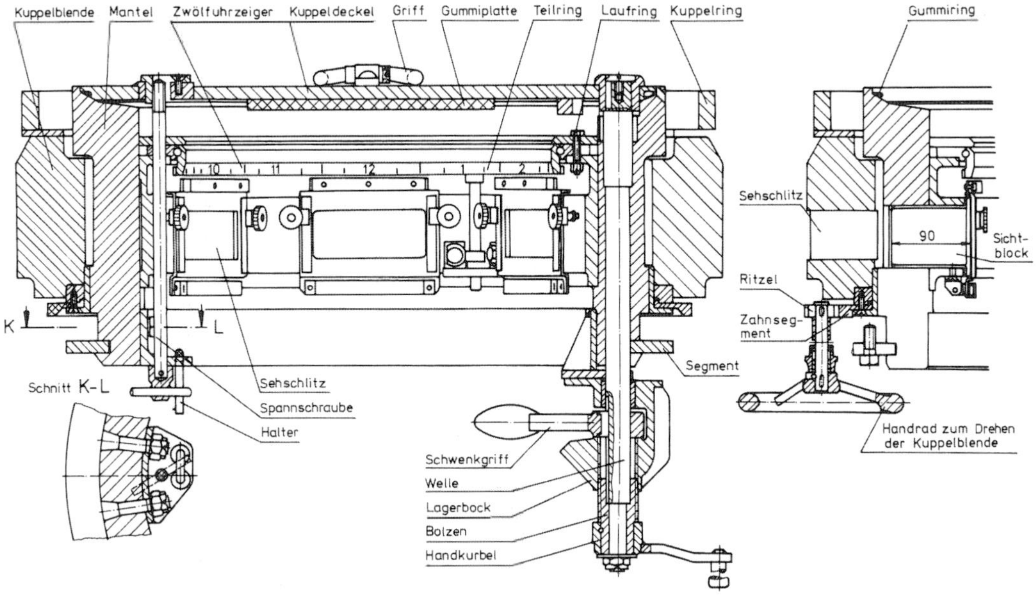

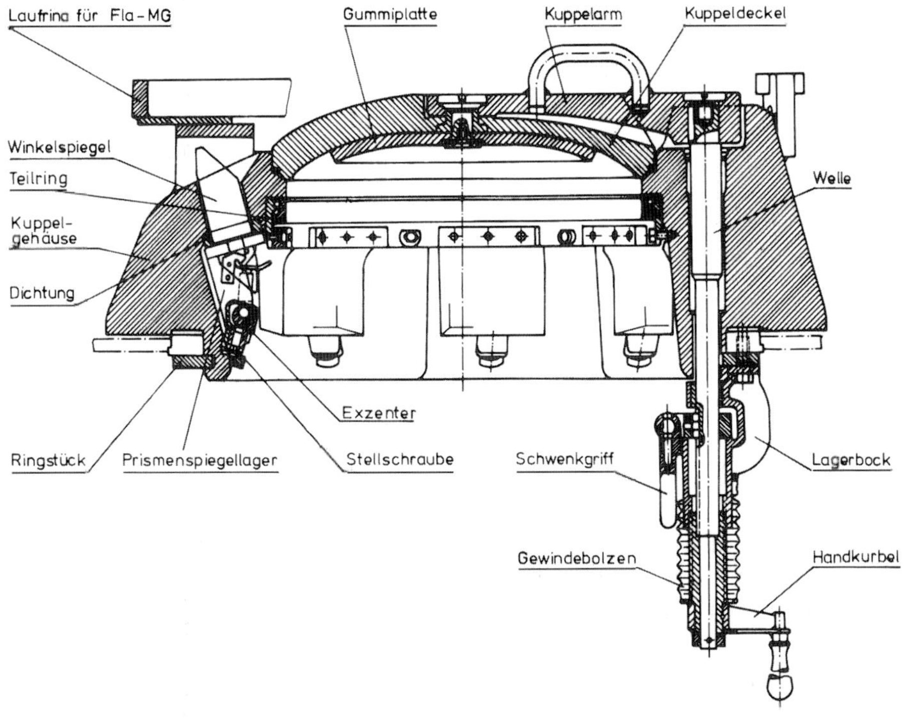

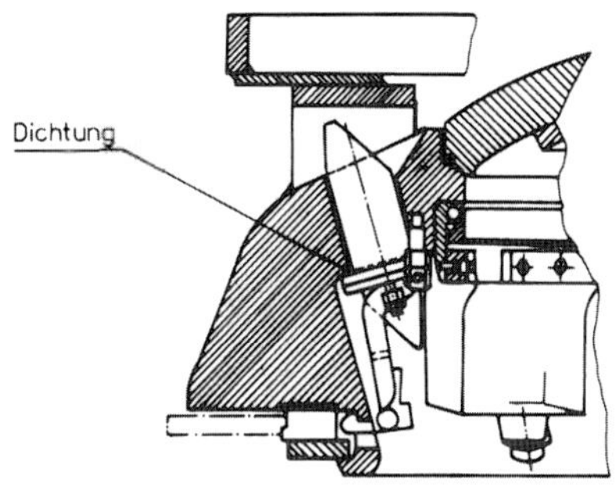

Unterschiede zwischen den Kommandantenkuppeln der Ausf. D (oben) und A sowie G,

Skizzen F. Gruber.

Winkeleisen und Blechen. Sie diente als Fußboden für den Richt- und Ladeschützen (Platzbreite je 570 mm). Die Kommandantenkuppel bestand aus einem zylindrischen Mantel, der Kuppelblende, dem Kuppeldeckel und dem Zwölfuhrzeiger mit Antrieb. Vereinzelt wurden bei den Panthertürmen der Ausführung D an beiden Turmseitenwänden gefächerte Nebelkerzenabschußbecher angebracht. Später wurde im Turmdach eine Nahverteidigungswaffe eingebaut, welche Nebelkerzen 39, Wurfgranaten, Rauchsichtzeichen orange 350 und Leuchtgeschosse R verschoß.

Zur Selbstverteidigung konnten aus der Nahverteidigungswaffe mittels einer Leuchtpistole 2,6 cm Sprenggranatpatronen verschossen werden, deren Schußweite 7 bis 10 m betrug. Der Sprengpunkt lag 0,5 bis 2 m über dem Erdboden, die Splitterwirkung reichte bis 100 m.

Bei Panther der ersten Ausführung wurde für die

Hauptbewaffnung eine einfachwirkende, kugelförmige Mündungsbremse verwendet.
Für die beiden MG 34 (Kaliber 7,9 mm) wurden im Fahrzeug 5100 Schuß Munition mitgeführt. Anstelle einer MG-Kugelblende beim Funker gab es bei der Ausführung D nur eine aufklappbare MP-Klappe. Die Besatzung betrug fünf Mann.
Während bei den Panzerkampfwagen II, III, IV und Tiger das Gepäck der Besatzung vorwiegend in einem Blechbehälter an der hinteren Turmwand aufbewahrt wurde, befanden sich beim Panther diese Behälter rechts und links am hinteren Wannenblech.
Grundsätzlich muß an dieser Stelle eine Aussage bezüglich der **Entwicklung der Panzerung** bis zu diesem Zeitpunkt gemacht werden.
Zu Beginn der Entwicklung gepanzerter Fahrzeuge im Ersten Weltkrieg, wurde der sog. »Skelettbau« angewendet, der sich bei fast allen panzerbauenden Staaten bis weit in den Zweiten Weltkrieg erhalten hatte. Bei dieser Bauweise wurden auf einem der äußeren Form des Panzerfahrzeuges entsprechenden Skelett oder Rahmen aus vernieteten oder/und verschraubten Flach- und Winkeleisen handelsüblicher Art Panzerbleche zunächst geringer Dicke (6 bis 20 mm) aufgeschraubt oder aufgenietet. Ihre Kanten mußten deshalb maßgenau auf Form und Gehrung spangebend bearbeitet werden, um einen fugenlosen Übergang zu erreichen. Wegen der damals unzureichenden Standfestigkeit der Werkzeugstähle waren der Zugfestigkeit bzw. der Härte der verwendeten Panzerbleche Grenzen gesetzt. Die damals international bekannten, mit Chrom-, Nickel-, Wolfram- und Molybdän-Zusätzen hochlegierten Stähle durften daher nur auf etwa 100 bis 120 kg/mm² Zugfestigkeit vergütet werden.
Bis 1918 hatte das Deutsche Reich bekanntlich nur zwanzig »A 7 V«-Kampfpanzer (gegenüber mehr als 6000 der Alliierten) gefertigt, die keine neuen Entwicklungsgedanken enthalten hatten. Wenn nach Kriegsende auch durch den Versailler Vertrag dem Deutschen Reich jede Art von Panzerfahrzeug verboten war, so

Ein Zeitdokument, welches – besser als viele andere – die zu jener Zeit herrschenden Umstände aufzeigt.

<u>B e k a n n t m a c h u n g</u>

Der Herr Reichsminister S p e e r , Reichsministerium für Bewaffnung und Munition hat unserer Betriebsgemeinschaft eine kostenlose Sonderzuteilung von

<u>S a l z s a r d e l l e n</u>

zukommen lassen. Aus der nunmehr eingetroffenen Sendung kann jedem deutschen Gefolgschaftsmitglied (auch Jugendlichen) etwa 1 Kg zugeteilt werden. Um die Verteilung bestmöglichst durchführen zu können, ist es erforderlich, dass die Gefolgschaftsmitglieder Einschlagpapier von zu Hause mitbringen. Ausgabezeit und Ort wird in den einzelnen Abteilungen bekanntgegeben.

Die Spende soll uns erneut ein Ansporn sein, uns für die Erfüllung der uns gestellten Aufgaben einzusetzen.

Friedrichshafen a.B.,
den 2. Dezember 1942

Der Betriebsführer:
Maybach Raebel Rommel

konnte bei der Reichswehr und ihrem Ministerium doch nicht unterbunden werden, die in der Welt nach 1918 weiterentwickelten Panzerfahrzeuge sorgfältig zu studieren und technische Überlegungen anzustellen, die in den ersten deutschen Panzerkampfwagen LaS und LaS 100 (den späteren Panzerkampfwagen I und II) und bei den Rad-Panzerspähwagen Kfz 13 und 14 ihren ersten Niederschlag fanden.

Da in Deutschland bis etwa 1932 nur Erfahrungen mit Panzerstahl bis 1918 für Marinezwecke, dann Stahlhelme und Schutzschilde vorlagen, vornehmlich also mit großflächigen, dicken Platten in nahezu ebenen Formen oder sehr dünnen Blechen, mußte im Rahmen der Kampfwagen-Erkenntnisse eine eigene Panzerstahl-Entwicklung für Heereszwecke aufgezogen werden. Diese begann zunächst mit Blechdicken von 5 bis 13 mm mit einem an Chrom und Nickel herabgesetzten Stahl, auch noch mit geringem Wolfram-Zusatz, die bis auf eine Zugfestigkeit von 180 kg/mm² vergütet wurden, nachdem man Hartmetall-Werkzeuge (Widia) für die Bearbeitung verwenden konnte. Vor allem war es aber hier schon gelungen, eine Kantenverschweißung zu finden, bei der eine sogenannte »schußsichere« Naht den ganzen Skelettbau überflüssig machte. Dadurch wurden 5 bis 10% des Gewichtes der gesamten Panzerung eingespart, was von sehr erheblicher Bedeutung war. Es konnten aber auch Tausende von Nieten und Schrauben vermieden werden, von denen bei jedem Treffer eine Anzahl abgerissen wurde und für die Besatzung und für die Festigkeit ein Risiko bildeten.

Es muß hier festgehalten werden, daß in Deutschland der Panzergehäusebau von Anfang an nur in geschweißter Bauweise erfolgte, ebenso wie von Anfang an die Erschmelzung aller Panzerstähle nur als Elektrostahl zugelassen war. Bis 1945 wurden zahlreiche technische Verbesserungen erreicht, die auf Initiative der Panzerabteilung im Heereswaffenamt des OKH, WaPrüf 6 II, unter Leitung von Oberregierungsbaurat Dipl.-Ing. Walter Rau, in Zusammenarbeit mit zunächst einem, dann vier, dann sieben und schließlich 18 Stahlwerken und 18 Stahlgießereien und noch einigen Spezialfirmen erarbeitet und eingeführt worden sind.

Wegen der prekären Versorgungslage Deutschlands mit wichtigen Legierungsstoffen wurde bis 1945 eine systematische Einsparung von Nickel, Wolfram, Molybdän bei der Zusammensetzung von Panzerstahl erreicht. Ausgehend von dem Dickenbereich von 5 bis 13 mm, wurde die Festigkeitsspanne von 180 kg/mm² dabei auf etwa 150 kg/mm² reduziert, weil es sich herausgestellt hatte, daß bezüglich Zähigkeit d. h. Sprungsicherheit eine Festigkeit zwischen 120 und 150 kg/mm² günstiger lag. Bei dem gesamten Dickenbereich, dessen obere Grenze konform mit den ständig anwachsenden Panzerbekämpfungs-Kalibern und -Geschoßarten bis auf zuletzt 250 mm Dicke anstieg, wurden erst »nikkelfreie«, dann »legierungsarme Panzerstähle« (PSt = Panzerwalzstahl, PStg = Panzerstahlguß) unter Beachtung sorgfältig festgelegter Wärmebehandlungsmethoden bei der Vergütung in Form von »Einheitsstählen« für alle Werke eingeführt. Je nach den Dickenbereichen veränderten sich die Festigkeit im Mittel von 150 bis auf etwa 100 kg/mm². Ihre Gütewerte in physikalischer Hinsicht und in der Beschußsicherheit konnten bis Kriegsende mit nur geringfügiger Einbuße aufrechterhalten werden, ebenso fast immer die mengenmäßige Versorgung der Montagewerke mit Panzergehäusen. Kurzfristig auftretende Legierungsänderungen, die schnelle Übertragung von Erfahrungswerten und die Ausmerzung von Fehlerstellen bei dem einen oder anderen Hersteller, sowie die Überbrückung von Kriegsschäden waren nur möglich, weil die Erzeuger von Panzerstahl wie auch die von Panzerstahlguß in je einem »Sonderausschuß« zusammengeschlossen waren, die von Dir. Dr. R. Scherer (DEW Krefeld) bzw. Dir. Dr. K. Roesch (BSI Remscheid) geleitet und mit WaPrüf 6 II »kurzgeschlossen« waren. Dieser Dienststelle oblag letztlich die Zulassung und Freigabe von Material für Panzerungszwecke des Heeres.

Eine wesentliche Einsparung an Arbeitszeit, -kosten und Aufwand wurde ab 1944/45 erzielt, als es gelungen war, die spangebende Bearbeitung von Panzerteilen fast vollständig durch autogenen Brennschnitt maschinell zu ersetzen. Dies geschah anfänglich unter Verwendung von Brennern mit Azetylen-Sauerstoff, dann aber, unter gleichzeitiger Vermeidung von Betriebsgefahren und bei weiterer Kostensenkung, durch Leuchtgas-Sauerstoff für den Brennschnitt aller Außen- und Innenkonturen. Selbst Schnitte an sehr dicken Panzerteilen wurden auf diese Art einwandfrei hergestellt.

Voraussetzung dafür war eine überlegte und ausge-

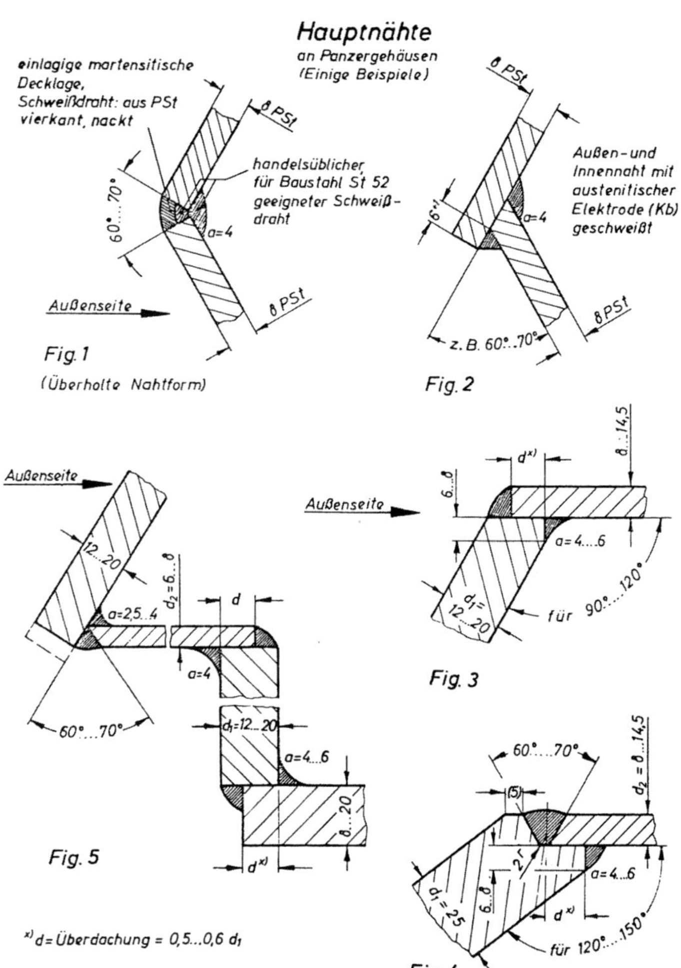

ˣ⁾ d = Überdachung = 0,5...0,6 d_1

d_2	5	6...10	11...20	21...25	26...30	31...35
a	2,5	4	6	8	10	12

d_2 = das dünnere der beiden Teile d_1 und d_2

Nahtstöße mit 150°...180° für gleichdicke Panzerteile sind zu vermeiden

Darstellung der Schweißverbindungen von Panzerblechen.

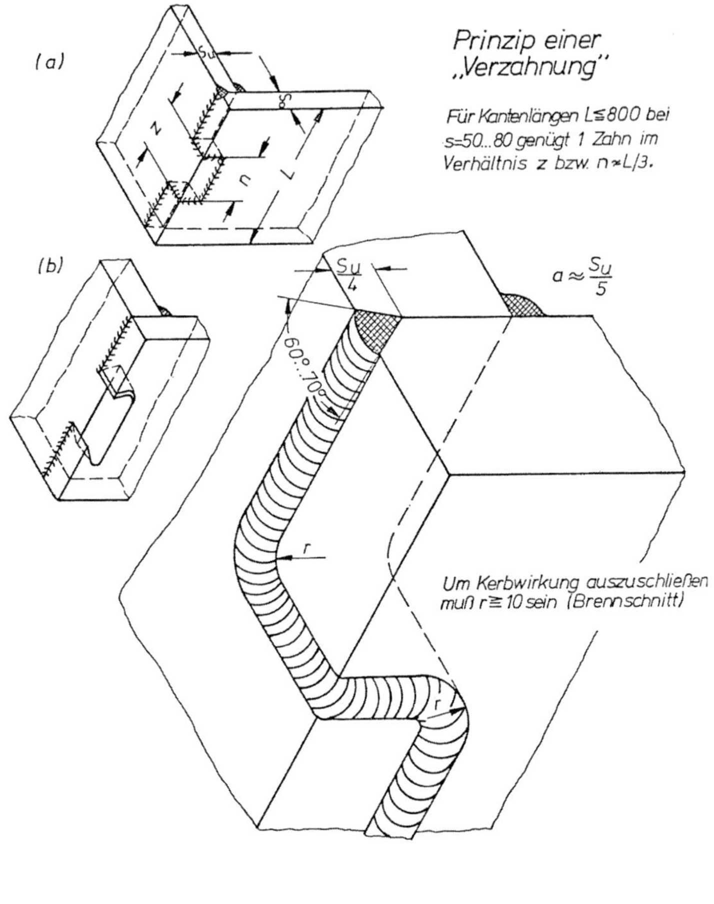

Die Ungenauigkeit der Maße n und z (durch Brennschnitt) darf nicht größer sein als n–z ≦ 5. —— Der Ausgleich dieses Spaltes muß ein- oder beidseitig durch Beilagebleche vorgenommen werden, die mit Haftsitz einzupassen sind. Ihre Fläche muß $(s_u - \frac{s_u}{4}) \times (s_o - \frac{s_u}{4})$ sein, damit sie von der Nahtwurzel einwandfrei mitverschweißt werden. Die zulässigen Maßabweichungen für Panzerdicken (PSt und PStg) müssen bei der Konstruktion beachtet werden.

Prinzip einer Verzahnung von Panzerblechen.

feilte Gestaltung der Kanten, die zu »Panzerschweißnähten« zusammenstießen, eine Schweißnahtgestaltung, die von den gewohnten zivilen Formen des Stahlbaus abwich. Die Beschuß- und Gestaltfestigkeit wurde durch gegenseitige Abstützung der Panzerteile erreicht, so daß nur etwa ein Viertel des Stoßquerschnittes zu verschweißen war. Bei den immer dicker werdenden Panzerteilen wurden die reinen Schweißnähte dadurch entlastet, daß »Verzahnungen« und »Verzapfungen« der Teile an wichtigen Stellen angewendet wurden.

Ein weiterer Fortschritt war erreicht worden, nachdem die ursprüngliche »schußsichere« Naht aus drei verschiedenen Schweißlagen durch die vorgenannte »Panzerschweißnaht«, für die nur noch eine einheitliche Schweißelektrode notwendig war, ersetzt werden konnte. Diese austenitische Elektrodenart lieferte ein äußerst zähes und festes Schweißgut, das sich selbst bei direkten Treffern ausgezeichnet verhielt und auch die Verschweißung von Panzerstahlblechen mit Panzerstahlgußteilen möglich machte.

Für einige Jahre der Anwendung war die Herstellung von oberflächengehärteten Panzerteilen wichtig, bis deren zusätzliche Schutzwirkung über die der homogenen Panzerteile hinaus durch auftretende stärkere Munitionsarten überholt wurde. Die bis in die zwanziger Jahre für die Marine verwendete Methode, Panzerplatten auf der Außenseite mit hohem C-Gehalt über 1% hinaus zu versehen, was nach Härtung hier (für etwa 10% der Bleckdicke) hohe Härten von ca. 58 bis 62 Rc

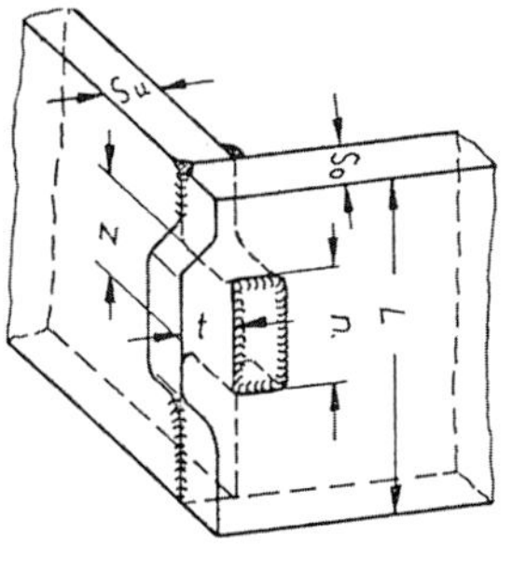

Prinzip einer „Verzapfung"

Für Kantenlängen L ≦ 1000 bei s ≧ 80 genügt 1 Zapfen im Verhältnis z bzw. n ≈ L/3.

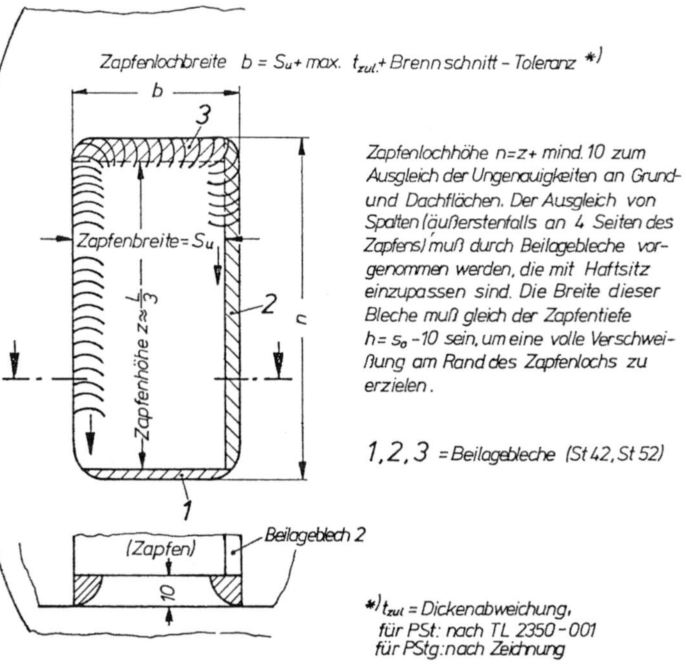

Prinzip einer Verzapfung von Panzerblechen.

auf dem Hauptquerschnitt der Platte mit 100 bis 110 kg/mm² lieferte, war als Pulver-Zementation von Harvey (USA) erfunden und von Krupp verbessert worden. Aber die erforderliche Aufkohlungsdauer von etwa 24 Stunden pro 1 mm harter Schicht war nur für Marinezwecke, nicht aber für die Serien- und Massenfertigung von Panzerfahrzeugen tragbar.

Auch die etwas zeitgünstigere Aufkohlung mittels Leuchtgas genügte nicht. Ein wirklich fühlbarer Fortschritt wurde erst erreicht, als es 1935 gelang, im Auftrage des Heereswaffenamtes, WaPrüf 6 II, linienförmige Brenner für Leuchtgas-Sauerstoff zu entwickeln, die von der Firma Peddinghaus-Gevelsberg i. W., bis auf 1500 mm Breite gebracht wurden, und mit nachfolgender Wasserbrause die gleiche Oberflächenhärte erzeugten wie mit dem Zementationsverfahren, aber nun in gleicher Zahl von Minuten wie zuvor in Stunden. Dieses Brennstrahlhärten, kurz O.h.-Verfahren genannt, konnte bis 100 mm Panzerdicke bei Aufhärtungstiefen von 10 bis 20 mm ausgeführt werden. Für Betriebe aber, die keine eigene Stahlerzeugung hatten, also auch nicht über Leuchtgas verfügten, wurde nahezu gleichlaufend die elektro-induktive Oberflächenhärtung, je nach Materialdicke mit mittel- bis niederfrequentem Strom entwickelt, die die Leistungen des Brennstrahlhärtens noch um ein gewisses Maß zu steigern vermochte. Mit beiden Verfahren konnten selbst sehr schwierige Formteile bearbeitet werden. Der panzertechnische Gewinn an Beschußsicherheit und damit an Panzerdicke war vor allem gegen Panzervollgeschosse, aber auch gegen kleinkalibrige Hartkerngeschosse wesentlich, bis Hohlladungsgeschosse zu erwarten waren.

Schließlich ist der Fortschritt in der Gestaltung der Panzergehäuse erwähnenswert, der nicht nur für die Beschußfestigkeit, sondern auch für eine immer wirtschaftlichere Fertigung wichtig war.

Von der selbsttragenden, geschweißten Bauweise ausgehend, wurde zunächst ein Unterteil (Wanne) mit ein bis zwei aufgeschraubten »Panzerkasten-Oberteilen« zum Gehäuse verbunden, auf das dann der drehbare Panzerturm oder bei Jagdpanzern und Selbstfahrlafetten der feste Oberbau aufgesetzt wurde. Der Wegfall der ungünstigen Verschraubung der Hauptteile konnte durch Verwendung von Arbeitsvorrichtungen zum Schwenken und Schweißen erreicht werden. Damit konnte auch die vom Panzerkampfwagen I bis IV und noch beim Tiger Ausf. E angewendete Stufe mit fast senkrechter Fahrerfront endlich verlassen werden, wenngleich bei dem letzten Typ die Verschraubung durch Verschweißen schon überwunden war. Eine durchgehende schräge Front wie beim Panther, Tiger Ausf. B, Jagdpanther und Jagdtiger war damit ausführbar. Leider hing die Umstellung auf diese Form zeitlich von den Forderungen der obersten Führung ab, wodurch die laufende Umstellung von Fertigungsunterlagen und die Erstellung entsprechender Vorrichtungen für eine wichtige Zeitspanne unterbunden wurde. Es konnte der Eindruck entstehen, daß diese günstige Gehäuseform erst nach dem Auftreten des sowjetischen T 34 deutscherseits schnell nachempfunden wurde.

Wer aber den Zeitbedarf für eine Umstellung solch grundsätzlicher Art bei Konstruktion und Betriebsmitteln kennt, muß erkennen, daß die Spanne zwischen T34 und erstem Panther zu kurz gewesen ist, um eine solche Umstellung spontan durchführen zu können. Tatsächlich waren die notwendigen Detailerprobungen lange vorher durchgeführt worden, so daß deren Ergebnisse zur Einführung bereitlagen, als der T 34 bekannt wurde.
Das Prinzip der Schottpanzerung wurde bereits 1942 nach vorhergehender Erprobung deutscherseits angewendet. Gegen Hartkern-, dann auch gegen Hohlladungs-Geschosse, wurden in bestimmten Abständen an gewissen Stellen »Zusatzpanzer« vorgesetzt, wie bei den Panzerkampfwagen III und IV und auch Kettenblenden angebracht wie bei den Sturmgeschützen, dem Panzer IV, Panther und Tiger Ausf. B. Abgesehen von Schürzen (Kettenblenden) wurde beim Tiger und Panther auf eine Schottpanzerung verzichtet, weil deren Panzerung von vornherein auf die bis dahin höchsten Dicken von 150, 200, stellenweise auch 250 mm ausgelegt war. Die damals nur behelfsmäßig angebrachten Zusatzpanzerungen als Schottpanzer selbst wenn sie aus einfachem Stahlblech, ja sogar aus Drahtnetz, später auch aus Panzerblech hergestellt waren, hatten sich gegen Hohlladungsgeschosse und Haftladungen als durchaus nützlich erwiesen und eine Menge wichtiger Erkenntnisse erbracht.
Glasblöcke wie Winkelspiegel wurden bis 1945 als Teil der Panzerung betrachtet und dementsprechend in den Gesamtentwurf eingebaut. Die schußsicheren Glasblöcke wurden für die Deutsche Wehrmacht ausschließlich von der Firma »Sigla« Sicherheitsglas GmbH, Weißwasser, geliefert. Der »Glasblock 90«, als ein Standardquerschnitt, auch beim Panther verwendet, hatte zunächst eine Mehrschicht-Anordnung von Kristallglasscheiben der Stärken 4+20+20+20+4 mm, die mit weichen Plexiglas-Schichten zu einem Block von 70 mm Dicke zusammengefaßt wurden. Hinter dem Glasblock von 70 mm Dicke wurde im Abstand von 10 mm eine Innenscheibe von 10 mm gesetzt, wodurch sich eine Gesamtdicke von 90 mm ergab. Der Hohlraum hatte die Aufgabe, bei Zerstörung des Außenblocks Glassplitter von dem Auge der Besatzung aufzufangen und ein Beschlagen des Blockes zu verhindern. Der «Glasblock 90» war bereits mit der 70 mm dicken Vorder-Kombination schußsicher gegen SmK-Munition. Durch einen Schacht aus Panzerstahl war der Beobachter gegen Quereinschüsse geschützt. Der »Glasblock 90« (mit Rahmen), konnte nach Lösung eines »Bierflaschen-Verschlusses« leicht ausgewechselt werden.
Henschel meldete am 3. 2. 1943 die Fertigstellung von nur 44 der zugesagten 201 Einradien-Lenkgetriebe, was den Panther-Ausstoß schwer gefährdete.
Bezeichnend für die Hektik der Anlaufzeit ist ein Telegramm, welches der Beauftragte für das Panther-Programm vom Ministerium Speer, Kroemer, am 8. 2. 1943 an Henschel schickte: »Warum sind erst fünf Februar-Fahrzeuge auf Band gelegt, da im Februar bereits zehn gefertigt werden sollten? Warum konnten die fünf Januar-Fahrzeuge nicht wie zugesagt, bis 7. 2. abgenommen und abgeliefert werden und bis wann erfolgt dies nun?«
Henschel machte Probleme mit den angelieferten Einbauteilen für die Verzögerung verantwortlich. Auch war es kaum möglich, Fahrzeuge zu fertigen, wenn Zeichnungen für zu beschaffende wichtige Einbauteile in dem dem Lieferungssollmonat folgenden Monat eingingen. Von den fünf in der Einfahrabteilung befindlichen Panther waren inzwischen drei Fahrzeuge mit Änderungen auf den neuesten Stand gebracht worden, zwei befanden sich noch in Änderung. Die ersten drei Fahrgestelle wiesen jedoch während des Einfahrens so viele Mängel auf, daß noch keines abgenommen werden konnte.
Eine Besprechung bei der MAN am 5. 2. 1943 ergab, daß etwa ab dem 17. MAN-Panther die Kupplungslenkung durch die Einradienlenkung ersetzt werden sollte. Die Wannendecke war zu dieser Zeit noch derart uneben, daß jeder einzelne Turm durch Abdrehen des Kugellagertragringes bzw. durch Zwischenlegen eines großen Ringes einzeln genau verpaßt werden mußte.
Die Entwickung eines drehbaren und kippbaren Fahrerwinkelspiegels war mit allen Mitteln zu fördern.
Die Maschinenfabrik Augsburg-Nürnberg sagte für den Februar 1943 fünf und für März sieben Panzertürme für die zu fertigenden Panzerbefehlswagen Panther zu.
In einer längeren Aussprache am 16. 2. 1943 wurde die Frage aufgeworfen, ob **Italien** den Panther I oder den weiterentwickelten Panther II nachbauen sollte. Man

hatte sich also bereits, obwohl die Anlaufschwierigkeiten des Panther I noch keineswegs beseitigt waren, mit dem Nachfolgemuster des Panther auseinanderzusetzen. Es war daran gedacht, im Zuge der Gemeinschaftsarbeit mit Italien von dort Baugruppen für die deutsche Fertigung zu beziehen, während umgekehrt aus Deutschland bestimmte Baugrupen wie Optik, elektrische Ausrüstung und ähnliches an Italien geliefert werden sollten. Ein anderer Vorschlag ging dahin, an Italien nur komplette Fahrzeuge zu liefern, während im Austausch aus Italien Geschützrohre und Panzerbleche bezogen werden sollten.

In einer Besprechung im italienischen Kriegsministerium in Rom vom 22. bis 24. 2. 1943 wurde festgelegt, daß ein Jahr nach Erhalt der Zeichnungen bei Fiat-Ansaldo die Panther-Fertigung anlaufen sollte, um nach weiteren 18 Monaten ein Maximum von monatlich 50 kompletten Panthern zu erreichen. Sobald monatlich mehr als 25 dieser Fahrzeuge hergestellt werden sollten, waren diese an Deutschland abzugeben. Bei Fiat standen zu diesem Zeitpunkt noch viele Werkzeugmaschinen außer Betrieb. Die Italiener wurden davon in Kenntnis gesetzt, daß voraussichtlich im Herbst 1943 mit dem Panther II zu rechnen wäre. Der italienische Generalstab zeigte sich mit den deutschen Vorschlägen einverstanden. Zu einer Panther-Fertigung in Italien ist es aber nicht mehr gekommen. Die MAN wurde ebenfalls aufgefordert, zum Zwecke des Nachbaus einen kompletten Zeichnungssatz und ein Musterfahrzeug Panther an **Japan** zu liefern. Wie schon beim Tiger konnte wegen der Kriegsereignisse auch der Panther nicht mehr geliefert werden. Rheinmetall stellte am 18. 2. 1943 fest, daß ab Fahrzeug 851 termingemäß im Juli 1943 ein von der Motordrehzahl abhängiges Turmschwenkwerk eingebaut und die Höhenrichtmaschine erheblich vereinfacht würde. Auch wurde festgelegt, daß die neue mit Winkelspiegeln ausgerüstete Kommandantenkuppel aus Panzerstahlguß herzustellen sei. Sie wurde auf mindestens 100 mm Dicke gebracht. Die Zeichnungen für die neue Kuppel wurden bis zum 27. 2. 1943 den Panzermontagefirmen zugestellt. Bei einer Vorführung am 21. 2. 1943 vor Minister Sper standen auf dem Truppenübungsplatz Grafenwöhr bei der Truppe 12 Panther mit Kupplungs-Lenkgetriebe zur Verfügung. Speer bemängelte die harte Lenkung, da offenbar die Lenkbremse zu plötzlich eingriff. Es wurde auf stehende und geschleppte Scheiben geschossen. Wegen mangelnder Turmentlüftung konnte bei geschlossenen Turmluken nur wenige Schüsse abgegeben werden. Trotzdem zeigte sich der Minister, wie auch die Truppe, von der Gesamtkonzeption des Fahrzeuges begeistert.

Im März 1943 wurde, seitens des Heereswaffenamtes WaPrüf 6, der Firma J. M. Voith GmbH in Heidenheim (Brenz) ein Auftrag über die Entwicklung eines **hydrodynamischen Schaltgetriebes** für den Panther und Tiger erteilt. Diese Getriebe sollten im Austausch gegen die bisher verwendeten mechanischen und halbautomatischen Schaltgetriebe, unter denselben Raumverhältnissen, bei Verwendung der vorhandenen Lenkgetriebe eingebaut werden. Die Antriebsleistung war mit 650 PS, die Höchstgeschwindigkeit mit 45 km/h vorgegeben. Das Schaltgetriebe bestand aus zwei Drehmomentwandlern, die mit Füllen und Entleeren des Wandlers als Schaltprinzip ein- und ausgeschaltet wurden und in Verbindung mit einem mechanischen Zweigang-Schaltgetriebe in vier Wandlergängen gefahren werden konnten. Bei der angewandten Zweiwegschaltung war die Anordnung derart, daß der Kraftfluß jedes Wandlers so über die Zahnräder des Schaltgetriebes geführt wurde, daß, während der eine Wandler gefüllt und in Betrieb war, die Änderung der Übersetzung durch Einrücken von Klauenkupplungen für den ausgeschalteten anderen Wandler ohne Last vollzogen wurde. Die eigentliche Umschaltung erfolgte dadurch ohne Zugkraftunterbrechung.

Für dieses hydrodynamische Getriebe waren sämtliche Werkstattzeichnungen und Fertigungsunterlagen erstellt. Die praktische Ausführung unterblieb jedoch mit Rücksicht auf die beabsichtigte Entwicklung der E-Panzer-Baureihe, bei der eine hydrodynamische Kraftübertragung von vornherein vorgesehen war, so daß ein günstigerer, organisch passender Antrieb möglich wurde. Die Entwicklung lief unter dem Voith-Kennwort »Panta«.

Die für die Panzer der E-Baureihe Typ E 10 und E 25 vorgesehene Entwicklung einer hydrodynamischen Antriebsanlage, bei der Schalt- und Lenkgetriebe, zusammen mit der Kühlanlage, eine organische, kompakte Einheit bilden sollte, welche im Heck des Fahrzeuges untergebracht werden sollte, lief unter dem

Voith-Kennwort »Arta«. Teile für eine Prototyp-Ausführung befanden sich bei Kriegsende in Fertigung.
*Bei MAN in Nürnberg wurde am 23.3.1943 mit Vertretern der Industrie der Umfang der Änderungsarbeiten am Panther festgelegt, die in einer Gemeinschaftsaktion beim Reichsbahnausbesserungswerk Berlin-Falkensee, durchgeführt werden sollten, in dem die dafür erforderlichen schweren Hebezeuge und Werkzeugmaschinen vorhanden waren. Als wichtigste Änderungen ergaben sich u. a.: Einbau von zwei neuen Luftabsaugerohren im Motorraum, Austausch der Kraftstoffschläuche, Austausch der Kraftstoffbehälter mit mangelhaften Schweißnähten, Verbesserung der Lagerschmierung in den Planetenrädern der Lenkgetriebe, Einbau neuer Zahnkränze und Ritzel (Doppelrad mit Modul 12) im Seitenvorgelege, Änderung der Befestigung der Triebräder, Änderung der Befestigung des Bremsgehäuses, Auswechseln der Kettenbolzen.
Der 2. und 7. Schwingarm des Laufwerks war gegen eine verstärkte Ausführung auszutauschen. An den ersten zehn Fahrzeugen (MAN 6, DB 2, MNH 1, HS 1) mußten die Drehstabfedern bei denen die Keilflächenstellung nicht der neuesten Ausführung entsprach, ausgewechselt werden. Falls die am Schaltgetriebe notwendigen Änderungen noch nicht durchgeführt waren, mußten diese von der Firma ZF durchgeführt werden.
Die bei der Serienfertigung der Panther-Einradien-Lenkgetriebe aufgetretenen Mängel zeigten sich vor allem in dauernden Ölundichtigkeiten. Sie mußten konstruktiv durch Änderungen am Gehäuse und Einbau neuer Simmerringe abgestellt werden.
Alle am Bau des Panther beteiligten Firmen wurden gezwungen, für die Umbauaktion in Berlin-Falkensee Meister und Mechaniker abzustellen, um die Fahrzeuge raschestens frontverwendbar zu machen. Die Durchführung der vom OKH/Heereswaffenamt WuG 6 erteilten Änderungs-Aufträge im Reichsbahnausbesserungswerk Berlin-Falkensee lag in den Händen der Firma Demag Fahrzeugwerke GmbH. Die technische Leitung des Vorhabens sowie die Beratung der Firma Demag in allen einschlägigen kaufmännischen Fragen übernahm die Firma Daimler-Benz auf Grund eines vom Heereswaffenamt erteilten Führungsauftrages.
Henschel erhielt am 31. 3. 1943 den Bescheid, daß die Firmen MAN und MNH die Lenkgetriebe ihrer gelieferten Fahrzeuge selbst zu ändern hätten, während Henschel außer den eigenen auch die der von Daimler-Benz eingebauten Einradien-Lenkgetriebe ändern sollte.
Die Abstellung der für die Umbauaktion Falkensee vorgesehenen Monteure machte allen Werken große Schwierigkeiten, da es überall an Fachkräften fehlte.
Die für die Umbauaktion im Reichsbahnausbesserungswerk Berlin-Falkensee geforderten Ersatzteilmengen hatten sich bis Mitte Mai 1943 derart gesteigert, daß die Fertigung der einzelnen Werke ernstlich gefährdet war. Die Organisation der Umbauaktion ließ zu wünschen übrig, durch unsachgemäße Demontage wurden viele Teile unbrauchbar. Eine Trennung der Fahrzeuge nach Herstellern war nicht erfolgt. Am vorgesehenen Stichtag waren von den im Reichsbahnausbesserungswerk Berlin-Falkensee stehenden 108 Panther nur fünf versandbereit. Auch hatte nach Ansicht einiger Experten durch Sorglosigkeit die Qualität der überholten Fahrzeuge gelitten.
Bei den auf dem Truppenübungsplatz Grafenwöhr befindlichen Panzer Abteilungen 51 und 52 und bei diesen zusammengezogenen Panther fiel eine große Anzahl aus verschiedenen Gründen aus. Wiederum wurden die Hersteller aufgefordert, durch Abstellung von Mechanikern und Fachleuten der Truppe zu helfen. Ende Mai 1943 wurde Hitler darauf aufmerksam gemacht, daß beim Panther immer noch mit Kinderkrankheiten zu rechnen sei. Es wäre ratsam, auf einen Einsatz dieser Fahrzeuge im Südosten (Griechenland) zu verzichten, da dort Schäden nicht so schnell behoben werden konnten wie in den der Heimat näheren Frontgebieten.
Die Einradien-Lenkgetriebe erwiesen sich immer wieder als Engpaß und brachten vorübergehend die Fertigung bei einigen Herstellern zum Stehen. Um diesen Engpaß schnellstens zu überbrücken, wurde angeordnet, daß die MIAG bereits im August 1943 fünf und im September 25 dieser Geräte zu liefern hatte. Henschel

* Am 11. 5. 1942 erteilte die Panzer-Panther-Kommission die Freigabe für die Konstruktion und die Serienfertigung der KPz Panther. Diese in der Geschichte der Panzerentwicklung einmalige Tat führte in kurzer Zeit nach dem Beginn der Serienfertigung zu derartigen Schwierigkeiten, daß man im Reichsbahnausbesserungswerk Berlin-Falkensee die bereits fertigen Panther zerlegte, die Baugruppen überholte und wieder einbaute. Als dann bei den Panzerabteilungen 51 und 52 auf dem Truppenübungsplatz Grafenwöhr neue große Schäden auftraten, wurden diese Panther dort nocheinmal überholt.

begann Anfang Juni 1943 auf dem Versuchsgelände Haustenbeck (Truppenübungsplatz Sennelager) mit den Vorbereitungen für Tauchversuche mit einem Panther Ausf. D. Die Halterungen der seitlich angebrachten Kettenschützen erwiesen sich als zu schwach und brachen an der Schweißnaht ab. Bei Einfahrt ins Wasser wurden sie durch den Wasserstau nach außen gebogen. Bei den Tauchversuchen, die am 18. 7. 1943 begannen, zeigten sich am Fahrzeug zahlreiche Leckstellen.

Mitte Juni 1943 wurden je ein Panther zu Werksversuchen an die Firmen Maybach in Friedrichshafen und die Süddeutschen Arguswerke in Karlsruhe geliefert.

Schwierigkeiten gab es auch mit der Keilverbindung im Joch bei der Drehstabfederung. Beide Drehstäbe waren an der dem Laufrollenhebel entgegengesetzten Seite mit einem Joch verbunden. In diesem wurden die beiden Haltezylinder über einen Keil und eine ebene Haltefläche gegen Ringflächen gedrückt. Die Halbringe und ihr Verbindungsstück waren zu schwach ausgelegt, gaben auf die Dauer dem Druck des Haltekeils nach, die lösten sich dann und Verbindungsstücke und Ringenden wurden verstärkt und so das Lösen der Keile sicher vermieden.

Am 1. 6. sowie am 15. 6. 1943 besuchte Generaloberst Heinz Guderian, in seiner Eigenschaft als Generalinspekteur der Panzertruppen, auf dem Truppenübungsplatz Grafenwöhr die beiden Panther-Abteilungen 51 und 52. Er überprüfte sein Sorgenkind, den Panther, dessen Seitenvorgelege und Motor noch schwerwiegende Mängel aufwiesen. Von den etwa 200 fertiggestellten Panzerkampfwagen Panther waren erst 65 kraftfahrtechnisch brauchbar abgenommen worden. Um den Zeitdruck zu illustrieren, unter dem der Panther entwickelt wurde, muß festgehalten werden, daß fast gleichzeitig, d. h. mit ganz geringer Phasenverschiebung, die einzelnen Baugruppen konstruiert und kaum im Entwurf fertig, begann die Konstruktion der Betriebsmittel wie Bearbeitungsvorrichtungen u. a. Alles dieses zu einer Zeit, als noch kein Erprobungsfahrzeug fertiggestellt oder gar in Erprobung genommen war. Etwa zwei Monate, nachdem die Erprobungsfahrzeuge fertiggestellt waren, begann in den Werken mit Hochdruck die Serienfertigung. Es mußten daher laufend in der Endmontage von außen angelieferte Baugruppen aller Art wieder ausgebaut, geändert und wieder neu eingebaut werden. Dies bei einer täglichen Arbeitszeit von etwa 12 Stunden. Man faßte daher den Entschluß, die Fahrzeuge auf dem Truppenübungsplatz Grafenwöhr umzubauen. Dort wurden die einzelnen Baugruppen ausgebaut und soweit wie möglich geändert, einige Baugruppen mußten an die Hersteller geschickt, dort umgeändert, zurücktransportiert und wieder eingebaut werden.

Das Reichsbahnausbesserungswerk Weiden nietete die Radkränze der Laufrollen. Die Lagerung der Richtoptik mußte bei MAN vollkommen neu konstruiert und gefertigt werden. Die Soldaten beider Panzerabteilungen wurden in starkem Umfang bei den Arbeiten unter Anleitung der Werkskommandos eingesetzt.

Da die Panther, die aus Zeitmangel nicht erprobt wurden und noch nicht frontreif waren, trug Guderian am 16. 6. 1943 Hitler seine Bedenken gegen den in Kürze vorgesehenen Einsatz der Panther in Rußland vor. Im Gegensatz hierzu wurde die Brauchbarkeit der Panther von Seiten des Reichsministeriums für Rüstung und Kriegsproduktion bescheinigt und daher vom Generalstab des Heeres der Panther-Einsatz befohlen.

Die hydraulischen Turmschwenkwerke der Firma Boehringer wurden ab April 1943 auch von der Schnellpressen-Fabrik Frankenthal hergestellt.

In das »Adolf Hitler Panzer-Programm«, welches die Ausrüstung der Truppe mit gepanzerten Fahrzeugen sicherstellen sollte, wurden im April 1943 aufgenommen:

- Panzerkampfwagen ohne Ausrüstung und Zubehör, jedoch einschließlich Spezialgerät für Funk und Optik gemäß besonderer Liste. Engpaß-Ersatzteile
  Bevorrechtigte Wehrmachts-Auftrags-Nr. 4911
- Sturmgeschütze, Panzerjäger, ohne Ausrüstung und Zubehör, jedoch einschließlich Spezialgerät für Funk und Optik,
  Engpaß-Ersatzteile
  Bevorrechtigte Wehrmachts-Auftrags-Nr. 4912
- gepanzerte 3 t-Zugkraftwagen (Sd. Kfz. 251) einschließlich Engpaß-Ersatzteile
  Bevorrechtigte Wehrmachts-Auftrags-Nr. 4914
- Geschütze für obige Fahrzeuge gemäß besonderer Liste.
  Pak 40 und 43, Engpaß-Ersatzteile

Bevorrechtigte Wehrmachts-Auftrags-Nr. 4915
Am 29. 4. 1943 wurde entschieden, daß der Panther I nicht nur als Kampfwagen, sondern auch als Panzerjäger gefertigt werden sollte. Die bereits im Februar 1943 eingeleitete Entwickung des Panther II wurde fortgesetzt. Durch die Verwendung seitlicher Schürzen wurde die Schußsicherheit der seitlichen Panzerbleche beachtlich erhöht. Damit erachtete man den Panther I trotz der nur 40 mm dicken Seitenbleche als genügend geschützt. Es war zu überprüfen, ob eine Verstärkung des Frontbleches beim Panzerjäger auf 100 mm durchführbar war. Es ergab sich dadurch ein Mehrgewicht von etwa 0,5 t.

Entscheidend für die Frage einer Umstellung auf Panther II blieb die Verwendungsmöglichkeit gummisparender Laufrollen. Falls diese beim Panther I nicht durchgeführt werden konnte, mußte eine schnellere Umstellung auf den Panther II erfolgen. Fahrversuche mit gummisparenden Laufrollen wurden vom Heereswaffenamt, WaPrüf 6 beschleunigt eingeleitet. Hierbei wurde das Gewicht um etwa 2 t erhöht. Nach den vorliegenden Berechnungen sollte der Panther I mit gummisparenden Laufrollen etwa 46,5 t, der Panther II 52,5 t wiegen. Durch die Untersuchungen einer Verwendung des Panther I als Panzerjäger wurde der Produktionsanlauf des Panzerkampfwagens Panther bei Daimler-Benz etwas verzögert.

Wie wichtig die Versorgung der Truppe mit Panther war, wird augenscheinlich durch die Produktionsprogramme, welche festlegten, daß ab Mai 1943 ein Produktionssoll von 250 Panther pro Monat erreicht werden sollte.

Am 3. 5. 1943 teilte Henschel mit, daß bis zum 12. 5. 1943 50 Panther ausgeliefert werden sollten. Hitler stellte am 4. 5. 1943 fest, daß sich bei Versuchsfahrten mit den beiden ersten Panther-Versuchsfahrzeugen keine wesentlichen Mängel gezeigt hätten. Vielmehr seien, wie oft üblich, alle Schwierigkeiten erst aufgetreten, als die ersten Serienfahrzeuge zur Truppe kamen. Er empfahl, für die Zukunft von der Anfertigung von Einzelfahrzeugen für Erprobungszwecke Abstand zu nehmen, da die Möglichkeit bestand, diese mit größerer Sorgfalt und größerem Arbeitsaufwand herzustellen, und sie dadurch auch größere Beanspruchungen als die Serienfahrzeuge aushielten.

Im Mai 1943 kam es zu Überlegungen, den Panther auch als **Flammenwerferpanzer** zu verwenden. Dazu sollte ein Einradanhänger entwickelt werden, der das Flammöl aufnehmen sollte. Die entsprechenden Fahrversuche wurden mit einem Panzer III durchgeführt. Die zweite Ausführung eines Flammanhängers mit zwei Rädern wurde vorläufig zurückgestellt. Die Firma Wegmann in Kassel sollte prüfen, ob bei der Luftwaffe ein Generator mit etwa 30 kW Leistung vorhanden war, der das Elektro-Pumpenaggregat der Firma Schwade speisen sollte. Man hatte vor, den Spritzkopf auf der Kettenabdeckung anzubringen.

Hauptdienstleiter Saur vom Ministerium Speer mußte am 10. 5. 1943 feststellen, daß er anstelle der bis zum 12. 5. versprochenen Zahl von 308 einsatzbereiten Panthern bestenfalls nur 100 melden konnte. Er befürchtete, daß Hitler sein Vertrauen in den Panther verlieren und seine bisherige Einsatzdisposition grundlegend ändern könnte. Das müsse aber verhindert werden, da der Panther nach Meinung von Saur besser als der Tiger sei. Der Umbau von 16 Panthern mit Kupplungs-Lenkgetriebe gegen Einradien-Lenkgetriebe ergab einen Aufwand von etwa 1000 Stunden pro Fahrzeug. MAN sah sich außerstande, dieses Programm alleine durchzuführen.

Henschel wurde am 15. 5. 1943 davon unterrichtet, daß die letzten siebzig der in Serie befindlichen Panther in ihrer Firma als Bergepanzer auszubringen waren. Ab dem 851. Fahrzeug (Panther Ausf. A) war ein neu entwickelter Drehturm vorgesehen.

Durch eine neue Forderung, den Panther auch im Gelände mit entzurrter Kanone zu fahren, ergaben sich Probleme mit der Höhenrichtmaschine. Die Firma Wegmann erfand kurzfristig eine Hilfsmaßnahme, die sich bewährte.

Am 28. 5. 1943 ergab sich ein Briefwechsel zwischen der Zahnräderfabrik Augsburg, vorm. Johann Renk und der

Stufenloses hydrostatisches Lenkgetriebe. Nullwelle und Zwillingsmotor vorne rechts zu erkennen.

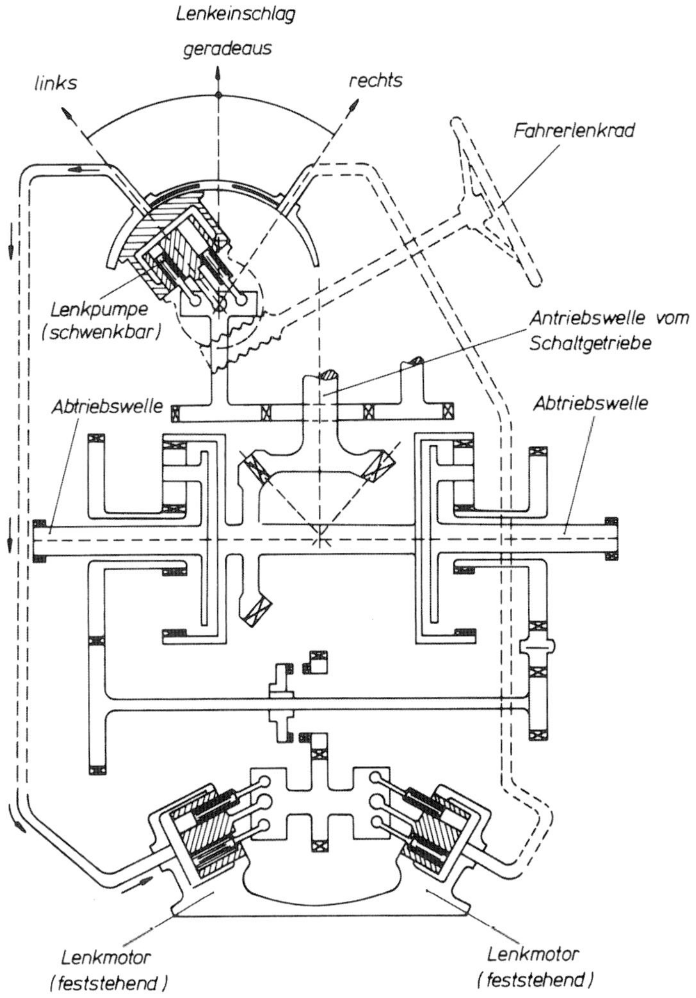

Hydrostatisches Lenkgetriebe für Panther
System Renk
mit Thoma Hydraulik

Prinzip der Thoma-Hydraulik für ein hydrostatisches Lenkgetriebe des Panther.

Geöffnetes stufenloses hydrostatisches Lenkgetriebe. Sichtbar Nullwelle, Zwillingsmotor, die untenliegende Axialkolbenhochdruckpumpe und rechts das Lenkrad.

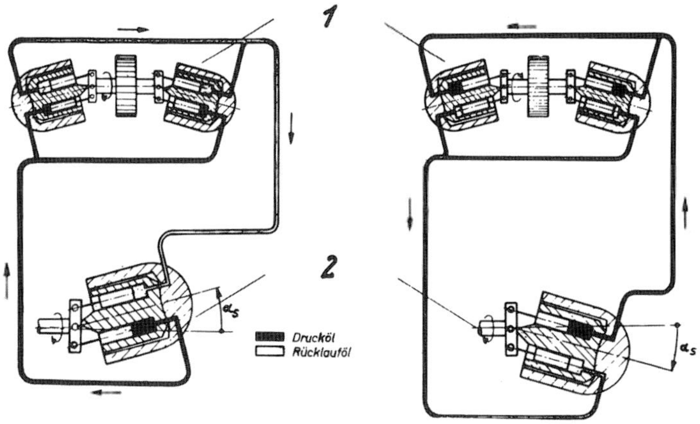

Ölfluß in Axialkolbenhochdruckpumpe und Zwillingsmotor. Links: Gleiche Drehrichtung von An- und Abtrieb; Rechts: Entgegengesetzte Drehrichtung von An- und Abtrieb. (1) Zwillingsmotor (2) Axialkolbenhochdruckpumpe.

Schnittbild des stufenlosen hydrostatischen Lenkgetriebes: 1 Lenkrad, 2 Axialkolbenhochdruckpumpe, 3 Zuleitung von der Füllölpumpe, 4 Antriebswelle der Axialkolbenhochdruckpumpe, 5 Antrieb vom Motor aus mit Motordrehzahl, 6 Ölleitung, 7 Zwillingsölmotor, 8 Nullwelle, 9 Sonnenradvorgelege, 10 Antriebswelle vom Schaltgetriebe her, 11 Kegeltrieb, 12 Planetengetriebe, 13 Planetengetriebe, 14 Abtriebswelle zum Kettenrad, 15 Abtriebswelle zum Kettenrad.

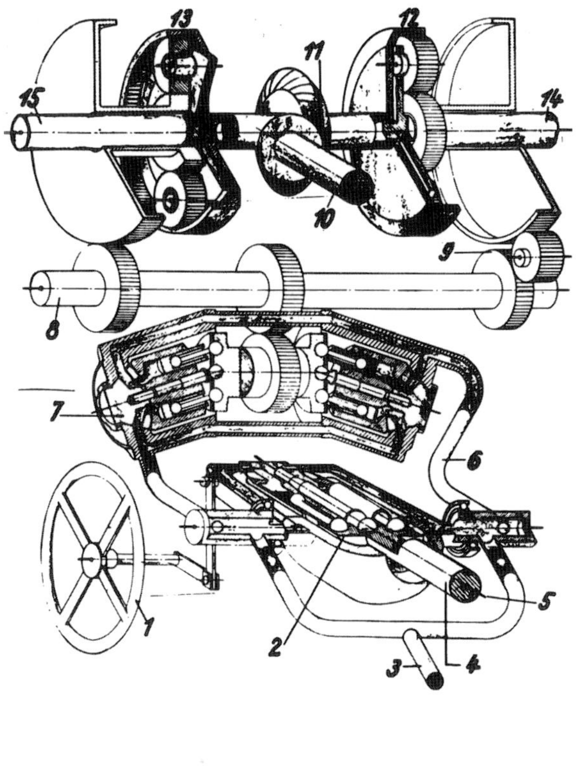

Weitere Einzelheiten des stufenlosen hydrostatischen Lenkgetriebes der Firma Renk.

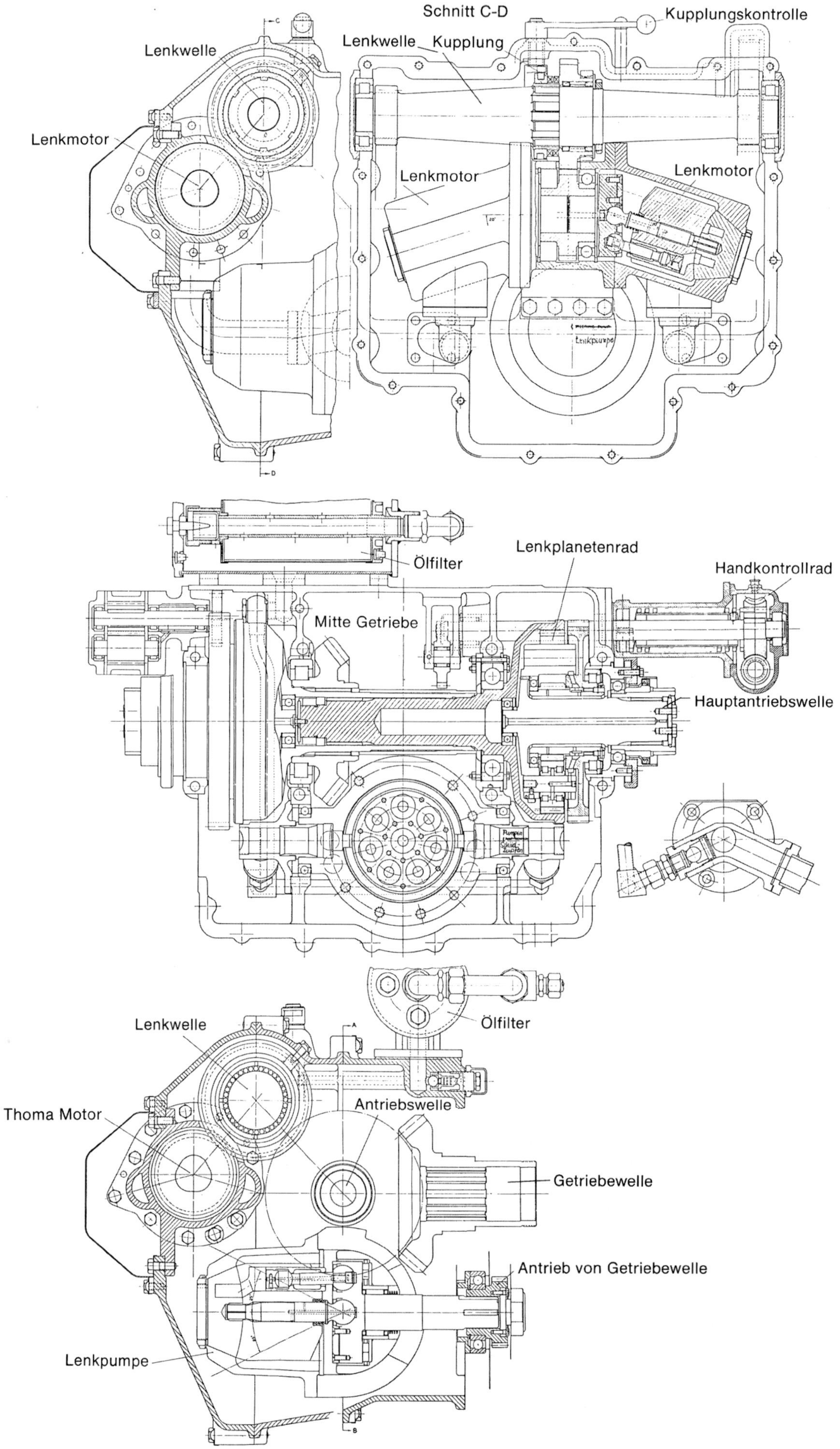

Maschinenfabrik Augsburg-Nürnberg. Es handelte sich um die Entwicklung eines **hydrostatischen Überlagerungs-Lenkgetriebes*** für den Panther. DieZahnräderfabrik Renk bringt ihre Verwunderung zum Ausdruck, daß MAN schon vor Aufnahme der Verhandlungen mit Renk alle grundsätzlichen Kenntnisse, die für den Bau eines solchen Lenkgetriebes notwendig waren, besessen haben sollte. Ergaben sich doch bei den ersten Besprechungen seitens der MAN grundsätzliche Zweifel über die Funktion eines solchen Getriebes, dessen Wirkungsweise Renk erst mehrmals erklären mußte. Da die ersten Versuche, eine Füllpumpe in Abhängigkeit von der Motordrehzahl anzutreiben, fehl schlugen, kam Renk bei Prüfungsversuchen auf den Gedanken, eine zusätzliche Füllpumpe in das System einzubauen. Wörtlich schreibt dazu Renk an die MAN: »Als wir Ihnen aber diese Lösung mitteilten, brachten Sie Ihr Erstaunen über die Einfachheit und Wirksamkeit dieser von uns getroffenen Maßnahme zum Ausdruck. Wenn diese Probleme doch schon früher wirklich gelöst worden wären, so hätten Sie uns doch bestimmt Ihr Wissen und Ihre Erfahrungen zuteil werden lassen müssen, um so schnell wie möglich zum Ziel zu kommen.»

Unabhängig von einer durch die MAN veranlaßten Prüfung durch das Patentamt beanspruchte die Firma Renk das kostenlose Mitbenutzungsrecht im Umfang der auch von Renk eingereichten Patentmeldung.

Schließlich bildete 1943 die Maschinenfabrik Augsburg-Nürnberg und die Zahnräderfabrik Augsburg eine Arbeitsgemeinschaft zur Entwicklung und Herstellung von hydrostatischen Lenkgetrieben für Vollkettenfahrzeuge über 9 t Gesamtgewicht. Diese Lenkgetriebefertigung sollte nach Marktredwitz verlagert werden.

Für den Panther wurde ein hydrostatisches Lenkgetriebe entwickelt, welches mit dem Schaltgetriebe zu einem Block zusammengebaut war. Der Antrieb vom Motor erfolgte über das Schaltgetriebe auf ein Kegelradgetriebe. Ein wichtiges Element der Lenkung war dabei ein hydrostatisches Flüssigkeitsgetriebe mit einer Axialkolben-Hochdruckpumpe und einem Zwillingsmotor. Dieses Element beeinflußte über eine Lenkwelle die Drehzahlen an den Planetengetrieben des Lenkgetriebes und somit die Gleiskettengeschwindigkeit. Die Antriebsleistung wurde vom Motor über das Schaltgetriebe auf die Hohlräder der beiden Lenkumlaufgetriebe übertragen. Die von den innenverzahnten Hohlrädern angetriebenen Planetenräder wälzten sich auf den stillstehenden Sonnenrädern ab und setzten den Planetenradträger in Drehung. Dieser trieb über das Seitenvorgelege die Gleisketten und damit das Fahrzeug an.

Beim Lenken trieb der Ölmotor (hier Zwillinge) die Sonnenräder der Lenkumlaufgetriebe in entgegengesetzter Richtung an. Dabei wurde der eine Planetenradträger schneller, der andere langsamer angetrieben. Mit den Planetenradträgern lief die eine Gleiskette schneller, die andere langsamer, der Panzer wurde gelenkt.

Da die Drehzahl der Ölmotoren durch die Einstellung der Ölpumpe beim Lenken stufenlos verändert werden konnte, fuhr das Fahrzeug auch stufenlos verschiedene Kurven.

Es war möglich, folgende Fahrzustände zu verwirklichen:

- Geradeausfahrt, stabil;
- stufenloses Fahren verschiedener Radien in den einzelnen Gängen des Schaltgetriebes;
- Wenden um die Fahrzeughochachse

Die Axialkolben-Hochdruckpumpe wurde über eine Welle vom Motor aus mit Motordrehzahl angetrieben. Wurde sie um einen gewissen Winkel ausgeschwenkt, ergab sich für den Axialkolben ein diesem Winkel entsprechender Hub und somit die Förderung eines abgestimmten Druckölvolumens. Das Sekundärteil, in diesem Fall ein Zwillingsmotor, bestand aus zwei unter konstantem Winkel ausgeschwenkten, starr angeordneten Axialkolbeneinheiten, welchen das von der Axial-Hochdruckpumpe geförderte Drucköl zugeführt wurde. Das Ausschwenken der Axialkolben-Hochdruckpumpe um ihre Querachse wurde vom Panzerfahrer mittels Lenkrad vorgenommen. Je nach Schwenkwinkel wurde mehr oder weniger Drucköl zugeführt. Da die Motordrehzahl dem Fördervolumen proportional war, konnte sie stufenlos verändert werden. Durch Umkehrung des Ölflusses konnte eine Umkehrung der Drehrichtung des Zwillingsmotors erreicht werden. Über ein Stirnradpaar verlieh der Zwillingsmotor der Nullwelle eine positive oder negative Drehrichtung und

* Die erste, stufenlose hydrostatische Überlagerungslenkung wurde in den Jahren 1939/40 im Lenkgetriebe des französischen Panzerkampfwagens B2 serienmäßig verwirklicht.

Die Panther der Panzer Abteilungen 51 und 52 wurden im Juni 1943 für den ersten Einsatz verladen.

ermöglichte innerhalb eines festgesetzten Bereiches eine stufenlose Drehzahlregelung. Die Nullwelle beeinflußte mit der ihr eigenen Drehzahl im Lenkgetriebe die Sonnenräder des linken bzw. rechten Planetengetriebes in entgegengesetzter Richtung. Sie verlieh dadurch den Planetenradträgern unterschiedliche Drehzahlen und bewirkte bei eingeschalteten Gängen des Schaltgetriebes das Befahren stufenlos veränderlicher Lenkradien. Die auf die Nullwelle wirkenden Drehmomente waren im entgegengesetzten Drehsinn wirksam. Die gleiche Drehrichtung und Drehzahl der beiden Planetenradträger wurde dadurch erreicht, daß die Nullwelle durch die auf sie wirkenden entgegengesetzten Drehmomente blockiert wurde.
Dieser Antrieb wurde durch die konstante Ausschwenkung der beiden Axialkolbeneinheiten des Sekundärteiles gegeben.

Bei Geradeausfahrt war die Hochdruckpumpe in ihre Nullstellung gebracht, die Pumpe drehte sich auch in dieser Stellung. Das am Zwillingsmotor wirkende Drehmoment wurde von dessen Axialkolben über die ruhende Flüssigkeitssäule abgestützt. Da dadurch die beiden Planetenradträger gleiche Drehrichtung und Drehzahl hatten, waren die Geschwindigkeiten der beiden Gleisketten gleichgroß, das Fahrzeug fuhr geradeaus. Wurde bei Leerlaufstellung des Schaltgetriebes und stehendem Fahrzeug die mit Motordrehzahl angetriebene Axial-Hochdruckpumpe mit dem Lenkrad ausgeschwenkt, wurde vom Zwillingsmotor über die Nullwelle auf die Sonnenräder eine gleich große, aber entgegengesetzt gerichtete Drehung abgegeben. Durch die gleiche Abmessung der Planetengetriebe bedingt, übertrugen auch die Planetenradträger entsprechend gleich große, aber entgegengesetzt gerichtete Drehun-

Die meisten der am ersten Panther-Einsatz beteiligten Panzerkampfwagen mußten wegen Kampfschäden aufgegeben, als Totalausfälle gemeldet und beim Rückzug gesprengt werden.

Nur im Dreier-Zug waren die schweren 18 t Zugkraftwagen in der Lage Schadfahrzeuge zu bergen.

gen auf die Seitenvorgelege. Die Gleiskettengeschwindigkeit der Außenkette war daher gleich der entgegengesetzt gerichteten aber gleich großen Geschwindigkeit der Innenkette, wodurch nunmehr eine Drehung des Fahrzeuges um den Fahrzeugmittelpunkt (Fahrzeughochachse) bewirkt wurde. Der Übergang von einem Fahrzustand in den anderen erfolgte bedingt durch den Aufbau des hydrostatischen Lenkgetriebes, stufenlos. Lenkbremsen und ähnliche Anordnungen, die verhältnismäßig großen Verschleiß hatten und häufig nachgestellt werden mußten, führten oft zu großen Lenkstörungen. Sie waren bei diesem Lenkgetriebe nicht nötig.

Eines dieser Getriebe wurde im August 1944 in einem Panther eingebaut. Während der eingehenden Erprobung bei der Verskraft in Kummersdorf stellte sich nach einiger Laufzeit ein pfeifender Ton ein, der Luftblasen im Druckteil der Druckölleitung signalisierte. Kurz darauf fiel die Lenkung aus. Die Lecköl-Speisepumpe mußte auf eine größere Fördermenge gebracht werden.

Zu einer Serienfertigung dieses Lenkgetriebes (MAN, Handradlenkung Argus, Teves und Daimler-Benz) ist es nicht gekommen.

Im August 1944 befaßte man sich mit einer Verlegung des Konstruktionsbüros der MAN zur Österreichischen Automobilfabrik AG nach Wien. Dort sollte auch die Fertigung von Prototypen und einer Null-Serie aufgenommen werden.

In einem Schreiben vom 25. 6. 1943 an das OKH/Heereswaffenamt, WuG 6 lehnte Henschel die Übernahme der Bergepanther-Fertigung ab und wies darauf hin, daß in der ersten Hälfte des Monats August 1943 die erste Serie des Panther (Ausf. D) auslaufen werde und noch im Laufe des August die Fertigung einer zweiten Baureihe (Ausf. A) aufgenommen werden mußte. Diese bringe nach Mitteilung der MAN eine Änderung verschiedener Gruppen, insbesondere durch den Einbau einer Kugelblende für das Funker-MG, eine Änderung der Ausrüstung des Kampfraumes sowie der Munitionslagerung.

In der Operation »Zitadelle«, die im Raum Kursk am 5.7. 1943 begann, wurden die Panther-Abteilungen 51 und 52 im Rahmen einer Panther-Brigade mit 200 Panzerkampfwagen Panther der Heeresgruppe Süd unterstellt. Die Panther-Brigade 10 mit beiden Panther Abteilungen erlitt bereits zu Beginn des Einsatzes in einem Minenfeld schwere Verluste. Am Abend des zweiten Einsatztages waren nur noch 40 der eingesetzten 200 Panther einsatzbereit. Der erste Panther war bereits Ende Juni 1943 auf dem Weg vom Truppenübungsplatz Grafenwöhr zum dortigen Verladebahnhof durch Brand zerstört worden. Dieses sollte sich im Einsatz mehrfach wiederholen.

Da die im Turmkugellager eingebaute Tauchdichtung den Turm verklemmte, mußten diese während des Kursk-Einsatzes nach Abheben der Türme entfernt werden.

Die Besatzungen waren kaum mit dem neuen Gerät vertraut, ihre Ausbildung mußte wegen der Kürze der zur Verfügung stehenden Zeit ungenügend bleiben. Auch fehlte vielfalls die nötige Kampferfahrung. Der Einsatz mit fabrikneuen und nicht erprobten Panther im Rahmen der Operation »Zitadelle«, die am 13. 7. 1943 zu Ende ging, war somit ein tragisches Kapitel der deutschen Panzertruppe

Während des Panther-Einsatzes im Raum Kursk besuchte Major Dipl.-Ing. Icken vom Inspekteur der Panzertruppe in Berlin die beiden Panther Abteilungen 51 und 52 und gab aus dem Einsatzraum mit Fernschreiben die erste unerfreuliche Mitteilung über die geringe Zahl der noch einsatzbereiten Panther an den Generalinspekteur der Panzertruppe. Diese Meldung wurde von der Operationsabteilung im Führerhauptquartier zunächst angezweifelt, aber später doch bestätigt. Am 10. 7. 1943 besuchte Guderian die bereits vorher erwähnten beiden Panther Abteilungen im Bereich der Heeresgruppe Süd, in der Nähe von Bjelgorod und mußte feststellen, daß sich seine Befürchtung bezüglich der mangelnden Frontreife der Panther bestätigt hatte. Man muß die politischen Zusammenhänge verstehen, die Guderian bewogen haben, am 31. 7. 1943 folgenden Brief an Speer zu richten:

»Lieber Reichsminister Speer!
Es ist mir ein Bedürfnis, Ihnen, nachdem die erste Panzerschlacht mit den »Neuen Panzern« geschlagen ist, als ältester Soldat der Panzertruppe die hohe Befriedigung der Front über die neuen Waffen und zugleich ihren Dank für diese zu übermitteln. Die Panzermänner an der Front haben sich über die unerhörte Leistung der

vorzüglichen Pantherkanone außerordentlich gefreut; ist es doch ihrer überlegenen Leistung ein vielfach wiederholter Erfolg, noch auf 3000 m den lange Zeit als schwer bekämpfbar geltenden T 34 abzuschießen. Wenn dieses Bewußtein der Überlegenheit im Laufe der Panzerschlacht in ganz besonderem Maße Gemeingut der Panzerwaffe geworden ist, so formt sich hieraus der selbstverständliche Dank der Soldaten gegenüber allen denen, die an Konstruktion und Fertigung Anteil haben. Ich bitte daher, der gesamten beteiligten Industrie in weitestem Sinne meinen Dank als den Dank der Front auszusprechen. Ich bin mit dem Ausdruck besonderer Verbundenheit mit

Heil Hitler
Ihr sehr ergebener
gez. Guderian

Generaloberst Heinz Guderian, der Schöpfer der deutschen Panzertruppe und ihr ältester Soldat.

Am 28. 9. 1943 lagen die ersten Erfahrungsberichte über den Kursk-Einsatz der Panther in der Zeit vom 5. bis 13. 7. 1943 vor. Eine Abteilung meldete innerhalb von neun Tagen 25 Motorausfälle, im wesentlichen Pleuellagerschäden, Wasser im Auspuff, gefressene Kolben, Risse in den Zylinderlaufbuchsenwandungen, durchgebrannte Zylinderkopfdichtungen und gebrochene Pleuel. Vielfach trat ein Heißwerden der Motoren auf. Bei einigen Fahrzeugen ließ nach kurzer Laufzeit die Motorleistung nach. Die Motoren hatten einen hohen Ölverbrauch. Zündkerzen verölten. Die Brandgefahr war sehr hoch, da Leitungen und Nippel der Kraftstoffleitungen oft undicht waren. Die Hauptkupplung hatte sich bewährt, solange die Fahrzeuge nicht für Abschleppzwecke verwendet wurden. Auch das Schaltgetriebe arbeitete einwandfrei. Die Seitenvorgelege waren zu schwach, sie wiesen eine hohe Ausfallquote auf. Das Laufwerk hatte sich voll bewährt, einige Kettenspanner lösten sich selbsttätig. Die Einstiegsluken für Fahrer und Funker neigten zum Klemmen, so daß die Besatzung selbst im Einsatz mit offenen Luken fuhr. Das Wannendach über Fahrer und Funker wurde bei Treffern auf den unteren Teil der Walzenblende durch Abpraller durchschlagen, eine Formänderung wurde nötig. Eine Verstärkung der seitlichen Wannenwände wurde vorgeschlagen, die seitlichen Schürzen gingen leicht verloren. Begeistert äußerte sich die Truppe über die neue Kanone, Schwierigkeiten traten mit dieser nicht auf. Die Masse der feindlichen Panzer wurde auf eine Entfernung von 1500 bis 2000 m abgeschossen. Die Turmentlüftung war verbesserungswürdig. Für das Funker-MG wurde eine Kugelblende gefordert. Die Halterung der Optik war zu schwach, das Turmschwenkwerk zu kompliziert. Abschließend wurde festgestellt, daß sich der Panzerkampfwagen Panther bewährt hatte. Nach Abstellung der noch konstruktiv bedingten Fehler dürfte das Maß an technischen Ausfällen ein erträgliches werden. Die Zuführung von Ersatzteilen müßte unter allen Umständen gesichert sein. Eine Zuteilung von Bergefahrzeugen war dringend. Am 13. 7. 1943 wurde von der Kraftfahrversuchsstelle des Heereswaffenamtes Prüfwesen in Kummersdorf-Schießplatz mitgeteilt, daß in den Panther, Fahrgestell Nr. 210 004 versuchsweise ein Lenkgetriebe für kleinere Wenderadien eingebaut wurde, welches vergleichend zu der Serienausführung erprobt werden sollte. Die rechnungsmäßigen Lenkradien betrugen:

	Serienausführung	verkleinerter Radius
1. Gang	4,8 m	2,5 m
2. Gang	11,0 m	6,3 m
3. Gang	18,0 m	10,9 m
4. Gang	30,0 m	17,5 m
5. Gang	43,0 m	26,2 m
6. Gang	61,0 m	37,4 m
7. Gang	80,0 m	50,5 m

Die Versuche ergaben ein schlechteres Fahrverhalten auf der Straße und im Gelände gegenüber der Serienausführung. Da das Lösen der Stützbremse zur Lenkung nicht immer ausreichte, war man laufend gezwungen, entweder ganz kurzzeitig die Radienübersetzung einzuschalten oder diese Stufe zu überspringen und die Kettenbremsen schleifen zu lassen. Am 16. 8. 1943 wurde mitgeteilt, daß das OKH Wa J Rü (WuG 6), im Einvernehmen mit WaPrüf 6 dem Vorsitzer des Hauptausschusses Panzerwagen und Zugmaschinen, Direktor Dr.-Ing. Roland, von den Vereinigten Stahlwerken, den Vorschlag unterbreitet hatte, ab dem 2801. Fahrzeug Panther I die entzwickelte Wanne einzuführen. Im August 1943 sollte die Firma Lanz in Mannheim in die Montage und das Schweißen der Wannengehäuse für den Panther eingeschaltet werden. Die Einzelteile der Wannen sollten jedoch nicht bei Lanz, sondern durch Unterlieferanten in Frankreich hergestellt werden. Da Lanz nur auf eine rein mechanische Bearbeitung ausgerichtet war, wurden Aufgaben für den Panzerbau mit warm- und richttechnischen Abläufen nicht vergeben. Selbst im September 1943 waren die Engpässe in der Materiallieferung nocht nicht beseitigt. Am 15. 9. 1943 teilte Henschel mit, daß vom 9. 9. bis zum 15. 9. 1943 nicht eine einzige Pantherwanne eingegangen und daher die Bohrwerkstraße seit Tagen zum Erliegen gekommen war. Die Wünsche der Truppe wurden mit einer neuen Panther-Serie, ab dem 851. Fahrzeug (Panther Ausf. A), ab August 1943 weitgehend berücksichtigt. Der Panzerkampfwagen Panther, Ausführung A (Sd.Kfz. 171), erstmalig vorgestellt im September 1943, erhielt eine von Daimler-Benz entwickelte Kugelblende für das Funker-MG. Äußerlich erkennbar war auch das monokulare Turmzielfernrohr TZF 12a, welches nur eine Ausblicköffnung in der Walzenblende verlangte. Das Höhenrichtfeld der Hauptbewaffnung betrug nur noch -8° bis +18° (bisher 20°). Der Munitionsvorrat mit 79 Schuß blieb unverändert. Der Zwölfuhrzeiger im Drehturm hatte jetzt eine Ziffernscheibe mit einer Teilung von 1 bis 12. Die Turmdrehbühne bestand aus einem aus Rohren zusammengesetzten Mittelteil und vier Seitenteilen, welche hochgeklappt werden konnten. Nunmehr kam das drehzahlabhängige Boehringer Sturm-Ölgetriebe für das Turmschwenkwerk vom Typ L4S zum Einbau. Die Kommandantenkuppel war mit Beginn der Produktion der Ausf. A grundsätzlich geändert worden. Sie bestand aus dem Kuppelgehäuse, dem Kuppeldeckel mit Kuppelarm, den Winkelspiegellagern sowie dem Kuppelring. Dieser diente zur Befestigung eines Fliegerabwehr-MG 34. Rechts im Turmdach war ein Winkelspiegel als Ausblick für den Ladeschützen eingelassen. Laut Mitteilung OKH (CH H Rüst und BdE) vom 25. 1. 1944 76 g 16/17 Nr. 3022/44 verteilten sich die Panther-Fahrgestell Nr. wie folgt:

Panther, Ausf. D

Fahrgestell Nr.	210001–210254	211001–216000
davon MAN	210001	
davon DB	211001	
davon Henschel	212001 und	
davon MNH	213001	

Die Ausführung A des Pz.Kpfw. Panther. Die Kommandantenkuppel war geändert, die Verständigungsöffnung in der Turmseitenwand war entfallen. Noch vorhanden waren die MP-Öffnungen.

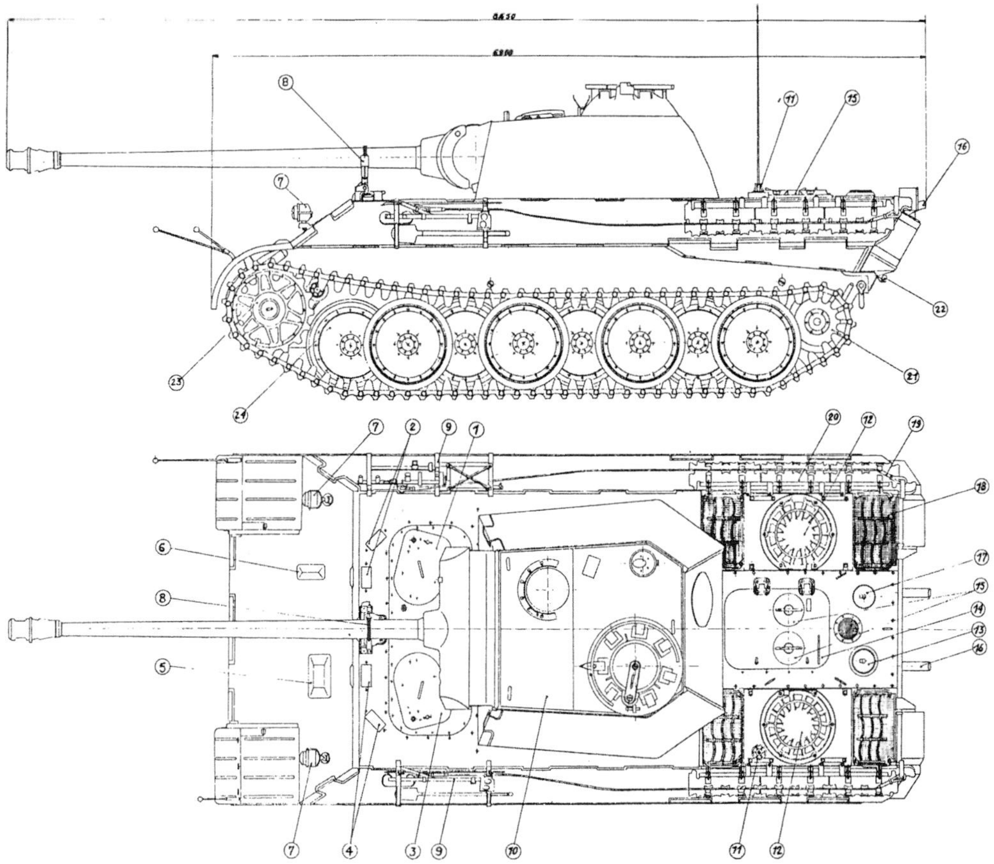

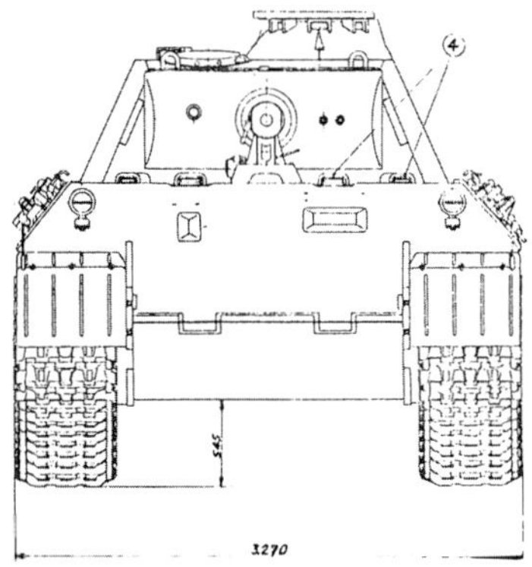

Übersichtsskizze einer A-Ausführung.

Panther, Ausf. A

Fahrgestell Nr. 210255–211000 151000–160000

Rückblickend nahm die Maschinenfabrik Augsburg-Nürnberg am 2. 10. 1943 Stellung zu den Vorwürfen einer unzureichenden Panther-Fertigung. Ein bewußter Verzicht des Reichsministeriums für Rüstung und Kriegsproduktion auf vorherige Erprobung und den üblichen Bau einer Null-Serie bedingte das Einfließen aller Anlaufschwierigkeiten in die Serienfertigung, welche die MAN als die zuerst anlaufende Firma für sich und die Nachbaufirmen im wesentlichen allein zu überwinden hatte. Außerdem wurden Maschinen und Arbeitskräfte ständig zu spät und unzureichend zur Verfügung gestellt. Als Entwicklungsfirma wurden der MAN wiederholt Sonderaufgaben zugewiesen, so u. a.:

Panzerkampfwagen Panther beim Einsatz in Rußland und in Italien.

Fahrgestellfertigung: die Schwingarme sind montiert, ebenfalls der Schwenkarm für das Leitrad.

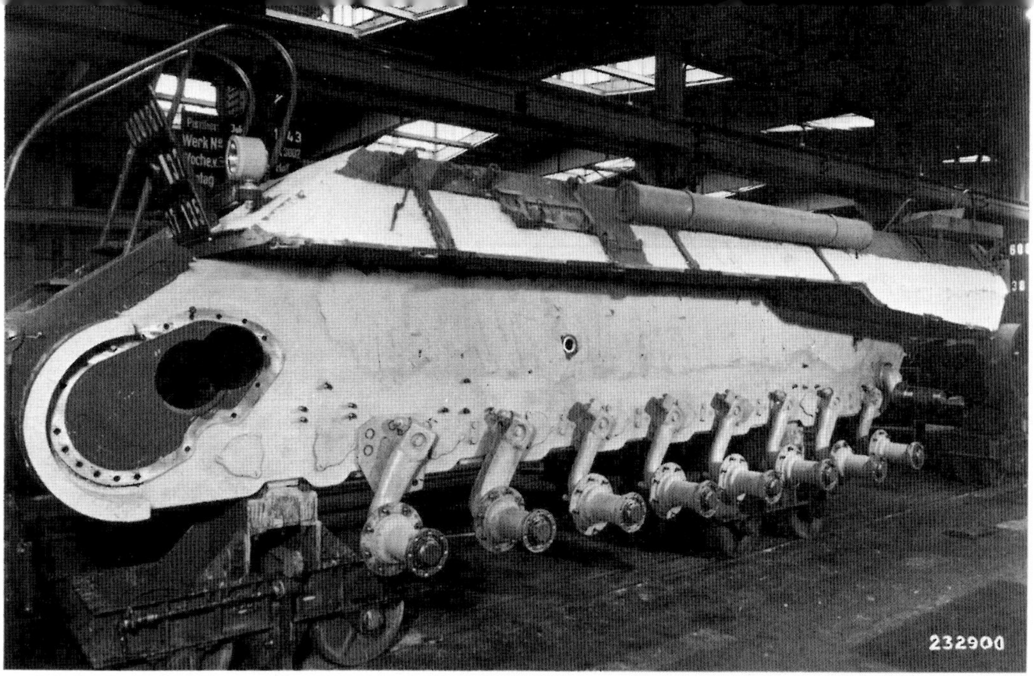

Die zweite Serienausführung des Panther, Ausf. A, lief in größeren Stückzahlen bei drei Herstellern an.

Leitrad in eingebautem Zustand.

Seitenvorgelege mit Stützrolle ist eingebaut.

Panzerkampfwagen Panther, Ausf. A (frühe Ausführung) (Sd. Kfz. 171)

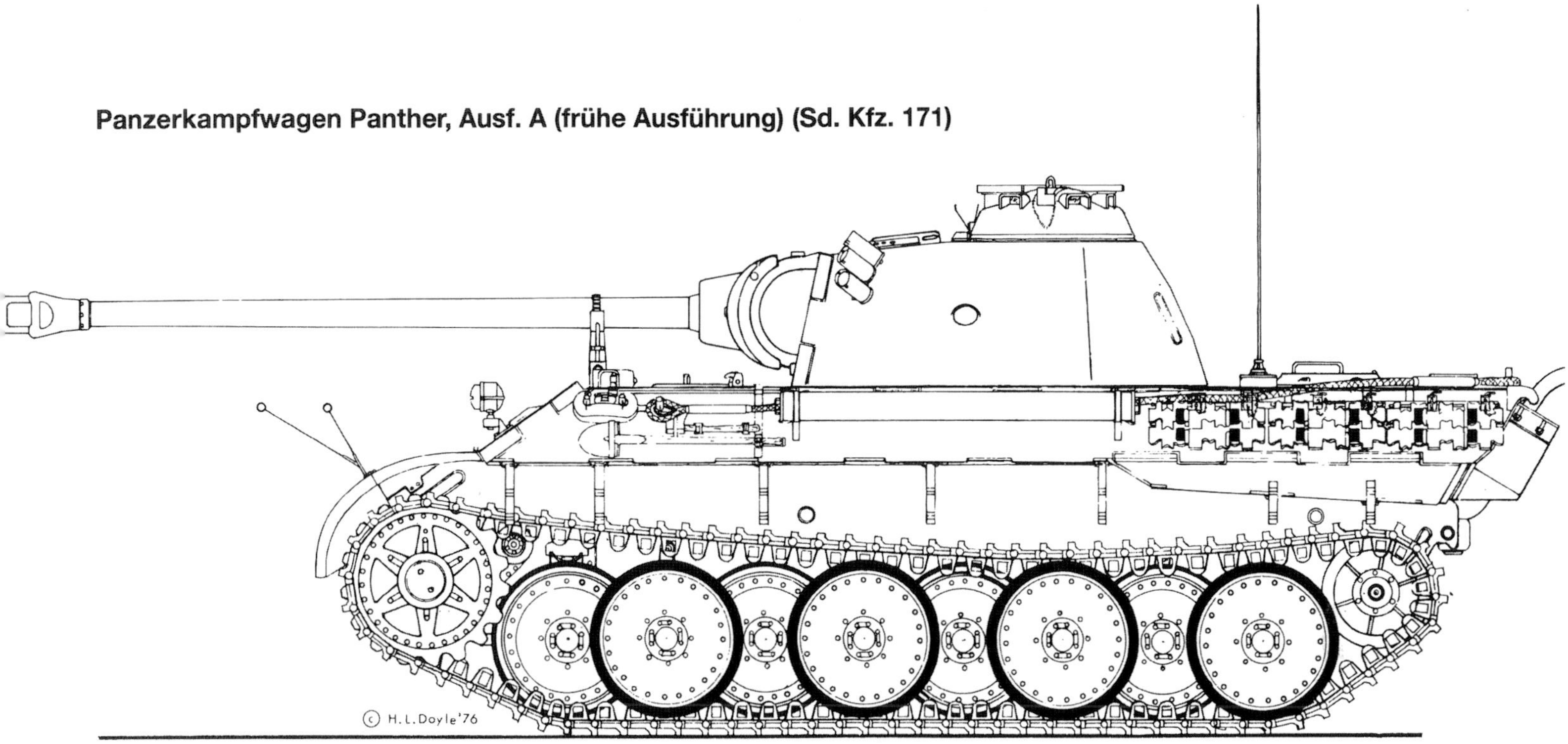

Panzerkampfwagen Panther, Ausf. A (Sd. Kfz. 171)

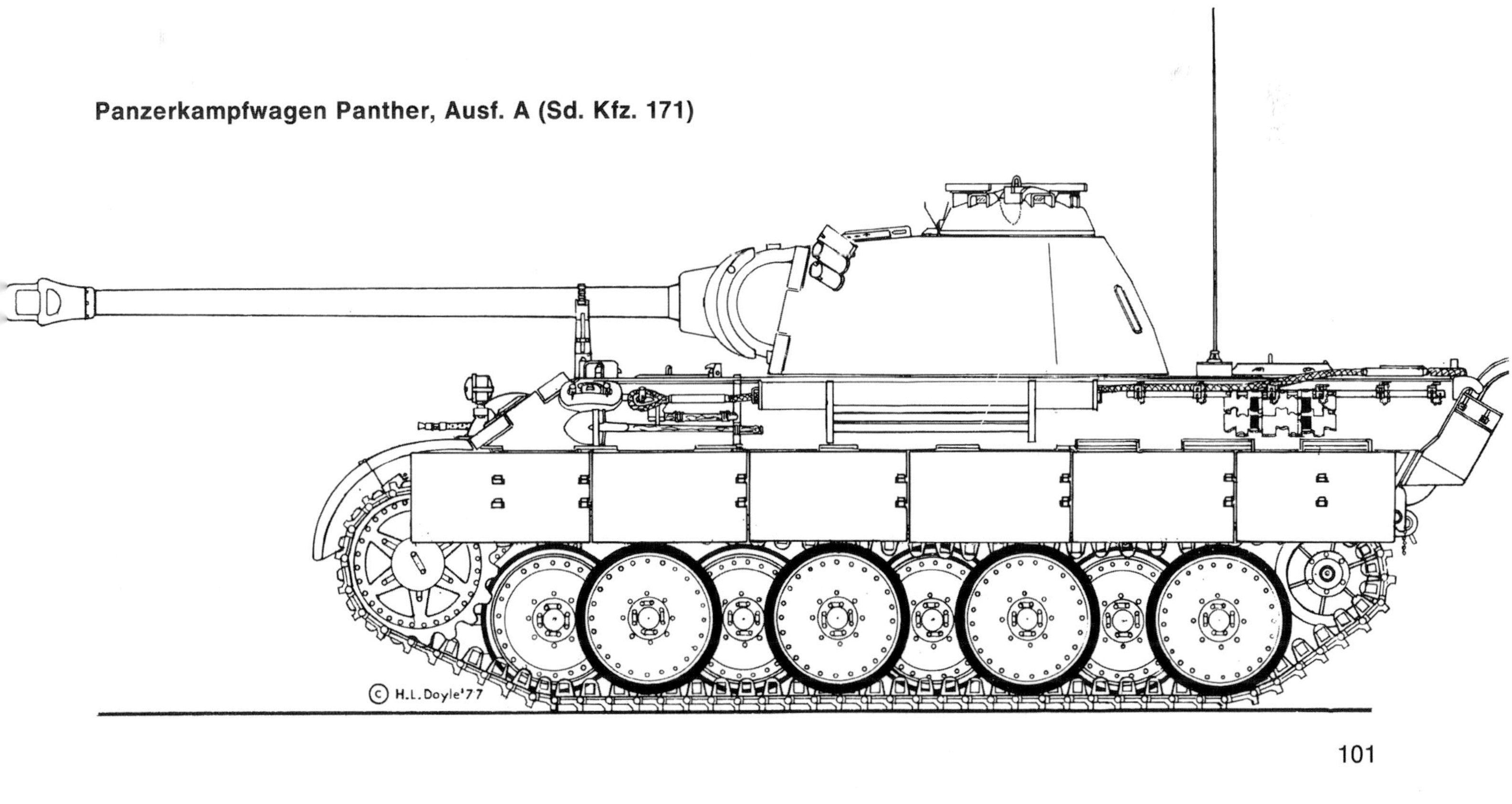

Laufrollen sind montiert.

Das Laufwerk ist mit Ausnahme der noch fehlenden Gleiskette fertig.

Die Wanne von vorne zeigt die beim Funker angeordnete Kugelblende für ein MG 34. Der Zimmerit-Schutzanstrich gegen Hohlhaftladungen ist aufgetragen.

Die Wanne von hinten vor dem Einbau des Motors und der Kühlanlage.

Motorraum vor dem Einbau der Aggregate. Die Kraftstoffbehälter sind bereits montiert.

Die Kühlanlage ist eingebaut.

- Umbauaktion im Reichsbahnausbesserungswerk Berlin-Falkensee, gleichzeitig mit dem Hauptwerk Nürnberg. Im Werk Nürnberg wurden insgesamt 90 Panther und 103 Einradien-Lenkgetriebe umgebaut. 17 umgebaute Lenkgetriebe wurden an das Reichsbahnausbesserungswerk Berlin-Falkensee abgegeben.
- Umbauaktion bei den Panzer Abteilungen 51 und 52 auf dem Truppenübungsplatz Grafenwöhr und bei den Panther-Lehrgängen in Erlangen. Unter Führung von MAN wurden 563 Panther umgebaut.
- Anlaufschwierigkeiten bei der Einradien-Lenkgetriebe-Fertigung. Henschel baute seit August 1942 Einradien-Lenkgetriebe, während die MAN im Februar/März 1943 in diese Fertigung einstieg. Durch umfangreiche Versuche gelang es der MAN, die noch bestehenden erheblichen Schwierigkeiten zu beheben.
- Einrichtung eines Ersatzteilwerkes in Leipzig. Anstelle der vernichteten alten Kongreßhalle konnte nach langwierigen Verhandlungen die Papiermaschinenfabrik K. Krause, Leipzig dafür freigemacht werden.

Für die diversen Umbauaktionen lieferte die MAN insgesamt 730208 Teile mit einem Gewicht von etwa 476 t. In den Umbauaktionen wurden 183000 Montagestunden aufgewendet, das entsprach einer Leistung von 130 Fachkräften auf die Dauer von fünf Monaten. Trotz An-

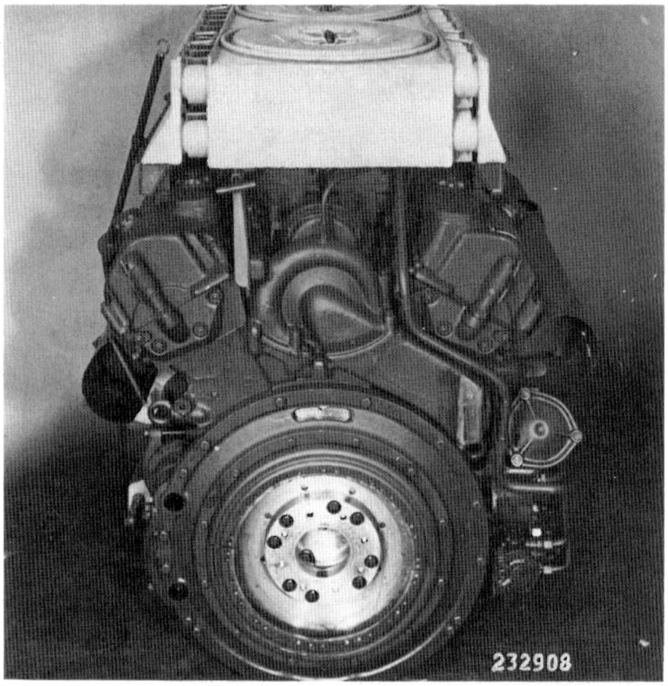

Zum Einbau bereiter Maybach Motor HL 230 in Vierseiten-Ansicht.

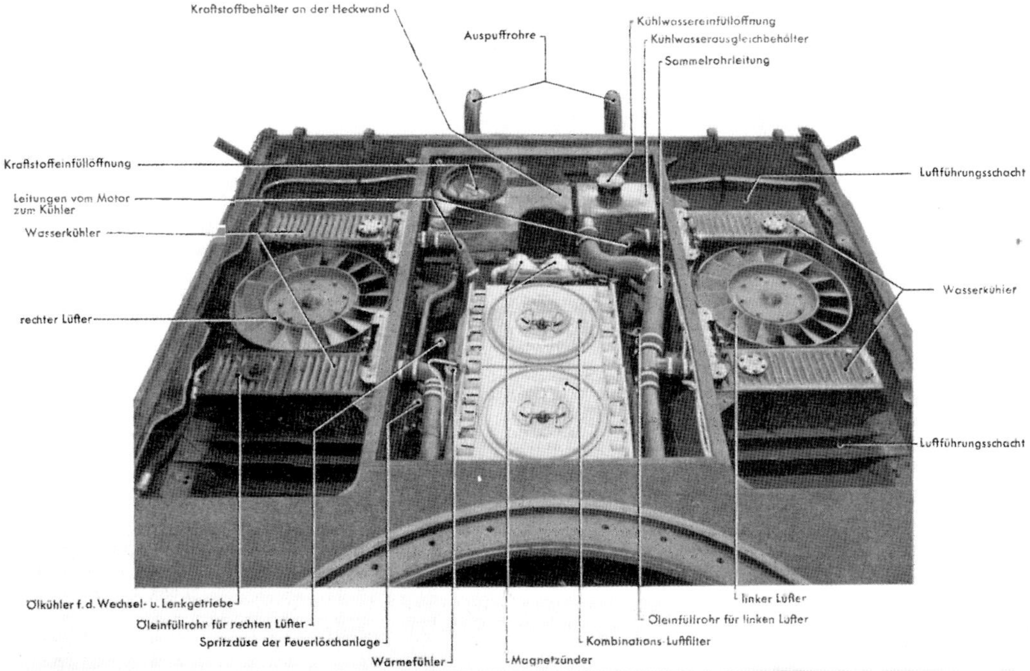

Motorraum mit eingebauten Aggregaten.

Abgedeckter Motorraum mit Ein- und Auslaßgrätings für die Kühlluft.

Blick in den Vorderteil der Wanne zeigt links die Fußpedale für den Fahrer. Links und rechts die Scheibenbremsen am Antrieb. Rechts dahinter ein Stoßdämpfer. Beim Funker ist die Kugelblende für das MG eingebaut.

laufschwierigketien und der ersten Luftangriffe ergab sich mit 31. 7. 1943 folgender Lieferstand:

	Liefersoll	Lieferist	Rückstand
MAN	224	209	15
Daimler-Benz	221	202	19
MNH	196	184	12
Henschel	115	116	—
	756	711	46

Der Lieferstand am 30. 9. 1943 wurde bei MAN beeinflußt durch zwei schwere Luftangriffe im August 1943, wodurch allein in der Panzerfertigung 52000 Arbeitsstunden verloren gingen. Außerdem trat im September 1943 in der Turmmontage infolge vorzeitiger Einführung einer neuen Turmkonstruktion für den Panther Ausf. A eine Stockung von nahezu 14 Tagen ein. Von den bis zum 30. 9. 1943 gelieferten Panthern waren 61 Befehlswagen, die wesentlich mehr Arbeit erforderten und nur von der MAN gebaut wurden. Am 15. 10. 1943 teilte die MAN mit, daß sie beabsichtige, mit Firmen in der Schweiz wegen der Bearbeitung von Panzerstahlgußteilen zu verhandeln. Weitere Umbauaktionen wurden nunmehr in das Panzer-Heereszeugamt Magdeburg-Königsborn verlegt. Dort sollten bis zum 15. 11. 1943 150 Fahrzeuge umgebaut werden, jedoch waren bereits am 8. 11. 1943 170 Panther fertiggestellt. Diese Umbauaktion war dort Ende November 1943 im wesentlichen abgeschlossen. Bedauert wurde die Entscheidung, nach der 60 Panther an die Ostfront zur Heeresgruppe Nord geliefert werden solten, um dort in ein Befestigungssystem eingegraben zu werden. Nach einem

Schalt- und Lenkgetriebe vor dem Einbau.

Das Getriebe in eingebautem Zustand. Links ist ein Stoßdämpfer zu erkennen. Eine Antriebswelle verbindet Motor und Getriebe.

Erläuterungen der Funktionen im Bugraum.

Einzelheiten der Fahrer- und der Funkerseite.

Fahrer- (links) und Funkerplatz mit Sitzen

Einspruch von Guderian, in seiner Eigenschaft als Generalinspekteur der Panzertruppen bei Hitler, wurde diese Aktion nicht durchgeführt. Anlaß zu dieser Maßnahme war Hitlers Klage über die an der Ostfront eingetretenen hohen Panther-Verluste. Hitler bemerkte: »Wenn wir diese, mindestens 600 Panther, die wir im Osten verloren haben, solide in die Abwehrfront eingebaut hätten, dann hätten wir an den gefährlichen Stellen einen absolut sicheren Panzerschutz gehabt. So haben wir garnichts.« Hitler kam am 17. 12. 1943 nochmals auf den Panther-Motor zu sprechen. Er war der Überzeugung, daß zwar im Moment keinerlei Möglichkeit bestünde, auf einen anderen Motor auszuweichen. Trotzdem sollte mit aller Energie die Frage der Entwicklung eines luftgekühlten Dieselmotors vorangetrieben werden. Die Firma Daimler-Benz in Berlin–Marienfelde versuchte zu diesem Zeitpunkt wieder, ihren flüssig-

Der Funkerplatz vor Einbau des Sitzes, das Gestell für die Funkgeräte ist noch nicht montiert.

Kraftübertragung und Federung.

Blick in den Kampfraum zeigt das in der Mitte liegende Turmschwenkwerk. Oben unter der Bühne die beiden Batterien. Auf der Bühne bereits einige der Munitionshalterungen.

Blick in den Kampfraum in entgegengesetzter Richtung.

Trennwand zwischen Kampf- und Motorraum.

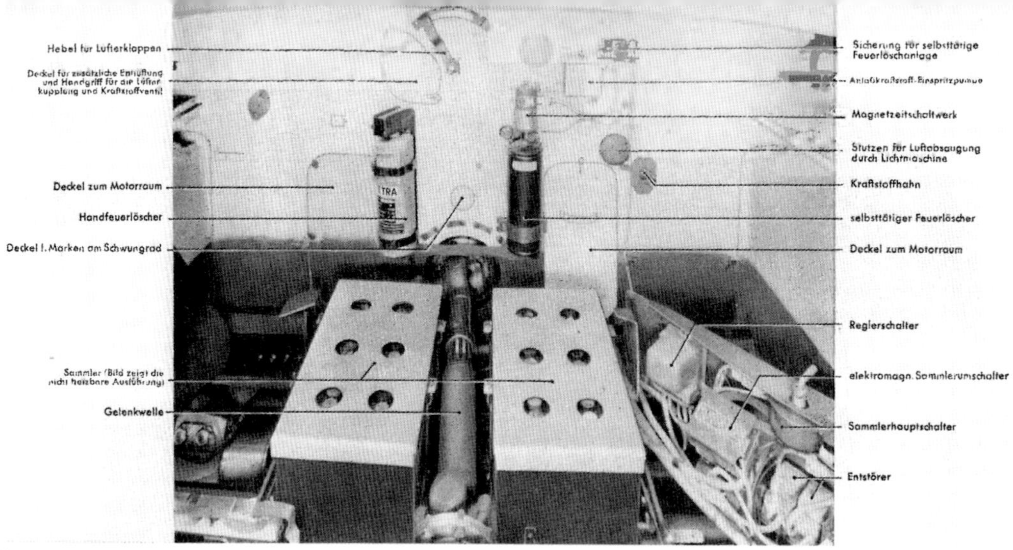

Links: Weitere Einzelheiten des Brandschotts.

Links unten: Hauptsicherungskasten im Fahrgestell.

Unten: Blick von unten auf die Befestigung der Hauptbewaffnung.

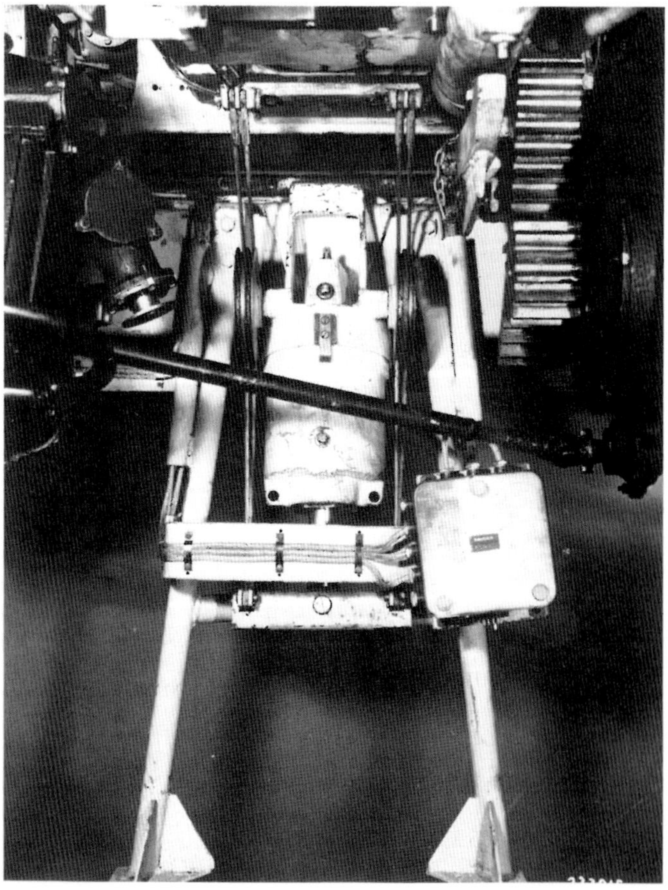

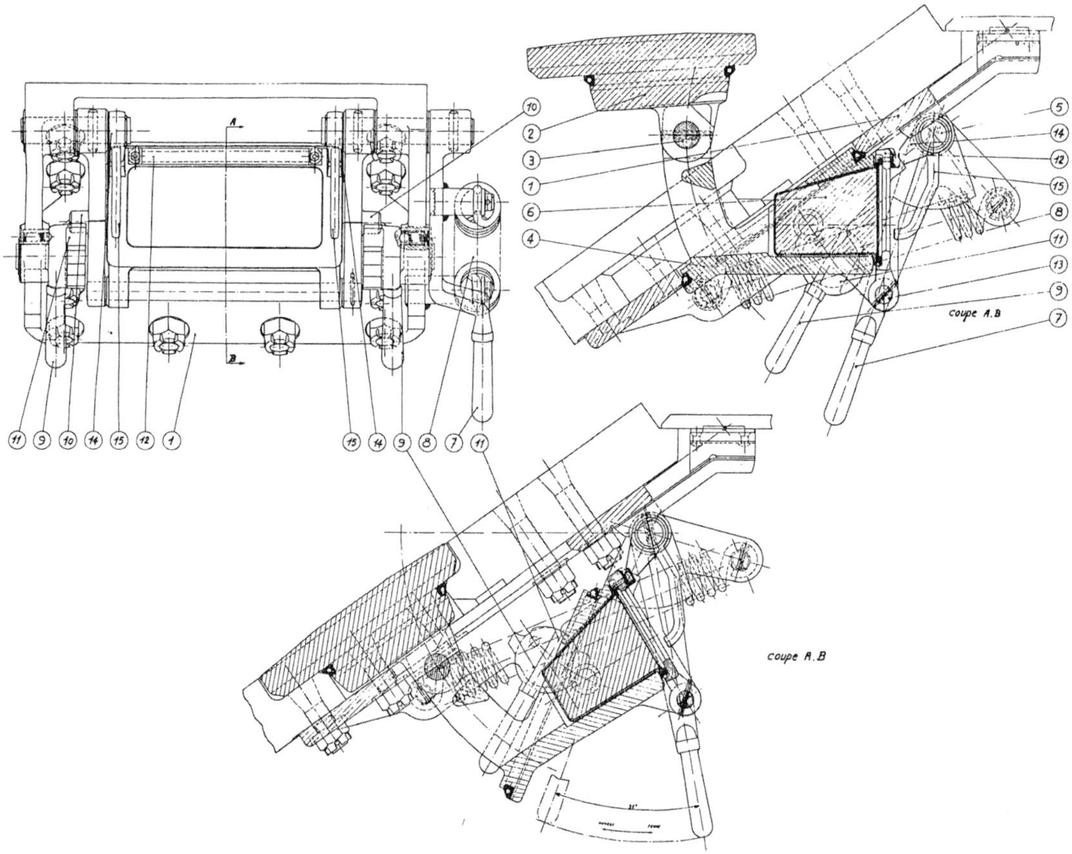

Einzelheiten der Fahrersehklappe.

Rundumdarstellung des Platzes für den Fahrer mit Einstiegluke.

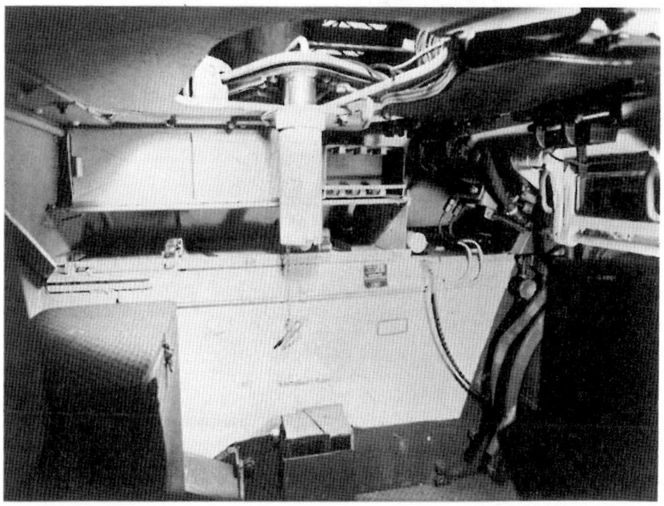

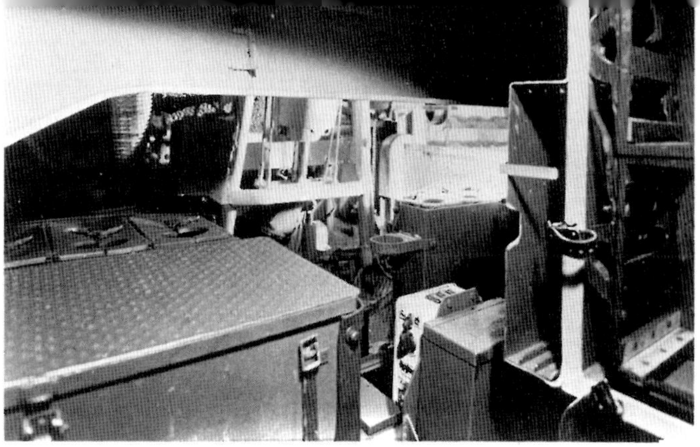

Einzelheiten des Kampfraumes mit Unterbringung von Munition und Ausrüstungsgegenständen.

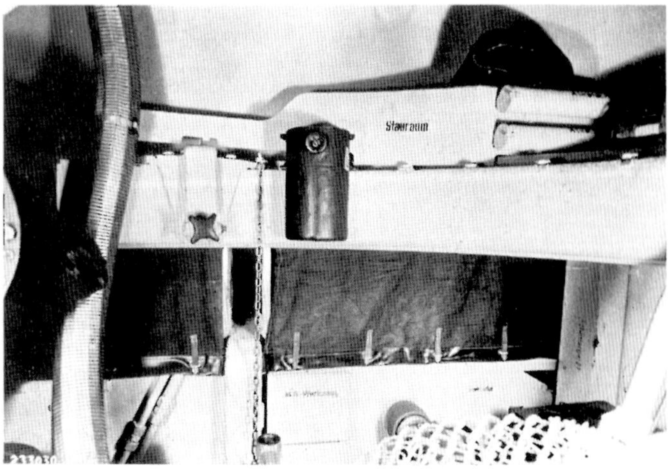

Rechts oben: Der fertig angelieferte Drehturm wird aufgesetzt.

Rechts Mitte: Blick auf den Verschluß der Kanone, das rechts davon liegende Funker-MG und das Turmzielfernrohr.

Rechts unten: Fertigstellung der Inneneinrichtung des Drehturmes.

Links: Rundumdarstellung des Platzes für den Funker mit Einstiegluke.

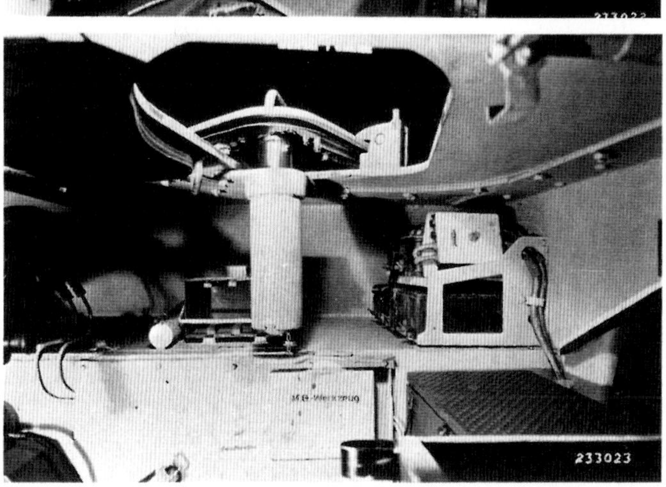

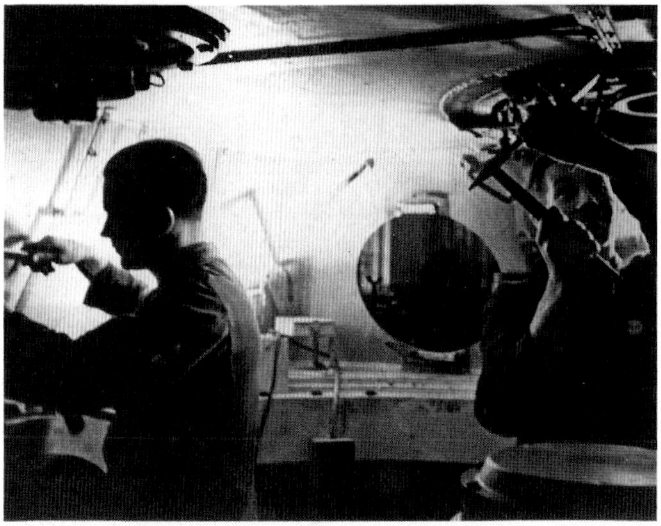

Übersicht über den Drehturm der Ausführung A des Panzerkampfwagens Panther.

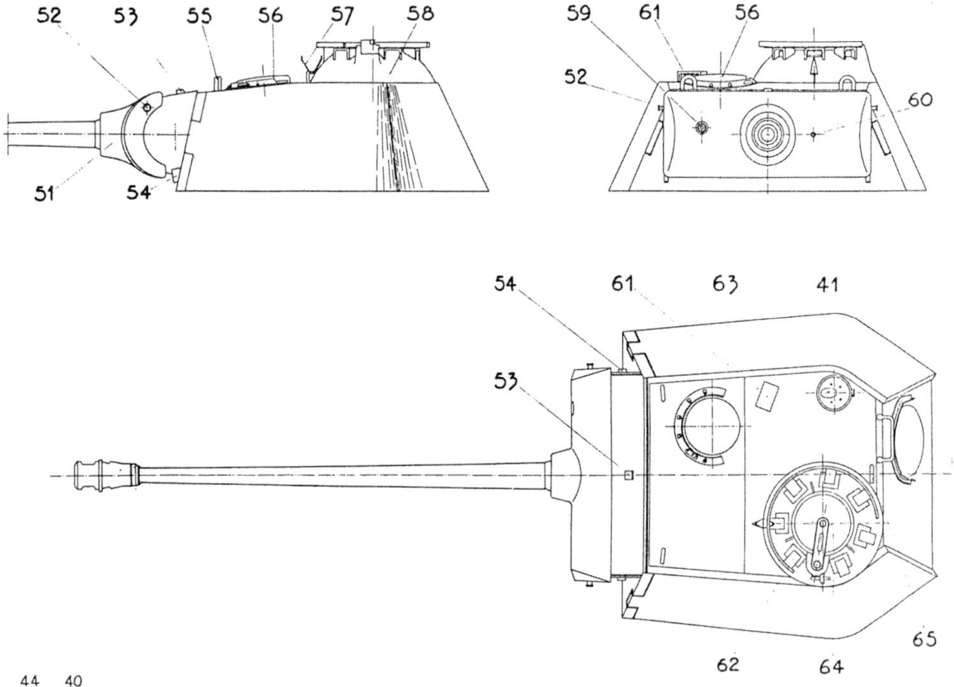

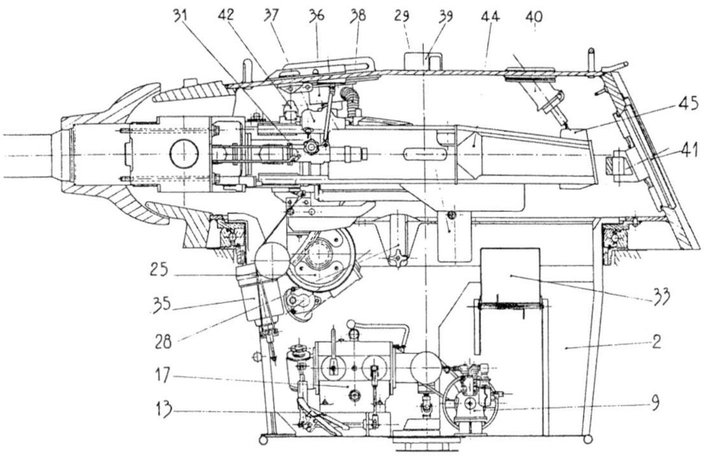

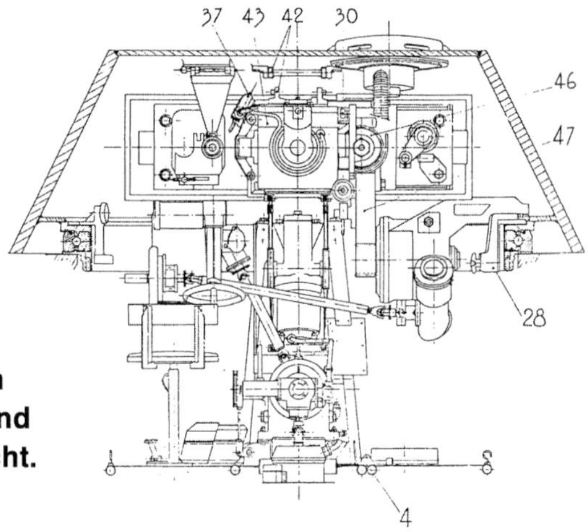

Einzelheiten in Seiten- und Vorderansicht.

Einbauzeichnung der 7.5 cm KwK 42 L/70

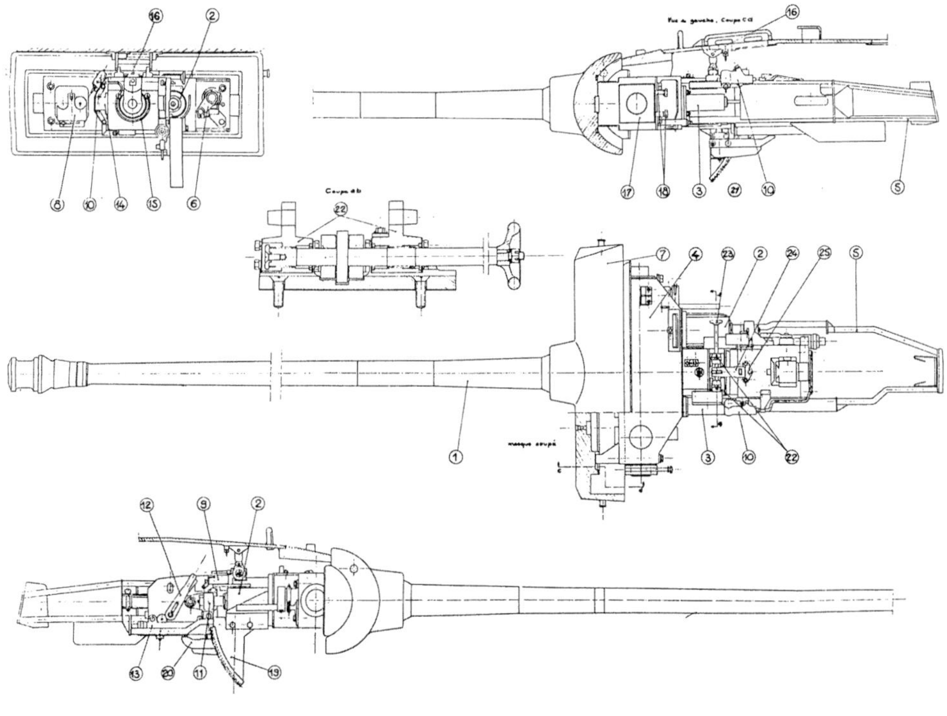

Rechte und linke Seite des Drehturmes der Ausf. A mit Drehbühne.

Vorderansicht des Drehturmes mit Fliegerbeschuß-gerät (Halterung für Fla-MG)

keitsgekühlten Dieselmotor vom Baumuster MB 507*, ohne Aufladung, im Panther-Programm unterzubringen. Dagegen sprach die Tatsache, daß Speer in einer Sitzung am 21. 12. 1943 Dr.-Ing. e. h. Maybach sein vollstes Vertrauen dafür ausgesprochen hatte, daß der Motor HL 230 in Kürze alle »Kinderkrankheiten« überwunden haben werde und er dann allen Ansprüchen genüge. Von der Schaffung einer Ausweichlösung war in dieser Sitzung nicht die Rede. Außerdem war die Standfestigkeit des Daimler-Benz-Dieselmotors im Panzer noch nicht nachgewiesen. Von der Einfahrabteilung der Firma MAN wurden im Dezember 1943 insgesamt

* Wassergekühlter 4-Takt-Dieselmotor, 12 Zylinder in V-Anordnung 150 x 180 mm Bohrung und Hub. 42,3 l Hubraum. 850 PS bei 2300 1/min.

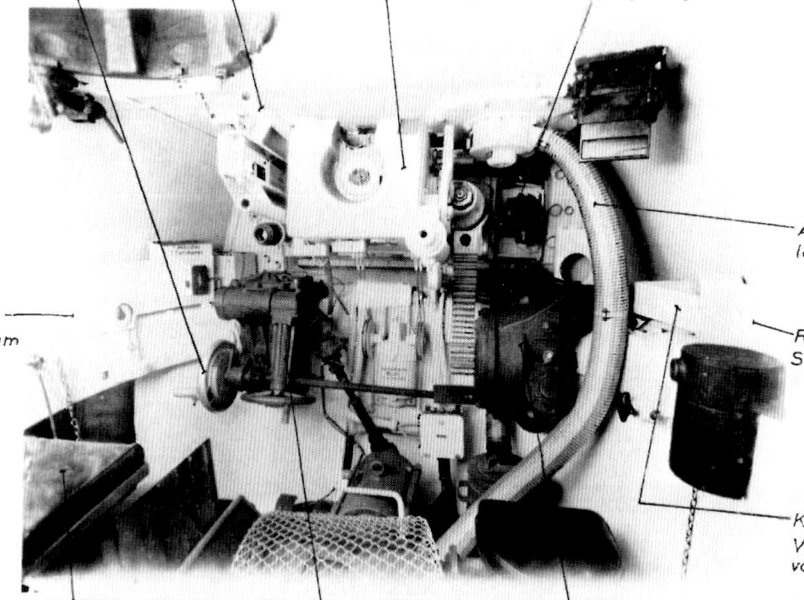

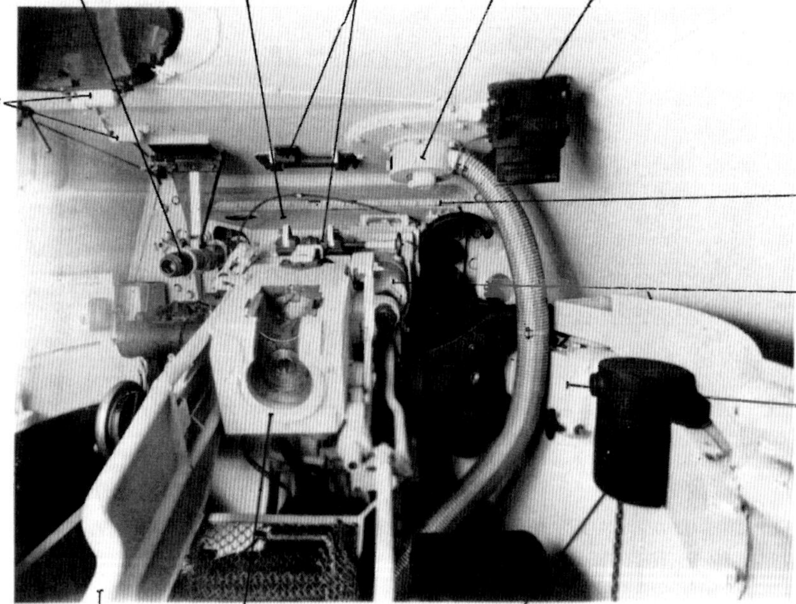

Einzelheiten der Inneneinrichtung des Drehturmes unterhalb und oberhalb der Kanone.

108 Panther eingefahren und abgenommen. Dabei wurden 13250 km gefahren. Insgesamt wurden 1943 von allen Herstellern 1783 Panther gefertigt.

In einer Sitzung des Arbeitskreises Panzer am 4. 1. 1944 wurde über die Vereinheitlichung der Panzerkampfwagen Panther und Tiger gesprochen. Der Entschluß der Panzerkommission unter Leitung von Dr.-Ing. Stieler von Heidekamp führte dazu, daß die Panzerkampfwagen Panther II und Tiger II konstruktiv entwickelt und der Tiger II in Fertigung genommen werden sollte. Die Einführung des Panther II bedingte jedoch den Bau einer neuen Wanne. Die Hauptschwierigkeiten einer Vereinheitlichung lagen im

- verschiedenen Drehsinn der Lenkgetriebeantriebswellen und
- verschiedenen Achsabstand der Seitenvorgelege.

Linke Seite der Drehbühne.

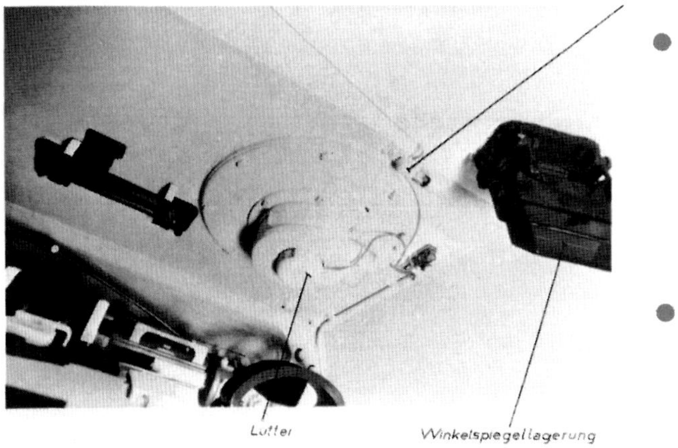

Turmdach mit Lüfter und Winkelspiegellagerung für den Ladeschützen.

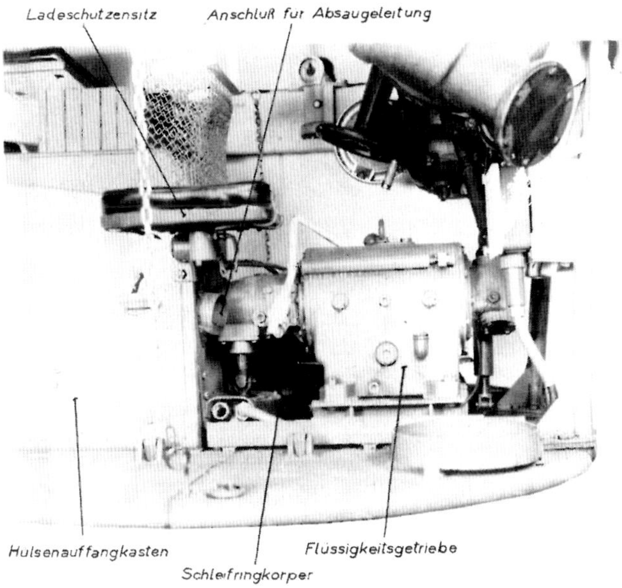

Rechte Seite der Drehbühne.

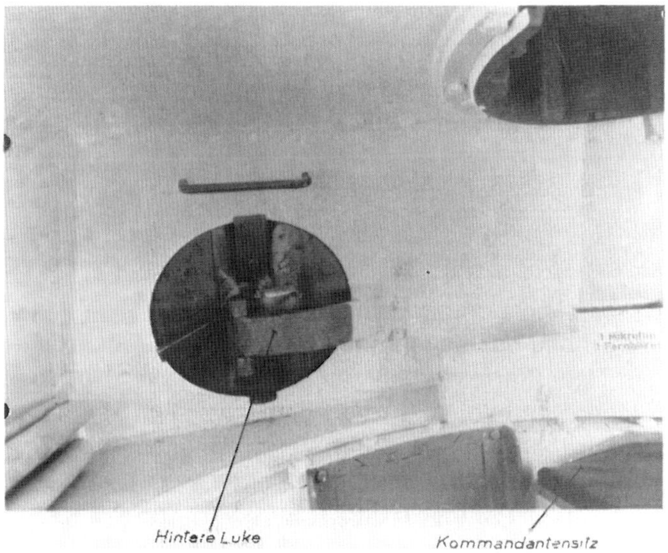

Hintere Luke, Teil von Kommandantensitz und -Kuppel.

Lagerung des Turmzielfernrohres. Der Seitenrichtungsanzeiger hat nur noch eine Skala.

Verteilerkasten für die elektrischen Anschlüsse im Drehturm.

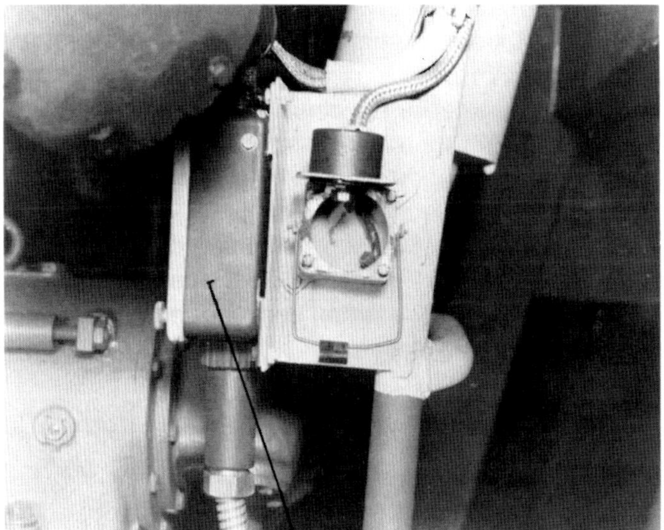

Die Richtschützenseite im Drehturm.

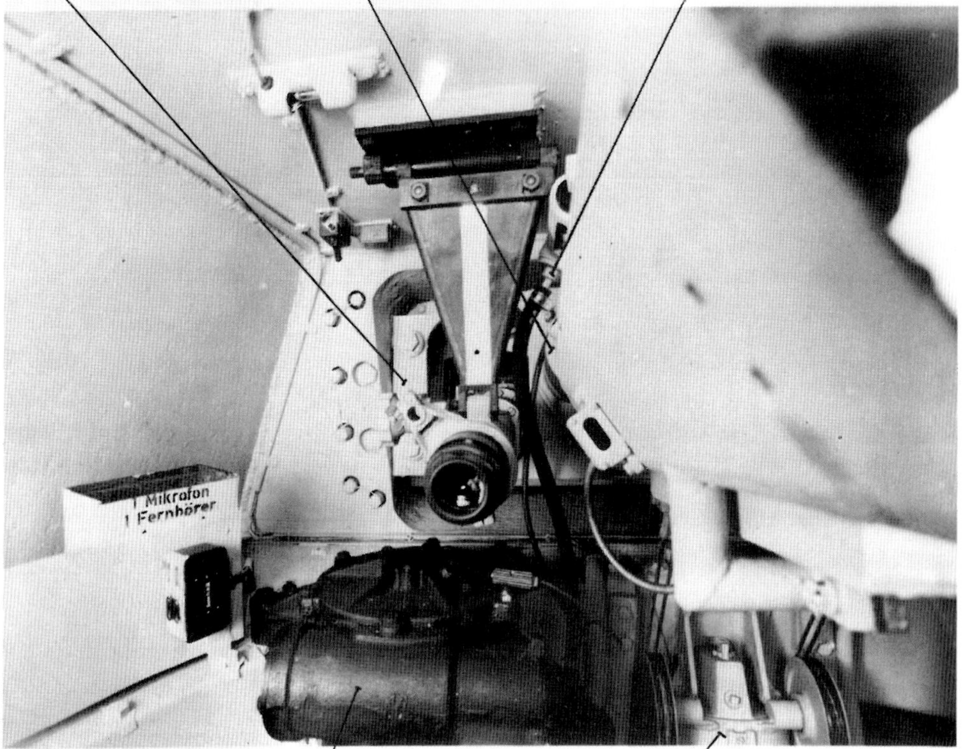

Bei der Angleichung des Panther II an den Tiger II war der Einbau des Lenkgetriebes und des Seitenvorgeleges Tiger II erforderlich, der nur durch einen umfangreichen Wannenumbau des Panther möglich war. Wenn ein Fertigungsausfall durch Vereinheitlichung in Kauf genommen wurde, konnten folgende einheitliche Einbauteile für Panther II und Tiger II verwendet werden: Motor HL 230; Kühlanlage; Schaltgetriebe AK 7–200 oder OLVAR B; Lenkgetriebe Tiger II; Seitenvorgelege Tiger II; gummisparende Laufrollen. Verschieden waren nach wie vor: Laufrollen-Naben; Schwingarme mit Aufhängung; Drehstabfedern. Gegenüber dem Panther Ausf. G mußten daher Wanne, Lenkgetriebe, Seitenvorgelege und Laufwerk geändert werden. Im Zusammenhang mit der Vereinheitlichung wurde die Verstärkung des Seitenvorgeleges für den Panther behandelt. Die Einführung eines Seitenvorgeleges mit Umlauftrieb war aus Festigkeitsgründen nicht zu umgehen. Bei Beibehaltung des Panther Ausf. G konnte

- ein Seitenvorgelege nach Vorschlag der MAN unter Verwendung von Teilen des Tiger oder
- ein Seitenvorgelege unter Verwendung neuer Bauteile eingebaut werden.

Bei einer Fertigung Panther II sollte das Seitenvorgelege des Tiger II verwendet werden. Da das von der MAN entwickelte Seitenvorgelege mit Bauteilen Tiger nur das Mittenhohlrad, die Umlaufträger und die Umlaufräder vom Tiger übernehmen konnte, wurde dieses Seitenvorgelege unter Verwendung neuer Bauteile vorgeschlagen. Der Arbeitsaufwand des Seitenvorgeleges mit Umlauftrieb betrug das 2,2-fache an Maschinenarbeit gegenüber dem bisherigen Seitenvorgelege.
Der Beschluß der Panzerkommission ging dahin, eine

Rohrzurring und Hubvorrichtung für den Deckel der Kommandantenkuppel.

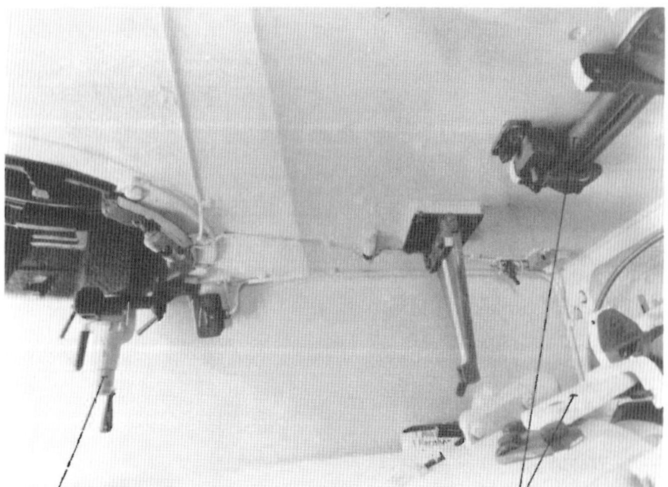

Einzelheiten des Turmzielfernrohres T.Z.F. 12a.

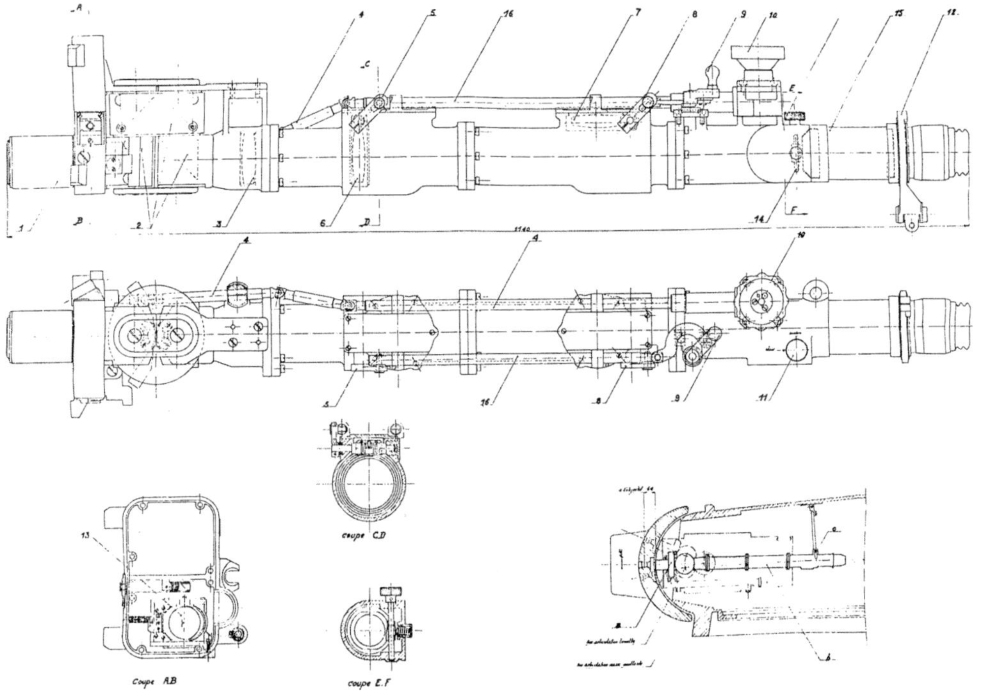

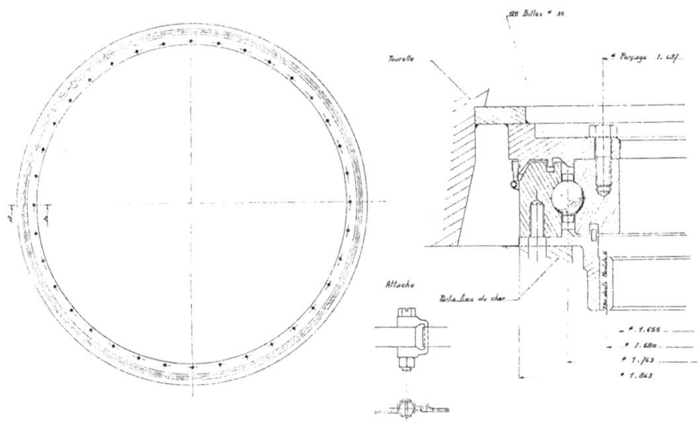

Turmdrehkranz mit Turmkugellager.

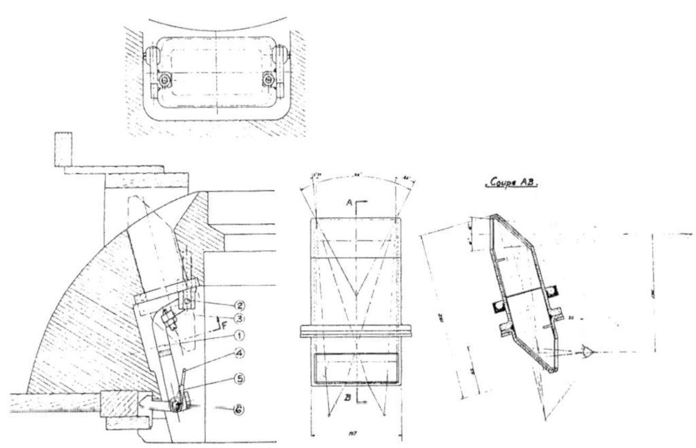

Winkelspiegel der Kommandantenkuppel und deren Einbau.

Einzelheiten der hinteren Turmluke.

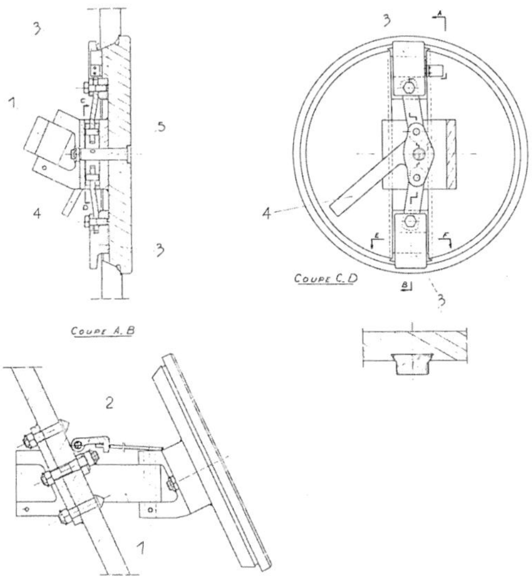

Einzelheiten des Turmgehäuses.

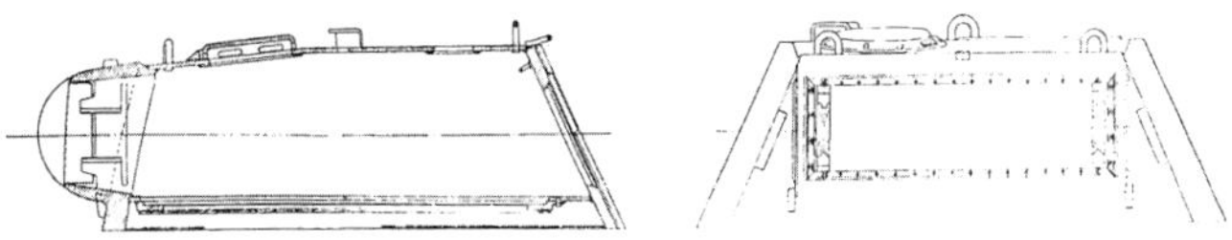

Ansicht von vorne

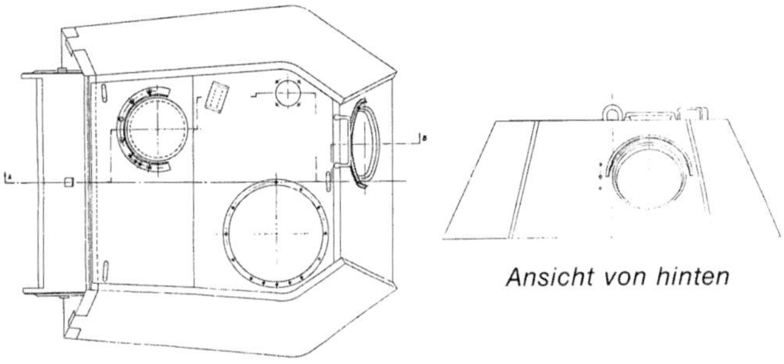

Ansicht von hinten

Vereinheitlichung von Panther und Tiger zu diesem Zeitpunkt nicht durchzuführen, da der zu erwartende Fertigungsausfall nicht tragbar schien.
Das Seitenvorgelege der Firma MAN mit neuen Bauteilen sollte jedoch eingeführt werden. Die dazu notwendigen, umfangreichen Betriebsmittel waren bereitzustellen. Die Vereinheitlichung sollte fortgesetzt werden. Die beim Panther verwendete Gleiskette mit zwei Zähnen hatte wegen häufiger Beschädigung der Zähne nicht befriedigt und war bei der Verwendung eines gummisparenden Laufwerks zu schwach. Es wurde eine verstärkte Einzahnkette vorgeschlagen. Diese Kette war mit einem Gußglied, welches einen Zahn und zwei Stollen trug, und einem Zwischenglied (ohne Führungszahn) welches in Walzstahl ausgeführt wurde, zusammengesetzt. Die Einführung dieser Kette erforderte eine Vergrößerung des Kettennachstellungsweges und eine Umgestaltung der Heckwand. Das gummisparende Laufwerk war als Schachtellaufwerk vorgesehen. Gleiskette, Kettenspannvorrichtung und gummisparendes Laufwerk sollten gleichzeitig ab August 1944 eingeführt werden. Beim Schaltgetriebe AK 7–200 sollte die Geschwindigkeit für den Rückwärtsgang erhöht werden. ZF fertigte Versuchsstücke für den Austausch der Zahnräder an, mit denen die Geschwindigkeit von 4 auf 5,7 km/h heraufgesetzt werden konnte.
Daimler-Benz berichtete am 2. 2. 1944 an Reichsminister Speer, daß für die Panzerfertigung zusätzlich 10000 m² Produktionsfläche freigemacht und weitere 420 Arbeitskräfte zugeteilt wurden.
Mitte Januar 1944 wurde in Nürnberg der Forschungskreis »Federung und Dämpfung von Gleiskettenfahrzeugen« gegründet. Zu seinem Leiter wurde Dr.-Ing. habil. Ernst Lehr, als bester Sachkenner auf diesem Gebiet, berufen. Der bis dahin schon unter der Leitung von Dr.-Ing. habil. H. Maruhn bestehende Forschungskreis »Federung und Dämpfung« sollte sich im wesentlichen mit Federungsfragen der Radfahrzeuge befassen. Als Sonderaufgabe wurde ihm die Federung des Halbkettenfahrzeuges »Maultier« zugeteilt.
Schon während der ersten Sitzung des Forschungskreises kam es zu interessanten Diskussionen. Oberst Holzhäuer, Amtschef WaPrüf 6 des Heereswaffenamtes, sah den Zeitpunkt für gekommen, wo selbst der schwerste Panzer keinen ausreichenden Schutz mehr bieten würde. Deshalb müsse die Geschwindigkeit und Beweglichkeit des Panzers in den Vordergrund gestellt werden. Das Ziel, aus dem fahrenden Panzer zu schießen, war vorläufig noch nicht erreicht. Dieses würde sich auch nur unter Verwendung einer kreiselstabilisierten Optik verwirklichen lassen. Eine Stabilisierung der Waffe konnte bei Geschützen wegen der dabei erforderlichen großen Kräfte nicht in Betracht gezogen werden. Auf dem Gebiet der kreiselstabilisierten Optik liefen zu dieser Zeit Versuche, die bereits zu erfolgver-

Ein 1943 nach Schweden gelieferter Panzerkampfwagen Panther.

Panzerkampfwagen Panther Ausführung A, von oben.

Linke Seitenansicht des Panther Ausf. A, ohne und mit Kettenschürzen.

sprechenden Ergebnissen geführt hatten. Oberstleutnant Dipl.-Ing. Stollberg, Heereswaffenamt WaPrüf 6, wies darauf hin, daß der Fertigungsaufwand der Fahrzeugkonstruktion durch die Doppeldrehstabfederung groß wäre. Besonders bereiteten Schwingarme und deren Lagerung Schwierigkeiten. Oberst Dipl.-Ing. Esser, Leiter der Versuchsstelle für Panzer und Motorisierung in Kummersdorf-Schießplatz, fügte hinzu, daß bei Doppel-Drehstabfedern der gesamte Wannenboden in Anspruch genommen wurde, wodurch der Konstrukteur Einschränkungen hinsichtlich Zugänglichkeit von Motor und anderen wichtigen Fahrzeugteilen zu machen hatte. Oberingenieur Maennig, Fa. Daimler-Benz, bezeichnete die Drehstabfeder als eine hochgezüchtete Federart. Es müßte verlangt werden, daß die Qualität der Blattfeder ebenfalls gesteigert würde. Dr.-Ing. Lehr erwiderte darauf, daß an die Blattfeder nicht die gleichen Anforderungen gestellt werden können wie an die Drehstabfeder. Sie konnte daher für ein schnellfahrendes Fahrzeug, welches gute Fahreigenschaften aufweisen sollte, nicht in Betracht kommen. Jedenfalls war es bis zu diesem Zeitpunkt nur mit Hilfe der Drehstabfeder gelungen, für den Panther eine Federanordnung zu entwerfen, die einen Federweg – gemessen an der Laufrolle – von 510 mm, eine Nickeigenschwingzahl von rund 30 Schwingungen/min und eine Dauerhaltbarkeit der Federn für eine Fahrstrecke von mehr als 10000 km gewährleistete.
Am 27. 1. 1944 wurde Hitler über die prozentualen monatlichen Verluste der einzelnen Panzer- und Sturmgeschütztypen berichtet. Aus den Darstellungen ging insbesondere die seit Oktober 1943 zunehmende Zahl der einsatzbereiten Panther und die prozentuale Abnahme der Verluste der im Einsatz befindlichen Panther hervor. Bei dieser Gelegenheit berichtete Speer über die bei den MAN durchgeführten Versuche mit Brandsätzen zu Täuschungszwecken am Panther, die beschleunigt weiter geführt wurden.

Ein Protokoll über eine Besprechung zwischen Dr.-Ing. e. h. Maier der Firma ZF und Dr. Linnebach vom Heereswaffenamt, WaPrüf 6 vom 2. 2. 1944 beschäftige sich mit dem Gedanken der Zuhilfenahme des Radienlenkgetriebes als Schaltgetriebe, um damit durch gleichzeitige Betätigung der beiderseitigen Stützbremsen und Lenkkupplungen (Lenkhebel) einen Getriebegang einzusparen.
Sollte mit dem Einradien-Lenkgetriebe bei gleichbleibender Motordrehzahl die Fahrgeschwindigkeit herabgesetzt werden, mußten beide Stützbremsen geöffnet und beide Lenkkupplungen geschlossen werden.
Für diesen Vorschlag kamen die
- Einradien-Lenkgetriebe MAN
- Zweiradien-Lenkgetriebe MAN/ZF und
- Zweiradien-Elektrolenkgetriebe MAN/ZF

in Frage. Mit dem Einradien-Lenkgetriebe war bei Betätigung der beiden Lenkkupplungen und Stützbremsen eine Geschwindigkeitsreduzierung durch die Einschaltung einer Untersetzung 1:1,28 (im 2. Gang) um 1,75 km/h erreichbar. Dieses Übersetzungsverhältnis galt für alle Gänge in gleicher Größe. Beim Zweiradien-Lenkgetriebe war bei Betätigung des kleinen Radius durch Einschaltung einer Untersetzung von 1:1,61 (im 2. Gang) eine Veränderung um 3,06 km/h erreichbar. Dieses Übersetzungsverhältnis brachte bei Verwendung des 7-Gang-Getriebes eine Einsparung des ersten Ganges. Die Geschwindigkeiten lagen dann für das Zweiradien-Elektrolenkgetriebe in Verbindung mit dem AK 7–200 Schaltgetriebe im Lenkgetriebegang bei 5,03 km/h. Die Geschwindigkeit im ersten Gang beim Seriengetriebe AK 7–200 lag bei 4,01 km/h.
Mit dem Einradien-Lenkgetriebe von MAN war der Lenkgetriebegang mit 6,34 km/h, demgegenüber zu hoch. Bei Veränderung des zweiten Ganges vom Getriebe AK 7-200 war eine Angleichung an die bisherigen Fahrgeschwindigkeiten möglich. Es ergaben sich folgende Werte:

Ansicht seitlich von hinten Panzerkampfwagen Panther Ausf. A.

Vorderansicht Panzerkampfwagen Panther Ausf. A.

Rechte Seitenansicht des Panther Ausf. A, ohne und mit Kettenschürzen.

Eine Gegenüberstellung der A-Ausführung ohne und mit Kettenschürzen. Beim Fahrzeug rechts wurde ein Fliegerabwehr-MG an der Kommandantenkuppel angebracht.

Die Heckaufnahmen des Panzerkampfwagens Panther Ausf. A zeigen rechts die verbesserte Auspuffkühlung und die unterschiedliche Anbringung der Winde, um die Zugänglichkeit zu den Wartungsöffnungen zu verbessern.

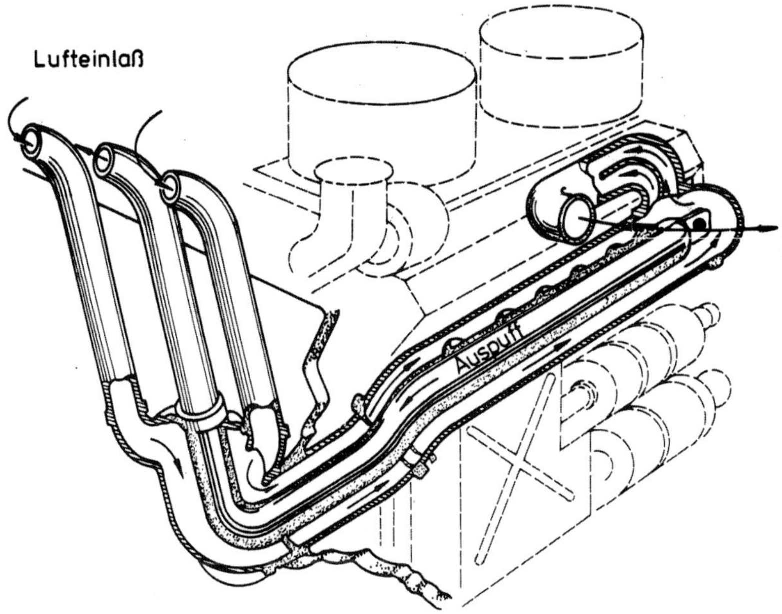

Eine Darstellung der luftgekühlten Auspuffanlage, die nunmehr beim Panther zum Einbau kam.

Lenkgetriebe	MAN	MAN/ZF		MAN/ZF	
Radien	1	2		2 Elektro-Lenkgetriebe LE–185	
Schaltgetriebe	AK 7–200	AK 7–200		12 E–185 G Elektro-Schaltgetriebe	
		gr. Radius	kl. Radius	gr. Radius	kl. Radius
Höchstgeschwindigkeit Lenkgang km/h	6,34	6,82	5,03	6,63	4,84
2. Gang km/h		8,09		11,42	
3. Gang km/h		12,85		18,70	
4. Gang km/h		20,10		27,15	
5. Gang km/h		29,00		37,90	
6. Gang km/h		41,00		55,00	
7. Gang km/h		53,60		–	

Fertigung des Panzerkampfwagens Panther Ausführung G. Erkennbar an der runden Öffnung für das Fahrersehfernrohr, nachdem die Fahrersichtklappe entfallen war.

Bei einem Zusammenbau des ZF Elektro-Schaltgetriebes mit dem Elektro-Lenkgetriebe konnte die Geländegruppe ganz in Fortfall kommen. Der erste Gang erreichte als Lenkgetriebegang im großen Radius 6,63 km/h und im kleinen Radius 4,84 km/h.

An diesen Feststellungen war erkennbar, daß bei Verwendung des Einradien-Lenkgetriebes kein brauchbarer erster Gang mit Hilfe des Lenkgetriebeganges erzielbar war. Bei Benützung des kleinen Radius des Zweiradien-Lenkgetriebes war die Möglichkeit, den ersten Gang durch die Lenkgetriebebetätigung zu erzielen, aussichtsreicher.

Ein Führerbefehl vom 27. 2. 1944 bestimmte nunmehr als Suggestivnamen die Bezeichnung »Panther«, so daß die frühere Bezeichnung Panzerkampfwagen V entfiel.

Im März 1944 stellten die noch am Panther-Programm beteiligten Firmen Daimler-Benz, Maschinenfabrik Augsburg-Nürnberg (97. März-Fahrzeug) und Maschinenfabrik Niedersachsen-Hannover auf die Panther-Ausführung G um (Sd. Kfz. 171). Fahrgestell Nr. ab 121301, ab 124301 und ab 128301.

Da festlag, daß der Panther I über einen längeren Zeitraum gebaut und der Panther II vorläufig nicht in Serie gefertigt werden sollte, war es notwendig, die Fertigungsvereinfachungen, die aufgrund von Betriebserfahrungen in die Wanne des Panthers II eingearbeitet waren, auf die Wanne des Panther I zu übertragen. Fol-

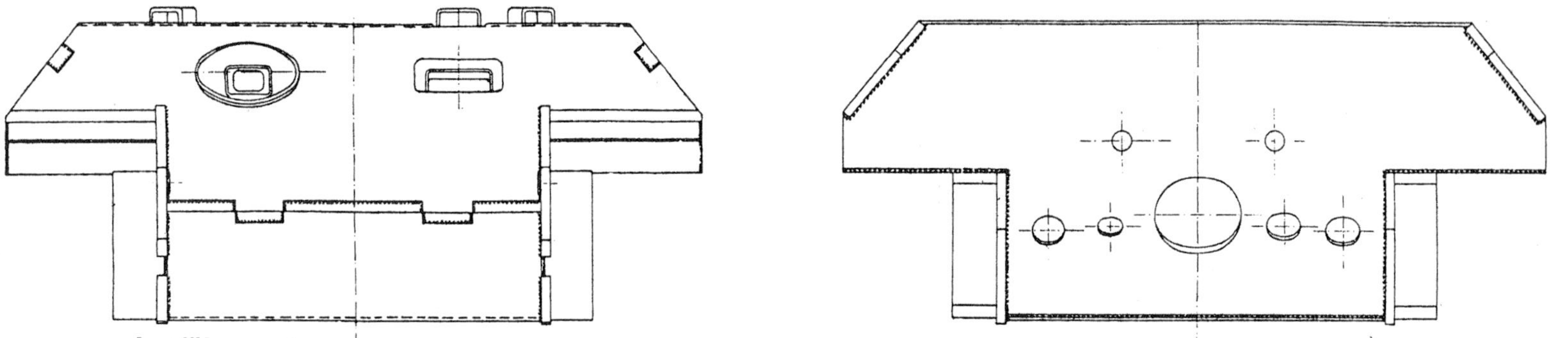

Ausführung A

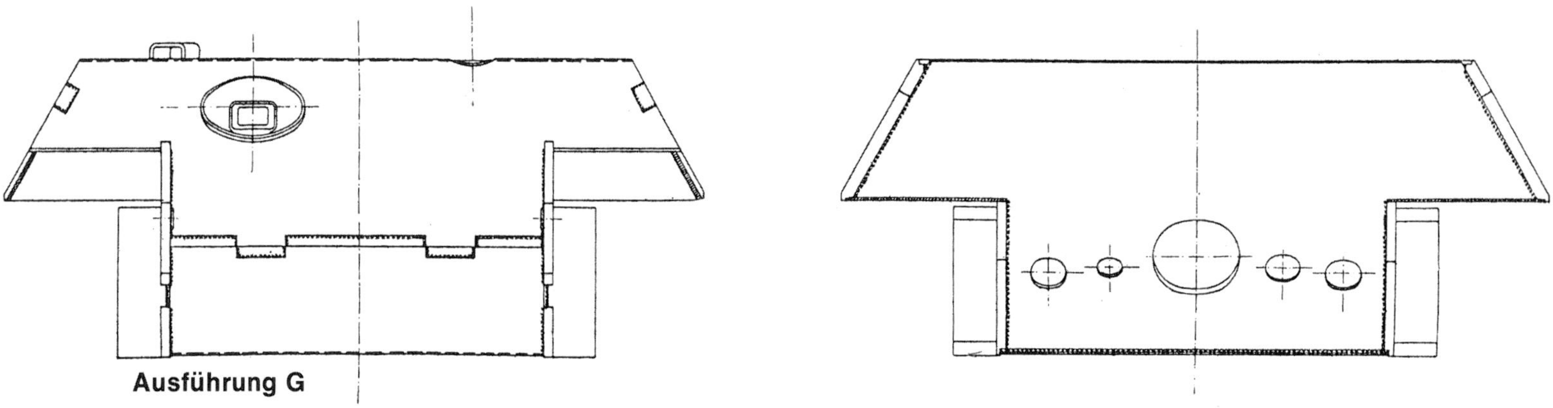

Ausführung G

Unterschiede in der Wannenausbildung zwischen den Ausf. A und G.

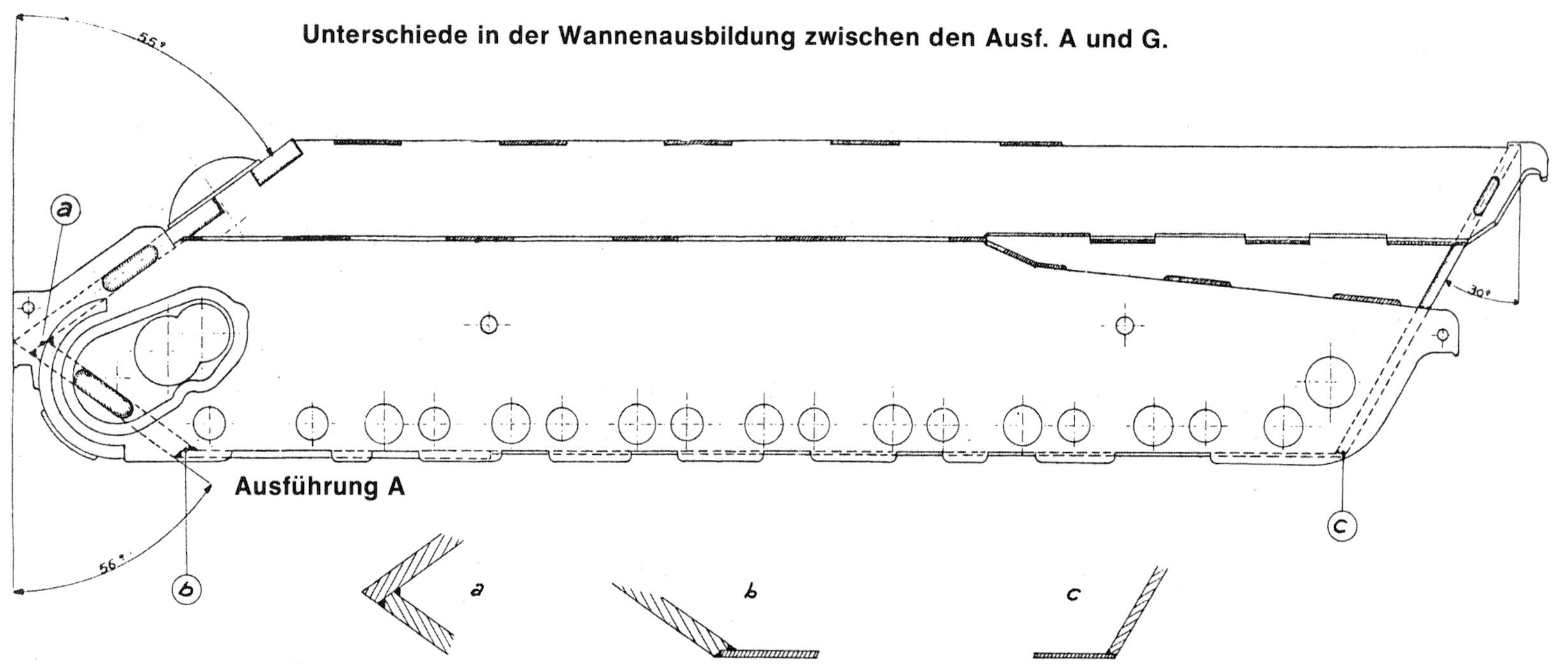

Ausführung A

Ausführung G

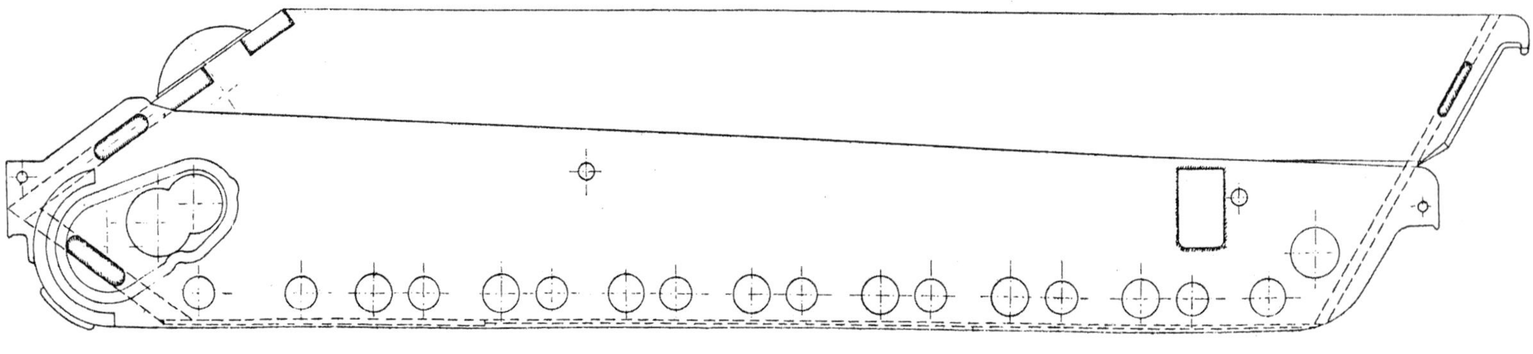

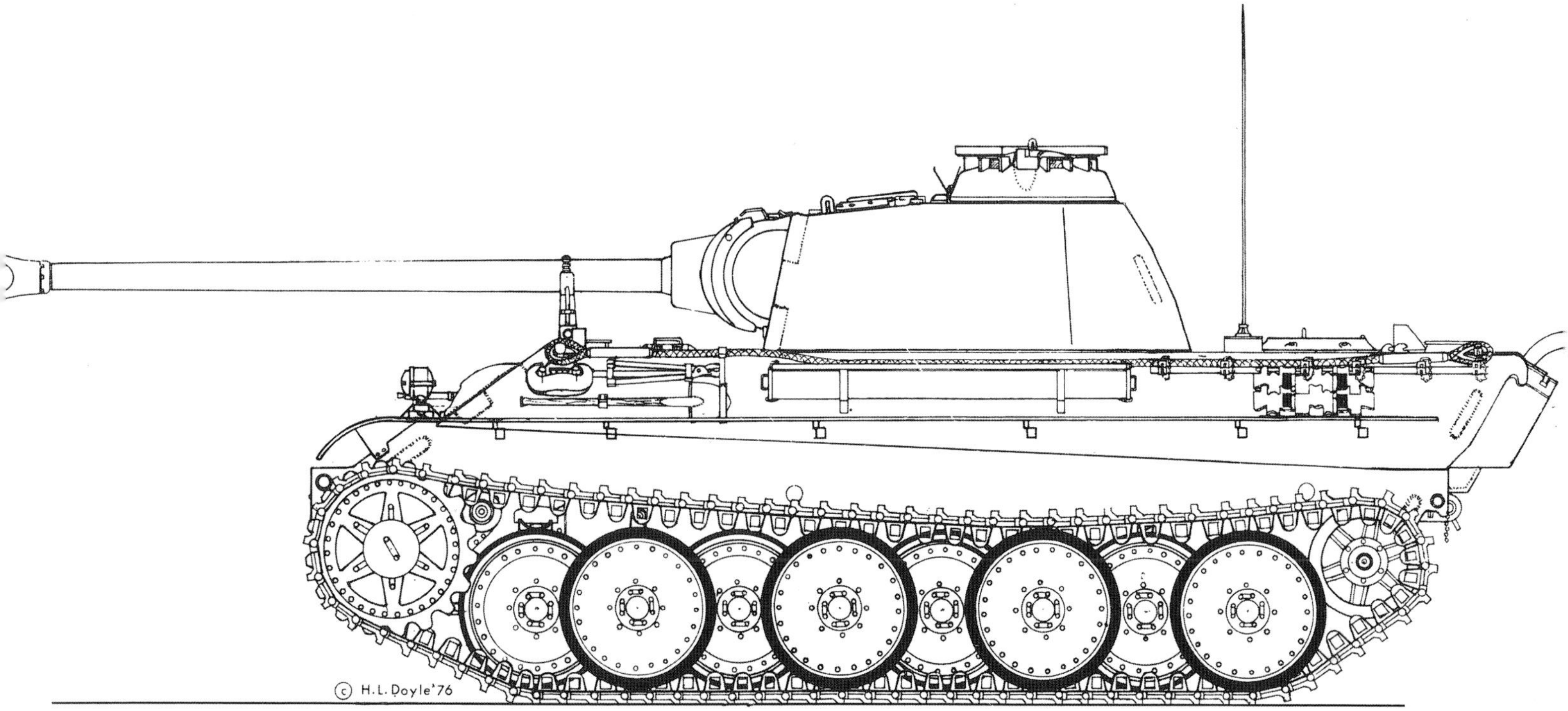

Panzerkampfwagen Panther, Ausf. G (Sd. Kfz. 171)

Vorder- und Rückansichten des Panzerkampfwagens Panther Ausf. G.

Fahrer- und Funkereinstiegklappen, die ab Ausführung G geändert eingeführt wurden. Hier in geschlossenem Zustand (Funker links, Fahrer rechts).

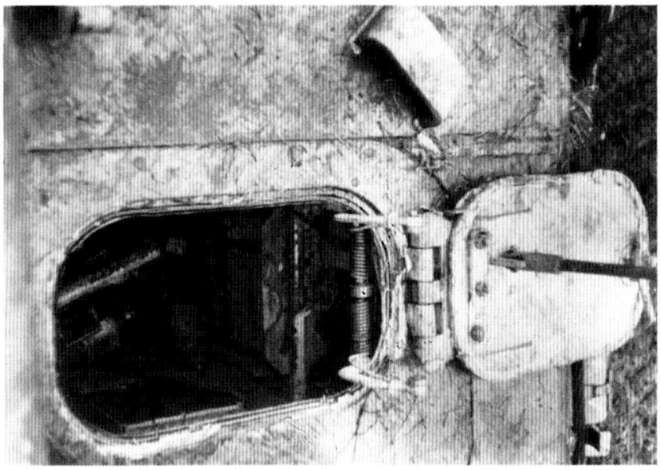

Einstiegsklappen geöffnet.

gende Fertigungsvereinfachungen wurden den Panzerfirmen am 11. 5. 1943 mitgeteilt:

– Der Zwickel im hinteren Teil des Ausbaues und der geknickte Ausbauboden wurden dadurch beseitigt, daß der Ausbauboden in Höhe der Kühlerhinterkante so geschwenkt wurde, daß diese Stelle geradlinig mit dem schon vorhandenen vordersten Punkt des Ausbaubodens verbunden wurde. Der hinterste Punkt des Ausbaubodens wurde durch geradlinige Fortführung der so gefundenen Linie ermittelt. Die obere Seitenwand erhielt dadurch eine Neigung von 61° (bisher 50°) und wurde, um die gleiche Beschußsicherheit zu haben, von 40 auf 50 mm Dicke gebracht. Dadurch ergab sich ein Mehrgewicht von etwa 305 kg. Um dieses Gewicht auszugleichen und um eine Vereinheitlichung bzw. Verringerung der Bleckdikken herbeizuführen, wurde vorgeschlagen, den Bugboden von 60 auf 50 mm Dicke zu verringern, was eine Gewichtserleichterung von 150 kg bedeutete. Aus diesen Gründen sollte der vordere Wannenboden wie beim Panther II 25 statt 30 mm dick ausgeführt werden, was eine Gewichtserleichterung von 100 kg brachte. Insgesamt wurde durch die Blechdickenvereinheitlichung eine Erleichterung von 250 kg erreicht, so daß sich durch die Verstärkung der oberen Seitenwände ein Mehrgewicht von 55 kg ergab.
– Der Ausbauboden wurde um 50 mm näher an das obere Gleisketten-Trum gebracht als beim Panther II. MAN befürchtete, daß die Gleiskette beim Gangwechsel und Fahren in unebenem Gelände gegen den Ausbauboden peitschen würde. Der Ausbauboden sollte im Bereich der Gleiskette keinerlei Anschweißteile aufweisen. Die Befestigung der Schürzen war so vorzunehmen, daß die vorgesehenen Halkrallen gegen den unteren Teil der oberen Seiten-

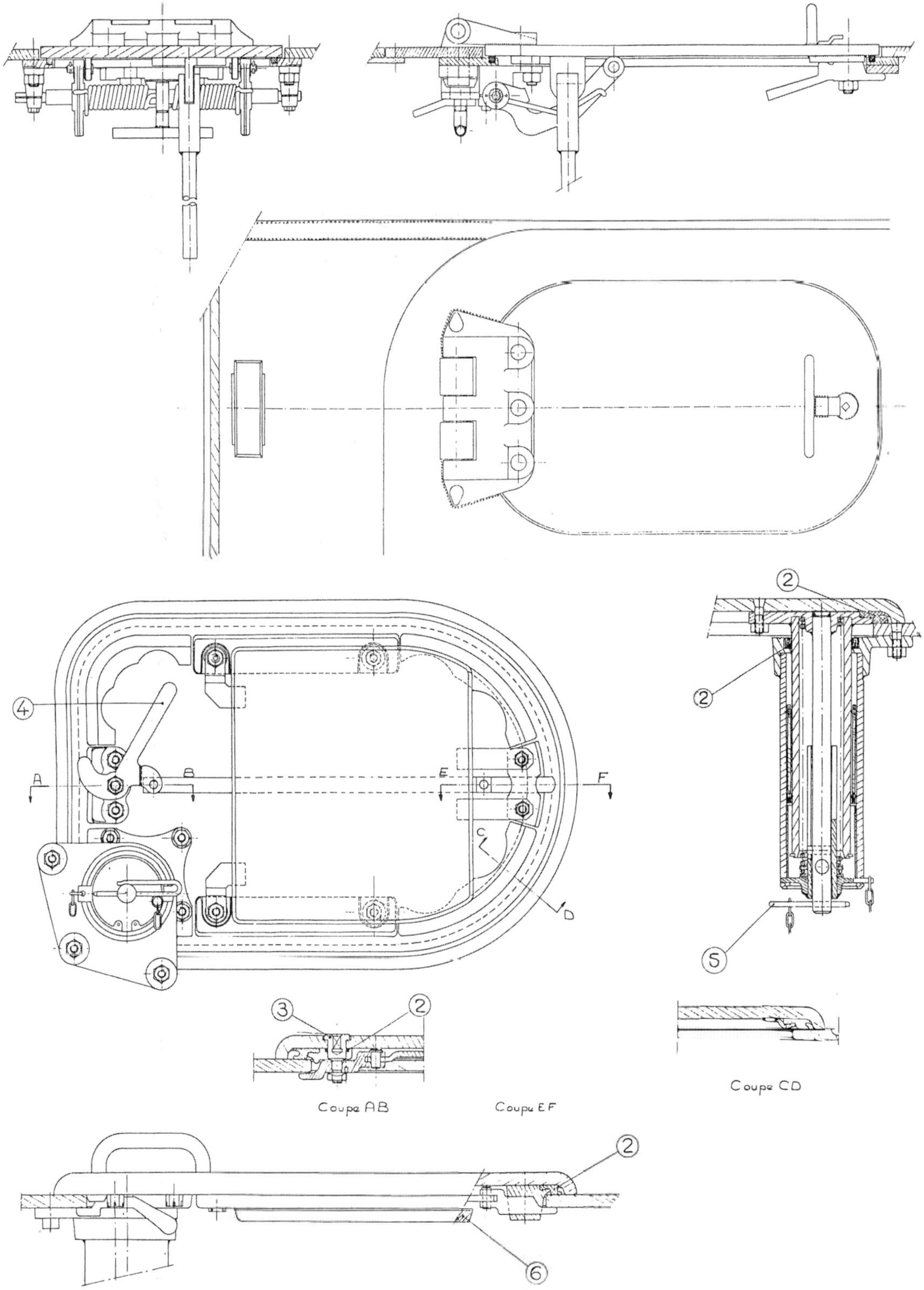

Einzelheiten der verbesserten Fahrer- und Funkereinstiegklappen.

Links: Die Frischluftansaughutze lag vorne zwischen Fahrer- und Funkereinstiegluke.

Drehbar im Wannendach untergebrachte Sehvorrichtung für den Fahrer.

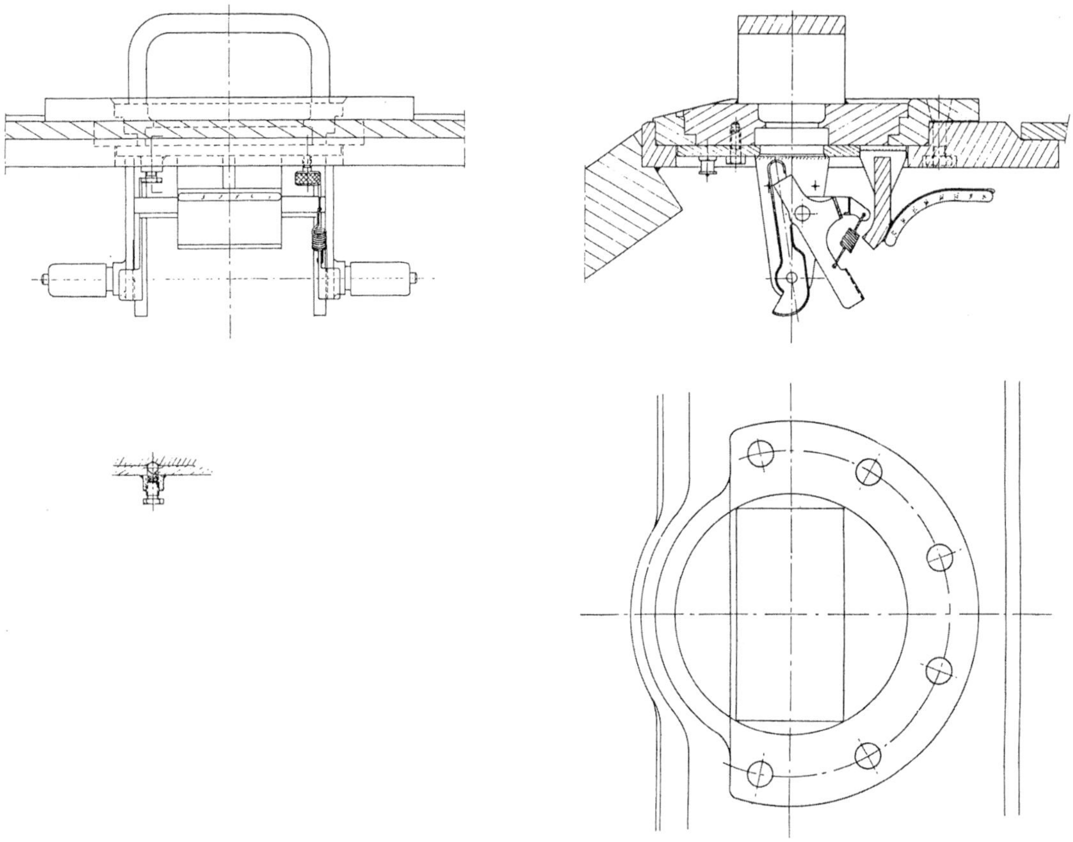

wände geschweißt wurden. Beim Panther der Ausführung G wurden nur Panzerbleche der Dicken 16, 25, 40, 50 und 80 mm verwendet.

- Vom AHA/In 6 (Inspektion der Panzertruppen) wurde eine Mittelkupplung am Heck des Panther gefordert;
- Für die Befestigung des drehbaren Fahrer-Winkelspiegels schlug MAN vor, das Dach an dieser Stelle 40 bis 50 mm dick auszuführen, um eine beschuß- und fertigungstechnische Lagerung des Winkelspiegels zu erreichen. Festgelegt wurde eine Verdickung des vorderen Wannendaches, wobei die ersten 300 mm auf 30 mm Dicke gebracht wurden.
- Sämtliche Fertigungsvereinfachungen, die beim Panther II vorgesehen waren, wurden durch MAN auf die Umkonstruktion des Panther I (Ausf. G) übertragen. Der Auspuff wurde mit einem Flammenarrester

Im Turmdach wurde eine Nahverteidigungswaffe eingebaut, die baugleich mit denen anderer Kampffahrzeuge war.

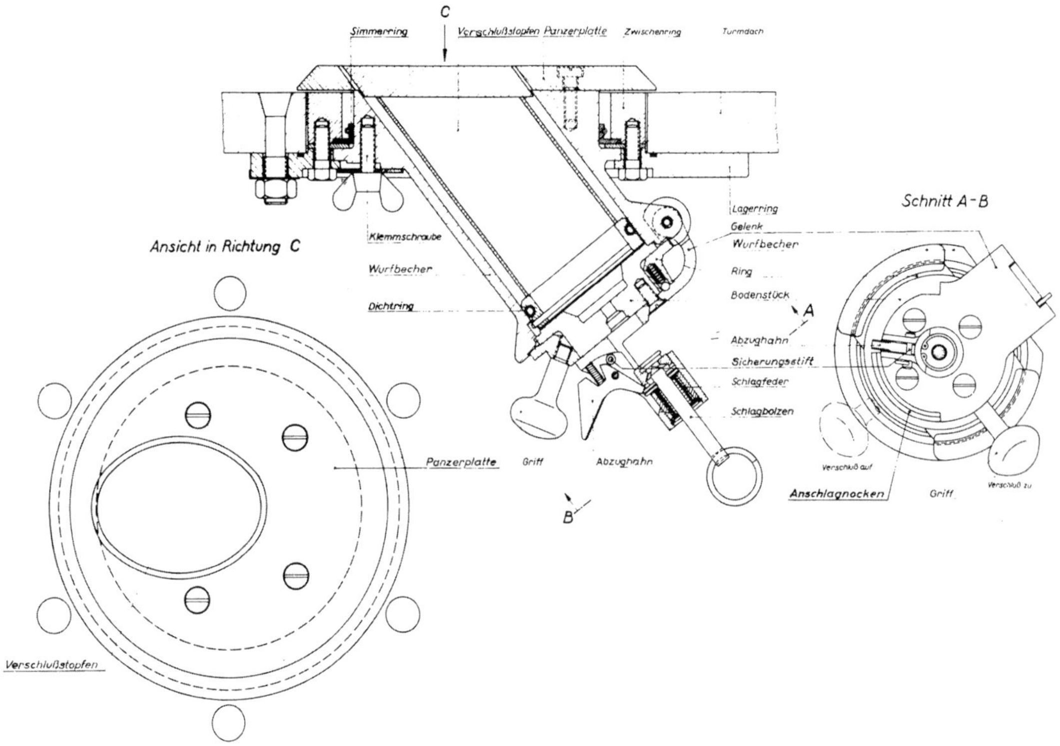

Panther G bei einer Vorführung von Heeresgerät. Im Hintergrund ein Munitionsfahrzeug Hummel mit dem neuen gummisparenden 6-Rollenlaufwerk der Firma Krupp.

Seitenansicht der G Ausführung zeigt den schräg nach unten verlaufenden Rand der Panzerwanne über dem Laufwerk.

Im Einsatz fanden sich Panther verschiedener Ausführungen bei einer Einheit. Vorne eine A hinten eine G Ausführung.

Panther der Ausführung G vor der Verladung bei der Maschinenfabrik Augsburg-Nürnberg. Es wurde nötig, die Fahrzeuge schon im Werk zu tarnen, um sie nicht den Angriffen der alliierten Jagdbomber auszusetzen.

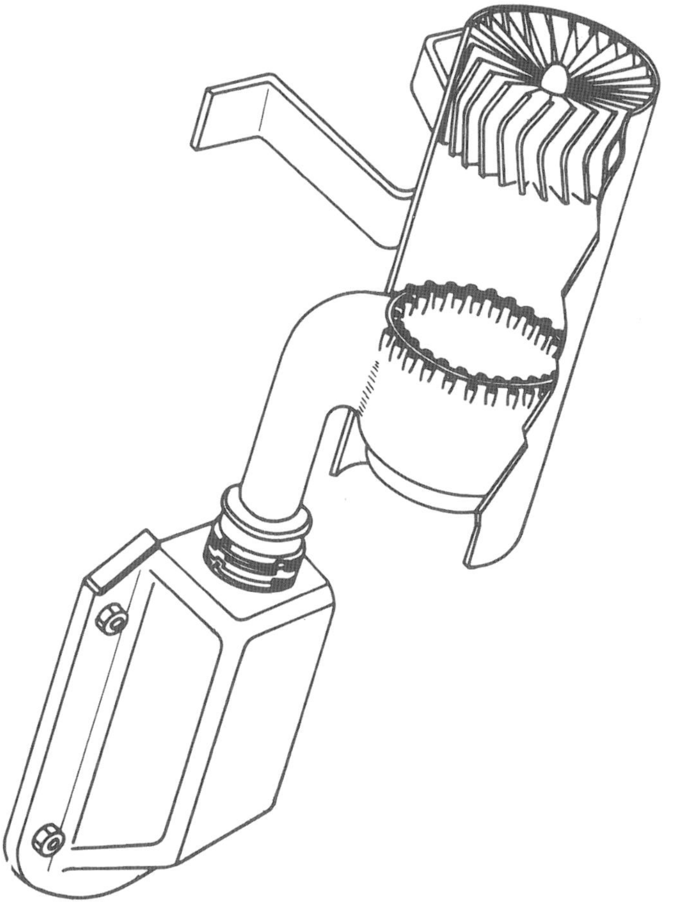

Im Laufe der Fertigung der G Ausführung ergab sich eine geänderte Auspuffanlage mit Flammendämpfer. Bild und Skizze zeigen Prinzip und Anordnung dieser Anlage.

Panzerkampfwagen Panther Ausführung G im Einsatz. Daneben ein mittlerer Schützenpanzerwagen (Sd. Kfz 251).

versehen, die Spannrolle geändert und ein verbesserter Behelfs-Hochsitz mit Verlängerungen an allen Bedienungshebeln eingebaut. Für den Kampfraum war eine verbesserte Heizung vorgesehen.

Die Fahrersehklappe war mit Einführung der Ausführung G entfallen. An ihre Stelle trat ein schwenkbares Fahrerfernrohr (KFF), welches in seiner Bauform senkrecht zum Einbau kam. Ein- und Ausblick lagen waagrecht, wie beim Turmzielfernrohr war ein Strahlenschnittpunkt (Eintrittspupille) vorverlegt. Die von der Firma Askania vorgelegte erste Ausführung zeigte eine einfache Vergrößerung bei einem Gesichtsfeld von 70°. Es stellten sich beträchtliche Lichtverluste ein, die bis zu 85% ausmachten. Trotzdem eine große Anzahl dieser Geräte gefertigt worden war, wurden sie wegen der schlechten Bildqualität – die Vergrößerung war am Blickfeldrand größer als 1, das Bild stand daher bei Bewegung des Fahrzeuges nicht still – nicht eingeführt. Bessere Ergebnisse brachten die Versuche mit Fahrerfernrohren der Firma Meyer, Görlitz, die allerdings das Gesichtsfeld auf 50° reduzierte. Durch Benutzung von Bauteilen der Photooptik und einfacheren Prismen wurden Bildqualität und Lichtdurchlässigkeit besser und damit die Geräte wieder mehr gefragt. Die endgültige Serienfertigung wurde daher mit diesem Gerät aufgenommen.

Fahrer- und Funkerlukendeckel waren nunmehr außen angeschlagen. Verklemmungen wie früher konnten nun nicht mehr vorkommen.

Im Laufe der Produktion der Ausführung G wurde auch die Walzenblende geändert. Um die Fangstelle, die sich unter der Blende bildete, zu beseitigen, wurde sie im unteren Teil dicker und senkrecht gehalten. Dadurch verhinderte man, daß Abpraller das Wannendach durchschlugen.

Im Fahrzeug wurden nunmehr 82 Schuß Kanonenmunition und 4800 Schuß MG-Munition mitgeführt. Beim Fahrgestell 121052 kam aus Rohstoffgründen das gummisparende Stahllaufwerk zum Einbau. Auch wurde bei einigen Fahrzeugen der Behälter für das Rohrwischgerät von der linken Aufbauseite quer an das Ende des Motorraums verlegt.

Am 5. 3. 1944 entschied Hitler, die Höhle Leitmeritz an der Elbe (Sudetenland) für die bereits vorgesehene Panzermotorenfertigung zu verwenden. Er forderte, die Anlage so auszulegen, daß je nach Bedarfsfall – sollte ein Herstellerwerk ausfallen – Motoren der Maybach-Typen HL 120 bzw. HL 230 gebaut werden konnten.

Im Laufe der G Fertigung wurde die Walzenblende des Drehturmes unten mit einer Abweiserleiste versehen, die einen Eintritt von Geschossen in das Wannendach verhindern sollte.

4-Seitenansicht
Panzerkampfwagen Panther
Ausf. G (Sd. Kfz. 171)

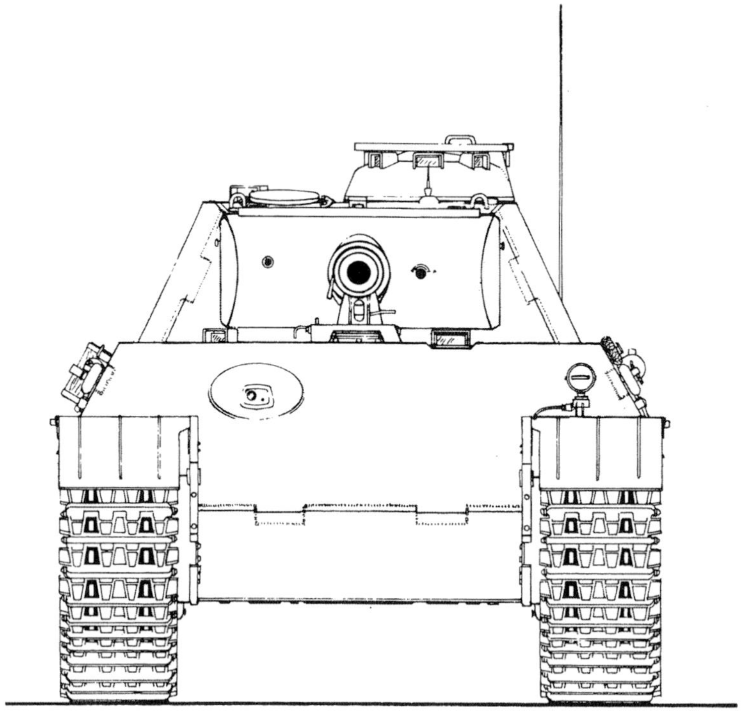

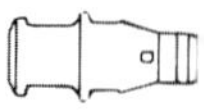

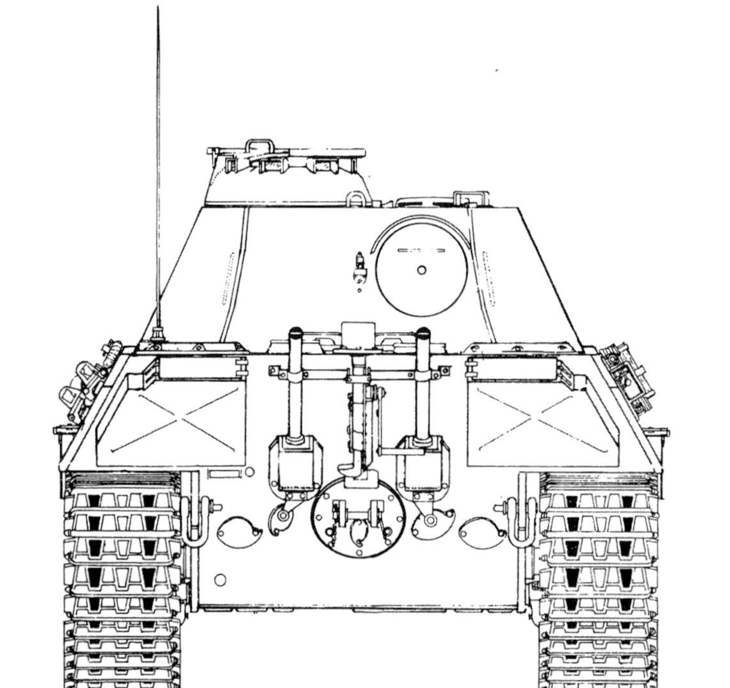

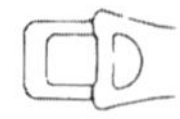

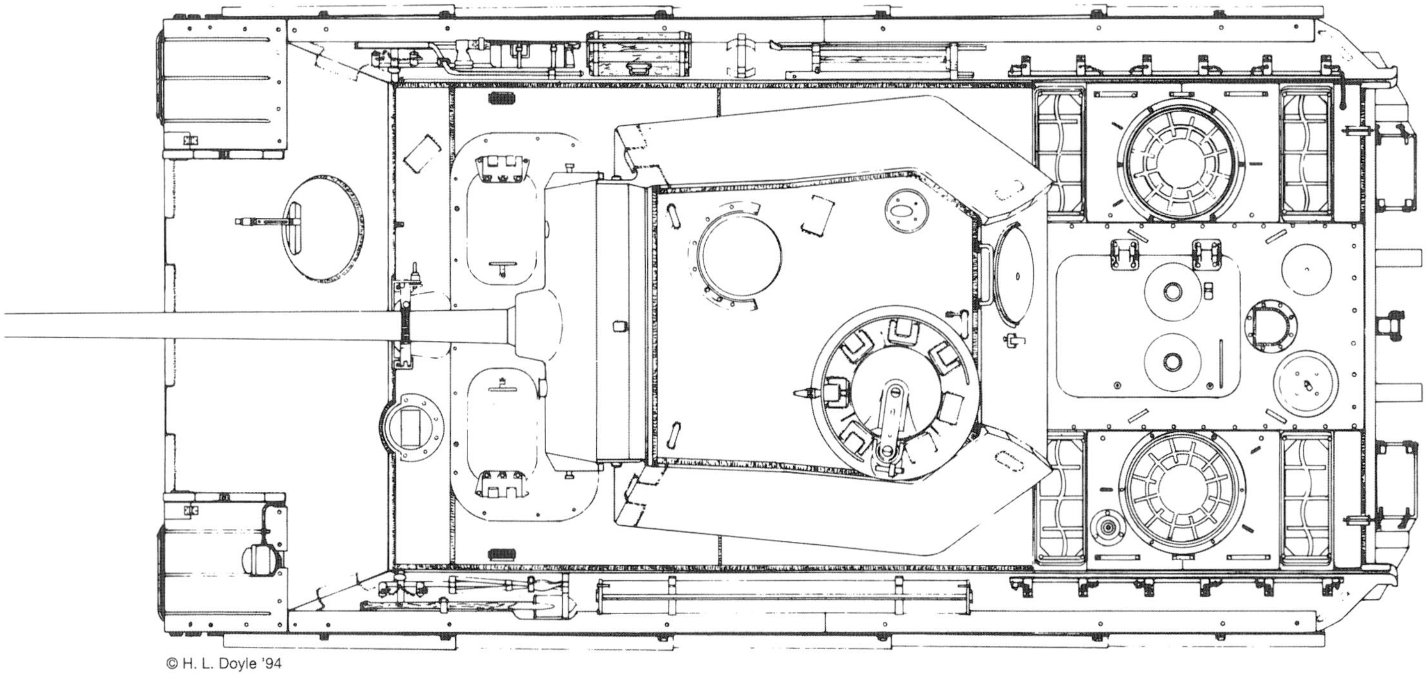
© H. L. Doyle '94

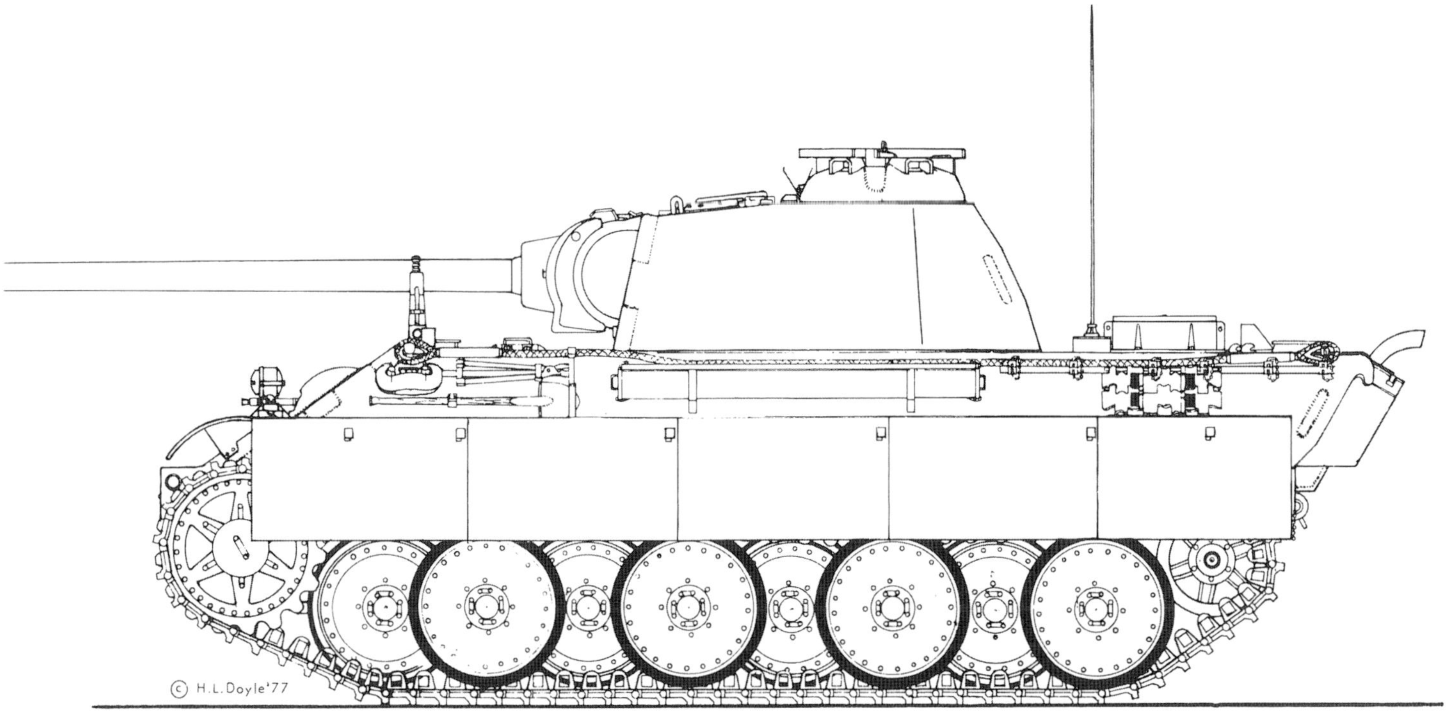
© H.L.Doyle'77

Großaufnahme der aufgedickten Walzenblende am Panther G.

Unterschied zwischen früherer und G-Ausführung der Walzenblende. Die Abdichtung und die Schildzapfenlager sind in dieser Zeichnung erkennbar. **(F. Gruber)**

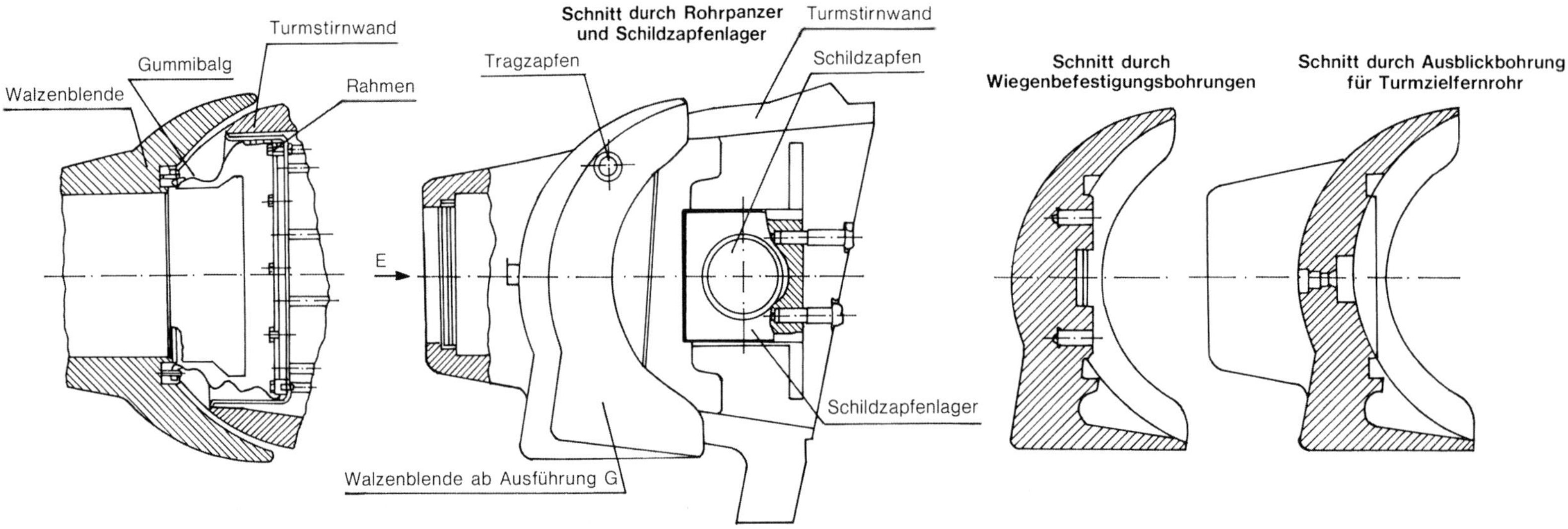

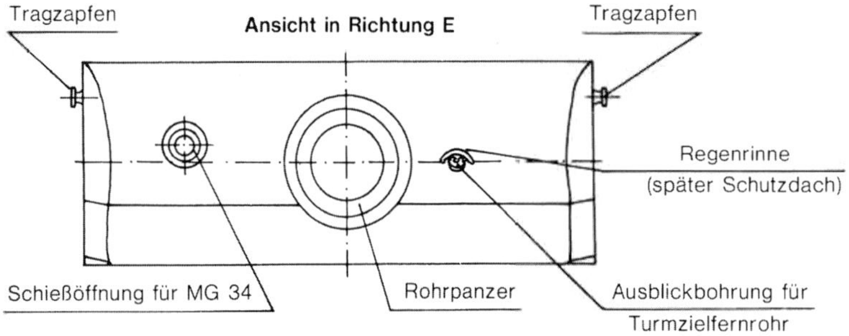

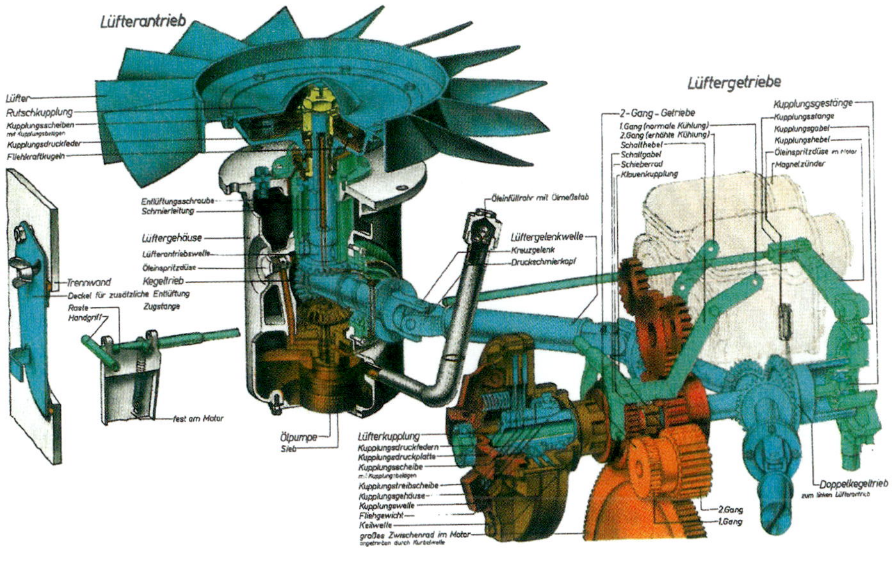

Lüfterantrieb der Kühlanlage mit zwei Lüftergeschwindigkeiten für Kühlung des Motors in Sommer- und Winterbetrieb.

Vom Hauptmotor angetriebene Hydraulikpumpen zur Betätigung der Kupplungen und Bremsen des Lenkgetriebes. Der dargestellte Kegelradantrieb betätigte das Flüssigkeitsgetriebe für das Turmschwenkwerk. ▼

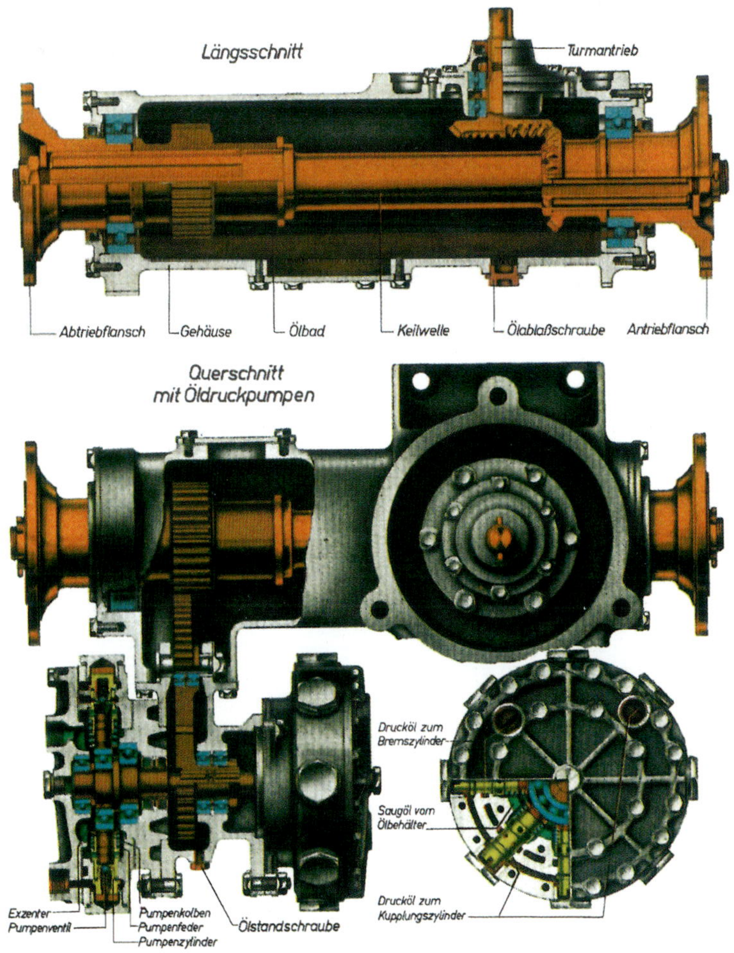

Seitenvorgelege mit doppelter Stirnraduntersetzung zum Triebrad. ▼

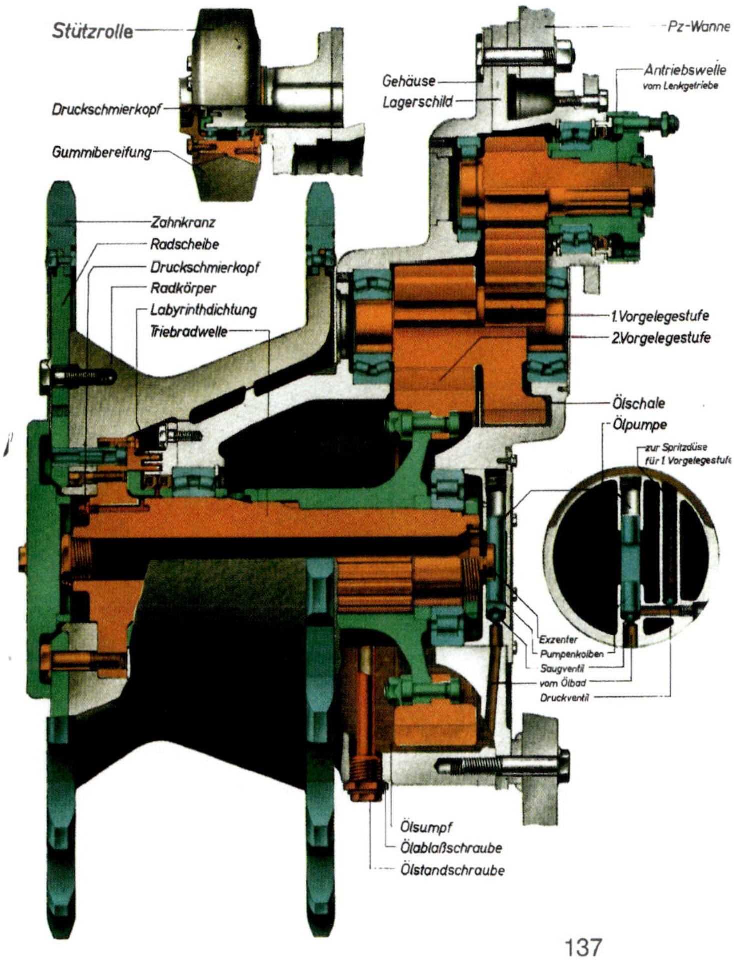

Dreischeiben-Trockenkupplung zur Kraftübertragung vom Hauptmotor zum Wechselgetriebe.

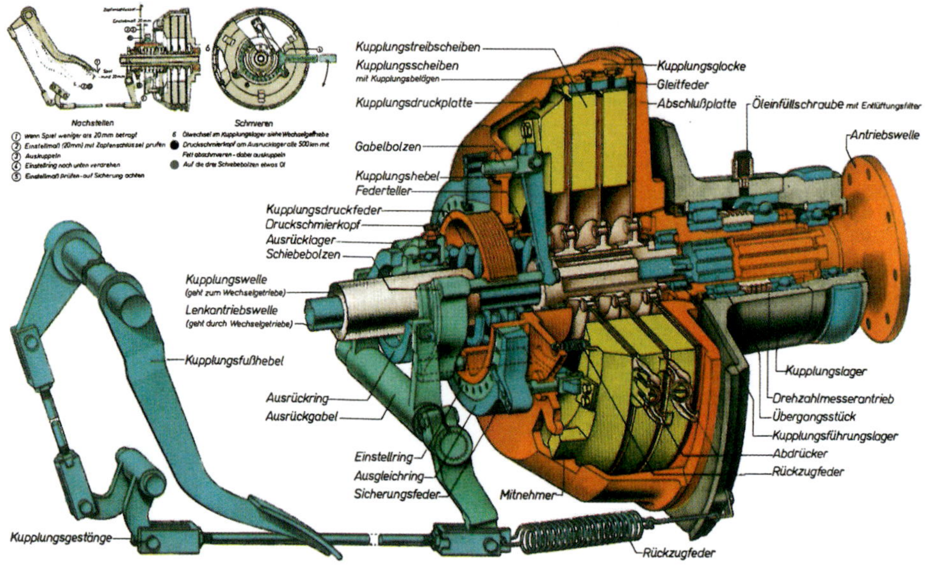

Handgeschaltetes synchronisiertes Wechselgetriebe mit sieben Vorwärtsgängen und einem Rückwärtsgang.

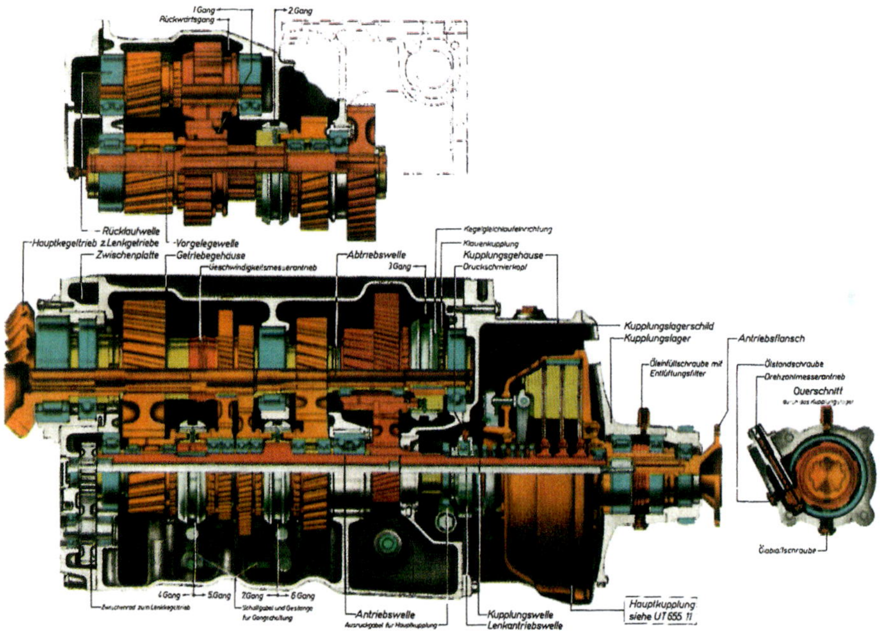

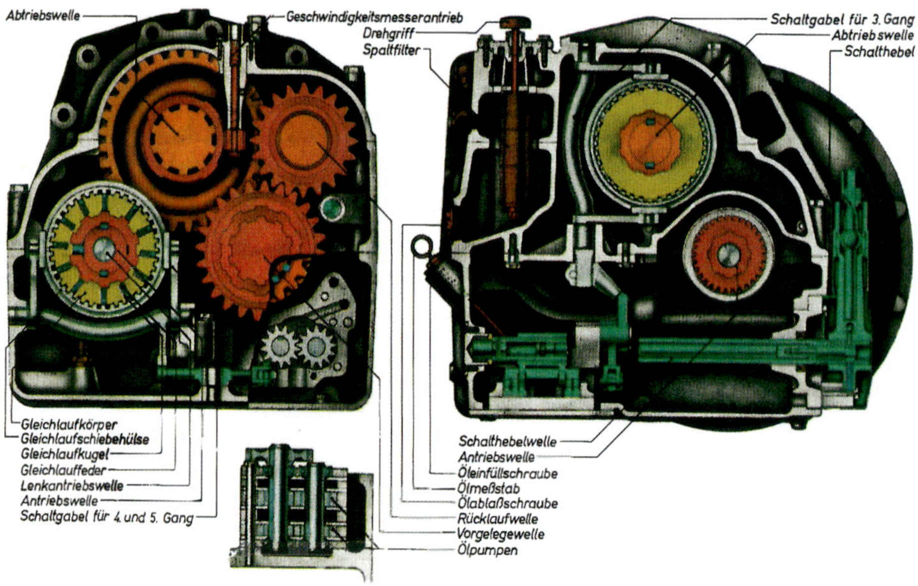

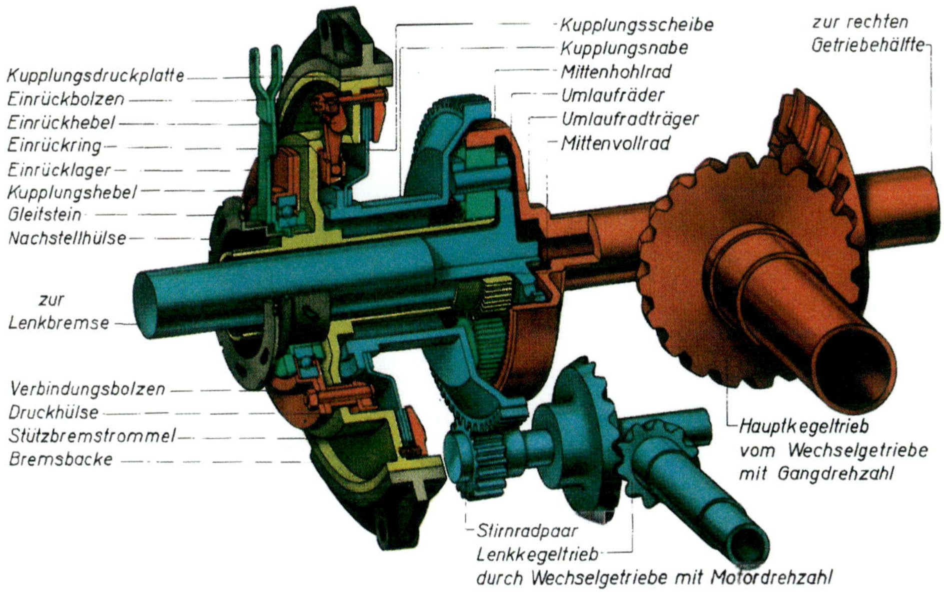

Einradienlenkgetriebe Hauptantrieb und Lenkantrieb sowie Stützbremse zum Einschalten des festen Lenkradius.

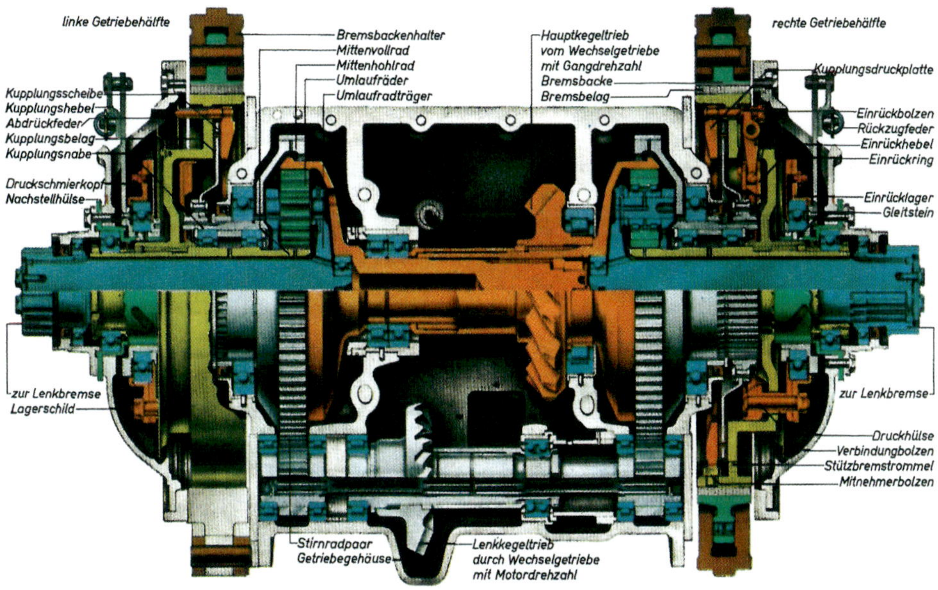

Längsschnitt des Lenkgetriebes.

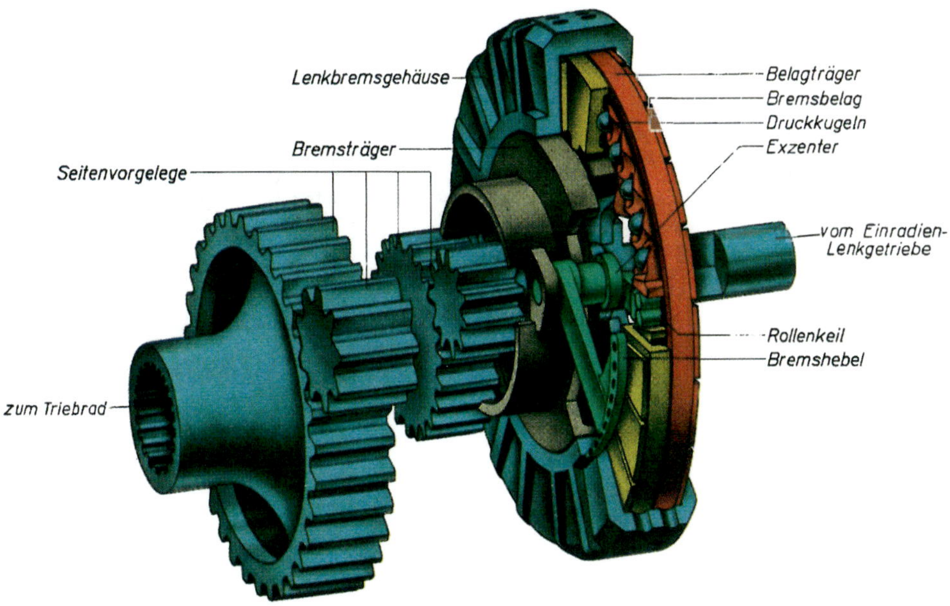

Vollscheibenbremse als Lenkbremse für kleine Lenkradien und als Betriebsbremse wirkend. Stirnraduntersetzung für Seitenvorgelege.

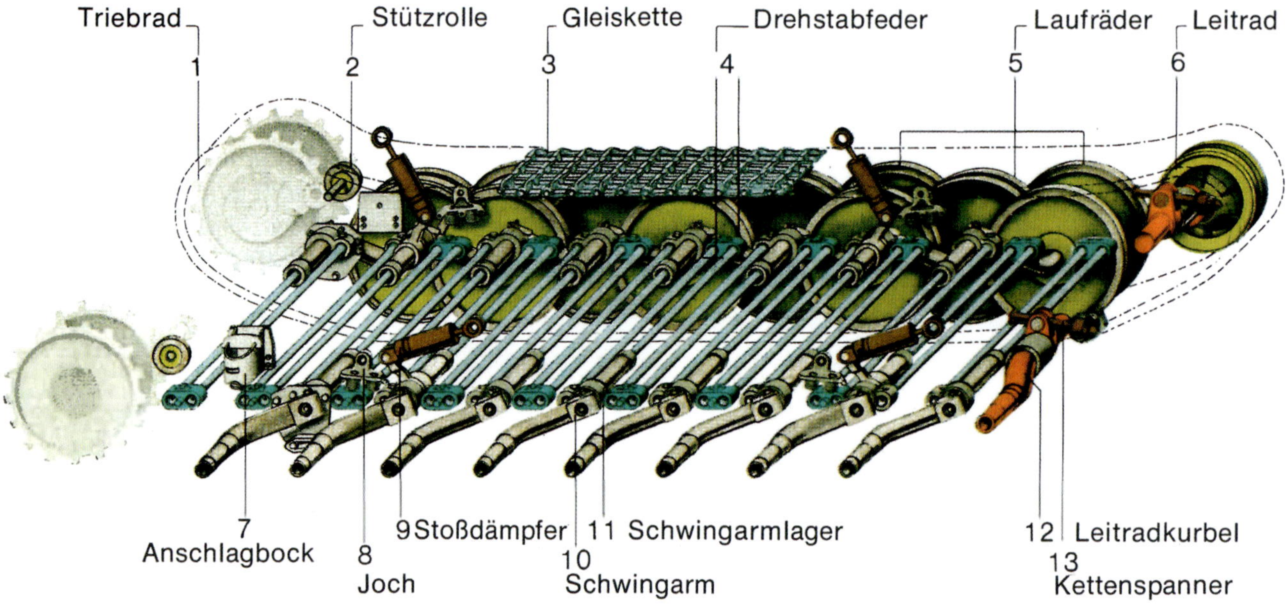

Doppeldrehstabfederung ermöglichte große senkrechte Wege der Laufräder (Gesamt 510 mm). Dadurch wurden beim Geländefahren harte Stöße weich aufgenommen.

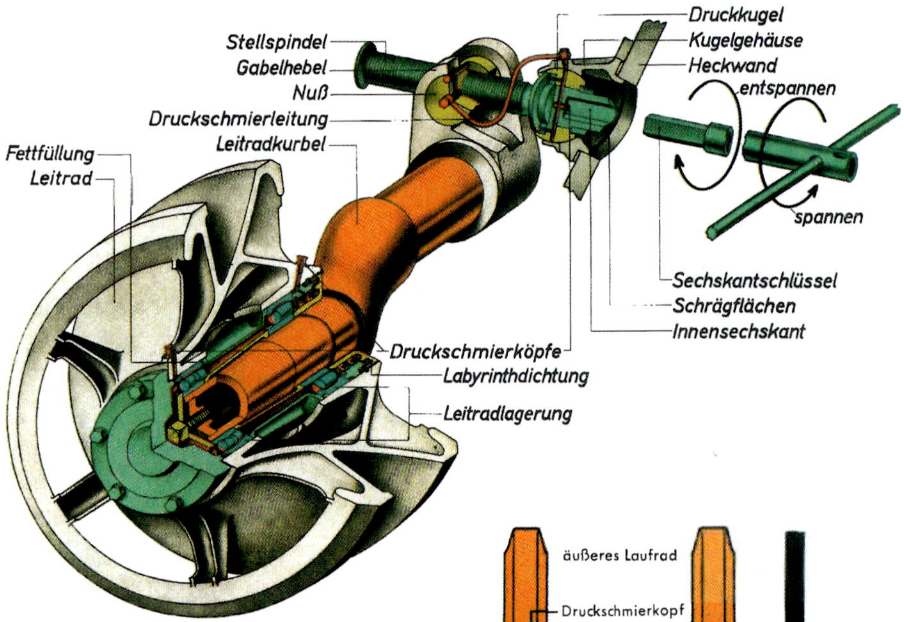

Abstützung der Laufrollentragkraft durch zwei hintereinandergeschaltete Drehstäbe. Der Schwingarm war auf großer Basis in der Wanne gelagert und mit dem Drehstab verkeilt. Dieser übertrug seine Drehbeanspruchung über ein auf der gegenüberliegenden Wannenseite gelagertes Joch auf einen zweiten Drehstab, der an seinem anderen Ende in der Wanne eingespannt war. ▼

Leitradlagerung und Kettenspannvorrichtung. Die Stellspindel verstellte die Lage des Leitrades und spannte so die Gleiskette. ▲

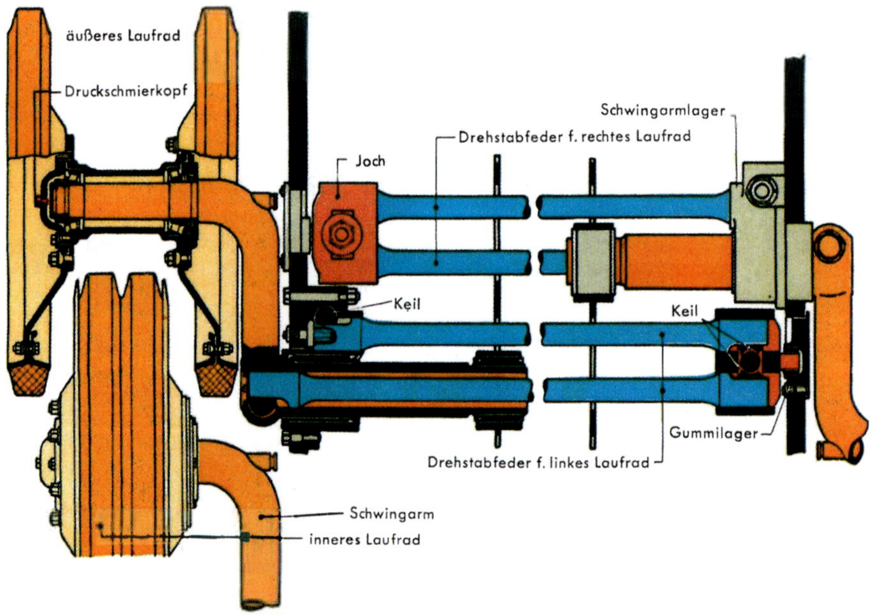

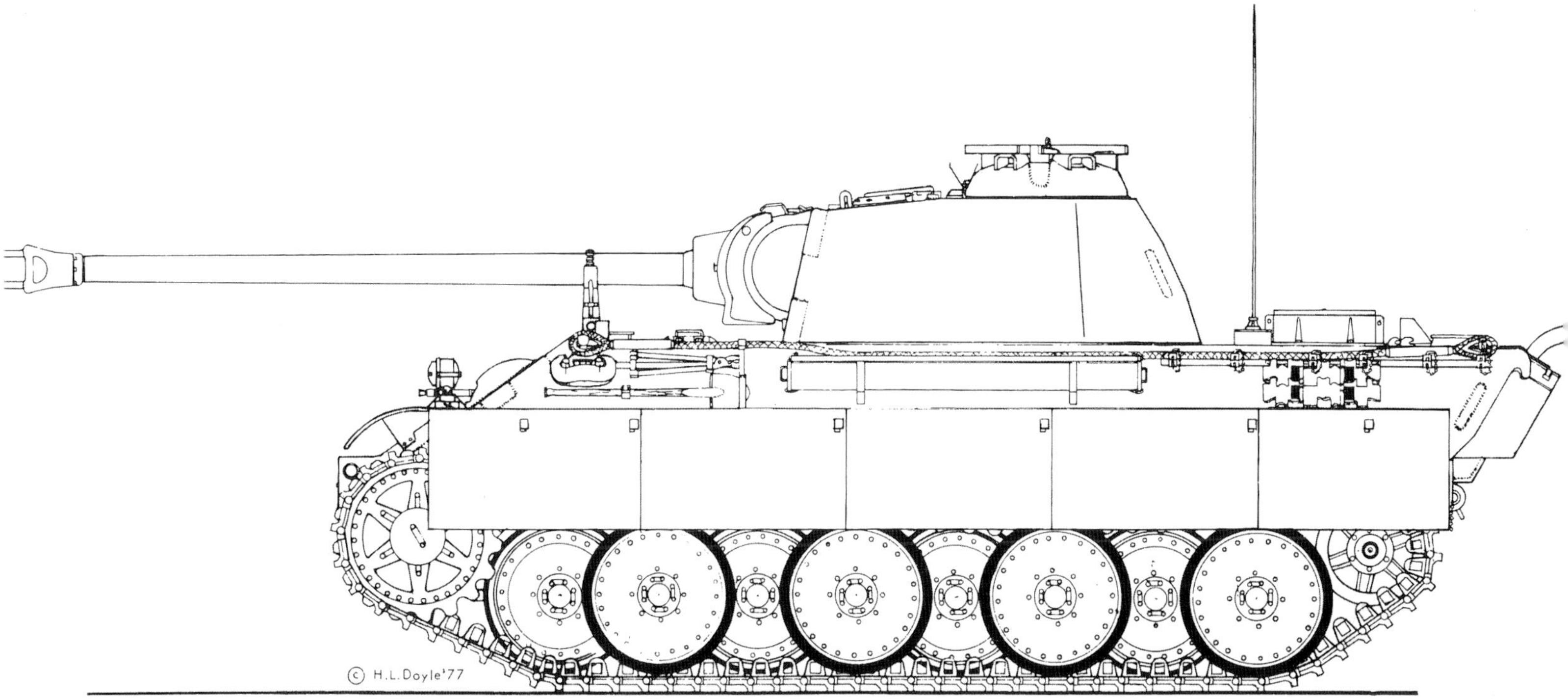

Panzerkampfwagen Panther (Ausf. G) (Sd. Kfz. 171) Ausführung mit geänderter Walzenblende

Zugleich sollten Vorkehrungen getroffen werden, mit aller Energie die Entwicklung eines luftgekühlten Dieselmotors voranzutreiben, um diesen dort zu fertigen. Der Generalinspekteur der Panzertruppe Generaloberst Guderian und sein Chef des Stabes Oberst Thomale führten am 30. 3. 1944 bei der MAN in Nürnberg eine Besprechung, die sich vorwiegend mit dem Motor und Seitenvorgelege des Panther befaßte. Guderian erklärte, daß die Lage an der Ostfront wesentlich durch den Mangel an Panzern beeinflußt war und klagte vor allem über fehlende Ersatzteile. Viele Panzer mußten wegen verhältnismäßig geringer Defekte gesprengt werden oder, was noch schlimmer war, dem Feind kampflos überlassen werden. Die Schwierigkeiten mit dem Maybach-Motor hatten sich wesentlich verringert. Guderian und Thomale waren überrascht, daß bei MAN versuchsweise ein BMW 132 Dc Stern-Flugzeugmotor in einen Panther eingebaut wurde. Der knapp bemessene Motorraum des Panther bot sich der Verwendung eines kurz bauenden Sternmotors an. Ein vor dem Motor angebauter Schraubenlüfter größeren Durchmessers, dessen Lüfterschaufeln vor den Kühlrippen der Zylinder lagen, sorgte für ausreichende Kühlluft. Die Versuche verliefen zufriedenstellend. Sie wurden später abgebrochen, da starke Bedenken wegen der Zugänglichkeit der unten liegenden Zylinderköpfe bestanden, und deren Zündkerzen sowie Ventile praktisch nur nach Ausbau des Motors erreichbar waren. MAN machte den Vorschlag, diesem Versuch eine breitere Basis zu geben und schlug vor, mindestens 20 Panther mit diesem Motor auszurüsten.

Großes Interesse bestand nach wie vor an einem Dieselmotor. Hinsichtlich des luftgekühlten 700 PS MAN-Argus-Dieselmotors wurde erklärt, daß an eine Einführung in größeren Stückzahlen frühestens in zwei Jahren gedacht werden konnte. Der MAN-Argus-Motor hatte 16 Zylinder und war in H-Bauweise mit zwei Kurbelwellen ausgelegt.

Die Verzahnung der Panzerplatten an den geschweißten Wannen wurde, um die Fertigung zu vereinfachen, wieder aufgegeben, und die erste Probefahrt mit einer unverzahnten Pantherwanne am 2. 4. 1944 durchgeführt. Man erwartete keine wesentlichen Schwierigkeiten. Von MAN wurden für April 1944 die Auslieferung von mindestens 110 Panther verlangt. Ausgeliefert wurden tatsächlich 105. Dadurch wurde der im März durch die Umstellung auf die Ausführung G eingetretene Ausfall wieder ausgeglichen, obwohl MAN durch diese Umstellung auch noch Anfang April etliche Tage verloren hatte. Für die verlangte Steigerung auf monat-

Laufrollen alter und neuer Art konnten ohne Schwierigkeiten auch untereinander eingebaut werden. Die Skizze zeigt eine Gegenüberstellung der alten und neuen Laufrollen.

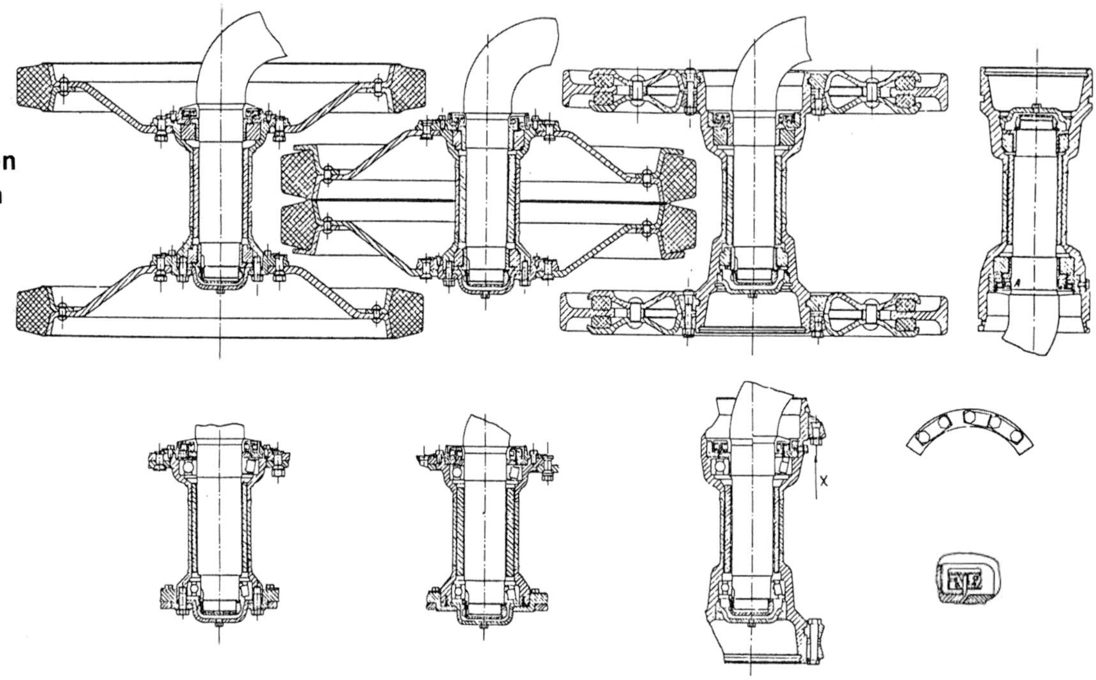

Rechts und unten: Am Panther G, Fahrgestell Nr. 121052, wurde erstmals ein gummisparendes Stahllaufwerk verwendet. Die Laufrollen hatten nach wie vor 800 mm Durchmesser.

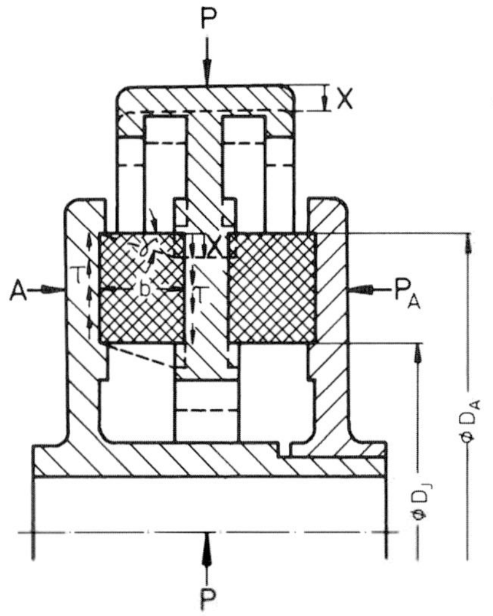

Formelzeichen:

T = Schubspannung

G = Gleitmodul

k = konstruktionsabhängige Konstante.

γ = Schubwinkel $\cong \frac{x}{b}$

E = Elastizitätsmodul für Gummi $= 3\ G$

b_0 = Dicke des Gummiringes ohne Vorspannung

$b = b_0\left(1 - \frac{4 P_A}{E\pi(D_A^2 - D_J^2)}\right)$

$$T = \gamma \cdot G = \frac{P/2}{\pi/4\,(D_A^2 - D_J^2)} = k\,\frac{x}{b}\,\frac{E}{3}$$

$$P = k\,\frac{E \cdot \pi\,(D_A^2 - D_J^2)}{6\,b_0\left(1 - \frac{4 P_A}{E\pi(D_A^2 - D_J^2)}\right)} \cdot X$$

Höhenfederung des Laufrades mit zwei Gummiringen

$E = \frac{1000}{d_1}$, wobei d_1 für 10 kg/cm² gemäss DIN 53511, Bl. 4, gemessen wird.

Berechnungsunterlagen für gummisparende Laufrollen.

Forschungsinstitut Dr.-Ing. G. Oppel, München, Franz-Josefstr. 41.	
Berechnungsunterlagen für gummisparende Laufrollen.	
Ableitung der Formeln für die Höhenfederung der Rolle mit zwei Gummiringen.	9. 1. 1943

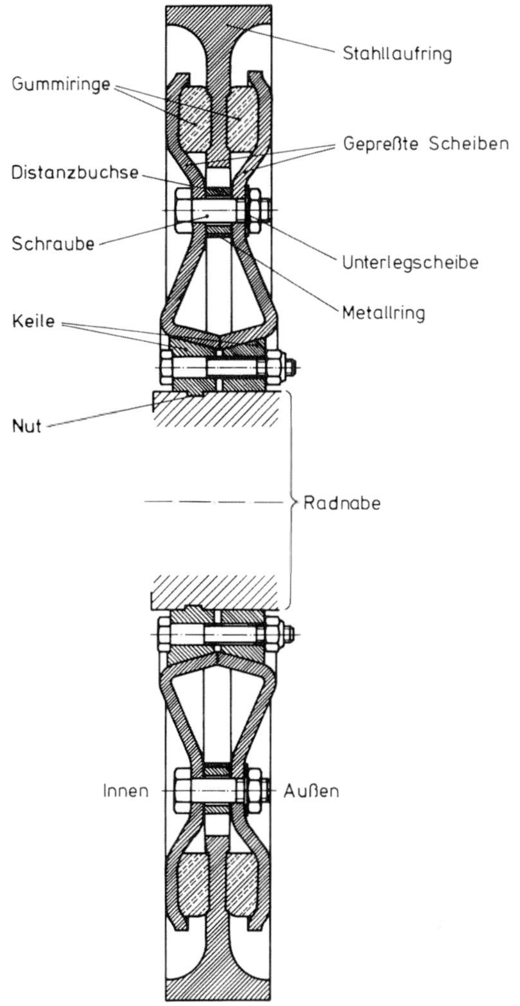

Gummisparende Laufrolle im Schnitt.

BMW Flugzeugmotor 132 Dc zum Einbau im Panzerkampfwagen Panther. Gebläseseite mit Abtrieb von der Kurbelwelle zum Schaltgetriebe. 1. Ausführung 1943. Der Motor leistete im Panzer 520 PS bei 2000 1/min.

Die Vergaserseite des BMW 132 Dc 9-Zylinder-Sternmotors, mit dem zwei Panther für Werkserprobungen ausgerüstet wurden.

lich 130 Panther waren 22 Engpaßmaschinen erforderlich, die MAN jedoch nicht besaß.
Hitler war erst am 13. 5. 1944 bereit, den Panther auch propagandistisch auswerten zu lassen.
Der Zahnradfabrik Friedrichshafen AG wurde am 16. 9. 1944 ein Auftrag in Höhe von RM 42000,– für die Weiterentwicklung des AK 7–200-Schaltgetriebes erteilt. Diese bezog sich u. a. auf:

- Einbau des AK 7–200 in den Tiger mit normaler und Sonderübersetzung
- Einbau in Panther II mit Henschel-Lenkgetriebe L 801
- Anschluß an ein Doppelkupplungs-Getriebe der Firma MAN
- Anschluß an das Renk-Hydrostatik-Lenkgetriebe

Die Fahrversuche zu diesem Auftrag liefen ab 5. 3. 1943. Schließlich erteilte das Heereswaffenamt im Oktober 1944 noch einen Auftrag über RM 8816,– für die konstruktive Weiterentwicklung des AK 7–200-Schaltgetriebes zur vereinfachten Fertigung und passend für Dieselmotor mit einer Leistung bis 1000 PS, geeignet wahlweise für Panther und Tiger.
Am 22. 6. 1944 erklärte sich Hitler damit einverstanden, daß, unter Berücksichtigung der zeitbedingten Schwierigkeiten mit der Herstellung von legierten Panzerstahlblechen, die Heckbleche der Sturmgeschütze und notfalls auch die der Panzerkampfwagen durch eine Ausweichqualität ersetzt wurden, um dadurch das notwendige Material für die Frontbleche freizubekommen. Hitler nahm davon Kenntnis, daß sich die Industrie und die Durchführungsdienststellen dabei der außerordentlichen Verantwortung bewußt waren, die mit einer solchen Maßnahme verbunden war. Hitler erwartete, daß die bereits laufenden beachtlichen Entwicklungen hinsichtlich der Ausweichqualitäten mit dem Ziel einer Gleichstellung zur bekannten Panzerqualität mit allen Nachdruck weitergeführt wurden.
Im Juli 1944 wurden fünf Panther an **Ungarn** geliefert.
Am 12. 10. 1944 wurde Hitler ein Überblick übergeben, der die größtmögliche Schußweite aller Panzerfahrzeuge, gegeben durch die Optik und die im Fahrzeug mögliche Erhöhung, aufzeichnete. Hitler verlangte, um die Panzer im Bedarfsfall auch artilleristisch einsetzen zu können, die dafür erforderlichen Voraussetzungen kurzfristig zum mindesten in einer Behelfsform zu schaffen.

Bei Fahrzeugen der G Ausführung wurde teilweise der Behälter für das Rohrwischgerät quer über dem Motorraum verlegt.

Am 28. 11. 1944 gab Hitler die Weisung, die Optik der Panzerfahrzeuge mit einem Scheibenwischer zu versehen.
Eine Preiskalkulation der Daimler-Benz AG Berlin-Marienfelde vom August 1944 gibt Aufschluß über die Gruppenpreise für die Panther-Fertigung. Mit Schreiben des OKH/Heereswaffenamt/WuG 6 vom 5. 7. 1944 wurde ab 1. 6. 1944 für das Panther-Fahrgestell und den Aufbau ein Gruppenpreis I für sechs Monate festgelegt und zwar:

für das Fahrgestell	RM	62000.–
für den Aufbau	RM	14000.–
zusammen	RM	76000.–

Es hatte sich an Hand der letzten Kalkulation (700. bis 1000. Fahrzeug) ergebnismäßig folgendes Bild ergeben:

	Fahrgestell	Aufbau	Gesamt
Gruppenpreis	62000.–	14000.–	76000.–
./. 0,5% für Behörden Verkauf Berlin	310.–	70.–	380.–
./. Umsatzsteuer	1240.–	280.–	1520.–
Netto Erlös	60450.–	13650.–	74100.–

Nachkalkulation (700. bis 1000. Fahrzeug)

	Fahrgestell ausgewiesen	tatsächlich	Aufbau ausgewiesen	tatsächlich	Gesamt ausgewiesen	tatsächlich
Material	33634,–	33634,–	10334,–	10334,–	43968,–	43968,–
Lohn	3120,–	2839,–	805,–	733,–	3925,–	3572,–
Gemeinkosten	14820,–	13059,–	3824,–	3372,–	18644,–	16431,–
Gesamt	51574,–	49532,–	14963,–	14439,–	66537,–	63971,–
3% Wagnis	1547,–	1547,–	449,–	449,–	1996,–	1996,–
Gesamtselbstkosten	53121,–	51079,–	15412,–	14888,–	68533,–	65967,–
Gewinn	7329,–	9371,–	1762,–	1238,–	5567,–	8133,–
% auf Selbstkosten	13,8	18,3	11,4	8,3	8,1	12,3

Hierzu war zu bemerken, daß die ausgewiesene Kalkulation einen Sicherungszuschlag von 5% auf das Material und einen solchen von 10% auf den Fertigungslohn enthielt. Der Materialzuschlag war notwendig, um einen Ausgleich für die ständig wechselnden Lieferanten und damit deren verschiedene Preise zu schaffen.
Der Lohnzuschlag stellte eine gewisse Reserve dar. Der 3%ige Wagniszuschlag bedeutete eine Sicherung gegen die noch ständig weitergehenden Konstruktionsänderungen. Wenn auch der Gruppenpreis als ausreichend anerkannt wurde, ergab sich für das Fahrgestell ein sehr guter Preis, während der Aufbau erhebliche Verluste brachte. Der Gesamtpreis des Panther (ohne Waffen und Funkausrüstung) betrug RM 117100,–*

Rohstoffbedarf (in t)	Panzer IV	Panther	Tiger II
Eisen, unlegiert	20,2	33,4	44,0
Eisen legiert	18,8	44,1	75,8

Noch am 10. 8. 1944 bestätigte die MAN, daß bei der Fertigung der großen Turmschwenklager bisher noch keine Schwierigkeiten aufgetreten wären.
Das Soll-Programm für September 1944 war für MAN auf 150 Panther festgelegt worden. Es wurden jedoch 140 Fahrzeuge ausgeliefert,obwohl die Montage wegen des Fehlens von Wannen, Motoren und Drehstabfedern im Laufe des Monats September sechsmal zum Stillstand gekommen war.
Ende September 1944 wurde bei der Endabnahme einer Anzahl Panther festgestellt, daß die Firma Röchling teilweise zu weiche Drehstabfedern angeliefert hatte. Auf Anweisung des OKH/Heereswaffenamt/WuG 6 wurden 17 mit fehlerhaften Drehstäben ausgerüstete Panther zum Truppenübungsplatz Grafenwöhr gesandt, wo die beanstandeten Drehstäbe in einer Sofortaktion ausgewechselt wurden. Je Fahrzeug mußten dafür 350 Stunden aufgewendet werden.
Die Luftwaffe erhielt 1944/45 75 Panzerkampfwagen Panther und 2 Bergepanther.
Für die Entwicklung des Panther, die Vorarbeiten und die Serienreifmachung sowie dessen Weiterentwicklung verlangte die Maschinenfabrik Augsburg-Nürnberg 1944 vom Heereswaffenamt/WuG 6 eine Vergütung in Höhe von 3 Millionen RM. Das Heereswaffenamt vertrat die Ansicht, daß eine derartige Forderung völlig aus dem Rahmen der sonst gewährten und wirklich angemessenen Vergütung falle.
Der Antrag wurde vorläufig abgelehnt, da die MAN keine zusätzlichen Entwicklungskosten hatte und jede einzelne Konstrukteurstunde sowie alle Versuchsausführungen vom Heereswaffenamt auf Heller und Pfennig bezahlt worden waren. Die MAN hatte angeblich durch den Eigenbau von bis jetzt über 1700 Panther bereits aus der von ihr getätigten Entwicklung so hohe Gewinne gezogen, daß man sich damit zufrieden geben sollte. Für die Berechnung der Nachbaugebühr durften nicht die Stückzahlen des Kriegsbedarfes, sondern nur die des normalen Bedarfs eingesetzt werden. Nach zähen Verhandlungen einigte man sich schließlich, daß das Heereswaffenamt als Entschädigung für die Entwicklung des Panther der Maschinenfabrik Augsburg-Nürnberg 1,2 Millionen RM bezahlte.
Mit Kriegsauftrag SS 4911–0210 5902/43 wurden bei Krupp-Gruson 1529 truppenfertige Panzerkampfwagen Panther in Auftrag gegeben. Im Oktober 1944 wurde dieser Auftrag, dessen Auslieferung im April 1945 beginnen sollte, storniert. Krupp verständigte das Heereswaffenamt, daß entstandene Kosten und Restgeldforderungen noch angegeben werden.

* Vergleich: Panzer III RM 96163,–, Panzer IV RM 103462,–, Tiger I RM 250800,–

Am 24. 10. 1944 überreichte Henschel der MAN Zeichnungen über die Planetenradlagerung des Lenkgetriebes in Gleitlagerausführung. Die Untersuchung wurde notwendig, da Kugel- und Rollenlager nicht mehr ausreichend vorhanden waren.

Eine Besprechung des Hauptausschusses Panzer am 22. 11. 1944 beschäftigte sich vorwiegend mit der Umstellung von Wälz- auf Gleitlager bei Panzerfahrzeugen. Ein Panther bei MAN und zwei bei Krupp wurden für Versuche entsprechend umgestellt. Diese Umbauten zeigten befriedigende Ergebnisse. Gleitlager wurden ab Januar 1945 für die Kettenspannvorrichtung und ab Februar 1945 für die Laufwerke den Montagefirmen zur Verfügung gestellt. Ohne die Ergebnisse der Erprobung einer Null-Serie abzuwarten, sollten kurzfristig in die laufende Panzer-Fertigung Gleitlager eingebaut werden. Für 1200 Panther wurden Aufträge auf Verbundgußringe bei den Braunschweiger Hüttenwerken erteilt. Die Rohteile für die Verbundringe wurden von MAN teilweise nach Braunschweig geliefert. Die Stahlringe für die 1200 Garnituren fertigten die Fahrzeugfirmen selbst.

Im Getriebe AK 7–200 waren ursprünglich 20 der 45 Wälzlager als Gleitlager vorgesehen. Die mit Glyco-Lagern vorgenommenen Getriebe-Versuche wurden jedoch bis Kriegsende nicht abgeschlossen.

Mit einem Panther der Ausführung G (Fahrgestell Nr. 120 303) wurden von Henschel eingehende Versuche mit einer Dräger Schutzbelüftungsanlage durchgeführt. Das Schutzlüftungsgerät 0,6–2 hatte die Aufgabe, Kampfräume von Panzerfahrzeugen mit gereinigter Luft zu versorgen und der Besatzung den Aufenthalt innerhalb des Kampfraumes ohne Gasmaske zu ermöglichen. Zur Erfüllung dieser Aufgabe mußte das Panzergehäuse gassicher sein. Die Öffnungen und Luken durften bei Betrieb des Schutzlüftungsgerätes keine ungereinigte Außenluft durchlassen. Das Gerät konnte auch, unter Umgehung der Raumfilter als reine Lüftung verwendet werden. Seine Solleistung betrug 0,6 m³/min, tatsächlich wurden bei Schutzlüftung etwa 0,7 m³/min, bei Lüftung etwa 1 m³/min erbracht.

Das Gerät war so entwickelt, daß es auch in andere, nicht gepanzerte, aber abgedichtete Fahrzeuge eingebaut werden konnte. Der Antrieb der Anlage erfolgte von der Kardanwelle aus über einen Keilriemen, der die

Schon früh wurden Untersuchungen eingeleitet, durch eine Schutzbelüftungsanlage im Panzer die Besatzung gegen Giftgas zu schützen. Hier der Attrappeneinbau einer Anlage in einem Panther der D Ausführung.

Henschel erprobte den Einbau einer Dräger-Schutzbelüftungsanlage in einem Panther G (Fahrgestell Nr. 120303).

Vorfilterkasten der Schutzbelüftungsanlage mit Gebläseluftführung.

Quer zur Fahrtrichtung waren zwei Kohlefilterkästen angeordnet.

Gelenkwelle mit Riemenantrieb für das Lüftergebläse.

Das Lüftergebläse hatte Keilriemenantrieb, der über eine kleine Gelenkwelle angetrieben wurde.

Gelenkwelle des Schutzlüfters antrieb. Die in den Kampfraum beförderte Luft wurde über einen Staubvorfilter (Zyklonfilter) und zwei quer zur Fahrtrichtung liegende Hauptfilter (Kohlefilter) geleitet. Ein Askania-Feindruckmesser registrierte die Druckwerte.

Noch 1944 wurde festgestellt, daß die konstruktive Schwäche der Seitenvorgelege beim Panzer IV und Panther laufend zu hohen Panzer-Ausfällen führte und der Truppenbedarf trotz größter Anstrengung der Industrie, ohne Eingriff in die Serienfertigung, nicht gedeckt werden konnte.

Interessant ist eine Aufstellung von Versuchsaufträgen, welche die Heeresversuchsstelle für Panzer und Motorisierung, Kummersdorf im Jahre 1944 für den Panzerkampfwagen Panther erhalten hatte:*

Monat/Jahr	Auftrag
6/44	Stufenloses Getriebe für Turmantrieb, Bauart Steinrück
6/44	Gummisparendes Laufwerk
6/44	Novotextbüchsen für Schwingarmlagerung
6/44	Bergepanther: 1. Verstärktes Seitenvorgelege (Planeten) 2. Seilwinde mit Ausrüstung
6/44	Getriebe AK 7–200
6/44	Lenkgetriebe mit Graugußgehäuse und Rädern VMS 125
6/44	Lenkgetriebe ohne Kugellager für Sonnenrad
7/44	Hochdruckkolbenpumpe P 100 (Fa. Klopp) für Lenkgetriebe
8/44	Kugellager statt Pendelrollenlager im Seitenvorgelege
8/44	Argusbremse mit Emerobelag statt Grauguß
8/44	Lenkgetriebe (MAN), Handradlenkung Argus, Teves und Daimler-Benz sowie hydrostatisches Lenkgetriebe
8/44	Bandagen 860/100-DB Semperit, stahlbandlos, mit Blecheinlage statt Draht (Fahrversuch)
9/44	Radiaxlager für Leitrad
10/44	Gleitringe für Triebräder zum Abschleppen
11/44	Schmaler Turm
11/44	Gleitlager aus Sintereisen für Turmschwenkwerk und Höhenrichtmaschine

1944 wurden 3768 Panzerkampfwagen Panther hergestellt. Am 1. 2. 1945 waren noch 1216 Panther zur Fertigung vorgesehen.

Bei Daimler-Benz liefen Ende 1944 Vorbereitungen zum Ausstoß des Panzerkampfwagens Panther, Ausführung

* freundliche Mitteilung Oberst a. D. Dipl.-Ing. W. Esser vom 27. 9. 1976

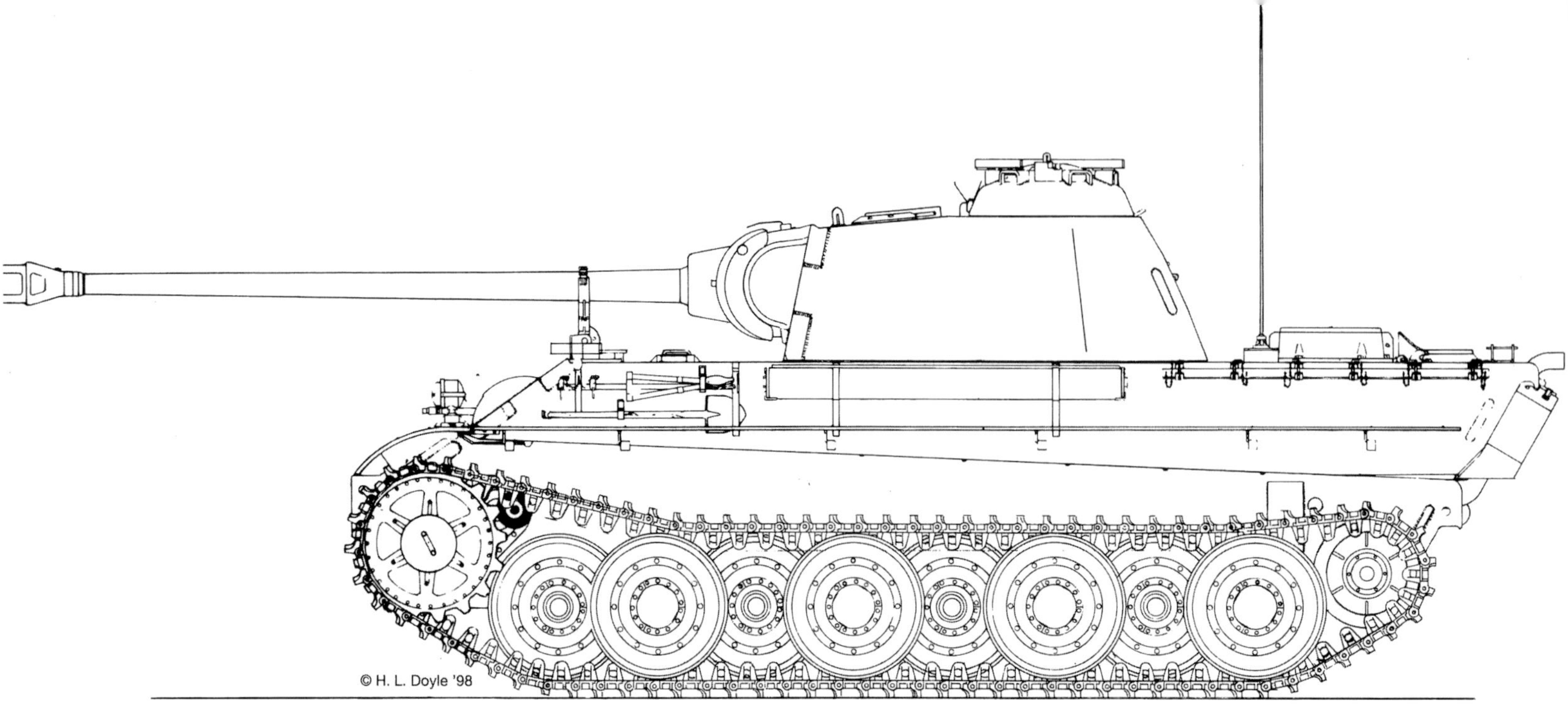

Panzerkampfwagen Panther Ausf. G (Sd. Kfz. 171) (Ausführung mit Stahllaufwerk)

F (Sd. Kfz. 171) an. Für dieses Fahrzeug war von Daimler-Benz in Zusammenarbeit mit Škoda ein neuer Drehturm entwickelt worden, für den das Heereswaffenamt WaPrüf 6 folgende Baurichtlinien erlassen hatte:

- Vermeidung von Abprallern auf das Wannendach durch eine geänderte Ausführung der Turmblende.
- Erhöhung des Panzerschutzes ohne Gewichtserhöhung für den Turm.
- Verringerung der Turmauftrefffläche, ohne den Turminnenraum zu verringern.
- Einbau eines stereoskopischen Entfernungsmessers.
- Ersatz des achsparallelen MG 34 durch ein MG 42 (Kaliber 7,9 mm, Vo 740 m/s – 1500 Schuß/min).
- Verringerung der Herstellungskosten des Drehturmes.
- Einbau der notwendigen Halterungen, um den Kampfpanzer in einen Befehlswagen umzurüsten und um Infrarot-Ausrüstung aufzunehmen. Die Bewaffnung bestand demnach aus: 1 7,5 cm KwK 42

Panzerkampfwagen Panther Ausf. F (Sd. Kfz. 171)

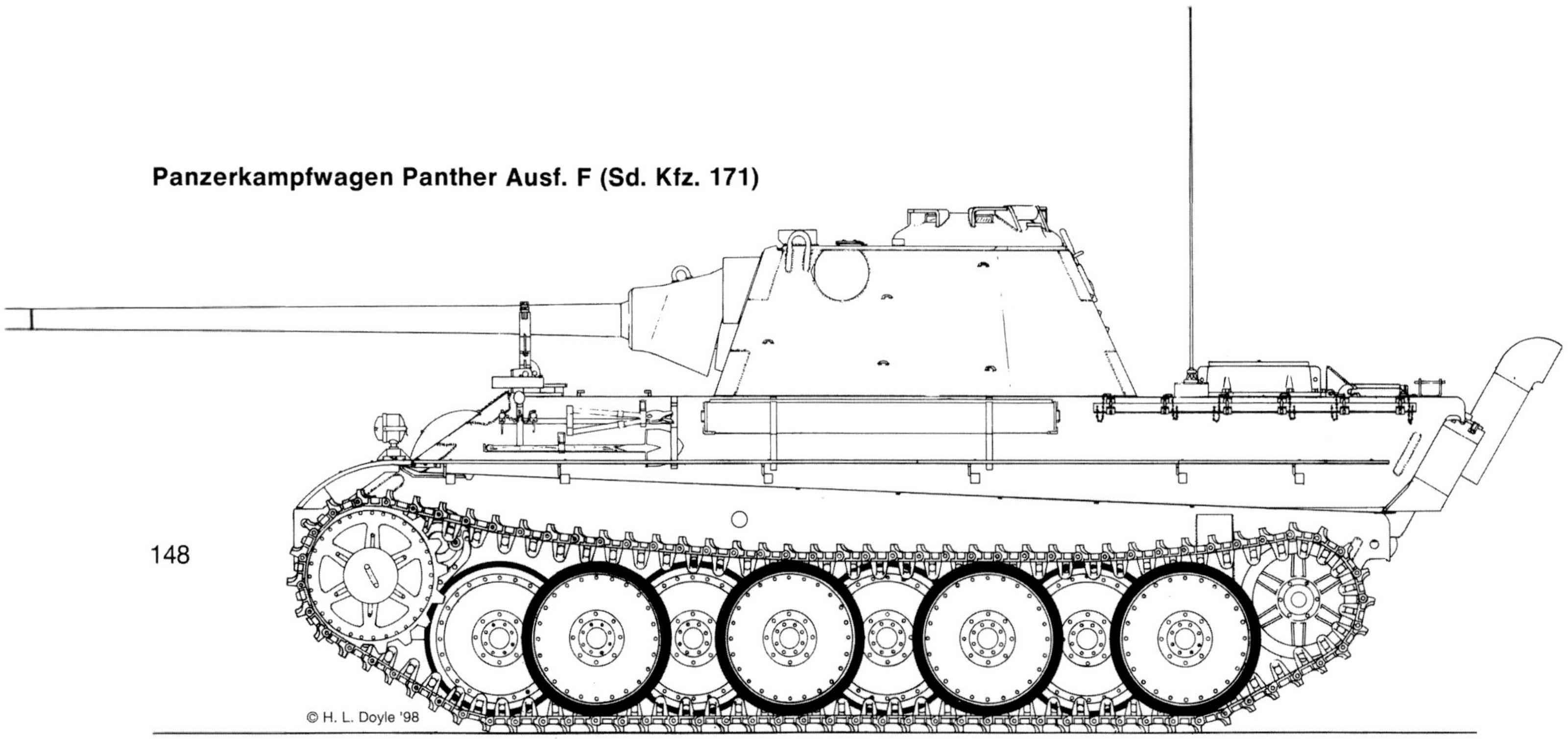

Oben: Der Panther-Schmalturm war für die Ausführung F des Panzerkampfwagens Panther vorgesehen. Hier ist der Schmalturm auf einem G-Fahrgestell aufgesetzt (Fahrgestell Nr. 120413).

Links: Die Kanone war noch mit einer Mündungsbremse versehen, die jedoch in der Produktion entfallen sollte.

Unten: Der Schmalturm-Prototyp für den Panzerkampfwagen Panther.

Der in diesen Bildern gezeigte Schmalturm ist heute noch beim Royal Armored Corps Center, Bovington, England vorhanden.

bzw. 44 (L/70); 1 Turm-MG 42; 1 Bug-Sturmgewehr 44; 2 MP-Vorsätze »P« (Sturmgewehr mit gekrümmten Lauf).

Man erwartete vom neuen Turm eine Einsparung von 30 bis 40% der bisherigen Herstellungszeit. Trotz erheblich dickerer Panzerung wurde das ursprüngliche Turmgewicht von etwa 8 t nicht überschritten. Die Angriffsflächen wurden verkleinert, ohne den Turminnenraum zu schmälern. Der Turmdrehkranzdurchmesser wurde nicht geändert. Die 7,5 cm KwK wurde dadurch verbessert, daß man die Rohrrücklaufvorrichtung unter das Kanonenrohr verlegte. Eine »Saukopfblende« wie beim Tiger II wurde verwendet. Die Bezeichnung der neuen Kanone lautete 7,5 cm KwK 44/1. Die Kanonenwiege war nicht mehr geschweißt und die frühere Rohrausblasevorrichtung wurde durch einen zusätzlichen Zylinder ersetzt, der in der Rohrrücklaufvorrichtung eingebaut war. Dieser Zylinder wurde durch die ersten 420 mm des Rohrrücklaufes betätigt.

Es war nicht vorgesehen, eine Mündungsbremse anzubringen, obwohl die ersten KwK 44/1 noch mit einer solchen ausgestattet waren. Die höhere Rücklaufkraft von 18 anstelle der bisherigen 12 t war berücksichtigt worden.

Die Turmvorderwand bestand aus einem gewalzten Blech, welches, verglichen zur alten Panther-Walzenblende, keinen aufwendigen Herstellungsvorgang erforderte. Verglichen mit dem früheren Pantherturm zeigte der neue Turm folgende Panzerdicken:

	Schmaler Turm (Ausf. F)	Früherer Turm (Ausf. D, A und G)
vorderes Blech	120 mm	80 mm
Seitenbleche	60 mm	45 mm
hinteres Blech	60 mm	45 mm
Turmdach	30 mm	12 mm

Im Turm waren eingebaut: eine Nahverteidigungswaffe

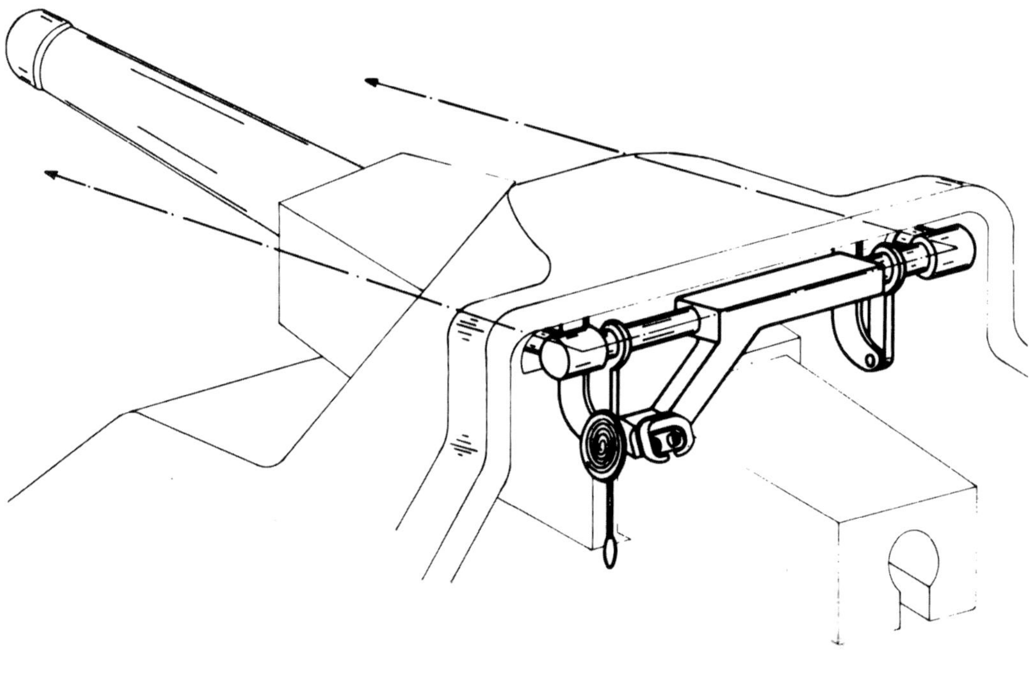

Einbauskizze des Entfernungsmessers im Panzerkampfwagen (Prinzipskizze).

Škoda führte in Zusammenarbeit mit Krupp die für den Schmalturm notwendigen Änderungen an der Kanone durch.

hinten rechts im Turmdach, eine neu entwickelte Kommandantenkuppel, eine Ausstiegsluke in der hinteren Turmwand. Auf Grund der Erfahrungen in Rußland war in der hinteren Turmwand eine MP-Ausschußöffnung vorgesehen worden. Ein Entfernungsmesser war unmittelbar hinter dem Frontblech eingebaut. Es handelte sich um einen stereoskopischen Entfernungsmesser der Firma Zeiss mit 1,32 m Basis und fester Zielmarke, etwa 15-facher Vergrößerung, der als Basis-Entfernungsmesser, aber nicht als Zielgerät ausgelegt war. Er wurde versuchsweise in einige Fahrzeuge eingebaut, wobei das Hauptproblem in der schocksicheren Turmlagerung und Schutz gegen Dejustierung bei Beschuß lag. Die Frage wurde schließlich durch ein Federlager ausreichend gut gelöst, zu einer Serienfertigung ist es jedoch nicht mehr gekommen*. Der Winkelspiegel für den Ladeschützen war entfallen.

* lt. freundlicher Mitteilung von Dr.-Ing. Gaertner.
Im Verlaufe der Kampfhandlungen verlangte die Panzertruppe die Möglichkeit bereits auf 3000 m Entfernung die Bekämpfung feindlicher Panzer aufnehmen zu können. Wenn auch in den kürzeren Entfernungsbereichen bei Kampfwagenkanonen wegen ihrer hohen Vo eine genaue Kenntnis der Entfernung nicht notwendig war, so ergab sich doch im Gebiet oberhalb von 2000 m die dringende Notwendigkeit einer Entfernungsmessung, um die Aufsatzerhöhung genauer zu bestimmen. Auch hatte sich in Nordafrika gezeigt, daß das Entfernungsschätzen im Wüstengelände äußerst schwierig war, da Anhaltspunkte meistens fehlten.
So wurde im Jahre 1942 vom Heereswaffenamt die Entwicklung von E-Meßgeräten für Kampfwagen bei der Firma Zeiss, Jena eingeleitet.
Da die Abmessungen der einzelnen Kampfwagentypen meist verschieden war, wurde es notwendig, die Basislänge solcher Entfernungsmesser sowie ihre Halterung den jeweiligen Abmessungen des Turmes anzupassen. Man einigte sich darauf, den Entfernungsmesser dem Richtschützen zu geben und nicht dem Kommandanten.
Es wurde eine Kombination von Entfernungsmesser und Zielfernrohr erwogen. Da für den Entfernungsmesser aus Gründen der Meßgenauigkeit eine etwa 15-fache Vergrößerung notwendig war, was ein verhältnismäßig kleines Gesichtsfeld von etwa 4° nach sich zog, aber für das Zielfernrohr ein großes Gesichtsfeld von etwa 28° gefordert war, ließ man die Forderung nach einem kombinierten Gerät fallen und begnügte sich damit, die gemessene Entfernung selbsttätig mechanisch auf den Zielstachel des Zielfernrohres zu übertragen. Außerdem wurden zur Erleichterung des Richtschützen die Einblicke des E-Meßgerätes unmittelbar neben das Okular des Zielfernrohres gelegt.
Die Lagerung des Kampfwagen-Entfernungsmessers wurde besonders sorgfältig überlegt, da beim Fahren in schwerem Gelände Spitzenbeschleunigungen in der Größe von 10 bis 15 g auftraten. Bei Treffern erhöhte sich diese Beschleunigung um ein Vielfaches, auch wenn diese Treffer den Kampfwagen nicht außer Gefecht setzten. Durch die Lagerung des E-Messers in zwei schwingenden Stützen gelang es, die beim Beschuß auftretenden Stöße soweit abzufangen, daß die Beschleunigungen von mehreren 1000 g auf 60 g herabgesetzt wurden. Praktische Versuche erhärteten, daß Leuchtmarken-Raumbildentfernungsmesser solchen Stößen standhielten, ohne sich zu dejustieren. Das Gewicht des Entfernungsmessers wurde durch eine Feder so ausgeglichen, daß das Gerät in jeder Lage der Stützarme im Gleichgewicht blieb.
Folgende E-Meßgeräte für Kampfwagen wurden entwickelt:
a) für Panther mit Schmalturm
Em: b = 1,32 m; v = 15-fach, 4° Gesichtsfeld, Öffnung 30 mm. Bei diesem Turm wurde bereits bei der Entwicklung auf die Verwendung eines E-Messers Rücksicht genommen. Für die beiden Ausblicke des E-Messers waren zwei Schlitze im Turm vorgesehen, die bei Nichtgebrauch verschlossen werden konnten.
b) für Tiger II
Em: b = 1,6 m; v = 15-fach, 4° Gesichtsfeld, Öffnung 30 mm. Da der Turm dieses Kampfwagens nicht von vornherein für die Verwendung eines E-Messers ausgelegt war, wurden zwei seitliche Ohren angesetzt, die die seitlich aus dem Turm herausragenden Enden des E-Messers abdeckten. Ferner war die Anbringung von zwei Ausblickschlitzen notwendig, die eine Höhenrichtung des E-Messers von -8 bis +15° erlaubten.
Abschließend noch eine Erklärung in Form einer Fehler-Tabelle für optische Entfernungsmesser. Dabei ist zu berücksichtigen, daß der Meßfehler E eines stereoskopischen Entfernungsmessers proportional zu E E² ist. Der Meßfehler wächst also mit dem Quadrat der zu messenden Entfernung E, dagegen wird die Meßgenauigkeit durch eine Verlängerung der Basis b sowie durch eine Steigerung der Vergrößerung v erhöht

E	V-Gerät für Infanterie und Artillerie auch beim Pz. Kommandanten b = 0,9 m; v = 14-fach 3° E		Panther mit Schmalturm b = 1,32 m; v = 15-fach 4° E		Tiger II b = 1,6m; v = 15-fach 4° E	
	theoretisch	praktisch (theor. x 3)	theoretisch	praktisch (theor. x 3)	theoretisch	praktisch (theor. x 3)
m	m	m	m	m	m	m
1000	4	12	2,5	7,5	2	6
2000	16	48	10	30	8	25
3000	36	108	23	68	19	56
4000	63	189	40	120	33	99
5000	99	295	63	189	52	155
6000	142	425	91	273	74	222
7000	194	580	124	372	101	303
8000	253	760	160	480	132	396
10000	400	1200	250	750	200	600

Der innere Ring des Turmkugellagers war nun ein Bestandteil des Drehkranzes, während er früher getrennt angeordnet war. Das hydraulische Turmschwenkwerk wurde weitgehend von früheren Panther übernommen. Bei starken Schräglagen des Fahrzeuges konnte der Ladeschütze mit einem Handrad den Richtschützen beim Drehen des Turmes unterstützen.
Durch Weglassen der beiden Ausgleichsräder und der Mehrscheiben-Überlastungskupplung der früheren Türme war es möglich, ein billigeres, kleineres und leichteres Turmschwenkwerk herzustellen. Eine getrennte Verbindung mit dem hydraulischen Schwenkmotor ermöglichte es dem Kommandanten, selbständig den Turm auf ein Ziel einzuschwenken.
Der Höhenrichttrieb war unterhalb der Kanone angeordnet und mit dem Rahmen der Drehbühne auf der einen Seite und mit der Rohrwiege auf der anderen Seite verbunden. Der neue, handbetriebene Höhenrichttrieb war leichter, kompakter und billiger herzustellen.
Die neue Kommandantenkuppel bot durch geringere Höhe ein kleineres Ziel, sie war gegossen und hatte sieben Aufnahmen für schußsichere und wasserdichte Winkelspiegel. Auf der Kuppel befand sich ein Ring zur Aufnahme eines Scherenfernrohres, einer Fla-MG-Lafette oder einer Halterung für das Infrarot-Nachtsichtgerät. Unten an der Kuppel war ein Turmrichtungsanzeiger angebracht.
Der Einbau eines achsparallelen Turm-MG 42 verlangte eine völlig neue Halterung. Sie wurde an der Rohrwiege befestigt und bestand aus einer Laufstütze mit Rückholfeder, einer hinteren Aufnahme für das MG und einer vorderen Rohrschelle mit Einstellungsvorrichtung. Zwei Munitionsbeutel waren unterhalb des MG angebracht, der eine für die Zuführung der Munition, der andere für die Aufnahme der Patronenhülsen. Eine Umstellung auf das MG 42 ergab sich, weil das MG 34 nicht mehr produziert werden sollte.
Die Aufnahme für das neue Turmzielfernrohr TZF 13 lag links von der Rohrwiege. Anstelle der bisher runden Sichtöffnung in der Turmstirnwand trat nun ein Schlitz.
Die hintere Turmausstiegsluke stimmte fast mit der alten überein, sie wurde jedoch nicht mehr getrennt hergestellt, sondern das ausgeschnittene Stück wieder als Lukendeckel verwendet, wodurch Panzerstahl gespart wurde.

Der Drehbühnenboden war am inneren Turmdrehkranz befestigt und hatte einen Rohrrahmen zur Aufnahme der Bodenbleche, der Höhenrichtmaschine, des hydraulischen Schwenkmotors und eines Behälters für leere Kartuschen. Die rechte Seite der Bleche konnte aufgeklappt werden, um einen Zugriff zur dort gelagerten Munition und zu den Batterien zu gewähren.
Der Turmentlüfter war nicht mehr im Turmdach, sondern in der Nähe des Turmdrehkranzes an der rechten Turmseite untergebracht. Der Entlüfter sorgte für den Abzug der Pulvergase und für die Belüftung des Kampfraumes. Anstelle der bisherigen Metallschläuche waren Metallschächte getreten.
Es war vorgesehen, den neuen Turm später mit der 8,8 cm KwK 43 L/71 auszurüsten, in Verbindung mit einer stabilisierten Zieleinrichtung. Dieses Vorhaben befand sich noch im Anfangsstadium, Daimler-Benz hatte hierfür lediglich eine hölzerne Turmattrappe gebaut.
Zusammengefaßt die wesentlichen Änderungen am Panther-Schmalturm:

Hauptbewaffnung	7,5 cm KwK 44/1, entwickelt von Škoda, Pilsen, Mündungswucht bis zu 285 mt, Gewicht der Waffe 1920 kg
Turmzielfernrohr Vergrößerung	TZF 13, gelenkig, monokular, 2,5 und 6-fach, Beobachtungsfeld 28° bei kleiner, 12° bei großer Vergrößerung. Entwickelt durch Leitz, Wetzlar.
Entfernungsmesser	Horizontal, stereoskopisch, Basis 1320 mm, Vergrößerung 15fach, Ausblickwinkel 4°. Entwickelt durch Zeiss, Jena.
Turmschwenkwerk	Turmdrehgeschwindigkeit bei Handbetrieb 360° in vier Minuten, bei hydraulischem Antrieb 360° in 30 Sekunden. Entwickelt durch Daimler-Benz, Berlin-Marienfelde.
Hydraulisches Turmschwenkwerk	6 PS bei 800 bis 4200 1/min. Entwickelt durch Böhringer GmbH.
Höhenrichtanlage	Richtbereich von –8 bis +20°. Eine Umdrehung des Handrades ergab 0,4° Erhöhung.

Außer dem schmalen Turm waren bei der Ausführung F des Panzerkampfwagens Panther folgende weitere Verbesserungen vorgesehen:

- Wannendachdicke von 12 auf 25 mm
- Neuentwurf der Lukendeckel für Fahrer und Funker. Die Lukendeckel wurden leicht angehoben und seitlich ausgeschwenkt.
- Das Funker-MG wurde durch eine Kugelblende für die MP 44 ersetzt.
- Die Halterungen für die Funkausrüstung wurden so vorgesehen, daß der Umbau eines Panzerkampfwagens zu einem Panzerbefehlswagen bei der Truppe erfolgen konnte. Lediglich der Kurzwellensender war im Fahrgestell untergebracht, die übrige Funkausrüstung im Turm. Jedes Fahrzeug erhielt zwei Antennensockel.
- Jedes Fahrzeug erhielt Aufnahmen für das Infrarot-Nachtsichtgerät FG 1250, so daß IR-Nachtzielgeräte und IR-Scheinwerfer jederzeit bei der Truppe angebaut werden konnten. Der Einbau dieser Zusatzausrüstung beeinträchtigte in keiner Weise den Kampfwert des Fahrzeuges am Tage.
- Anstelle des bisherigen Schachtellaufwerkes sollte ein gummisparendes Laufwerk in Staffelanordnung treten.

Die Einrichtung für Unterwasserfahrt war ebenso wie bei der Ausführung G entfallen, eine Heizung des Kampfraumes mit Warmluft wurde vorgesehen.

Als Weiterentwicklung der Waffe ergab sich die 7,5 cm KwK 44/2 mit Ladeeinrichtung, die ebenfalls bei Škoda durchgeführt wurde. Die Rohrlänge blieb mit L/70 unverändert, ein Rohrrücklauf von 430 mm war vorgesehen. Drei dieser Versuchsgeräte wurden gebaut und an die Firma Rheinmetall-Borsig-Schießplatz Unterlüß geliefert. Es handelte sich um eine mechanische Ladeeinrichtung, die durch den Rücklauf der Kanone betätigt wurde. Der Lader bestand aus einem Rahmen, der an der rechten Seite der Geschützlafette angebracht war und vier Schuß Munition aufnahm. Durch eine mechanische Übertragung, die durch den Rohrrücklauf ausgelöst wurde, wurde jeweils eine Granate hochgehoben und in die an einem Schwingarm angebrachte Ladeschale befördert. Somit wurde der Rohrrücklauf nicht behindert. Nach Ausstoß der Kartusche blieb der Rohrverschluß offen, die Ladeschale schwang nach unten und ein federbelasteter Zuführer schob die Granate in das Rohr. Der Verschluß schloß sich selbsttätig. Das Schließen des Verschlusses entlastete die Feder des Schwingarmes, der die Ladeschale zurückführte, um eine neue Granate aufzunehmen. Der Rohrrücklauf brachte gleichzeitig den Zuführer in die Ausgangsstellung zurück.

Es handelte sich nicht um eine vollautomatische Ladevorrichtung, sondern um eine mechanische Schnelladevorrichtung, die eine Feuergeschwindigkeit bis zu 40 Schuß pro Minute ermöglichte. In eingebautem Zustand wog das Geschütz mit Ladevorrichtung 3400 kg. Da der Lader sehr umfangreich baute, war der Platz im Turminnern beträchtlich eingeengt. Der Einbau im Panther, Ausführung F wurde vorbereitet.

Der Panther, Ausführung F wurde bei der Maschinenfabrik Augsburg-Nürnberg nicht mehr gefertigt. Daimler-Benz baute noch bis 1945 Fahrgestelle der Ausführung F. Der schmale Pantherturm wurde versuchsweise auf ein Panther-Fahrgestell der Ausführung G aufgesetzt und bei der Verskraft Kummersdorf erprobt. Bei einer Besprechung im Heereswaffenamt am 25. 1. 1945 wurde der Wunsch vorgetragen, das ZF Schaltgetriebe AK 7–200 als fünf- bzw. sechsgängiges Getriebe zu bauen, sobald der neue 850 PS Otto-Einspritz-Maybach-Motor HL 234 oder der 2-takt Deutz-Dieselmotor (T8M118) zur Verwendung kam. Die MAN hatte das neue Umlaufseitenvorgelege so verändert, daß die Höchstgeschwindigkeit 45 statt früher 55 km/h betrug. Durch die Vergrößerung der Motordrehmomente würde sich beim bisherigen Getriebe eine um etwa 45% höhere unnötige Zugkraft des ersten Ganges ergeben. MAN schlug daher vor, den ersten Gang wegzulassen und dafür den zweiten Gang um ein geringes in der Übersetzung zu vergrößern. Der bisherige zweite Gang sollte Kriechgang, der dritte Anfahrgang werden. Da bei ZF bereits ein Auftrag über eine Entfeinerung des AK–200 Schaltgetriebes vorlag und die Fertigung von zwei Versuchsgetrieben (Getriebetyp AK 6–200) dieser Art eingeleitet worden war, konnte durch den zusätzlichen Wegfall des ersten Ganges eine weitere erfreuliche Vereinfachung erfolgen. WaPrüf 6 vertrat die Meinung, daß beim Einbau des 850 PS Maybach HL 234 Motors ohne weiteres ein 5-Ganggetriebe ausreichen würde. Beim Einbau des Deutz-Dieselmotors* mit einem

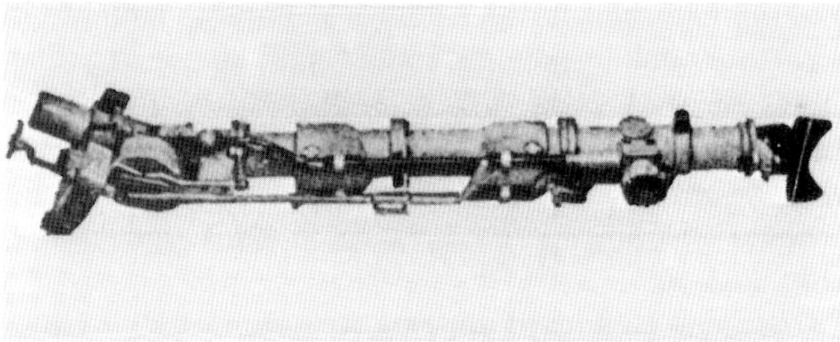

TZF 12a (Turmzielfernrohr) für Panzerkampfwagen. Monokular mit Vergrößerungswechsel. Es war das letzte, welches in Fertigung stand.

TZF 13 (Turmzielfernrohr). Binokular mit Vergrößerungswechsel und Kopfanlage.

Drehmoment von 190 mkg und einer Gesamtübersetzung von 9 wurde ein Zwischengetriebe Z 200 zum AK 7–200 Schaltgetriebe notwendig. Davon waren fünf bei ZF in Auftrag gegeben.

Die Entwicklung der **Turmzielfernrohre** (TZF) lag ab dem TZF 4 in Händen der Firma Leitz, Wetzlar. Vorhergehende Typen – besonders das TZF 2 – wurden von der Firma Zeiss, Jena entwickelt. Die Ausführungen der Firma Leitz waren durch die Verwendung totalreflektierender Prismen vorteilhafter. Mitte der dreißiger Jahre konnten die von der Firma Zeiss verwendeten Oberflächenspiegel nur mit einem relativ ungünstigen Reflexionsvermögen hergestellt werden, so daß Lichtverluste von 50% allein durch den Spiegel gegeben waren. Andererseits entsprachen die Anordnungen der Strichbilder mehr den Wünschen der Truppe. Die Anbringung von Entfernungsskalen mit bis zu vier Munitionsarten, wobei nur eine oder zwei Entfernungen am Index bequem lesbar waren, vermied Irrtümer. Beide Konstruktionen waren sogenannte Knickfernrohre, der empfindliche Fernrohrteil war waffenfest eingebaut. Alle optischen Bauteile hinter der Bildebene dienten nur zur Betrachtung, waren dadurch justierunempfindlich und konnten daher raumfest angebracht werden.

Die Ausführung der Turmzielfernrohre der deutschen Panzerkampfwagen war zunächst monokular, auf Anordnung vom Heereswaffenamt WaPrüf 8 wurden auch binokulare Fernrohre entwickelt. Der erhöhte Aufwand stand in keinem Verhältnis zum Ergebnis, sie wurden daher wieder aufgegeben. Außerdem wurden Turmzielfernrohre mit umschaltbarer Vergrößerung entwickelt, wie sie in den Panzerkampfwagen Tiger und Panther vorhanden waren. Es hatte sich nachteilig erwiesen, daß mit steigender Vergrößerung das Gesichtsfeld verkleinert wurde. Es genügte zur besseren Zielerfassung kurzzeitig eine größere Vergrößerung einzuschalten, es blieb jedoch das für den Normalfall wichtigere große Gesichtsfeld erhalten.

Das stabilisierte Turmzielfernrohr ging auf ausländische Vorbilder zurück. Neben den Russen hatten auch die Amerikaner derartige Geräte eingebaut. Im Prinzip drehte es sich um ein kreiselgesteuertes Prisma vor dem Fernrohrobjektiv.

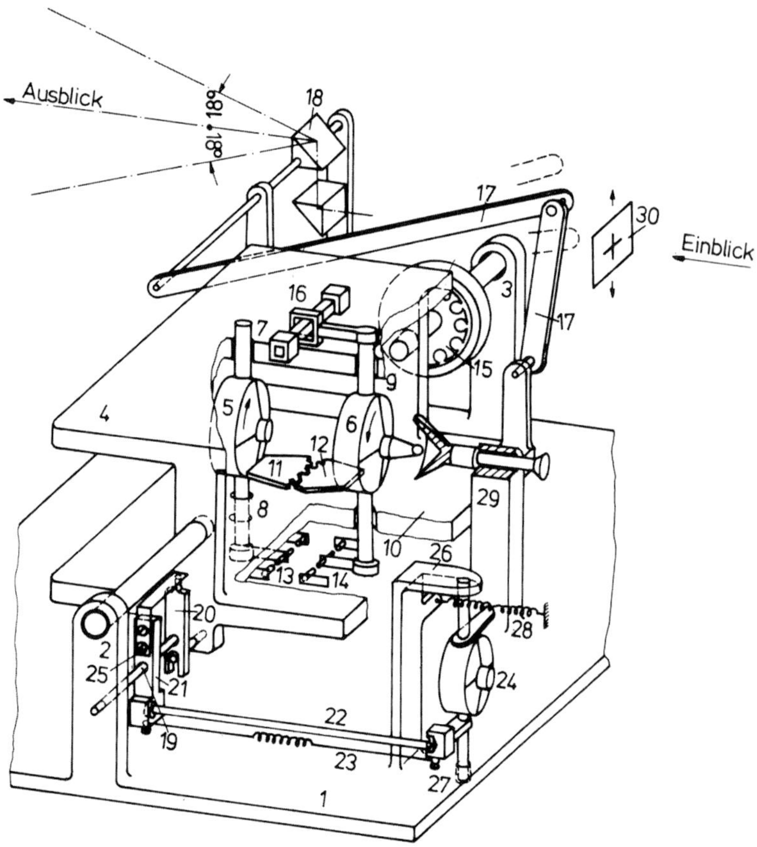

* Deutz T8 M118, wassergekühlter 2-Takt-Diesel 8-Zylinder V-Form – 170 x 180 mm Bohrung/Hub – 32,3 l Hubraum – 700 PS bei 2000 1/min

Die deutsche Nachentwicklung erforderte eine Veränderung bzw. Neugestaltung des Objektivkopfes am Fernrohr. Sie wurde den Firmen Kreiselgeräte Berlin, (Tochterfirma der Askania-Werke, Berlin) und Leitz, Wetzlar übertragen. Als wesentliche Neuerung ergab sich die Anwendung eines Doppelkreisels zum Ausgleich der Abwanderung der Kreiselachse (Präzession). Die Konstruktion wurde innerhalb kurzer Zeit abgewikkelt. Gegenüber der russischen Ausführung wurde auf ein Schießen während der Fahrt verzichtet. Nach dem damaligen Stand der Technik konnte man konstante Verzugszeiten nicht garantieren. Ein Versuchsmuster der Fernrohre lag in verhältnismäßig kurzer Zeit vor, ein damit ausgerüstetes Panzerfahrzeug konnte im Herbst 1944 vorgestellt werden. Es war die letzte Ausführung eines Turmzielfernrohrs, welches von Leitz bis zum Einmarsch der amerikanischen Besatzungstruppen am 28. 3. 1945 in Wetzlar gefertigt wurde. Etwa 800 dieser Geräte wurden noch kurz vor dem Einmarsch der Amerikaner in den damaligen Ruhrkessel transportiert.

Die seit Herbst 1944 immer kritischer werdende Rohstoffverknappung und durch Fliegerangriffe entstandenen Schäden in den Fabriken führte zu drastischen Produktionsschwierigkeiten. Durch den Rückgang der Panther-Fertigung in den letzten Monaten des Jahres 1944 hatten sich wegen des Ausfalls von Lieferungen einiger Unterlieferanten (z. B. Wanne, Turmgehäuse) bei der MAN beträchtliche Materialmengen angesammelt, die für eine Fertigung von etwa 400 Fahrzeugen ausreichten. Wegen des Fehlens gewisser Engpaßteile mußten im Rahmen des im Januar 1945 aufgestellten Notprogrammes auf Grund einer am 19. 2. 1945 erfolgten Überprüfung die Fertigung der Panzerkampfwagen Panther und Tiger Ende Mai 1945 eingestellt werden. Die Panzerfirmen erhielten vom Heereswaffenamt nur 90% des Fahrzeugwertes bei Ablieferung der fertigen Panther als Anzahlung. Andererseits ging die Auslieferung der gefertigten Pz Kpfw erheblich zurück. Ein großer Teil der Unterlieferanten lieferte jedoch auftragsgemäß weiter und mußte bezahlt werden. Dadurch stellten sich erhebliche finanzielle Probleme ein. Nur teilweise konnten diese durch Geldkuriersendungen des Heereswaffenamtes behoben werden. Der Produktionsplan der MAN sah noch für Februar 1945 70, März 100, April 120 und Mai 126 Panther vor.

Dieser Plan konnte jedoch nicht annähernd eingehalten werden. In Wirklichkeit wurden von Januar 1945 bis Anfang Mai 1945 von allen Panther herstellenden Firmen nur noch 441 Panther gefertigt.

Am 3. 3. 1945 überzeugten sich maßgebende Angehörige des Heereswaffenamtes/WaPrüf 6 bei der MAN über den Stand der Fertigung und Entwicklungsarbeit

Blickfeldstabilisierung für Zielfernrohr mit Vorzünderkreisel. Im Prinzip waren zwei vor dem Fernrohrobjektiv angeordnete Prismen, das untere fest in der Verlängerung der Fernrohrachse, das vom Doppelkreisel gesteuerte Prisma oberhalb der Fernrohrachse, angebracht.

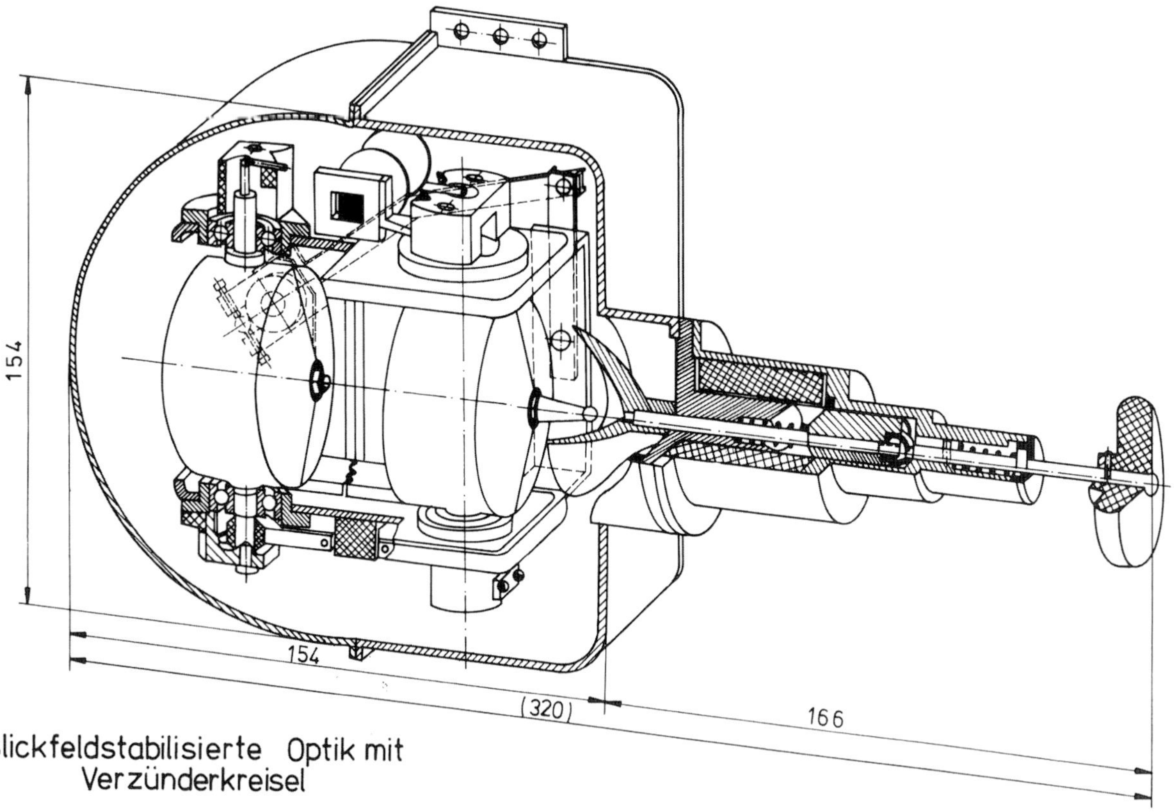

Blickfeldstabilisierte Optik mit Verzünderkreisel

Perspektivische Darstellung

beim Panther im Rahmen des Notprogrammes. Es wurden Untersuchungen angestellt, den Panther weiter zu fertigen, da dieser fertigungstechnisch Vorteile bot und einer der besten verfügbaren Kampfpanzer war. Das Notprogramm beinhaltete nach wie vor – u. a. zur Erhaltung der Fachkräfte – Weiterentwicklungen und Erprobungen am Panther wie:

hydrostatische Überlagerungslenkung,
elektrisch betätigtes Schalt- und Lenkgetriebe,
Motor mit Benzineinspritzung, luftgekühlte Dieselmotoren,
rücklauflose Kanonen für Jagdpanther,
stabilisiertes Zielfernrohr,
Infrarot-Nachtsichtgeräte.

Als Weiterentwicklung war ein Laufwerk mit einheitlichen Bauteilen für die Panzerkampfwagen Tiger und Panther geplant*. Die Laufwerke dieser Fahrzeuge hatten sich fahrtechnisch bestens bewährt. Jedoch konnte die Doppeldrehstabfederung des Panther bei Minenschäden oft nur mit Hilfe eines Schweißbrenners demontiert werden.

Dieser Umstand, die Forderung nach Bodenluken für die Besatzung und auch die Ersatzteilhaltung für zwei verschiedene Fahrzeuge, gaben Anlaß, auch andere Federelemente zu untersuchen.

Professor Dr.-Ing. Lehr gab Anfang 1944 seiner Hoffnung Ausdruck, aus der **Tellerfeder** eine Federungsart entwickeln zu können, die raumsparend außerhalb der Panzerwanne untergebracht werden konnte. Er war der Auffassung, daß alle Kräfte zur Entwicklung dieser Feder eingesetzt werden sollten.

Beim Übergang von Drehstäben auf andere Federelemente war es naheliegend, Federn mit besten Gütegraden in Betracht zu ziehen. Tellerfedern boten sich als geeignet an. Das abzufedernde Gewicht des Tiger betrug 60 t, das des Panther 40,8 t; die Kettenauflagelänge des Tiger war mit 4095 mm, die des Panther mit 3850 mm festgelegt. Eine Studiengruppe unter Oberingenieur Karl Schindler versuchte, bei nahezu gleichen Laufrollenbelastungen, den Panther auf sechs und den Tiger auf acht Laufrollen pro Seite abzustützen. Die Hauptfedern wurden nach den stationären Laufrollenbelastungen, des Panther mit 3400 kg bemessen und der Unterschied der größeren Laufrollenbelastung des Tiger mit 3750 kg in Zusatzfedern, konzentrisch innerhalb der Hauptfedern, abgefangen.

Die Tragkraft der Federsäule war damit bestimmt, aus der verfügbaren Länge des Federgehäuses konnte der größtmögliche Federweg (an der Laufrolle gemessen) – 170 mm nach oben und 130 mm nach unten, insgesamt 300 mm – ermittelt werden.

Zur Dämpfung der Federung waren ölhydraulische Dämpfer innerhalb der Haupttellerfedersäule vorgesehen. Das Federgehäuse für je zwei Laufrollen des Schachtellaufwerkes war symmetrisch ausgebildet und der Versatz zwischen Außen- und Innenlaufrad in zwei verschieden geformten Radnaben aufgenommen. Die Laufrollen waren mit gummigefederten Stahlfelgen versehen.

Diese Konstruktion ergab als Einheitskonstruktion für zwei Fahrzeuge mit verschiedenen Gefechtsgewichten beachtliche und brauchbare Werte.

Laufwerkberechnung für den Panzerkampfwagen E 50/75, welches als Einheitslaufwerk für den Panther vorgesehen war.

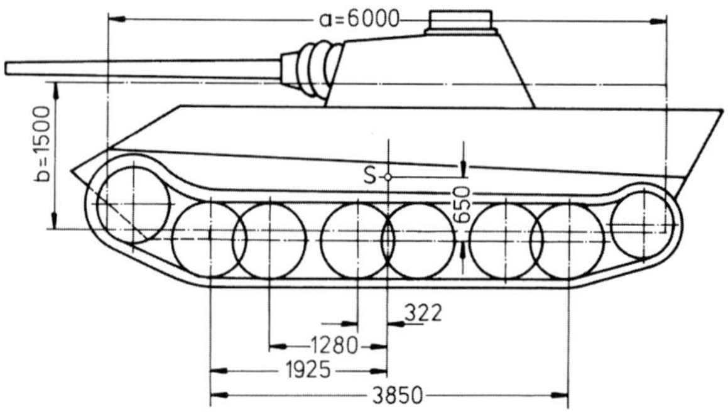

gegeben: $G_f = 40800$ kg; Pst=3400 kg; Hs=650 mm; x=1,15; a=6000 mm;
b=1500 mm; $L_f = 3850$ mm;

Massenträgheitsmoment Θ:

$$m = 40800 : 981 = 41{,}65 \text{ kg s}^2/\text{cm};$$
$$i = x\sqrt{\frac{a^2+b^2}{12}} = 1{,}15\sqrt{\frac{600^2+150^2}{12}} = 206 \text{ cm}$$
$$\Theta s = mi^2 = 41{,}65 \cdot 206^2 = 17{,}6 \cdot 10^5 \text{ cm kg s}^2$$
$$\Theta = \Theta + mH^2 = 17{,}6 \cdot 10^5 + 41{,}65 \cdot 65^2 = 19{,}3 \cdot 10^5 \text{ cm kg s}^2$$

Federkonstanten der Hub- und Nickschwingungen:

$$C = 113 \text{ kg/cm};\ C = 2C_R = 2 \cdot 115 = 226 \text{ kg/cm};\ C_H = 6 \cdot C_R = 6 \cdot 226 = 1356 \frac{\text{kg}}{\text{cm}}$$
$$C'_N = \Sigma(CL^2) = 2 \cdot 226(192{,}5^2 + 128^2 + 32{,}2^2) = 246 \cdot 10^5 \text{ cm kg}$$
$$C_L = m \cdot g \cdot H = 41{,}65 \cdot 981 \cdot 65 = 26{,}5 \cdot 10^5 \text{ cm kg}$$
$$C_N = C'_N - C_L = (246 - 26{,}5)10^5 = 219{,}5 \cdot 10^5 \text{ cm kg}$$

Eigenschwingungszahlen:

$$n_H = \frac{30}{\pi}\sqrt{\frac{C_H}{m}} = \frac{30}{\pi}\sqrt{\frac{1356}{41{,}65}} = 54{,}5 \text{ Schwingungen/min}$$
$$n_N = \frac{30}{\pi}\sqrt{\frac{C}{\Theta}} = \frac{30}{\pi}\sqrt{\frac{219{,}5 \cdot 10^5}{19{,}3 \cdot 10^5}} = 32{,}2 \text{ Nickschwingungen/min}$$

Dämpfung:

$$D_n = 0{,}35;\ R = 245;\ r = 86{,}4;$$
$$D = \frac{\varrho_n}{2 \cdot \Theta \cdot \omega};\ \varrho_n = \frac{D_n \Theta \cdot \pi \cdot n_N}{15} = \frac{0{,}35 \cdot 19{,}3 \cdot 105 \cdot \pi \cdot 32{,}2}{15} = 46 \cdot 10^5 \text{ kg s cm}$$

* Panzerkampfwagen E 50/75 sh. Band 8 der Buchreihe »Militärfahrzeuge«

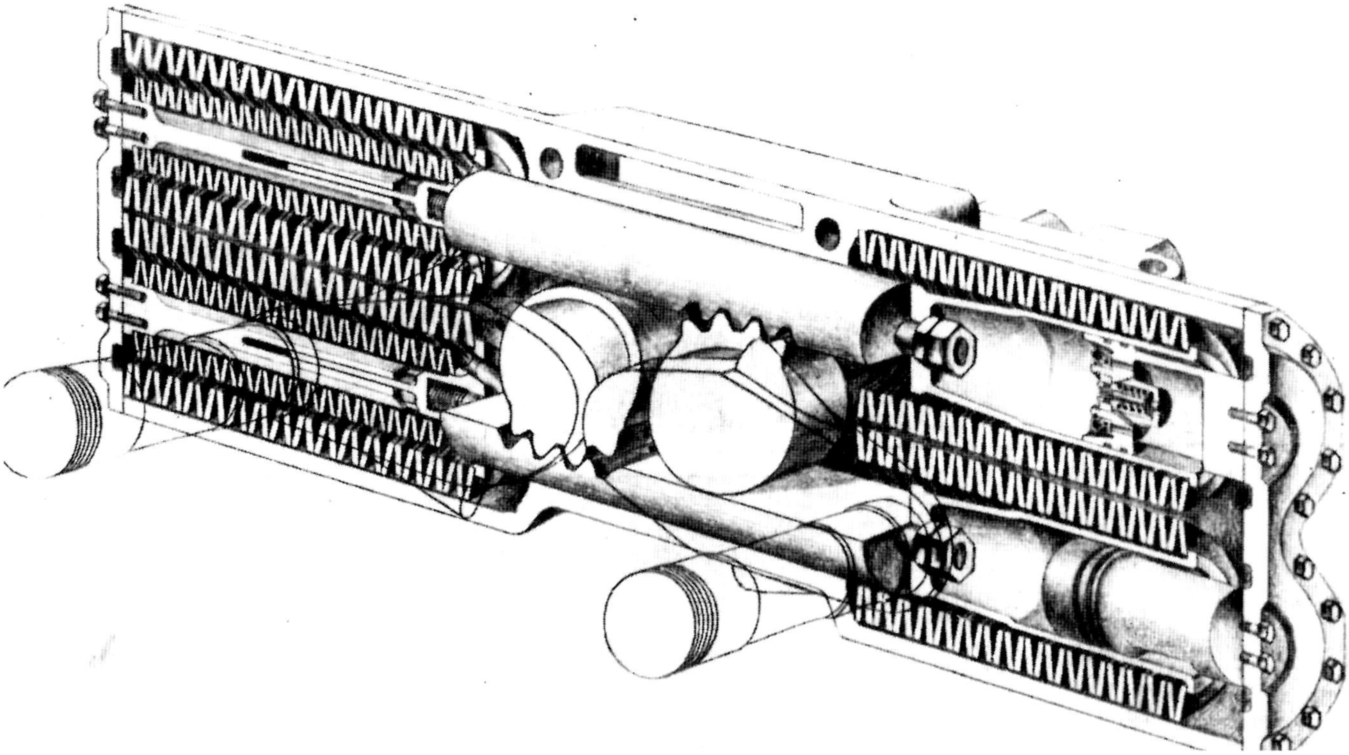

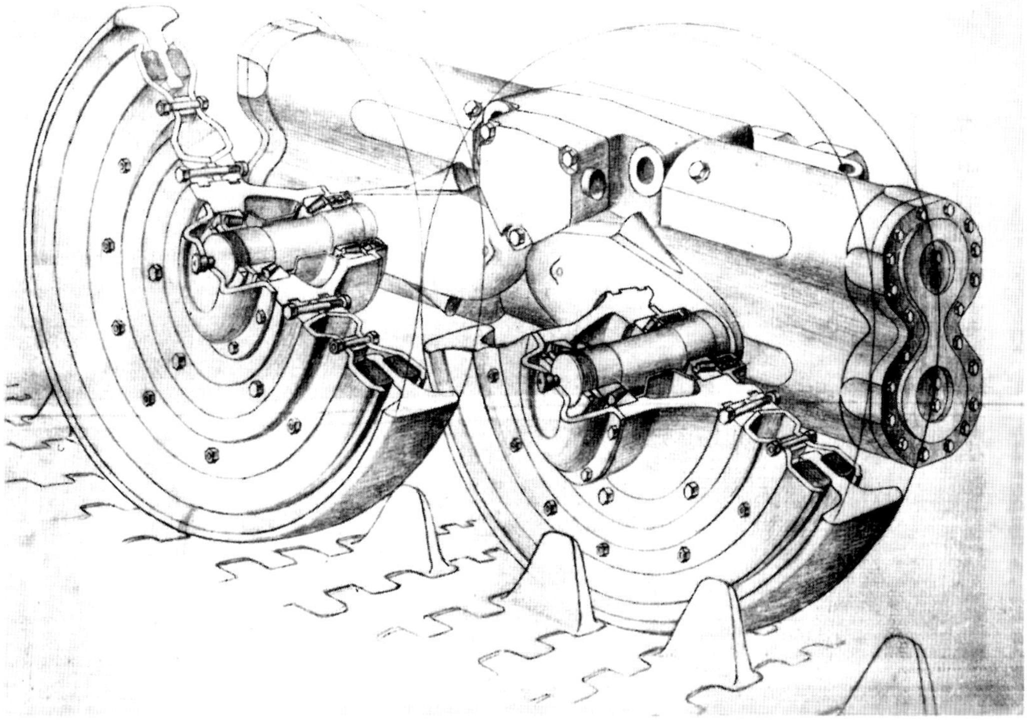

Tellerfeder-Anordnung für den E 50, ein Entwurf der Adlerwerke Frankfurt/Main aus dem Jahr 1945. Skizzen zeigen den Laufrollenwagen mit Federanordnung oben im geöffneten, unten im geschlossenen Zustand.

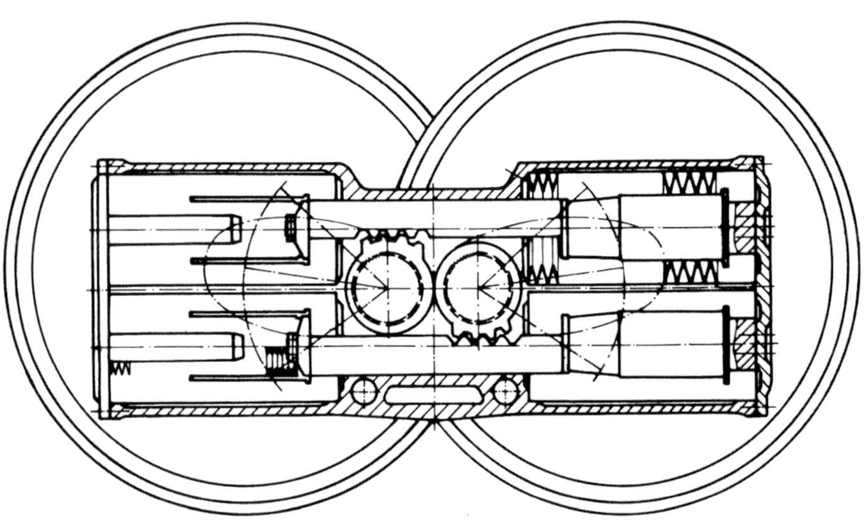

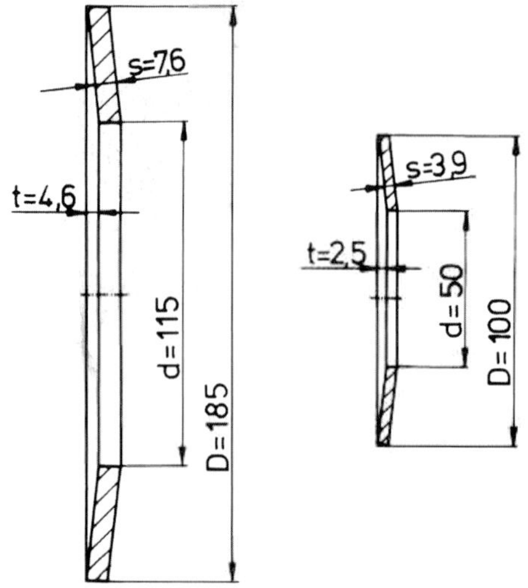

Skizze des Tellerfederlaufwerks für den Panzerkampfwagen E 50/75.

Die beiden Größen der bei dieser Federung verwendeten Tellerfedern.

Außerdem konnte durch den Wegfall der Drehstäbe eine kleinstmögliche Bauhöhe des Panzers erzielt werden.
Der Gesamtauftrag des Heereswaffenamtes/WuG 6 für Panther bei der MAN belief sich bis zum 30. 3. 1945 auf 4000 Einheiten. Dieser Auftrag unter der Nummer 210–5901/42 schloß 12 Bergepanther ein. Insgesamt wurden bei der Maschinenfabrik Augsburg-Nürnberg 2038 Panther abgenommen.
Hitler erwartete Mitte April 1945 die Vorführung des Panzerkampfwagens Panther mit der 8,8 cm KwK 44 L/71.
Eine außergewöhnliche Version des Panther kam während der Ardennen-Offensive Ende 1944 zum Einsatz. Man hatte einigen Fahrzeugen mit Hilfe von Blechmaskierungen das Aussehen amerikanischer Jagdpanzer (Carriage, Motor, 76 mm Gun, M 10) gegeben und sie zusammen mit erbeuteten US-Panzerfahrzeugen deutschen Spezialeinheiten zugeteilt. Sie sollten, mit alliierten Markierungen versehen, zu Beginn der Kampfhandlungen beim Gegner Verwirrung stiften.
Die von der Firma Krupp untersuchte Umbewaffnung

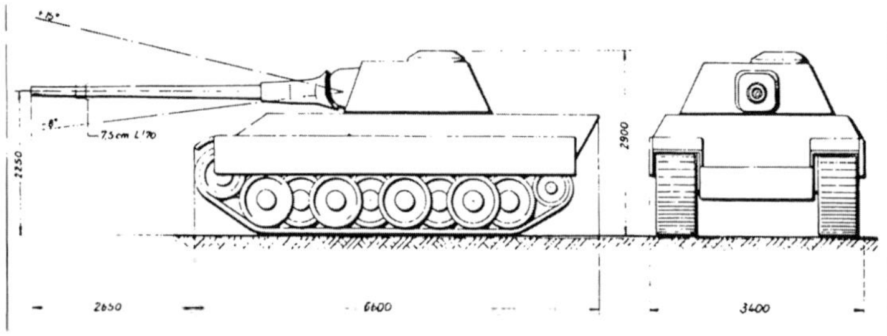

Krupp untersuchte Ende 1944 eine Umbewaffnung sämtlicher noch im Truppengebrauch stehender deutscher Kampffahrzeuge. Die Skizzen zeigen oben den Vorschlag Panther mit 8,8 cm KwK 43 L/71 und unten Panzerjäger Panther mit 12,8 cm Pak 80 L/55.

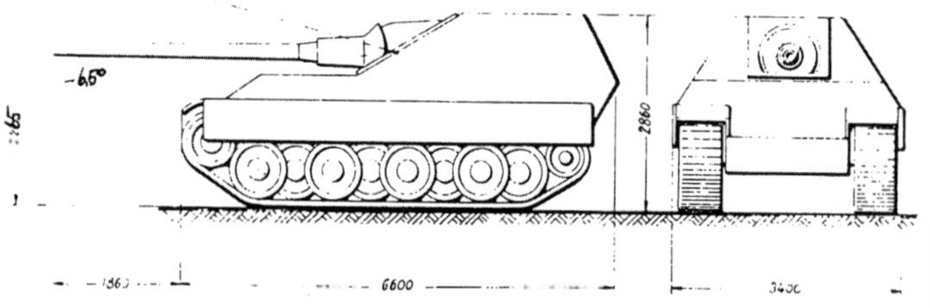

Für die Ardennen-Offensive Ende 1944 wurden vereinzelt Panther als US-Panzerfahrzeuge verkleidet, um beim Gegner Verwirrung zu schaffen.

Kurbelwellen-Benzinanlasser, am Panther aufgesteckt.

Heizlampe des Kühlwasserheizgerätes in Betriebsstellung.

Kühlwasserheizgerät am Motor.

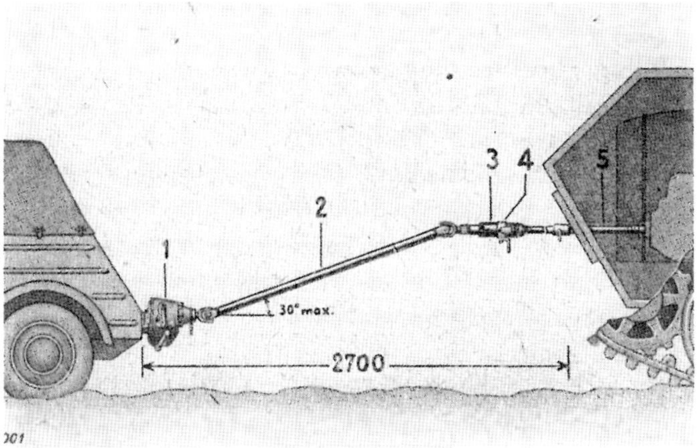

Schema des vollständigen Anwerfgetriebes.

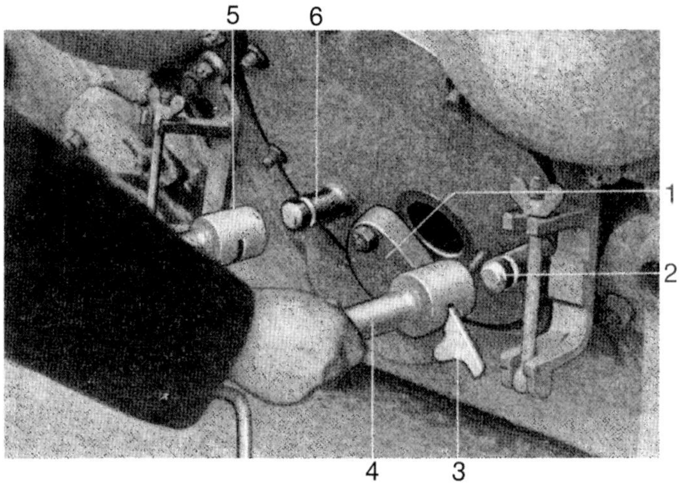

Anbringung der Führungsbrücke am Panzer. 1 Deckel für Andrehwelle, 2 Haltebolzen, 3 Riegel, 4 Führungsbrücke, 5 Führungsbrückenkopf, 6 Haltebolzen.

Anbringung des Anwerfgetriebes am Volkswagen. 1 Handgriffe, 2 Führungslager, 3 Andrehklaue, 4 Kupplungsbügel mit Griff, 5 Schalthebel mit Griff, 6 Führungsbolzen, 7 Getriebegehäuse.

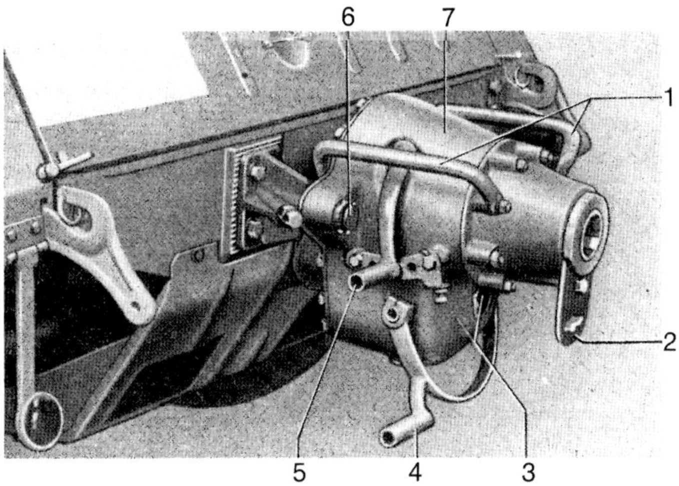

Anschluß der Kupplungsmuffe am Panzer. 1 Andrehwelle II, 2 Klemmutter, 3 Knebelmutter, 4 Griff, 5 Markierung, 6 Gelenkwelle, 7 Griff, 8 Kupplungsmuffe, 9 Führungsbrücke, 10 Zentrierstift.

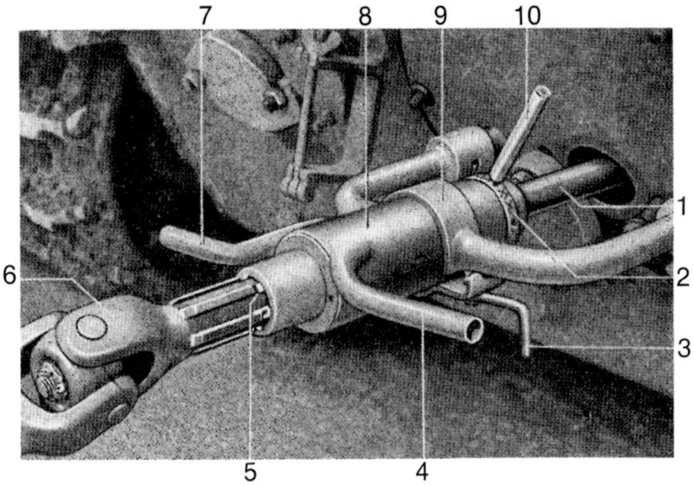

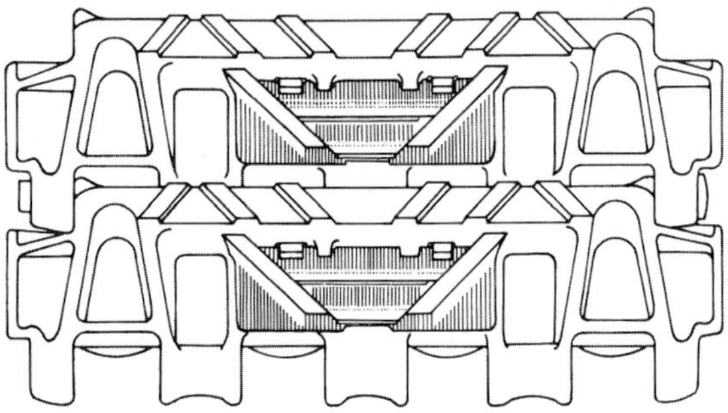

Schneegreifer in Gleiskettenglied eingebaut

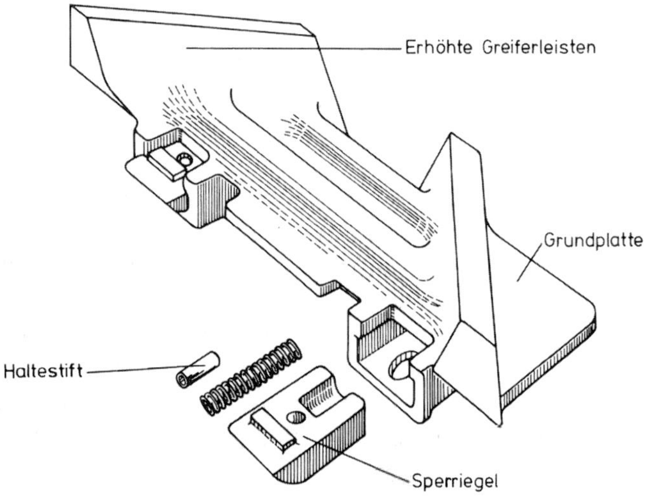

Schneegreifer für die Panther-Gleiskette.

aller im Truppendienst stehenden deutschen Panzerfahrzeuge zeigt mit Zeichnungs Nr. Hln-E 142 vom 17. 11. 1944 den Einbau der 8,8 cm KwK 43 L/71 (ohne Mündungsbremse) im Original-Pantherturm.

1944 wurden Versuche unternommen, Panzerfahrzeuge durch Starkstromkabel gegen Nahbekämpfung zu schützen. Es waren pro Fahrzeug zwei rundumlaufende Kabel vorgesehen.

Eine besondere **Winterausrüstung** sollte die Einsatzbereitschaft der Panzerkampfwagen auch bei Außentemperaturen von -40° C gewährleisten. Dazu standen zur Verfügung: eine heizbare Batterie mit Isolierkasten, ein Panzer-Kühlwasserheizgerät 42 mit Lötlampe, eine Anlaßkraftstoff-Einspritzvorrichtung, ein Anschlußstück für einen Kurbelwellen-Benzinanlasser sowie Gleitschutzstollen (Mittelstollen) für die Gleisketten. Eine Geschwindigkeit von 15 km/h durfte damit nicht überschritten werden, um Beschädigungen an Laufwerk und Fahrbahn zu vermeiden.

Nach Einbau eines Kühlwasservorwärmers, entsprechend einem Vorschlag des Kriegsverwaltungsrates Fuchs (Fuchs-Gerät), entfiel die ursprünglich vorgesehene Kühlwasserübertragung.

Bei den Kurbelwellen-Benzinanlassern handelte es sich vorwiegend um Aufsteckaggregate, die durch eine Öffnung in der Heckplatte mit der Kurbelwelle verbunden wurden. Porsche entwickelte 1944/45 ein Anwerfgetriebe (Porschetyp 198), welches in Verbindung mit dem leichten Personenkraftwagen K1, Typ 82 (Volkswagen) verwendet werden konnte. Dabei standen der anzulassende Panzer und der VW Heck an Heck und wurden durch mit Rutschkupplungen versehenen Andrehwellen verbunden. Es konnten 2 Geschwindigkeitsstufen geschaltet werden.

Zur Beheizung des Kampfraums wurde im linken vorderen Kühler erwärmte Kühlluft in den Kampfraum geleitet. Zu diesem Zweck förderte das Lüfterrad der linken Kühlergruppe in umgekehrter Richtung. Für tiefen Schnee stand für den Panzerkampfwagen Panther ein Schneeräumer zur Verfügung, der in Form eines Schneepfluges vorne am Fahrzeug angebracht wurde.

6042 Panzerkampfwagen Panther wurden bis Kriegsende gebaut. Nach Überbrückung der meisten technischen Schwierigkeiten war der Panther bis zuletzt der – leider oft unerreichbare – Traumwagen der deutschen Panzertruppe.

Erbeutete Panther wurden nach 1945 vorwiegend von den französischen Steitkräften weiter verwendet. So war noch 1947 ein Bataillon des Panzerregimentes 503 in Mourmelon mit 50 Panthern ausgerüstet, während weitere Panther in Satory und Bourges stationiert waren, darunter auch Jagdpanther.

Französische Erfahrungen mit dem Panther fanden ihren Niederschlag in dem Bericht »Le Panther 1947«, herausgegeben vom Ministere de la Guerre, Section Technique de L'Armée, Groupement Auto-Char, welcher uns dankenswerterweise zur Verfügung gestellt wurde. Daraus einige Auszüge:

- Das Turmschwenkwerk ist nicht stark genug, um den Turm zu drehen oder festzuhalten, sobald der Panzer sich auf einer Steigung von mehr als 20° befindet. Daher kann der Panther beim Fahren im Gelände nicht schießen.
- Das Höhenrichten ist normalerweise einfach, wird jedoch schwierig, wenn der mit komprimiertem Stickstoff arbeitende Stabilisator Druck verloren hat.
- Die Kommandantenkuppel mit ihren 7 Winkelspiegeln ermöglicht

Panzerkampfwagen Panther im Dienst der französischen Streitkräfte (FFI) nach Beendigung des Zweiten Weltkrieges.

eine fast perfekte Rundumsicht. Durch Beschuß beschädigte Winkelspiegel können schnell ersetzt werden.

- Ein Scherenfernrohr mit starker Vergrößerung war an einer schwenkbaren Halterung in der Kommandantenkuppel angebracht.
- Der Richtschütze besitzt, außer seinem Zielfernrohr, welches ausgezeichnet ist, kein weiteres Beobachtungsgerät. Er ist also praktisch blind, mit einer der größten Mängel am Panther.
- Das Zielfernrohr mit zwei Vergrößerungsstufen ist bemerkenswert klar und sein Sichtfeld im Zentrum frei. Das Zielfernrohr ermöglicht die Beobachtung des Zieles und der Schüsse bis über 3000 m.
- Für den Panther ist keine Hohlladungsmunition vorgesehen.
- Die Sprenggranate kann mit 0,15 s Verzögerung verschossen werden.
- Die Munitionsart PzGr 40 hat bis 1500 m eine bessere Durchschlagskraft als die PzGr 39, verliert aber dann schnell an Rasanz.
- Bei schneller Schußfolge kommt es nicht selten vor, daß das Schießen unterbrochen werden muß, da der Rücklauf der Kanone die zulässige Grenze (Feuerpause) erreicht.
- Eine Schußfolge von 20 Schuß/min darf nur in Ausnahmefällen, wenn es die Umstände erfordern, erreicht werden.
- Beim Abfeuern des Schusses zeigt das Fahrgestell keine nachteilige Reaktion, ganz gleich in welcher Stellung sich der Turm befindet.
- Hat der Kommandant ein Ziel erfaßt, dauert es durchschnittlich 20 bis 30 Sekunden, bis der Richtschütze das Feuer eröffnen kann. Dieser Wert, der deutlich über dem des Sherman liegt, ist durch den fehlenden Richtschützen-Winkelspiegel bedingt.
- Die Lebensdauer der mechanischen Teile war für 5000 km ausgelegt. Der Verschleiß ist bei vielen Teilen größer als erwartet. Gleisketten und Laufwerk haben eine Lebensdauer von 2000 bis 3000 km. Die Gleisketten brechen sehr selten, selbst in steinigem Gelände. Jedoch können sich die Laufrollen bei harter Fahrweise verformen.
- Die Teile der Kraftübertragung (Ausnahme Seitenvorgelege) erreichen die vorgesehene Lebensdauer. Der Austausch eines Getriebes beansprucht weniger als einen Tag.
- Der Motor hingegen war nicht länger als 1500 km betriebsfähig. Die mittlere Motorlebensdauer beträgt 1000 km. Motoraustausch durchgeführt von einem Unteroffizier (Beruf Schlosser) und 8 Mann mit Hilfe eines Dreibaumes oder eines Bergepanther in 8 Stunden. Austausch der Waffenanlage mit gleichen Mitteln in einigen Stunden. Die deutschen Instandsetzungs-Einheiten haben bemerkenswert gut gearbeitet.
- Der Panther ist folglich in keiner Weise ein strategischer Panzer. Die Deutschen zögerten nicht, mit der Motor-Lebensdauer sparsam umzugehen und den Panzer auf der Eisenbahn zu verladen und dies selbst für sehr kurze Strecken (25 km).
- Der wirklich schwache Punkt des Panther ist das Seitenvorgelege, das zu schwach ausgelegt ist und eine durchschnittliche Lebensdauer von nur 150 km haben soll.
- Die Hälfte der verlassenen, in der Normandie 1944 gefundenen Panther wiesen Brüche am Seitenvorgelege auf.
- Um diese Brüche zu vermeiden wird empfohlen, folgende Punkte besonders zu beachten: Beim Abwärts- und Rückwärtsfahren sowie in unebenen Gelände, wenn man in einen der unteren Gänge schalten will, besonders vorsichtig zu sein. Außerdem soll man nie einen Panther abschleppen, ohne vorher die Seitenvorgelege abgekuppelt zu haben. Schließlich sollte man niemals – ganz gleich was geschieht – beide Lenkhebel gleichzeitig betätigen.
- Das Hohlladungsgeschoß – gleich welcher Art – durchschlägt Bleckdicken seines eigenen Kalibers. Man braucht also eine 105-mm-Munition oder mindestens 88-mm-Munition, um das Bugblech des Panther zu durchschlagen (Münsingen, 1946).
- Eine Nebelkerze, auf das Heck oder die Luftzuführungen des Motors geworfen, löst einen Brand aus.
- Das Laufwerk ist empfindlich gegen Sprenggranaten. Kaliber ab 105 mm können das Fahrzeug bewegungsunfähig machen (Rammersmatt, 8. 12. 1944).
- Geschoßsplitter oder 75-mm-Granaten, welche dieselbe Stelle des Bugbleches treffen, können diese durchschlagen oder Schweißnähte aufbrechen (Münsingen, 1946).
- Keine Stelle des Panther ist so gepanzert, daß sie »Panzerfaust« oder »Panzerschreck« standhält.
- Dagegen soll die große Reichweite der Kanone auf alle Fälle genutzt werden. Das Feuer kann auf eine Entfernung von 2000 m mit großer Trefferwahrscheinlichkeit eröffnet werden. Die meisten Treffer wurden auf eine Entfernung von 1400 bis 2000 m erzielt. Der Munitionsverbrauch war verhältnismäßig gering, durchschnittlich traf der 4. bis 5. Schuß, auch bei Sprenggranaten.

Der Panther ist unumstritten für das Jahr 1943 ein kampfkräftiger Panzer, bei dem es gelungen ist, für die damalige Zeit in bezug auf Bewaffnung und Panzerung bemerkenswerte Leistungen zu verwirklichen.

Aber selbst nach deutschen Angaben wies er beträchtliche Schwachstellen auf:

- Mangel an strategischer Beweglichkeit auf Grund der kurzen Lebensdauer seines Motors, die zwischen dem sechs- und zehnfa-

chem des Fahrbereichs liegt. Der Panzer kann keine großen Strecken zurücklegen und muß sich auf kurze Fahrten beschränken.
- Mangel an Beweglichkeit wegen eines unzureichenden Lenkgetriebes, welches eine sehr hohe Schadensfrequenz aufweist.
- Der Einsatz erfordert allgemein spezialisiertes Personal: Bei der Wehrmacht Offizier oder Oberfeldwebel als Kommandant, Unteroffizier als Richtschützen und Fahrer.

Als die Deutschen keine erfahrenen Panzerbesatzungen mehr hatten, konnte man feststellen, daß die Panther nicht mehr zum Einsatz kamen oder auf Grund mechanischer Schäden verlassen wurden.

Im Frühjahr 1946 wurde ein Pantherfahrgestell, welches mit einem Versuchs-Elektroschaltgetriebe 12 E 185 und einem Elektro-Lenkgetriebe vom Typ LE 185 ausgerüstet war und sich noch bei der Zahnradfabrik Friedrichshafen befand, an das Atélier de Construction de Moulineux (AMX) in Satory bei Versailles abgeliefert. Der WaPrüf 6-Auftrag für diese Entwickung war bereits am 31. 8. 1942 erteilt worden. Dafür waren RM 15700,– bereitgestellt.

Außenansichten des ZF Elektro-Schaltgetriebes 12 E 185 für 650 PS.

Schaltschema des Elektro-Schaltgetriebes K 12 E 185.

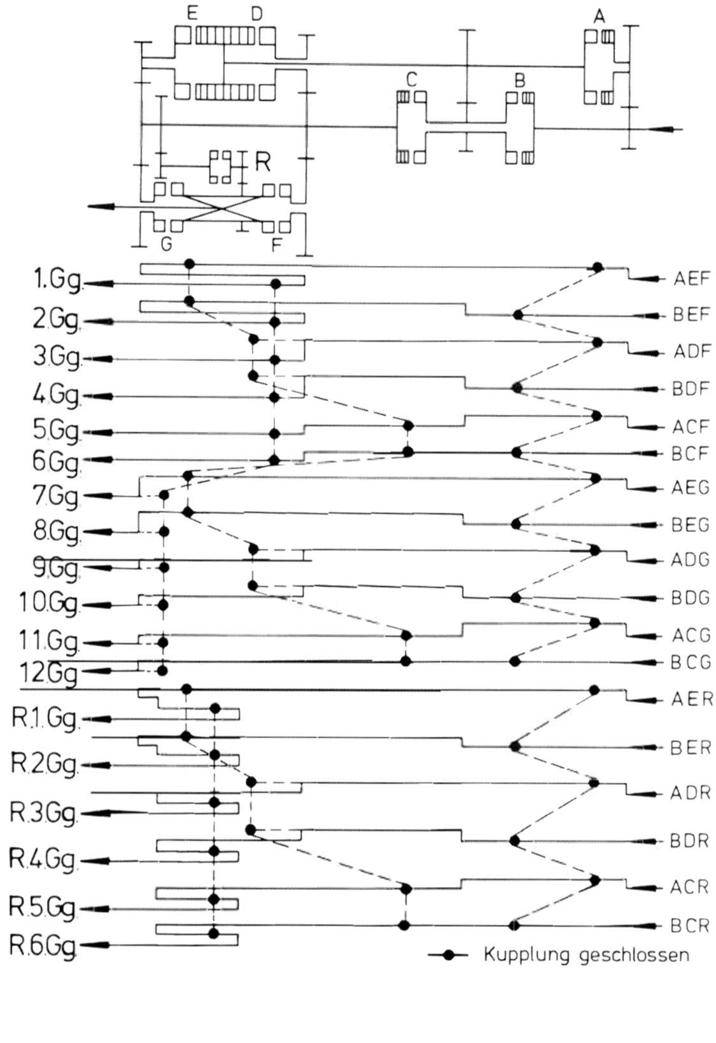

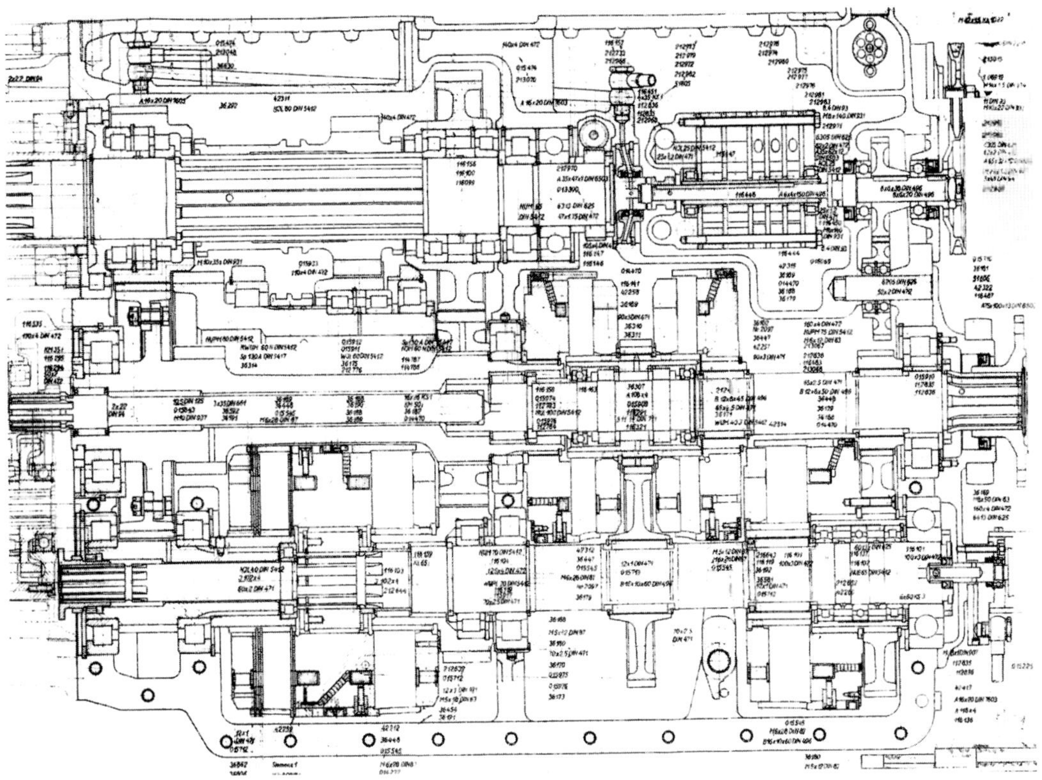

12-Gang-Magnetkupplungsschaltgetriebe, Typ 12 E 185 für den Panther. Hersteller Zahnradfabrik Friedrichshafen.

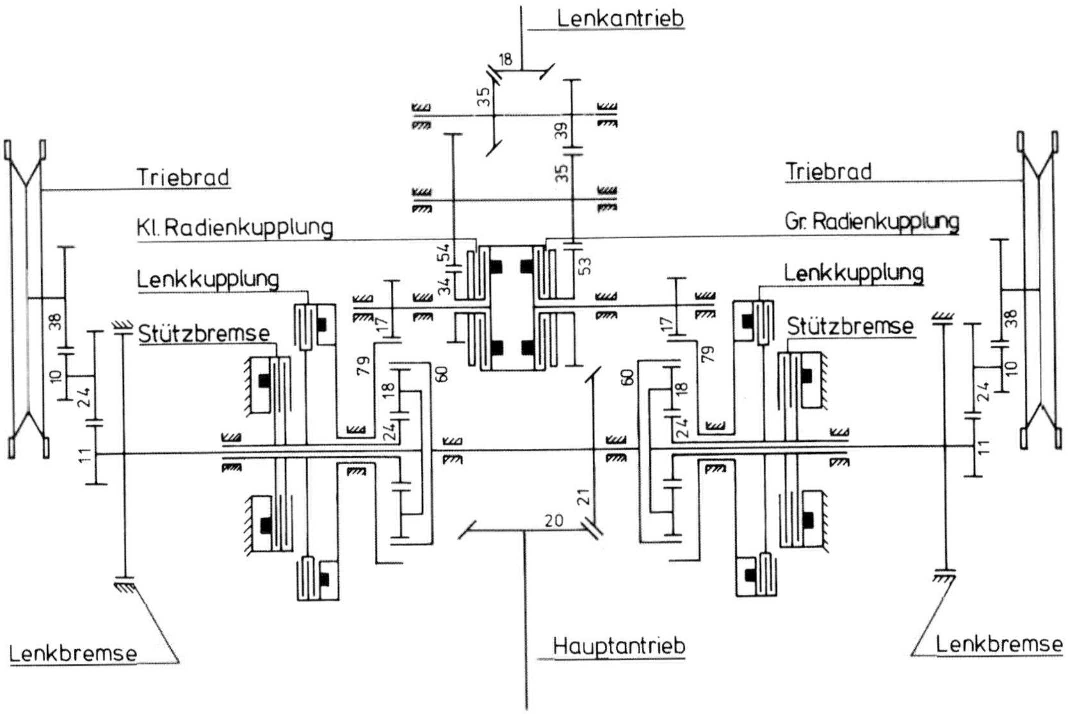

ZF Elektro-Zweiradien-Lenkgetriebe LE-185 für den Panther.

Die Entwickung von Nachtsichtgeräten (Infrarot) für den Panzerkampfwagen Panther

Die sich immer steigernde Luftüberlegenheit der Westalliierten machte ab 1944 die Bewegung von Panzereinheiten während des Tages fast unmöglich. Es wurde mit Nachdruck die Forderung erhoben, für die Panzertruppe ein Infrarot-Gerät zum Fahren und Schießen bei Nacht zu schaffen.

Schon seit 1936 beschäftigte sich das Heereswaffenamt, WaPrüf 8, in Zusammenarbeit mit der Firma AEG mit dem Problem, die Bildwandler-Technik für eine Verwendung als Fahr-, Beobachtungs- und Zieloptik nutzbar zu machen. Im Jahre 1942 wurde für die 7,5 cm Pak 40 auf Selbstfahrlafette ein Infrarot-Zielgerät geschaffen, welches neben einem Bildwandler einen Infrarot-Scheinwerfer aufwies. Die guten Ergebnisse der Truppenversuche mit diesem Gerät, die ab 1943 bei der Panzertruppenschule Fallingbostel stattgefunden hatten, führten zur Forderung Guderians, auch für den Panther ein solches Beobachtungs- und Zielgerät zu entwickeln. Das Ergebnis dieser Entwickung, die unter der Leitung von Ministerialrat Dr.-Ing. H. Gaertner Heereswaffenamt/WaPrüf 8 stand, war eine bei Tage abnehmbare Bildwandleranlage für den Kommandanten des Fahrzeuges. Eine organische Einfügung der Anlage in den Gesamtentwurf war aus Zeitgründen nicht möglich. Der Nachteil, daß sich der Kopf des Kommandanten bei Bedienung des Gerätes außerhalb des Fahrzeuges befand, wurde durch die Tatsache, daß das Gerät nur nachts verwendet wurde, fast aufgehoben. Den militärischen Forderungen entsprechend, hatte das Gerät folgende Aufgaben zu erfüllen:

- Rundumbeobachtung für den Kommandanten
- Einweisung des Fahrers durch den Kommandanten
- Zielen

Die Anlage konnte mittels zweier Schwenkarme auf einer Ringschiene auf der Kommandantenkuppel um 360° geschwenkt werden. Um die Einweisung des Fahrers zu ermöglichen, mußte die Vergrößerung auf das 1,2-fache beschränkt werden, da bei höherer Vergrößerung das Geländebild beim Fahren zu sehr schwankte. Eine Streuscheibe vor dem Scheinwerfer, die das ausgeleuchtete Feld von etwa 8° auf etwa 30° erhöhte, gab

Panzerkampfwagen Panther mit Infrarot-Nachtsichtgerät

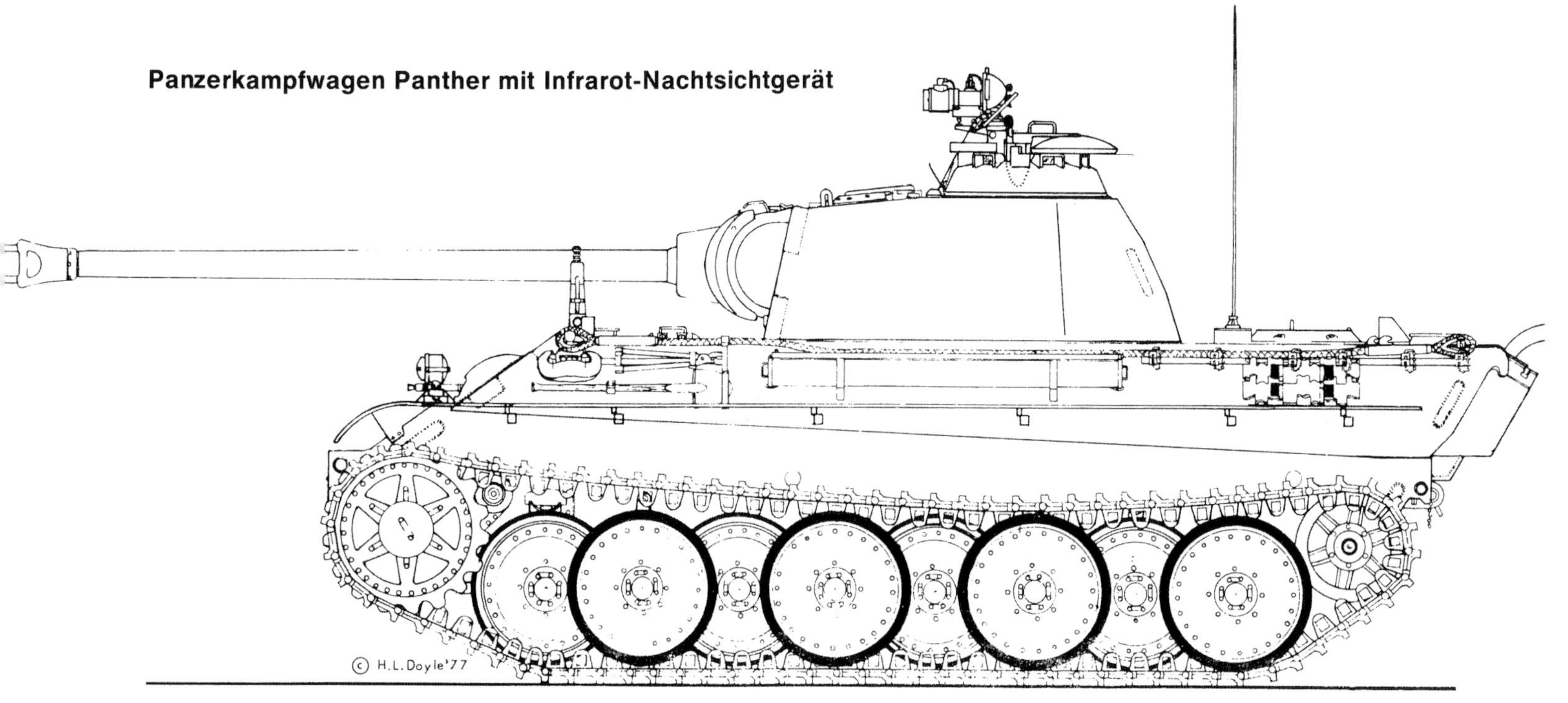

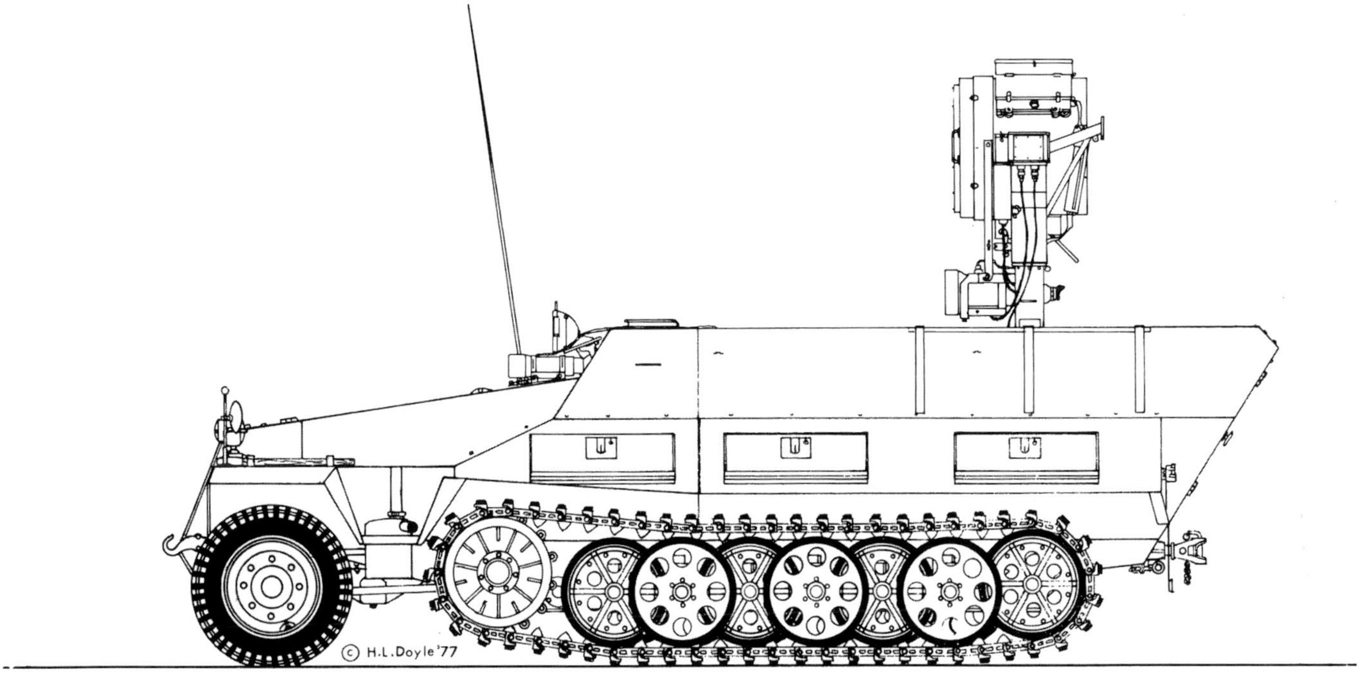

Infrarot-Beobachtungswagen »Uhu« (Sd. Kfz. 251/20)

Infrarot-Begleitfahrzeug »Falke«

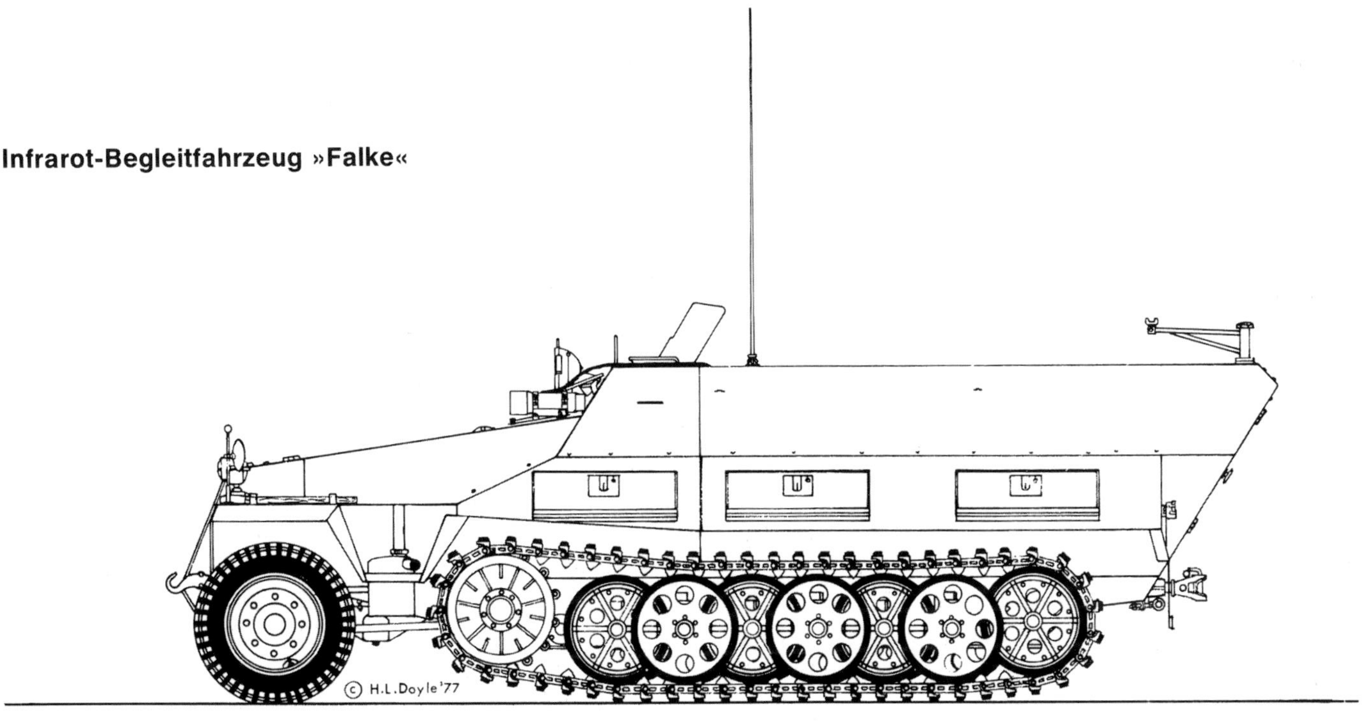

dem Kommandanten die Möglichkeit, die Strecke vor ihm bis auf etwa 100 m ausreichend zu erkennen. Der Fahrer folgte den Anweisungen des Kommandanten, er fuhr blind. Trotz der geringen Vergrößerung konnten Ziele bis zu 400 m Entfernung gut angerichtet werden. Das Ziel wurde mit der im Bildwandler vorhandenen Abkommen-Marke angeschnitten, wobei sich der Geländewinkel zum Ziel mittels eines Stahlbandes auf ± 1-genau in das Innere des Panzers auf eine Folge-Zeigereinrichtung übertrug. Der Richtschütze konnte somit den Geländewinkel bei der Erhöhung der Kanone berücksichtigen. Um das Gerät auch bei verschiedenen Munitionsarten verwenden zu können, war das Abkommen im Bildwandler verstellbar. Die Stromversorgung wurde durch einen zusätzlichen 400 Watt Generator sichergestellt. Außerdem wurde eine zusätzliche 12 V Batterie eingebaut. Der Scheinwerfer hatte einen Durchmesser von 20 cm, die Leistung betrug 200 W. Weitere technische Daten der Anlage:

- Vorsatzobjektiv (7-Linser); f=9 cm; 1:1; Gesichtsfeld etwa 30°
- Lupe monokular; v=5-fach
- Bildwandlerröhre Typ 126 (Triode) der AEG; Betriebsspannung 18 kV

Die ungenügende Reichweite der Bildwandleranlage für den Panther führte zur Entwicklung eines Infrarot-Beobachtungswagens, der auf der Basis des mittleren Schützenpanzers geschaffen wurde (Sd. Kfz. 251/20). Er führte die Bezeichnung »Uhu«. Im Fahrzeug waren ein 60 cm Flak-Scheinwerfer mit Kohlebogenlampe und Infrarot-Filter, sowie das dazugehörige Stromaggregat untergebracht. Ein unter der Anlage sitzender Beobachter konnte diese um 360° schwenken und während der Fahrt in das Innere des Fahrzeuges einklappen. Die Gesamtvergrößerung entsprach der eines Scherenfernrohres (10fach). Eine Beobachtungsreichweite bis zu 1500 m war gegeben. Im taktischen Einsatz sollte je ein Beobachtungswagen jeweils einer aus fünf Panther bestehenden Einheit zugeteilt werden. Die Beobachtungsreichweite der auf dem Panther angebrachten Bildwandleranlage stieg durch die erhöhte Leistung des Uhu-Scheinwerfers auf etwa 700 m. Infrarot-Fahrgeräte, die dem Fahrer auf guten Straßen eine Geschwindigkeit von 40 bis 50 km/h bei völliger Dunkelheit erlaubten, gehörten zur weiteren Ausrüstung der Uhu-Geräte. Die zur Beobachtung des Leuchtschirmes dienende Einsichtlupe hatte einen so großen Durchmesser, daß der Fahrer gleichzeitig mit beiden Augen in das Gerät, welches eine 1,2-fache Vergrößerung aufwies, hineinsehen konnte. Im Uhu war das Fahrgerät horizontal eingebaut; den Einbauverhältnissen entsprechend konnte auch eine vertikale Einbauweise angewandt werden. Es war vorgesehen, auch im Panther zusätzlich ein vertikales Fahrgerät einzubauen, wobei für Ein- und Ausblick noch zusätzlich je ein Spiegel unter 45° eingebaut werden mußte. Weitere technische Daten für das Beobachtungsfahrzeug Uhu:

- Infrarot-Scheinwerfer Durchmesser 60 cm; 6 kW
- Infrarot-Fahrscheinwerfer Durchmesser 20 cm; 200 W

Panzerkampfwagen Panther Ausf. G mit Infrarot-Zielfernrohr und Schießscheinwerfer an der Kommandantenkuppel.

Plattform für Infrarot-Zielfernrohr und Schießscheinwerfer von vorne und von hinten.

Skizze von Einzelteilen der IR-Anlage.

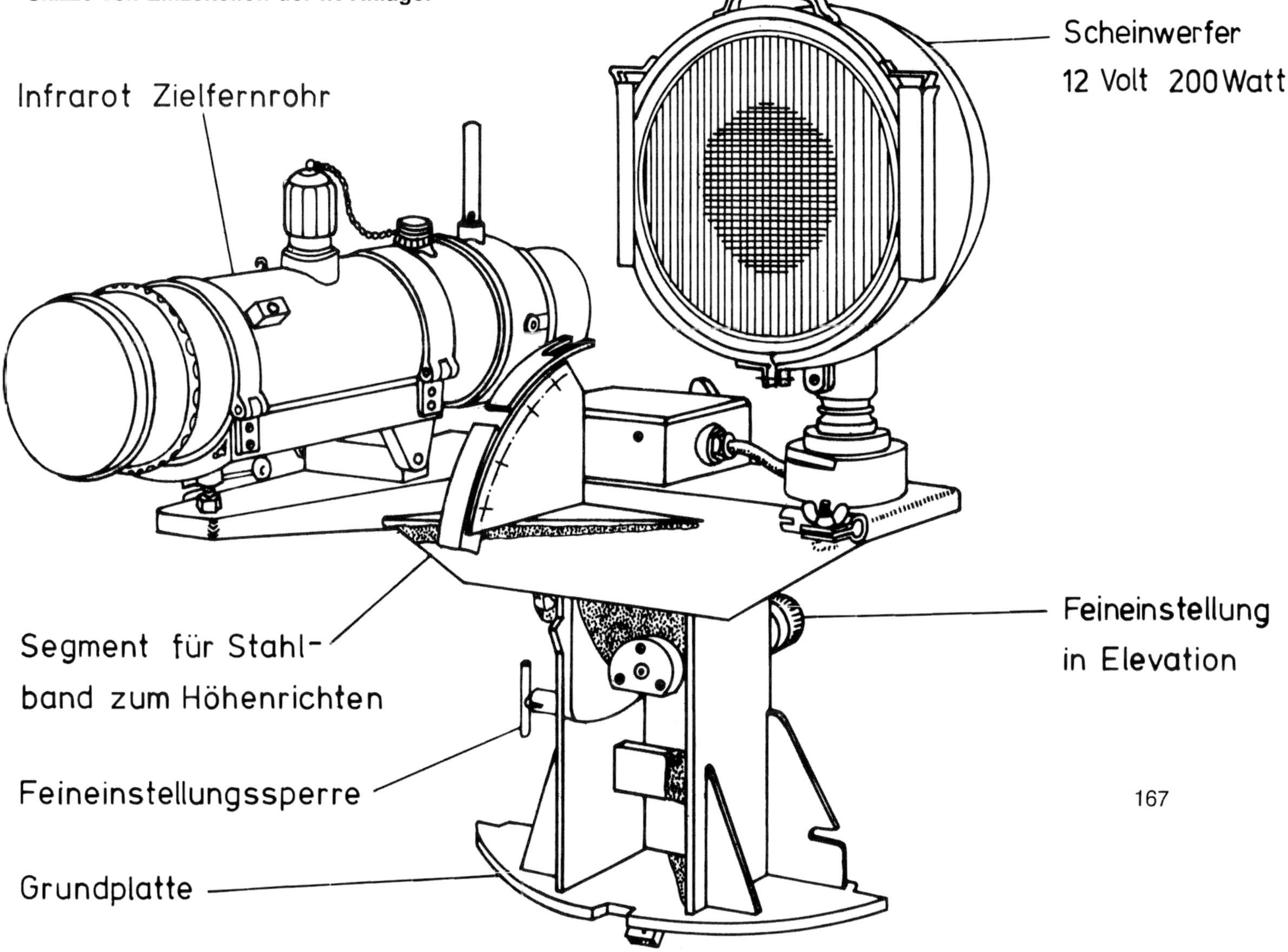

IR-Gerät »Uhu«, aufgesetzt auf dem mittleren Schützenpanzerwagen (Sd. Kfz. 251/20)

Infrarot-Fahrgerät am mittleren Schützenpanzerwagen

- Vorsatzobjektiv (4-Linser) f=40 cm; 1:1,5; Gesichtsfeld etwa 10°
- Lupe monokular; v=10-fach
- Bildwandlerröhre wie beim Kommandantengerät Panther

Es war beabsichtigt, den 6 kW Kohlenbogenscheinwerfer durch zwei hochklappbare Glühlampenscheinwerfer von je 60 cm Durchmesser zu ersetzen. Es hatte sich gezeigt, daß diese – mit 500 Watt Lampen ausgestattet – die gleiche Reichweite lieferten, wenn die Glühlampen mit 28 V, anstelle von 24 V, betrieben wurden.

Zum Begleiten von Panzereinheiten bei nächtlichen Einsätzen mit Infrarot-Gefechtsfeldbeleuchtung wurde ein Infrarot-Zielfernrohr für das Sturmgewehr 44 gefordert. Damit ausgerüstete Panzergrenadiere sollten in Schützenpanzern befördert werden, die ein Infrarot-Fahrgerät hatten. Das Bord-MG sollte ebenfalls eine Infrarot-Zieleinrichtung bekommen. Diese Schützenpanzerwagen führten die Bezeichnung »Falke«.

So zeigten sich die Anfänge einer vollintegrierten Nachtkampfmöglichkeit durch das Kommandantengerät für den Panther, den Beobachtungswagen Uhu und das Begleitfahrzeug Falke. Für das Kommandanten-Nachtsichtgerät wurde in den letzten Monaten des Krieges eine Produktionskapazität von etwa 1000 Geräten pro Monat erreicht. Als schließlich etwa 1000 Geräte zur Verfügung standen, fehlte es nicht nur an Panzern, sondern auch an Kraftstoff, um den von Guderian erhofften, geballten ersten Einsatz damit durchführen zu können. Abgesehen von vereinzelten Einsätzen, ist es nicht mehr zu einem größeren Truppengebrauch gekommen. Gegen Ende des Krieges waren etwa 60 Uhu-Anlagen fertiggestellt, die Fertigung von 600 Geräten eingeleitet. Alle Teile waren für eine Massenproduktion ausreichend erprobt.

Auch wurden während des Zweiten Weltkrieges **Wärmeortungsgeräte** entwickelt, die auf Anregung von Dr.-Ing. Gaertner bei der Firma Zeiss gebaut wurden. Dabei handelte es sich um das Wärmepeilgerät »Donau 60«, mit dem die Peilung eines Panzerkampfwagens (erbeuteter französicher Kampfwagen) bis auf 7,5 km Entfernung möglich war. Ein Einbau im Panzer wurde nicht durchgeführt, da der Empfangsspiegel der Anlage einen Durchmesser von 60 cm aufwies. Sie wurden jedoch an der Atlantik-Küste eingesetzt.

Panzerkampfwagen Panther II

Im Februar 1943 forderte das Heereswaffenamt, WaPrüf 6/III eine engere Zusammenarbeit zwischen Henschel und der Maschinenfabrik Augsburg-Nürnberg, um eine weitgehende Angleichung zwischen den Panzerkampfwagen Panther und Tiger zu erreichen. Einzelne Baugruppen sollten zur Erleichterung der Ersatzteilversorgung für beide Fahrzeuge austauschbar gemacht werden. Für die verbesserten Panzerkampfwagen wurden die Bezeichnungen Panther II und Tiger II bestimmt. Während der Tiger II als Ausführung B Ende 1943 tatsächlich in Produktion ging, wurden vom Panther II bis Kriegsende nur zwei Prototypen fertig. Eines dieser Fahrzeuge, allerdings mit dem Drehturm der Ausführung G, ist erhalten geblieben und steht heute in der US-Panzertruppenschule Fort Knox, im amerikanischen Bundesstaat Kentucky.

Für den Panther II wurde festgelegt, daß der größte Drehkreis des Turmes das Maß für den Radius 1570 mm nicht überschreiten durfte. Durch Abarbeiten der Ecken wurde der größte Radius auf 1565 mm gebracht, so daß beim Drehen des Turmes ein Abstand von 15 bis 20 mm bis zu den Fahrer- und Funkerlukendeckel eingehalten wurde. Das Abstandsmaß Turmmitte bis Unterkante Turmrückwand durfte mit Rücksicht auf die Zugänglichkeit der Motorraumklappen im Wannendach nur 1240 mm betragen. Diese Forderung wurde durch Steilerstellung der Rückwand auf 70°, anstelle der ursprünglich vorgesehenen 65°, erfüllt.

In einer Besprechung am 5. 3. 1943 wurde festgelegt, daß beim Tiger II und Panther II Haupt- und Lenkwellenantrieb sowohl beim Maybach Olvar- als auch beim ZF Allklauen-Schaltgetriebe so ausgelegt werden mußte, daß beide unabhängig voneinander eingebaut werden konnten. Die Konstruktionszeichnungen für Lenkgetriebe und Seitenvorgelege sollten bis zum 20. 3. 1943 abgeschlossen sein.

Am 30. 3. 1943 wurde festgelegt, daß die Firma Krupp kurzfristig mit der Produktion des Panther II beginnen sollte und daher zusammen mit der Firma MIAG die Fertigung der Überlagerungs-Lenkgetriebe übernehmen mußte. Dabei sollte MIAG Überlagerungs-Lenkgetriebe,

Der noch heute in der US-Panzertruppenschule Fort Knox, USA erhaltene Prototyp des Panther II, der mit einem Drehturm der Ausführung G versehen wurde.

Das Laufwerk des Panther II besitzt Tiger B Teile (Laufrollen-Durchmesser 800 mm). Das Fahrzeug soll in Fort Knox wieder fahrbereit gemacht werden.

Der Panther II hatte die Einzeldrehstabfederung des Tiger B.

Laufwerk des Panther II mit gummisparenden Laufrollen.

Leitrad und Kettenanordnung des Panther II stimmen weitgehend mit dem Tiger B überein.

Panzerkampfwagen Panther II

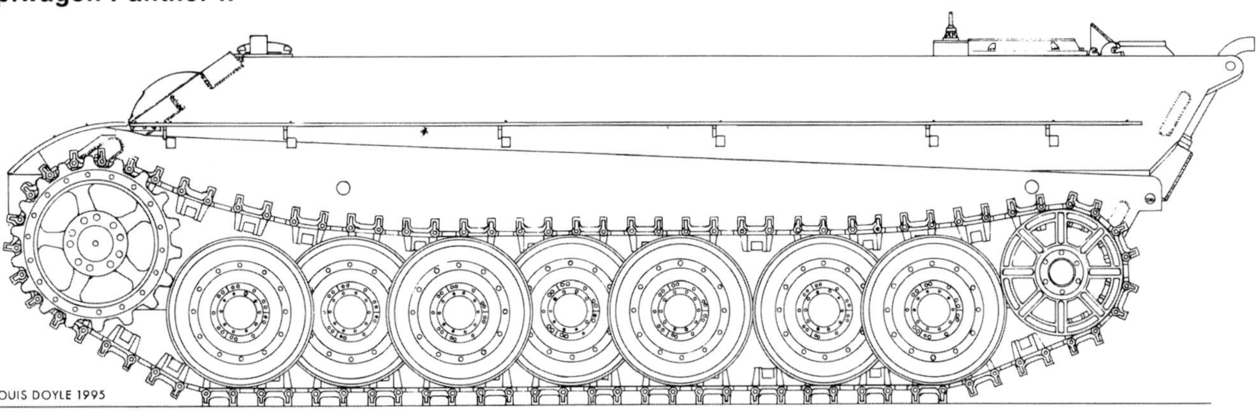

Im Gegensatz zu dem Serien-Panther hatte der Prototyp-Panther II ein Lenkrad anstelle der üblichen Lenkhebel.

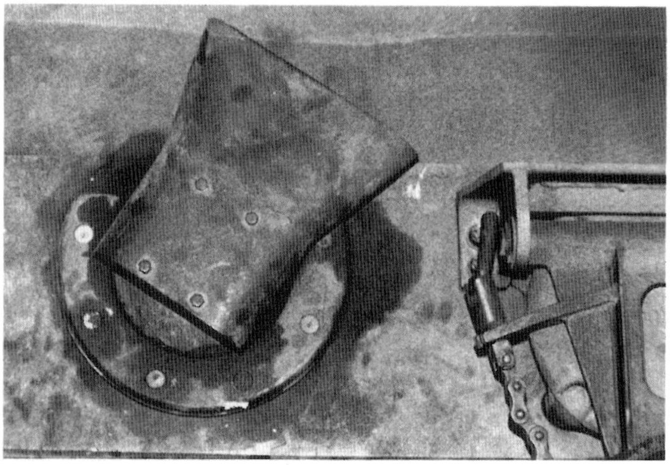

Neben einer 100 mm Stirnpanzerung zeigte der Panther II drehbare Winkelspiegeleinsätze für Fahrer und Funker. Die Einstiegklappenanordnung der Ausf. G wurde beibehalten.

Krupp Seitenvorgelege fertigen. Es wurde dabei festgestellt, daß mit dem Anlauf der Panther II-Fertigung nicht vor der Jahreswende 1944/45 zu rechnen sei. Trotzdem teilte die Maschinenfabrik Augsburg-Nürnberg am 5. 4. 1943 der Panzerkommission mit, daß der erste Prototyp Panther II Mitte August 1943 laufen würde. Das Gesamtgewicht des Panther II war mit über 50 t angegeben. Vorne wurde der Panzerschutz der Wanne auf 100 mm erhöht, seitlich wurden 60 mm und hinten 40 mm dicke Bleche verwendet.

Beim Laufwerk sollten zur Einsparung von Material und Kosten die engliegenden Doppelstäbe entfallen und statt deren die einfachen Drehstäbe des Tiger eingebaut werden. Das vorgesehene Staffellaufwerk, anstelle des bisher vorhandenen Schachtellaufwerkes, hatte gummisparende Laufrollen. Auch die Tiger-Gleiskette sollte verwendet werden. Der Einbau des Tiger-Überlagerungs-Lenkgetriebes L 801 und des Tiger Seitenvorgeleges war vorgesehen. Das Lenkgetriebe sollte mit dem verstärkten ZF Allklauen-Schaltgetriebe AK 7–200 gekoppelt werden.

In einer Besprechung bei Daimler-Benz am 27. 2. 1945 wurde festgelegt, daß die Konstruktion eines Panther-Turmes mit 8,8 cm Kanone in enger Zusammenarbeit zwischen den Firmen Daimler-Benz und Krupp erfolgen sollte. Zunächst sollte ein Prototyp durch Daimler-Benz, Berlin-Marienfelde in Flußeisen hergestellt werden. Die technischen Forderungen waren folgende:

- Als Geschütz war die 8,8 cm KwK 43 des Tiger II zu übernehmen. Vorholer und Bremse oben liegend mit Ausblasezylinder in der Mitte. Die Mündungsbremse entfiel. Eine Verlegung des Schildzapfens wurde zugestanden.
- Turmfront als ebene Panzerplatte mit kleinsten Durchtrittöffnungen für Geschütz und MG, d. h. Schildzapfenmitte mußte auf der Vorderkante Frontplatte liegen.
- Entfernungsmesser war vorzusehen. Es wurde angestrebt, den bereits von der Firma Zeiss entwickelten E-Messer für Panzerkampfwagen mit einer Basis von 1,32 m bzw. 1,65 m zu verwenden.
- Auf niedrige Turmhöhe wurde Wert gelegt.
- Der lichte Turmdurchmesser betrug 1750 mm, um den Ladeschützen die nötige Bewegungsfreiheit zu geben.
- Bereitschaftsmunition mußte im Turm griffbereit untergebracht werden.
- Kommandantenkuppel und Richtmaschine waren vom Panther, Ausf. F »Schmal-Turm« zu übernehmen.
- Der Einbau eines stabilisierten Zielfernrohres war zu berücksichtigen.
- Die Turmrückwand war im Gegensatz zum ersten Daimler-Benz Vorschlag geneigt auszuführen.
- Die Firma Krupp erhielt den Auftrag zur Untersuchung der Möglichkeiten einer Geschützstabilisierung in Verbindung mit dem Tiger II-Turm. Dazu war erforderlich, die Panzerkanone im Schwerpunkt zu lagern.

Krupp schlug vor, versuchsweise den Einbau einer rücklauflosen Kanone im Tiger II-Turm konstruktiv durchzuführen. In einer Besprechung am 20. 2. 1945 wurden die Entwürfe der Firmen Daimler-Benz und Krupp verglichen. Daimler-Benz hatte die 8,8 cm KwK bei untenliegender Bremse in einen Pantherturm mit um 100 mm vergrößertem Bedienungskreis eingebaut, so daß ein neues Turmkugellager notwendig wurde. Krupp hatte die bereits eingeführte KwK 43 mit versetztem Schildzapfen in das unveränderte Panther-Turmgehäuse eingebaut. Heereswaffenamt, WaPrüf 6 teilte mit, daß der dem Krupp-Entwurf zugrunde liegende Gedanke, Panthertürme kurzfristig behelfsmäßig mit der 8,8 cm KwK 43 auszurüsten, nicht mehr akut war. Es sollte ein neuer Entwurf durchgeführt werden unter Berücksichtigung des größeren Bedienungskreises, jedoch mit der von Krupp vorgeschlagenen, nur in der Lage der Schildzapfen abweichenden 8,8 cm KwK 43. Die Entwicklung des Turmes sollte bei Daimler-Benz, die des Geschützes, bei Krupp durchgeführt werden. Trotz vorgesehenen Auslaufes der Panther-Fertigung sollte diese Entwicklungsarbeit weiter verfolgt werden. Die Forderungen des Heereswaffenamtes WaPrüf 6 für diesen Turm lauteten:

- Höhenrichtfeld +15° bis –8°;
- Einbau des E-Messers mit 1,32 bzw. 1.60 m Basis;
- Bedienungskreisdurchmesser 1750 mm;
- Schildzapfen in Vorderwand legen zugunsten möglichst kleiner Durchbruchsöffnungen für Optik und MG;
- Bereitschaftsmunition im Turm;

- Ausblasezylinder statt Kompressoranlage;
- bisherige Richtmittel;
- schräge Rückwand und bisherige Kommandantenkuppel;
- kleinste Turmhöhe;

Der Auftrag für diese Entwicklung war mit Nr. SS 4911–0006–2937/44 Az 76 g 20 WaPrüf 6/11 vom 4. 12. 1944 ergangen. Die Krupp-Untersuchungen ergaben, daß sich die 8,8 cm KwK 43 im Pantherturm unterbringen ließ, wenn der Schildzapfen an der Wiege um 350 mm nach rückwärts verlegt wurde. Es ergab sich dabei eine Verschiebung des Schwerpunktes nach vorne um etwa 200 mm und eine Gewichtszunahme für den Turm um 90 kg. Krupp stellte für die Konstruktionsarbeiten etwa 100 Konstrukteurtage in Rechnung.

Die Panzerdicken des Turmes blieben unverändert. Die »Saukopfblende« hatte eine Panzerdicke bis zu 150 mm.

Mit WaPrüf 6 Auftragsnummer 006–5102/42 vom 12. 11. 1942 wurden bei der Zahnradfabrik Friedrichshafen zehn Versuchselektro-Schaltgetriebe vom Typ 12 E 185 für den Panther bestellt. Das erste dieser Getriebe mit einer Gesamtübersetzung von 13,4 ging im Juni 1944 in den Fahrversuch. Es handelte sich um ein 12-Gang-Magnetkupplungs-Schaltgetriebe für 650 PS Leistung. Auch als Elektrogetriebe, aber nur mit 7 Gängen, wurde das Schaltgetriebe 7 E 130 für den Panther ab Juni 1944 erprobt. Zur selben Zeit wurde das auf 5 Vorwärtsgänge reduzierte AK 5–200 Schaltgetriebe mit einer Gesamtübersetzung von 9 erprobt, welches im Panther mit dem Deutz-Dieselmotor eingebaut werden sollte. Auf der Versuchsliste standen ferner:

- Gerät 544 – Panther mit HL 234 Motor in Zusammenarbeit mit MAN (Gleiche Auslegung und Hubraum wie HL 230, jedoch Benzineinspritzung – 850 PS bei 3000 1/min – Spez. Kraftstoffverbrauch 220 g/PS/h)
- Gerät 545 – Panther mit luftgekühltem Simmering Dieselmotor* (Typ Sla.16 – 16-Zylinder X-Form luftgekühlter 4-Takt-Diesel – 135x160 mm Bohrung/Hub – Hubraum 36,5 l – 720 PS bei 2000 1/min)
- Gerät 546 – Panther mit Argus Dieselmotor und verlängerter Wanne (Typ LD 220 – 16-Zylinder H-Form luftgekühlter 4-Takt Diesel – 135x165 mm Bohrung/Hub – Hubraum 37,8 l – 700 PS bei 2200 1/min)
- Gerät 570 Panzerwagen 605/5, von dem jede weiteren Unterlagen fehlen.

Zu erwähnen ist hier noch ein Vorschlag des Ministeriums für Rüstung und Kriegsproduktion aus dem Jahre 1942, neben dem geplanten Gefechtsaufklärungsfahrzeug Leopard auch den Panther als Aufklärungsfahrzeug zu bauen. Der dafür in Betracht kommende Turm war ursprünglich von Daimler-Benz für den 8-Rad-Panzerspähwagen ARK entwickelt worden. Er sollte für die Gefechtsaufklärungsfahrzeuge Leopard und Panther mit etwas verdickter Panzerung versehen werden. Der Auftrag für die Entwicklung der dazugehörigen Kanone erfolgte im Januar 1942 an die Firmen Krupp und Rheinmetall. Die Forderung verlangte das Rohr der 5 cm KwK 39 L/60 in schmälerer Bauart. Eine voraussichtliche Lieferung war für Oktober/November 1942 zugesagt. Beide Projekte wurden nicht weiterverfolgt.

* Die Dr.-Ing. h. c. F. Porsche KG hatte die Zusammenarbeit mit Simmering-Graz-Pauker Wien am 16-Zylinder X-Panzermotor im August 1943 aufgelöst.

Leistungs- und Drehmomentkurven der in Entwicklung befindlichen Panzermotoren (Angaben von Leistung, Drehmoment und Kraftstoffverbrauch)

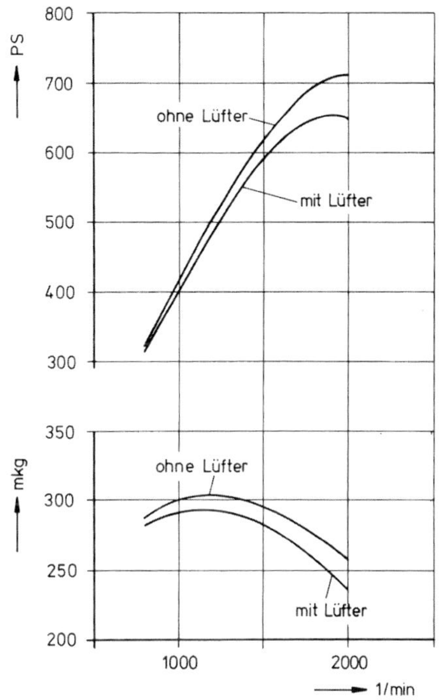

– **Deutz Zweitakt Dieselmotor T 8 M 118**

– **Maybach Viertakt Ottomotor HL 234 mit Einspritzung**

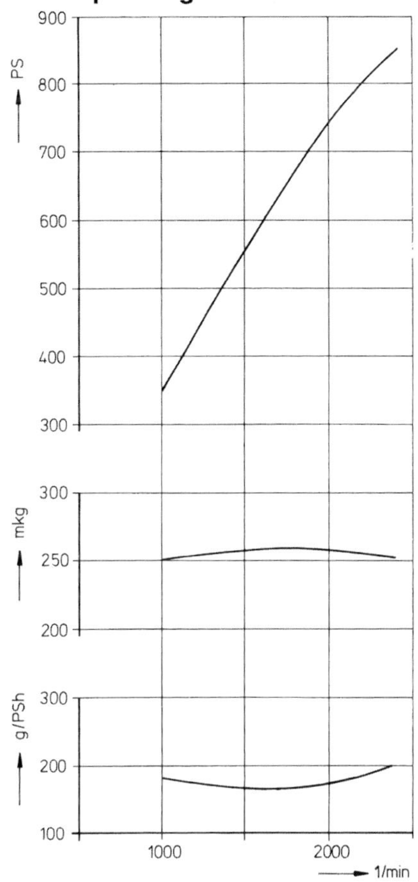

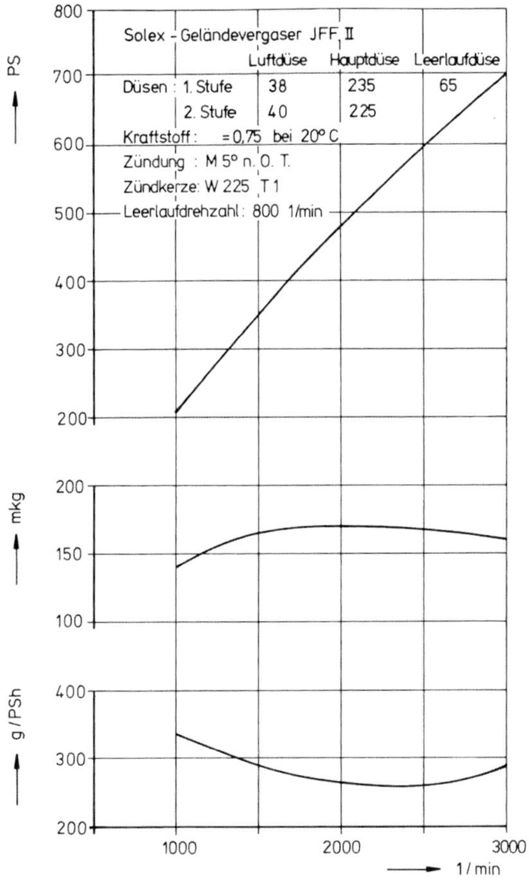

– **Maybach Viertakt Ottomotor HL 230**

– **Daimler-Benz Viertakt Dieselmotor MB 507.**

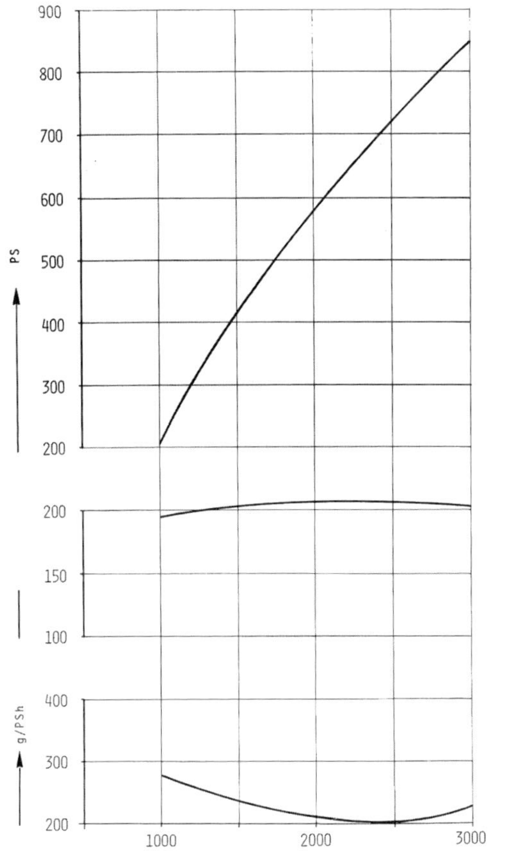

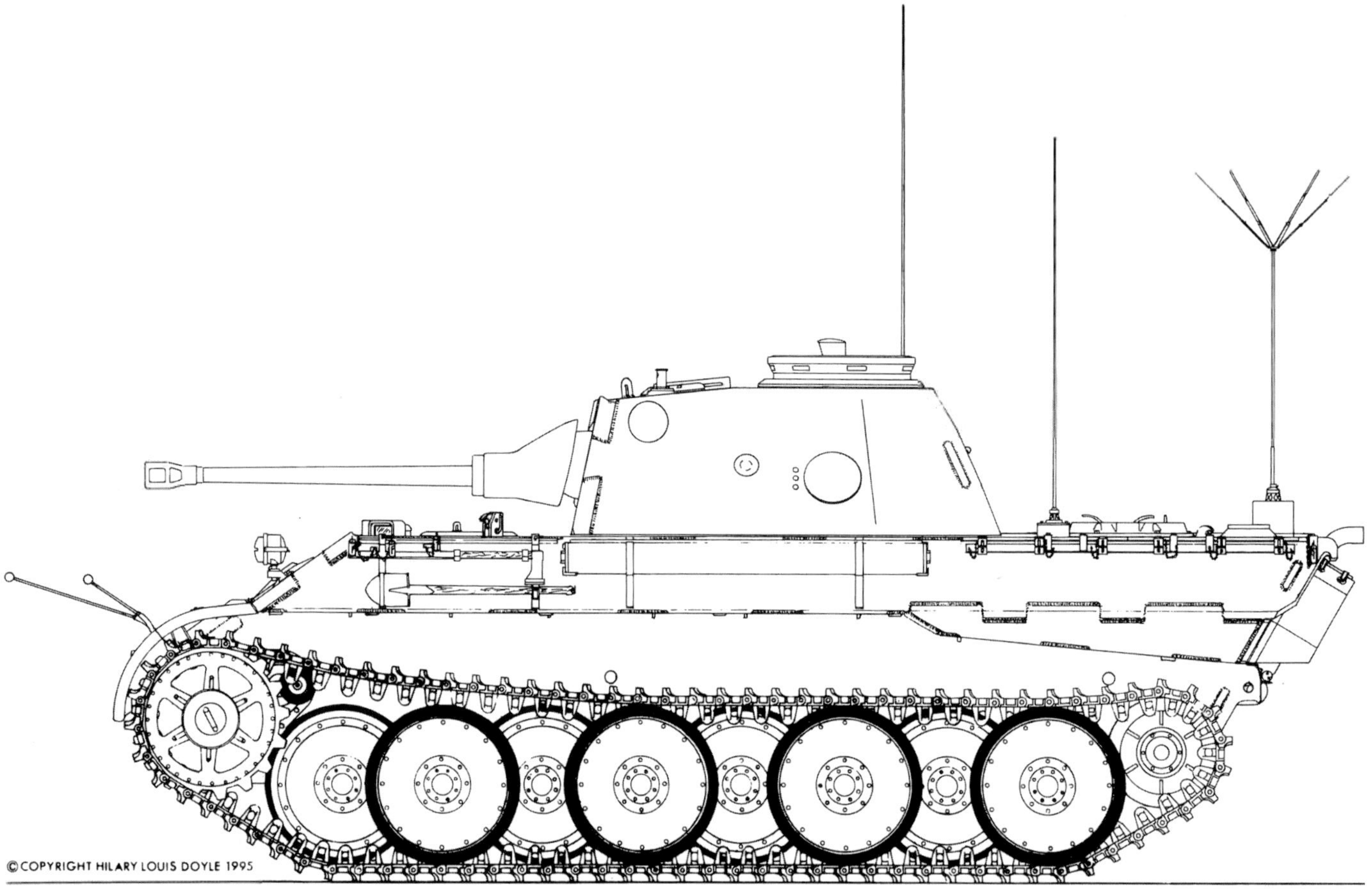

Artillerie-Panzer-Beobachtungswagen Fahrgestell Panther (Entwurf 3)

Befehls- und Beobachtungspanzer Panther

Eine bestimmte Stückzahl des Panzerkampfwagens Panther wurde als Panzerbefehlswagen ausgeliefert. Diese wurden mit zwei verschiedenen Funkgerätesätzen ausgestattet:

- Sd Kfz 267 mit Funkgeräten Fu 5 und Fu 8
- Sd Kfz 268 mit Funkgeräten Fu 5 und Fu 7

Der Panzerbefehlswagen Panther entstand durch nachrichtentechnischen Umbau des Panzerkampfwagens. Dabei entfielen aus dem Kampfwagen

- das MG in der Walzenblende; ein MG-Zubehörkasten mit Halterung; ein MG-Werkzeugkasten mit Halterung, sowie der MG-Abzug und die MG-Lagerung
- bei Ausf. D und A 15 Schuß, bei Ausf. G 12 Schuß 7,5 cm Munition, einschließlich der Munitonshalterungen (links hinter dem Richtschützen in der Wanne)
- das Turmhilfsschwenkwerk des Ladeschützen (Ausf. A)

An nachrichtentechnischen Gerät wurde eingebaut:

- eine Bordsprechanlage B für Panzerbefehlswagen
- ein Satz Funkgerät Fu 5 (10 Wattsender c und UKW-Empfänger e) im Turm; ein Satz Funkgerät Fu 7 (20 Wattsender d und UKW-Empfänger d1) bzw. ein Satz Funkgerät Fu 8 (30 Wattsender a und Mittelwellen-Empfänger c) in der Wanne einschließlich der Aufhängevorrichtung
- ein Maschinensatz GG 400
- ein Funkzubehörkasten
- eine Antennenzuleitung mit Sternantenne D für 30 Watt (Fu 8); eine Stabantenne 1,4 m für 20 Watt (Fu 7) und eine Stabantenne 2 m für 10 Watt (Fu 5)
- ein Panzertopf mit Antennendurchführung und Sternantenne D in der Mitte des Heckpanzers
- Kästen für Steckmastrohre und Antennenstäbe außen am Heckpanzer

Die Bewaffnung der Befehlspanzer bestand aus der 7,5 cm KwK 42 L/70 in der Walzenblende, einem MG 34 in Kugelblende (ab Ausf. A) im Bugpanzer, einem MG 34 zur Fliegerabwehr auf dem Turm und einer MP 40.
Als Besatzung fuhren mit: Kommandeur (Kommandant), Nachrichtenoffizier (Richtschütze), Panzerfunker 1 (Ladeschütze), Panzerfunker 2 (Panzerfunker) und Panzerfahrer.
64 Schuß 7,5 cm Munition, sowie 34 Gurtsäcke mit je 150 Patronen für die MG waren vorhanden. Ferner waren 12 Schuß Leuchtmunition, 12 Nebelschnellkerzen mit Zündschraube C 43 und Wurfladung 1 für die Nahverteidigungswaffe sowie 20 Sprenggranatpatronen 326 Lp vorgesehen.
Die Sternantenne D war rechts auf dem Heckpanzer, die Stabantenne 1,4 m links auf dem Heckpanzer und die Stabantenne 2 m auf der Turmdecke rechts hinter der Kommandantenkuppel untergebracht. Diese drei Antennen wurden auf Gummiantennenfüßen befestigt. Diese waren nachgiebig, so daß die Antennen durch Hinternisse allseitig bis zur Waagerechten umgelegt werden konnten und sich selbsttätig wieder aufrichteten. Die Antennenstäbe waren hohl, kegelförmig und aus dünnem Stahlblech gefertigt, sie wurden auf den Antennenfüßen durch Klemmschrauben gehalten.
In der Wanne waren die Aufhängevorrichtungen für das Funkgerät Fu 7 bzw. Fu 8 übereinander links vom Sitz des zweiten Panzerfunkers angebracht. Die Halterungen für das Funkgerät Fu 5 im Turm waren nebeneinander auf dem inneren Turmrand rechts vom ersten Panzerfunker angeordnet.
Die Aufhängevorrichtung des Senders bzw. Empfängers war mit Gummihaltern federnd in einem Rahmen gehalten, der in der Wanne am Bugpanzerdach und im Turm auf dem inneren Turmrand befestigt war. Die Umformer waren auf Rahmen über dem Gehäuse der Höhenrichtmaschine angeordnet.
Als Feuerleit-Fahrzeuge für die Panzerartillerie entwik-

Auch die Ausführungen A und G wurden als Befehlswagen geliefert (Ausführung A der Pz-Division Großdeutschland).

Panzerbefehlswagen Panther. Äußerlich nur an der zusätzlichen Antennenausrüstung zu erkennen. Bilder der Ausf. D.

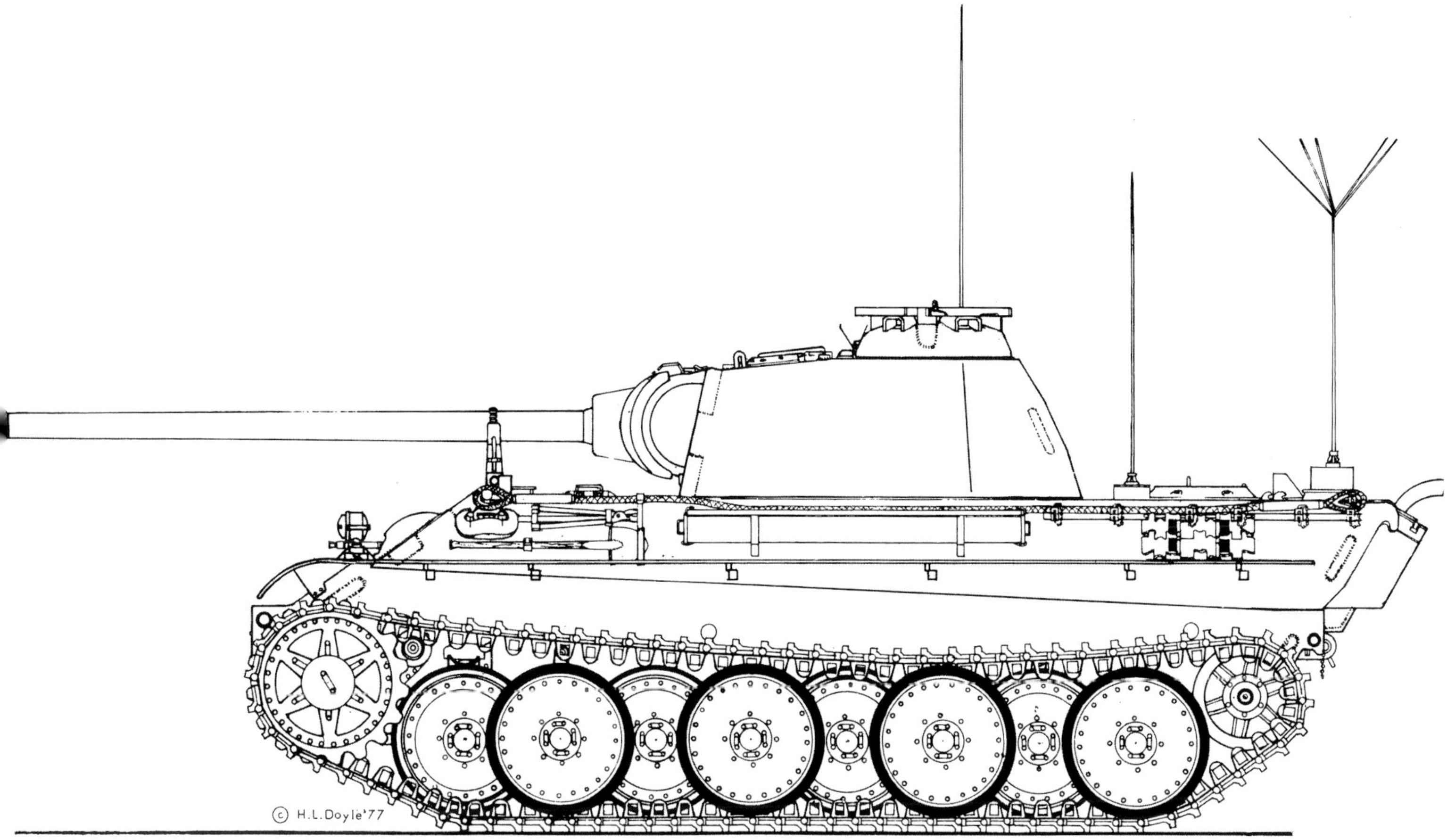

Panzerbefehlswagen Panther (Sd. Kfz. 267)

Panzerbefehlswagen Panther (Sd. Kfz. 268)

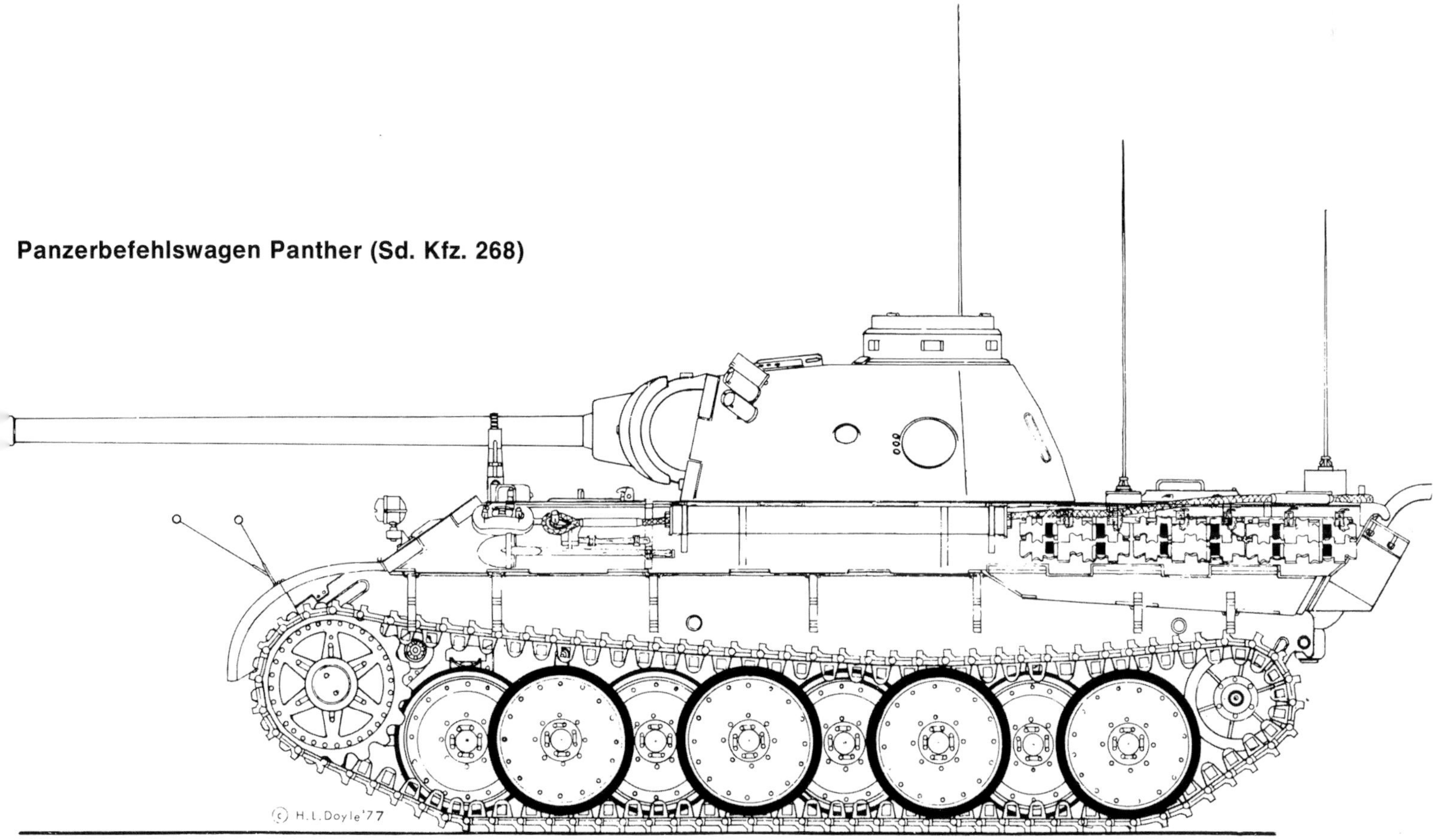

Drehturm des Befehlswagens seitlich links und rechts.

Turm des Befehlswagens von vorne.

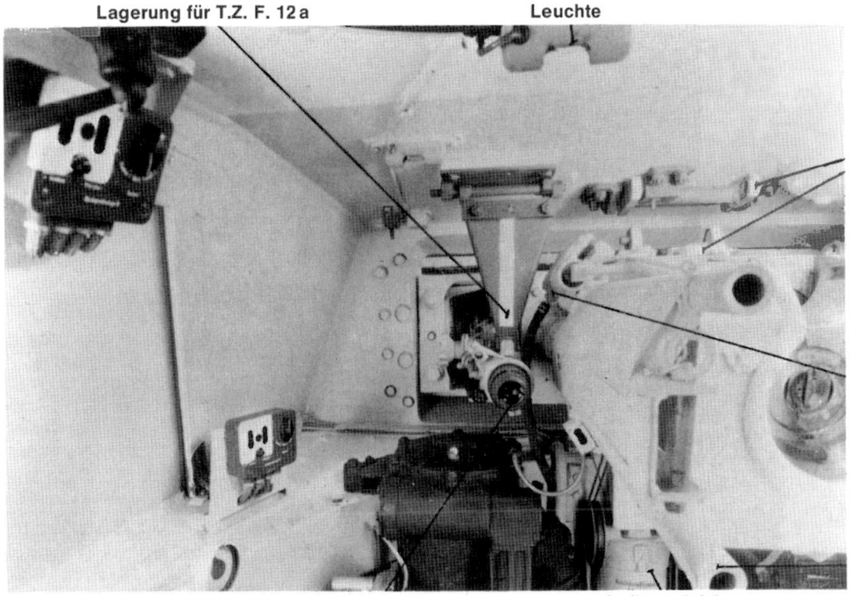

Das Turminnere des Panzerbefehlswagens Panther. Rechts an der Turmwand sind die Halterungen für zusätzliche Funkgeräte zu erkennen.

Lagerung für Umformer von Sender und Empfänger.

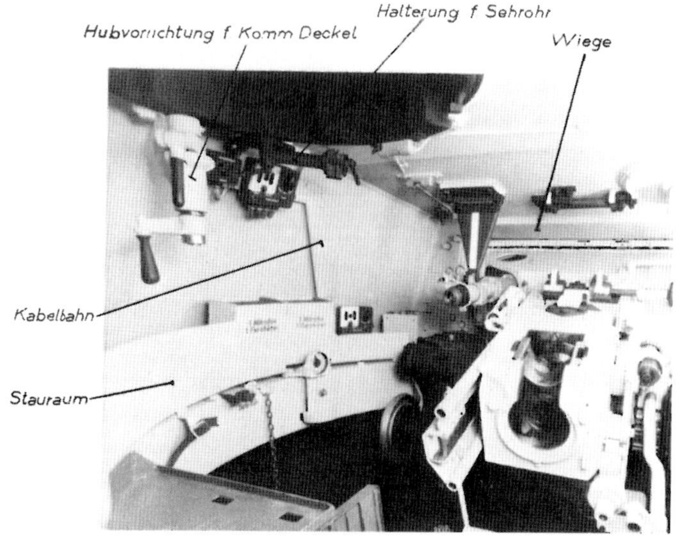

Blick auf den Kommandantensitz (ohne Polster).

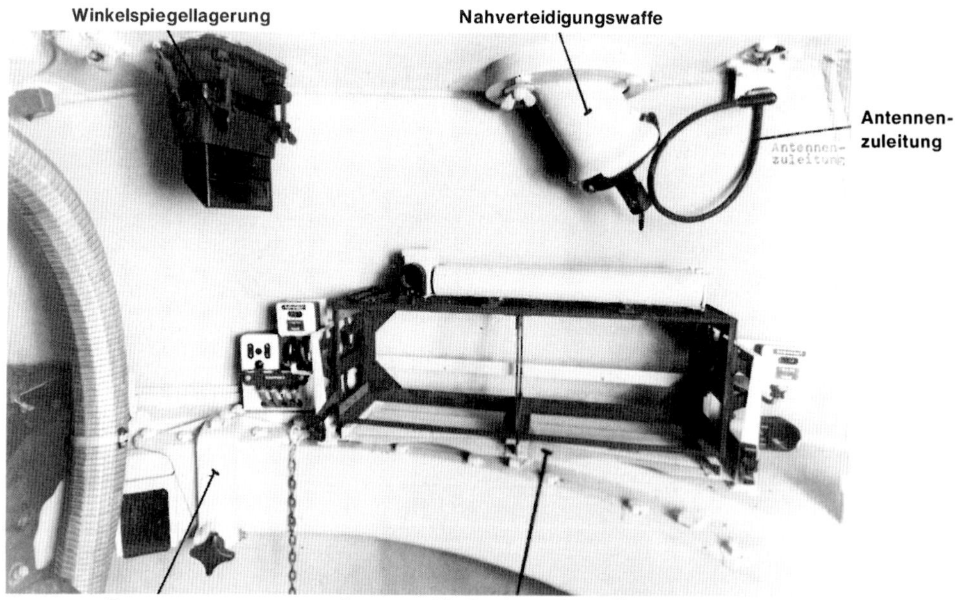

An der rechten Turmseite die Lagerung für Sender und Empfänger.

Rechte Seite der Turmdrehbühne mit dem zweiten Funkersitz.

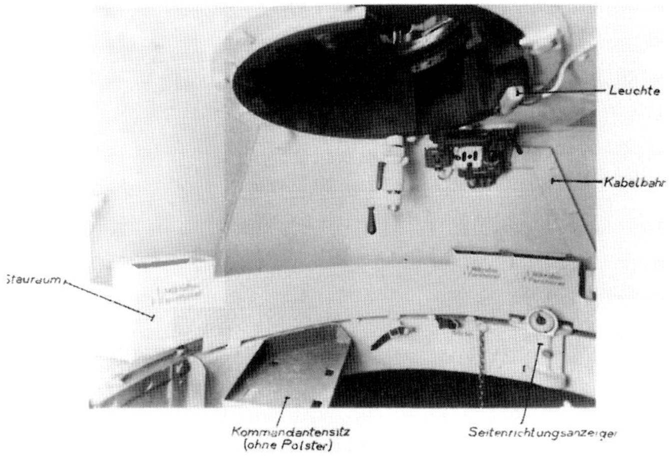

Turmseiten- und Rückwand mit Kommandantenkuppel.

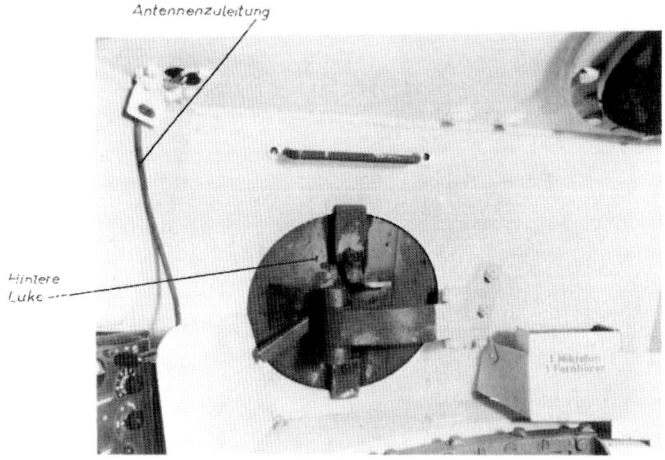

Hintere Ausstiegluke. Im Turmdach die Zuleitung zur dort befindlichen zusätzlichen Antenne.

kelte Rheinmetall-Borsig in Zusammenarbeit mit der Firma Anschütz in Kiel einen Panzerbeobachtungswagen Panther. Das Fahrzeug, basierend auf dem Panther, Ausf. D, hatte keine 7,5 cm KwK 42 L/70, sondern eine Attrappenbewaffnung mit einem MG 34 in einer Kugelblende im Turmfrontblech. Der Turm war um 360° drehbar und auf beiden Turmseiten mit Nebelkerzenwurfbechern ausgestattet. Die Besatzung bestand aus vier Mann – Kommandant, Beobachter, Funker und Fahrer. Die Waffenattrappe war aus Stahlblech hergestellt und vorne am Turm befestigt. Die Walzenblende bedeckte nur über ein Drittel der Turmvorderseite. Als Zielvorrichtung diente ein Kugelzielfernrohr 2 (KZF 2) mit 1,8-facher Vergrößerung. Das MG hatte einen Seitenrichtbereich von je 5°, der Höhenrichtbereich erstreckte sich von -10 bis +15°.

Im Fahrzeug wurden ferner eine MP 40 und eine Leuchtpistole mitgeführt. Außerdem waren folgende optische Instrumente vorhanden: ein Entfernungsmesser mit 1,32 m Basis, zwei Turmbeobachtungsfernrohre TBF 2 (davon 1 als Ersatz), zwei Kommandanten-Beobachtungsgeräte TSR 1, und ein Scherenfernrohr.

Der Entfernungsmesser mit 1,32 m Basis, Vergrößerung 5-fach war unmittelbar hinter der Turmvorderwand ein-

Panzerbeobachtungswagen Panther

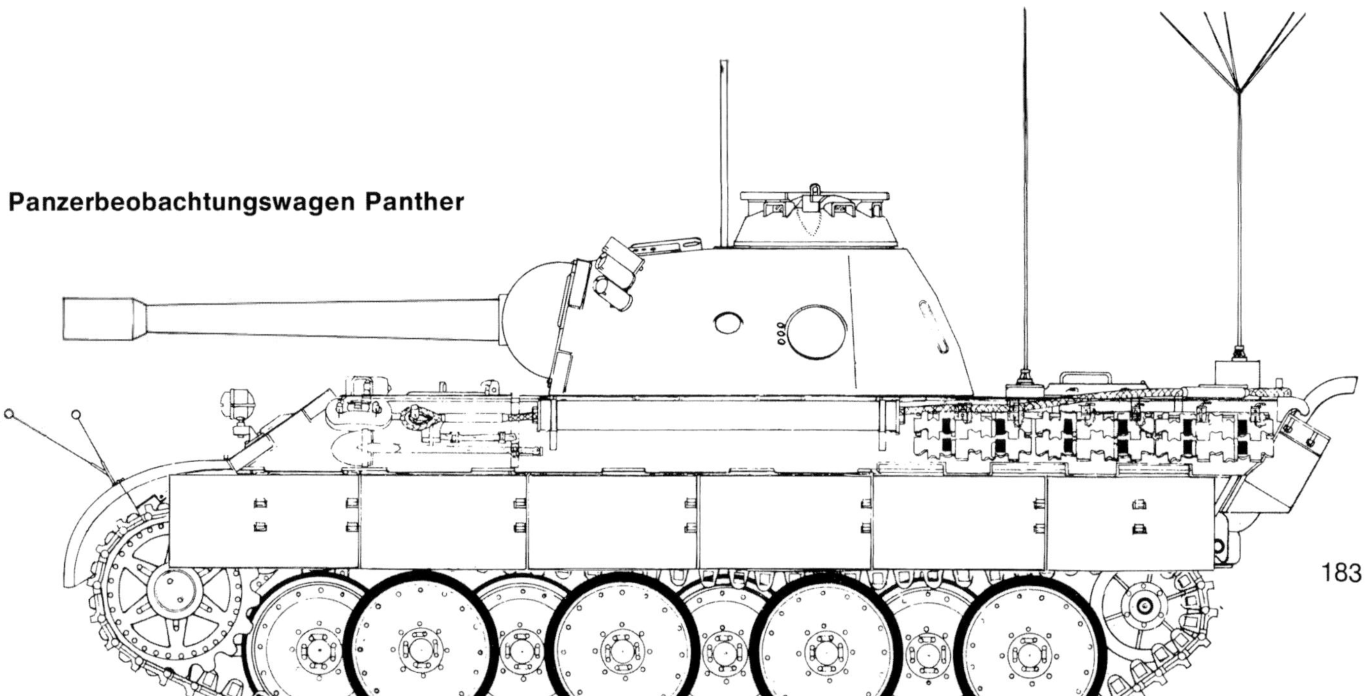

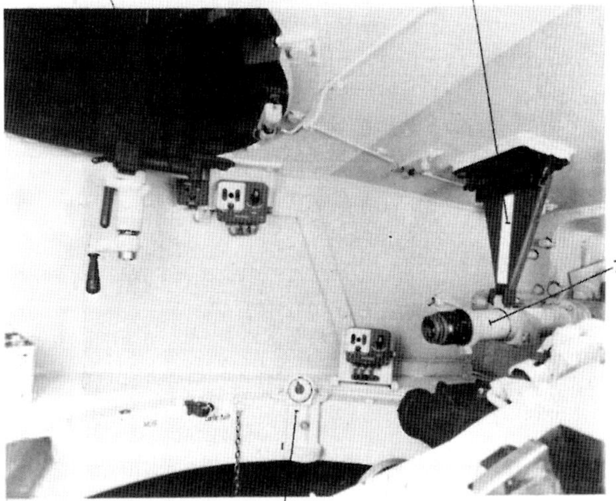

Platz des Richtschützen, in diesem Fall für den Nachrichtenoffizier. Die Kampfkraft des Fahrzeuges blieb erhalten.

Hauptsicherungskasten.

Turmdach des Befehlswagens Panther.

Mitte: Funkgerät Fu 5 an der rechten Turmwand für den ersten Panzerfunker.

Unten: Panzerbeobachtungswagen Panther mit Attrappenbewaffnung.

gebaut. Die beiderseigen Ausblicke konnten vom Turminnern aus durch Klappen verschlossen werden. Die Skalen des Entfernungsmessers konnten bei Nacht beleuchtet werden. Hersteller des Entfernungsmessers war die Firma Zeiss. Das Turmbeobachtungsfernrohr war in der Mitte des Turmdaches in einer Kugelblende untergebracht. Es konnte etwa 45 cm nach oben ausgefahren werden. In Ruhestellung war die Öffnung im Turmdach durch eine Klappe verschlossen. Der Sichtbereich betrug 360°. Mittels zweier Feststellschrauben konnte das Beobachtungsfernrohr um 10° geneigt werden.
Das Kommandanten-Beobachtungsgerät TSR 1 oder das Scherenfernrohr konnten an einer einstellbaren Halterung vor der Kommandantenkuppel befestigt werden.
Dem Kommandanten und dem Beobachter standen je ein Turmrichtungsanzeiger zur Verfügung. Der Anzeiger für den Kommandanten war der des normalen Panzerkampfwagens, für den Beobachter war an der vorderen Turmwand unter der Mitte des Entfernungsmessers ein Anzeiger mit zwei Skalen angebracht. Die Firma Anschütz stellte für den Panzerbeobachtungswagen Panther eine sogenannte Blockstelle O her, die im Turm vor der Kommandantenkuppel in stoßsicherer Aufhängung eingebaut war. Mit dieser Artillerie-Zielvorrichtung war es möglich, auch ohne Kartenmaterial der Artillerie Schußanweisungen zu geben. Verlangt war ein Gerät, welches eine Schußverfolgung auf größere Entfernungen erlaubte. Für die zusätzlichen Funkgeräte stand eine Sternantenne D zur Verfügung. Das Funksprechgerät F hatte einen zusätzlichen Lautsprecher. Der Panzerbeobachtungswagen Panther kam nur versuchsweise zum Einsatz.

Jagdpanther

Am 6. 1. 1942 übergab die Firma Krupp dem Heereswaffenamt die Zusammenbauzeichnung für die Panzer-Selbstfahrlafette IVc 2, die zur Beweglichmachung der 8,8 cm Pak 43 L/71 bestimmt war. Die vorher dafür verwendeten Vollkettenfahrgestelle hatten nicht entsprochen. Während das Fahrgestell des Panzerkampfwagens III/IV zu schwach und lediglich einen oben offenen Kampfraum zuließ, war der Panzerjäger auf dem Fahrgestell des Porsche Tiger zu kompliziert und unbeweglich. Die von Krupp entwickelte Pz. Sfl. IVc 2 sollte mit einem stehenden Deutz-Stern-Dieselmotor* ausgerüstet werden, der wahlweise Einbau des Maybach HL 90 Motors sollte untersucht werden. Heereswaffenamt WaPrüf 6 war mit dem Konzept des Fahrzeuges einverstanden. Krupp sagte die Ausarbeitung eines weiteren Entwurfes unter Berücksichtigung folgender Punkte zu:

Holzmodell des Jagdpanther, hergestellt bei Krupp.

- Einbau eines Maybach-Motors HL 90 (Der Deutz Dieselmotor sollte in einem Prototyp IVc erprobt werden)
- Gesamtgewicht des Fahrzeuges 30 t
- Panzerung: vorne 80 mm, seitlich 40 mm
- Höchstgeschwindigkeit 40 km/h
- Senkung der Kanone 10°, bisher 8°
- Wahlweiser Einbau eines Blattfederlaufwerkes, anstelle einer Drehstabfederung
- Geschützzurrung am Bodenstück

Das Fahrzeug war zur Infanterie-Begleitung bestimmt, ursprünglich war eine Höchstgeschwindigkeit von 15 bis 20 km/h vorgesehen. Bei der Verwendung eines Blattfederlaufwerkes verminderte sich gegenüber einer Drehstabfederung die Feuer- und Gesamthöhe um etwa 100 mm. Am 2. 4. 1942 wurde das Holzmodell des Fahrzeuges vom Heereswaffenamt, WaPrüf 6 besichtigt. Dabei wurden folgende Verbesserungen vorgeschlagen:

- Vergrößerungen der Bodenfreiheit von 400 auf 450 mm

---
* Typ T8 X113 – wassergekühlter 2-Takt-Dieselmotor – 8-Zyl.-Sternform 130 x 130 mm Bohrung/Hub – Hubraum 13,8 1 400 PS bei 2500 1/min.

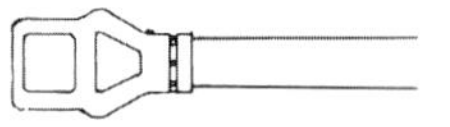

Einer der ersten Jagd-
panther. Zu erkennen
an der doppelten
Fahrersichtöffnung
und den MP-Öffnungen
seitlich am Aufbau.

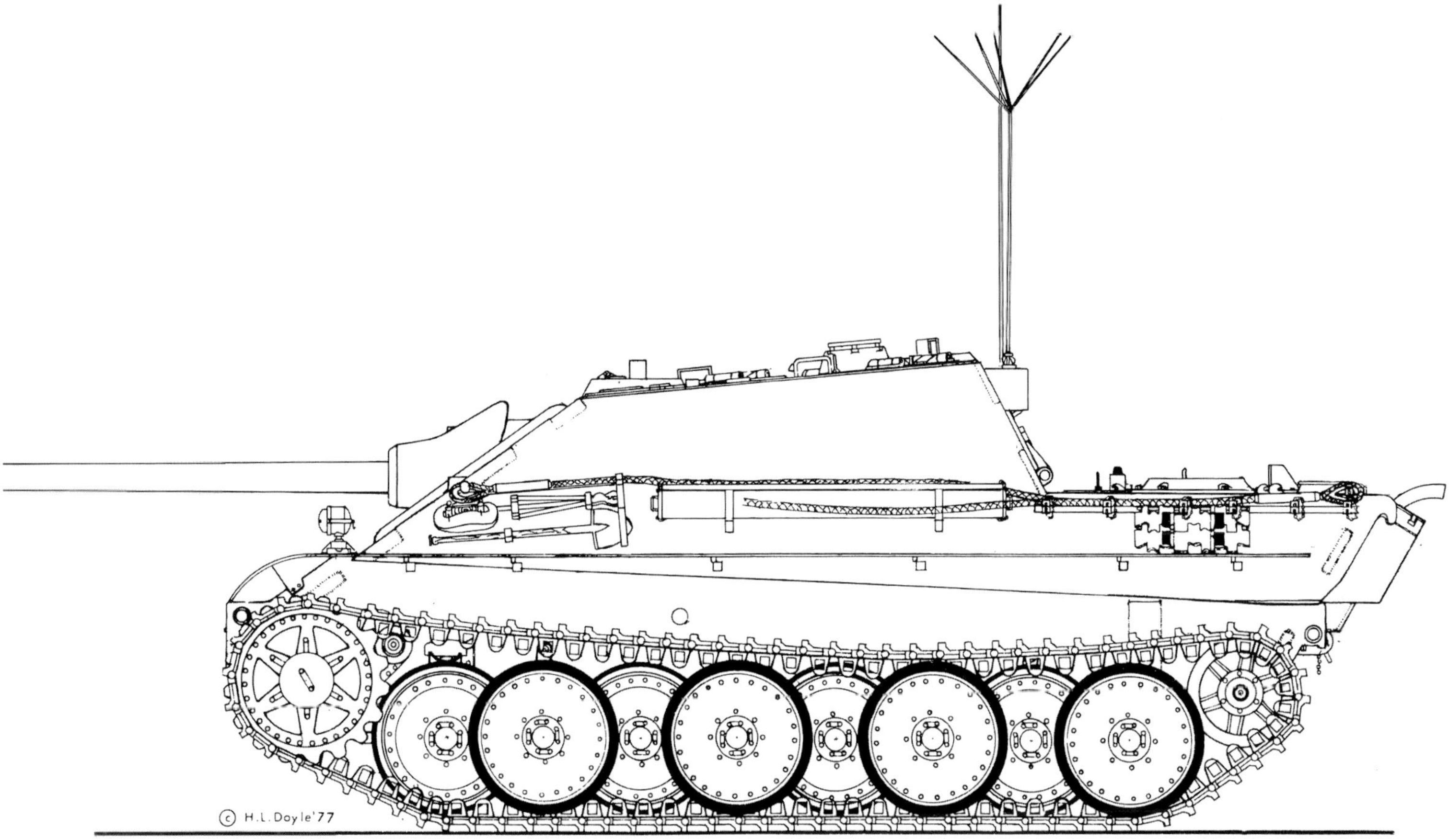

Jagdpanther (Sd. Kfz. 173) (ursprüngliche Ausführung) hier als Kommandeurfahrzeug

- Verringerung der Rohrsenkung von 10° auf 8°, um bei größerer Bodenfreiheit die Gesamthöhe des Fahrzeuges nicht zu vergrößern.
- Bei Ausnutzung der zulässigen Fahrzeugbreite von 3140 mm Untersuchungen zur Verringerung des Bodendruckes durch Einbau einer vorhandenen breiteren Gleiskette
- Durch Winkelspiegel bzw. Stopfen waren Ausblickmöglichkeiten nach der Seite und hinten zu schaffen
- Der Winkelspiegel für den Fahrer mußte seitlich schwenkbar sein
- Der Einbau einer Winkelspiegel-Kommandantenkuppel war zu untersuchen, desgleichen der Einbau eines Fla-MG im Drehkranz
- Eine Zieleinrichtung für indirektes Richten entfiel

Die Friedrich Krupp Grusonwerk AG stellte am 17. 6. 1942 fest, daß die Fertigung von drei kompletten Prototyp-Panzerselbstfahrlafetten die Panzer IV-Fertigung

Jagdpanther als Versuchsfahrzeug bei der Verskraft in Kummersdorf (Fahrgestell Nr. V 102).

Am Holzmodell wurde die Unterbringung der Waffe und der Munition untersucht.

Die Jagdpanther bildeten mit ihrer überlegenen Kanone eine wertvolle Abwehr gegen alle Feindpanzer.

störe und schlug vor, diese Fertigung zur Firma Deutsche Stahlindustrie, Mülheim (Ruhr), zu verlegen. Der Auftrag über drei Versuchsgeräte der verbesserten Ausführung, die die Bezeichnung Pz. Sfl. IVd erhielt, wurde mit Nr. SS–006–4723/42 vom 9. 6. 1942 an die Abteilung AK (Artillerie-Konstruktion) der Firma Krupp erteilt. Diese bat am 29. 6. 1942 darum, den Auftrag direkt an Krupp-Gruson zu erteilen. Am 3. 8. 1942 teilte Heereswaffenamt WaPrüf 6/IIe mit, daß für den schweren Panzerjäger (8,8 cm L/71) das Panther-Fahrgestell genommen werden sollte, das ab August 1942 vorhanden war. Die entsprechenden Teile des Aufklärungspanzers Leopard standen erst ab Juni 1943 zur Verfügung. Heereswaffenamt, WaPrüf 6/III hatte die Panther-Fahrgestelle für drei Jagdpanzer-Prototypen bereits eingeplant. Gelegentlich einer Besprechung bei Krupp in Essen am 9. 9. 1942 wurde dagegen die Absicht des Heereswaffenamtes erläutert, als Weiterentwicklung des bisherigen Sturmgeschützes auch die Pz. Sfl. IVd als Panzerjäger zu bauen. Voraussichtlich sollten 60

Die ausgezeichnete ballistische Form des Fahrzeuges ist offensichtlich.

Jagdpanther bei einer Vorführung. In die rechte Fahrzeugseite waren zwei MP-Öffnungen eingelassen. Hinter dem Jagdpanther ein Tiger B mit Produktionsturm.

Jagdpanther von oben mit zum Teil abgenommenen Einstiegluken.

Fahrzeugentlüftung, Einstiegluken und drehbarer Winkelspiegel für den Ladeschützen im Aufbaudach.

Nierenklappe für das Beobachtungsgerät des Richtschützen.

Rechte und linke Fahrzeugseite eines voll ausgestatteten Jagdpanther.

Stück monatlich von Krupp-Gruson hergestellt werden, anstelle der vorgesehenen Panther-Fertigung. Außerdem war ein 7,5 cm Sturmgeschütz in Aussicht genommen, dessen Konstruktion zu diesem Zeitpunkt noch nicht festlag.
Da das Panther-Fahrgestell für die Verwendung als Panzerjäger vollständig umkonstruiert werden mußte, konnte Krupp die wesentlichen Zeichnungen erst im Januar 1943 liefern. Es bestand dringendes Interesse, das erste Fahrgestell im Juni 1943 auszubringen und die Serie im Juli 1943 anlaufen zu lassen. Krupp sagte ein Holzmodell 1:10 bis Ende September und ein Holzmodell 1:1 bis zum 10. 11. 1942 zu. Das Panther-Fahrgestell konnte mit geringfügigen Änderungen verwendet werden. Das einzubauende Geschütz entsprach der 8,8 cm KwK L/71. Heereswaffenamt, WaPrüf 6 übersandte ein Mustergerät eines 1,5 m hohen Sehrohres für Beobachtungszwecke (wegen Schlierenbildung und Staubentwicklung). Als Schlüsseldaten wurden für das Fahrzeug festgelegt: Gefechtsgewicht etwa 35 t, Bewaffnung 8,8 cm KwK L/71, ein MG 42, zwei MP, Panzerung vorne 80 mm bei 90°, 50 mm bei 30°, seitlich 40 mm bei 60°; Munition 60 Schuß; Feuerhöhe 1850 mm; Gesamthöhe 2400 mm; Gesamtlänge 9000 mm; Richtbereich Höhe +14° und -8°, Seite ±14°.
Auf Grund einer Besprechung vom 15. 10. 1942 im Reichsministerium für Rüstung und Kriegsproduktion wurde unter besonderer Würdigung der von der Firma Krupp bisher geleisteten Entwicklungsarbeit beschlossen, die Weiterentwicklung des 8,8 cm Panzerjägers Panther an die Firma Daimler-Benz, Berlin-Marienfelde zu übertragen, da dort bereits im Sommer 1943 die Serienfertigung anlaufen sollte. Durch die Zusammenfassung von Konstruktion und Fertigung bei Daimler-Benz sollte der Serienanlauf vereinfacht und gleichzeitig ein Teil des Konstruktionsbüros von Krupp für besondere Aufgaben entlastet werden.
Krupp wurde gebeten, die Konstruktion zu einem gewissen Abschluß zu bringen und im Einvernehmen mit Daimler-Benz den Übergang der Arbeiten so durchzuführen, daß die Serienreifmachung von Daimler-Benz durchgeführt werden konnte. Das von Krupp gefertigte Holzmodell 1:1 wurde am 16. 11. 1942 besichtigt.
Am 5. 1. 1943 wurden bei Daimler-Benz in Berlin-Marienfelde Konstruktions- und Fertigungsfragen für das

Unten links die Nahverteidigungswaffe, vorne rechts die Beobachtungswinkelspiegel und der Ausstieg für den Ladeschützen.

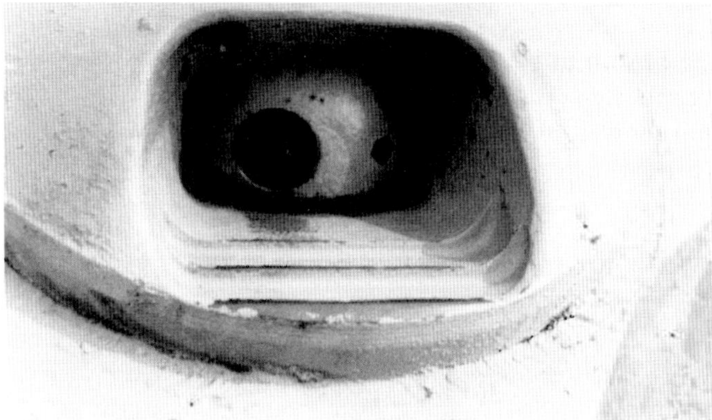

Kugelblende für den Funker in der Stirnwand des Jagdpanther.

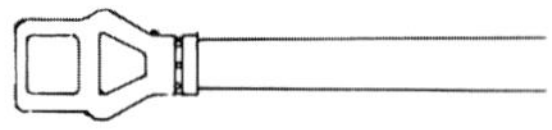

Die hinten am Aufbau angebrachte große Klappe diente zum Ausbau des Geschützes. Rechts daneben eine Luke für den Auswurf von leeren Kartuschen.

Jagdpanther beim Einsatz in der Normandie. Beachtlich die Abdeckung des äußeren Fahrersichtblockes.

8,8 cm Sturmgeschütz (Panther) besprochen. Dabei wurde festgelegt, die Geschützscharte bei dem vorliegenden Entwurf mit durchgehender Frontplatte (35° Neigung) nur in Stahlguß herzustellen. Die Brandenburger Eisenwerke sollten einen molybdänfreien Guß anstreben. Die Panzerdicken wurden wie folgt festgelegt: Front oben 100 mm; Front unten 60 mm; Decke, Heck und Boden 30 mm. Das Geschütz war nach rechts zu verschieben, soweit die Raumverhältnisse für den Fahrer dieses erforderten. Die Geschützschartenblende wurde von vorne einsetzbar und anschraubbar ausgeführt, um den Ausbau der Geschützlafette nach

Jagdpanther (Sd. Kfz. 173) (Abschlußausführung)

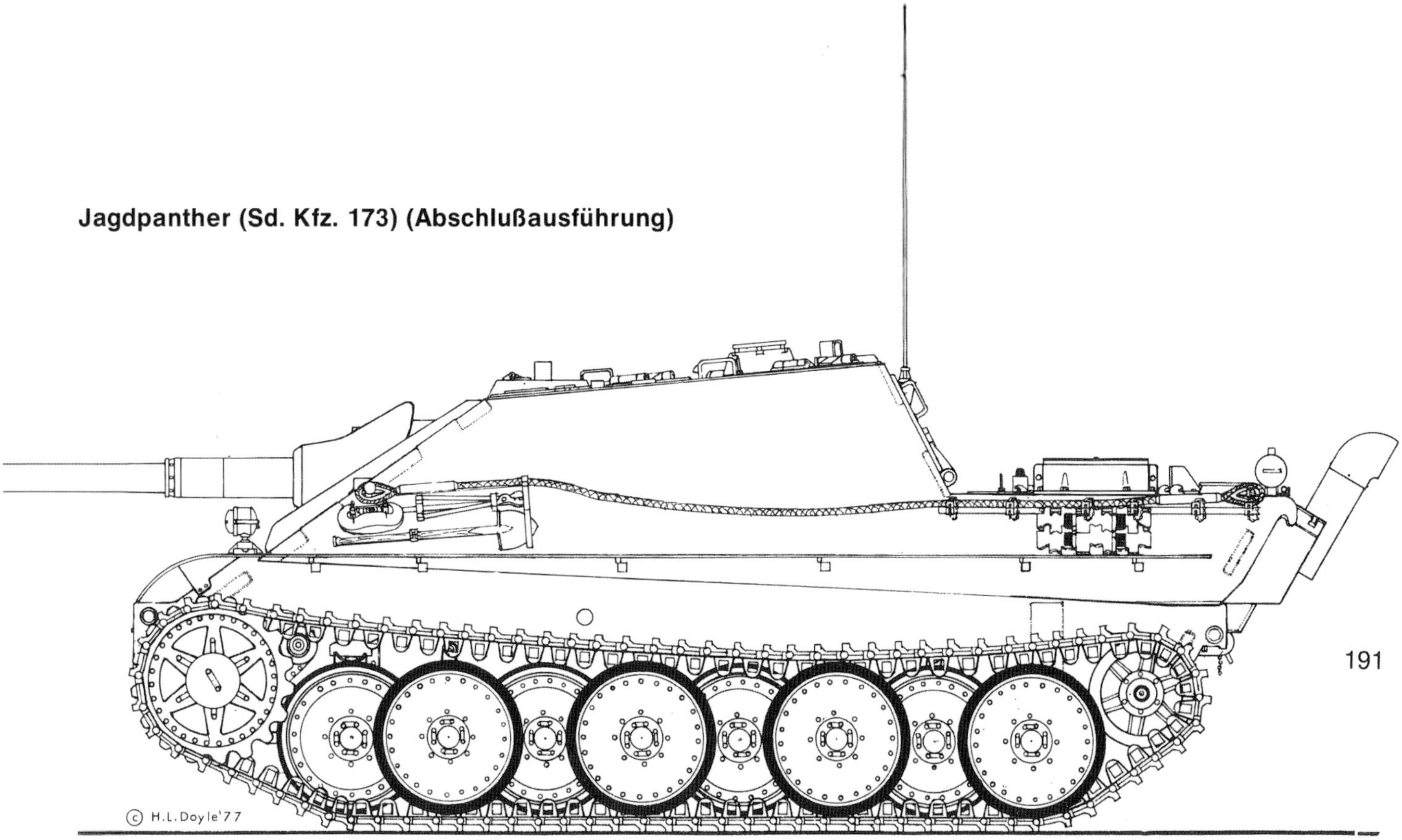

Anstelle der geschweißten Blende erhielten die Jagdpanther der letzten Fertigung einen geschraubten Kragen, der die Waffenöffnung abdeckte.

Weitere Ausführungen hatten nur noch eine Öffnung für die Fahreroptik und erhielten das geteilte Rohr für die 8,8 cm Pak.

Nicht nur geteilte Rohre, sondern auch einteilige wurden am Jagdpanther verwendet, der bereits den geschraubten Kragen aufwies.

Das Laufwerk war gegenüber dem Panzerkampfwagen Panther nicht geändert.

Größenvergleich zwischen Jagdpanther und Jagdpanzer Hetzer.

Gegenüberstellung der von der Deutschen Wehrmacht eingesetzten Jagdpanzer.

Jagdpanzer 38 »Hetzer«

Sturmgeschütz III

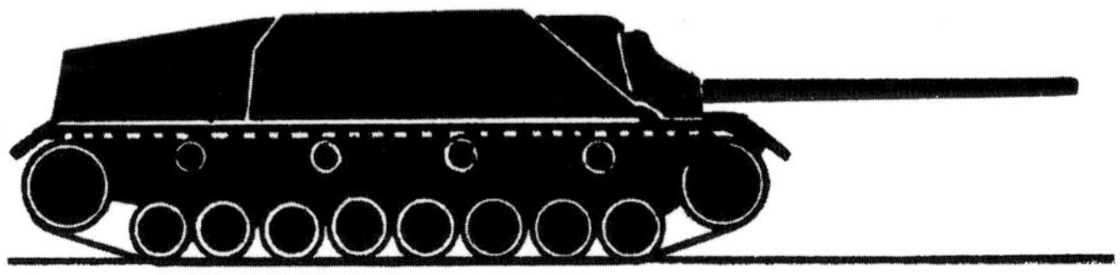

Jagdpanzer IV

Jagdpanther

Jagdtiger

vorne zu ermöglichen, nachdem vorher das Geschützrohr nach hinten herausgezogen wurde. Sollte das Schalt- und Lenkgetriebe auch nach vorne ausbaufähig sein, konnte das Aufbaudach fest angeschweißt werden. Es wurde versucht, die Aufbaurückwand senkrecht zu stellen und mit einer Klappe zu versehen. Daimler-Benz entwarf eine Marschzurrung für 0° Erhöhung. An Stelle einer Fahrersehklappe wurden zwei Winkelspiegel eingebaut. Für die Seitensicht des Fahrers waren MP-Stopfen vorgesehen. Daimler-Benz untersuchte, ob die im Entwurf vorgelegte Zwillings-MG Kuppel mit Scherenfernrohr für den Kommandanten eingebaut werden konnte. Das erste Panzergehäuse wurde für Mitte 1943, der Ausstoß der ersten Serienfahrzeuge für Anfang Dezember 1943 erwartet.

Das Fahrgestell des Panzerkampfwagens Panther, Ausführung G wurde auch für das schwere Sturmgeschütz 8,8 cm (Panther) übernommen. Das Fahrzeug war bisher auf der Grundlage Panther II von Daimler-Benz durchkonstruiert worden und mußte nunmehr, der neuen Lage entsprechend, auf der Grundlage Panther I derart umgestellt werden, daß Fertigungserleichterungen Berücksichtigung fanden. Infolge der Verlängerung der oberen Seitenwände nach oben ergab sich 800 kg Mehrgewicht, von dem nur die 250 kg Gewichtserleichterung, die durch die Herabsetzung der Wanddicke beim Bugboden und vorderen Wannenboden entstand, in Abzug gebracht werden konnte. Mit einem Mehrgewicht von 550 kg mußte gerechnet werden. Um weitere 50 kg konnte durch Maßnahmen an den Kraftstoffbehältern das Fahrzeug erleichtert werden.

Am 24. 5. 1943 informierten sich Ingenieure der Mühlenbau- und Industrie AG (MIAG), Braunschweig über Einzelheiten des Geschützeinbaus in den Panther bei Krupp. Die MIAG hatte die Konstruktion des schweren Sturmgeschützes auf Panther-Fahrgestell von Daimler-Benz übernommen. Für Geschützeinbau und Aufbau war noch immer Daimler-Benz federführend, allerdings in enger Zusammenarbeit mit MIAG. MIAG berichtete, daß die Decke des Aufbaus nur 16 mm dick sei und der Vorschlag einer Rohrzurrung am Aufbaudach nochmals überprüft werden müsse. Es wurde angeregt, diese Zurrung am Wannenboden durchzuführen. Aus raumbedingten Gründen mußte das Geschütz im Fahrzeug 50 mm nach rechts gerückt werden. Dadurch kollidierte der Abweiser des Geschützes bei größter Erhöhung und Schwenkung um 12° mit dem Stoßdämpfer des Fahrzeuges. MIAG schlug vor, den Seitenrichtbereich von ±12° = 24° auf 12° und + 10° = 22° zu reduzieren.

Am 2. 6. 1943 wurde festgelegt, daß auf indirektes Richten verzichtet wurde, der bisherige Deckenausschnitt für die Zieleinrichtung mußte daher geändert werden. Es war vorgesehen, das Fahrzeug mit einer Gasschutzanlage auszurüsten, die Abdichtung der Geschützscharte wurde von Daimler-Benz durchgeführt. Diese schlug auch eine Kürzung des Wiegenpanzers um 30 mm vor, die jedoch unterblieb.

Am 9. 6. 1943 wurden folgende Einzelheiten für den 8,8 cm Panzerjäger 43/3 (L/71) auf Fahrgestell Panther I festgelegt:

- Bezeichnung des Geräts: 8,8 cm Panzerjäger 43/3 (L/71) Panther
- Fahrgestell: Panther I
- Bewaffnung:
  a) 8,8 cm Pak 43/3 (L/71) – Das Geschütz, einschließlich Lafette, Richtmaschinen und Zieleinrichtung, wird von Firma Krupp entwickelt
  b) Vier Halterungen und fünf Schußblenden für MP 40
  c) Nebelwurfgerät – Zeichnungen und Versuchsgerät zum Einbau in Holzmodell werden durch WaPrüf 6 zugesandt
  d) Ein MG 42 zur Bekämpfung von Erdzielen, möglichst mit Rundumfeuermöglichkeit
- Ausblasevorrichtung des Rohres ist einzubauen – Die zeichnerischen Unterlagen werden durch Heereswaffenamt WaPrüf 4 nach Fertigstellung zugesandt
- Besatzung: 6 Mann (1 Kommandant, 1 Fahrer, 1 Richtschütze, 2 Ladeschützen, 1 Funker)
- Schuß, Munition: 50 Pak; 30 Nebelwurfgerät; 600 MG; 760 MP

– Richtfeld:	Höhe		+14°	Seite		+12°
			– 8°			– 12°
– Panzerung:	Front	oben	80 mm	Seite	oben	50 mm
		unten	50 mm		unten	40 mm
	Heck		40 mm	Dach u. Boden		16 mm

- Zieleinrichtung: Zunächst Zieleinrichtung 37 mit Sfl Zf 1a. Der Einbau des später als Ersatz der Zieleinrichtung 37 vorgesehenen W.Z.F. 1 ist zu berücksichtigen. Der Ausschnitt über dem Richtschützen ist durch einen von der Lafette gesteuerten Schieber abzudecken. Zieleinweisungsgerät vom Kommandanten zum Richtschützen ist vorzusehen
- Beobachtungsgerät: SF 14 Z (Sfl); Winkelspiegel für Kommandanten (3 Paar); Fahrer (2 Paar); Ladeschützen je 1 (2 Paar), davon ein Paar drehbar; Reserve (6 Paar)
- Funkgerät und Bordsprechanlage sind nach näherer Angabe von Heereswaffenamt, WaPrüf 7 vorzusehen
- Einstiegluken sind über dem Kommandanten, dem linken Ladeschützen und in der Rückwand des Aufbaus vorzusehen, letztere zugleich als Montageluke für das Geschütz
- Zur Verständigung zwischen Kommandanten und Fahrer ist außer der Bordsprechanlage eine mechanische Einrichtung vorzusehen (Sprechschlauch oder nach Art eines Maschinentelegraphen, wie von der Firma Telekin entwickelt)

Der Jagdpanther Ihres Autors, der darin am 16. April 1945 in der Nähe von Gifhorn abgeschossen wurde.

In dieser Form wurde der Jagdpanther bis Kriegsende gebaut.

- Bildwandlergerät (Infrarot) und IR-Schießscheinwerfer sind vorzusehen. Zeichnungen werden zugesandt
- Schutzbelüftungsanlage ist einzubauen
- Zusammenstellungsskizze mit Bemaßung der Panzerdicken und Gewichtsberechnung ist Heereswaffenamt, WaPrüf 6, Pz IV einzureichen
- Das bei Daimler-Benz befindliche Holzmodell 1:1 ist bis spätestens 15. 6. 1943 bei MIAG aufzubauen
- Die beiden bei den Brandenburger Eisenwerken in Auftrag gegebenen Beschußmodelle werden bis 15. 6. bzw. 1. 7. 1943 fertiggestellt.

Das 1:1 Holzmodell wurde am 20. 10. 1943 Hitler vorgeführt. Am 15. 11. 1943 wurden ihm die ersten Photos vom Prototyp des Panzerjägers auf Panther-Fahrgestell vorgelegt. Hitler hielt diese Konstruktion für eine ausgezeichnete Lösung und bezeichnete sie mit dem Begriff »Panzerkasematte«. Er betonte nochmals die unerhörte Wichtigkeit der Produktion von Sturmgeschützen und Panzerjägern, deren Wert er zu diesem Zeitpunkt in der Abwehr höher einschätzte als den der entsprechenden Panzerkampfwagen.

Am 17. 12. 1943 erfolgte die Vorführung des ersten Jagdpanzers Panther. Auf dem unveränderten Fahrgestell des Kampfwagens Panther wurde ein geschlossener, ballistisch gut geformter Aufbau ohne Drehturm gesetzt, der die 8,8 cm Pak 43/3 (L/71) aufnahm. Die Abdeckung der Geschützscharte, die verhältnismäßig schmal gehalten war, wurde bei den ersten Ausführungen angeschweißt. Das Seitenrichtfeld betrug ±11° = 22°, der Höhenrichtbereich -8° bis +14°. Die Dicke der Panzerung betrug vorne oben 80 mm, seitlich 45 mm und hinten 40 mm. Das Gefechtsgewicht mit 5 Mann Besatzung und 60 Schuß Munition betrug 45,5 t. Die Fahrgestell Nr. erstreckten sich von 300 001 bis 300 392. Die Fertigung der Panzergehäuse übernahm das Brandenburgische Eisenwerk Kirchmörser in Brandenburg/Havel, die Hauptbewaffnung wurde vom Dortmund-Hoerder Hüttenverein, Werk Lippstadt, beigestellt. Dem vorne rechts sitzenden Funker stand ein in einer Kugelblende eingebautes MG 34 zur Verfügung. Anläßlich der Vorführung am 17. 12. 1943 wiederholte sich Hitler über die Wichtigkeit dieser Art von Fahrzeugen. Er vertrat die Ansicht, daß zum Beispiel der Panzerjäger Panther auf die Dauer dem mit dem gleichen Geschütz ausgestatteten Tiger II in zahlreichen Fällen überlegen sein werde und wies dabei vor allem auf den

Vorderseite Jagdpanther links frühere, rechts Abschlußausführung

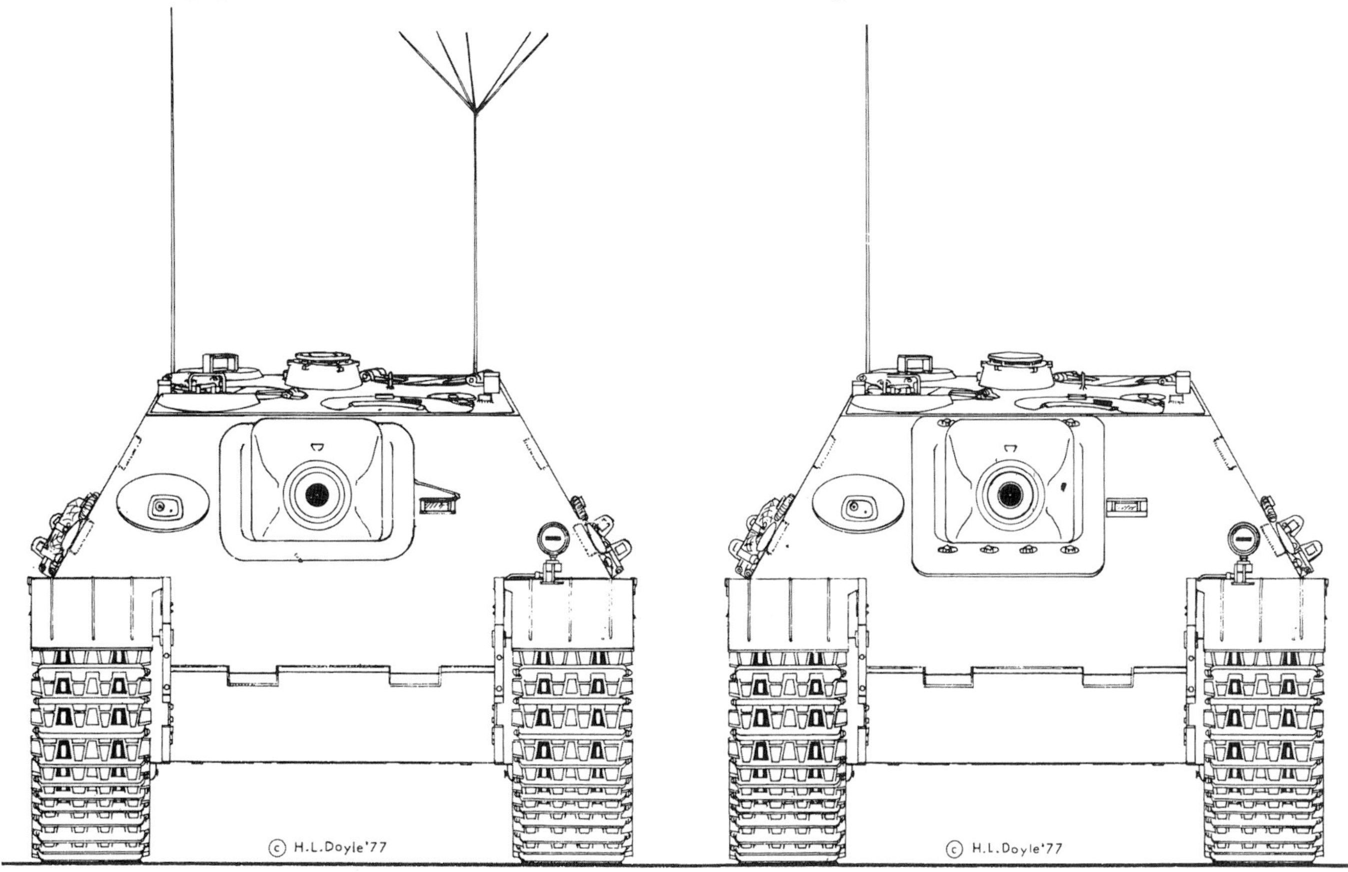

geringeren Fertigungs-Aufwand, das geringere Gewicht, die geringere Empfindlichkeit gegen Beschuß und die größere Beweglichkeit des Fahrzeuges bei gleichem Motor auf Grund seines geringen Gewichts hin. Bei späteren Ausführungen des Panzerjägers Panther wurde die Abdeckung der Geschützscharte verstärkt und schraubbar ausgelegt. Mit geringfügigen Änderungen erhielt die 8,8 cm Pak L/71 die Bezeichnung 43/4.

Ursprünglich wurden zwei verschiedene Bezeichnungen für den Panzerjäger Panther verwendet:

- Sturmgeschütz Panther für 8,8 cm StuK 43 (Sd.Kfz. 172)
- Panzerjäger Panther für 8,8 cm Pak 43/3 bzw. 43/4 (Sf) (Sd.Kfz. 173)

Ein Führerbefehl vom 27. 2. 1944 bestimmte für den schweren Panzerjäger auf Panther I-Fahrgestell die Suggestivbezeichnung »Jagdpanther«.

Neben dem Allklauen-Schaltgetriebe AK 7–200 der Firma ZF sollte auch die Möglichkeit bestehen, das halbautomatische Maybach OLVAR-Schaltgetriebe des Tiger zu verwenden. Die Serienfertigung lief bei der MIAG im Februar 1944 an, es wurde bis Kriegsende produziert. Im Dezember 1944 nahm auch die Maschinenfabrik Niedersachsen-Hannover (MNH) die Fertigung der Jagdpanther auf. Beide Werke stellten folgende Stückzahlen her:

	Mühlenbau und Industrie AG		Maschinenfabrik Niedersachsen-Hannover	
	1944	1945	1944	1945
Januar	–	37	–	35
Februar	5	22	–	43
März	8	32	–	–
April	10	3	–	–
Mai	10	–	–	–
Juni	15	–	–	–
Juli	15	–	–	–
August	14	–	–	–
September	21	–	–	–
Oktober	8	–	–	–
November	35	–	–	–
Dezember	37	–	34	–
	178	94	34	78

Es wurden insgesamt 384 Jagdpanther gebaut. Sie standen bis Kriegsende als brauchbare Panzerjäger bei einigen Heeres-Panzerjägerabteilungen. Am 1. 2. 1945 wurde der Jagdpanther-Auslauf mit noch 450 Geräten vorgesehen.

Ihr Autor war gegen Kriegsende Kompaniechef einer Jagdpanther-Einheit und wurde in einem Jagdpanther am 16. 4. 1945 in der Nähe von Gifhorn abgeschossen.

Die Friedrich Krupp AG befaßte sich auch beim Jagdpanther mit dem Einbau einer stärkeren Hauptbewaffnung. Der Entwurf Nr. Hln-E 143 vom 17. 11. 1944 zeigt den Einbau einer 12,8 cm Pak 80 L/55 im Panzerjäger Panther.

Am 25. 10. 1944 wurde während einer Besprechung in Kummersdorf eine Kritik über den Panther bekannt, nach der dessen Feuerfolge erheblich hinter der Feuerfolge des amerikanischen Kampfpanzers »Sherman« zurückstehen sollte. Heereswaffenamt, WaPrüf 6 beabsichtigte, ein Vergleichsschießen zwischen dem Tiger II und dem Sherman durchzuführen und gleichzeitig den Zeitgewinn durch die Mehrladeeinrichtung Pak 43/3 zu ermitteln. Heereswaffenamt, WaPrüf 4 veranlaßte, das erste Versuchsstück der Mehrladeeinrichtung Pak 43/3 bis zum 1. 12. 1944 herzustellen.

Am 8. 2. 1945 teilte Krupp mit, daß die beiden Mehrladetrommeln für Pak 43/3 fertiggestellt seien. Die Trommeln und eine vom Dortmund-Hoerder Hüttenverein für den Anbau einer Mehrladetrommel beigestellte, geänderte 8,8 cm Pak wurden zum Schießplatz Hillersleben überführt. Für den Einbau einer Pak 43/3 mit Mehrladetrommel in den Jagdpanther war ein zweites Geschütz abzuändern, bei dem außer den am ersten Geschütz bereits getroffenen Änderungen die Schildzapfen etwa um 400 mm zurückzuverlegen waren. Bei einer Besprechung am 20. 2. 1945 bei der Firma Krupp in Essen wurde eine automatische Mehrladevorrichtung für Kampfpanzer, Selbstfahrlafetten und Waffenträger gefordert. Als neues Projekt wurde für 8,8 und 12,8 cm Kaliber eine Mehrladevorrichtung für 3 bis 5 Schuß untersucht, welche zusätzlich zu der bereits in Ausführung begriffenen Mehrladeeinrichtung für die 8,8 cm Pak 43/3 entwickelt werden sollte.

Im Oktober 1944 wurde auch für den Jagdpanther eine Rohrausblaseeinrichtung untersucht. Das Versuchsgerät mit dem zwischen Vorholer und Rohrbremse liegenden Zylinder der Ausblasevorrichtung wurde in einem Jagdpanther der Verskraft eingebaut. Es ergaben sich keine Anstände, das volle Höhen- und Seitenrichtfeld blieb erhalten. Nach jedem Schuß erfolgte eine einwandfreie Ausblasung des Rohres. Die Steuerung des Blasebeginns durch den sich öffnenden Verschlußkeil war richtig eingestellt. Die Gase aus den Hülsen wurden durch den Deckenlüfter soweit entfernt, daß im Kampfraum eine nur unwesentliche Rauchbildung auftrat. Auf Grund der mit Erfolg durchgeführten Schießversuche wurde eine umgehende Einführung der Škoda Ausblasevorrichtung (Kolbenverdichtung) für die 8,8 cm Pak 43/3 (Jagdpanther) und 8,8 cm KwK 43 (Tiger B) vorgeschlagen. Die Serienreifmachung lag in Händen der Firma Krupp.

Rücklaufloser (starrer) Einbau der Hauptbewaffnung

Auf Anregung des Heereswaffenamtes und des Reichsministeriums für Rüstung und Kriegsproduktion hatten Krupp und Rheinmetall das Problem des starren Einbaus von Geschützrohren auf Panzerkampfwagen untersucht und die theoretischen Untersuchungen durch praktische Versuche erhärtet.
In der Zeit vom 28. bis 30. 4. 1943 fanden auf dem Schießplatz Unterlüß Versuche mit einem Panzerkampfwagen II, auf dem ein 12 cm Granatwerferrohr starr gelagert war, statt. Die Wahl fiel auf diese Geräte, weil beide kurzfristig für Versuche zur Verfügung standen. Auf die bestehende Wanne des Kampfwagens war eine 100 mm dicke Frontplatte mit 60 mm dicken Seitenwänden aufgeschweißt worden. Auf der Frontplatte war die Lagerung in Kugelpfannenform für die Kugel des Granatwerferrohres angebracht. Eine vordere Abstützung des Rohres war so vorgenommen, daß drei Erhöhungen, und zwar 0°, 17° und 42°, sowie drei Seitenstellungen von 0° und ±15° möglich waren. Am Fahrzeug, vor allem an der Federung, waren Marken angebracht, die das Verhalten während des Schießens durch Zeitlupenaufnahmen anzeigten. Der Rollwiderstand war mit 500 kg festgelegt, das Gesamtgewicht des Fahrzeuges betrug 11100 kg. Der Beschuß fand zunächst bei ungebremstem Laufwerk auf ebener Betonplatte statt. Später wurde mit gebremstem Laufwerk und auf gewachsenem Boden geschossen. Ein vorläufiges Schießergebnis zeigte nur geringe Bewegungen des Fahrzeuges während des Schießens. Als Hauptbewegung trat bei ungebremstem Laufwerk ein Gesamtrücklauf des Fahrzeuges von etwa 190 mm auf. Die Federwege waren gering, etwa 20 bis 25 mm gegenüber 130 möglichen. Neben der Rücklaufbewegung fanden Vertikal- und Drehschwingungen statt, die mit dem Auge kaum erkennbar waren. Fest stand, daß die Bewegungen des Panzer II-Fahrgestelles geringer waren als die der Selbstfahrlafette auf dem gleichen Fahrgestell, welche die 7,5 cm Pak 40 mit Rücklauf aufgebaut hatte. Die auftretenden Beschleunigungen konnten von Menschen mit Leichtigkeit ertragen werden. Es war bewiesen, daß bei entsprechend gegebenen Verhältnissen eine starre Lagerung der Kanone möglich war und dem Fahrzeug große Gaskräfte zugemutet werden konnten. Sie lagen beim Versuch im Mittel bei 130 t.
Um nach diesem Versuch eine Grundlage für die konkrete Ausbildung eines solchen Gerätes zu erhalten, wurde ein Rohr der 7,5 cm StuK 40, welches einen etwas höheren Impuls als das des 12 cm GraW 42 aufwies, starr im Drehturm des Panzerkampfwagens IV eingebaut. Weitere Versuche fanden am 18. 11. 1943 in Kummersdorf statt. Ein Rohr 7,5 cm L/48 war starr in einem Panzer IV gelagert. Die Geschützlagerung war verstärkt. Die Frontplatte von 100 mm Dicke war durch eine, über die ganze Länge gehende Rippe, versteift. Auch die Richtmaschinenträger waren gegenüber dem letzten Versuch wesentlich verstärkt. Es wurden ohne Mündungsbremse 80 Schüsse abgegeben. Durch die versteifte Stirnwand wurde erreicht, daß sich an Geschützlagerung und Richtmaschinen keine Anstände zeigten. Die Anbringung der Zieleinrichtung war ungeeignet, sie brach an den Halterungen. Durch Zwischenschalten von Federn oder Gummi sollte eine bessere Lösung gefunden werden. Die Beanspruchung der Besatzung beim Schuß war ohne weiteres tragbar. Die Prellungen, die auf die Richtmaschinenhandräder übertragen wurden, waren gegenüber den letzten Versuchen durch elastische Lagerung wesentlich geringer, auf die Dauer aber noch immer nicht tragbar. Bei Schuß 78 wurde beobachtet, daß das Schaltgetriebegehäuse

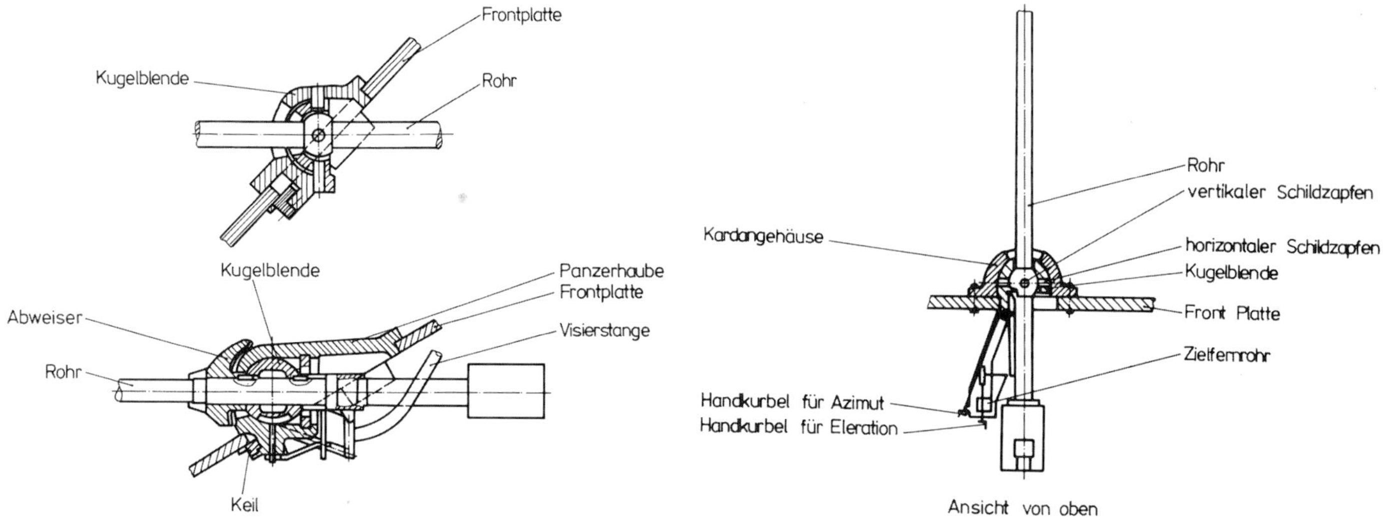

Einbauskizzen einer rücklauflosen Kanone zeigen das Prinzip dieser Anordnung, die gegen Kriegsende mit Nachdruck erprobt wurde.

des Panzers IV einen Riß bekam, die Versuche wurden daraufhin abgebrochen. Die Entwürfe für eine festeingebaute, rücklauflose Kanone im Kugelgelenk wurde in einer Sitzung der Panzerkommission am 21. 12. 1943 eingehend besprochen.
Am 11. 1. 1944 wurden die Beschußversuche fortgesetzt. Es sollte grundsätzlich das Verhalten bei starrer Lagerung des Rohres 7,5 cm L/48 im leichteren Panzer II erprobt werden. Außerdem war die Zieleinrichtung behelfsmäßig gelagert und das Zielfernrohr (Sfl.Z.F.1a), dessen Oberteil beim letzten Beschuß abgebrochen war, noch besonders durch eine Schelle unterstützt. 67 Schuß wurden abgegeben. Bei Schnellfeuer bäumte sich das Fahrzeug unter Ausschwingen der rückwärtigen Federn ziemlich auf. Die Versuche waren ermutigend und führten zur Entwicklung und Erprobung eines Panzerjägers mit starrer Rohrlagerung auf dem Panzerkampfwagen 38 (t) neuer Ausführung.
Am 7. 2. 1944 wurde bei Krupp in Essen der Einbau einer 8,8 cm L/71 Kanone in starrer Aufhängung in einem Panzer IV beschlossen. Als Vorteile wurden angeführt: Kampfraum günstiger, mehr Platz für Unterbringung von Munition, Blende kleiner, Fertigung einfacher; aber Verschlußbeweger bei starrem Rohr erforderlich.
Am 7.3.1944 fand in Kummersdorf die Schießvorführung eines Sturmgeschützes mit 7,5 cm Kanone L/48 ohne Rücklauf statt. Die Kanone war in kardanischer Aufhängung in einer 100 mm dicken schrägen Stirnwand befestigt. Diese war durch ein etwa 150 mm hohes und etwa 20 mm dickes, außen senkrecht auf der Stirnwand stehendes Blech versteift.
Es wurden 97 Schuß abgegeben. Dabei brach der Winkelspiegel des Fahrers. Der Motorkühler wurde undicht. Das Sturmgeschütz setzte nach jedem Schuß einige cm zurück. Die Geschützaufhängung machte einen sehr einfachen und gedrungenen Eindruck.
Am 11. 7. 1944 fanden die Versuche bei einem Massenbeschuß mit 1000 Schuß ihren Abschluß. Es wurden verschiedene Ausführungen der Zielgeräteaufhängung erprobt. Weitere Verbesserungen erwiesen sich als notwendig.
Bis zum 1. 8. 1944 hatte die Altmärkische Kettenwerk GmbH (Alkett) zwei Versuchsgeschütze ohne Rücklauf gebaut, die in den Panzerjäger 38 und Panzer IV mit je 1000 Schuß belegt wurden. Obwohl am Anfang Mängel auftraten, wurden die letzten 600 Schuß beim Panzer IV ohne Störungen durchgestanden. Beim Panzerjäger 38 zeigten sich mehr Beanstandungen. Alkett wollte auf Grund dieser Erfahrungen eine Neukonstruktion einleiten. Es lag jedoch eine Weisung vor, mit je 100 Panzerjägern in Produktion zu gehen, ohne Rücksicht auf die bisher erkannten Schwierigkeiten.
Am 11. 8. 1944 wurde von Krupp darauf hingewiesen, daß der starre Einbau der 7,5 cm L/48 für den Panzerjäger 38, der 7,5 cm L/70 für den Panzerjäger IV, und der 8,8 cm L/71 für den Jagdpanther vorzusehen sei.

Der Auftrag für den Einbau einer starren 8,8 cm Kanone L/71, im Jagdpanther, wurde am 2. 10. 1944 von Heereswaffenamt, WaPrüf 4 der Firma Krupp erteilt. Der Vorschlag von Krupp ging dahin, das Geschütz kardanisch aufzuhängen, dabei wurde die Frontplatte des Panzers vorverlegt. Das Rohr hing in langen Laschen, die eine gewisse elastische Federung ergaben. Der Ausgleicher war so angeordnet, daß er die Spiele der Rohrlagerung in Richtung des Rückstoßes ausschaltete. Vorteile dieser Konstruktion: Raumersparnis, aber nur dann, wenn Halbautomatik entfiel; Materialersparnis; einfachere Herstellung; kleinerer Ausschnitt in der Vorderwand. Am 4. 10. 1944 wurde der Krupp-Entwurf Hln-125 über den starren Einbau der 8,8 cm Kanone L/71 dem Heereswaffenamt, WaPrüf 4 vorgelegt. Der Gesamtentwurf wurde genehmigt und zur Durchkonstruktion freigegeben. Es wurden zwei Versuchsgeschütze zum Einbau im Jagdpanther in Auftrag gegeben. Fertigstellungstermin für das erste Geschütz war Ende Januar 1945. Heereswaffenamt, WaPrüf 4 stellte Rohre mit Verschluß sowie Richtmaschinen zur Verfügung, die Fertigung der restlichen Teile sowie die Geschützmontage sollte Krupp übernehmen. Der Einbau sollte in einem Jagdpanther der Firma MIAG erfolgen. Beim Einbau in dem Jagdpanther mußte nur die Öffnung in der Stirnwand entsprechend geändert werden. Die Rückstoßkraft wurde vom Bodenstück über Zugbänder auf einen Kardanrahmen übertragen, der mit vertikalen Schildzapfen im Panzerstahlgußgehäuse gelagert war. Es war besonders darauf zu achten, daß dieses Gehäuse gegen Rutschen nach oben gut verzapft war. Der Hülsenauswurf erfolgte durch Gasdrucköffner. Um das Zielfernrohr (W.Z.F. 1/2) von großen Beschleunigungen fernzuhalten, wurde es mit dem Richtmaschinengehäuse an die linke Seitenwand verlegt. Durch zwei Parallelogrammgestänge fand die Steuerung der Höhe und Seite nach statt.

Durch diesen feststehenden Richtstand wurde auch der ungünstige Deckenausschnitt vermieden. Spindel-Richtmaschinen einfachster Art mit Kettenantrieb, Höhen- und Seitenrichtfeld wie mit Rücklauf waren vorhanden. Vorgesehene Aufteilung der Aufträge:

- Rohr, Bodenstück und Verschluß, das erste Gerät ohne, das zweite mit Gasdrucköffner – Dortmund-Hoerder Hüttenverein
- Richtmaschinen, Ausgleicher – Hallesche Maschinenfabrik
- restliche Gruppen – Krupp
- Jagdpanther-Änderung – MIAG
- Geschützmontage – Krupp
- Einbau in Jagdpanther – MIAG

Angestrebt wurde ein Abschluß der Entwicklung für Anfang Januar 1945.

Das Heereswaffenamt, WaPrüf 4/II teilte am 8. 11. 1944 mit, daß die Auftragsnummer für die 8,8 cm Pak 43/3 (zwei Versuchsgeräte) SS 4902–0004–2096/44 lautete (Gerät Nr. 5–08412, Auftrag 2961/44g). Krupp unterrichtete am 25. 11. 1944 die Mühlenbau- und Industrie AG, (MIAG), Braunschweig, daß ein Geschützmodell 8,8 cm L/71, rücklauflose Ausführung, zwecks Einbau in einem Jagdpanther zum Versand gebracht worden war. Es stellte sich heraus, daß zum Einbau dieser Waffe der Ausschnitt für die Geschützlagerplatte geringfügig geändert werden mußte. Es war außerdem erforderlich, die Lagerplatte an beiden Längsseiten durch Schrauben zu befestigen. Der Schwerpunkt der Waffe wurde weiter nach hinten in den Kampfraum verlegt. Bei Schußabgabe betrug die Beschleunigung des Gesamtfahrzeuges 4,55 g, der Gesamtrücklauf des Fahrzeuges 65 mm.

Am 14. 2. 1945 forderte der Chef des Technischen Amtes beim Reichsministerium für Rüstung und Kriegsproduktion, Hauptdienstleiter Saur, die kurzfristige Einführung rücklauffreier Geschütze für folgende Panzerfahrzeuge:

- 7,5 cm L/48 im Panzerjäger 39;
- 7,5 cm L/70 im Panzerjäger 38;
- 10,5 cm Sturmhaubitze im Panzerjäger 38;
- 8,8 cm L/71 im Jagdpanther.

Er forderte die Bildung einer Arbeitsgemeinschaft, zu deren Vorsitzenden Professor Dr.-Ing. e. h. Wanninger der Firma Rheinmetall bestimmt wurde. Sämtliche bisher gewonnenen Erfahrungen und Ergebnisse sollten zusammenfassend ausgewertet und auf weitere Entwicklungen angewendet werden.

Am 12. 2. 1945 war die Anfertigung der Panzergußlagerplatten für den Einbau der Pak 43/3 ohne Rohrrücklauf im Jagdpanther untergebracht, die Stahlgußteile wurden vom Stahlwerk Mark in Wengern hergestellt. Nach dem Terminplan war mit dem Eingang des ersten

Stahlgußstückes am 20. 3. und mit der Fertigstellung am 20. 4. 1945 zu rechnen. Ab 5. 3. 1945 stand bei der MIAG ein Fahrzeug zum Einbau des Holzmodelles bereit. Da das Fahrzeug zum März-Austoß gehörte, mußten die Untersuchungen bis spätestens 15. 3. 1945 zu einem Abschluß gebracht sein. Zu einem Einbau der 8,8 cm Pak 43/3 in rücklaufloser Ausführung im Jagdpanther ist es auf Grund der Kriegsereignisse nicht mehr gekommen.

Von der Maschinenfabrik Augsburg-Nürnberg entwickeltes Pionier-Sonderfahrzeug, welches als amphibische Sperrmaschine einen schweren Grabenpflug ziehen sollte.

Bergepanther

Sofort nach Aufstellung der ersten Tiger- und Panther-Abteilungen stellte sich der Mangel an geeigneten Abschleppfahrzeugen, die planmäßig nicht vorgesehen waren, heraus. Durch die geänderte militärische Lage, durch die Rückzüge ab 1943 bedingt, wurde es dringend erforderlich, Schadfahrzeuge rechtzeitig zu bergen, um sie bei den rückwärtigen Instandsetzungseinheiten wieder einsatzbereit zu machen. Der Mangel an geeigneten Bergemitteln für Tiger und Panther ließ zahlreiche dieser Panzerfahrzeuge zurück, die entweder von den Besatzungen gesprengt werden mußten, oder dem Gegner in die Hände fielen. Die zum Bergen der Panzer III und IV bewährten Zugkraftwagen 18 t konnten Tiger und Panther lediglich im Zweier- bzw. Dreiertandemzug schleppen. Am Zgkw 18 t wurden bei Mehrfachzug gelegentlich der Rahmen trotz guter Querversteifungen stark verzogen. Die Maschinenfabrik Augsburg-Nürnberg wurde aufgefordert, bis zum 6. 6. 1943 zehn Bergepanther ohne Seilwinde mit einer behelfsmäßigen Überdachung zu liefern. Diese Forderung des Heereswaffenamtes wurde der MAN erst am 7. 5. 1943 offiziell mitgeteilt. Gleichzeitig wurde Henschel beauftragt, die letzten 70 Panzerkampfwagen Panther ihrer Fertigung als Bergepanther aus-

Bergepanther (Sd. Kfz. 179) (erste Ausführung ohne Winde und Stützsporn)

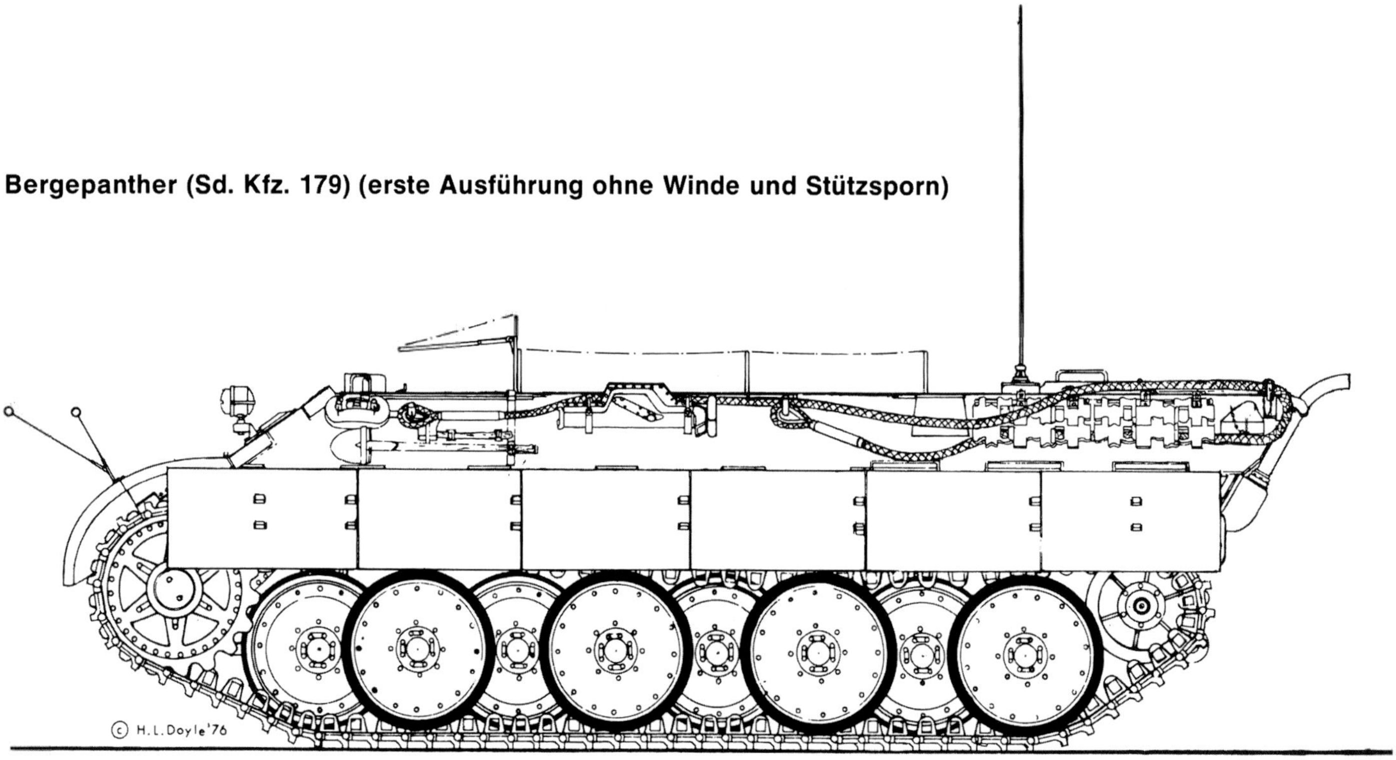

In Fahrzeugmitte war eine 40 t Seilwinde eingebaut.

Vier dieser Pionier-Sonderfahrzeuge – auf dem Fahrgestell der 8-Rad Ausführung des Einheitsdiesel-Lastkraftwagens – wurden gebaut.

Die Winde des Pionier-Sonderfahrzeuges wurde, leicht verändert, für den Bergepanther vorgesehen.

Übersichtsskizze des Bergepanther.

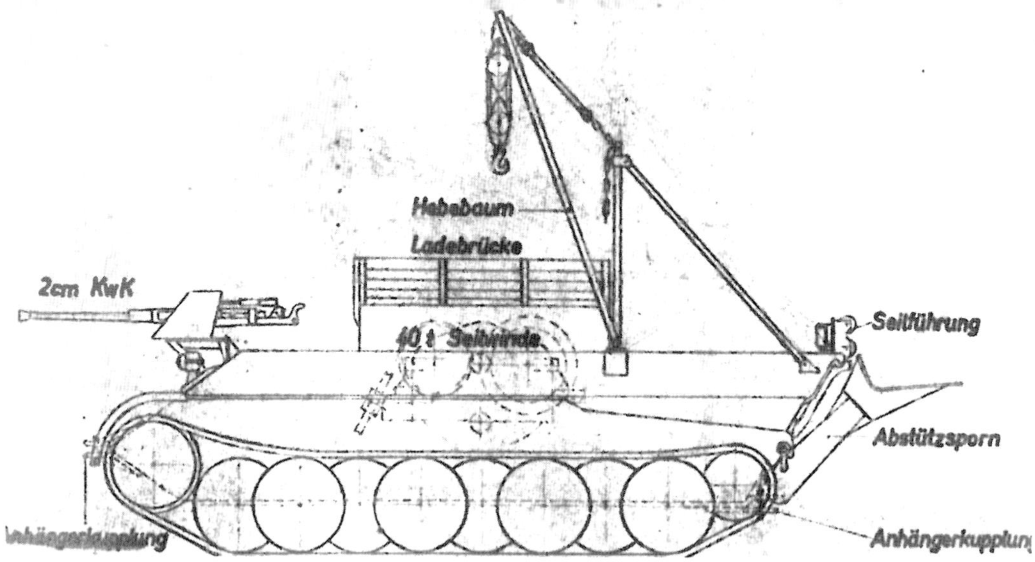

Rückansicht des Bergepanther mit ausgeschwenktem Kran.

Der Sporn in fast abgesenktem Zustand.

Seitenansicht des Bergepanther mit hochgezogenem Sporn.

Bergepanther von vorne mit aufgesetztem Schutzschild für die 2 cm Waffe.

Mannschaftsraum des Bergepanther. In der Mitte vorne die Aufnahme für die 2 cm Bewaffnung. Die beiden Flacheisenstützen seitlich vorne am Wannendach dienten zur Aufnahme eines Fliegerbeschußgerätes.

zubringen. Da die Erleichterung beim Bau dieser Fahrzeuge im wesentlichen den Turmlieferanten zugute kamen, sah Henschel darin eine zusätzliche Belastung. Der Leiter dieses Werkes, Dr.-Ing. Stieler von Heydekampf (gleichzeitig Vorsitzender der Panzerkommission), lehnte den Bau der Bergepanther ab, wurde jedoch am 15. 5. 1943 vom Leiter des Sonderausschusses Pz III Dr.-Ing. Blaicher angewiesen, diese Fahrzeuge zu fertigen.

Die vordringlichste Aufgabe beim Entwurf des Bergepanthers war die Konstruktion einer Seilwinde, die 40 t Zugkraft über eine Strecke von 150 m bewältigen konnte. Winden dieser Leistung gab es im normalen Hebezeugbau nicht. Man konnte aber auf eine Winde zurückgreifen, die von der Maschinenfabrik Augsburg-Nürnberg bereits 1940 in einem schwimmfähigen Spezial-Pionierfahrzeug eingebaut wurde. Die militärische Forderung für dieses Fahrzeug verlangte das Zerstören

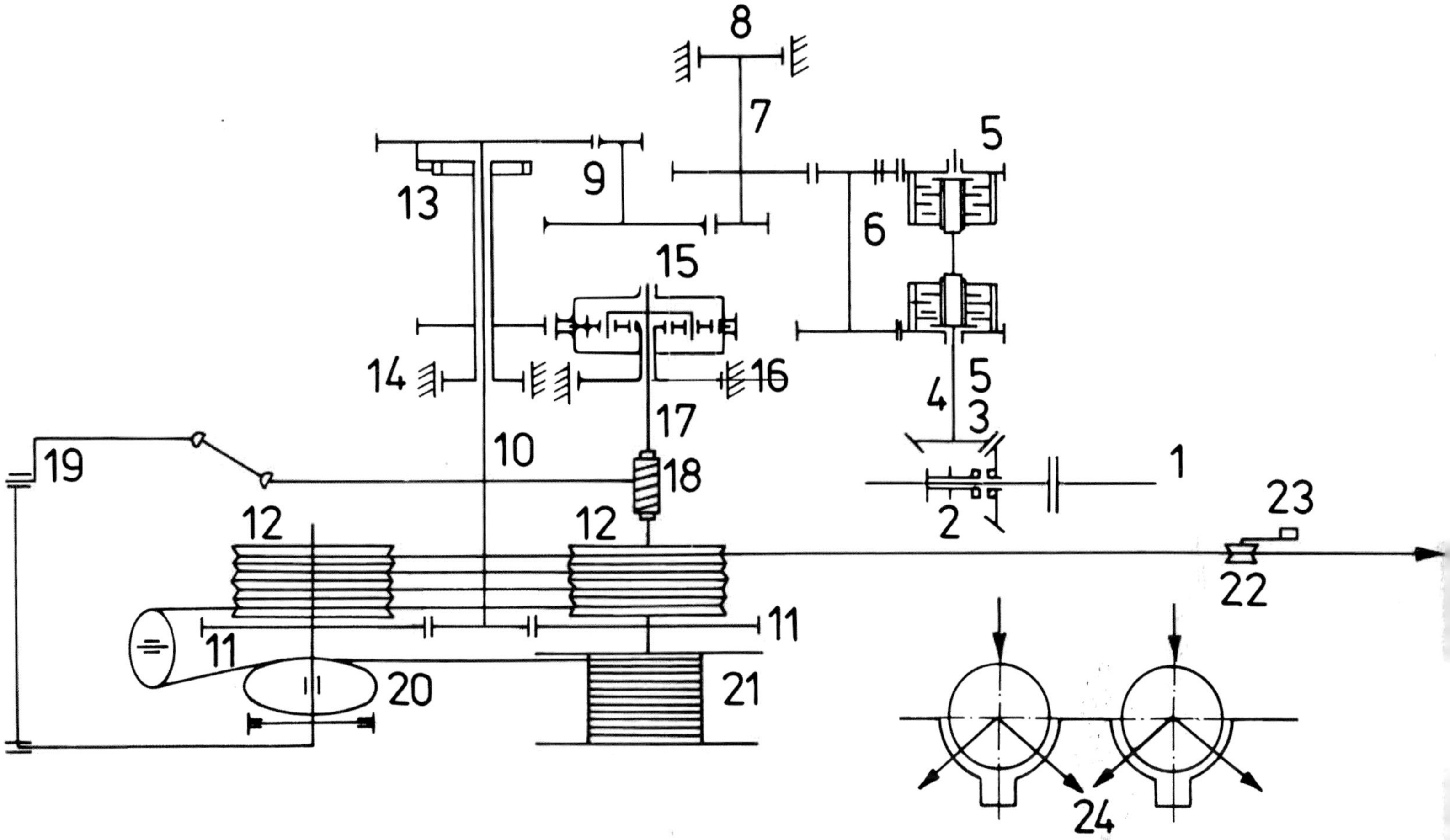

Schematische Darstellung der Seilwinde im Bergepanther.

1 Antriebswelle vom Fahrzeugmotor, 2 Klauenkupplung (An- und Abkuppeln der Winde war nur bei Stillstand des Fahrzeugmotors möglich), 3 Kegeltrieb, 4 Welle zu den Kupplungen, 5 Zwei Mehrscheibenkupplungen für das Ein- und Ausziehen des Zugseiles, 6 Vorgelegewelle mit Zahnräder für Rechts- und Linkslauf, 7 Vorgelegewelle mit Hauptbremse, 8 Bremse für den Gesamtantrieb, 9 Vorgelegewelle im Gesamtantrieb, 10 Welle zum Antrieb der Treibscheiben, 11 Treibscheibenantriebsräder, 12 Treibscheiben, 13 Klinkenantrieb (einseitig wirkend) mit Freilauf für Seilspeichertrommel, 14 Haltebremse für Seilspeichertrommel, 15 Umlauftrieb für Seilspeichertrommel, 16 Kraftbegrenzungsbremse für Speichertrommel (Funktion einer Rutschkupplung), 17 Antriebswelle für Seilspeichertrommel, 18 Schneckengetriebe zum Antrieb der Seilwickelvorrichtung, 19 Kurbeltrieb zur Bewegung der Seilwickelvorrichtung, 20 Seilwickelvorrichtung, 21 Seilspeichertrommel, 22 Seilspannvorrichtung, 23 Anzeigelampe für Seilspannvorrichtung, 24 Mitnahme der Zugseile in den Treibscheiben.

von Straßen in Längsrichtung und das Errichten und Beseitigen von Sperren. Zwei Erprobungsfahrzeuge dieses Gerätes, auf der 8-Rad-Ausführung des Einheitsdiesel-Lastkraftwagens aufgebaut, waren im Herbst 1941 fertiggestellt. Die eingebaute 40 t Seilwinde konnte einen Grabenpflug bei 10 m/min Seilgeschwindigkeit einholen. Hinten am Fahrzeug war ein Erdsporn angebracht, um die Zugleistung der Winde voll auszunutzen. Die Erprobung wurde zur Zufriedenheit durchgeführt, eine Serienfertigung dieses Spezial-Pionierfahrzeuges jedoch nicht eingeleitet.

Das Prinzip dieser von MAN entwickelten Winde wurde auch für den Bergepanther übernommen, die Winde beim Einbau in die Panther-Wanne dabei etwas geändert. Die Winde war wesentlich anders konzipiert als die sonst im Hebezeugbau üblichen Hubwinden. Bei der Winde wurde mit Hilfe von acht Treibscheiben, die auf zwei Wellen eingebaut waren, das Zugseil durch Rei-

Einbau der 40 t Seilwinde im Bergepanther.

Seilwinde des Bergepanther in ausgebautem Zustand.

Seilführung am Heck des Fahrzeuges.

Einzelheiten der Seilwinde im Bergepanther bei Versuchen der britischen Armee.

Verschiedene Ausführungen der Seilführung wurden angewandt.

Die beiden Bilder zeigen die Anordnung des Erdsporns.

bung angetrieben und das Seil hinter den Treibscheiben auf einer Speichertrommel aufgewickelt. Die Winde wurde vom Fahrzeugmotor über ein Getriebe und eine Gelenkwelle angetrieben. Der Bau dieser hochbelastbaren Winde war mit großen Schwierigkeiten verbunden, da Hersteller, die über die nötigen Maschinen und das Sachwissen verfügten, bereits in die laufende Rüstungsproduktion eingeschaltet und ihre Kapazität voll ausgelastet waren. Es war daher nicht möglich, alle Bergepanther mit Winden auszurüsten. Der Windenraum war nach außen durch einen pritschenartigen Aufbau eingefaßt und nach oben durch eine Zeltplane abgedeckt. Am Heck des Bergepanthers war ein schwerer Abstützsporn angebracht, der mit dem Seil der Winde gehoben und gesenkt wurde. Zum Bergen wurde das Schleppseil am Schadfahrzeug eingehakt, der Bergepanther fuhr die ganze Seillänge aus und zog dann mit der Seilwinde das Seil ein, nachdem sich der Anstützsporn im Boden verankert hatte. War das Seil mit dem Schadfahrzeug bis zum Bergepanther herangezogen, fuhr dieser wieder an, zog dabei den Abstützsporn meist über den Boden und nach dem Ausfahren des Zugseiles wiederholte sich der Schleppvorgang, bis das Schadfahrzeug aus der größten Gefahrenzone entfernt war.

Am hinteren, oberen Wannenende war eine Seilführung mit zwei senkrechten und zwei waagrechten Rollen angebracht, welche das Aus- und Einfahren des Zugseiles erleichterten. Im Fahrzeug war ein Zugkraftmesser vorhanden, um eine Überlastung des Seiles zu vermeiden. Die technische Erprobung des Bergepanthers wurde ab 1944 bei der Kraftfahrversuchsstelle in Kummersdorf

durchgeführt (Dezernent Major Dipl.-Ing. Wüst). Die Zugwinde arbeitete nach einigen Anfangsschwierigkeiten zufriedenstellend, der Gesamtentwurf war gelungen.
Beanstandet wurde das Fehlen eines Krans zum Auswechseln von Aggregaten an Schadpanzern. Verskraft in Kummersdorf entwickelte daraufhin einen 2 t Behelfskran, der auf alle Berge- und Kampfpanzer aufgeschraubt werden konnte. Er wurde erprobt, die allgemeine Einführung und besonders die Nachrüstung aller bereits eingesetzten Panzerfahrzeuge war jedoch auf Grund der Kriegsereignisse nicht mehr möglich. Der Behelfskran, ein Hebegeschirr, wurde auf drei am Fahrzeug vorhandene oder nachträglich angebrachte Schraubösen aufgesetzt. Beim Bergepanther oder bei Fahrzeugen mit festem Panzeraufbau betrug der Schwenkbereich des Kranes 120°, bei Fahrzeugen mit Drehturm war der Schwenkbereich unbegrenzt. Weder Abschleppkupplung noch Abschleppstangen der Bergepanther-Prototypen waren zunächst dem rauhen Truppenbetrieb gewachsen. Versuche erhärteten, daß einfache Steckbolzen allen Gelenk- und Drehkupplungen überlegen waren. Auch die nicht einfachen Forderungen nach Beweglichkeit des Abschleppgeschirrs in schwerem Gelände wurden schließlich erfüllt.
Das Bergen bewegungsunfähiger Panzer war weitgehend abhängig vom Vorhandensein zumindest eines Festpunktes, dessen Beharrungsvermögen größer als das des zu bergenden Panzers sein mußte. Bei Benutzung der Seilwinde in einfachem Zug erfüllte der Abstützsporn des Bergepanthers im allgemeinen diesen Zweck. Für Bergeaktionen, bei denen mehrfacher Zug erforderlich wurde, genügte der Sporn jedoch meist nicht mehr. Für diese schwierigen Fälle wurde ein Erdanker entwickelt und erprobt, der zum Transport als Zweiradanhänger ausgebildet war. Für den Einsatz wurden die Räder hochgeschwenkt. Die Wirkung des Erdankers als Festpunkt war ausreichend, als Anhänger hinter einem Kettenfahrzeug war er jedoch nicht brauchbar, seine Weiterentwicklung wurde eingestellt. Trotz griffiger Gleisketten war auch beim Bergepanther im Schleppbetrieb in schwierigem Gelände ein Durchrutschen der Gleisketten nicht zu vermeiden. Für diesen kurzfristigen Zustand wurde eine Seilklaue entwickelt und erprobt, mit deren Hilfe eine oder beide Gleisketten

Bergepanther im Dienst der britischen Streitkräfte während der Fahrt.

Eine geänderte Spornausführung.

Schäckel und Umkehr-Rollen, die zur Standardausrüstung des Bergepanthers gehörten.

Blick in den Windenraum von oben. Rechts am Fahrzeug ein Holzblock, der zum Schieben von Fahrzeugen eingesetzt wurde.

Zugmessungen am Bergepanther durch die britischen Streitkräfte.

an Festpunkten verankert werden konnten, worauf der Bergepanther um eine Kettenauflagelänge vorfahren konnte. Zur Ausführung kamen in ein Kettenglied einschiebbare, aufschraubbare und einhängbare Klauen. Die Schwierigkeit bestand darin, daß zur truppentauglichen Anwendung des Verfahrens die Gleisketten-Konstruktion entsprechend geändert werden mußte. Auch die erprobten Greifer für Schnee und losen Sand oder die Eisdorne hätten eine Änderung der Gleisketten zur Folge gehabt. Alle diese Hilfsmittel sollten nicht nur dem Bergepanther, sondern durch die gleichen Gleisketten auch den Kampfpanzern zugute kommen. Sie kamen aber nicht mehr zur Einführung.

Zum Anschieben oder seitlichen Verschieben von Schadpanzern wurde an der linken Aufbauseite ein massiver Holzbalken mitgeführt. dafür waren am Bug des Bergepanthers zwei quadratische, senkrecht stehende Stahlbleche angeschweißt.

In Erwartung, daß die Aufgaben des Bergepanthers nicht nur auf Bergen und Abschleppen beschränkt

Die Stahlplatten am Fahrzeugbug zum Ansetzen des am Fahrzeug mitgeführten Holzblocks zum Verschieben havarierter Panzer.

Aufnahme für die 2 cm Waffe am Bug des Bergepanther.

Bergepanther beim Abschleppen eines Panzerkampfwagens Panther.

Ein heute noch in französischem Besitz befindlicher Bergepanther der Ausführung G.

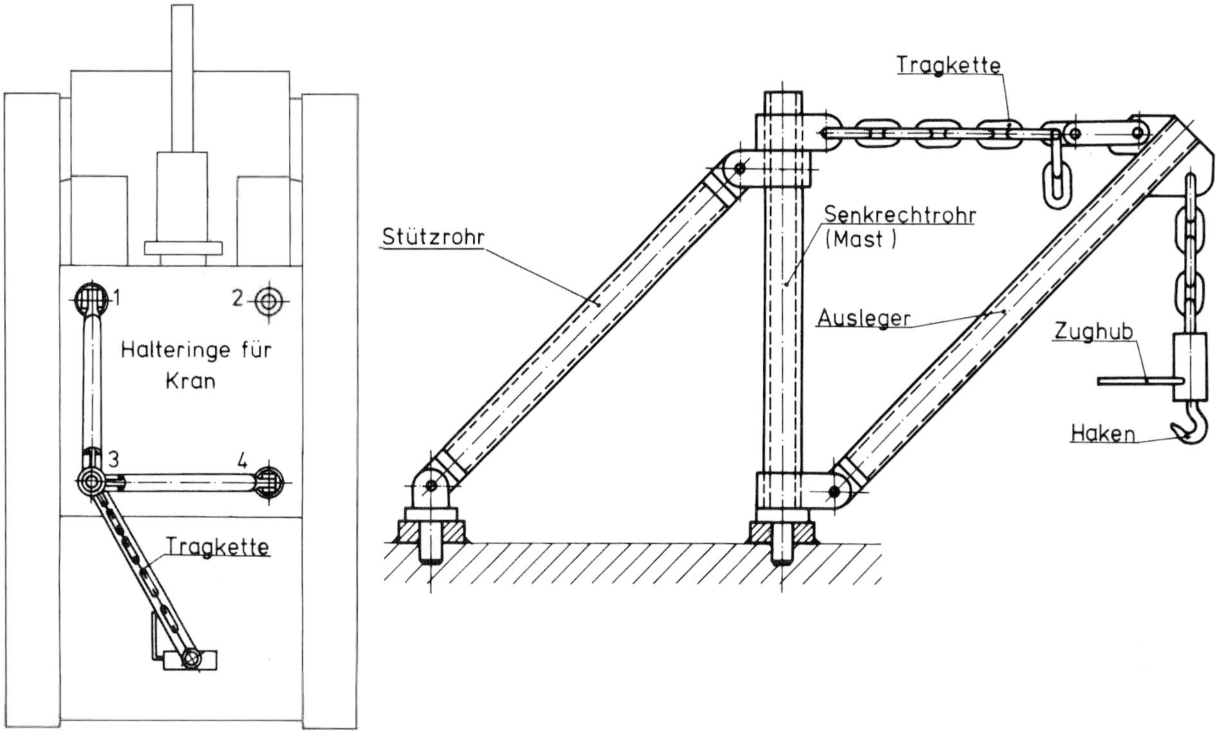

Behelfskran für Panzerfahrzeuge, der ursprünglich für Sturmgeschütz-Einheiten entwickelt wurde. Der Kran konnte umgesteckt werden und diente mit den Halterungen 1 und 2 zum Aus- und Einbau der Vorgelege, während er auf den Halterungen 3 und 4 zum Ausbau des Motors verwendet wurde.

blieben, sondern daß das Bergefahrzeug auch als Geräte- und Energieträger für die Materialerhaltung der Kampfpanzer dienen sollte, wurden außer dem Behelfskran verschiedene Sonderwerkzeuge entwickelt und erprobt. U. a. ergaben sich Spanner zur Kettenmontage, Heber zum Laufrollenwechsel und Hilfsmittel zur Beweglichmachung von Panzern mit zerschossenem Laufwerk.

In den Unterlagen der Firma Henschel fand sich folgende Aktennotiz vom 15. 6. 1943:

»Der von Herrn Dr. Blaicher veranlaßte Auftrag des Heereswaffenamtes WuG 6 auf 70 Bergepanther kann aus folgenden Gründen bei Henschel nicht durchgeführt werden: Die vorgeschriebenen Lieferzahlen der Bergefahrzeuge für 1943 lauten: Juni 9, Juli 11, August 13, September 14, Oktober 16 und November 7. Gemäß Aktennotiz über eine Besprechung mit der MAN vom 28. 5. 1943 wird der Abschluß der Konstruktion des Fahrgestells einschließlich Winde Ende Juni 1943 zu erwarten sein. Da eine Vielzahl von im Augenblick noch unbekannten Teilen aufgegeben und durch die Fertigung getrieben werden muß, ist es völlig unmöglich, die vom Heereswaffenamt verlangten Liefertermine zu halten. Würde man die 70 Bergepanther zusammenhängend am Ende der bei Henschel auslaufenden Serie von 200 Panthern nehmen, so mußte der Ausstoß des ersten Bergefahrzeuges Anfang August 1943 erfolgen. Dr. Blaicher hatte zudem in seiner Besprechung mit Dr.-Ing. Stieler von Heydekampf (Henschel) ausdrücklich betont, daß nur die provisorische Lösung des Bergepanthers für Henschel in Frage käme. Das Heereswaffenamt WaPrüf 5 IIIe besteht aber darauf, daß das Provisorium nicht in Frage kommt, sondern die Endlösung gemäß Zeichnung Tü 15 259. Als Vorschlag von Henschel kann nur wiederholt werden, daß wir ohne Störung des Tiger II-Anlaufes nur in der Lage sind, normale Panther-Fahrgestelle zu fertigen, die dann an anderer Stelle, etwa bei Krupp-Gruson in Magdeburg, zu Bergefahrzeugen geändert werden mußten.«

Die Bergepanther wurden dennoch von Henschel gebaut. Am 10. 7. 1943 berichtete Henschel, daß die Tatsache, im Juli 1943 noch elf Bergepanther liefern zu müssen, eine Abgabe von fünf Turmantrieben an Daimler-Benz unmöglich mache, da dieser auch beim Bergepanther zwischen Motor und Getriebe eingebaut werden mußte, und bisher noch kein anderes Element ent-

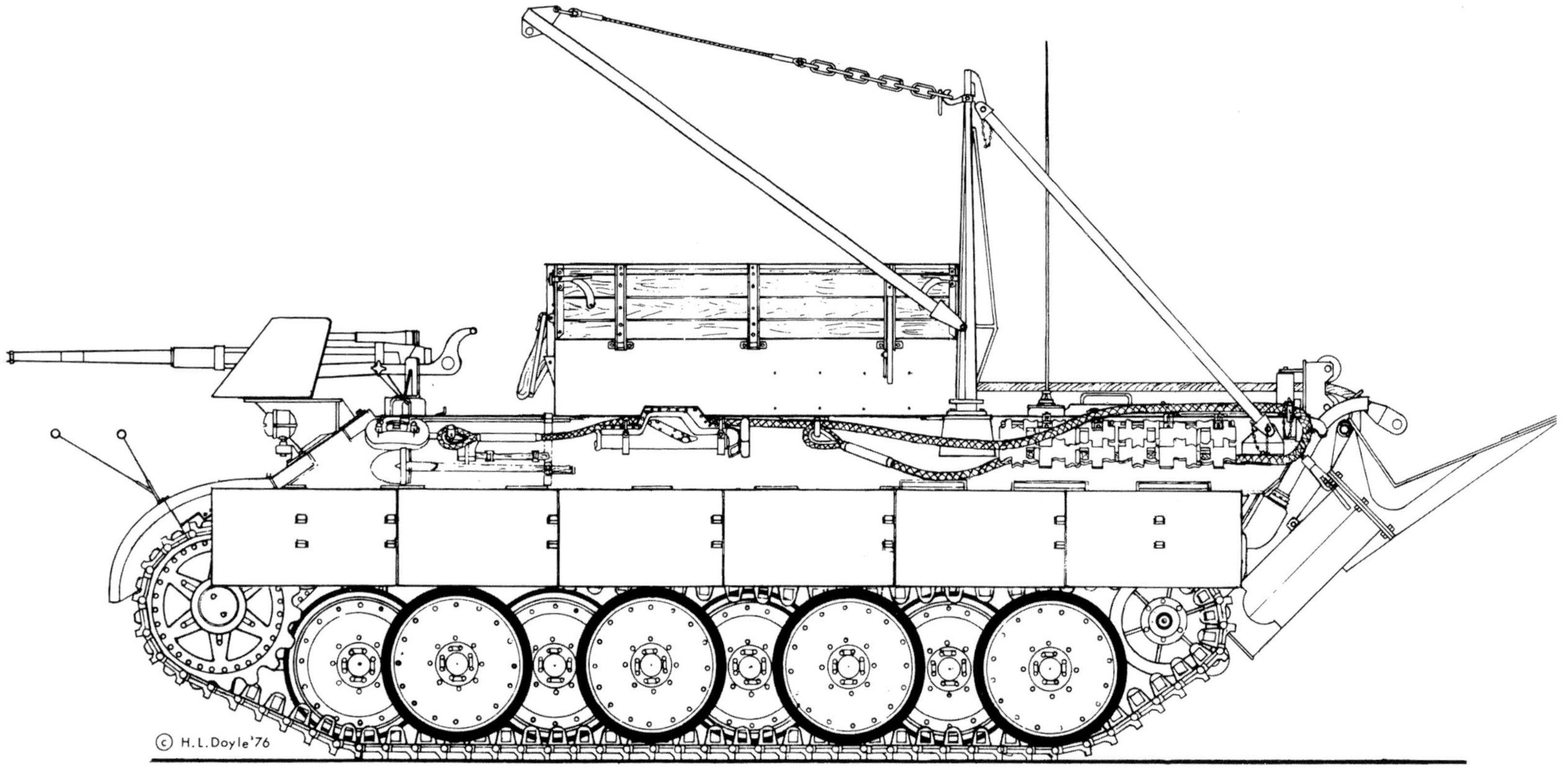

Bergepanther (Sd. Kfz. 179) dargestellt mit vorgesehener Ausrüstung einschl. 2-cm-KwK

wickelt worden war, welches die Kraftübertragung übernehmen konnte.

Zum Bergepanther, Ausführung A (Sd. Kfz. 179) gehörte das nur geringfügig veränderte Fahrgestell des Panzerkampfwagens Panther. Die Sitze für die Mannschaft befanden sich vorne in der Wanne. Auf der oberen Bugplatte war eine Aufnahme für eine 2 cm Kampfwagenkanone zur Selbstverteidigung angeschweißt. Die Waffe war durch ein Panzerschild geschützt. Links und rechts der Einstiegöffnung zum Mannschaftsraum befanden sich zwei Aufnahmen zur Befestigung einer Flieger-MG-Lafette. Der Kraftstoffvorrat war gegenüber dem Panzerkampfwagen Panther auf 1075 l erhöht. Die Wanne wurde von der Firma Ruhrstahl in Hattingen hergestellt. Ab Oktober 1944 wurde die Ausführung G des Bergepanther mit der Wannenausführung des Panzerkampfwagens Panther, Ausführung G, ausgeliefert. In diesem Fertigungsstand wurde der Bergepanther bis Kriegsende gebaut. Erst nachdem die Demag, Werk Düsseldorf-Benrath die Fertigung der Bergepanther übernommen hatte, wurden unter großen Schwierigkeiten Bergepanzer in höheren Stückzahlen – insgesamt 297 –, von denen 46 nicht mit einer Seilwinde versehen waren, ausgeliefert.

Ein Bergepanther mit Winde wurde am 1. 3. 1944 dem Generalinspekteur der Panzertruppen, Generaloberst Guderian, auf dem Standortübungsplatz Berka in der Nähe von Eisenach, vorgeführt.

Am 7. 4. 1944 wurde Hitler anhand von Photos über die Bewährung des neuen Bergepanthers berichtet. Es wurde mitgeteilt, daß nach den bisher eingeleiteten Maßnahmen neben der laufenden Fertigung von monatlich 20 Bergepanthern, 1944 zusätzlich im April 13, Mai 18, Juni 20 und Juli 10 durch Umbau von instandzusetzenden Panzerkampfwagen Panther hergestellt werden sollten. Die Fertigung der 40 t-Seilwinde erfolgte durch Firma Raupach in Görlitz, welche die Produktion später in ein neues Werk in Warnsdorf/Sudetenland verlegte. Es sollten dort monatlich 30 bis 40 Winden erzeugt werden. Vom Bergepanther waren am

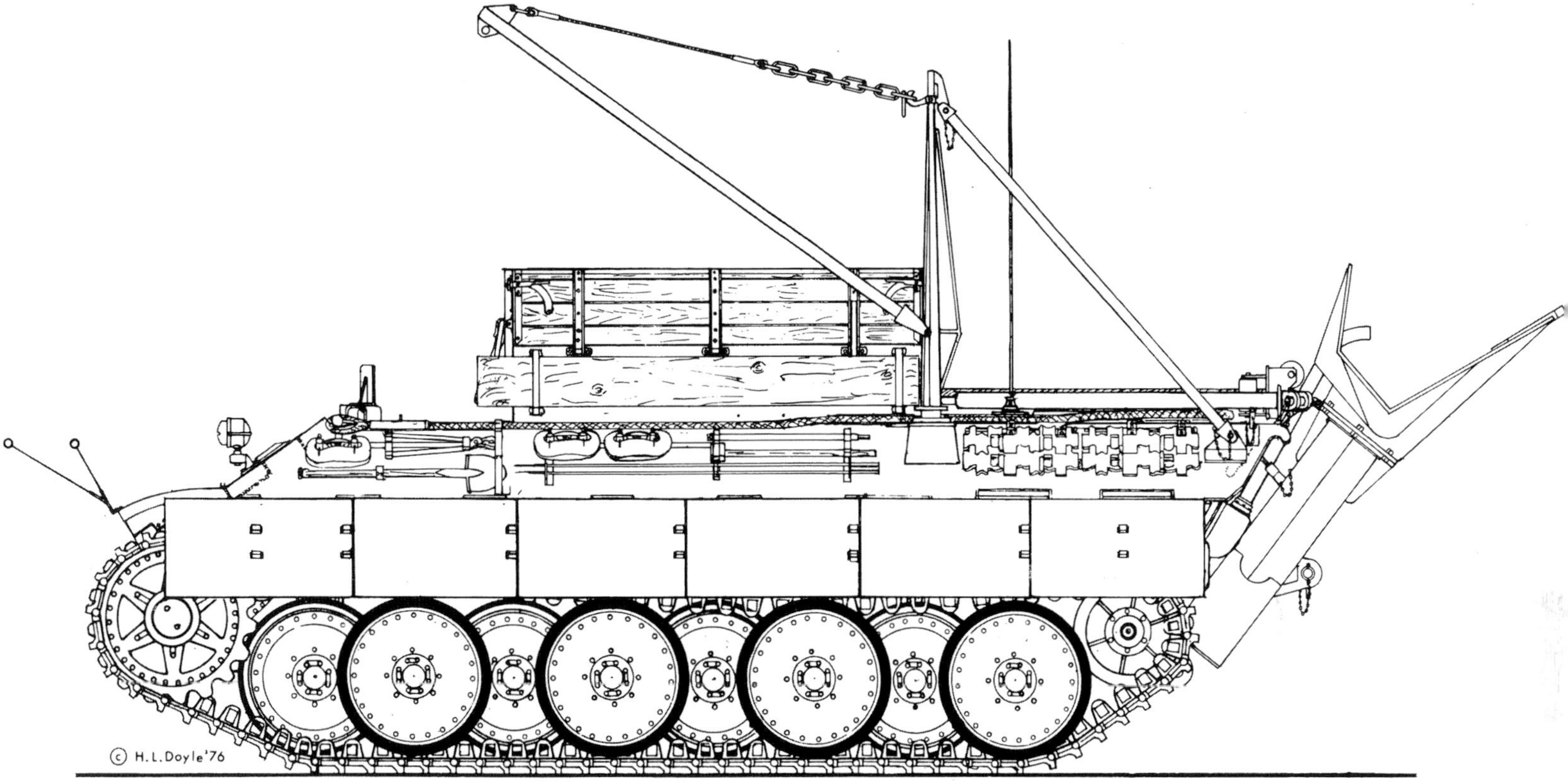

Bergepanther (Sd. Kfz. 179) Ausf. A

Bergepanther (Sd. Kfz. 179) Ausf. G

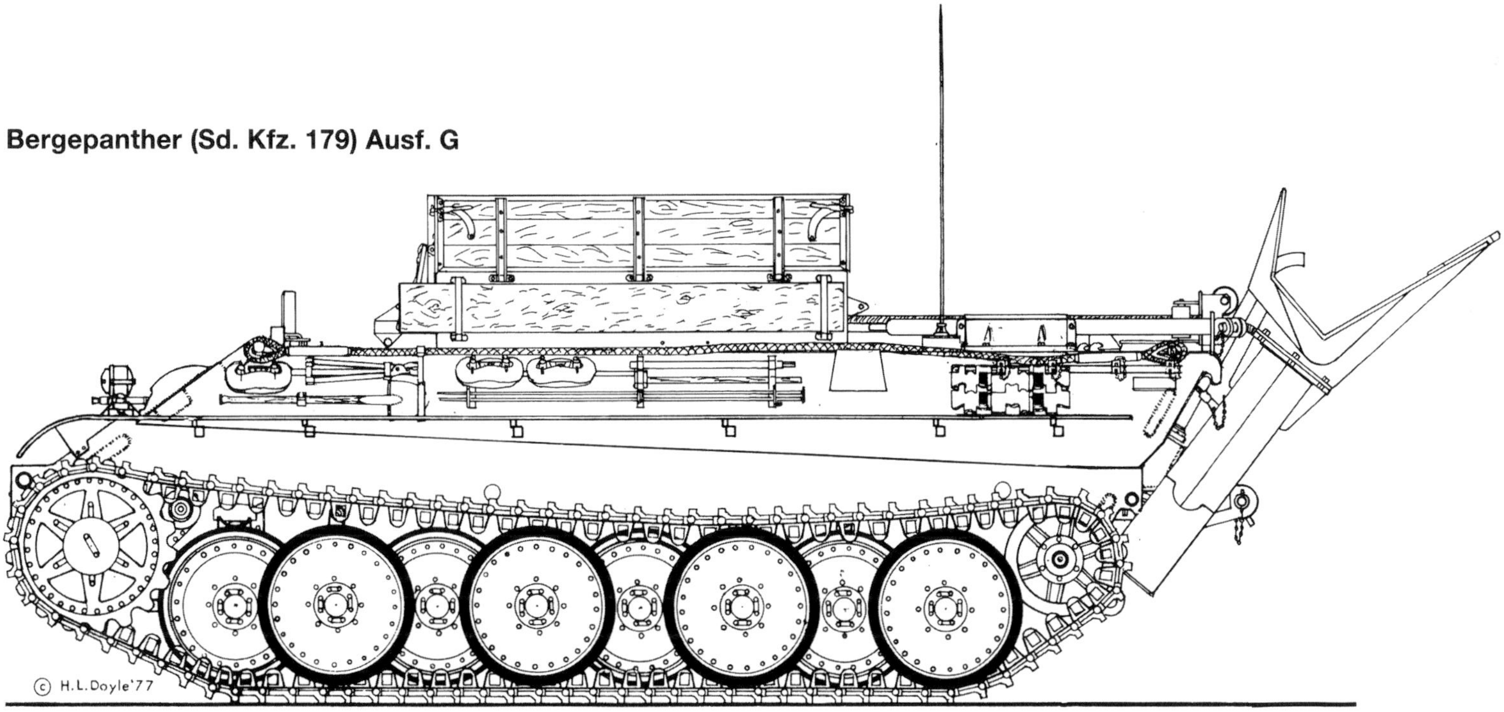

1. 2. 1945 noch 125 Stück zur Fertigung vorgesehen. In der Planung lag ein Gerät 549, ein Bergepanther, Ausführung F.
Die Bergepanther leisteten wertvolle Hilfe bei der Bergung schwerer Panzerfahrzeuge. Sie standen leider nie in ausreichendem Maße zur Verfügung.
Die Truppe behalf sich auch mit Panther-Fahrgestellen, bei denen die Drehtürme abgenommen waren, für Bergungszwecke und zur Munitionsversorgung auf dem Gefechtsfeld.
Zu erwähnen sind noch Untersuchungen, einen Minenräumpanzer und einen Panther mit Räumschaufel zu entwickeln.

Flakpanzer

Die Erarbeitung der Flakpanzer-Konzepte erfolgte federführend durch das Reichluftfahrtministerium. An Hand der Zeichnung SKA 593 besprach Krupp bereits am 2. 9. 1942 mit Ingenieuren des Generalluftzeugmeisters die Umkonstruktion des Flakversuchswagens (VFW) nach den Richtlinien des Generalluftzeugmeisters L Flak E4. Krupp schlug die Verwendung folgender Einbaugruppen von Panzerkampfwagen vor:

- Gleiskette und Laufwerk Panther (Laufwerk Aufklärungspanzer Leopard eignete sich nicht, da die größeren Laufrollen eine weitere Vergrößerung der Feuerhöhe um etwa 100 mm brachten)
- Maybach Motor HL 157 mit 550 PS Leistung (Aufklärungspanzer Leopard)
- Schaltgetriebe ZF AK 7–130 (Aufklärungspanzer Leopard)
- Lenkgetriebe entweder Aufklärungspanzer Leopard oder mit Rücksicht auf die große Auflagelänge eigene Konstruktion

Das Gefechtsgewicht dieses Flakpanzers sollte etwa 31 t, die Feuerhöhe 2450 mm betragen. Am Holzmodell 1:1 wurden insgesamt die verschiedenen Plattformstellungen und die Bedienungsmöglichkeiten des Geschützes untersucht. Die Unterbringung der Bereitschaftsmunition für Panzerbeschuß unter den seitlichen Sitzen sowie eine Verkleinerung der seitlichen Plattformteile wurde von Krupp überprüft.

Am 4. 11. 1942 legte Krupp Zeichnungen eines Flakpanzers (Gerät 42), mit folgenden Pantheraggregaten vor: Laufwerk, Kettenspannvorrichtung, Triebrad, Seitenvorgelege, Lenkgetriebe, Hand- und Fußhebelwerk. ZF-Schaltgetriebe AK 7–200 und Maybach Motor HL 230. Krupp teilte mit, daß das für die Versuchsausführung vorgesehene ZF-Schaltgetriebe SMG 90 und Lenkgetriebe L 320 C in einem anderen Fahrzeug der Firma Krupp erprobt worden waren und dabei am Schaltgetriebe derart viele Störungen auftraten, daß mit dem Fahrzeug nur geringe Fahrleistungen erreicht wurden. Krupp schlug daher den wahlweisen Einbau des bewährten ZF-Schaltgetriebes SSG 76 (Panzer III und IV) zusammen mit einem Einradien-Lenkgetriebe eigener Konstruktion vor. Generalluftzeugmeister, L-Flak war damit einverstanden.
Dieser bat am 20. 1. 1943, an den seitlichen Plattformteilen des Versuchswagens klappbare Panzerbleche so anzubringen, daß ein teilweiser Schutz der Bedienungsmannschaft gegen Fliegerbeschuß gewährleistet war.
Die Umkonstruktion der Selbstfahrlafette für Gerät 42 (VFW 2) mit Panther-Einbauteilen nach Zeichnung SKA 716 wurde, da aufbaumäßig keine Änderungen gegenüber dem Versuchsfahrzeug beabsichtigt waren, so lange zurückgestellt, bis Erfahrungen mit dem Vesuchsfahrzeug vorlagen.
Die Luftlage gegen Mitte 1943 dokumentiert der Sitzungsbericht WK 2130 vom 31. 5. 1943:... »Feindliche Flugzeuge (Panzerjäger oder Zerstörer) greifen zur Zeit mit 3 cm oder 3,7 cm Kanonen (später 5 cm) bei Kampfentfernungen von etwa 1000 m aus 150–300 m Höhe an. Sturzbomber erreichen ihren tiefsten Punkt in 12–1500 m Höhe in einem Winkelbereich von 45–80°.
Nur gezieltes Abwehrfeuer bringt Erfolg. Senkrechtes Schießen nach oben hat nur abschreckende Wirkung. Für einen Treffer muß mit 60–70 Schuß, im besten Fall mit 30 Schuß, gerechnet werden.
2 cm ist die Grenze, besser 3,7 cm.
Alle Abwehrwaffen müssen freien Rundblick haben, da bei 500 km/h Flugzeuggeschwindigkeit in einer Sekunde 140 m zurückgelegt werden. Allseitig geschützte Panzer können deshalb für die Flak nicht verwendet werden.
Panzerabteilungen zu 96 Fahrzeugen bedecken in der

Bereitstellung eine Fläche von 2 km Breite und 1,2 km Tiefe. Rheinmetall hatte vorgeschlagen, die 3 cm MK 108 (Flugzeugbordgeschütz)

- an die KwK anzuhängen und durch deren Rohr zu schießen mit bis zu 20° Erhöhung und
- auf der hinteren Seite des Panzers ev. an der Turmrückwand anzubringen bei vollem Erhöhungsbereich.

Nach Ansicht von General von Renz könnte eine Abwehr mit MG bis auf eine Entfernung von etwa 600 m noch durchgeführt werden. Gegen Flieger, die aus 1000 bis 1500 m Höhe einen Mengenwurf ausführen, wird aber auch die 2 cm kaum mehr ausreichen.

Schlachtflieger Oberstleutnant Weiß berichtet, daß der Flakschutz der russischen Panzerabteilung eine ziemlich abstoßende Wirkung erreicht hat, da die Materialverluste zu groß sind.

General von Axthelm fordert, daß die 12 t Zgkw mit einem SmK-sicheren Splitterschutz aus SM-Stahl versehen werden, da die von diesem Zgkw gezogenen Flakgeschütze immer mehr zum Flakschutz der Panzerabteilungen herangezogen werden müssen, wenn die Flugzeuge durch die mittlere Flak in große Höhen abgedrängt werden.

Beschluß der Waffen- und Panzerkommission:

Der Einbau von Fliegerabwehrwaffen in die vorhandenen Panzer erscheint nicht möglich. Verwendung eines im Panzerkampfwagen vorhandenen MG für Flakselbstschutz in Bereitstellung und auf Marsch wird vorgesehen. Für den Flakpanzer wird zunächst die Verwendung des Panzers IV untersucht. Sollte dieser nicht ausreichen, so muß auf das Panther-Fahrgestell zurückgegriffen werden. Für die Bewaffnung kommen folgende Lösungen in Frage:

- auf Panzer IV:
  a) 2 cm Vierling
  b) 3,7 cm als Einzelwaffe aufgesetzt.
- auf Panther:
  a) 2 cm Vierlingswaffe (ohne die Lafette)
  b) 3,7 cm Zwillingswaffe bzw. Drilling
  c) Nach Entwicklungsbeendigung ev. 5,5 cm Zwillingswaffe. gez. Nill...«

In einer Besprechung am 8. 6. 1943 über die Entwickung eines Flakpanzers mit 8,8 cm Flak 41 wurde bestimmt, daß die Arbeiten an dem im September 1943 zur Verfügung stehenden Panther-Fahrgestell, welches zu einem Flakpanzer Flak 41 umgebaut werden sollte, erst nach Konstruktionsabschluß der Behelfslösungen in Angriff genommen werden sollten.

In einer Besprechung bei Krupp-Gruson in Magdeburg am 21./22. 10. 1943 über die Sfl für Flak 41 (VFW) bat der Generalluftzeugmeister GL/Flak um rechtzeitige Fertigstellung des Versuchsfahrzeuges, um dieses am 22. 10. 1943 auf dem Flak-Schießplatz Wustrow in der Nähe vom Ostseebad Kühlungsborn vorzustellen. Als Grundlage für die Entwicklung des VFW II sollte das Fahrgestell des Panther II dienen. Das bereits gelieferte Panther I-Fahrgestell sollte daher zurückgegeben werden.

Der Reichsminister der Luftfahrt und Oberbefehlshaber der Luftwaffe, Generalluftzeugmeister teilte am 21. 12. 1943 der Firma Krupp mit, daß zu diesem Zeitpunkt folgende Aufträge über Selbstfahrlafeten für leichte und schwere Flak Gültigkeit hatten:

- Auftrag GL/Flak – E 4/V – DE – 0084 – 6710/42
- Auftrag GL/Flak – E 4/V – DE – 0084 – 6715/42 (schwere Flak)
- Auftrag GL/Flak – E 4/V – DE – 0084 – 6717/42 (leichte Flak)

Außerdem wurde vom Generalluftzeugmeister bestätigt, daß an Stelle des schweren Flakpanzers VFW II (Konstruktionsauftrag DE – 0084 – 6715/42) nur noch der leichte Flakpanzer VFWL (Kontruktionsauftrag 0084 – 6717/42) entwickelt werden sollte.

Nach Mitteilung der Firma Krupp vom 13. 1. 1944 entwickelte Daimler-Benz, Berlin-Marienfelde einen Turm mit dem 3,7 cm Flak-Zwilling, der auf ein Panther-Fahrgestell aufgesetzt werden sollte. Panzerung vorne 100, seitlich 40 mm. Der Antrieb für die Seitenrichtung des Turmes erfolgte vom Fahrzeugmotor aus über ein hydraulisches Getriebe. Die Konstruktionsschwierigkeiten waren jedoch erheblich. Ein Prototyp sollte bis Mitte 1944 fertiggestellt sein. Große Probleme hatte auch Rheinmetall bei der Konstruktion eines Turmes für die 8,8 cm Flak 41 auf Sfl zu überwinden.

Am 13. 1. 1944 befahl der Reichsminister für Rüstung und Kriegsproduktion: »Bei den Firmen Krupp, Essen, und Rheinmetall, Düsseldorf, sind die Entwicklungen von 8,8 cm Flak 41, auf Selbstfahrlafette für Panzer IV und Panther I, einzustellen, weil vordringlichere Entwicklungen vorliegen.« Über den Stand der Flakpan-

Ein Attrappenturm für den 3,7 cm Flakzwilling 341, aufgesetzt auf einem Panther D Fahrgestell. Bezeichnung »Coelian«

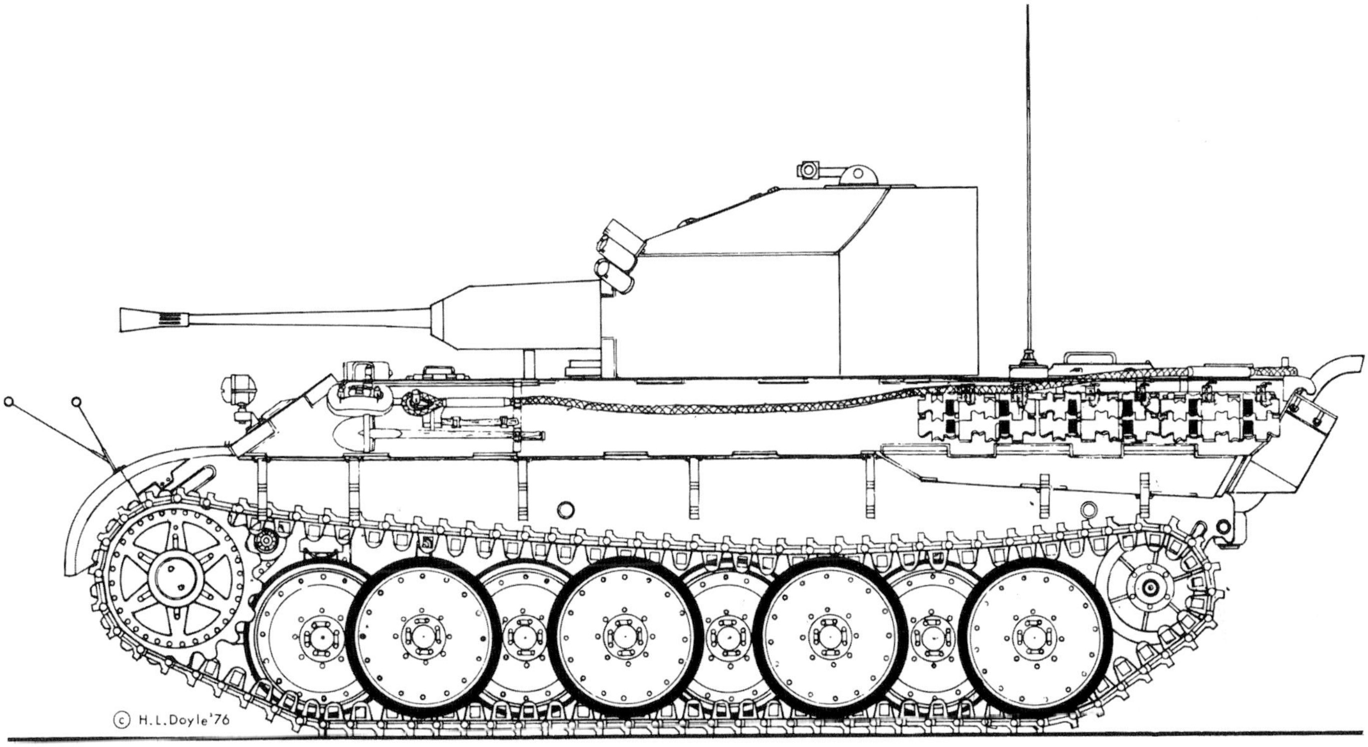

Flakpanzer Panther mit 3,7-cm-Flakzwilling 341 »Coelian«

zer-Entwicklung berichtete Krupp-Gruson am 27. 1. 1944. Als Endlösung war demnach eine Konstruktion der Firma Krupp zum Einbau eines 3,7 cm Flak-Zwillings auf Panther-Fahrgestell, anstelle des bisherigen Turmes durch Daimler-Benz, durchzuführen.
Es bestanden ernsthafte Bedenken, ob dieser Flakpanzer überhaupt brauchbar war. Es war schwierig, die Pulvergase abzuführen, die Nachflammer der Patronenmunition zu beherrschen und das Ziel richtig zu erfassen. Eine Lösung ergab sich erst auf weite Sicht, da bereits vorgesehen war, das 3 cm Illing-Geschütz einzubauen, falls der 3 cm Zwilling bis Herbst 1944 nicht greifbar war. Eine Versuchsausführung war nicht vor Ende 1944 zu erwarten.
Ende Januar 1944 wurde untersucht, an Stelle des 3,7 cm Flak-Zwillings eine 5,5 cm Flak aufzusetzen. Vom Gerät 554, (Flakzwilling 3,7 cm) wurde ein Attrappenturm hergestellt und auf ein Panther-Fahrgestell gesetzt. Die Vorarbeiten wurden von Rheinmetall-Borsig unter dem Decknamen »COELIAN« durchgeführt. Zum Einbau war ein 3,7 cm Flakzwilling 341 mit einer Kadenz von 2x500 Schuß/min und einer Vo von 1000 m/s vorgesehen. Die Waffen wurden unter Panzerschutz mit 360° Seitenrichtbereich eingebaut.

Flakpanzer Panther (höchste Rohrerhöhung)

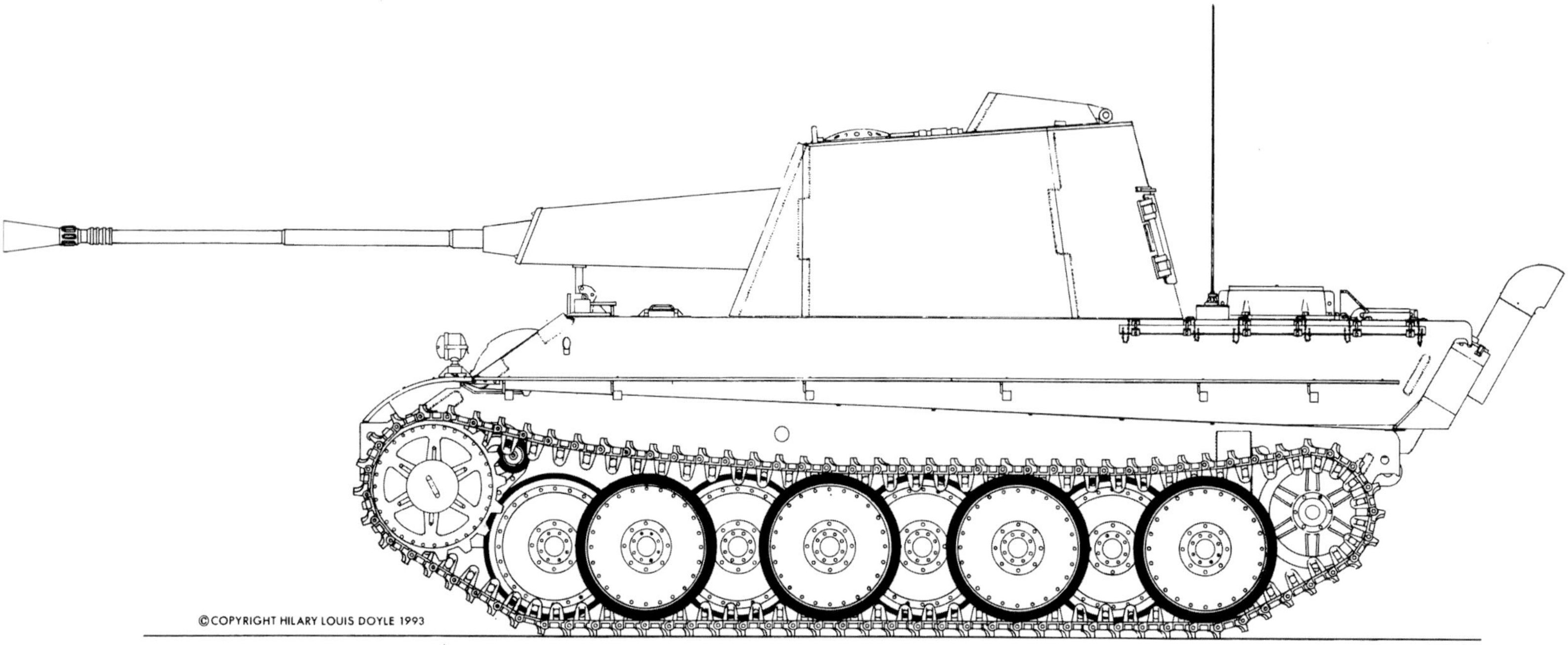

Flakpanzer Panther mit 5,5-cm-Flakzwilling Gerät 58

Am 8. 5. 1944 wurde mitgeteilt, daß vom General der Flakwaffe ein Flakpanzer mit 5,5 cm Flak gefordert wurde. Da eine Neuentwicklung des Fahrgestelles nicht in Frage kam, sollte das Panther-Fahrgestell, möglichst unverändert, verwendet werden. Die Anordnung klappbarer Plattformen, wie beim 3,7 cm Flakpanzer, kam für dieses Fahrzeug nicht in Betracht. Gewünscht wurde eine drehbare Kuppel oder ein turmartiger Aufbau. Krupp wurde angewiesen, diese Entwickung durchzuführen.

Gelegentlich einer Besprechung bei der Heeresversuchsstelle für Panzer und Motorisierung in Kummersdorf-Schießplatz am 16. 1. 1945 zwischen Heereswaffenamt, WaPrüf 6 und Firma Vereinigte Apparatebau AG wurden Untersuchungsergebnisse über den Einbau der Waffe 3,7 cm Flakzwilling 44 L/57 in einem Panzerturm auf Panther-Fahrgestell vorgelegt. Die Schußweite der Waffe (unzerlegt) betrug 6600 m, größte Schußhöhe 4800 m. Verwendet wurde das Panzer IV Turmdrehkranzlager nach Zeichnung H-Sk A 90 360.

Bei Vorlage des Entwurfes wurde der Vereinigten Apparatebau AG mitgeteilt, daß der Generalinspekteur der Panzertruppen den Einbau der 3,7 cm Waffe ablehnte, weil die Feuerkraft im Verhältnis zum Fahrzeuggewicht zu gering sei. Die Untersuchungen waren damit abgeschlossen. Trotzdem wurde dieses Projekt verfolgt und versucht, den Flakzwilling 44 auf dem Fahrgestell des Panzerkampfwagens IV oder des Panzerjägers 38 (D) unterzubringen.

Am 17. 2. 1945 wurde das Holzmodell des 5,5 cm Flakpanzers, Gerät 58, vom Ausweichbetrieb Seidenberg der Vereinigten Apparatebau AG nach Grimma in Sachsen verlegt. Es wurde dort wieder zusammengesetzt und dem Heereswaffenamt vorgestellt. Heereswaffenamt, WaPrüf 6 hatte die Forderung gestellt, für den Antrieb der Druckölmotoren zu den Richtmaschinen die notwenigen Pumpen an einem Motorenaggregat, das im Kampfraum untergebracht werden sollte, anzuschließen. Außerdem sollten sie auch wahlweise vom Hauptmotor angetrieben werden können, um die Feuerbereitschaft des Flakpanzers immer zu gewährleisten.

Als Zusatzaggregat war ursprünglich ein Motor der Firma Hirth vorgesehen,welcher jedoch zu diesem Zeitpunkt nicht mehr gefertigt wurde. Es wurde daher ein Volkswagenmotor vorgeschlagen, dessen Abmessungen jedoch für eine Unterbringung im Kampfraum zu groß waren. Außerdem war die Zuführung der erforderlichen Kühlluft unzureichend. Für den Antrieb von zwei Druckölmotoren wurde eine Dauer-Motorleistung von 21 PS benötigt, für die Beschleunigung 42 PS auf eine Dauer von 3 bis 4 s bei 10° Schräglage des Fahrzeuges. Da der Motor aber nur eine Spitzenleistung von 32 PS aufwies, reichte die Beschleunigung nicht aus. Außer-

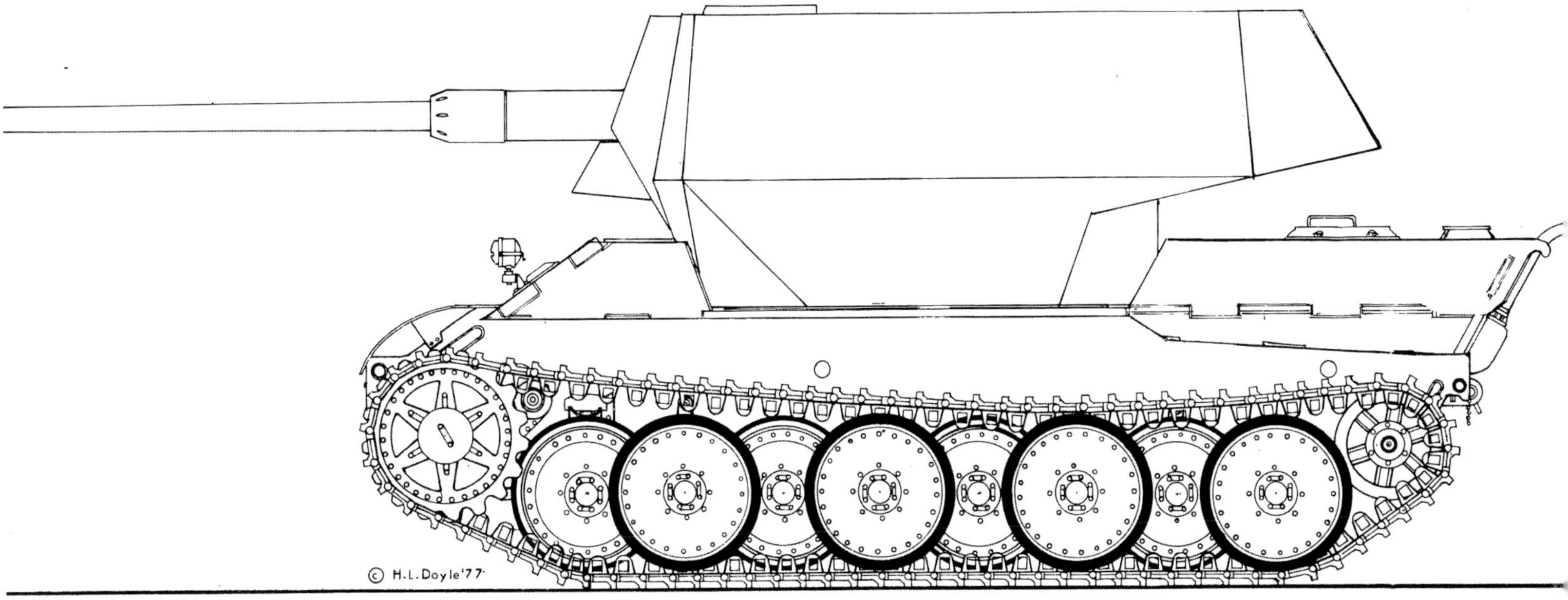

Flakpanzer Panther mit 8,8-cm-Flak 41

dem ging durch den Einbau des Motors Platz für die Unterbringung von Munition verloren. Die Gefahr, daß der Maybach-Hauptmotor bei extrem niedrigen Temperaturen schlecht anspringt, wurde durch eine Vorwärmanlage behoben. Man verzichtete daher auf den Einbau eines Zusatzaggregates. Da die beiden Pumpen für das Turmschwenkwerk aus Raummangel nicht im Motorraum untergebracht werden konnten, wurden sie zusammen mit den Ölbehältern auf der Turmdrehbühne gelagert. Der Antrieb der abschaltbaren Pumpen erfolgte über ein Getriebe durch die Kardanwelle wie beim Panther Flüssigkeitsgetriebe des Turmschwenk-

Holzmodell eines Flakpanzers auf Panther-Fahrgestell mit 8,8 cm Flak 41.

werks. Das Gehäuse für den Turmantrieb blieb unverändert. Da die Entwicklungsarbeiten am Flakpanzer 5,5 cm nicht im Notprogramm enthalten waren, wurden sie eingestellt. Die Vorarbeiten hatte man auf einen gewissen Stand gebracht und abgeschlossen.
Es wurde auch vorgesehen, die 8,8 cm Flak 41 (Schußweite 20000 m, Schußhöhe 14700 m), mit 360° Seitenbereich auf dem Panther-Fahrgestell unterzubringen. Das Geschütz sollte durch ein ringsum gepanzertes, oben offenes Gehäuse geschützt werden.
Von diesem Flakpanzer sind nur noch Bilder eines Holzmodelles vorhanden.
Gegenüber dem von Krupp gebauten VFW (Versuchsflakwagen) ergaben sich für das vorgesehene Serienfahrzeug folgende Vergleichsdaten:

	Versuchsausführung	Serie
Gewicht mit Besatzung	25000 kg	31000 kg
Motor	Maybach HL 90	= HL 157
Motorleistung	360 PS	550 PS
Motordrehzahl	3600 1/min	3500 1/min
Spezifische Motorleistung	14,4 PS/t	17,5 PS/t
Schaltgetriebe	ZF SMG 90	= AK 7–130
Lenkgetriebe	Henschel L 320 C	MIAG/Leopard
Laufwerk, Laufwerkanordnung	BW Schachtellaufw.	Panther
Laufrad-Durchmesser	700 mm	860 mm
Belastung des Einzelrades	1560 kg	1940 kg
Panzerung:		
Gehäuse Front/Seite	20/14,5 mm	30/16 mm
Schutzschild Front/Seite	12 (unter 45°)/8 mm	
Höchstgeschwindigkeit	60 km/h	60 km/h
Gesamtlänge ohne Geschütz	6700 mm	6700 mm
Gesamtlänge mit Geschütz	9830 mm	9900 mm
Gesamtbreite ohne/mit Plattform	3000/6000 mm	3270/6520 mm
Gesamthöhe	2800 mm	2920 mm
Feuerhöhe	2220 mm	2450 mm
Wannenbreite, innen	1800/2080 mm	1800 mm
Kettenauflagelänge	4000 mm	3920 mm
Kettenbreite	420 mm	660 mm
Spurbreite	2580 mm	2610 mm
Bodenfreiheit	400 mm	540 mm
Spezifische Bodenbelastung	0,6 kg/cm²	0,58 kg/cm²
steigt	28°	30°
überschreitet	2500 mm	2500 mm
klettert	700 mm	820 mm
watet	1100 mm	1300 mm
Kraftstoffvorrat	600 l	550 l
Zahl der Kraftstoffbehälter	4	4
Fahrbereich Straße	300–350 km	300–350 km
Fahrbereich Gelände	200–250 km	200–250 km
Schußzahl fest gelagert	36	36
Schußzahl in Körben etwa	9	10
Bedienungskreis-Durchmesser	5000 mm	5000 mm
Gewicht der Wanne	6000 kg	6500 kg
Höhenrichtfeld	-5° bis +90°	
Seitenrichtfeld:		
1. Bei geschlossener Plattform 40°		
2. Bei 30° geöffneter Plattform +10° Erhöhung = 360°		
3. Bei ganz geöffneter Plattf. bei -3° Senkung = 360°		
Richtgeschwindigkeit für Höhe	1. Flak 2°–4° je Handumdrehung 2. Pak 0,2° je Handumdrehung	
Richtgeschwindigkeit für Seite	1. Flak 100/6400 2. Pak 50/6400	
Rücklauf	1000 mm	
Bremsdruck	bei 0° Höhe = 5800 kg bei 90° Höhe = 7700 kg	

Artillerie-Selbstfahrlafetten

Die Planung für Artillerie-Selbstfahrlafetten begann im Frühjahr 1942 mit Aufträgen des Heereswaffenamtes an die Firmen Krupp und Rheinmetall über die Entwicklung derartiger Fahrzeuge. Krupp schlug am 4. 6. 1942 vor, für das Panzerhaubitzen-Projekt möglichst viele Baugruppen des Panther zu verwenden. Krupp bat das Heereswaffenamt, WaPrüf 6 um eine Zusammenstellungszeichnung und um eine Gewichts-Aufstellung der Baugruppen des Panther. In einer Besprechung am 4. 9. 1942 schlug Krupp vor, im Gegensatz zu bisherigen Vorstellungen nunmehr auch für die leFH 43-Panzerhaubitze das Panther-Fahrgestell zu verwenden, da es gegenüber dem Fahrgestell des Aufklärungspanzers Leopard günstigere Konstruktionsverhältnisse aufwies. Ein Mehrgewicht von 1 t war dabei in Kauf zu nehmen. Am Holzmodell der Panzerhaubitze wurde für das Geschütz entschieden: links öffnender Verschluß, Halbautomatik und elektrische Abfeuerung. Bei Überprüfung der Raumverhältnisse im Kampfraum wurde festgelegt, daß die bisherige Anordnung der Bereitschaftsmunition (Patronengeschosse) in Wegfall kommen sollte, um einen zweiten Ladekanonier unterzubringen. Die Frage der endgültigen Munitions-Unterbringung konnte erst am fertigen Holzmodell untersucht werden. Krupp sagte dieses Modell für Anfang Oktober 1942 zu. Es war schon am 1:1 Modell ein Bug-MG einzubauen. Krupp versuchte, in einer behelfsmäßigen Darstellung, die Anordnung der leFH 43 und der 8,8 cm Pak außerdem auf dem Fahrgestell des Aufklärungspanzers Leopard in dem konstruktiven Aufbau der Panzerhaubitzen-Bauform Grille ohne große konstruktive Änderungen unterzubringen.
Die Panzerhaubitze sFH 43 (Sfl) ergab laut Zeichnung W 1734 bei Verwendung von Panther-Bauelementen ein Gefechtsgewicht von 34 t und eine Feuerhöhe von 2700 mm. Die Feuerhöhe war vor allem durch den Motor bedingt. Die vorgesehene Rohrsenkung von 8° rundum sollte beibehalten werden; Untersuchungen hatten ergeben, daß bei Verzicht auf 3° Senkung lediglich ein Gewinn an Feuerhöhe von etwa 130 mm erzielt wurde. Für die Kaliber 12,8 und 15 cm wurde eine Ladevorrichtung vorgesehen. Gedacht war an einen Kettenansetzer für die Granaten, der teleskopartig geführt wurde. Für

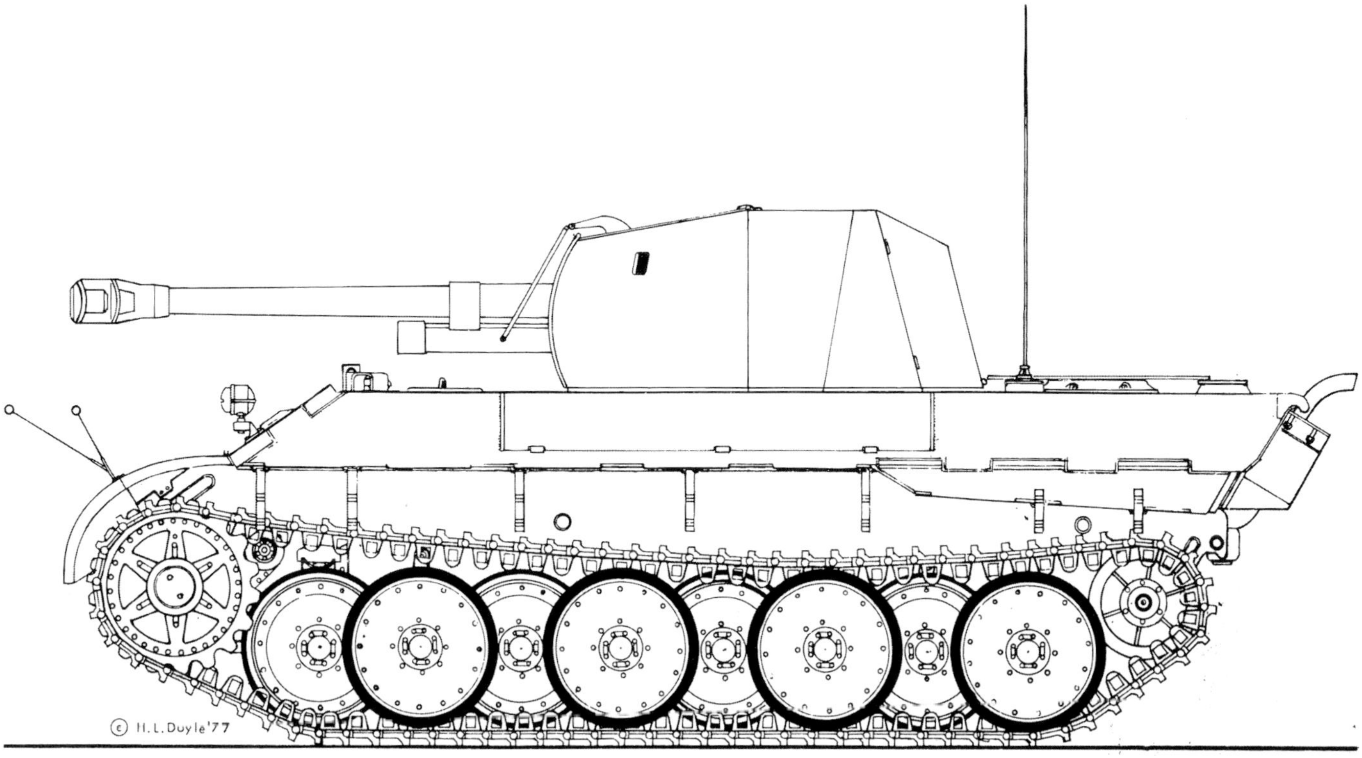

10,5 cm leFH 43-Panzerhaubitze auf Panther-Fahrgestell

das Projekt wurde die Neukonstruktion der 15 cm Haubitze verwendet, die als Räderlafette in Spreizstellung 1475 mm Feuerhöhe, in Rundumstellung 1220 mm Feuerhöhe aufwies.

Bei der Besichtigung des Holzmodelles der Panzerhaubitze sFH 43 (Grille 15) und 12,8 cm Panzerkanone K 43 (Grille 12) wurde vom Heereswaffenamt, WaPrüf 6/III zur Verringerung der Feuerhöhe von 2670 auf 2500 mm vorgeschlagen:

- Senkung des Motorraums durch Änderung der Kühlanlage und Verlegung der Verbrennungs-Luftfilter. Später wurde festgestellt, daß nicht der Maybach-Motor HL 230, sondern nur der Maybach-Motor HL 210 eine Senkung zuließ;
- Einbau des kürzeren Tiger OLVAR anstelle des ZF AK 7–200-Schaltgetriebes;
- Vorverlegung der Geschützmitte um etwa 300 mm durch Drehung der Pivotplatte um 180°.

Da sich die Absetzvorrichtung nicht am Fahrzeug unterbringen ließ, mußte sie auf einem Lastkraftwagen mitgeführt werden. Nicht jede Panzerhaubitze erhielt eine Absetzvorrichtung. Eine Unterbringung der drei Holme von je 400 kg auf der Selbstfahrlafette war anzustreben. Bei Unterbringung der Holme auf der Kettenabdeckung konnte auf eine Schrägstellung der Aufbauwände verzichtet werden, da die Holme zusätzliche Schußsicherheit boten. Heereswaffenamt, WaPrüf 4 forderte, daß bei geschlossenen Plattformklappen das Geschütz rundum gedreht werden und schießen konnte. Es wurde ferner verlangt, die Fahrbremse beim Schießen benützen zu können, um beim Hinterhangschießen ein Rückrollen der Panzerhaubitze zu vermeiden. Etwa zehn Schuß Munition waren auf der Plattform und weitere 20 Schuß im Heck des Fahrzeuges unterzubringen. Munition konnte auch während der Fahrt auf der Plattform mitgeführt werden.

Zwischen Heereswaffenamt und Krupp wurde u. a. festgelegt: Die Geschützbedienung bestand aus vier Mann. Als Sitze waren Kampfwagensitze zu verwenden. An der Zieleinrichtung war neben dem Rundblickfernrohr ein Pakzielfernrohr vorzusehen. WaPrüf 4 schlug die Verwendung von SM-Stahl (50 mm vorne, 20 mm seitlich und hinten) anstelle von Panzer- bzw. Elektrostahl (30 mm vorne, 16 mm seitlich und hinten) vor. Krupp gab als Mehrgewicht bei Verwendung von SM-Stahl etwa 1,5 t an. WaPrüf 4 war mit Verwendung der bereits beschafften Panzerbleche für die Prototypen einverstanden. SM-Stahl sollte erst ab 1944 verwendet werden, wobei

Die leichte Feldhaubitze wurde mit 360° Seitenrichtbereich auf einem Panther-Fahrgestell untergebracht.

eventuell für die Stirnwand 30 mm Panzerblech bestehen bleiben sollte. Am 3. 12. 1942 lehnte das Heereswaffenamt, WaPrüf 4/III b, die Verwendung von Panther-Bauelementen für die leFH 43 Panzerhaubitze 43 ab. Es mußte daher bei dem ursprünglichen Vorschlag, Leopard-Bauelemente zu benutzen, bleiben. Dabei wurde in Kauf genommen, daß der Termin 1. 4. 1943 zur Fertigstellung eines Prototyps nicht eingehalten werden konnte.

Um jedoch baldmöglichst Schießversuche durchführen zu können, sollte ein Prototyp unter Verwendung von Bauelementen des Panzers IV gefertigt werden. Es wurden diejenigen Teile des Panzers IV angefordert, die für den Bau eines Prototyps notwendig waren. Die Weiterentwicklung der Panzerhaubitze sFH 43 (Grille 15) und der Panzerkanone 12,8 cm (Grille 12) war vordringlich zu betreiben. Das Absetzen der Geschütze vom Fahrgestell wurde erneut vom Heereswaffenamt gefordert. Von Krupp wurde daher vorgeschlagen, das Absetzen mittels Gleitschienen oder ähnlicher Vorrichtungen durchzuführen, da ein Absetzen mit Schwingen oder einem Kran wegen der hohen Gewichte auf Schwierigkeiten stieß. Auf eine organisch zur Selbstfahrlafette gehörende Absetzvorrichtung konnte nicht verzichtet werden. Bis zum 26. 1. 1943 erteilte das Heereswaffenamt folgende Aufträge bei Verwendung von Panther-Bauteilen für die Entwicklung von Panzerhaubitzen und -kanonen:

- WaPrüf 6/III SS 006–6570/42 für Artillerie-Selbstfahrlafette sFH 43 (Grille 15)
- WaPrüf 6/III SS 006–6573/42 für Artillerie-Selbstfahrlafette 12,8 cm K.Kp. (Grille 12)

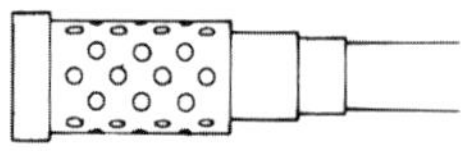

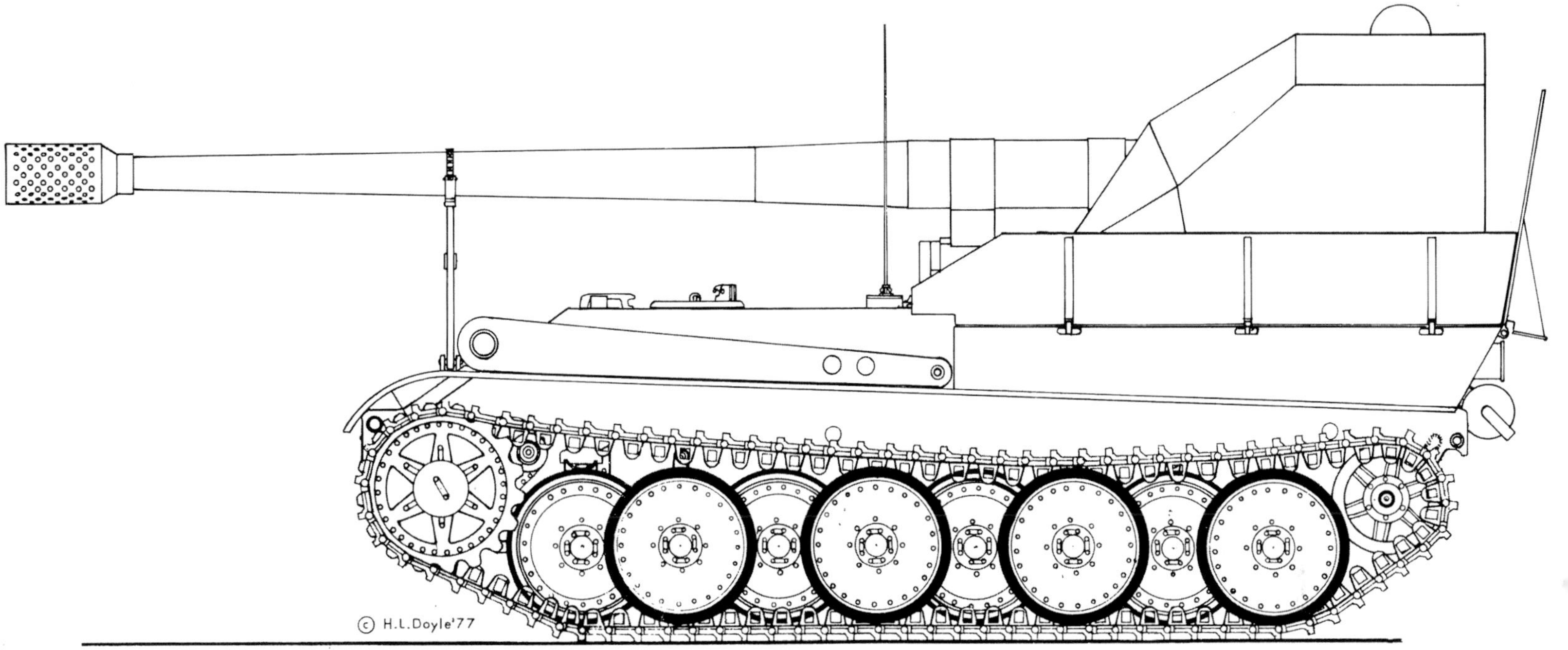

12,8-cm-Panzerkanone Gerät 5–1211 Krupp

– WaPrüf 6/III SS 006–6568/42 für Artillerie-Selbstfahrlafette (Heuschrecke 12/13)

Da bei der Umstellung der Fertigung von der sFH 18 (15 cm) bzw. leFH 18 (10,5 cm) auf sFH 43 (15 cm) bzw. leFH 43 (10,5 cm) Schwierigkeiten und damit Verminderung des Ausstoßes zu erwarten waren, forderte WaPrüf 4 am 11. 3. 1943 eine Untersuchung, ob sich die sFH 18 und die leFH 18 in die Panzerhaubitze Grille einbauen lasse, wobei die bisherigen Forderungen (Rundumfeuer, obere Winkelgruppe, Absetzbarkeit) bestehen blieben. Da inzwischen die Panzerung für Panzerhaubitzen nur noch in SM-Stahl hergestellt werden mußte, wurde die vorgesehene, geschlossene Panzerung zu schwer und das Rundumrichten zu problematisch. Heereswaffen-

12,8-cm-Panzerkanone Gerät 5–1213 Rheinmetall-Borsig

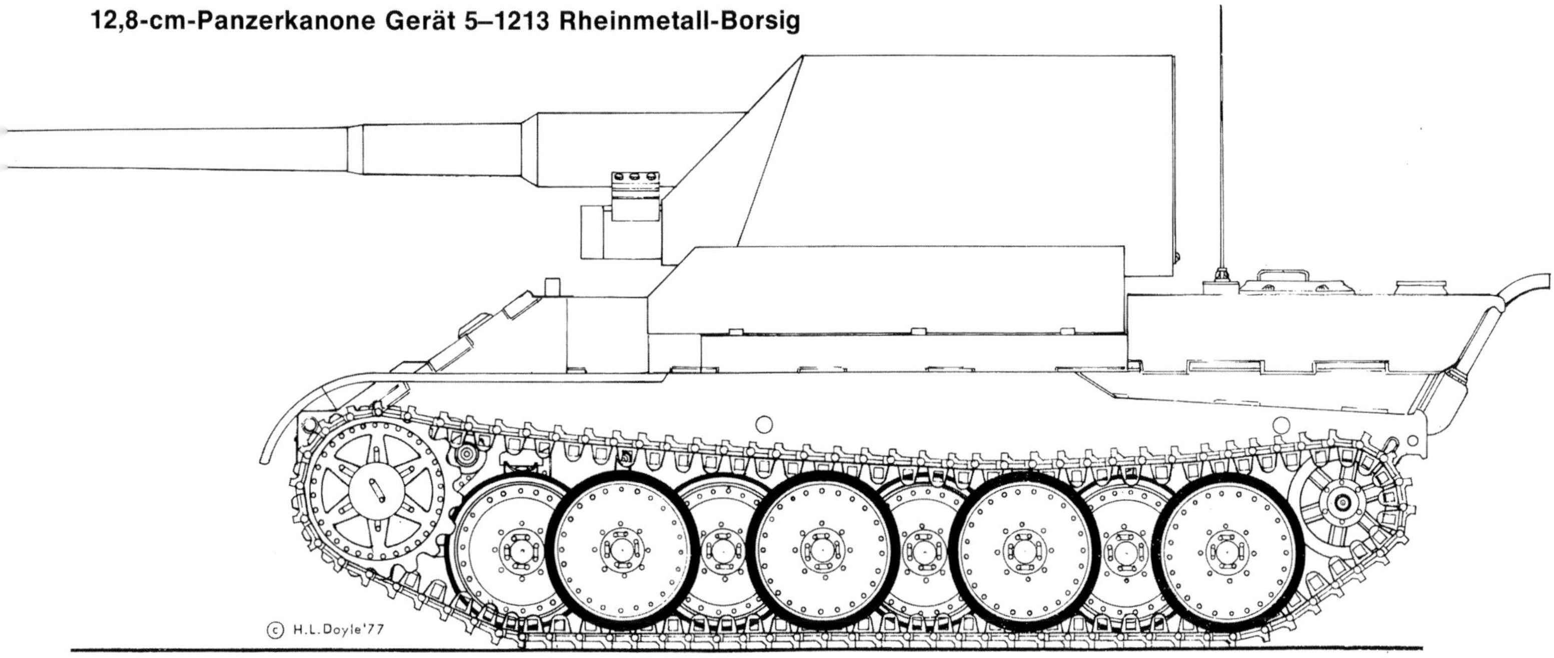

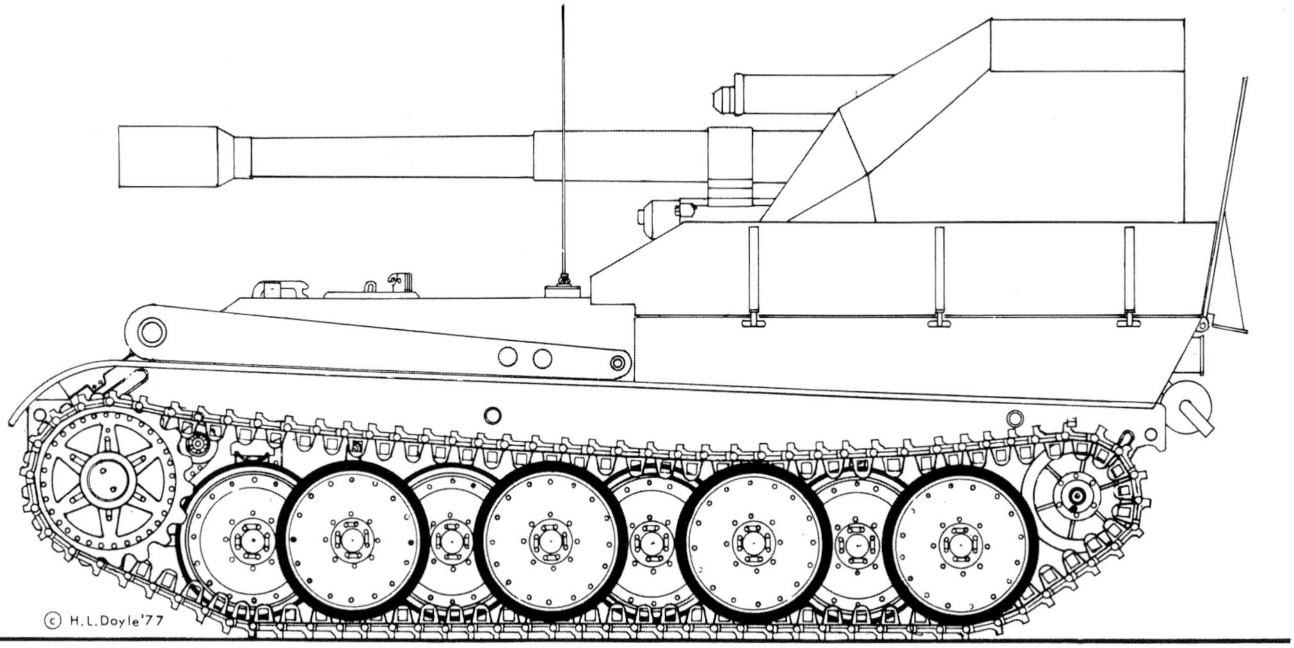

15-cm-Panzerhaubitze Gerät 5–1528 Krupp

amt, WaPrüf 4 forderte daher einen oben offenen, an den Seiten nach hinten abgeschrägten Panzer. Auf diese Weise sollte eine schnittige Form des Aufbaus erreicht werden. Für den Bau der Prototypen wurden Baugruppen des Panthers I verwendet. Für die Serie war aber der Panther II zu Grunde zu legen. Eine Vereinheitlichung mit dem Flakpanzer Gerät 42 (8,8 cm Flak) war anzustreben.

Am 20. 4. 1943 wurde festgestellt, daß die Übernahme des 15 cm Rohres der sFH 18 für die Grille 15 auf Schwierigkeiten stieß. Es wurde daher beschlossen, die Konstruktion der 15 cm sFH 43 bzw. 12,8 cm Sfl. so weiter zu führen, daß in diese möglichst viele Teile der sFH 18 eingebaut werden konnten. Im Vordergrund der Überlegungen stand die Konstruktion Heuschrecke 15, jedoch Geschütz hinten, wobei die Absetzbarkeit mit-

15-cm-Panzerhaubitze Gerät 5–1530 Rheinmetall-Borsig

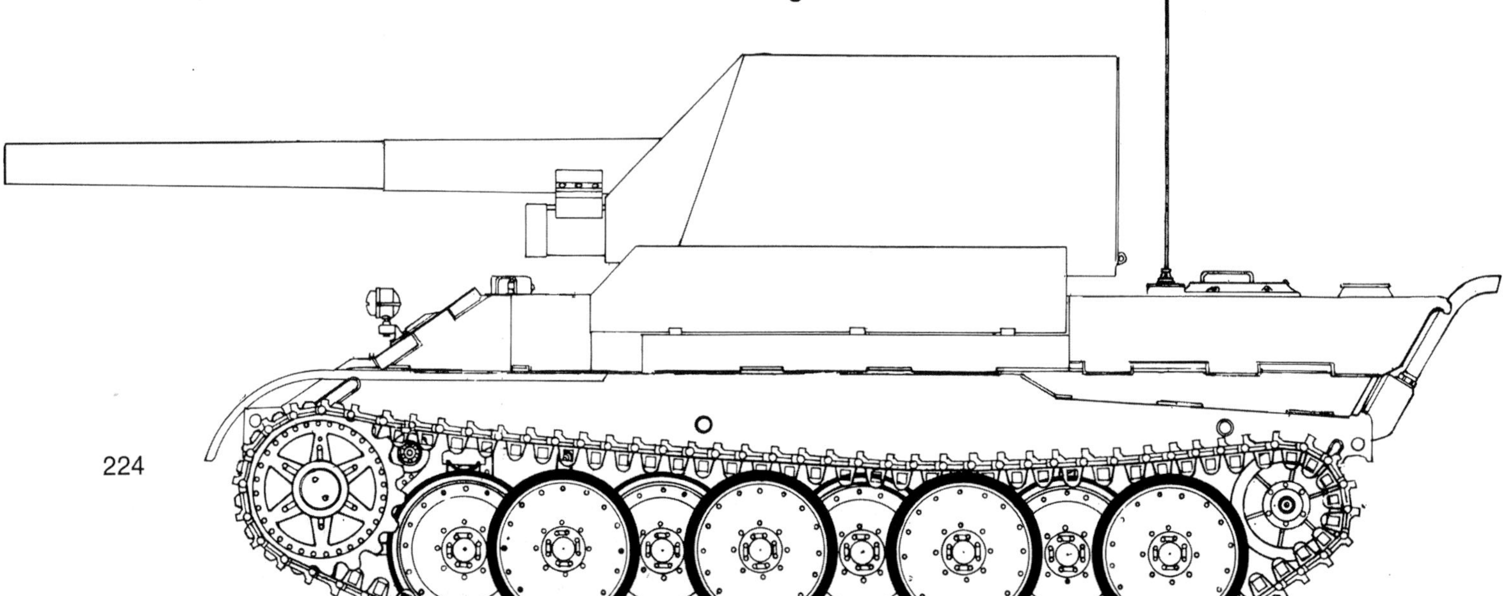

Unter Verwendung Panther-Fahrgestellteilen entwickelte die Firma Krupp eine Selbstfahrlafette für die 12,8 cm Kanone 43. Eine ähnliche Lösung ergab sich für die 15 cm schwere Feldhaubitze als Panzerhaubitze.

Sturmmörser 15 cm

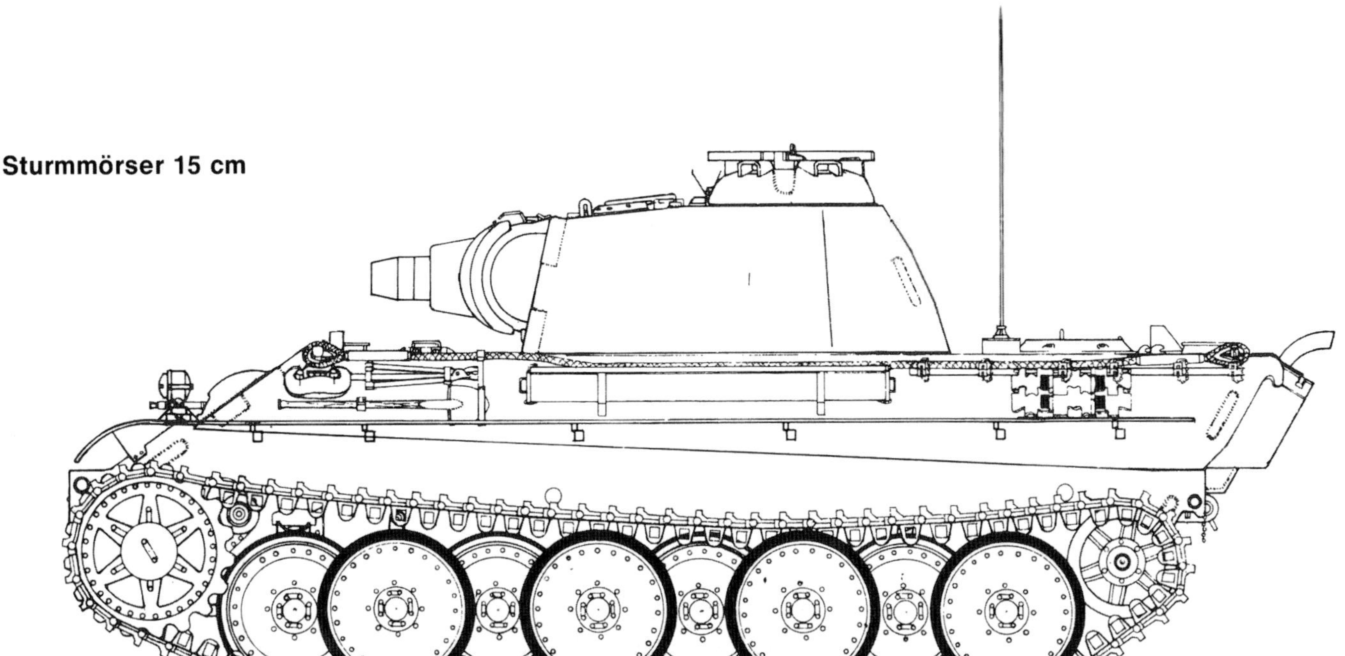

tels Schwingen vom Leitrad aus getätigt werden sollte. Um für diese Lösung praktische Erfahrungen zu gewinnen, wurden mit der zur Verfügung gestellten Sfl IVb bei Krupp-Gruson in Magdeburg entsprechende Vorversuche eingeleitet. Heereswaffenamt WaPrüf 4 wies darauf hin, daß die Sfl. mit 12,8 cm Kanone auch vordringlich zu entwickeln sei. Es schien zweckmäßig, für die 12,8 cm Kanone die Konstruktion zu verwenden, die bereits für Sturmkanone und Maus vorlag, weil die dabei vorgesehene Jackenwiege dem Projekt Heuschrecke mehr entsprach.

Am 3. 6. 1943 wurde von MAN mitgeteilt, daß die Bereitstellung weiterer Panther-Bauteile für die 12,8 cm K. 43 (Sfl) und sFH 43 (Sfl) erst im August 1943 erfolgen werde.

Erste Projektzeichnungen für die Panzerhaubitze sFH 18/3 Geschützwagen V (Panther-Fahrgestell) wurden am 11. 2. 1944 vorgelegt:

- Zusammenstellung der Panzerhaubitze nach Zeichnung Bz 3234
- Geschütz sFH 18/3, abgesetzt, nach Zeichnung Bz 3236
- Absetzvorgang nach Zeichnung Bz 3237

Diese Panzerhaubitze war ähnlich der leFH 18/6 (Sf)/Gw III/IV. Die Mündungsbremse entfiel wegen der Notwendigkeit, Treibspiegel-(TS) Geschosse zu verschießen.

Die durch den Fortfall der Mündungsbremse auf etwa 28 t angestiegene Bremskraft konnte nach Auffassung von Heereswaffenamt, WaPrüf 4 vom Fahrzeug aufgenommen werden. Als Vergleich wurde herangezogen, daß die sFH 18/1 (Sf)/Gw III/IV (Hummel) bei einem Gefechtsgewicht von etwa 24 t eine Bremskraft von 22 t aufnahm.

Die Erhöhung beim Schießen vom Fahrzeug mußte auf +45° vergrößert werden. Dieses bedingte eine Steigerung der Feuerhöhe von 2250 auf 2400 mm. Beim abgesetzten Geschütz wurde wegen des hohen Bremsdrukkes das Prinzip des Beschußrahmens verlassen. An seine Stelle trat eine Art runde Unterlafette, die zusammen mit dem Turm vom Fahrzeug abgehoben wurde und an der die vier Holmpaare befestigt waren. Das Absetzen erfolgte auf folgende Weise:

Das Geschütz wurde um 90° gedreht. Die linke Seitenwand der Panzerhaubitze wurde herausgeklappt und bildete zwei Laufschienen, die senkrecht zur Fahrtrichtung verliefen. Am Ende jeder Laufschiene war senkrecht nach oben ein Holm angebracht. Beide Holme erhielten in der Nähe des oberen Endes eine Querversteifung. An den schrägen Seitenwänden des Turmes wurde rechts und links je ein Rollenbock angebracht. Beim Anbringen der Rollenböcke wurde der Turm durch Hebelwirkung gleichzeitig leicht angehoben.

Er konnte dann leicht auf vier Rollen der Böcke gefahren werden. Dem Rohr wurde Erhöhung gegeben, der Turm mit zwei Flaschenzügen angehoben und die Rollenböcke wieder entfernt. Dann wurde der Turm abgelassen, und die vier Holme montiert. Die vier Holmpaare waren am Fahrgestell vor und hinter dem Turm untergebracht.

Heereswaffenamt, WaPrüf 4 forderte am 22. 2. 1944 die Zahl der Holmpaare von vier auf drei zu verringern. Dadurch konnte die Feuerhöhe des abgesetzten Geschützes niedriger gehalten werden. Auch schien eine Dreipunktauflage des abgesetzten Gerätes wesentlich vorteilhafter. Es lag eine Anfrage vor, inwieweit es möglich war, die 12,8 cm K. 44 in die Wiege der sFH 18/3 (Sf) einzulagern. Am 18. 3. 1944 wurde ein 21 cm Mörser auf Panther-Fahrgestell verlangt. Am 23. 6. 1944 übergab Krupp in Kummersdorf die Zeichnung O U 23550 über den Einbau des 15 cm Sturmmörsers im Drehturm des Panther. Alkett arbeitete zu diesem Zeitpunkt an einem ähnlichen Projekt, hatte jedoch das Fahrgestell des Sturmgeschützes vorgeschlagen. Die Krupp Lösung zeigte u. a. die Anordnung von Entfernungsmesser und Zielfernrohr. Die Kommandantenkuppel wurde vom Tiger, das Zielfernrohr von der Maus übernommen. Der Entfernungsmesser für eine Basis von 2300 mm mußte neu entwickelt werden.

Am 21. 7. 1944 teilte Oberst Dipl-Ing. Crohn, Hauptgruppenleiter im Heereswaffenamt WaPrüf 6, Professor Dr.-Ing. Müller von der Firma Krupp mit, daß auf Grund der derzeitigen militärischen Lage alle Entwicklungen von gepanzerten Selbstfahrlafetten für schwere und schwerste Geschütze einzustellen waren. Das Holzmodell des Sturmmörsers 15 cm sollte jedoch noch dem Chef des Generalstabes des Heeres, Generaloberst Guderian, vorgestellt werden. Auch die Vorschläge zur Unterbringung eines 21 cm Mörsers auf dem Panther-Fahrgestell, für die bereits 100 Konstruktionsstunden

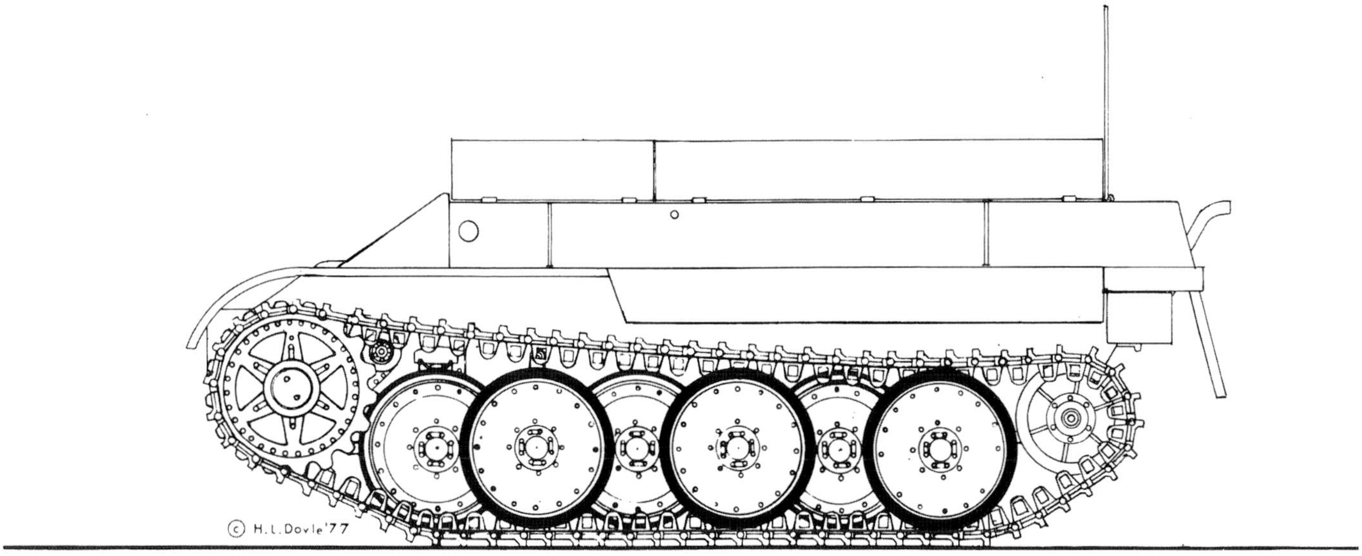

Waffenträger auf verkürztem Panther-Fahrgestell

zu je RM 32,25 aufgewendet waren, mußten eingestellt werden. Oberst Crohn forderte am 23. 8. 1944 die Fortsetzung des Projekts Sturm-Panther. Er war der Ansicht, daß der Vorteil des Rundumschießens erheblich war. Das Heereswaffenamt, WaPrüf 4 wies am 22. 9. 1944 darauf hin, daß auch die Entwicklung der Panzerhaubitze sFH 18 auf Panther-Fahrgestell einzustellen war, da dieses für derartige Zwecke nicht mehr freigegeben wurde.

Rheinmetall hatte das Pantherfahrgestell für ähnliche Entwicklungen der Panzerartillerie vorgesehen. Die Gerätebezeichnungen lauteten:

- Gerät 5–1213 (12,8 cm K [Sfl] RhB);
- Gerät 5–1530 (sFH 43 [Sfl] RhB)

Dagegen lauteten die Bezeichnungen von Krupp:

- Gerät 5–1211 [12,8 cm K 43 [Sfl] Kp I);
- Gerät 5–1528 [Sfl] Kp I)

Offiziell ausgewiesen war ferner ein Gerät 811,der Geschützwagen (Gw) Panther für die schwere Feldhaubitze 18/4 (Sf), laut AZ 735 WaPrüf 4/Is vom 6. 7. 1944 und ein Gerät 808 Geschützwagen V für sFH 18/2 (Sf), welches lt. Mitteilung vom 19. 11. 1944 entfiel, weil die Zeichnungen nicht fertig wurden.

Die Entwicklungen der Firma Krupp liefen unter dem Sammelbegriff »Grille«, die der Firma Rheinmetall-Borsig unter »Skorpion«. Die Panther-Selbstfahrlafetten waren in zwei Größenklassen eingetelt:

- Größe 10 für die 8,8 cm Flak, 10,5 cm leFH oder 10 cm Kanone.
- Größe 15 für die 12,8 cm Kanone oder 15 cm sFH.

Von Daimler-Benz, Berlin-Marienfelde, wurde in Zusammenarbeit mit Rheinmetall-Borsig 1943/44 das Holzmodell eines Waffenträger-Fahrzeuges auf Panther-Fahrgestell entwickelt und ein Flußstahl-Prototyp gefertigt. Das Pantherfahrgestell wurde dabei um ein Laufrollenpaar verkürzt. Diese Entwicklung wurde von Heereswaffenamt, WaPrüf 4 als Artilleriezugmaschine

Daimler-Benz entwickelte zusammen mit Rheinmetall einen Waffenträger, der aus einem verkürzten Panther-Fahrgestell geschaffen werden sollte.

und Selbstfahrlafette gefordert. Das aufgelastete Geschütz konnte mit einem fest am Fahrzeug angebrachten Kran abgehoben und vom Boden aus eingesetzt werden. Das Fahrgestell des Waffenträgers konnte dann als Munitions- bzw. Abschleppfahrzeug eingesetzt werden. Die Panzerblechdicke lag zwischen 20 bis 30 mm.

Škoda entwickelte gegen Kriegsende einen 10,5 cm Raketenwerfer in Kammerlafette. Es war vorgesehen, ihn u. a. auch auf einem Panther-Fahrgestell unterzubringen. Als Lafettierung kam die der 8,8 cm Flak zur Verwendung. Das aus Winkeleisen zusammengeschweißte Abschußgerät war einfach gehalten, die Länge der Abschußkammern betrug 3500 mm.

Eine 10,5 cm Rakete wog 19 kg. Bei 360° Seitenrichtbereich ergab sich eine Höhenverstellung von -5 bis +75°. In feuerbereitem Zustand wog der Werfer etwa 3,5 t.

Da es nicht mehr möglich war, die Truppe mit Panzerkampfwagen Panther und Ersatzteilen ausreichend zu versorgen, ging die Entwicklung der Panzerartillerie auf Panther-Fahrgestelle über die Erstellung von Zeichnungen, Holzmodellen und wenigen Prototypen nicht hinaus.

10,5-cm-Raketenwerfer in Kammerlafette

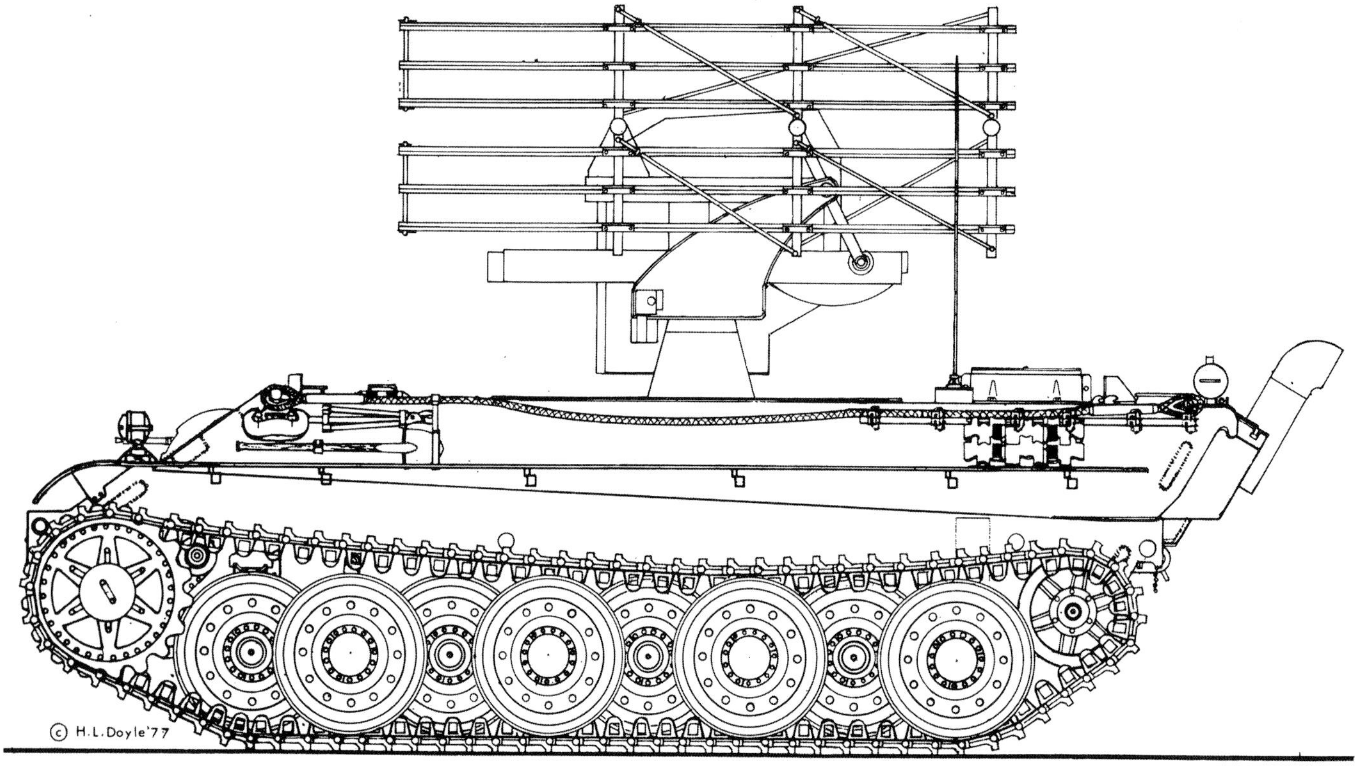

Zusammenfassung

Der Panzerkampfwagen PANTHER war, waffentechnisch gesehen, eine einmalige Leistung der verantwortlichen Heeres- und Rüstungsstellen sowie der Industrie. Wenn auch aus fertigungstechnischen Gründen nicht alle Schwachstellen beseitigt werden konnten, hatte die Truppe in den letzten Kriegsjahren das Fahrzeug so im Griff, daß es den Kampf mit jedem gegnerischen Panzerfahrzeug, bei besten Erfolgsaussichten, aufnehmen konnte. Hervorragend war die rasant schießende Kanone, die gute Frontalpanzerung und die Beweglichkeit im Gelände durch ein ausreichendes Leistungsgewicht und vor allem durch das ausgezeichnete Laufwerk und dessen beachtliche Federung. Dem gegenüber standen eine überdurchschnittliche Höhe, eine schwache Seitenpanzerung, ein nicht ausreichender Fahrbereich, sowie die nicht ausreichende Standfestigkeit von Motor und Seitenvorgelege. Dazu kam eine unzureichende Ersatzteilfertigung für ein Fahrzeug, das ohne technische Reife in Serie gehen mußte.
Trotzdem braucht der PANTHER den Vergleich mit noch heute im Truppengebrauch stehenden Kampfpanzern der Nachkriegszeit nicht zu scheuen.
Wäre es möglich gewesen, die schon in Erprobung befindlichen Verbesserungen, wie u. a. Otto-Einspritz- oder Dieselmotor, elektrische, hydrostatische bzw. hydrodynamische Schalt- und Lenkgetriebe, Bewaffnung bzw. Zieleinrichtung in stabilisierter Aufhängung, automatische Ladevorrichtung, Infrarot-Nachtziel- und Fahrgeräte einzubauen, so wäre dieser Kampfwagen auch heute noch ein erst zu nehmender Gegner. Die Tatsache, daß bei gleichem Aufwand an Arbeitsstunden zwei PANTHER anstelle eines TIGER gefertigt werden konnten, hat den Produktionsschwerpunkt eindeutig auf den PANTHER verlegt. Es war ein monatlicher Ausstoß von 400 dieser Fahrzeuge vorgesehen.
Wiederum zeigte sich, daß der dauernde Wechsel in der Konzeption, die bereits einen »Panther II« verlangte, als der PANTHER noch nicht die ersten »Kinderkrankheiten« hinter sich gebracht hatte, die Hektik in der Planung und Fertigung nur verstärkte. Zusätzlich war vorgesehen, den «Panther II« durch den Panzerkampfwagen E 50 der »E-Baureihe« abzulösen. Die Leistung der Industrie, des Heereswaffenamtes, des Reichsministeriums für Rüstung und Kriegsproduktion und insbesondere der Truppe wurde durch derartige Machenschaften nicht geschmälert. Es muß festgehalten werden, daß trotz fast unüberwindlicher technischer Probleme, mangelnder Erprobung, überstürztem Einsatz, Rohstoff- und Ersatzteilknappheit in unwahrscheinlich kurzer Zeit ein überragendes Waffensystem geschaffen wurde, welches richtungsweisend den internationalen Panzerbau bis heute beeinflußt.

Anlagen

Anlage 1a und 1b

Lebenslauf
Ministerialrat Dipl.-Ing. H. E. Kniepkamp

Ministerialrat a.D. Dipl.-Ing. Kniepkamp wurde am 5. 1. 1895 in Wuppertal geboren. Er war im Ersten Weltkrieg Soldat bei der Kraftfahrtruppe und legte seine Diplom-Prüfung an der Technischen Hochschule Karlsruhe ab. Seit März 1923 arbeitete Kniepkamp als Getriebekonstrukteur bei der Maschinenfabrik Augsburg–Nürnberg und kam nach kurzer Zeit bei einer Rostocker Ingenieurfirma im Januar 1926 zum Heereswaffenamt in Berlin.

Dort beschäftigte er sich vorwiegend mit dem Entwurf von Räder/Ketten-, Halbketten- und schnellaufenden Vollketten-Fahrgestellen. Schon Ende 1926 erfolgte die Vergabe von Aufträgen über Halbkettenfahrzeuge an die Firma Dürkopp und Räder/Kettenfahrzeugen an Krupp. Anfang 1927 wurden die ersten Kampfwagen-Entwürfe von 10 bzw. 20 t Fahrzeugen erstellt, die später in Rußland erprobt wurden. Trotz knapper Finanzmittel schuf Kniepkamp 1930 den ersten, ortsfesten Prüfstand für Gleiskettenfahrzeuge.

Im Jahre 1932 erarbeitete er erstmalig richtungsweisende Konstruktionsforderungen für Panzerkampfwagen und Halbkettenzugmaschinen, die zum Bau des Panzerkampfwagens I und von sechs Zugmaschinen-Baugrößen führten. Kniepkamp wurde Mitte 1936 Regierungsbaurat und verantwortlich für die Entwicklung der Gleisketten-Fahrgestelle.

Die Einführung der Drehstabfederung, des Schachtellaufwerkes bei Kettenfahrzeugen, der kurzbauenden Maybach-Motoren mit hohem Leistungsgewicht und schließlich der halbautomatischen Maybach-VARIOREX- und OLVAR-Schaltgetriebe waren Meilensteine seiner Tätigkeit, die im Tiger und Panther ihren Höhepunkt fand. Bis Kriegsende hatte Kniepkamp auf dem Gebiet der Gleiskettenfahrzeuge etwa 50 Patente angemeldet.

Ministerialrat Dipl.-Ing. H. E. Kniepkamp.

Nach Kriegsende gründete Kniepkamp ein Ingenieurbüro, welches sich bald wieder mit der Überprüfung und Entwicklung von Gleiskettenfahrgestellen befaßte. Bekannt wurde das Laufwerk mit Dubonet-Tellerfedern für den schweizerischen Kampfpanzer Pz 61.

Im Jahre 1957 wurden zwei Vollketten-Schützenpanzer-Prototypen – nach seinen Richtlinien gebaut. Als Berater wirkte Kniepkamp in den Jahren 1957 bis 1960 auch bei der Entwicklung einiger Prototypen für den deutschen Standardpanzer, die ebenso wie der Schützenpanzer mit einer hydropneumatischen Luftfederung ausgerüstet waren, mit.

Nach 47jähriger schöpferischer Tätigkeit, davon 19 Jahre im Heereswaffenamt, auf dem Gebiet der Gleiskettenfahrzeuge für militärische Verwendung, die er entscheidend beeinflußte, zog sich Kniepkamp im Alter von 78 Jahren aus der Entwicklung zurück. Er starb am 30. 7. 1977 in Heilbronn.

Lebenslauf
Professor Dr.-Ing. e. h. Karl Maybach

Professor Dr.-Ing. e. h. Karl Maybach wurde am 6. 7. 1879 in Köln geboren. Nach Absolvierung der Realschule besuchte er die Höhere Maschinenbauschule in Stuttgart und anschließend das Polytechnikum in Lausanne. Nach Beendigung der Studien war er bis 1906 in der Daimler-Motoren-Gesellschaft tätig. Seine überragenden Leistungen auf dem Gebiet der Motorenentwicklung für Flugzeuge und Luftschiffe, Straßen- und Schienenfahrzeuge wurden bereits 1924 durch die Verleihung eines Ehrendoktortitels durch die Technische Hochschule Stuttgart anerkannt.
Als Mitte der dreißiger Jahre die deutsche Regierung eine umfassende Heeresmotorisierung beschloß, waren es die schnellaufenden Hochleistungsmotoren in 6- und 12-Zylinderanordnung der Firma Maybach, welche fast ausschließlich in sämtlichen deutschen Panzerfahrzeugen und Zugkraftwagen vorhanden waren. Höhepunkt dieser Entwicklung war der 23 l 700-PS-Motor HL 230, der in die Panzerkampfwagen Panther und Tiger eingebaut wurde. Bis Kriegsende wurden von Maybach etwa 140000 – darunter 50000 mit Scheiben-Kurbelwellen ausgestattete – Motoren mit einer Gesamtleistung von rund 40 Millionen PS geliefert.
Auch auf dem Getriebesektor war die Firma Maybach aktiv. Für die Verwendung in Zugmaschinen und gepanzerten Fahrzeugen entstand zunächst das halbautomatische unterdruckgesteuerte »Variorex«-Getriebe und später das öldruckgesteuerte »Olvar«-Schaltgetriebe. Mit ihren aufgrund der Maybach-Abweisklauenkupplung mit nur vier Zahnradpaaren darstellbaren acht Gängen und ihrer Vorwähl-Schaltung entsprachen diese Schaltgetriebe den gestellten Forderungen in idealer Weise.

Professor Dr.-Ing. e. h. Karl Maybach.

Nach dem Zweiten Weltkrieg schuf Karl Maybach neuartige Hochleistungs-Dieselmotoren nach dem Baukastenprinzip. Auf dem Getriebesektor wurde die Weiterentwicklung der vollautomatischen hydro-mechanischen Kraftübertragung »Mekydro« für Eisenbahnfahrzeuge mit dem gegen Kriegsende Versuche zum Einbau in Panzerfahrzeuge stattgefunden hatten, durchgeführt. Ende der fünfziger Jahre konnte die Leistung der Diesel-Motoren für Marineanwendungen auf 3600 PS gesteigert werden.
Am 6. 7. 1959 feierte Karl Maybach seinen 80. Geburtstag und gleichzeitig das 50jährige Bestehen der Firma Maybach-Motorenbau.
Am 6. Februar 1960 schloß Karl Maybach für immer die Augen. Sein Lebenswerk wird heute in der »Motoren- und Turbinen-Union«, in der sich die Firmen MAN und Maybach-Mercedes-Benz zusammengeschlossen haben, fortgesetzt.

Anlage 2

Panzerkampfwagen V-Panther, (Sd Kfz 171) (VK 3002) und Panzerbefehlswagen Panther (Sd Kfz 267 und 268)

(Zusammenstellung durch Dokumentation Kraftfahrwesen e.V., Fachausschuß Wehrtechnik – Oberst a.D. Dipl.-Ing. Th. Icken)

Entwicklungsfirma	MAN, Nürnberg
Festlegung des Konstruktionsstandes	11. Mai 1942
Herstellerfirmen	Daimler-Benz, Berlin-Marienfelde Henschel, Kassel-Mittelfeld MAN, Nürnberg Maschinenfabrik Niedersachsen–Hannover (MNH), Hannover

Gefertigte Panzerkampfwagen Panther bis 31. 7. 1943

Daimler-Benz	202		1943	1783+50
Henschel	116	(200 bis November)	1944	3768
			1945	441
MAN	209		Gesamt	6042
MNH	184			
	711			

Hinweis: Während des Zweiten Weltkrieges wurden u.a. folgende Pz Kpfw gefertigt:
Deutschland 1939–1945 Pz Kpfw Gesamt 25000 – USA 49000 Sherman; UdSSR 39700 T 34

Fertigung: Pz Kpfw Panther, Pz Bef Wg Panther, Jagdpanther und Bergepanther

Fertigungsreihenfolgen	Ausf. D	Fahrg. Nr. 210001–210254 211001–216000
ab September 1943	Ausf. A	Fahrg. Nr. 210255–211000 151000–160000
ab März 1944	Ausf. G	Fahrg. Nr. ab 121301, ab 124301 und ab 241001
	Ausf. F	Beginn Januar 1945 bei Daimler-Benz, Berlin-Marienfelde (nicht mehr an Truppe ausgeliefert)

Panther-Verluste (ohne Süden und Südosten)

1. 12. 1943 bis 30. 6. 1944 (Osten)	713
1. 12. 1943 bis 30. 9. 1944 (Osten)	1303
1. 12. 1943 bis 30. 11. 1944 (Osten)	2116
1. 9. 1944 bis 30. 11. 1944 (Westen)	613

Serien-Preise gegenüber Heereswaffenamt WuG 6

Pz Kpfw Panther	117100 RM	(ohne Bewaffnung)
Kanone 7,5 cm Kw K 42	12000 RM	
Motor HL 230	11000 RM	
Schaltgetriebe AK 7–200	3500 RM	
MG 34	312 RM	
Rohstoffbedarf:	Eisen unlegiert	33409 kg
	Eisen legiert	44060 kg
	Eisen gesamt	77469 kg

Besatzung 5 Mann

1. Gewichte und Abmessungen

Gefechtsgewicht	kg	44800
Gefechtsgewicht mit gummisparendem Laufwerk	kg	46500
Antrieb		Front
Leistungsgewicht	kW/t (PS/t)	11,9 (15,6)
spez. Bodendruck	bar	0,88
spez. Bodendruck bei 200 mm Bodeneindrückung	bar	0,7
Turmgewicht mit Waffe	kg	9500
Kanone mit Panzerblende	kg	2650
MG 34	kg	11
Motor (trocken)	kg	1200
Schalt- und Lenkgetriebe (trocken)	kg	1240
Getriebe mit Kupplung und Kegelrad	kg	750
Seitenvorgelege	kg	395
Kühlanlage für Motor (trocken)	kg	200
Triebrad	kg	275
Leitrad	kg	125
Leitradkurbel	kg	92
Laufrolle (Scheibe)	kg	75
Vollgummireifen für Laufrolle	kg	18
Schwingarm	kg	59
1. und 7. Schwingarm	kg	72
Gleiskette (86 Glieder)	kg	2090
Kettenglied	kg	21
Länge (Rohr 12 Uhr)	m	8,66
Länge (Rohr 6 Uhr)	m	9,09
Länge des Fahrgestells	m	6,87
Länge der Wanne	m	6,60
Rohrüberstand bei Rohr 12.00 Uhr	m	1,79
Breite (ohne Schürzen)	m	3,27
Breite (mit Schürzen)	m	3,42
Spurweite	m	2,61
Höhe bei geöffneter Kommandantenkuppel	m	3,10
Höhe bei geschlossener Kommandantenkuppel	m	2,85
Höhe mit Antenne	m	4,00
Höhe des Turmes mit Kommandantenkuppel	m	1,15
Bodenfreiheit	m	0,54
Achshöhe des Triebrades, vorn (Stichmaß für Kletterfähigkeit)	m	0,826
Wannenlänge (Außen/Innen)	m	6,56/6,40
Wannenbreite (Außen/Innen)	m	1,84/1,76
Wannenhöhe (Außen/Innen)	m	1,32/1,29
Raummaß	m^3	7,26
Breite der Gleiskette	m	0,66

Auflagelänge der Gleiskette	m	3,92
Auflagelänge der Gleiskette bei 200 mm Eindrückung	m	4,92
Lenkverhältnis (Gleiskettenauflagelänge: Spurweite)		1,50
Kraftstoffvorrat	l (kg)	720 (554)
Kraftstoffvorrat: Gefechtsgewicht	l/t	16
Verhältnis Anteil des Kampfraums vom Gesamtraum	%	63,7
Schwerpunkt, hinter Mitte Kettenauflage	m	0,120
Schwerpunkthöhe über Laufrollenachsen	m	0,650

2. Leistungsangaben

Höchstgeschwindigkeit	km/h	55
Geschwindigkeit bei Motordrehzahl 2500 1/min	km/h	46
Höchstgeschwindigkeit im 1. Gang	km/h	4,1
Dauergeschwindigkeit (Straße)	km/h	33
Dauergeschwindigkeit (Gelände)	km/h	25
Leistungsgewicht	kW/t (PS/t)	11,9 (15,6)
Fahrbereich Straße	km	200
Fahrbereich Gelände	km	100
Kraftstoffverbrauch, Straße	l/100 km	350
Kraftstoffverbrauch, Straße	l/t+ 100 km	6,5
Kraftstoffverbrauch, mittelschweres Gelände	l/100 km	700
Steigfähigkeit		30°
Steigfähigkeit in losem Sand		26°
Kletterfähigkeit	m	0,90
Grabenüberschreitfähigkeit	m	1,90
Watfähigkeit	m	1,70
Unterwasserfahren (nur Ausf. D und A)	m	4,00
max. Zugkraft (Sandweg)	kN (t)	260 (26)
kinetische Energie bei 45 km/h	mkN(mt)	3600 (360)

3. Hauptwaffe

Typ	7,5 cm KwK 42 (L/70) 7,5 cm Kw K 44/L (L/70) nur Ausf. F	
Entwicklung und Hersteller Turm und Kanone	Fa. Rheinmetall, Unterlüß	
Turmbesatzung	Mann	3
Feuerhöhe	m	2,26
Kaliber	mm	75
Turmdrehkranzdurchmesser	mm	1650
Rohrlänge	mm	5250
Rohrlänge mit Mündungsbremse	mm	5535
Ladungsraumlänge	mm	668
Kaliberlänge		70
Gewicht Rohr, vollständig mit Verschluß und Mündungsbremse	kg	1000
Gewicht Geschütz, vollständig, mit Panzerblende	kg	2650
Rauchabsauger/Mündungsbremse		ja/ja
Gebrauchsgasdruck	bar	3200
Drall, Anzahl der Züge		32
Drall, Tiefe der Züge	mm	0,9
Breite der Züge	mm	3,86+1/100
Feldbreite	mm	3,5+1/100
Drall, Steigung		6° 30′
Drallart		gleichbleibend
Rohrbremse, Flüssigkeitsinhalt	l	9
Rücklauflänge, normal	mm	400
Rücklauflänge, größte (Feuerpause)	mm	430
Rohrvorholer, Flüssigkeitsinhalt	l	2,3
Rohrvorholer, Luftdruck	bar	55±5
Ausgleicher, Flüssigkeitsinhalt	l	0,5
Luftdruck im Ausgleicher bei eingestecktem Vorstecker	bar	75±3
Ausblasevorrichtung, Luftdruck	bar	10,5
Höchstschußweite	m	10 000

Turmkugellager, Hersteller Fa. Kugelfischer und Vereinigte Kugellagerfabriken

3.1 Leistungsangaben der Munition

Munitionsart		Panzerspreng-geschoß 39 PzGr 39/42	Panzergeschoß m. Stahlkern 40 PzGr 40/42	Spreng-granate 34
Munitionsgewicht (Patrone)	kg	14,30	11,55	11,14
Geschoßgewicht	kg	6,8	4,75	5,74
Mündungsgeschwindigkeit v_0	m/s	925	1120	700
Mündungswucht	mt	297	298	
Patronenlänge	mm	893,2	875,2	929,2

keine Hohlladungsmunition

3.1.1 Panzersprenggeschoß 39 Pz Gr 39/42

Schußentfernung m	Geschoß-geschwindigkeit m/s	Durchschlagsleistung in mm (Blechfestigkeit 95–105 kg/mm²) bei Auftreffwinkel 90°	60°
0	925	167	133
450	865	149	121
900	800	133	110
1350	730	118	99
1850	665	104	89
2300	605	91	79

3.1.2. Panzergeschoß mit Stahlkern 40 Pz/Gr 40/42

Schußentfernung m	Geschoß-geschwindigkeit m/s	Durchschlagsleistung in mm (Blechfestigkeit 95–105 kg/mm²) bei Auftreffwinkel 90°	60°
0	1120	230	197
450	1090	198	154
900	970	170	123
1350	865	145	99
1850	770	122	80
2300	675	103	65

Gesamtablage der Kanone beim Trefferbildschießen auf eine senkrechte Fläche beträgt

Entfernung	H	L
m	m	m
500	0,60	0,45
1000	0,80	0,50
1500	1,10	1,50
2000	1,50	1,75

Nach 2000–3000 Schuß war das Rohr der Kanone verschlissen und mußte ausgewechselt werden. Hierbei bedeutete

Pz Gr 39	1 Schuß
Pz Gr 40	4 Schuß
SprGr42	1/4 Schuß

Nach 5–700 Schuß Pz Gr 40 mußte das Kanonenrohr ausgewechselt werden.

Die unter 3.1.1 und 3.1.2 gemachten Angaben konnten entgegenkommenderweise dem Bericht »Le Panther« vom Ministère de la Guerre, Section Technique de l'Armée, Groupement Auto-Chars, 1947, entnommen werden.

Schußweite bei 20° Erhöhung	m	9850
Schußfolge	Schuß/min	6–8
Munitionsvorrat	Stück	79 (Ausf. G 82, Pz Bef Wg Ausf. D 64, Pz Bef Wg Ausf. G 70)
Munitionsgesamtgewicht (79 Schuß)	kg	1005

Rohstoffbedarf für eine Kanone mit Zubehör

Fe	3883 kg
Mo	1,4 kg
Cr	33,7 kg
W	0,12 kg
Sn	0,01 kg
Cu	0,6 kg
Al	0,06 kg
Pb	0,01 kg
Zn	1,65 kg
Ag	0,004 kg

4. Sekundärwaffe

			nur Ausf. F
Zahl der vorhandenen MG		2 (1 bei Pz Befehlswagen)	1 (1 bei Pz Befehlswagen)
Typ		MG 34 (Ausf. A 1)	MG 42
Kaliber	mm	7,9	7,9
Gewicht der Waffe	kg	11	10,6 Funker MP 44 2 Vorsätze »P« für gekrümmten Lauf
Länge der Waffe	m	1,225	1,220
Länge des Laufes	m	0,60	0,53
Zahl der Züge		4	4
Mündungsgeschwindigkeit v_0	m/s	755	740
Kadenz	Schuß/min	900	1500
Mitgeführte MG-Munition	Schuß		
Ausf. A und D		5100 (34 Gurtsäcke)	
Ausf. G		4800 (32 Gurtsäcke)	

5. Sonstige Waffen mit Angabe der vorhandenen Munition

26 mm Nahverteidigungswaffe im Turmdach zum Abschießen von Nebelwurfkörpern (12 Schuß), Sprenggranaten mit Zeitzünder (20 Schuß), Rauchsichtzeichen und Leuchtmunition (24 Schuß)
Maschinenpistole MP 40, Kaliber 9 mm, Stück 1

6. Richt-, Ziel- und Beobachtungsmittel

Höhenrichtanlage		mechanisch
Seiten-Richtanlage		hydraulisch (Druck 15 bar)
Hersteller der Richtanlage		Böhringer
max. Seiten-Richtgeschwindigkeit s/360° (Betätigung Fußhebel)		60, Ausf. F 30
Eine Handradumdrehung ändert die Seitenrichtung um		0,365° = 6,5–
Eine Handradumdrehung ändert die Höhenrichtung um		0,5° = 8,9– (bei Ausf. D)
Höhenrichtbereich		Ausf. A und G –8 bis +18° Ausf. D und F –8 bis +20°
Zielfernrohr	Typ	TZF 12, binokular (Ausf. D) TZF 12a, monokular (Ausf. A und G) TZF 13, binokular (Ausf. F) Stabilisiertes Zielfernrohr (Nachrüstung)
Hersteller		Leitz, Wetzlar
Vergrößerung	fach	2,5 und 5
Blickfeld		bei 2,5facher Vergrößerung 28° = 498– bei 5facher Vergrößerung 14° = 249–
Austrittspupillendurchmesser	mm	6 und 3
optische Länge	mm	1140
Bewegungsmöglichkeit des Fernrohrgelenks TZF 12		+30° bis –20°
Fernrohrgelenks TZF 12a		+40° bis –30°

Panther-Ausf.	D	A	G	F
Glasblöcke (6 Stück)	ja			
Hersteller Sigla				
Kommandantenkuppel Winkelspiegel (7 Stück)		ja	ja	ja
Kommandantenkuppel Winkelspiegel	Fahrer 1 Funker 1	Fahrer 1 Funker 1 Lade-schütze 1	Funker 1 Lade-schütze 1	Funker 1

	G	F
Fahrerfernrohr, schwenkbar Hersteller: Meyer, Görlitz	Fahrer 1	Fahrer 1

Kugelzielfernrohr	KZF 2 mit 1,8facher Vergrößerung
Seitenrichtbereich	±5°
Höhenrichtbereich	–10° bis +15°

Horizontaler stereoskopischer Entfernungsmesser mit 1,32 m Basis und 15facher Vergrößerung war im Befehlspanzer vorhanden und wurde in Ausf. F erprobt (Entwicklung Zeiss, Jena)

7. Funkausstattung

	Gerätetyp	Frequenzbereich MHz	Durchschnittliche maximale Reichweite km Sprechfunk	Tastfunk
Pz Kpfw Panther	Fu 5	27–33	6,4	9,6
	10 W-Sender »c« mit UKW-Empfänger »e« Fu 2	27–33		
Pz Befehls Wg Sd Kfz 267 (Pz Brigade/ Regiment zu Pz Bataillon	Fu 8			
	30 W-Sender	0,83–3,0	24	80
	MW-Empfänger »c«	0,83–3,0		
	Fu 5			
	10 W-Sender	27–33	6,4	9,6
	UKW-Empfänger	27–33		
Pz Befehls Wg Sd Kfz 268 (Pz Bataillon zu Pz Kompanie oder Panzern)	Fu 7			
	20 W-Sender »c« mit	27–33	12,8	16,0
	UKW-Empfänger	27–33		
	Fu 5			
	10 W-Sender	27–33	6,4	9,6
	UKW-Empfänger »e«	27–33		

8. Motor HL 230

Technische Angaben für Motor HL 210 in Klammern

Entwicklung	Maybach Motorenbau, Friedrichshafen
Hersteller	Maybach Motorenbau, Friedrichshafen Nordbau, Nordd. Motorenbau GmbH Berlin-Niederschöneweide (Montanwerk) Auto-Union, Werk Wanderer, Chemnitz, Daimler-Benz, Stuttgart-Untertürkheim
Typ	HL 230 P 30
Gefertigte Motorenstückzahl HL 230 für	Panther 7000 St.. Tiger 2000 St.(TypHL230P45)
zusammen	9000 St.

Motorengehäuse Grauguß mit nassen Zylinderlaufbüchsen (bei Serienausführung)

Kolben	Mahle, Stuttgart-Bad Cannstatt	
mit Bleibronze belegte auswechselbare Pleuelstangen-Stahllagerschalen		
Arbeitsverfahren	4-Takt, Otto-Vergaser	
Zylinderzahl/Anordnung	12/60° V	
Bohrung/Hub	mm	130/145 (125/145)
Hubraum	l	23,0 (21,35)
Verdichtungsverhältnis		6,8:1
Oktanzahl des zu verwendeten Kraftstoffes		74
Höchstleistung bei Drehzahl	kW (PS) 1/min	515(700)/3000
Höchstdrehmoment bei Drehzahl	mN (mkg)/ 1/min	1850(185)/ 2100
Leerlaufdrehzahl	1/min	800
Verbrennungs-Luftfilter	Kombinationsfilter (Zyklontrockenfilter und Ölbadfilter) Mann u. Hummel, Ludwigsburg	
Kühlung	Flüssigkeit	
Füllmenge (gesamte Kühlanlage)	l	170
max. Lüfterdrehzahl (mit Zweiganggetriebe)	1/min	3000/4500
Max. Kühlflüssigkeitstemperatur	°C	90
Ansaugluftmenge	kg/PS/h	3,4
Füllmenge-Motorschmierung		
Neufüllung	l	42
Ölwechsel	l	32
spez. Kraftstoffverbrauch	g/PS/h	260
Einlaßventil öffnet	10° vor O.T.	
Einlaßventil schließt	50° nach U.T.	
Auslaßventil öffnet	45° vor U.T.	
Auslaßventil schließt	15° nach O.T.	
Kolbenspiel	mm	0,14–0,16
Ventilspiel (Ein- u. Auslaß) bei kaltem Motor	mm	0,35
Vergaser	4 Solex-Doppelfallstrom-Geländevergaser Typ 52 FF J II D (2-Stufen-Vergaser)	
Gewicht des Motors in Graugußausführung (trocken)	kg	1200
Gewichtsleistung	kg/PS	1,72
Hubraumleistung	PS/l	30,5
Breite des Motors	mm	1000
Höhe des Motors	mm	1190
Länge des Motors	mm	1310
Motor-Einbau-Bauvolumen	m³	1,56
Raumleistung	PS/m³	4,48
Volumen des Motorraumes	m³	4,2
Motorraumausnutzung	PS/m³	166
Kolbenflächenleistung N/F	PS/cm²	0,436
mittlerer Kolbendruck	bar	9,1
mittlere Kolbengeschwindigkeit	m/s	14,5
Kühlanlage, max. zulässige Außentemperatur	°C	+42
Produktive Arbeitsstunden für Fertigung eines Motors		1260
Verbrauch an Eisen und Stahl je Motor unlegiert	kg	2100
legiert	kg	560

In Entwicklung befindliche Motoren (bzw. Motorversuche) für Pz Kpfw Panther (Stand 1944)

Firma	Typ	Otto/Diesel	Takt	Wasser/Luft	Bauart	Bohrung mm	Hub mm	Hubraum cm³	1/min	Höchst-Leistung PS
BMW	132 Dc	Otto (Flugmotor)	4	Luft	9*	155,5	162	27700	2000	650
Maybach	HL 234	Otto (Einspritzmotor)	4	Wasser	12 V	130	145	23000	3000	850
F.K.F.S.	(Kamm)	Otto	4	Luft	2x12 V	135	140	48000	2050	1000
Daimler-Benz	MB 507	Diesel	4	Wasser	12 V	158	180	42300	2300	850
Deutz	T 8 M 118	Diesel	2	Wasser	8 V	170	180	32300	2000	700
Deutz	Dz 710	Diesel	2	Wasser	16–.–	160	160	51500	2500	1500
MAN/Argus	LD 220	Diesel	4	Luft	16 H	135	165	37800	2200	700
Simmering	Sla 16	Diesel	4	Luft	16 X	135	160	36500	2000	720

V = V-Motor * = Sternmotor –.– = Boxermotor H = H-Motor X = X-Motor

9. Schalt- und Lenkgetriebe, Hauptkupplung

Antrieb **vorn**

9.1 Schaltgetriebe

Entwicklung	Zahnradfabrik Friedrichshafen ZF-Friedrichshafen
Hersteller	ZF Friedrichshafen Waldwerke Passau (Montagewerk) Steyr-Daimler-Puch, Graz-Thorndorf (bis Dez. 1942 500 Stück) Lanz, Mannheim
Typ	AK 7–200
Art des Schaltgetriebes	Allklauen, 2.–7. Gang synchronisiert
Anzahl der Gänge (vorwärts/rückwärts)	7/1
Gesamtübersetzung	1:13,4
Gewicht mit Hauptkupplung und Kegelrad	kg 750

Geschwindigkeit, Lenkradius und Zugkraft

	Übersetzung	Sprung	Geschwindigkeit km/h bei Motordrehzahl 2500 1/min	3000 1/min	Lenk-radius m	Zugkraft bei Motordrehzahl n = 2500 1/min t
1. Gang	9,21	2,02	3,5	4,1	5	50
2. Gang	4,56	1,59	7	8,4	11	25
3. Gang	2,87	1,56	11	13,3	18	15
4. Gang	1,83	1,45	18	20,8	30	10
5. Gang	1,27	1,41	25	30,8	43	7
6. Gang	0,90	1,31	35	42,5	61	5
7. Gang	0,69		46	55,0	80	4
R-Gang	9,46		3,4	4,0	5	50

9.2 Hauptkupplung

Art	Dreischeibentrockenkupplung
Typ	LAG 3/70 H
Max. Drehmoment	mkg 200
Hersteller	Fichtel & Sachs, Schweinfurt

9.3 Lenkgetriebe

Entwicklung	MAN Nürnberg
Typ	Einradienlenkgetriebe
Hauptkegeltrieb, Übersetzung und Zähnezahl	1:1,05 (21:20)
Umlaufgetriebe (Summierungsgetriebe), Übersetzung und Zähnezahl	1:1,4 $\frac{60+24}{60}$
Lenkgetriebe, Übersetzung und Zähnezahl	1:1,95 (35:18)
Stirnradantrieb, Übersetzung und Zähnezahl	1:4,65 (79:17)
Lenkkupplung	Einscheibentrockenkupplung, Betätigung durch Öldruck
Stützbremse	Außenbackenbremse mit Gußeisenbelag, Betätigung mechanisch mit Öldruckhilfe
Lenkbremse	Vollscheibenbremse Typ LG 900, Betätigung mechanisch mit Öldruckhilfe 60 bar, Hersteller Argus, Entwicklung Dr.-Ing. Herman Klaue
Fuß- und Handbremse	wirken auf beide Lenkbremsen

9.4 Seitenvorlage

Übersetzung und Zähnezahl der Stirnräder	1:8,4 (Stirnräder 24:11 und 38:10)

10. Laufwerk

Art des Laufwerks	Schachtellaufwerk, Ausf. F Staffellaufwerk
Art der Federung	Doppeldrehstab, Haarnadelform (2 Drehstäbe für jede Laufrolle)
Entwicklung	MAN (Dr.-Ing. habil Ernst Lehr)
Hersteller der Drehstabfedern	Dittmann-Neuhaus, Herbede (Ruhr); Hoesch, Hohenlimburg (Westf.); Röchling, Völklingen (Saar)
Federweg (Laufrollenausschlag) mm	510 (Vergleich Tiger 220, T 34 240, Sherman 111, Leopard 1 373, Leopard 2 530)

Stoßdämpfer/Seite		2 Hemscheidt-Öldruckstoßdämpfer Typ HT 90, einseitig wirkend, auf dem 2. und 7. Schwingarm
Länge des Schwingarmes, geschmiedet, Hersteller Fa. Siepmann, Delecke (Möhnesee)	mm	420
Anstellwinkel des Schwingarmes (statisch) zur Horizontalen		25°
Winkel des Schwingarmes von der untersten Stellung bis zur Horizontalen		61°
Laufrollen/Seite		8 (4 innere und 4 äußere)
statistischer Laufrollendruck	kg	2500
Liniendruck der Laufrollen	N/cm (kg/cm)	1410 (141)
Art der Laufrollen		Scheibenräder, vollgummibereift (auswechselbare Bandagen) Im Laufe der Fertigung der Ausf. G, gummisparende Laufrollen (Hersteller Deutsche Eisenwerke Mülheim-Ruhr)
Abstand der Laufrollenachsen	mm	560
Laufrollendurchmesser	mm	860
Laufrollenbreite	mm	100
Stützrollen je Seite		1
Schürzen, Blechdicke	mm	5
Triebrad, Zahl der Zähne		17
Triebradteilkreisdurchmesser	mm	821,77
Gleiskette Art		Scharnierkette, trocken gelagert mit Aufnahmen für Schneegreifer an jedem 5. bis 7. Kettenglied
Gleiskette Typ		Kgs 64/660/150
Gleiskette Entwicklung		Moorburger Treckerwerke Hamburg-Moorburg
Zahl der Glieder		86
Gleitschutzstollen für jedes 5. und 7. Kettenglied (Höchstgeschwindigkeit 15 km/h)		
Kettenteilung	mm	150
Gleiskettenbreite	mm	660
Gefedertes Gewicht	t	39,9
Gefederte Masse	$\frac{kg\,s^2}{cm}$	40,7
Massenträgheitsmoment um den Schwerpunkt	mkg s²	$14{,}4 \cdot 10^3$
Schwerpunkthöhe über Laufrollenachsen	m	0,65
Federkonstante an Laufrolle (bei statischer Belastung)	kg/mm	8 (Vergleich Tiger 1. u. 9. Laufrolle 31, 3, 2.–8. Laufrolle 26; T 34 20, Sherman 16, Leopard 1 24, Leopard 2 21)
Eigenschwingungszahl der Hubschwingung	1/min	51,5
Eigenschwingungszahl der Nickschwingung	1/min	31 (angestrebt 30–50)
Dämpfung der Hubschwingung	%	25
Dämpfung der Nickschwingung	%	40 (angestrebt 30–40)

11. Elektrische Anlage

Generator (Lichtmaschine)		Bosch 0,7 kW, 12 Volt, Gleichstrom Typ GTLN 700/12–1500 Bl 1 (HL 210, 1,0 kW)
Reglerschalter		Bosch Typ RS/KN 600/12/1 oder SSM 41 L 21 Z
Elektrischer Anlasser		Bosch 6 PS, 24 Volt, Typ BPD 6/24 ARS 15
Schwungkraftanlasser		Bosch Typ AL/ZM 1
Batterien		2x12 V 150 Ah Typ 12 B 150 oder 2x12 V 120 Ah Typ 12 B 120 Pz (heizbar durch Heizplatten mit 2 Wicklungen von 100 und 300 Watt)
Zündung		2 Magnetzünder mit eingebautem Zündfunken Schnapper Typ JGN 6/R 18
Unterbrecherabstand	mm	0,35
Zündeinstellung		5° nach O.T.
Zündverstellung		selbsttätig
Größte Frühzündung durch Fliehkraftregler auf Kurbelwellengrade bezogen		25° vor O.T.
Zündfolge		12–1–8–5–10–3–7–6–11–2–9–4
Zündkerzen		Bosch W 225 T 1
Entstörung		Bosch 2xEM/S 75/1 oder 1xEM/S 100/1 oder 1xEM/S 5/1

12. Panzerschutz

Hersteller von Wannen- und Turmgehäuse		Dortmunder-Hoerder-Hüttenverein, Dortmund; Ruhrstahl, Hattingen; Bismarckhütte, Oberschlesien; Harkort-Eicken, Hagen (Westf.) Eisenwerke Oberdonau, Linz (Oberösterr.); Böhler, Kapfenberg u. Deuchendorf (Steiermark); Schoeller-Bleckmann, Mürzzuschlag (Steiermark)
Angabe von Dicke, Neigung und Durchgangsstrecke		
Bug, unten	mm/°/mm	60/35/105
Bug, oben		80/35/140
Seite, oben		40/50/52 (G 50/60/58)
Seite, unten		40/90/40
Heck		40/60/46

Boden	vorn 26/0, hinten 17/0
Motorraumabdeckung	15/0
Turmblende	120
Turmfront	110/78/112 (D 80/78/82, F 120/80/122, G 100/80/102)
Turmheck	45/65/50 (F 60/65/66)
Turmseite	45/65/50 (F 60/65/66)
Turmdach	17/5 (F+G 30/5)
Kettenblende (Kettenschürze)	5/90/5
Boden, Kampfraum/ Motorraum	25/16

Fahrer- und Funker-Einstiegluke ausschwenkbar, durch Federn ausgeglichen (Ausf. D und A)
Fahrer- und Funker-Einstiegluke klappbar (Ausf. G)

13. Füllmengen

Gesamte Kühlanlage	l	120
Art des Motoröles:		Motorenöl der Wehrmacht
Motor bei Neufüllung	l	42
Motor bei Ölwechsel	l	32
2 x Lüfterantrieb	l	1,5
Kombinations-Luftfilter je	l	0,75
Art des Getriebeöles:		Getriebeöl der Wehrmacht
Schaltgetriebe	l	33
davon Ölbehälter	l	12
davon Gehäuse	l	21
Ölkühler mit Leitungen	l	15
Kupplungslager	l	0,3
Seitenvorgelege je	l	5,5
Turmantrieb	l	2,75
Art des Öles:		Stoßdämpferöl der Wehrmacht nach TL 6027
Öldruckanlage (Bremse)	l	7
Stoßdämpfer je	l	1,75
Fettart:		Einheitsabschmierfett der Wehrmacht
Laufwerk (bei Neufüllung)	kg	38
Kraftstoff		74 Oktan (OZ 74)
5 Kraftstoffbehälter, gesamt	l	720
Einfüllbehälter	l	65
Behälter, links oben	l	210
Behälter, links unten	l	110
Behälter, rechts oben	l	210
Behälter, rechts unten	l	125

Etwa ab Ausf. G war die linke von der rechten Behältergruppe getrennt, sie faßten 360 bzw. 370 l

14. Verschiedenes

Kühlflüssigkeitvorwärmung	vorhanden (Fuchs-Gerät, Beheizung durch Lötlampe)
Batterievorwärmung (Bosch)	100 und 300 Watt (Heizplatte)
BC-Schutzanlage (Dräger)	in Erprobung
Kampfraumbeheizung	vom Lüfter der Kühlanlage
Bodenausstiegluke	nicht vorhanden

Automatische Feuerlöschanlage mit 3 Wärmefühlern, 3 Löschdüsen und einer 3-Liter-Flasche mit 2 Liter Löschflüssigkeit CB (Minimax)
Kurskreisel Modell B (Anschütz) ja
Taucheinrichtung
nur für Sonder-Einheiten

Anlage 3

Jagdpanther (Sd Kfz 173)

»8,8 cm PaK 43/3 auf Panzerjäger Panther«

(Angaben nur, soweit diese vom Panzerkampfwagen Panther abweichen)
(Zusammenstellung durch Dokumentation Kraftfahrwesen e.V., Fachausschuß Wehrtechnik – Oberst a.D. Dipl-Ing. Th. Icken)

Entwicklungsfirmen	Krupp, Essen Daimler-Benz, Berlin-Marienfelde Mühlenbau und Industrie AG (MIAG), Braunschweig		
Modellvorführung	20. 10. 1943 Truppenübungsplatz Arys (Ostpreußen)		
Hersteller	Mühlenbau und Industrie AG (MIAG), Braunschweig ab Februar 1944 Maschinenfabrik-Niedersachsen-Hannover (MNH),Hannover ab Dezember 1944		
Gefertigte Jagdpanther	384 Stück	1944	212
		1945	172

Fahrgestell-Nr.	300001–300392	
Rohstoffbedarf	Eisen unlegiert	34425 kg
	Eisen legiert	41327 kg
	Eisen gesamt	75752 kg
Preis der Kanone	21000 RM	
Besatzung	Mann	5

1. Gewichte und Abmessungen

Gefechtsgewicht	t	45,5
Leistungsgewicht	kW/t (PS/t)	11,6 (15,4)
spez. Bodendruck	bar	0,87
Länge	m	9,87
Länge des Fahrgestells	m	6,87

Rohrüberstand	m	3,00
Gesamthöhe	m	2,72
Feuerhöhe	m	1,96

2. Hauptwaffe

Entwicklung	Krupp, Essen	
Hersteller	Dortmunder Hoerder Hüttenverein, Werk Lippstadt	
Typ	mit geschweißtem Blendenkragen 8,8 cm Pak 43/3 (L/71) mit geschraubtem Blendenkragen 8,8 cm Pak 43/4 (L/71)	
Feuerhöhe	m	1,96
Kaliber	mm	88
Rohrlänge mit Mündungsbremse	mm	6686
Kaliberlänge		71
Abstand der hinteren Bodenstückfläche vom Ansatz an der vorderen Keillochfläche	mm	290
Länge der Seele vom Ansatz an der vorderen Keillochfläche bis zur Mündung	mm	6010
Länge des gezogenen Teils	mm	5150,5
Länge des gezogenen Teils in Kalibern		58,5

Züge:

Anzahl		32
Tiefe	mm	1,2
Breite	mm	5,04+0,6
Felderbreite	mm	3,6–0,6

Ladungsraum:

Durchmesser des hinteren kegelförmigen Teils		
hinten	mm	132,4
vorn	mm	123,9
Durchmesser des vorderen kegelförmigen Teils (Übergangskegel)		
hinten	mm	92,5
vorn	mm	88,0
Länge des Ladungsraumes	mm	859,5
Drall	6°30′ (27,57 Kaliber)	

Gewichte:

Rohr, vollst. mit Verschluß und Mündungsbremse	kg	1690
Rohr, vollst. mit Verschluß	kg	1628
Vollrohr	kg	1225
Bodenstück ohne Verschluß	kg	275
Spannschraube	kg	26
Verschlußkeil mit Innenteilen	kg	50
Verschlußkeil mit Bewegungseinrichtung	kg	70
Mündungsbremse	kg	62
Rohrbremse	kg	65
Rohrvorholer	kg	50
Gesamtgewicht des Geschützes	kg	2200

Leistungsangaben:

Gebrauchsgasdruck	bar	3000
Konstruktionsgasdruck	bar	3700

Rohrbremse:

Mittlere Bremskraft	kg	6300
Flüssigkeitsinhalt	l	5,4
Rücklauflänge, normal	mm	550
Rücklauflänge (max) »Feuerpause«	mm	580

Rohrvorholer:

Anfangsspannung der Luft	bar	50
Flüssigkeitsinhalt	l	5,3
Abfeuerung		elektrisch

Rohstoffbedarf für eine Kanone in kg

Fe	4421
Mo	8,1
Cr	48,4
V	4,85
Sn	0,02
Cu	0,126
Ni	29,5
Kautschuk	1,1

Leistungsangaben der Munition

Munitionsart		Panzersprenggeschoß 39 PzGr 39/43	Panzergeschoß mit Stahlkern 40 Pz Gr 40/43 W	Sprenggranate 43	Hohlladungsgranate HLGR 39
Munitionsgewicht (Patrone)	kg	23,4	19,9	18,7	15,35
Geschoßgewicht	kg	10,2	7,3	9,4	7,65
Gewicht der Treibladung	kg	6,8	6,8	3,8	2,0
Sprengladung	kg	0,05	–	1,0	0,77
Mündungsgeschwindigkeit vo	m/s	1000	1130	750	600
Mündungswucht	mt	516	480	269	140
Patronenlänge	mm	1124	1124	1170	
Durchschlagsleistung bei 90° Auftreffwinkel in mm unter Angabe der Entfernung in m (Blechfestigkeit 95–105 kg/mm²) Die in Klammern angegebenen Werte beziehen sich auf 60° Auftreffwinkel.	100 m	220 (203)	300 (250)		
	500 m	205 (182)	270 (225)		90
	1000 m	186 (167)	237 (190)		90
	1500 m	170 (150)	205 (160)		90
	2000 m	154 (135)	175 (135)		90

Eine wesentliche Steigerung der Durchschlagsleistung eingeführter Panzerkanonen ist seither nur auf dem Gebiet der Hohlladung zu verzeichnen.

Schußweite bei 15° Erhöhung	m	9350
Schußfolge	Schuß/min	6–8
Munitionsvorrat	Stück	57
Munitionsgewicht	kg	1226

3. Sekundärwaffe

Zahl der vorhandenen MG		1 (Bug)
Typ		MG 34
Mitgeführte MG-Munition	Schuß	600

4. Sonstige Waffen

1 Nahkampfgerät (Dachplatte) 26 mm
2 Maschinenpistolen Kaliber MP 40 9 mm (384 Schuß)

5. Richt-, Ziel- und Beobachtungsmittel

Zielmittel Winkelzielfernrohr 1/4
je 2 Winkelspiegel bei Kommandant, Ladeschütze und Panzerfahrer

Höhenrichtbereich	–8°	bis	+14°
Seitenrichtbereich	±11°		

Zieleinrichtung:
Teilung der Aufsatztrommel

für Pz. Gr. 39/43	m	0–4000
für Spgr. 43	m	0–5400
für Gr. 39 HL	m	0–3000
für Pz. Gr. 40/3	m	0–4000

Strichteilung, fein	0–100
Strichteilung, grob	0–300
Geländewinkelmesserteilung, fein	0–100
Geländewinkelmesserteilung, grob	100–500

Teilung für Seitenvorhaltetrieb nach links und rechts je	20

6. Panzerschutz

Hersteller: Brandenburgisches Eisenwerk Kirchmöser, Brandenburg

Angabe von Dicke, Neigung und Durchgangsstrecke

Bug, oben	mm/°/mm	80/35/140
Bug, unten		60/35/105
Seite, oben		45/60/52
Seiten, unten		40/90/90
Heck		40/60/46
Boden	vorn 25/0	hinten 17/0
Motorraumabdeckung		15/0
Geschützblende		80
Turmdach		17/5
Kettenblende (Kettenschürze)		5/90/5

7. Funkgerät

je 1 Satz Fu 2 und Fu 5 (10 Watt-Sender und UKW-Empfänger)

Anlage 4

Bezeichnung der Gleisketten

Vom Heereswaffenamt/WaPrüf 6 wurden offiziell folgende Bezeichnungen für Gleisketten eingeführt:

I. **Bauart:**

1. Schnelläufige Ketten für Kraftfahrzeuge (im Gegensatz zu landwirtschaftlichen Schleppern)	= K
2. Sechsradketten für mehrachsig angetriebene Radfahrzeuge	= S
3. Ketten für Zwitterfahrzeuge	= Z
4. Ketten für Schlepper in der Landwirtschaft	= L
5. Prüfstandketten (Fahrbahn)	= P

II. **Baustoff der Kettenglieder:**

1. Stahlguß aller Legierungen	= g
2. Stahl im Gesenk geschmiedet (Preßstahl)	= p
3. Stahlblech	= b
4. Temperguß	= t
5. Duraluminium	= d
6. Gewebestoff	= ge
7. Silumin	= s

III. **Verbindung der Kettenglieder:**

1. Normales Lager (Bolzen und Büchse ohne Schmierung)	= ohne Zeichen

2. Schwimmende Bolzen = s
3. Wälzlager (mit Schmierung und Abdichtung) = w
4. Gummigelenke = gu
5. Schwimmende Buchsen = b

IV. **Bauform**
V. **Breite** } in arabischen Zahlen
VI. **Teilung**

Zum Beispiel, die Pantherkette Kgs 64/660/150 =
K = schnelläufige Kette für Kraftfahrzeuge
g = Stahlguß aller Legierungen
s = schwimmende Bolzen
64 = Bauform der Gleiskette
660 = Breite der Gleiskette } Maße in mm
150 = Teilung der Gleiskette

Anmerkung: Für die Registratur im Heereswaffenamt bedeutete hinter der Bauartbezeichnung:
e = eigene Gleisketten
f = fremde Gleisketten

Anlage 5

Oberflächenbehandlung der Drehfederstäbe*

Der Effekt einer Lebensdauererhöhung an Federn allgemein beruht auf einer Oberflächenverfestigung, die nur in einer Tiefe von wenigen Zehntelmillimeter wirksam ist. Im Zweiten Weltkrieg wurden dafür zwei verschiedene Verfahren angewandt, nämlich
– das Kugelstrahlen nach dem Röchling-Patent DRP 573 630 KL 18 C vom 22. 5. 1929 und
– das Rollverdichten nach dem Patent von Professor Otto Föppl (TH Braunschweig), DRP 521 405 vom 10. 7. 1928.

Das Kugelstrahlen wurden von den Firmen Röchling und Hoesch angewandt. Als Strahlmittel wurde anfangs Stahlsand aus gegossenen kleinen Stahlkugeln von ca. 1 mm ∅, später abgehackter Klaviersaitendraht in Längen gleich Drahtdurchmesser (sog. Cutwire) eingesetzt. Das Strahlmittel wurde mittels Schleuderrädern mit hoher Intensität gleichmäßig auf die Oberfläche des Werkstückes „geblasen", was zu dem erwähnten Effekt der Kaltverfestigung führte.

Die gleiche Wirkung erzielte die Firma Dittmann & Neuhaus mit dem Rollverfestigen. Dabei wurde eine diskusförmige Rolle mit einem kleinen Kantenradius unter hohem Anpreßdruck auf den Schaft des Drehstabes aufgesetzt, derart, daß beide Achsen fast parallel standen, und die Rolle langsam längs über den schnell rotierenden Drehstab verfahren wurde, so daß die gesamte Oberfläche des Drehstabes der Hertz'schen Flächenpressung ausgesetzt war, wenn auch jeder Punkt der Oberfläche nur kurzzeitig.

* Freundliche Mitteilung von Dir. Dipl.-Ing. Gerhard Geissler, Hoesch Werke vom 14. 12. 1976.

Anlage 6

Technische Daten

Bezeichnung des Fahrzeuges	Panzerkampfwagen V	Panzerkampfwagen V	Panzerkampfwagen Panther (Sd. Kfz. 171)
Ausführung			D
Typ	VK 3002 (DB)	VK 3002 (MAN)	VK 3002 (MAN)
Hersteller	Daimler-Benz	MAN	MAN/HS/DB/MNH
Baujahr	1941–1942	1941–1942	1942–1943
Informationsquelle	DB, Archiv	MAN Zeichnung Tu 16901	Handbuch WaA, Blatt K 49
Motor			
Hersteller, Typ	Daimler-Benz »MB 507«	Maybach »HL 210 P 45«	Maybach »HL 230 P 30«*)
Zylinderzahl, Anordnung	12, V-Form 60°	12, V-Form 60°	12, V-Form 60°
Bohrung/Hub (mm)	162/180	125/145	130/145
Hubraum (cm^3)	44500	21353	23095
Verdichtungsverhältnis	14,8	7	6,8
Drehzahl: normal/maximal	2000	3000	2500/3000
Höchstleistung (PS)	650	650	600/700
Leistungsgewicht (PS/t)	19	20	15,5
Ventilanordnung	hängend	hängend	hängend
Kurbelwellenlager	7 Gleit-	7 Rollen-	7 Rollen-
Vergaser/Einspritzpumpe	Diesel-2 Bosch PE 6	4 Solex 52 JFF II D	4 Solex 52 JFF II D
Zündfolge	1-11-2-9-4-7-6-8-5-10-3-12	12-1-8-5-10-3-7-6-11-2-9-4	12-1-8-5-10-3-7-6-11-2-9-4
Anlasser	Bosch	Bosch BPD 6/24 ARS 150	Bosch BPD 6/24 ARS 150 + Bosch AL/RBI/R 1 oder AL/ZMI
Lichtmaschine	Bosch	Bosch GTLN 700/12-1500	Bosch GTLN 700/12-1500 BL 1
Batterie: Anzahl/Volt/Ah	6/12/120	2/12/150	2/12/150 bzw. 120
Kraftstofförderung	Pumpen	2 mechanische Pumpen	2 mechanische Pumpen
Kühlung	Flüssigkeit	Flüssigkeit	Flüssigkeit
Kupplung	Ortlinghaus hydr. Mehrlamellen	Dreischeiben, trocken	Dreischeiben, trocken F&S LAG 3/70 H
Schaltgetriebe	DB »KSG 8-200«	ZF »AK 7-200«	ZF »AK 7-200«
Anzahl der Gänge: V/R	8/1	7/1	7/1
Kettentriebräder	hinten	vorne	vorne
Seitenvorgelegeübersetzung	4,8:1	8,4:1	8,4:1
Höchstgeschwindigkeit (km/h)	56	55	55 Straße, 30 Gelände
Fahrbereich: Straße/Gelände (km)	195/140	270/195	250/100
Art der Lenkung		MAN-Kupplungs-	MAN-Einradien-Lenkgetriebe
Wendekreis ∅ (m)	Stelle	10,0	10,0
Federung	Blattfedern, längs	Drehstäbe, quer	Drehstäbe, quer in Doppelanordnung
Fahrgestellschmiersystem	Hochdruck und Zentral	Hochdruck und Schmierbatterie	Hochdruck und 4 zentr. Schmierbatt.
Bremsanlage: Hersteller	Daimler-Benz	Süddeutsche Arguswerke	Süddeutsche Arguswerke
Wirkungsweise	mechanisch, hydraulisch unterstützt	hydraulisch	mechanisch, hydraulisch unterstützt
Bremsart	Innenbacken	Vollscheiben	Vollscheiben, Typ LB 900.2
Bremssystem wirkt auf	Antrieb	Lenkbremse	Lenkbremse
Art des Laufwerkes	Schachtellaufwerk	Schachtellaufwerk	Schachtellaufwerk
Typ und Größe der Laufrollen	900x100, ∅ 900 mm	860/100, ∅ 860 mm	860/100 D, ∅ 860 mm
Spurweite (mm)	2740	2610	2610
Kettenauflagelänge (mm)	3838	3920	3920/4920 bei 20 cm Eindrückung
Kettenbreite (mm)	530	660	660
Kettentyp		Kgs 64/660/150	Kgs 64/660/150
Anzahl der Glieder pro Kette			86
Bodenfreiheit (mm)	500	500	560
Länge über alles (mm)	6000	8625	-8660/9090-6870
Breite über alles (mm)	3200	3270	3270, mit Schürzen 3420
Höhe über alles (mm)	2690	2867	2995
Bodendruck (bar)		0,73	0,88
Gefechtsgewicht (kg)	34000	35000	44800
Besatzung	5	5	5
Kraftstoffverbrauch (l/100 km)		Straße 350, Gelände 700	Straße 280, Gelände 700
Kraftstoffvorrat (l)	550	750	720
Panzerung Wanne vorne (mm)	60	60	80
seitlich (mm)	40	40	40
hinten (mm)	50	40	40
Turm vorne (mm)	100	80	110
seitlich (mm)	40	45	45
hinten (mm)	40	45	45
Leistungen steigt (°)	30	30	30
klettert (mm)	900	900	900
watet (mm)		1900	1900
überschreitet (mm)		2450	2450
Bewaffnung Haupt-*)	1 7,5 cm KwK 42 L/70 ( )	1 7,5 cm KwK 42 L/70 ( )	1 7,5 cm KwK 42 L/70 (79)
Neben-	2 MG 34	2 MG 34	2 MG 34 (4200)
Bemerkungen	*) Angaben in ( ) Munitionsvorrat		*) Prototypen mit dem »HL 210 P 30« Motor und Kupplungslenkgetriebe

Panzerkampfwagen Panther (Sd. Kfz. 171) A VK 3002 (MAN) MAN/DB/MNH 1943-1944 D 655/1a vom 21. 9. 1944	**Panzerkampfwagen Panther (Sd. Kfz. 171) G V 3002 (MAN) MAN/DB/MNH 1944–1945 D 655/60 vom 1. 11. 1944**	**Panzerbergewagen (Bergepanther) (Sd. Kfz. 179) A und G VK 3002 (MAN) MAN, HS, Demag 1943–1945 D 655/1a vom 21. 9. 1944**	**Panzerjäger Panther (Jagdpanther) (Sd. Kfz. 173) VK 3002 (MAN) MIAG, MNH 1944–1945 D 655/60 vom 1. 11. 1944**
Maybach »HL 230 P 30«			
12, V-Form 60°			
130/145			
23095			
6,8			
2500/3000			
600/700			
15,5			
hängend			
7 Rollen-		7+1 Rollen-	7+1 Rollen-
4 Solex 52 JFF II D			
12-1-8-5-10-3-7-6-11-2-9-4			
Bosch BPD 6/24 ARS 150 +			
Bosch AL/RBI/R 1 oder AL/ZMI			
Bosch GTLN 700/12-1500 BL 1			
2/12/150 bzw. 120			
2 mechanische Pumpen			
Flüssigkeit			
Dreischeiben, trocken F&S LAG 3/70 H			
ZF »AK 7-200«			
7/1			
vorne			
8,4:1			
55 Straße, 30 Gelände		55/45,7	
250/100		320/160	250/100
MAN-Einradien-Lenkgetriebe			
10,0			
Drehstäbe, quer in Doppelanordnung			
Hochdruck und 4 zentrale Schmierbatterien			
Süddeutsche Arguswerke			
mechanisch, hydraulisch unterstützt			
Vollscheiben, Typ LB 900.2			
Lenkbremse			
Schachtellaufwerk			
860/100 D, ∅ 860 mm			
2610			
3920/4920 bei 20 cm Eindrückung			
660			
Kgs 64/660/150			
86			
560			
– 8660/9090 – 6870		8860	9870
3270, mit Schürzen 3420		3270, mit Schürzen 3420	3270, mit Schürzen 3420
2995		2700	2715
0,88		0,83	0,89
44800		43000	45500
5		3	5
Straße 280/Gelände 700		Straße 280/Gelände 700	Straße 280/Gelände 700
720		1075	720
80		80	80
40		40	45
40		40	40
110		–	–
45		–	–
45		–	–
30		35	30
900		900	900
1900		1900	1550
2450		2450	2450
1 7,5 cm KwK 42 L/70 (79), ab Ausf. G (82)		1 2 cm KwK 38	1 8,8 cm Pak 43/3 L/71 (57)
2 MG 34 (4200)		–	1 MG 34 (600)

Anlage 7

Angaben zur Panther-Fertigung (MAN)

Insgesamt mußten 2000 Arbeitsstunden aufgewendet werden, um einen kompletten Panther herzustellen. Dabei entfielen für die

- Wannenbearbeitung 55 Stunden
- Turmbearbeitung 38 Stunden
- Fahrgestellmontage 485 Stunden
- Turmmontage 150 Stunden
- Endmontage 85 Stunden

Zur Bearbeitung wurden folgende Sondermaschinen verwendet:

- drei 8-Spindelbohrwerke
- ein Buggehäuse-Drehwerk
- acht Wesselmann Bohraggregate
- eine Turmkranz-Bohrmaschine
- ein Heller-Fräswerk, 2spindelig
- ein Turmdrehwerk

Zur Montage waren keine Sondermaschinen notwendig.

Die 8-Spindelbohrwerke versahen die Panzerwanne mit Bohrungen für Schwingarme und Drehstabfederaufnahmen.

Das Buggehäuse-Drehwerk schuf die Bohrungen und Auflage für Turmzahnkranz und Kugellager.

Die Wesselmann-Bohraggregate bohrten die Öffnungen für die Stoßdämpferbolzen.

Die Turmkranz-Bohrmaschine schuf die Bohrungen für die Turmkranz-Befestigungen.

Das Heller-Fräswerk bearbeitete die Anlagefläche für die Seitenvorgelege.

Das Turmdrehwerk bearbeitete die Aufnahme von Turmring und Kommandantenkuppel.

Hersteller von den 8-Spindelbohrwerken, dem Buggehäuse-Drehwerk und der Turmkranz-Bohrmaschine war die MAN, Nürnberg. Die Bohraggregate wurden von der Firma Wesselmann in Gera, das Fräswerk von Gebrüder Heller, Nürtingen, und das Turmdrehwerk von Droop & Rein, Bielefeld, geliefert.

Insgesamt waren im Werk der Maschinenfabrik Augsburg-Nürnberg AG am 1. März 1945 9968 Arbeiter beschäftigt, davon im Panzerbau 5448.

Von diesen waren beschäftigt:

- in der Verwaltungsabteilung 124
- in der Panzermaschinenabteilung 841
- in der Panzerherstellung 3983
- in der Panzermontage 500

5023 davon waren Männer, 425 Frauen. 2719 der Männer waren Ausländer, bei den Frauen waren 230 Nichtdeutsche.

Innerhalb von 24 Stunden wurden zwei Schichten verfahren, jede Schicht arbeitete 12 Stunden.

Anlage 8

Erfahrungsbericht einer Panther-Abteilung

Der letzte Einsatz der Abteilung, währenddessen an sechs aufeinanderfolgenden Gefechtstagen rund 30 Panther stets im Gefecht waren, hat die hervorragenden Leistungen des Pz.Kpfw. Panther erhärtet. Bei gut ausgebildetem Personal, pfleglicher Behandlung und taktisch richtigem Einsatz lassen sich größte Erfolge erzielen. Die Abteilung konnte in diesen sechs Tagen 89 Panzer und Sturmgeschütze, 150 Geschütze, Pak, Flak usw. vernichten.

Trotz der massierten Feindabwehr traten nur 6 Totalausfälle durch Beschuß ein. Bei dem Einsatz ergaben sich folgende Lehren: Die hohe Schußleistung der Kanone ist unter allen Umständen auszunutzen. Das Feuer kann bereits auf eine Entfernung von 2000 m sehr erfolgversprechend eröffnet werden. Die Masse sämtlicher schweren Waffen und Panzer, die vernichtet wurde, wurde auf einer Kampfentfernung von 1400–2000 m unter Feuer genommen. Der Munitionsbedarf war verhältnismäßig gering, jeder 4.–5. Schuß war ein Volltreffer, auch mit Sprenggranaten.

Die bisher vorgesehenen Formen des Angriffs wie Keil, Breitkeil, mit allen darin vorgesehenen Entfernungen und Abständen, sind für den Panther abzulehnen. Abstand und Entfernung haben sich im Keil und Breitkeil auf mindestens das Doppelte zu erhöhen. Dabei ist eine erhöhte Rottenkameradschaft in der Gruppe anzustreben.

Es muß unter allen Umständen vermieden werden, dem Feind Gelegenheit zu geben, den Panther auf kürzere Entfernung unter Feuer zu nehmen. Dazu ist eine weit vorgetriebene Gefechtsaufklärung notwendig. Es hat sich als zweckmäßig erwiesen, in einem Abstand von 1000–1200 m einen Zug Pz.Kpfw. Panther vorauszuschicken, der das Feindfeuer frühzeitig herauszulocken hat, um so der Masse der Kanonen die Gelegenheit zu geben, das Feuer auf Distanz zu eröffnen.

Der Flankenschutz ist gerade bei dem seitenempfindlichen Panzerkampfwagen Panther sicherzustellen. In jedem Falle muß der Verbandsführer eine Reserve an Kampfwagen nachführen, mit der er augenblicklich jede Flankenbedrohung ausschalten kann. Herausziehen von vorn eingesetzten Teilen kommt grundsätzlich verspätet. Die Kampfreserve ist im allgemeinen in einem Abstand von 1000 m nachzuführen. Sehr zweckmäßig erwies sich dabei im Regimentsverband, daß die vorhandenen Panzerkampfwagen IV den Flankenschutz übernahmen, während die Panzerkampfwagen Panther mit unverminderter Schnelligkeit nach vorn fuhren und den Feind als Stoßkeil bedrängten. Zusammengefaßter Einsatz, der der Abteilung im allgemeinen möglich war, führte beim Feind in den Kämpfen ostwärts A. anscheinend zu schweren moralischen Erschütterungen. Es wurde mehrfach ein Feuerschlag auf Ortschaften exerziert, der dazu führte, daß der Russe fluchtartig seine schweren Waffen verließ, und es kam vor, daß Panzerbesatzungen vom T 34 ausbooteten, ohne daß ihr Wagen getroffen war. Bei derartigen Feuerschlägen sind Spreng- und Kopfgranaten gemischt zu verschießen. Die Zahl der zu verschießenden Munition pro Kanone ist vom taktischen Führer mittels Funk zu befehlen. Nach Vernehmung von Gefangenen ist der Russe durch die hohe Rasanz der 7,5 cm-Kwk L/70 äußerst beeindruckt und vermeidet, mit dem Panzerkampfwagen Panther in ein offenes Gefecht zu treten, wenn er mit seinen Panzern nicht in der Überzahl ist.

Trotz der verbesserten Motorenleistung (die Abteilung hat pro Panzer einen Durchschnitt von 700 km, bei nur 11 ausgewechselten Motoren, erreicht) ist eine Verladung der Panzer bei Märschen über 100 km grundsätzlich anzustreben, da insbesondere im Winter das Laufwerk ungemein leidet.

Stellungnahme:

Der Generalinspekteur der Panzertruppen stimmt dem Bericht der Abteilung in jeder Hinsicht zu.

In ihm werden eine Anzahl von Grundsätzen aufgestellt, die für den Erfolg des Einsatzes von Panther-Verbänden schlechthin entscheidend sind. Insbesondere werden hervorgehoben:

1. Breite Angriffsformen.

Gemeint sind in dem Bericht Zwischenräume, die zu verdoppeln sind.

2. Panther halten sich den Gegner vom Leibe, da ihre Stärke im Schuß auf großen Entfernungen liegt (bis 2500 m und darüber). Daher rechtzeitiges Vortreiben von Gefechtsaufklärung. Die Gefechtsaufklärung kommt bei Panzerverbänden oft noch zu kurz. Sie kann jedoch entscheidend sein. Dies gilt für alle Panzer.

3. Sicherstellung des Flankenschutzes für die Panther durch Panzer IV, Panzergrenadiere, Selbstfahrlafetten.

4. Die Abteilung wurde endlich einmal entgegen der oft angewandten bisherigen Praxis geschlossen eingesetzt. In dieser Einsatzart liegt die Ursache der besonderen Erfolge. Sie allein verspricht schnelle und entscheidende Wirkung.

5. Zusammengefaßtes Feuer auf wichtige Ziele. Dieser Grundsatz ist auch in der neuen Schießvorschrift Ziff. 189/192 verankert; er ist bisher praktisch wenig angewandt, verspricht jedoch Erfolge großen Ausmaßes.

6. Bei der zur Zeit noch kurzen Lebensdauer des Panzermotors ist jede Gelegenheit zum Bahntransport auszunutzen.

Anlage 9

Kraftfahrversuchsstelle
des
Heereswaffenamtes Prüfwesen
Aktz.: 76 a/m 14/43/L

Kummersdorf-Schießplatz,
den 13. 7. 1943
J 77 – 127

Betr.: **Vergleich der Einradien- und Zweiradienlenkung (Panther–Tiger)**

a) Die im Panther verwendete Einradienlenkung ist im Vergleich zur Zweiradienlenkung des Tiger als eine mit wesentlichen Nachteilen behaftete Kompromißlösung anzusprechen. Der Festradius der Serienausführung ist für sehr viele Fälle zu klein, manchmal zu groß.

Da der durch Auskuppeln (Lösen der Stützbremse) sich einstellende Wenderadius sehr oft nicht ausreicht, um die notwendige Lenkbewegung zu erzielen, muß entweder mit schleifender Kupplung des Festradius oder unter Überspringen dieser Stufe mit schleifender Kettenbremse gefahren werden. Für schleifende Belastung ist aber die Kupplung nicht ausgelegt, so daß der Verschleiß unerträglich groß wird. Bei der Absicht, diese Stufe zu überspringen, um die Kettenbremse zu benutzen, kommt es aber vor, daß die Stufe anspricht und das Fahrzeug eine unerwartete, harte, wenn auch kurze Wendebewegung macht, die bei mittlerer Geschwindigkeit (30–35 km/h) auf trockener Fahrbahn unangenehm ist, bei Glätte aber verhängnisvoll werden kann, da die trockene Kupplung hart faßt.

Demgegenüber greifen die Kupplungen der Zweiradienlenkung sehr weich an. Die gewählten Abstufungen für die beiden Festradien bringen mit dem weichen Fassen der Kupplungen eine sehr gute Anpassungsfähigkeit an die Gegebenheiten der Fahrbahn und damit eine sehr weiche, zügige Fahrweise, praktisch schon eine weitergehende Annäherung an eine stufenlose Lenkung.

b) Die konstruktive Durchbildung der Einradienlenkung hat noch folgende Mängel:

1. Die Montage und Einstellung ist außerordentlich schwierig und wird der Truppe sicher noch viel Sorge bereiten.

2. Die in der Endstellung der Lenkhebel vorgesehene Raste für den Festradius ist nicht genügend fühlbar. Notwendig ist ein fester Anschlag mit einer in jeder Stellung des Lenkhebels lösbaren Sperre, um jederzeit ohne Zeitverlust über die Radienstufe zur Kettenbremse übergehen zu können. In der Absicht, den Radius einzuschalten, kommt es häufiger vor, daß die Stellung für die Einschaltung der Kupplung für den Festradius übersprungen wird. Geht man mit dem Lenkhebel wieder in die Ausgangsstellung zurück, dann ist der Zeitverlust so groß, daß die beabsichtigte Kurve nicht mehr gefahren werden kann. Das Fahrzeug muß angehalten werden.

3. Das zum weichen Lenken notwendige Schleifenlassen der Kupplung ist nicht möglich, da die Kupplung für eine solche Beanspruchung nicht berechnet ist.

4. Sicheres Ansprechen der Lenkung ist nicht unter allen Umständen gewährleistet, da die Leistung der Ölpumpen offenbar zu drehzahlabhängig ist, so daß bei langsam laufendem Motor der Öldruck nicht ausreicht. In kritischen Lagen, wenn z. B. unerwartet der Fahrer erkennt, daß er die Kurve nicht nehmen kann, nimmt er instinktiv das Gas weg und kuppelt aus. Er kann dann wegen des unzureichenden Öldrucks aber noch weniger gut lenken. Deshalb muß gefordert werden, daß die Ölpumpen über den ganzen praktisch vorkommenden Drehzahlbereich zum Lenken ausreichenden Öldruck liefern.

5. Die Lenkhebel sind sehr unbequem angeordnet. Ihre Stellung gestattet im angezogenen Zustand nicht, die notwendige größte Kraft aufzubringen. Mit zunehmendem Anzug der Lenkhebel nimmt der mögliche Kraftaufwand ab statt zu.

6. Das Einradienlenkgetriebe erfordert entsprechend dem auftretenden Verschleiß an der Stützbremse, Kupplung und Kettenbremse eine Nachstellung, die sehr sorgfältig durchgeführt werden muß und die für das durchschnittliche Fahrpersonal unmöglich und für die Großzahl der Panzerwarte sehr schwierig ist.

7. Nach früheren Angaben ist die Herstellung teurer als die des Zweiradien-Lenkgetriebes.

Demgegenüber hat das im Tiger verwendete Zweiradien-Lenkgetriebe außer den genannten sehr guten Lenkeigenschaften folgende Vorteile:

1. Eine einmalige verhältnismäßig einfache Montage außerhalb des Fahrzeuges ohne Einstellarbeiten im Fahrzeug. Dadurch kurze Ein- und Ausbauzeiten.

2. Keine Nachstellung im Fahrzeug, also geringste Wartung.

3. Sehr günstige Raumausnutzung und Platzverhältnisse.

gez. Esser

Anlage 10

Einsatz von Panzer-Attrappen*

Die Aufstellung von Panzer-Attrappen ist ein Mittel, um den Gegner über die eigene Stärke und Absicht zu täuschen und ihn zu falschen Maßnahmen zu veranlassen. Die Täuschungsabsicht kann sein:

– Vortäuschen eigener Panzerschwerpunkte, um feindliche Kräfte zu binden.

– Täuschung über die Auflockerung eigener Panzerschwerpunkte.

– Vortäuschen operativer Maßnahmen durch Bahntransport von Zügen mit Attrappen.

– In der Verteidigung zum Vortäuschen von Gegenstößen.

– Abziehen feindlicher Flugzeuge und des Artillerie-Feuers von den echten Zielen.

– Täuschung der feindlichen Luft- und Erdaufklärung.

Beim Einsatz von Attrappen sollten grundsätzlich Gepflogenheiten der normalen Panzertaktik berücksichtigt werden, um ihren Einsatz wirklichkeitsnah erscheinen zu lassen. Dies ging soweit, daß Fässer mit Altöl bei feindlichem Beschuß als Treffer Wirkung simulierten, während die akustische Darstellung von Panzergeräuschen durch entsprechende Schallplatten und Lautsprecher dargeboten wurde.

Für die zum Serienbau einer geeigneten beweglichen Panzerkampfwagen-Attrappe Panther wurden benötigt:

– 3 Tischler, 3 Helfer. Bauzeit: 40 Stunden, Arbeitsstunden 6 x 40 = 240 Stunden.

Das Gerüst der Attrappe wurde aus rohen, besäumten Brettern in Nagel-Binderkonstruktion erstellt. Für die Herstellung einer Panther-Attrappe wurden 2 m³ Nadelschnittholz benötigt. Die Grundfarbe der Attrappe war hellgelb. Die Laufrollen wurden durch schwarze Farbstreifen angedeutet.

* Panzerattrappen waren für den Panzer IV, den Panther und das Sturmgeschütz vorgesehen.

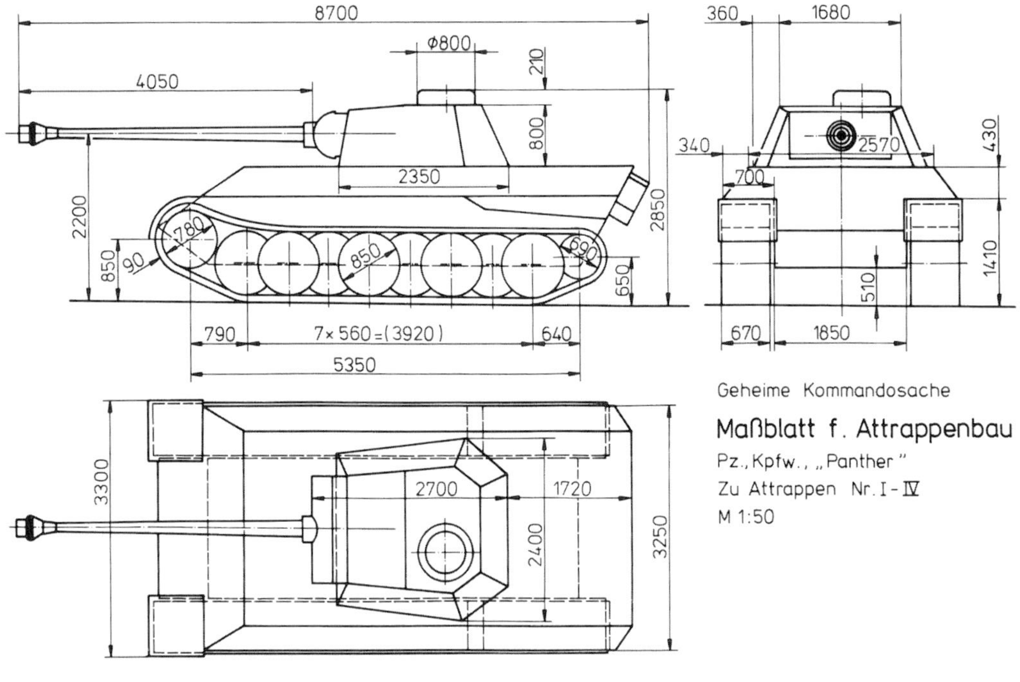

Geheime Kommandosache

Maßblatt f. Attrappenbau

Pz., Kpfw., „Panther"

Zu Attrappen Nr. I - IV

M 1:50

Anlage 11

Angabe der Panzerdicken und Neigungen

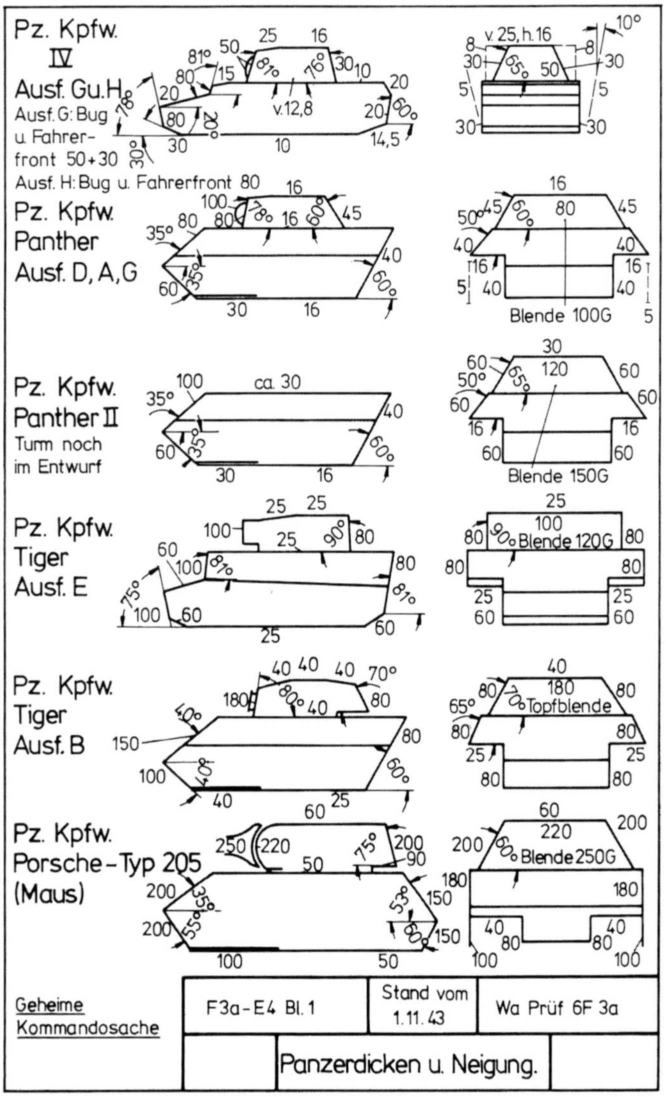

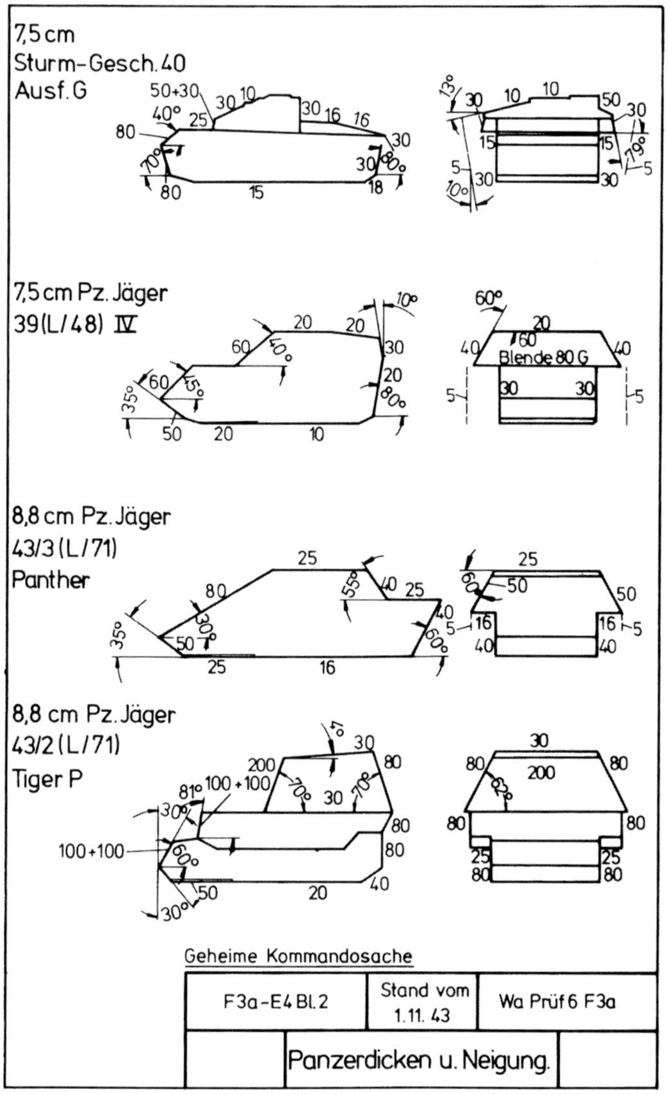

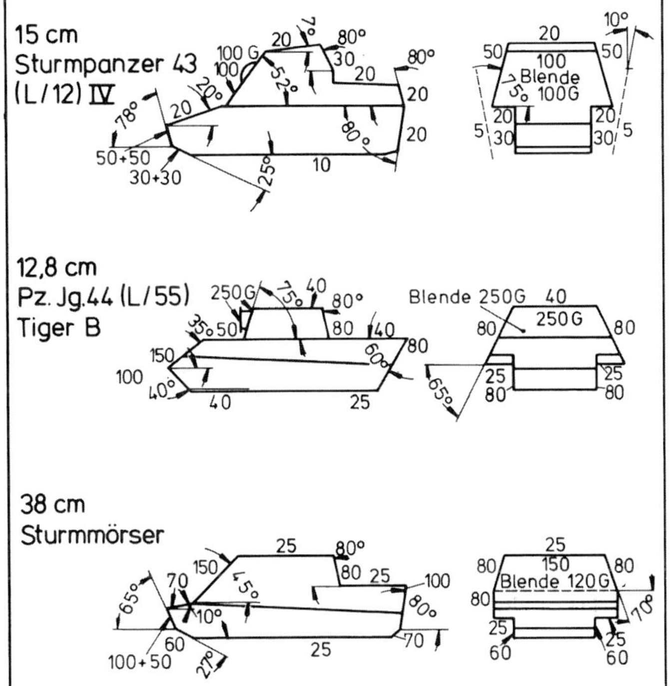

Geheime Kommandosache

F3a-E4 Bl. 3	Stand vom 1.11.43	Wa Prüf 6F 3a
	Panzerdicken u. Neigung.	

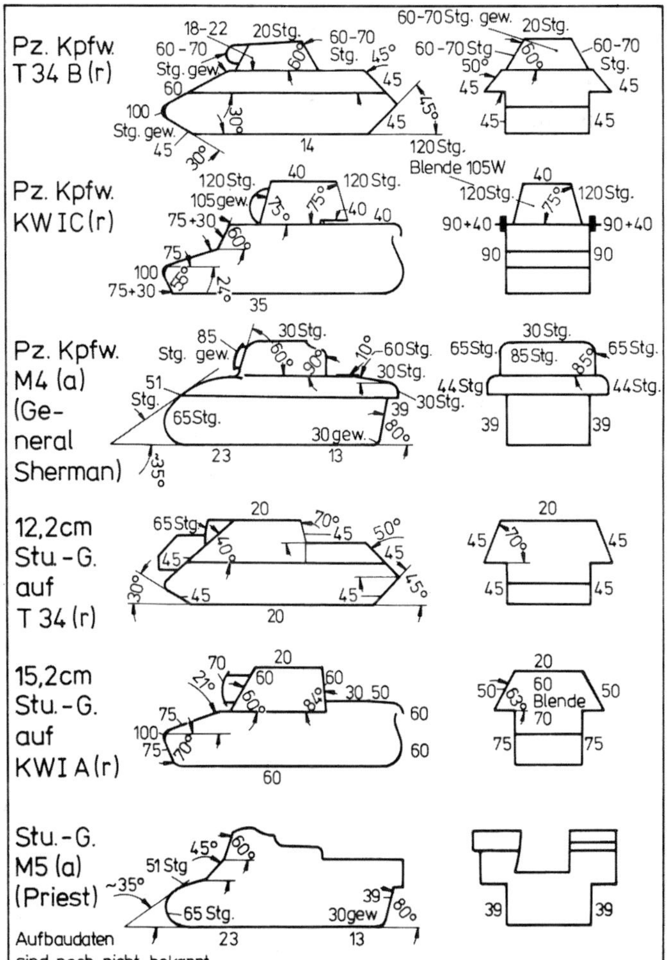

Aufbaudaten sind noch nicht bekannt.

Geheime Kommandosache

F3a-E4 Bl. 4	Stand vom 1.11.43	Wa Prüf 6F 3a
	Panzerdicken u. Neigung.	

Erst bei 90 mm Beschuß wurde das Frontblech des Panther durchschlagen.

Links: Beschußschäden am Panther bei Beschuß-Versuchen in Aberdeen Proving Ground USA.

Die Treffer sind an der linken Turmwand zu erkennen. Durch die Hitzeentwicklung beim Auftreffen der Geschosse brannte innen im Fahrzeug der Lack ab.

Anlage 11a

Folgen von Panzerbeschuß

Unzureichende Materialgüte verursachte ein Brechen der Turmseitenwand, ohne daß die Panzerung durchschlagen wurde.

Anlage 12

Panther-Produktionszahlen

Monat/Jahr		Maschinenfabrik Augsburg-Nürnberg	Daimler-Benz	Maschinenfabrik Niedersachs.-Hannover	Henschel	Abnahme WaA
Januar	1943	4	–	–	–	–
Februar	1943	11	6	1	–	–
März	1943	25	14	19	10	–
April	1943	–	19	39	26	–
Mai	1943	68	60	41	25	324
Juni	1943	31	40	36	25	160
Juli	1943	58	65	48	19	202
August	1943	38	26	39	15	120
September	1943	53	70	45	10	197
Oktober	1943	104	90	50	–*)	257
November	1943	76	71	75	–	209
Dezember	1943	114	82	60	–	299
		582	543	453	130	1768
Januar	1944	105	90	75	–	279
Februar	1944	106	70	90	–	256
März	1944	96	85	90	–	270
April	1944	105	105	100	–	311
Mai	1944	125	110	111	–	345
Juni	1944	130	120	120	–	370
Juli	1944	135	125	119	–	380
August	1944	155	70	131	–	350
September	1944	140	80	120	–	335
Oktober	1944	78	100	96	–	278
November	1944	103	115	100	–	318
Dezember	1944	100	105	80	–	285
		1378	1175	1232	–	3777
						126
Januar	1945	20	109	80	–	211
Februar	1945	22	41	65	–	126
März	1945	8	32	26	–	102
April	1945	20	29	–	–	–
		70	211	171	–	439
Insgesamt		2030	1929	1856	130	5984

*) Im Zeitraum September 1943 bis Januar 1944 wurden von einem zusätzlichen Hersteller (Demag?) insgesamt 50 Panzerkampfwagen Panther hergestellt. Gesamtzahl der somit hergestellten Panzerkampfwagen Panther 6042.

Anlage 13

Zusammenstellung der Bekämpfung der wichtigsten Feindpanzer durch den deutschen Pz.Kpfw. »Panther«

(Stand 30. 5. 1944)

Der Panther kann nachstehend aufgeführte Feindpanzer erfolgreich bekämpfen:	Folgende Feindpanzer können dem Panther auf folgende Entfernung gefährlich werden:
Sowj.-russ. Pz.Kpfw. T 34 Front ab 800 m Seite ab 2800 m Heck ab 2800 m	**Sowj.-russ. Pz.Kpfw. T 34 mit 7,62 cm KwK L/41,5** Front ab 500 m Seite ab 1500 m Heck ab 1500 m **Sowj.-russ. Pz.Kpfw. T 34 mit 7,62 cm KwK L/30,5** Front ab 400 m Seite ab 1200 m Heck ab 1200 m
Sowj.-russ. Pz.Kpfw. KW I C Front ab 600 m Seite ab 2000 m Heck ab 2000 m	**Sowj.-russ. Pz.Kpfw. KW I C mit 7,62 cm KwK L/41,5** Front ab 500 m Seite ab 1500 m Heck ab 1500 m **Sowj.-russ. Pz.Kpfw. KW I C mit 7,62 cm KwK L/30,5** Front ab 400 m Seite ab 1200 m Heck ab 1200 m
Engl. Inf. Pz.Kpfw. Mark IV Churchill III Front ab 2000 m Seite ab 2000 m Heck ab 2000 m	**Engl. Inf. Pz.Kpfw. Mark IV Churchill III mit 5,7 cm KwK L/45** Front wird nicht durchschlagen Seite ab 500 m Heck ab 500 m
Amerik. Pz.Kpfw. »General Sherman« Front ab 1000 m Seite ab 2800 m Heck ab 2800 m	**Amerik. Pz.Kpfw. »General Sherman« mit 7,5 cm L/40** Front ab 500 m Seite ab 1500 m Heck ab 1500 m
Sowj.-russ. Pz.Kpfw. »Josef Stalin« mit 12,2 cm KwK Front ab 600 m Seite ab 2000 m Heck ab 2000 m	**Sowj.-russ. Pz.Kpfw. »Josef Stalin« 122** Angaben über Durchschlagsleistungen können noch nicht gemacht werden, da die Leistungen der KwK noch nicht vorliegen.

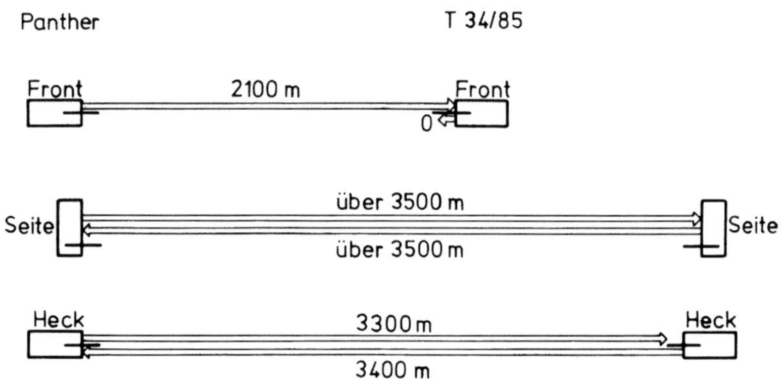

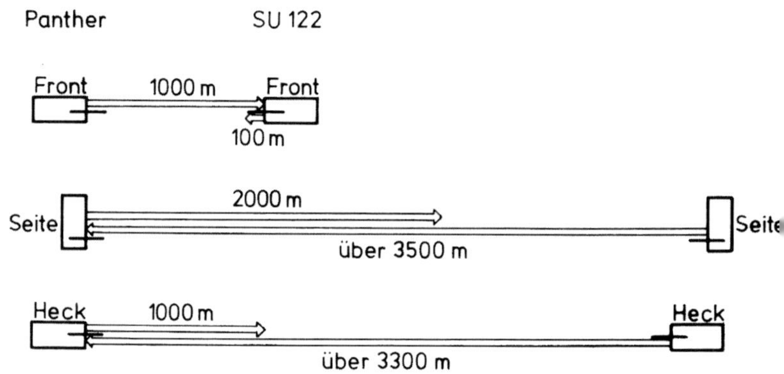

Anlage 14

Durchschlagsleistung der Panther-Kanonen

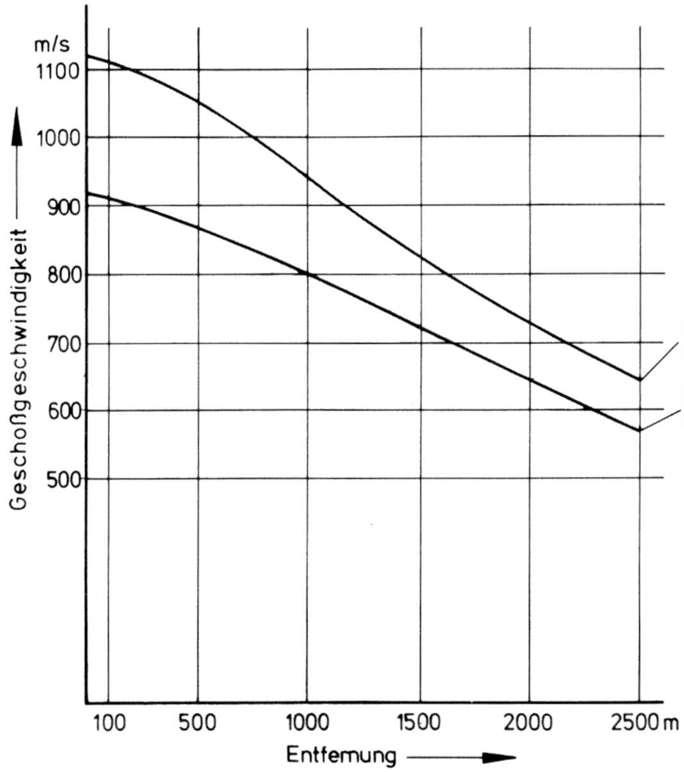

Panther-Kanone 7,5 cm
Geschoßgeschwindigkeit in Abhängigkeit von der Entfernung

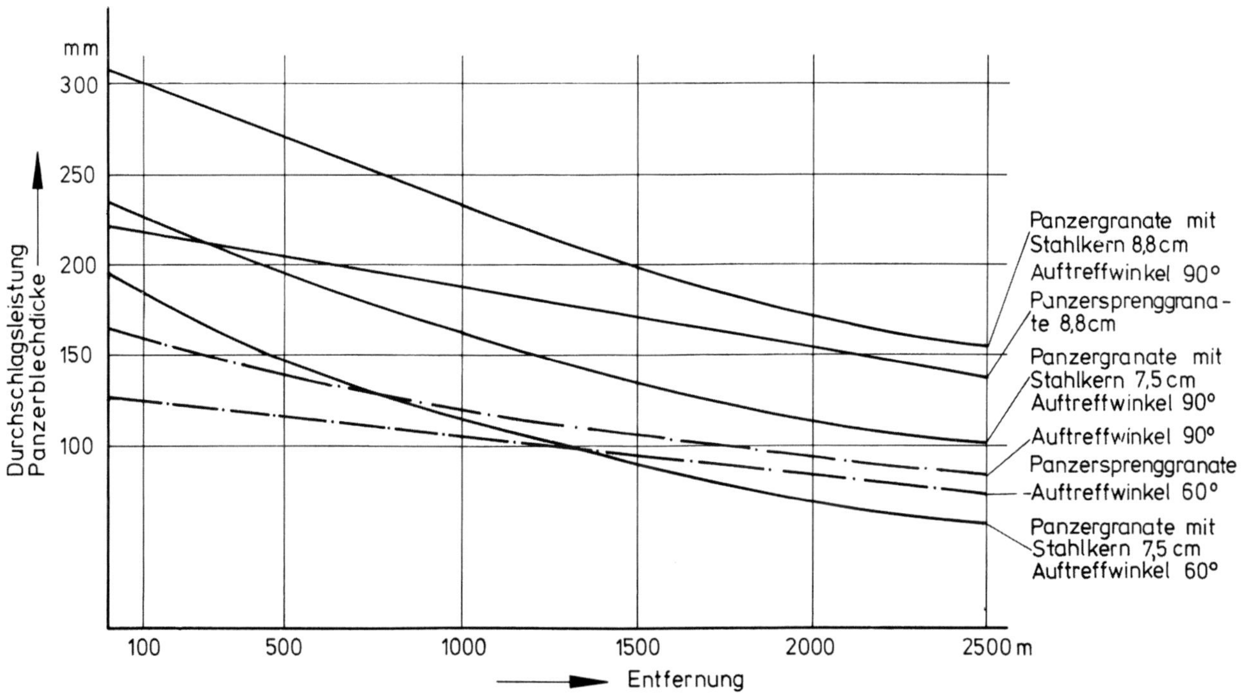

Durchschlagsleistung der im Panther und Jagdpanther eingebauten 7,5 cm KwK 42 bzw. 8,8 cm Pak 43/2 bei 90° und 60° Auftreffwinkel (Blechfestigkeit 95 - 105 kp/mm^2 ≙ 950 - 1050 N/mm^2)

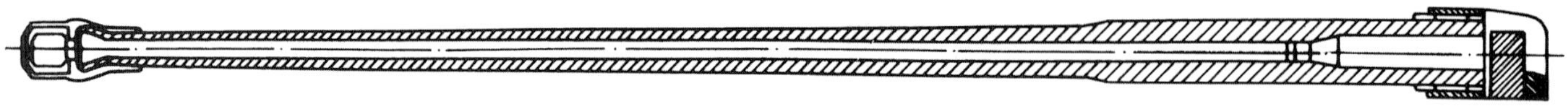

Rohr 7,5 cm Kampfwagenkanone 42

Anlage 15

Kraftfahrzeugausrüstung **Panzerwerkstattzug** Panther

Krad 350 ccm	1
Funk-Kraftfahrzeug 15	1
geländegängige Lastkraftwagen 4,5 t für Ersatzteile	12
Sammler- bzw. Nachrichtenwerkstatt-Kraftfahrzeug (Kfz. 42)	2
Lastkraftwagen 4,5 t für Troß	2
schwerer Zugkraftwagen 18 t (SdKfz 9)	5
schwerer Zugkraftwagen (Drehkran 6 t Tragkraft) (SdKfz 9/1)	1
leichte geländegängige Personenkraftwagen	6
geländegängige Lastkraftwagen 4,5 t (mittlerer Kraftfahrzeug-Instandsetzungszug)	4
geländegängige Lastkraftwagen 3 t für Waffenmeister	2
Lastkraftwagen 3 t für Troß	2
mittlerer Kraftomnibus	1
Drehkran-Kraftwagen (Hebekraft 3 t)	1
schwerer Zugkraftwagen (Drehkran 10 t Tragkraft) (SdKfz 9/2)	1
Anhänger	
für Nachrichtenwerkstatt	1
Schweißmaschinensatz	1
Portalkran 16 t	1
schwerer Maschinensatz A	1
Sammlerladegerät D	1
für Zelt	1

Kraftfahrzeugausrüstung **I-Staffel** Panther

leichter Personenkraftwagen	1
Maultier (SdKfz 3) mit Ausstattung für I-Trupp	1
geländegängige Lastkraftwagen 3 t, offen für Ersatzteile	1
geländegängige Lastkraftwagen 3 t für Waffen und Nachrichtenwart	1
geländegängige Lastkraftwagen 4,5 t für Betriebsstoff	1
leichter Zugkraftwagen 1 t (SdKfz 10)	1
Drehkran-Kraftwagen (Tragkraft 3 t)	1
leichte geländegängige Personenkraftwagen	4
geländegängige Lastkraftwagen 3 t	2
geländegängige Lastkraftwagen 4,5 t, offen für Ersatzteile	3
geländegängige Lastkraftwagen 4,5 t für Troß	1
schwere Zugkraftwagen 18 t (SdKfz 9)	3
schwerer Zugkraftwagen (Drehkran 6 t Tragkraft) (SdKfz 9/1)	1
Anhänger	
schwerer Maschinensatz A (15 KVA 220/380 V)	1
Sammlerladegerät	1

Kraftfahrzeugausrüstung **I-Gruppe Panzerkompanie** Panther

leichter geländegängiger Personenkraftwagen	3
geländegängiger Lastkraftwagen 3 t, offen mit Ausstattung für I-Gruppe	1
leichter Zugkraftwagen 1 t (SdKfz 10)	2
geländegängiger Lastkraftwagen 2 t, offen mit Ausstattung für I-Trupp	1
geländegängiger Lastkraftwagen 4,5 t, offen für Ersatzteile	1

Jede Panzerabteilung, ausgestattet mit Panzerkampfwagen Panther, verfügte über einen Panzerwerkstattzug (Panther). Bei der Versorgungskompanie der Abteilung befanden sich außerdem eine Instandsetzungs-Staffel, die ihrerseits Instandsetzungsgruppen an die einzelnen Panther-Kompanien abstellte.

Bei den Werkstatt-Einheiten war ein Strabo-Portalkran mit 16 t Tragkraft vorhanden, der zum Abheben der Drehtürme diente.

Drehkran-Kraftwagen mit 3 t Tragkraft auf Büssing-NAG 4,5 t Fahrgestell, Typ 4500 A.

Anlage 16

Gliederung einer Panther-Abteilung

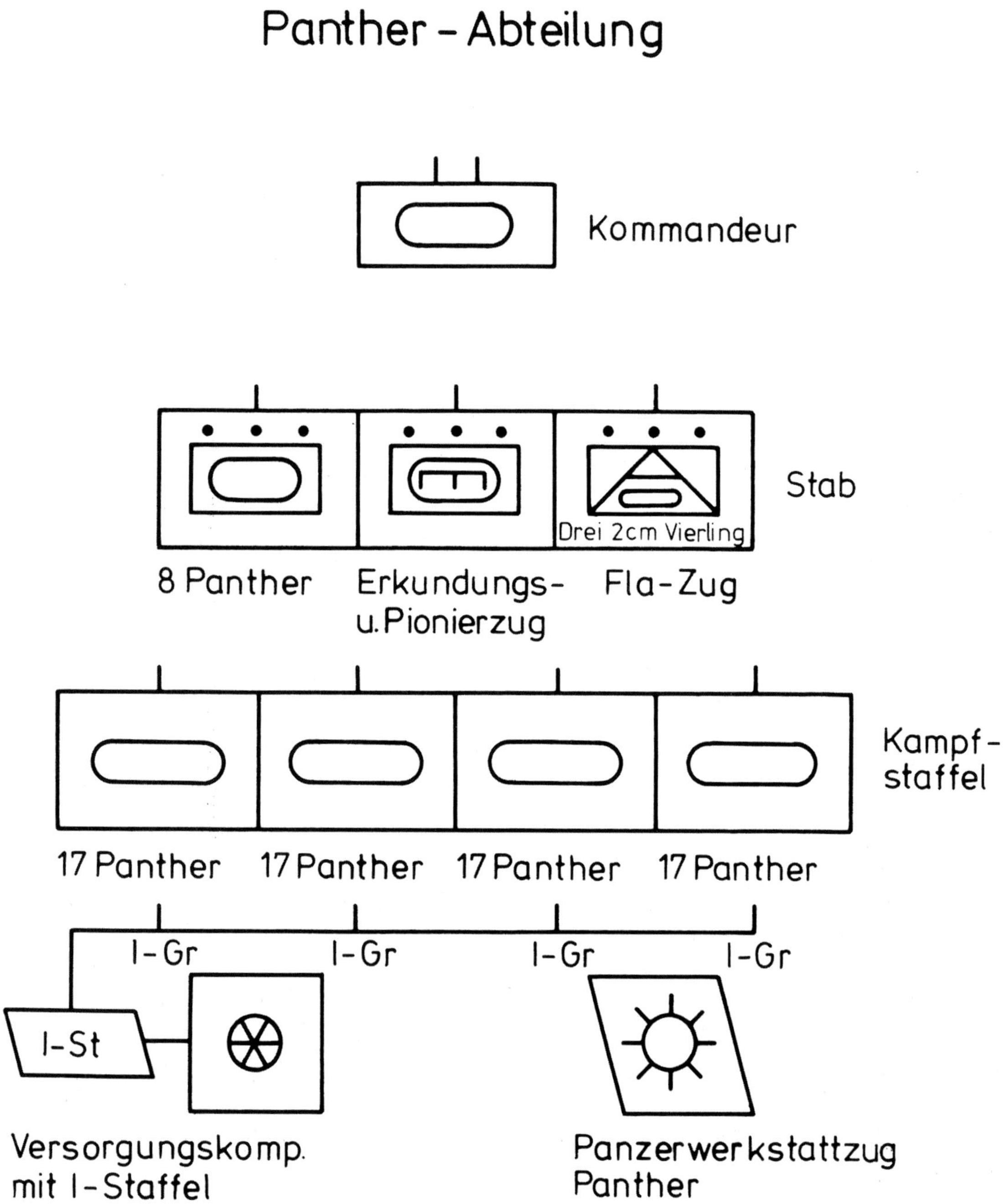

Anlage 17

Die letzte Sitzung der Panzerkommission wurde hier aufgenommen, weil sie noch die Vorstellungen, Pläne und Projekte wiedergibt, die damals die verantwortlichen Dienststellen bewegten.

Betreff: Sitzung der Entwicklungskommission Panzer am 23. 1. 1945 in Berlin W 8, Pariser Platz 3, großer Sitzungssaal.
Datum: 23. 1. 1945

Anwesend: Alle Herren der anliegenden Liste, mit Ausnahme von:

Reichsminister Speer	Dr. Rohland
Generaloberst Guderian	Prof. Dr. Porsche
Hauptdienstleiter Saur	Dr. Maybach
Dir. Dr. Blaicher	

1. Waffenträger

Ardelt und Krupp machen eine Gemeinschaftskonstruktion für diesen Waffenträger, bei dem Motor und Getriebe wie beim 38 D (AK 5 – 80) zur Verwendung kommen. Zwei Baumuster werden entwickelt.

2. a) Rücklauflose Kanone 7,5 cm L/48

Mit der 7,5 cm Kanone sind Beschußversuche durchgeführt worden und die grundsätzliche Eignung der in die Stirnwand eines Sturmgeschützes eingebauten Kanone ohne Rohrrücklauf festgestellt worden. Die Auswirkung des harten Rückschlages auf den Fahrer muß noch beobachtet werden. 5 Muster stehen fertig.

b) Bewaffnung Panther mit 8,8 cm L/71 (6,20 m)

Diese Untersuchung führt Daimler-Benz durch.

c) Neue Bewaffnung für Panzerfahrzeuge

Eine neue Panzerwurfkanone, die ein Raketengeschoß bis auf 2000 m Weite an den Gegner anbringen kann, wurde diskutiert. Oberst Geist, Schaede und Holzhäuer haben an dieser Aussprache mit besonderem Interesse teilgenommen.

3. Flammpanzer

Mit pumpenbeschicktem Strahlrohr waren bisher Reichweiten von höchstens 60 bis 70 m möglich. Eine neue Art mit hochkomprimiertem Stickstoff in mitgeführten Kesselbehältern erlaubt eine Wurfweite von 120 bis 140 m. Da die Behälter bei einer Sekunde Strahlwirkung nur 10 bis 12 Flammenschüsse zulassen, wurde die Anbringung auf einem größeren Panzerkampfwagen als zu aufwendig angesehen.

4. Bericht zur Lage

General Thomale schilderte die Lage auf dem Panzergebiet. Wir haben im Osten große Mengen von Ersatzteilen verloren und auch schwere Panzerfahrzeuge sind in Verlust geraten.

Er fordert deshalb:

1. Erhaltungsanstrengungen, Ersatzteillieferungen und Bergemittel.
2. Im Rahmen der zugewiesenen Rohstoffmengen möglichst viele Einheiten herzustellen.

Er begrüßt deshalb die Anstrengungen auf dem Gebiet des Sturmgeschützbaues 38 D. Aus dieser Materialenge heraus ist im Augenblick das Panzerfahrzeug zum Panzerabwehrfahrzeug geworden. Dieses aber ist keinesfalls auf eine überschwere Kanone und große Panzerdicken angewiesen. Er schildert, wie eine Unzahl von Gedanken und Vorschlägen seit zwei Jahren sich mit dem sogenannten Panzerkleinzerstörer, dem U-Boot des Festlandes, beschäftigen. Zur Sitzung waren bereits Vertreter der Luftwaffe anwesend, die solche Fahrzeuge in ihre Fallschirmjägerformationen einfügen möchten.

Oberst Holzhäuer schilderte, daß er seit Frühjahr 1942 ca. 20 Entwürfe durchgearbeitet hat, unter welchen das Bauvorhaben BMW (Rutscher) und Weserhütte bekannt geworden sind. Da inzwischen nichts weiter ge-

schehen ist, soll Büssing beauftragt werden, unter Verwendung des Tatra-4-Zylinder-Motors ein Zweimann-Fahrzeug von 3 t Eigengewicht mit 90 PS Motor zu bauen.
Eine Kompromiß-Lösung, die vorhandene Aggregate verwenden soll, soll Humboldt-Deutz in Vorschlag gebracht haben. Dieses Fahrzeug wiegt etwa 5 t, ist also für die Luftlandung nicht mehr tragbar. 5 solcher Fahrzeuge werden zunächst schnell fertig gemacht.

5. Panzerjäger 38 D
Herr Michaels von Alkett berichtete über diese Fahrzeugplanung. Die Vergrößerung des Drehmoments von 42 auf 78 mkg unter Verwendung des Tatra-Dieselmotors läßt eine große Beweglichkeit des Fahrzeuges erwarten. Der einfache Weg, den 38 t mit dem neuen Motor auszustatten, sei unmöglich gewesen. Die Konstruktion BMM des 38(t) lasse eine rationelle Serienfertigung durch die überaus große Verwendung von Handpassungsarbeit nicht zu. Die Unterbringung des luftgekühlten Dieselmotors brachte eine Reihe neuer Anordnungsfragen. Das bisherige Gewicht sei von 14,5 auf 16,7 t Gefechtsgewicht gestiegen, wobei 62 Schuß Munition (1000 kg) eingerechnet sind. Das Schaltgetriebe habe durch Verdoppelung des Drehmomentes gegenüber dem Wilson-Getriebe nur 15 % Mehrgewichtsaufwand gefordert. Der Kraftstoffverbrauch mit 76 l pro 100 km in leichtem Gelände ergibt bei 390 l Kraftstoffinhalt einen Fahrbereich von 510 km. Mit dem Tiger werden nur etwa 100 km erreicht. Er versicherte, daß die Konstruktion die beste Reihenpanzerfertigung zulasse. Die mit diesem Fahrzeug möglichen Variationen sind:

1. Kanone L/48 Jagdpanzer
2. Aufklärer
3. L/70 Jagdpanzer
4. Aufklärungs Pz mit 2 cm Geschütz und Schutzschild
5. Aufklärungs Pz mit Aufbau 7,5 cm Geschütz
6. Granatwerfer 12 cm
7. Kugelblitz

und zwei weitere Fahrzeuge, über die noch nichts näheres angegeben wurde.
Für dieses Fahrzeug ist von Alkett noch ein neues Laufwerk mit Kegelstumpffedern statt Stabfedern für ein Fahrzeuggewicht von 20 t entwickelt worden.

6. Sturmmörser auf Hummel oder Tiger
Es wird versucht, diesen Mörser nicht im Tiger sondern in leichtere Fahrzeuge einzubauen.

7. Entwicklungsfahrzeuge
Oberst Holzhäuer berichtete, daß die Typen E-10 und E-25 mit Heck-Elektrogetriebe, möglichst weiter betrieben werden sollten. E-10 ist inzwischen als Entwicklung gestrichen worden und durch 38 D überholt.
Oberst Holzhäuer befürwortet die Weiterentwicklung des Panzers E-25 mit einem 400 PS MM-Motor oder 350 PS luftgekühlten Argus-Motor.
Von Oberst Schaede wurde nach dem Stand der Versuche gefragt. Die Wannen liegen in Kattowitz und sollen nach Vorschlag Holzhäuer durch ein Sonderfahrzeug dort abgeholt werden. Herr von Heydekampf ist der Meinung, daß E-25 in der Gewichtsklasse zwischen 38 D und Panther in ferner Zukunft eine Lücke füllen könnte. Das Laufwerk ist eine Scheibenfederkonstruktion.

8. Motoren für Panzerkampfwagen
Herr von Heydekampf bezeichnet als Ziel erst mehr PS und Drehmoment, dann Dieselverfahren und Luftkühlung, wobei natürlich die Sorge, die 75 t des Königtiger zu bewegen, für ihn an erster Stelle steht. Wenn berücksichtigt wird, daß der MM-Motor mit seiner Drosseldrehzahl von 2600 1/min noch knapp 540 PS leistet, so sind tatsächlich dort nur 7,3 PS/t vorhanden. Herr von Heydekampf erwartet vom Motor MM-HL 234 mit Einspritzung statt Vergaser die rascheste Lösung. General Thomale bittet eindringlich, nicht so schnell wie bei HL 230 in die Serie zu gehen. Der Motor müßte 100%ig ausgereift sein, wenn er zur Truppe komme.
Oberst Holzhäuer schildert den Stand der Arbeiten an den neuen Dieselmotoren. Der Führerbefehl, einen Dieselmotor mit Luftkühlung zu bauen, besteht heute noch. Der Motor von Simmering-Pauker-Porsche ist bereits gebremst und läuft seit einiger Zeit. Das Kühlluftgebläse, von Professor Kamm entwickelt, reicht noch nicht aus. Mit einem Jahr Abstand, also in etwa 3/4 Jahren, ist der 2-Takt-Deutz-Motor zu erwarten. Dieser hat noch Wasserkühlung, zeigt aber sonst bestechende Einfachheit. Dieser sollte von der Panzer-Kommission auf keinen Fall zurückgestellt werden. Ge-

genüber dem Simmering-Porsche 16 Zylinder-Motor zeigt er geringeres Gewicht und besonders leichte Zugänglichkeit zu allen arbeitenden Teilen. Es wurde angegeben, daß der Simmering-Motor 100 % Mehraufwand als der MM-Motor erfordert und nicht im Fahrzeug austauschbar gegen den MM-Motor sei. Der Motorraum des Königtiger ist im Gegensatz zu dem etwas vergrößerten Motorraum des Panther II und gegenüber dem Panther I so eng, daß die neuen Motore nicht einbaubar sind. Damit ist nur der Einbau der MM-HL 234 möglich, während für die neuen Motore ganz neue Wannen hergestellt werden müssen.

Herr von Heydekampf faßt zusammen und spricht sich für die sofortige Einführung des MM-HL 234 aus. Dieser habe eine höhere Leistung, statt 700– 900 PS, mehr Md und einen spezifisch günstigen Verbrauch von 220 g/PS/Std. Der Teillastverbrauch sei ebenfalls geringer. Herr Ochel bittet um frühzeitigen Entscheid, damit mit allen Mitteln die Einrichtung betrieben werden kann. Maybach habe sich zur Verstärkung der Pleuelstangen und Verbesserung der Zylinderkopf-Dichtung endlich bewegen lassen. Herr von Heydekampf will den Startschuß etwa in 4 Wochen geben. Herr Ochel berichtet, daß bei Steyr unter Führung von Direktor Meindl die Betriebsmittel für den Simmering-Porsche-Motor hergestellt werden und daß dort eine Anlaufserie mit 2000 Stück bereits begonnen habe. Nach seinem Wunsch hätte Steyr den 8-Zylinder-Tatra-Dieselmotor für 38 t einrichten sollen. Steyr hat es aber abgelehnt, da keine Möglichkeit vorhanden ist, zwei Motorenfertigungen einzurichten. Der Serienanlauf des Simmering-Motors wird im Juni/Juli 1945 erwartet. Ochel weist darauf hin, daß der Motor noch keine Fahrerprobung habe und diese Inseriennahme ziemlich willkürlich erfolgt sei. Herr von Heydekampf will die Panzerkommission einschalten und nach Möglichkeit die Fertigung sofort abstoppen. In dieser Maßnahme wurde Heydekampf von Holzhäuer unterstützt. Die 8-Zylinder-Tatra-Motoren wollte Holzhäuer für 38 t, die 8 t Zugmaschine und den SWS, d. h. auch für diese Fahrzeuge müßte dann das Getriebe AK 5-80 zur Verwendung kommen.

Um der Entwicklung des Tatra-Dieselmotors zu begegnen, hat Maybach den HL 64 mit Kraftstoffeinspritzung mit etwa 270 PS statt 210 des Tatra-Motors in Vorschlag gebracht. Dabei hat Dr. Maybach an die Panzerkommission ein Schreiben gerichtet, in dem er seine Zweifel darin niederlegt, daß die Otto-Kraftstoffanlage so schwierig sei, daß man unbedingt Dieselmotoren verwenden müsse.

9. Seitenvorgelege

Von der Front liegen nunmehr von sämtlichen Fahrzeugtypen schwere Beanstandungen über Seitenvorgelegeschäden vor. Beim 38 t wurden rund 200 Schäden gemeldet. Vom Panzer IV lagen vor der Ostoffensive 1945 500 defekte Seitenvorgelege vor. Vom Panther 370 und vom Tiger etwa 100. General Thomale erklärte, daß unter diesen Umständen ein geordneter Einsatz der Panzerkampfwagen einfach unmöglich sei. Die Truppe verliere das Vertrauen und gebe unter Umständen das ganze Fahrzeug preis, nur wegen dieser Schwierigkeit. Er bittet, für die Seitenvorgelege den Aufwand zu erhöhen, weil nur dadurch endlich Ruhe eintreten wird. Nachdem die schweren Beanstandungen beim Motor vorlagen und die Seitenvorgelegeschäden nunmehr eine solche Rolle spielen, ist es erfreulich, daß die Schaltgetriebe allgemein ein gutes Ansehen haben. Direktor Wiebicke behauptet, daß das Heerestechnische Büro des Waffenamtes seinerzeit das Umlaufseitenvorgelege verworfen habe und das Stirnradvorgelege verlangt hat. Diese Feststellung führte zu einer Auseinandersetzung zwischen Oberst Holzhäuer und Oberbaurat Knönagel. Obering. Wiebicke schilderte, daß seit 1½ Jahren besprochen wurde, die Planetenseitenvorgelege einzuführen, aber bis zur Stunde sei noch nichts wesentliches getan worden. Während der ganzen Zeit habe man versucht, das jetzige Seitenvorgelege zu verbessern, aber diese Verbesserung sei nur von geringer Auswirkung gewesen. Man muß allerdings bedenken, daß MAN als verantwortliche Konstruktionsfirma nun nicht andere verantwortlich machen darf. MAN selbst hat alle Stellen in Anspruch genommen, die einen Ausweg aus dieser Seitenvorgelegeschwierigkeit in Aussicht stellen konnten.

10. Luftfilter für Panzerkampfwagen

Darüber ist nichts zu berichten.

11. Walztoleranzen

Eine Einengung der Liefertoleranz war mit den stahlliefernden Firmen nicht zu vereinbaren. Im Gegenteil wurde eine Vergröberung der Toleranz in Aussicht gestellt.

12. Motor und Schaltgetriebe

a) Neue Absperrventile und Dichtungen sind beim MM-Motor verwendet.

b) Oberst Holzhäuer berichtet über die Ausweichkraftstoffe fest, flüssig und gasförmig. Der bisher einzigrichtige Ausweichkraftstoff sei leider der Otto-Kraftstoff geblieben. Das Einfahren der Fahrzeuge mit Gasgeneratoren wird von ihm verworfen. Die Verpichungsgefahr und dadurch die dauernde Schädigung des Motors beim Einlaufvorgang sei groß. Eine Kleinserie von Gasgeneratoren sei gebaut, aber man habe sich zu ihrer Verwendung beim Einfahren nicht entschließen können. Es scheint so, daß die Firma MM für ihren Motor fürchtet und dadurch den Standpunkt der Ablehnung auch beim Amt durchgesetzt hat.

Man habe versucht, die Einfahrzeit mit Otto-Kraftstoff herabzusetzen, aber die untere Grenze sei schon unterschritten.

c)

Oberst von Wilcke legt der Kommission die Frage vor, ob das Getriebe AK 5-80 für Panzer III und IV und AK 7-200 im Tiger II in der nächsten Zeit in die Planung des Ersatznachschubes hineingenommen werden müsse. Er wolle zwar die Diskussion Olvar-AK-Getriebe nicht wieder vor die Panzerkommission bringen, aber er müßte die Planungsfragen geklärt haben. Herr von Heydekampf erklärte, daß sich der Allklauentyp bewähre und daß von seiner Seite gegen die Einführung in die genannten Fahrzeuge nichts einzuwenden sei.

Herr von Heydekampf hielt aber den Einbau im Tiger für nicht erwünscht, weil die Veränderungen im Fahrzeug für den Einbau doch einen gewissen Umfang annehmen. Oberst Holzhäuer hielt es für notwendig, die seinerzeitige Äußerung von Herrn von Westerman beim Versuchseinbau des AK 7-200 im Tiger, daß es sich um eine „Notlösung" handle, zu zitieren. Außerdem seien 75 t gegen 48 t des Panthers ebenfalls zu bedenken. Ich habe dazu erklärt, daß wir zwei Getriebe AK 7-200 in Kummersdorf im Königstiger laufen haben und ihre Bewährung abgewartet werden könne.

Schlußwort:

Herr von Heydekampf beschließt die Sitzung mit dem Dank an die trotz den Verkehrsschwierigkeiten Erschienenen und dankte auch vor allem den nicht Erschienenen, weil dadurch die Diskussion sicher ohne Schaden verkürzt worden sei.

Über die militärische Lage wurde nicht gesprochen. Daß Reichsminister Speer, General Guderian und Hdl. Saur nicht erschienen sind, obwohl letzterer sein Erscheinen zugesagt hat, ist aber als gutes Zeichen anzusehen.

gez. Maier

Den 31. 1. 1945
TBE Mai/He.

Teilnehmerliste an der Sitzung der Entwicklungskommission Panzer (Der Reichsminister für Rüstung und Kriegsproduktion) am 23. 1. 1945, Berlin W8, Pariser Platz 3

Oberst Geist	Ministerium für Rüstung und Kriegsproduktion
Oberst Schaede	Ministerium für Rüstung und Kriegsproduktion
Generalmajor Thomale	Generalinspekteur der Panzertruppe
Generalltn. John	Heereswaffenamt (Amtsgruppe für Entwicklung und Prüfung)
Generalmajor Stammbach	Heereswaffenamt/Wa J Rü (Amtsgruppe für industrielle Rüstung und Beschaffung)
Generalltn. Beisswänger	Allgemeines Heeresamt/In 4 (Artillerie)
Oberst Proff	Allgemeines Heeresamt
Oberst v. Wilcke	Heereswaffenamt/WuG 6 (Panzerbeschaffung)
Oberst Holzhäuer	Heereswaffenamt/Prüf 6 (Entwicklung Motorisierung und Panzer)
SS-Gruppenf. Dr. Schwab	Waffenamt der Waffen SS
Min.-Rat Röver	Heereswaffenamt/Wa Chef Ing 4 (Fertigung)
Min.-Rat Dr. Leinweber	Heereswaffenamt/Heerestechnisches Büro
Ing. Krömer	Ministerium für Rüstung und Kriegsproduktion (Tiger und Panther)
Oberst Dr. Körbler	Allgemeines Heeresamt/In 6 (Inspektion der Panzertruppe)
Dr. Stieler v. Heydekampf	Henschel & Sohn, Kassel (Vorsitzender der Entwicklungskommission Panzer)
Dir. Dorn	Krupp, Essen
Dir. Wiebicke	MAN, Nürnberg
Dir. Wunderlich	Daimler-Benz, Berlin-Marienfelde
Dipl.-Ing. Michaels	Alkett, Berlin-Borsigwalde
Ob.Ing. Maier	ZF., Friedrichshafen a.B. (Getriebering)
Prof. Dr. Ing. Osenberg	Technische Hochschule Hannover/Fertigung
Prof. Dr. Benz	Amt für Bodenforschung/Materialien
Dir. Ochel	Orenstein & Koppel, Berlin (Motorenring)
Dir. Welge	Brandenburger Eisenwerke, Brandenburg (Panzerstahl)
Oberst Zierhold	Allgemeines Heeresamt/In 4 (Artillerie)
Oberst Wendscher	Allgemeines Heeresamt/In 4 (Artillerie)
Oberst Wöhlermann	Heereswaffenamt/Wa Prüf 4 (Waffenentwicklung)
Oberstltn. Otto	Heereswaffenamt/Wa Prüf 1 BuM H.-Versuchsstelle

Anlage 18

Otto- oder Dieselmotor im Panzerkampfwagen

Prof. Dr.-Ing. R. Eberan von Eberhorst, Institut für Kraftfahrwesen der Technischen Hochschule Dresden*

Durch die Entwicklung des Dieselmotors zum Schnellläufer ist dem Benzin- oder Ottomotor als Fahrzeugmotor ein ernsthafter Konkurrent erwachsen, der infolge seiner höheren Wirtschaftlichkeit trotz schwerer Bauweise besonders für schwere Lastfahrzeuge zunehmende Verbreitung gefunden hat. Seine Verwendung im Panzerkampfwagen ist jedoch noch umstritten.

Es sollen in knapper Form die Forderungen, die an einen Panzerkampfwagenmotor zu stellen sind, aufgezeigt werden und es soll untersucht werden, inwieweit nach dem Stand der Technik diese Forderungen von der einen oder anderen Motorbauart besser erfüllt werden. Auffallend ist die Tatsache, daß von den uns bekanntgewordenen 35 Panzerkampfwagentypen unserer Gegner, wie Bild 1 zeigt, nur 7 Typen mit Dieselmotor ausgerüstet sind, der Rest mit Fahrzeug-Ottomotoren oder Motoren in Sonderbauart. Der Diesel- und Ottomotor ist im Verhältnis 4 : 16 vertreten.

Der mittelschwere bis schwere Panzerkampfwagen erfordert zur Erreichung der notwendigen hohen Beweglichkeit im Gelände eine Antriebsleistung von 300–700 PS, also einen Hochleistungsmotor, der in seiner Leistung zwischen dem normalen Fahrzeugmotor und Flugmotor liegt. Die im Gelände in weiten Grenzen veränderlichen Fahrwiderstande von 2 bis 80 % des Fahrzeuggewichtes verlangen eine gute Regelfähigkeit der Leistung, insbesondere ein hohes Durchzugsvermögen bei niedriger Drehzahl, wofür der Ausdruck „Büffel-Charakteristik" geprägt wurde. Die Motor-Charakteristik soll den häufigen Gangwechsel entbehrlich machen. Der Motor soll eine große Drehzahlspanne haben. Die Kühlung muß auch unter extremen klimatischen Bedingungen ausreichen, und zwar unabhängig von der Fahrgeschwindigkeit. Den veränderlichen Außentemperaturen entsprechend, muß die Kühlung auf einfache Weise regelbar sein. Der Motor soll besonders wirtschaftlich sein, um dem Panzerwagen einen größtmöglichen Aktionsradius zu verleihen. Höchste Betriebssicherheit, Anspruchslosigkeit in Pflege und Wartung, gute Zugänglichkeit der zu wartenden oder auszuwechselnden Bauteile sind zu fordern. Die Lebensdauer aller dem Verschleiß ausgesetzten Teile soll mindestens 5000 km Fahrstrecke betragen. Die letzte und wichtigste Forderung schließlich ist die des geringstmöglichen Raumbedarfs der gesamten Antriebsmaschine, zu welcher Motorkühlanlage, Kraftstoffbehälter und Getriebe zu zählen sind.

Als Sonderentwicklung für Panzerkampfwagen ist unter den Motoren unserer Gegner nur der russische Dieselmotor W 2 anzusprechen. Ansonsten wurde auf vorhandene, bewährte Motorbaumuster, z. T. in Flugmotorenbauweise, zurückgegriffen. Einen richtungweisenden Aufschluß über die Frage „Otto- oder Dieselmotor" dürfen wir somit, angesichts des bei uns im Panzerkampfwagen verwendeten Ottomotors, auch von der Bauweise der gegnerischen Kampfwagenmotoren nicht erwarten. Es ist vielmehr notwendig, die Eigenarten beider Motorverfahren und Motorbauarten gegeneinander abzuwägen und möglichst viele bewährte Motoren miteinander zu vergleichen.

Auszugehen ist hierbei vom Wirkungsgrad η_v und vom Höchstdruck p_{max} der vollkommenen Maschine, der beim Dieselmotor die höhere Triebwerksbelastung verursacht. Der thermische Wirkungsgrad ist dafür beim Dieselmotor dank des höheren Verdichtungsverhältnisses und der höheren Luftzahl wesentlich höher als beim Ottomotor. Bei Begrenzung des Höchstdruckes sinkt zwar sein Wirkungsgrad, das Triebwerk kann dafür aber leichter gebaut werden.

Beispiel	**Otto**	**Diesel**
Verdichtung	$\varepsilon = 6$	$\varepsilon = 15$
Luftzahl	$\lambda = 1{,}0$	$\lambda = 2{,}0$
Höchstdruck	$p_{max} = 55$ at	$p_{max} = 110$ at
Triebwerksbeanspruchung	$\sigma = 100$ %	$\sigma = 200$ %
Wirkungsgrad	$\eta_v = 0{,}38$	$\eta_v = 0{,}59$
Innenleistung	$N_i = 100$ %	$N_i = 78$ %
Spezifischer Verbrauch	b = 100 %	b = 65 %

* Auszug aus einem Vortrag im Reichsministerium für Rüstung- und Kriegsproduktion, Berlin, 26. 4. 1944.

Nach der Wärmebilanz von zwei Flugmotoren werden im Dieselmotor 39 % der zugeführten Wärmemenge in Nutzleistung verwandelt, beim Ottomotor nur 25 %. Die durch Kühlung abzuführende Wärmemenge ist beim Ottomotor mehr als doppelt so groß als beim Dieselmotor, was für den Raum-, Leistungs- und Gewichtsaufwand der Kühlanlage von Bedeutung ist. Die im Abgas verlorene Energie ist bei gleicher Leistung beim Ottomotor um ca. 70 % größer.

Die Bedeutung des Motor-Drehmoments und der Leistung für die Fahreigenschaften des Panzerkampfwagens läßt sich im Zugkraftdiagramm (Bild 2) veranschaulichen. Ein mit abfallender Drehzahl ansteigendes Drehmoment („Büffel-Charakteristik") ergibt ein besseres Durchzugsvermögen als die flache Drehmoment-Charakteristik eines Hochleistungsmotors. Bei gleicher Höchstleistung ist beispielsweise ein Motor mit 33 % Drehmomentanstieg und 5-Gang-Getriebe einem Motor mit flachem Drehmomentverlauf und 9-Gang-Getriebe gleichwertig.

Die Vollast-Drehmomente einiger Fahrzeug-Otto- und Dieselmotoren (Bild 3) zeigen, daß der durch den Vergaser gedrosselte hochtourige Ottomotor eher die Anlage zur Büffel-Charakteristik hat. Seine maximale Drehmomentüberhöhung von 40 % (gegenüber 27 % beim Dieselmotor) ist keine zufällige (eine größere Drehmomentüberhöhung im Dieselmotor wäre jedoch durch eine Einspritzpumpe mit je Arbeitshub zunehmender Fördermenge bei sinkender Drehzahl möglich!).

Der wichtigste Vorteil des Dieselmotors ist sein geringerer Kraftstoffverbrauch. Es genügt bei einem Vergleich jedoch nicht, die niedrigsten Werte des spezifischen Verbrauches einander gegenüberzustellen. Es muß vielmehr über einen größeren Leistungsbereich (25–100 % N_{max}) bei der meist gefahrenen Drehzahl ($n = \frac{2}{3} N_{max}$) der Mittelwert gebildet werden (Bild 4).

Die mittleren Verbrauchswerte, welche dann auch den Entwicklungsaussichten beider Verfahren zu Grunde gelegt werden können, betragen unter Berücksichtigung des Kühlleistungsaufwandes

für den (besten) Ottomotor	$b_m = 257$ g/PSh
für den (besten) Dieselmotor	$b_m = 171$ g/PSh
(100 : 66,5)	

In Bild 5 sind die wichtigsten Konstruktions- und Betriebskennwerte von 126 ausgeführten Otto- und Dieselmotoren des In- und Auslandes für Kraftfahrzeuge (Kfz), Panzerkampfwagen (Pz) und Flugzeuge (Fl) dargestellt. Die schwarzen Balken versinnbildlichen die Werte für Dieselmotoren, die schraffierten für Ottomotoren, die schwächer schraffierten bzw. gekreuzten Balken die in der Motorgruppe jeweils ermittelten Bestwerte. Die Zahlen sind die laufende Nummer einer Übersichtstabelle der Motorkennwerte.

Die höheren **Mitteldrücke** der Flugmotoren sind auf die Aufladung (a), Einspritzung und Verwendung hochklopffester Kraftstoffe zurückzuführen. In der **Kolbengeschwindigkeit** reichen die besten Fahrzeug- und Panzermotoren an die Flugmotoren dicht heran, während die **Kolbenflächenleistung,** die dem Produkt aus Mitteldruck und Kolbengeschwindigkeit verhältig ist, bei den Fahrzeugmotoren gegenüber den Flugmotoren erheblich abfällt. Die Auswirkung des Leichtbaugebotes, das für den Flugmotor an erster Stelle steht, erkennen wir an seiner überragenden **Gewichtsleistung** (sonst wird das Leistungsgewicht in kg/PS angegeben). Die besten Panzermotoren liegen in der **Gewichtsleistung** schon erheblich über den Fahrzeugmotoren, weil die in Frage kommenden Baumuster eher den Flugmotoren verwandt sind.

Wird der dem Motor umschriebene rechteckige Quader in m^3 zum Hubvolumen ins Verhältnis gesetzt, dann gibt dieser Faktor ein Maß für die **Raumnutzung.** Als überragend fällt in dieser Darstellung der Raumnutzungsfaktor des russischen Panzer-Dieselmotors W 2 auf.

Die **Hubraumleistung** der Fahrzeug- und Flugmotoren zeigt eine nur geringe Überlegenheit des Ottomotors, dem aufgeladene Zweitakt-Dieselmotoren gegenüberstehen. Der Bestwert des Panzerdieselmotors ist auch einem Zweitakt-Motor zugeordnet.

Eine weitere für die Raumnutzung charakteristische Kenngröße ist die **Raumleistung** in PS/m^3 des umschriebenen rechteckigen Raumes. (Hier wurde die von den Herstellerfirmen angegebene Höchstleistung eingesetzt!) Die Flugmotoren liegen mit ihrer Raumleistung, wie zu erwarten, wesentlich über den Fahrzeugmotoren. Der Vergleich Otto – Diesel ist gerade in der Kategorie der Panzerwagen unsicher, weil keine ausreichende Anzahl von im Einsatz befindlichen Baumustern vorliegt. Das richtigere Vergleichsbild für die Raumleistung des Otto- und Dieselmotors vermittelt der Flugmotor. Die Überlegenheit des Ottomotors hinsichtlich Raumleistung wird im Panzerwagen geringer bleiben müssen, weil nur Kraftstoff niedrigerer OZ zur Verfügung steht.[1]

Der **mittlere spezifische Verbrauch** und sein Reziprokwert PSh/kg ist für die besten Fahrzeug- und Panzermotoren ungefähr derselbe, beim Dieselmotor jedoch um ca. 31–33 % günstiger.

Die Kennwerte der in der Entwicklung befindlichen Panzermotoren (DE = Deutschland, Entwicklung) sind in Bild 6 den im Einsatz stehenden (D + A = Deutschland + Ausland) gegenübergestellt. Die Leistungskennwerte p_m, c_m und N/F der Ottomotoren liegen noch unter den bisherigen Bestwerten, die Gewichtsleistung N/G liegt indes über dem Durchschnitt. Die Dieselmotoren der Entwicklung übertreffen in allen Kennwerten die bisherigen Baumuster. Die Gewichtsleistung N/G, Raumnutzung V_H/N_G, Raumleistung N/V_G der einzelnen Baumuster sind aber sehr unterschiedlich. Auch hier ist die Raumleistung des Motors allein noch kein Maß für den Raumbedarf der Antriebsmaschine, weil luftgekühlte mit wassergekühlten Motoren verglichen werden, wobei letztere fast den gleichen Raum für die Kühlanlage beanspruchen wie der Motor selbst. Für die Raumnutzung ist die äußere Form des gesamten Motors einschließlich seiner Hilfsmaschinen und des Zubehörs bestimmend, während die Kühlanlage, die Auspuffleitung und sogar die Luftfilter im Einbau weitgehend den gegebenen Raumverhältnissen angepaßt werden können. Der dem Motor umschriebene Rechteckquader läßt bei einer sperrigen Bauart unverhältnismäßig große, schwer nutzbare Toträume entstehen. Außer der schon definierten Raumnutzung lassen sich durch Vergleich der Fläche des Schattenrisses mit dem umschriebenen Rechteck, und zwar in Fahrtrichtung und quer dazu, zwei für die Raumnutzung des betreffenden Baumusters charakteristische Völligkeitsgrade $V_R = V_G \cdot K' \cdot K''$ angeben. Wenngleich der Raum $V_R = V_G \cdot K' \cdot K''$ dem tatsächlichen Bauvolumen des Motors nicht entspricht, gibt er wahrscheinlich doch ein richtigeres Maß für den Raumbedarf beim Einbau als der umschriebene Rechteckquader V_G.

[1] In den Jahren 1939/45 bestand in Deutschland für Fahrzeugmotorenkraftstoff die Vorschrift ROZ = 74!

Die Panzermotoren, von denen einige eingesetzte Baumuster in Bild 7 den neueren Entwicklungen (bzw. einbaureifen Motoren bisher anderer Verwendung) gegenübergestellt wurden, zeigen, daß sowohl der Otto- als auch der Dieselmotor im beschränkten Bauraum der Panzerwanne bei entsprechender Gestaltung die Unterbringung eines relativ großen Hubvolumens und einer relativ großen Leistung auf kleinem Raum gestattet. Der Lichtraum des Panzerkampfwagens V ist zur Veranschaulichung der Raumverhältnisse maßstäblich im Querschnitt des Motors 95 mit dargestellt. Die beste Raumnutzung wird vom V-Motor erreicht, der auch in bezug auf Zugänglichkeit anderer Bauarten überlegen ist. Das pro Kubikmeter Motorraum untergebrachte Hubvolumen V_H/V_R beträgt in den besten Baumustern:

	Otto	**Diesel**
für Panzerkampfw. bisher	14,81	29,8
für Panzerkampfw. künftig	29,7	32,7

Das letzte Bild, 8, zeigt den spezifischen Raum- und Gewichtsbedarf der gesamten Antriebsmaschine einschließlich des Getriebes, der Kühlanlage und der Kraftstoffbehälter, deren Größe vom geforderten Aktionsradius abhängt.

Der Raumbedarf in l/PS nimmt mit der Betriebszeit, dem mittleren Kraftstoffverbrauch zu, ausgehend von einem Festwert, der konstruktiv für den Motor, die Kühlanlage und das Getriebe zusammengenommen, festliegt.

Ein Otto-Motor in gleicher Leichtbauweise und mit gleichem Hubraum wie der russische W 2 Diesel könnte unter 6 Stunden Betriebsdauer trotz seines größeren Raumbedarfs für die Kühlanlage den Dieselmotor hinsichtlich raumsparender Bauweise übertreffen. Bei größerer Betriebsdauer wirkt sich der geringere Kraftstoffverbrauch, der in der geringeren Steigung der Kurven zum Ausdruck kommt, zugunsten des Dieselmotors aus. Zwei Diesel-Entwicklungen liegen eindeutig besser als der W 2. Im Gewichtsaufwand kg/PS, der nicht weniger entscheidend ist, liegt nur ein Triebwerksprojekt günstiger als der W 2. Selbst ein idealer Otto-Motor könnte den Dieselmotor kaum übertreffen, wenn die gesamte Antriebsmaschine verglichen wird. Die dem Bild 8 zugrundegelegten Kennwerte für den Raum- und Gewichtsbedarf der Einzelteile sind aus der Tabelle ersichtlich.

Für den Panzermotor der Zukunft können nach den vorangegangenen Ausführungen folgende Gestaltungs- und Betriebsmerkmale als erstrebenswert angesehen werden:

1. Motor mit großem Hubvolumen in kleinstem Raum, daher Zylinder in **V-Form** angeordnet
2. **Zweitaktverfahren** wegen größerer Hubraumleistung
3. **Dieselverfahren** wegen
   a) geringerem Kraftstoffverbrauch
   b) kleinerer Kühlanlage
   c) größerer Drehzahlspanne
   d) Betrieb mit Diesel- **und** Otto-Kraftstoff
   e) geringerer Brandgefahr
   f) voller Neigungsunempfindlichkeit
   g) nicht erforderlicher Funkentstörung
4. Leistungsgewinn durch **Aufladung**

Die ständige Betriebsbereitschaft ist ebenso wichtig wie die Stückzahl von Panzern, die wir unserer Front geben. Über die Zugänglichkeit wartungsbedürftiger und störungsanfälliger Teile kann nicht am grünen Tisch geurteilt werden. Das letzte Wort spricht die Front. Ihr von dieser Last mehr abzunehmen als bisher, sei mit das Ziel jeder neuen Entwicklung. Man nehme die besten Panzermotoren und Triebwerke, deren man habhaft werden kann – vor allem auch die unserer Gegner – und ermittle praktisch die Montagezeiten ohne Motorausbau für Zylinderköpfe, Kolben, Ventile usw. und stelle dann klare Höchstzeitforderungen auf, die schon an Modellen und Prototypen geprobt und erstellt werden sollten, um der Front Verluste an Blut und Gut zu ersparen.

Anlage 18 a

Aufstellung der Motoren

	Firma	Typ	Otto/Diesel	Takt	Wasser/Luft	Bauart	Bohrung (mm)	Hub (mm)	Hubraum (cm^3)	1/min	Leistung (PS)
Pkw/Lkw											
5	Büssing-NAG	GV 6	Otto	4	Wasser	6 !	130	170	13539	1600	174
16	Maybach	HL 108	Otto	4	Wasser	12 V	110	115	10835	2600	239
25	Škoda	Rapid 1500	Otto	4	Wasser	4 !	72	96	1569	3500	42
26	Škoda	Superb 3000	Otto	4	Wasser	6 !	80	104	3137	3500	80
27	Tatra	87	Otto	4	Luft	8 V	75	84	2970	3600	70
28	Tatra	92	Otto	4	Luft	8 V	80	99	3990	2500	70
47	Deutz	AF 8 M 114	Diesel	4	Wasser	8 !	105	140	9680	2400	220
48	Deutz	AF 6 M 517	Diesel	4	Wasser	6 !	130	170	13500	1500	190
50	Einheitsdiesel	HWA 538	Diesel	4	Wasser	8 V	105	130	9008	2400	130
58	Škoda	254	Diesel	4	Wasser	4 !	100	120	3768	2200	55
59	Škoda	706	Diesel	4	Wasser	6 !	110	150	8553	1800	107
67	Saurer	CHDv	Diesel	4	Wasser	8 V	110	140	10640	2200	160
68	Saurer	CKD	Diesel	4	Wasser	6 !	95	125	5310	3000	100
Panzer											
70	Praga	AC 1	Otto	4	Wasser	6 !	110	136	7750	2800	180
71	Praga	NR I	Otto	4	Wasser	8 V	125	175	14450	2400	300
72	Škoda	T 15	Otto	4	Wasser	8 V	115	130	10802	2800	235
73	Škoda	T 22	Otto	4	Wasser	8 V	130	140	14860	2200	263
76	Maybach	HL 62	Otto	4	Wasser	6 !	105	120	6235	2600	139
77	Maybach	HL 120	Otto	4	Wasser	12 V	105	115	11952	3000	300
78	Maybach	HL 230	Otto	4	Wasser	12 V	130	145	23100	3000	700
79	UdSSR	W 2	Diesel	4	Wasser	12 V	150	183	38880	2000	600
85	F.K.F.S.	(Kamm)	Otto	4	Luft	2x12 V	135	140	48000	2050	1000
86	Simmering (Porsche)	101/4	Otto	4	Luft	10 V	115	145	15060	2600	345
87	Daimler-Benz	MB 507	Diesel	4	Wasser	12 V	158	180	42300	2300	850
88	Daimler-Benz	MB 517	Diesel	4	Wasser	12 V	162	180	44500	2400	1250
89	Deutz	T8 M118	Diesel	2	Wasser	8 V	170	180	32300	2000	700
90	Deutz	T8 X113	Diesel	2	Wasser	8 *	130	130	13800	2500	400
91	Deutz	Dz 710	Diesel	2	Wasser	16 -.-	160	160	51500	2500	1500
92	MAN/Argus	LD 220	Diesel	4	Luft	16 H	135	165	37800	2200	700
93	MAN	1038 GL	Diesel	4	Wasser	8 V	110	130	10000	3000	200
94	Saurer	Z. 2-T	Diesel	2	Luft	8 V	105	135	9352	2800	274
95	Simmering	Sla. 16	Diesel	4	Luft	16 X	135	160	36500	2000	720

Lfd. Nr. dienen zur Identifizierung der auf den Bildern 1–8 aufgeführten Motoren.

Zeichenerklärung
! = Reihenmotor V = V-Motor * = Sternmotor H = H-Motor X = X-Motor -.- = Boxermotor

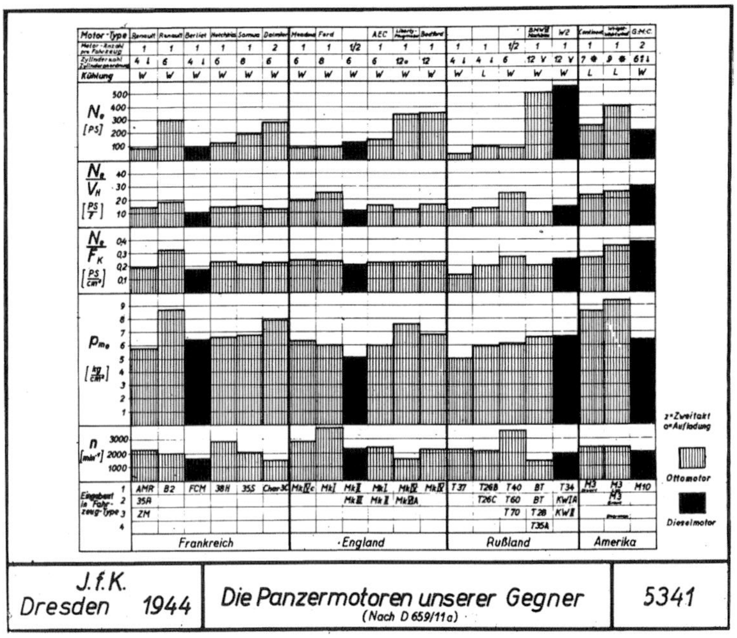

Bild 1

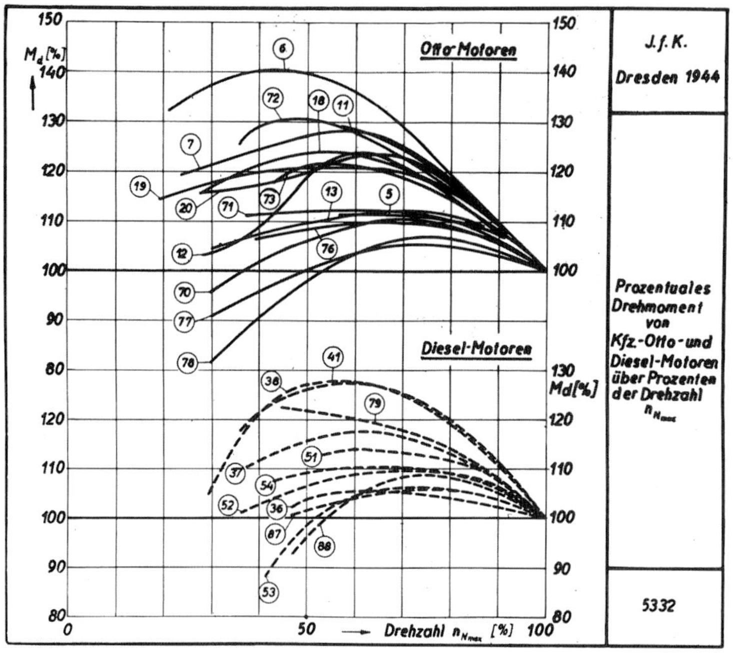

Bild 3

Bilderverzeichnis / Otto- oder Dieselmotor

Bild 1 (5341)	Die Panzermotoren der Gegner
Bild 2 (5337)	Drehmomentverlauf und Gangzahl
Bild 3 (5332)	Prozentuales Drehmoment von Kfz. Otto- und Dieselmotoren
Bild 4 (5333G)	Spezifischer Kraftstoffverbrauch von Kfz. Otto- und Dieselmotoren bei 2/3 nN_{max}

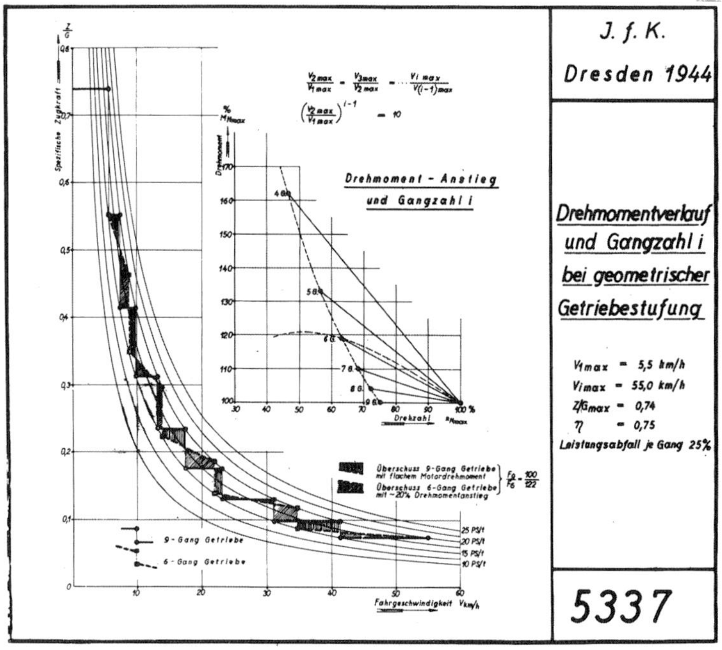

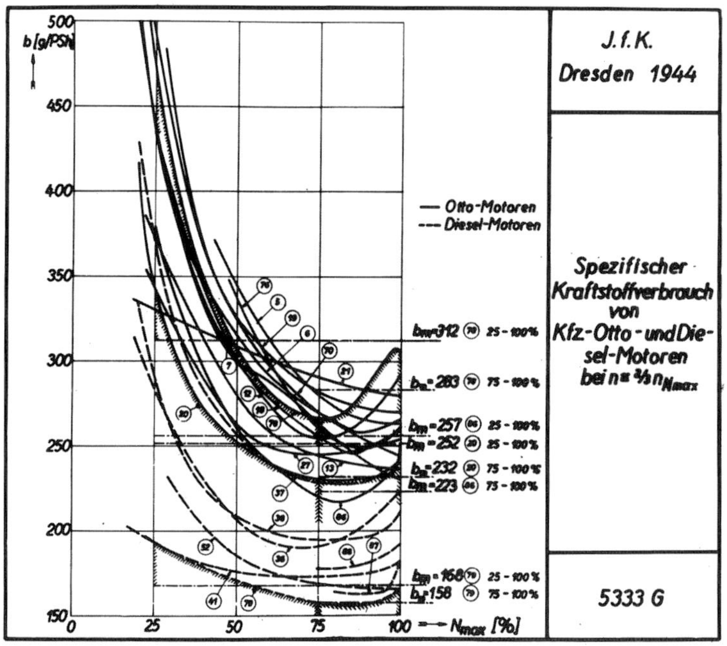

Bild 4

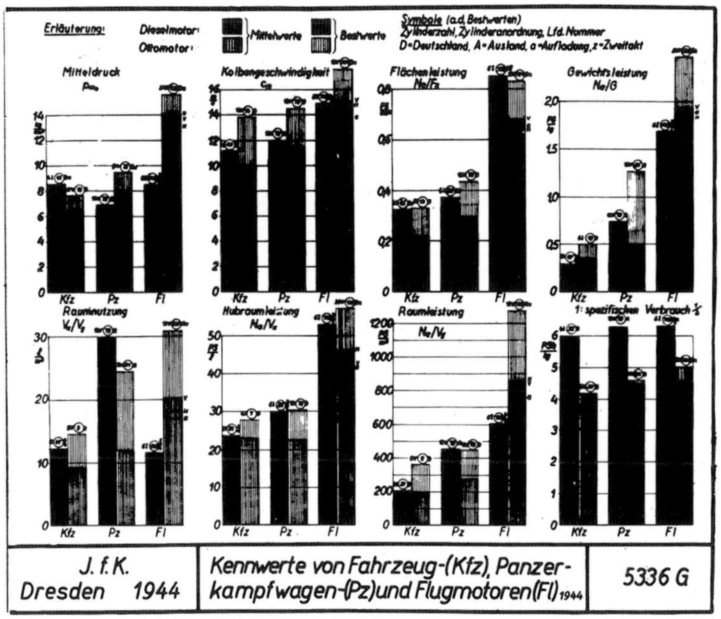

Bild 5

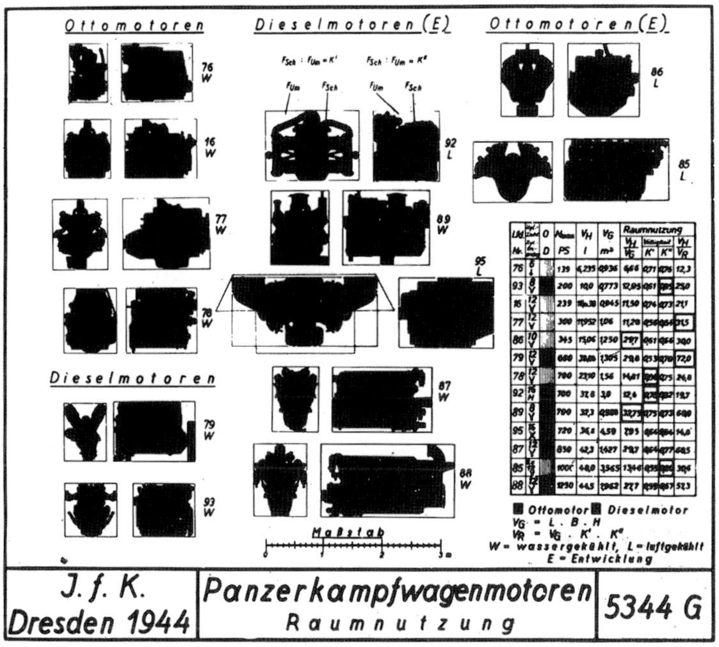

Bild 7

Bild 5 (5336G)	Kennwerte von Fahrzeug – (Kfz), Panzerkampfwagen – (Pz) – und Flugmotoren (Fl) 1944
Bild 6 (5339G)	Kennwerte von Panzerkampfwagenmotoren

Bild 7 (5344G)	Panzerkampfwagenmotoren-Raumnutzung
Bild 8 (5345G)	Raum- und Gewichtsbedarf des Antriebsmotors eines Panzerkampfwagens

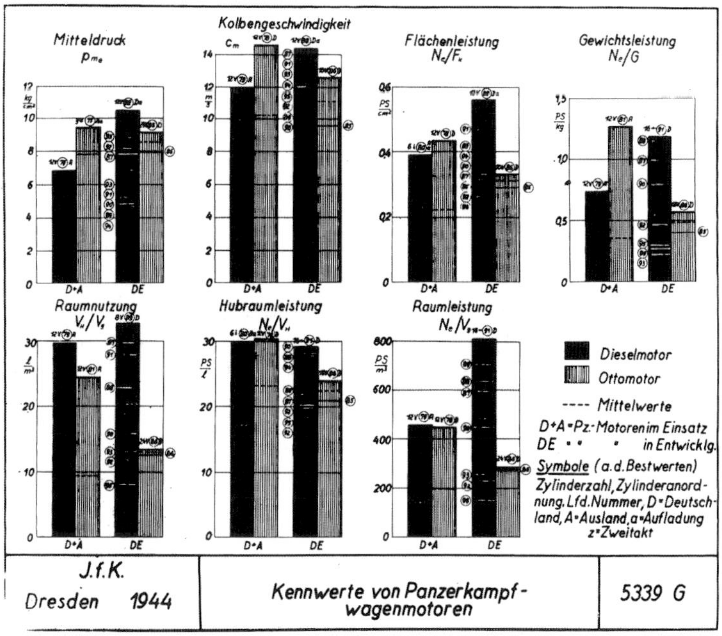

Bild 6

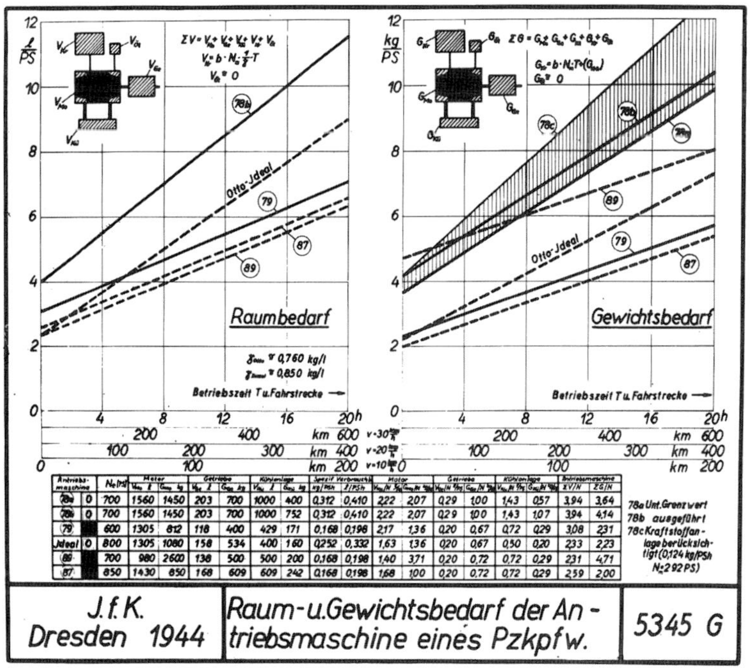

Bild 8

Anlage 19

Ausschnitt aus einem Vortrag über neuzeitliche Panzerkampfwagen, den Oberst Dipl.-Ing. Willi Esser am 7. 2. 1945 vor der Wehrtechnischen Arbeitsgemeinschaft des VDI in Berlin hielt.

Im Rahmen dieses Vortrages sollen die feindlichen Panzerkampfwagen, Jagdpanzer und Sturmgeschütze besprochen werden. Der Stand der deutschen Entwicklung wird an den Panzerkampfwagen Panther und Tiger gezeigt.

Die wesentlichsten durch die Konstruktion und Ausrüstung gegebenen Eigenschaften, die den Wert solcher Fahrzeuge kennzeichnen, sind:

die Feuerkraft,
der Panzerschutz,
die Beweglichkeit,
die Führungsmittel.

Die **Höchstgeschwindigkeit** einer großen Zahl der Fahrzeuge ist 40 bis 50 km/h, der Panzer mit dem Fahrgestell des T 34 und des Panther etwa 55 km/h und des Cromwell und US M5 65 km/h. Als Maßstab für die verfügbare Motorleistung hat sich die **bezogene Leistung**, ausgedrückt in PS/t, eingebürgert. Die bezogene Leistung ist nur ein grober Anhalt für die Bewertung und ergibt nur einen Maßstab für die Größenordnung der Motorleistung zum Fahrzeuggewicht. Für die meisten Fahrzeuge liegt die Leistung zwischen 10 und 15 PS/t, für die schnellen Fahrzeuge mit einer Höchstgeschwindigkeit über 50 km/h zwischen 15 und 20 PS/t.

Besondere Bedeutung kommt bei den Westmächten den Fahrzeugen mit dem Fahrgestell der Sherman-Baureihe, bei der Sowjet-Union den Fahrzeugen mit dem Fahrgestell des T 34 und KW, mit der Weiterentwicklung in Form des Josef-Stalin, zu.

Motoren (Bilder D 19–21 Pz)

Während die Sowjet-Union für 5 Fahrzeugtypen 1 Motor verwendet, ist die Zahl der Motortypen der USA gleich der Typenzahl der Panzer. Das kommt daher, daß man in Amerika zunächst für andere Zwecke entwickelte vorhandene Motoren benutzt und erst später einen eigens für Panzer konstruierten Motor eingeführt hat. Der Dieselmotor kommt in einem Teil der US-Panzerwagen und in allen russischen Panzerwagen zur Anwendung. Nur der in einem Teil der Sherman-Baureihe eingebaute Wright-Whirlwind-Motor ist luftgekühlt, die anderen haben Wasserkühlung. Der Maybach-Motor HL 230 des Panther und Tiger und ein neuerdings im Sherman eingebauter 8-Zylinder Ford-Motor sind als Panzermotoren entwickelt. Alle anderen stammen aus einer anderen Verwendung.

Im leichten US-Panzerkampfwagen M5 sind 2 Cadillac-Pkw-Motoren eingebaut. In den bisher erbeuteten Fahrzeugen der Sherman-Baureihe kommen 4 verschiedene Motoren zur Anwendung, nach vorgefundenen Unterlagen noch ein fünfter, und zwar ein 9-Zylinder Caterpillar-Dieselmotor von 450 PS bei 2000 1/min. Bild D20Pz zeigt **Kennwerte der Motoren.** Die Antriebsleistung für Lüfter und der Leistungsverlust durch Luftfilter sind nicht abgezogen. Die Nennleistung der meisten Motoren liegt zwischen 400 und 500 PS, wobei zu beachten ist, daß der General Motors Diesel im Sherman III und M 10 als Doppelmotor eingebaut wird und insgesamt 420 PS leistet.

Die aus fünf 6-Zylindermotoren zusammengebaute Chrysler-Baugruppe trägt im besonderen Maße das Merkmal einer Behelfslösung an sich. Hier sind 5 vollständige Pkw-Motoren mit Kurbelwelle lediglich mit abgeändertem Kurbelgehäuse sternartig zu einem Motor zusammengebaut. Jede Zylinder-Reihe hat einen eigenen Vergaser und eine eigene Zündanlage. Die Sowjet-Union verwendet nach wie vor im T 34 und seinen Abarten und im KW, seinen Abarten und seiner Weiterentwicklung, dem Josef-Stalin, den 12-Zylinder Diesel-Motor, im T 34 mit einer Leistung von 500 PS und im KW mit einer Leistung von 550 PS, im ersteren Falle mit einer Höchstdrehzahl von 1800 1/min., im anderen Falle mit einer Höchstdrehzahl von 1900 1/min.

Panther und Tiger haben einen 12-Zylinder Maybach-Motor mit einem Hubraum von 23 l. Besonders interessant ist ein Vergleich zwischen dem 8-Zylinder Ford-Motor und dem Maybach-HL 230. Hubraumleistung, Dauerhöchstdrehzahl und Leistungsgewicht liegen bei beiden Motoren sehr eng beieinander. Bild D21Pz zeigt für diese und die beiden Dieselmotoren die **Mittel-**

druck-Kennlinien. Die Höchstdrehzahl der Motoren ist jeweils als 100 % angenommen. Um den Verlauf der **Drehmoment**kennlinien besser vergleichen zu können, ist das **Drehmoment** bei Höchstdrehzahl mit 100 % als Ausgangspunkt gewählt. Das stark ansteigende Drehmoment mit fallender Drehzahl bei den Dieselmotoren W 2 und GM gibt ein gutes Durchzugsvermögen im unteren Drehzahlbereich, die sogenannte „Büffelcharakteristik". Auch der Achtzylinder Ford-Motor ist in dieser Hinsicht gut ausgelegt. Der anders geartete Drehmomentverlauf des HL 230 wird durch die Getriebestufung (7 Gänge im Panther, 8 Gänge im Tiger) ausgeglichen. Sie verlangt größere Schalthäufigkeit.

Bild D22Pz gibt einen Überblick über den **Kraftstoff-Verbrauch** und Fahrbereich. Der Kraftstoff-Verbrauch liegt bei den Otto-Motoren bei Straßenfahrt in Liter je t und 100 km zwischen 6 und 9,5 Liter, wobei die niedrigsten Werte für den HL 230 im Panther und Tiger gelten, während die Höchstverbräuche für den Cromwell mit dem Rolls-Royce Motor und für den Sherman V c mit dem 30-Zylinder-Chrysler-Motor gemessen wurden.

Bei den Fahrzeugen mit Dieselmotoren liegt der Kraftstoffverbrauch zwischen 4 und rd. 6 Liter je t und 100 km. Die niedrigsten Werte finden wir bei den russischen Fahrzeugen mit dem bekannten 12-Zylinder Dieselmotor. Die für einen Dieselmotor hohen Verbrauchswerte von etwas über 6 Liter je t und 100 km gelten für die Fahrzeuge der Sherman-Baureihe mit dem 2-Takt-Dieselmotor und liegen in gleicher Größenordnung wie bei den deutschen Panzerwagen mit dem Otto-Motor. (Bild D 114 Pz)

Der von den Fahrzeugen mitgeführte **Kraftstoffvorrat** ist bei den Otto-Motoren zwischen 11 und 22 Liter je t. Der **Fahrbereich** ist im ungünstigsten Falle (Sherman V c) 130 km, im günstigsten Falle (T 34) 450 km, wenn nur mit dem **im** Fahrzeug untergebrachten Kraftstoff gerechnet wird. Mit dem T 34 kann unter Einrechnung des außen untergebrachten Kraftstoffes eine Strecke von annähernd 700 km zurückgelegt werden. Der mit den russischen Fahrzeugen mögliche große Fahrbereich ist zurückzuführen auf den geringen Kraftstoffverbrauch und auf den verhältnismäßig großen Kraftstoffvorrat, für dessen Unterbringung im Fahrzeug außer dem Motorraum auch der Kampfraum in Anspruch genommen wird.

Schaltgetriebe (Bild D 23 Pz)

Die Entwicklung der Schaltgetriebe läßt eindeutig das Bestreben erkennen, dem Fahrer die Bedienung weitgehend zu erleichtern. Die Sowjet-Union ist von dem früher verwendeten Zahnradschubgetriebe im T 34 abgegangen und benutzt nur noch Getriebe, die in den oberen Gängen Klauenschaltung haben.

Sämtliche Panzerwagen der Sherman-Baureihe haben 5-Gang-Schaltgetriebe mit Klauenschaltung und Gleichlaufeinrichtung, die ein Durchschalten nur zuläßt, wenn Gleichlauf der Schaltelemente erreicht ist.

Der Panzerkampfwagen Panther hat ein handgeschaltetes 7-Gang-Getriebe mit Klauenschaltung in allen Gängen, Bauart ZF, das als „Allklauengetriebe" bezeichnet wird. Sämtliche Gänge haben Gleichlaufeinrichtung in Konusausführung. Der Tiger ist mit einem halbautomatischen Achtganggetriebe ausgestattet, das über einen Vorwähler mit Öldruck geschaltet wird. Als Kupplungselemente dienen die bekannten Maybach-Überholklauen. Am häufigsten werden Getriebe mit 5 Gängen verwandt.

Die **größte Untersetzung,** die die Geschwindigkeit im kleinsten Gang bestimmt, wird im allgemeinen festgelegt nach der Forderung größter Zugkraft unter schwierigen Geländebedingungen, derart, daß die Schlupfgrenze früher erreicht wird als die Motorgrenze. Sie ist also abhängig von der Motorkennung und dem Fahrzeuggewicht. Die meisten Getriebe sind für eine Geschwindigkeit von 4–5 km im kleinsten Gang ausgelegt.

Die **Gesamtübersetzung** des Schaltgetriebes wird bestimmt durch die Geschwindigkeit im kleinsten Gang und die Höchstgeschwindigkeit. Sie liegt bei den meisten ausländischen Fahrzeugen zwischen 9 und 10, besonders niedrig ist der Gesamtsprung mit etwa 6 beim T 34, etwas höher beim Sturmgeschütz SU 85 auf dem Fahrgestell des T 34 durch die Verwendung des 5-Ganggetriebes. Mit rd. 13 für den Panther und 16 für den Tiger ist der Gesamtsprung bei den deutschen Fahrzeugen am größten.

Lenkung (Bild D 24 Pz)

Kupplungslenkung haben die Panzerwagen der Sowjet-Union, Cletrac-Lenkung die der USA; die englischen und deutschen Panzerwagen Panther und Tiger haben Überlagerungslenkgetriebe.

Die **Kupplungslenkung** der Fahrzeuge der Sowjet-Union hat Mehrscheibenkupplungen, trocken laufende Bremsen, als Bremsbelag Grauguß. (Bild D 92 Pz)

Die **Cletrac-Lenkgetriebe** der USA-Panzerkampfwagen haben in Öl liegende Bremsen mit Bremsbelägen aus Asbestgewebe mit Messingdrahteinlage.

Das **Einradienlenkgetriebe** für den **Panther** hat neben dem Hauptantrieb von dem Schaltgetriebe für die Lenkung noch einen direkten Antrieb vom Motor, der bei eingeschalteter Lenkung das Sonnenrad eines Umlaufgetriebes antreibt, das bei Geradeausfahrt durch die Stützbremse in Ruhe gehalten wird. Dadurch wird nach Einschalten der Lenkkupplung auf der betreffenden Seite das Triebrad mit einer niedrigeren Drehzahl angetrieben als bei der Geradeausfahrt. (Bild D 94 Pz)

Da der Hauptantrieb über das Schaltgetriebe und der Nebenantrieb direkt vom Motor kommt, ist der Lenkradius abhängig von dem jeweiligen Getriebegang. Bei weiterer Betätigung des Lenkhebels sind Stützbremsen und Lenkkupplung gelöst. Die Lenkbremse wird angezogen und wirkt wie bei einer Kupplungslenkung.

Im **Zweiradien-Lenkgetriebe** des **Tiger** ist ebenfalls außer dem Hauptantrieb ein Nebenantrieb für die Lenkung, der direkt vom Motor kommt und auf die Sonnenräder der im Antrieb liegenden Umlaufgetriebe rechts und links wirkt. Bei Geradeausfahrt sind die Lenkkupplungen geschlossen. Zum Lenken wird in der ersten Stufe nach Lösen der Lenkkupplung auf der sinngemäßen Seite die Kupplung für den großen Wenderadius und beim Weiterdrehen des Lenkrades die Kupplung für den kleinen Wenderadius eingeschaltet, nachdem vorher die Kupplung für den großen Radius wieder gelöst wurde. Das Triebrad wird auf der kurveninneren Seite langsamer und auf der kurvenäußeren Seite um den gleichen Betrag schneller angetrieben. Da auch hier der Lenkantrieb direkt vom Motor kommt, ist der Wenderadius abhängig von dem geschalteten Gang des Schaltgetriebes. (Bild D 95 Pz)

Laufwerk (Bild D 25 Pz)

Die Konstruktion der Laufwerke zeigt eine Entwicklung in der Richtung, dem Panzerkampfwagen eine weiche **Federung** zu geben. Dazu werden als Federungselemente bei einem Teil der russischen Fahrzeuge, neuerdings auch bei einem amerikanischen Panzerjäger, dem Hellcat, und bei den deutschen Panzerkampfwagen, Drehstabfedern verwandt. Der Cromwell und T 34 haben Schraubenfedern, der leichte Panzerkampfwagen M 5 und die Panzerkampfwagen der Sherman-Baureihe nebst Abarten Kegelstumpffedern. Weiche Federn erfordern vor allem vorn eine gute Dämpfung. Flüssigkeitsdämpfer haben Cromwell, Hellcat, Panther und Tiger. Bei den Laufwerken nach Art der Sherman-Baureihe wirken die gleitende Reibung zwischen den Laufwerkshebeln und die Lagerung als Dämpfung.

Die Panzerwagen der Sowjet-Union sind sämtlich ohne Schwingungsdämpfer.

Mit Ausnahme der Fahrzeuge der Sherman-Baureihe und des Panzerkampfwagens M 5 sind die Laufrollen an Kurbelschwingen angebracht, die in der Fahrzeugwanne gelagert sind. (Bild D 115 Pz)

Der Liniendruck für Gummibandagen schwankt zwischen 88 und 135 kg/cm.

Der bezogene **Bodendruck** ist bei den USA-Panzerkampfwagen mit rd. 1,0 kg/cm² für Fahrzeuge dieser Gewichtsklasse wegen der schmalen Ketten ziemlich hoch, am niedrigsten im T 34 mit 0,68 kg/cm². Die Weiterentwicklungen des T 34 und der Panther liegen mit dem spezifischen Bodendruck zwischen 0,8 und 0,9 kg/cm², der Cromwell bei 1,0 kg/cm² und der Tiger etwas über 1,0 kg/cm².

Neben dem Bodendruck ist die Bodenfreiheit mitbestimmend für die Geländegängigkeit. Man erkennt allgemein das Bestreben, den Fahrzeugen eine möglichst große Bodenfreiheit zu geben. Sie ist am niedrigsten beim T 34 mit 380 mm und am größten beim Panther mit 540 mm.

Als **Gleisketten** werden in der Hauptsache Stahlgußketten verwandt. Die Ketten für die schweren russischen Fahrzeuge KW und Josef Stalin sind im Gesenk geschmiedet. Die Amerikaner sind von den Ketten mit glatten Gummiplatten abgegangen und verwenden entweder profiliertes Gummi oder ähnlich den profilierten geformte Stahlketten in geschweißter oder gegossener Ausführung oder auch Stahlgußketten mit Griffleisten.

Der **Antrieb** ist bei den englischen und russischen Fahrzeugen hinten, bei den amerikanischen und deutschen vorn.

Feuerkraft

Von entscheidender Bedeutung für den Wert eines Panzerkampfwagens ist seine **Feuerkraft.** Sie ist abhängig von der Waffenwirkung und von der Feuergeschwindigkeit; die Waffenwirkung von (Bild D 89 Pz)

a) Kaliber
b) Auftreffgeschwindigkeit des Geschosses
c) Geschoßart

die Feuergeschwindigkeit von

a) Beobachtungs-, Ziel- und Richtmittel
b) Fahrzeuglage
c) Munition (Gewicht, Maße, geteilte oder Patronenmunition)
d) Waffenkonstruktion (voll- oder halbautomatisch oder vollständig Handbedienung)
e) Raumverhältnisse
f) Arbeitsteilung der Besatzung
g) Sichtmöglichkeit nach dem Schuß (Mündungsqualm, Staub).

Die Sowjet-Union steht mit der 12,2 cm-Kanone im Josef Stalin an der Spitze in der Größe der Bestückung. Andererseits haben die Kanonen der deutschen Panzerkampfwagen Panther und Tiger eine sehr große Rohrlänge und wie wir später sehen werden, eine überlegene Durchschlagskraft gegenüber allen feindlichen Panzerkampfwagen.

Als gute Kampfwagenkanonen sind nur die mit einer Kaliberlänge von 40 und mehr anzusehen. Die Anfangsgeschwindigkeit der Geschosse liegt bei diesen Kanonen zwischen 650 und 900 m/s.

Die Entwicklung geht in der Richtung auf hohe Anfangsgeschwindigkeit, um größte Durchschlagskraft zu erzielen.

Im Laufe der Entwicklung ist die **Rohrlänge** der Kanone, gemessen an der Gesamt-**Fahrzeuglänge,** sehr gewachsen (Bild D 28 Pz). Mit der Vergrößerung der Kanone ist auch der Anteil der Länge in dem Kampfraum wesentlich größer geworden und stellt im Turm einen beachtlichen Raumanspruch, der noch vergrößert wird durch längere Munition.

Im Tiger ist die Länge vom Schildzapfen bis zum Bodenstück bereits über 1,60 m. Die zugehörige Patrone ist 1,10 m lang (Bild D 20 Pz). Um laden zu können, ergibt sich hier schon ein Maß von über 2,70 m, vom Schildzapfen gerechnet.

Es liegt auf der Hand, daß bei solchen Abmessungen und bei der gegenläufigen Begrenzung durch das Verlademaß für den Eisenbahntransport die Entwicklung Grenzwerten zustrebt, die ohne umwälzende Änderung nicht überwunden werden können. Die Beherrschung des **Munitionsgewichts** in dem beengten Kampfraum eines Panzerwagens ist bei Anwendung der Patronenmunition praktisch bei dem 8,8 cm-Kaliber mit einem Gewicht von rd. 23 kg an der Grenze des Zulässigen. Eine Vergrößerung des Kalibers führt dann zwangsläufig, wie es auch im Josef Stalin geschehen ist, zu einer getrennten Munition, bei der die Kartusche für das 12,2 cm-Kaliber rd. 14 kg und das Geschoß 25 kg wiegt.

Mit der Munition muß bei der beschränkten Unterbringungsmöglichkeit sparsam umgegangen werden. Deshalb wird, wenn nicht besondere Einrichtungen vorhanden sind, mit der Kanone im Halt geschossen. Die Amerikaner haben in mehreren Ausführungsarten des Panzerkampfwagens Sherman für die Kanone und damit auch für die Optik des Richtschützen eine **Stabilisierung** eingeführt, die die Kanone beim Fahren über leicht unebenes Gelände in der vom Richtschützen eingestellten Lage hält. Damit ist für den Richtschützen die Möglichkeit gegeben, während der Fahrt das Gelände gut zu beobachten, weil das Blickfeld der Optik ruhig steht. Beim Anhalten des Panzerwagens ist der Richtschütze in denkbar kürzester Zeit schießbereit. Mit dem Maschinengewehr kann in der Fahrt treffsicher geschossen werden. Auf kurze Entfernung und große Ziele kann auch mit der Kanone während der Fahrt einigermaßen treffsicher geschossen werden. Die Anordnung der Optik für den Richtschützen hat bei dieser Ausführung den Nachteil, daß der Einblick mit dem Stirnpolster die Relativbewegungen zwischen Kanone und Fahrzeug mitmacht, so daß der Richtschütze ständig mit dem Kopf auf- und abgehen muß.

Die Sowjet-Union hatte früher vereinzelt eine **Stabilisierung des Blickfeldes** der Optik. Ein Prisma in der Optik wurde durch einen Kreisel gegenüber den Fahrzeugschwingungen in Ruhe gehalten. Eine derartige Stabilisierung gestattet nicht ohne weiteres eine Verbesserung der Treffsicherheit beim Schießen in der Fahrt, erlaubt aber dem Richtschützen während der Fahrt eine ständige gute Beobachtung des Geländes, Erkennen und Halten des Zieles. Auch hiermit wird eine wesentliche Verbesserung der Feuergeschwindigkeit erreicht. (Bild D 17 Pz)

Zum **Schwenken des Turmes** verwenden die Russen einen Elektromotor. In den übrigen Ländern werden hydraulische Getriebe, die nach dem Verdrängerprinzip arbeiten, verwandt. Diese Getriebe gestatten je nach Bedarf ein sehr feines Richten und rasches Schwenken des Turmes.

In den USA-Panzerkampfwagen wird die Ölpumpe für das Schwenkwerk elektrisch angetrieben. Wir benutzen für den Panther und Tiger stufenlos regelbare hydrostatische Getriebe gleicher Art, wie sie im Werkzeugmaschinenbau Verwendung finden. Der Antrieb erfolgt vom Fahrzeugmotor. Für eine volle Turmumdrehung wurden folgende Zeiten festgestellt:

10 Sekunden im T 34

30 bis 35 Sekunden im KW

35 bis 40 Sekunden in den englischen Panzerkampfwagen

15 Sekunden in den Panzerkampfwagen der USA

30 bis 35 Sekunden im Panther und Tiger.

Panzerschutz

Gegenüber der erhöhten Durchschlagsleistung, die mit den neuen Waffen erzielt wird, zeichnet sich das Streben ab, dem Panzerwagen einen verstärkten Panzerschutz zu geben (Bild D 12g Pz).

Die vordere Hälfte der Panzerwanne und der Turm des **Josef Stalin** sind aus Stahlguß hergestellt. Die Sicherheit gegen frontalen Beschuß ist durch geschickte Formgebung erhöht. Das Gehäuse ist nach vorn zusammengezogen, um eine möglichst kleine gerade Fläche zu bekommen.

Für den **T 34** und den **KW** ist im wesentlichen die Formgebung die gleiche geblieben wie sie ursprünglich war. Mit der Änderung der Bestückung auf 8,5 cm wurde für beide der Turm geändert und in Stahlguß ausgeführt.

Zum Schutz gegen Fliegerbeschuß geht man dazu über, den **Deckpanzer** zu verstärken (Sherman IV, KW 85, JS 122, Tiger). Der Bodenpanzer wird im vorderen Teil (etwa ein Drittel bis zu Hälfte) gegen die Einwirkung von Minen verstärkt. Die im Bild D 12g Pz angedeuteten beiden Werte der Bodenblechdicke des Cromwell, Sherman, Panther und Tiger deuten das an.

Die Anordnung der Kühlanlage für den Motor nebst Zu- und Abführung der Kühlluft macht bei den beengten Raumverhältnissen und wegen der Forderung nach gutem Schutz gegen Nahkampfmittel und Beschuß Schwierigkeiten.

Damit ist ein Überblick über den heutigen Stand der Panzerkampfwagenentwicklung gegeben. Wir haben die feindlichen und deutschen Panzer im Vergleich gesehen und brauchen diese Gegenüberstellung nicht zu scheuen.

Deutscher Erfindergeist im besten Sinne des Wortes, deutsche Gründlichkeit und Schaffenskraft haben allen Schwierigkeiten zum Trotz dem deutschen Soldaten eine überlegene Waffe in die Hand gegeben. Im Hause der Ingenieure gedenken wir Soldaten dankbar der Konstrukteure, die in verborgener unermüdlicher Arbeit diese Werke schufen. Die ungeheure Entwicklung im Kampfwagenbau von heute wird uns bewußt, wenn wir uns noch einmal kurz die markantesten Vertreter vor Augen führen, die in diesem Kriege in Erscheinung traten:

den französischen Char 2 C, der mit seinen 72 t vor diesem Kriege die Weltpresse und Weltöffentlichkeit beunruhigte, aber nicht in den Kampf trat,

den französischen Panzerkampfwagen B2

den englischen Inf.Panzerkampfwagen Mark IV (Churchill)

den USA-Panzerkampfwagen General Lee

den russischen Panzerkampfwagen T 35, der großen Tarnung für den T 34; damals der beste Kampfwagen der Welt

den Panzerkampfwagen KW II mit dem schweren Geschütz (Kaliber 15 cm)

und als Panzerkampfwagen von heute

den USA-Panzerkampfwagen Sherman IV

die russischen T 34/85 und Josef Stalin

und als deutsche Panzerkampfwagen

den Panther, der vor einem Jahr von den Russen als der beste Panzerkampfwagen der Welt anerkannt wurde,

und

den Königstiger, der nach Veröffentlichung der Westmächte und nach unserer Überzeugung heute der beste Panzer der Welt ist.

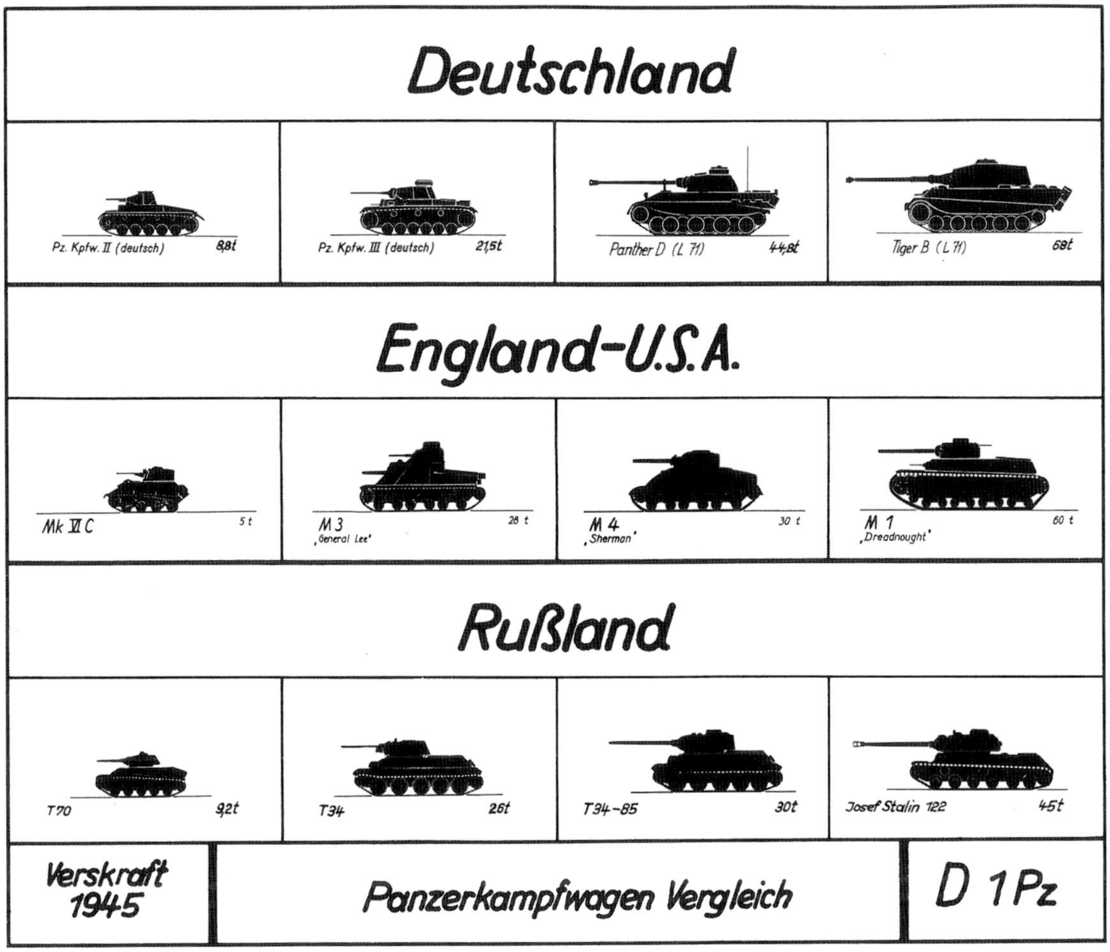
Deutschland
Pz. Kpfw. II (deutsch) 8,8t
Pz. Kpfw. III (deutsch) 21,5t
Panther D (L 71) 44,8t
Tiger B (L 71) 68t
England-U.S.A.
Mk VI C 5 t
M 3 „General Lee" 28 t
M 4 „Sherman" 30 t
M 1 „Dreadnought" 60 t
Rußland
T70 9,2t
T34 26t
T34-85 30t
Josef Stalin 122 45t
Verskraft 1945
Panzerkampfwagen Vergleich
D 1 Pz

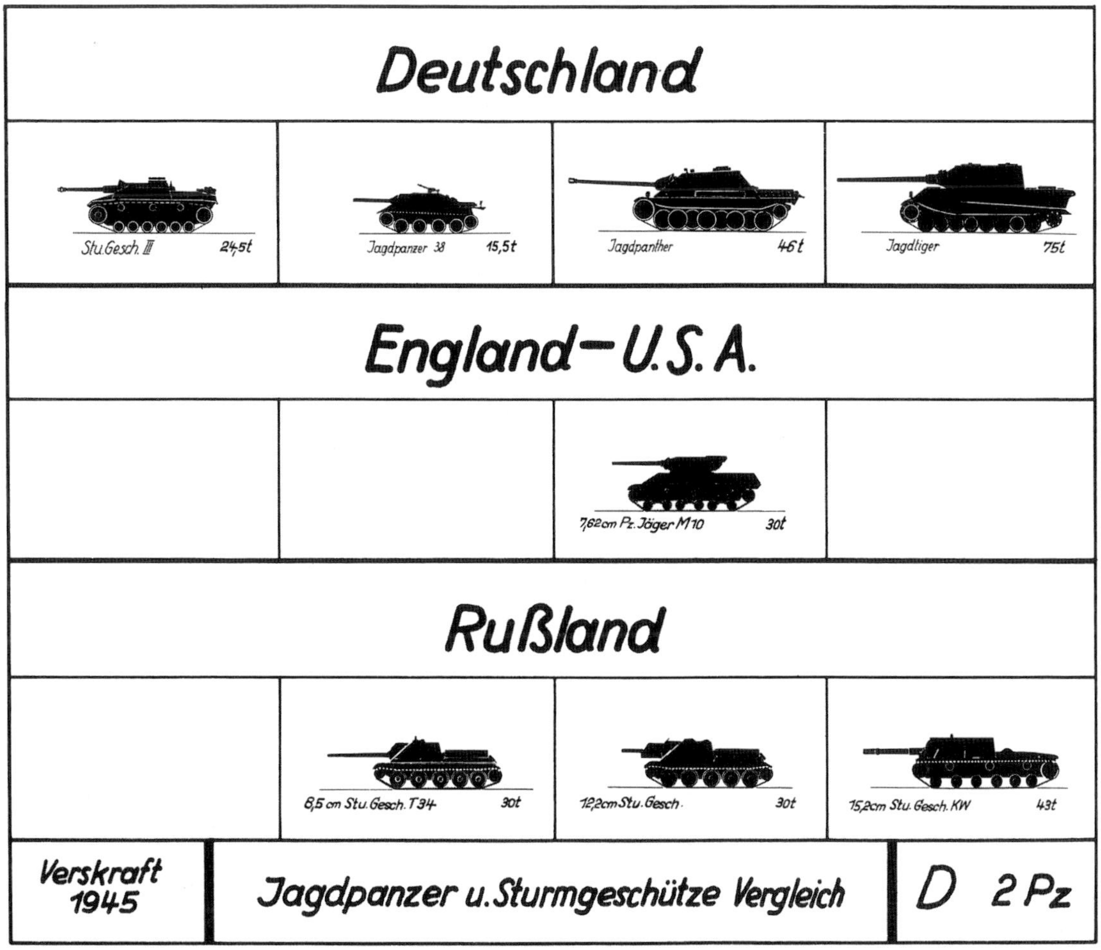
Deutschland
Stu. Gesch. III 24,5t
Jagdpanzer 38 15,5t
Jagdpanther 46t
Jagdtiger 75t
England-U.S.A.
7,62 cm Pz. Jäger M 10 30t
Rußland
8,5 cm Stu. Gesch. T34 30t
12,2 cm Stu. Gesch. 30t
15,2 cm Stu. Gesch. KW 43t
Verskraft 1945
Jagdpanzer u. Sturmgeschütze Vergleich
D 2 Pz

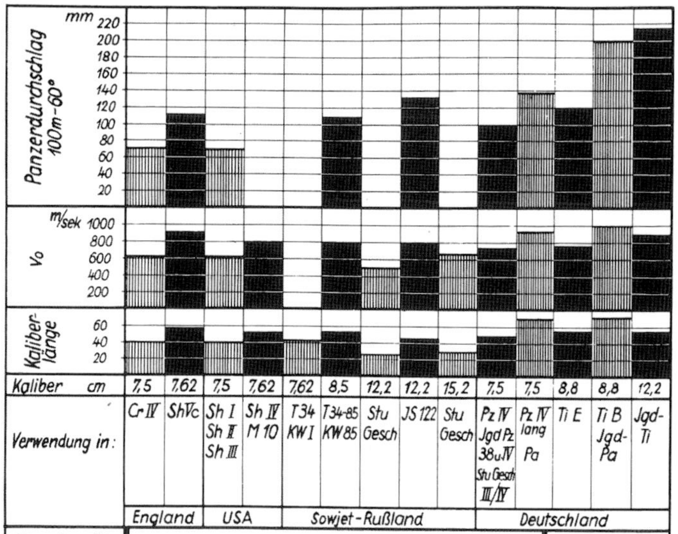

Verskraft 1945 | Kanonen in PzKpfw und StuGesch | D8gPz

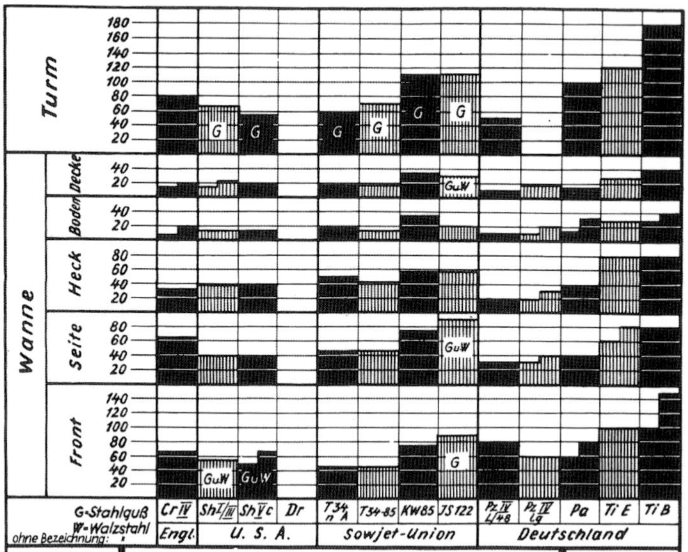

Verskraft 1945 | Pz Kpfw Panzerdicken | D12gPz

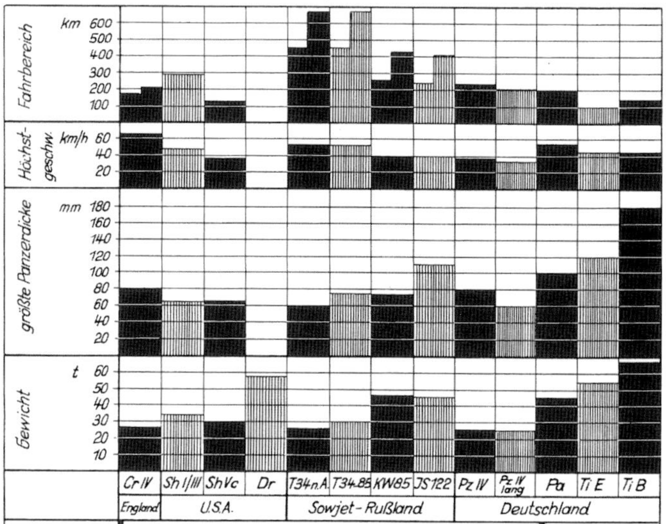

Verskraft 1945 | Panzerkampfwagen Hauptwerte | D10gPz

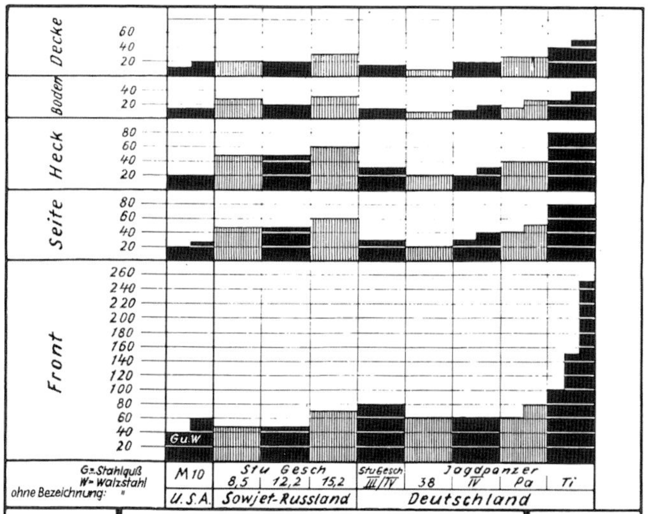

Verskraft 1945 | Jgd Pz u. Stu Gesch Panzerdicken | D13gPz

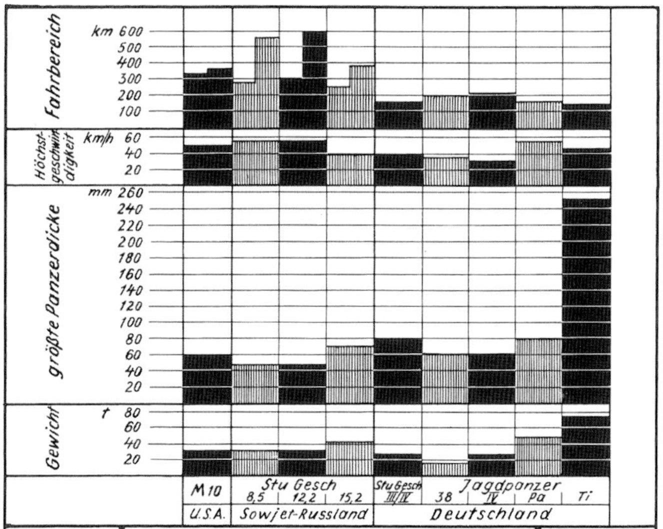

Verskraft 1945 | Jgd Pz u. Stu Gesch Hauptwerte | D11gPz

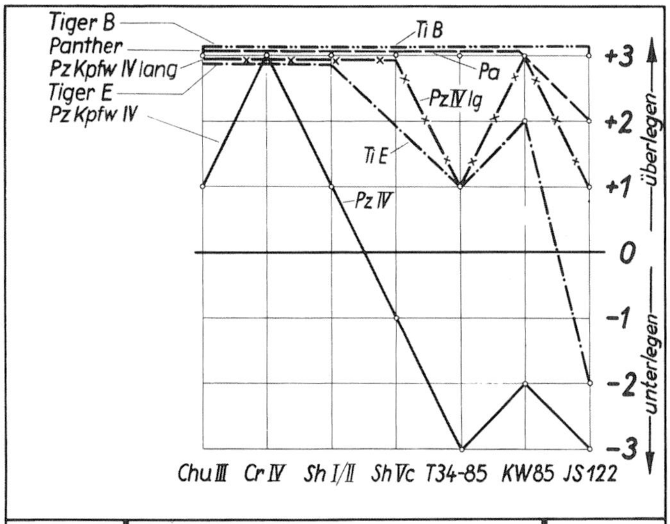

Verskraft 1945 | Deutsche PzKpfw-Feind PzKpfw Vergleich Front | D14Pz

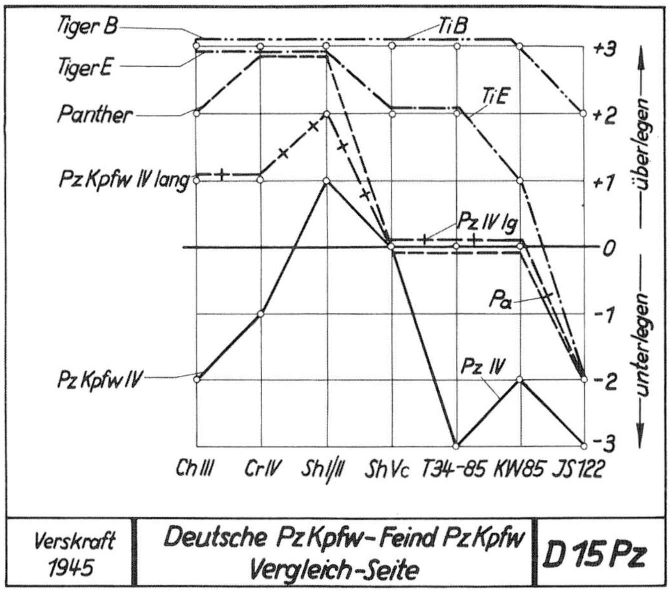
Tiger B
TiB
Tiger E
TiE
Panther
Pz Kpfw IV lang
Pz IV lg
Pa
Pz Kpfw IV
Pz IV
+3
+2
+1
0
-1
-2
-3
überlegen
unterlegen
Ch III
Cr IV
Sh I/II
Sh Vc
T34-85
KW85
JS122
Verskraft 1945
Deutsche Pz Kpfw - Feind Pz Kpfw Vergleich-Seite
D 15 Pz

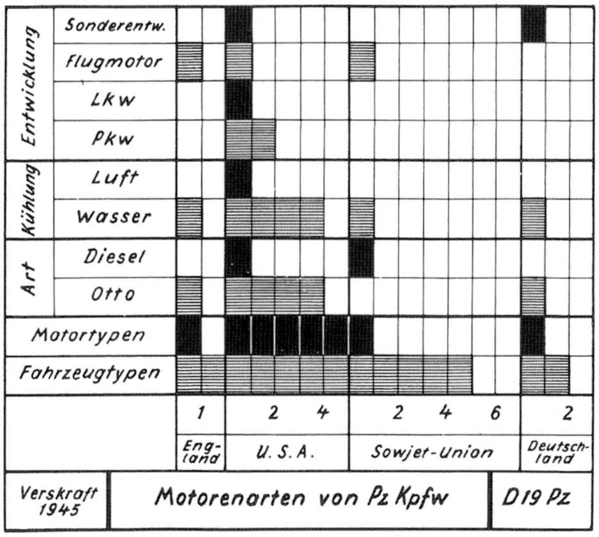
Entwicklung
Sonderentw.
Flugmotor
Lkw
Pkw
Kühlung
Luft
Wasser
Art
Diesel
Otto
Motortypen
Fahrzeugtypen
1
2
4
2
4
6
2
England
U. S. A.
Sowjet-Union
Deutschland
Verskraft 1945
Motorenarten von Pz Kpfw
D19 Pz

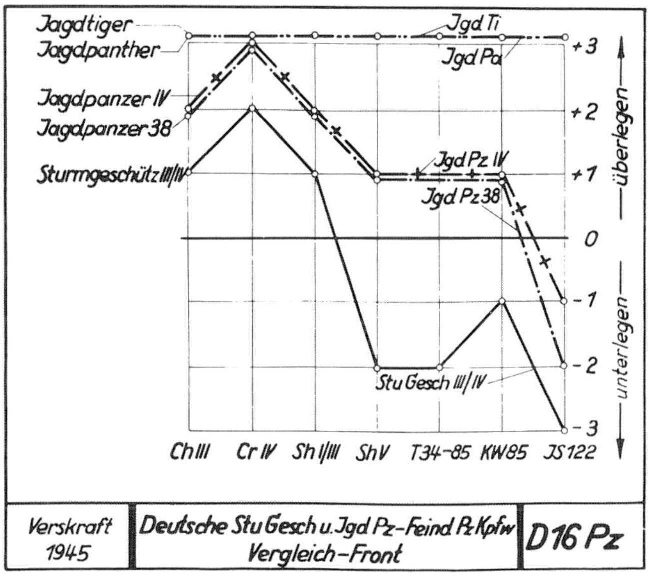
Jagdtiger
Jgd Ti
Jagdpanther
Jgd Pa
Jagdpanzer IV
Jagdpanzer 38
Sturmgeschütz III/IV
Jgd Pz IV
Jgd Pz 38
Stu Gesch III/IV
+3
+2
+1
0
-1
-2
-3
überlegen
unterlegen
Ch III
Cr IV
Sh I/III
Sh V
T34-85
KW85
JS122
Verskraft 1945
Deutsche Stu Gesch u. Jgd Pz - Feind Pz Kpfw Vergleich-Front
D16 Pz

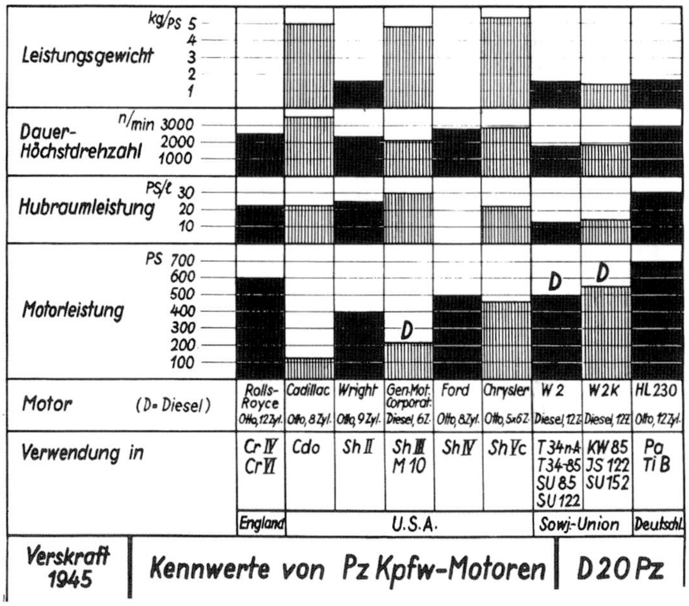
Leistungsgewicht
kg/PS 5 4 3 2 1
Dauer-Höchstdrehzahl
n/min 3000 2000 1000
Hubraumleistung
PS/l 30 20 10
Motorleistung
PS 700 600 500 400 300 200 100
D
Motor (D = Diesel)
Rolls-Royce Otto, 12 Zyl.
Cadillac Otto, 8 Zyl.
Wright Otto, 9 Zyl.
Gen.-Mot. Corporat. Diesel, 6 Z.
Ford Otto, 8 Zyl.
Chrysler Otto, 5×6 Z.
W 2 Diesel, 12 Z.
W 2 K Diesel, 12 Z.
HL 230 Otto, 12 Zyl.
Verwendung in
Cr IV Cr VI
Cdo
Sh II
Sh III M 10
Sh IV
Sh Vc
T34 n.A. T34-85 SU 85 SU 122
KW 85 JS 122 SU 152
Pa Ti B
England
U.S.A.
Sowj.-Union
Deutschl.
Verskraft 1945
Kennwerte von Pz Kpfw-Motoren
D20 Pz

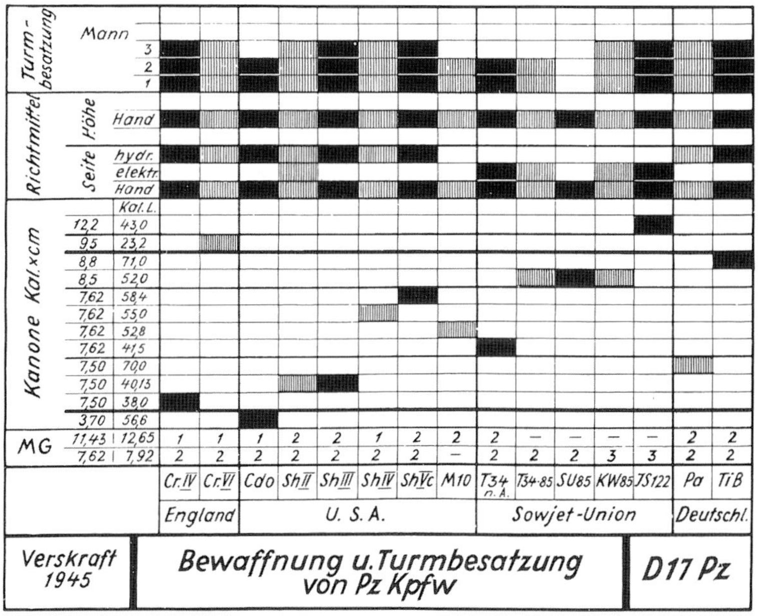
Turmbesatzung
Mann 3 2 1
Richtmittel
Höhe
Hand
Seite
hydr.
elektr.
Hand
Kanone Kal. x cm
Kal. L.
12,2 43,0
9,5 23,2
8,8 71,0
8,5 52,0
7,62 58,4
7,62 55,0
7,62 52,8
7,62 41,5
7,50 70,0
7,50 40,15
7,50 38,0
3,70 56,6
MG
11,43 | 12,65 — 1 1 1 2 2 1 2 2 2 – – – – 2 2
7,62 | 7,92 — 2 2 2 2 2 2 2 – 2 2 2 3 3 2 2
Cr. IV
Cr. VI
Cdo
Sh II
Sh III
Sh IV
Sh Vc
M10
T34 n.A.
T34-85
SU85
KW85
JS122
Pa
TiB
England
U. S. A.
Sowjet-Union
Deutschl.
Verskraft 1945
Bewaffnung u. Turmbesatzung von Pz Kpfw
D17 Pz

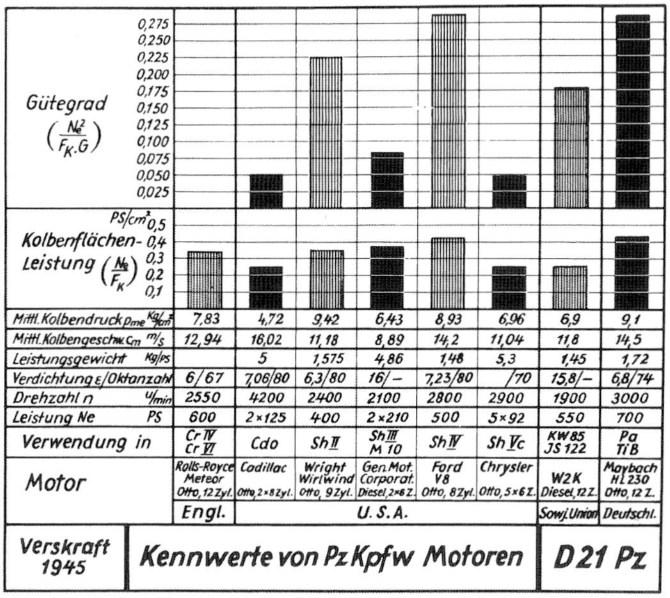
Gütegrad
$\left(\frac{N_e^2}{F_K \cdot G}\right)$
0,275 0,250 0,225 0,200 0,175 0,150 0,125 0,100 0,075 0,050 0,025
Kolbenflächen-Leistung $\left(\frac{N_e}{F_K}\right)$
PS/cm² 0,5 0,4 0,3 0,2 0,1
Mittl. Kolbendruck p_{me} kg/cm² — 7,83 | 4,72 | 9,42 | 6,43 | 8,93 | 6,96 | 6,9 | 9,1
Mittl. Kolbengeschw. c_m m/s — 12,94 | 16,02 | 11,18 | 8,89 | 14,2 | 11,04 | 11,8 | 14,5
Leistungsgewicht kg/PS — | 5 | 1,575 | 4,86 | 1,48 | 5,3 | 1,45 | 1,72
Verdichtung ε/Oktanzahl — 6/67 | 7,06/80 | 6,3/80 | 16/– | 7,23/80 | /70 | 15,8/– | 6,8/74
Drehzahl n U/min — 2550 | 4200 | 2400 | 2100 | 2800 | 2900 | 1900 | 3000
Leistung Ne PS — 600 | 2×125 | 400 | 2×210 | 500 | 5×92 | 550 | 700
Verwendung in — Cr IV Cr VI | Cdo | Sh II | Sh III M 10 | Sh IV | Sh Vc | KW85 JS 122 | Pa TiB
Motor — Rolls-Royce Meteor Otto, 12 Zyl. | Cadillac Otto, 2×8 Zyl. | Wright Wirlwind Otto, 9 Zyl. | Gen. Mot. Corporat. Diesel, 2×6 Z. | Ford V8 Otto, 8 Zyl. | Chrysler Otto, 5×6 Z. | W2K Diesel, 12 Z. | Maybach HL 230 Otto, 12 Z.
Engl.
U. S. A.
Sowj. Union
Deutschl.
Verskraft 1945
Kennwerte von Pz Kpfw Motoren
D21 Pz

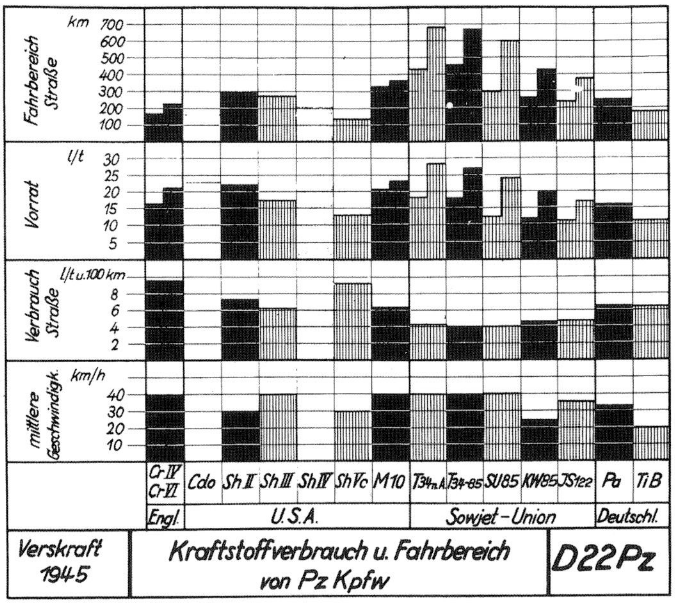

Fahrbereich Straße
km
Vorrat
l/t
Verbrauch Straße
l/t u. 100 km
mittlere Geschwindigk.
km/h
Cr IV Cr VI
Cdo
Sh II
Sh III
Sh IV
Sh Vc
M10
T34 n.A.
T34-85
SU85
KW85
JS122
Pa
TiB
Engl.
U.S.A.
Sowjet-Union
Deutschl.
Verskraft 1945
Kraftstoffverbrauch u. Fahrbereich von Pz Kpfw
D22Pz

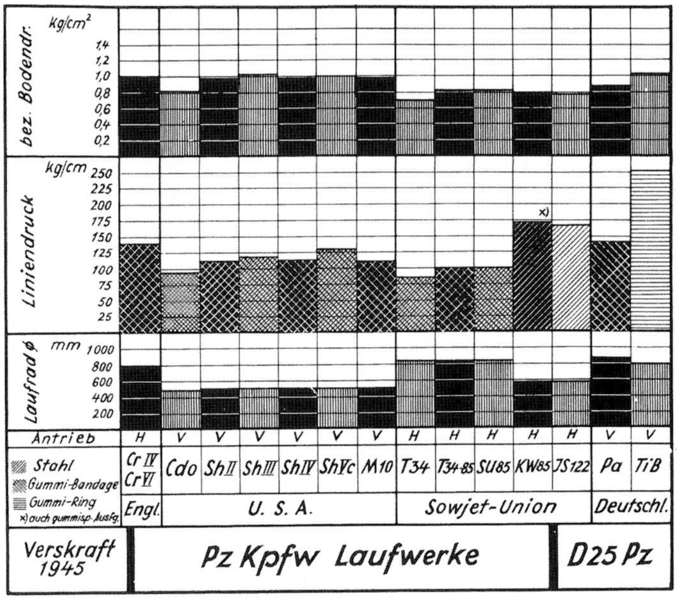

bez. Bodendr.
kg/cm²
Liniendruck
kg/cm
Laufrad ø
mm
Antrieb
Stahl
Gummi-Bandage
Gummi-Ring
x) auch gummisp. Ausfg.
Cr IV Cr VI
Cdo
Sh II
Sh III
Sh IV
Sh Vc
M10
T34
T34-85
SU85
KW85
JS122
Pa
TiB
Engl.
U. S. A.
Sowjet-Union
Deutschl.
Verskraft 1945
Pz Kpfw Laufwerke
D25 Pz

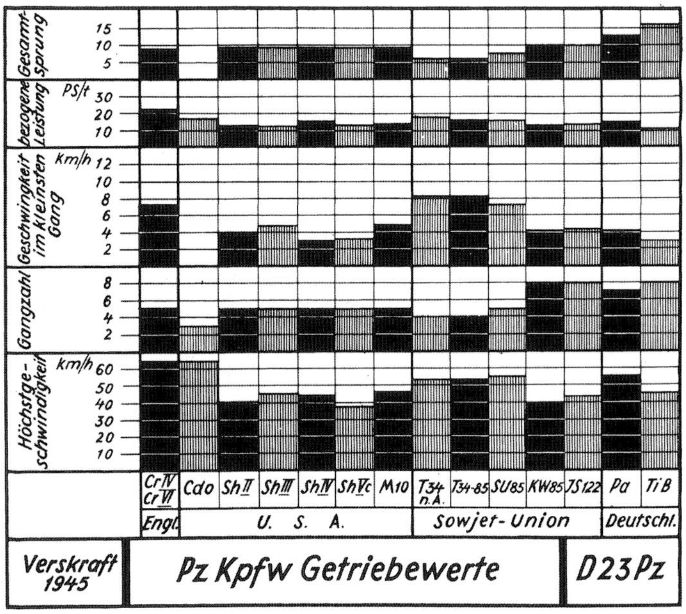

Gesamt-Sprung
bezogene Leistung
PS/t
Geschwingkeit im kleinsten Gang
Km/h
Gangzahl
Höchstgeschwindigkeit
km/h
Cr IV Cr VI
Cdo
Sh II
Sh III
Sh IV
Sh Vc
M10
T34 n.A.
T34-85
SU85
KW85
JS122
Pa
TiB
Engl.
U. S. A.
Sowjet-Union
Deutschl.
Verskraft 1945
Pz Kpfw Getriebewerte
D23 Pz

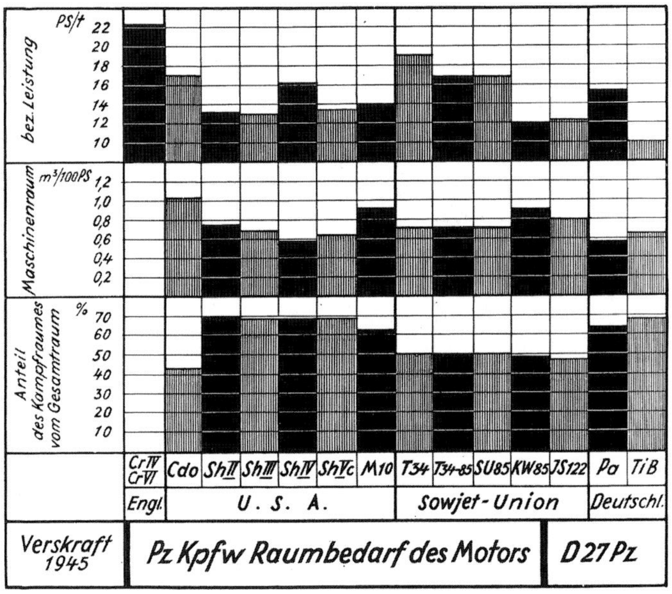

bez. Leistung
PS/t
Maschinenraum
m³/100PS
Anteil des Kampfraumes vom Gesamtraum
%
Cr IV Cr VI
Cdo
Sh II
Sh III
Sh IV
Sh Vc
M10
T34
T34-85
SU85
KW85
JS122
Pa
TiB
Engl.
U. S. A.
Sowjet-Union
Deutschl.
Verskraft 1945
Pz Kpfw Raumbedarf des Motors
D27 Pz

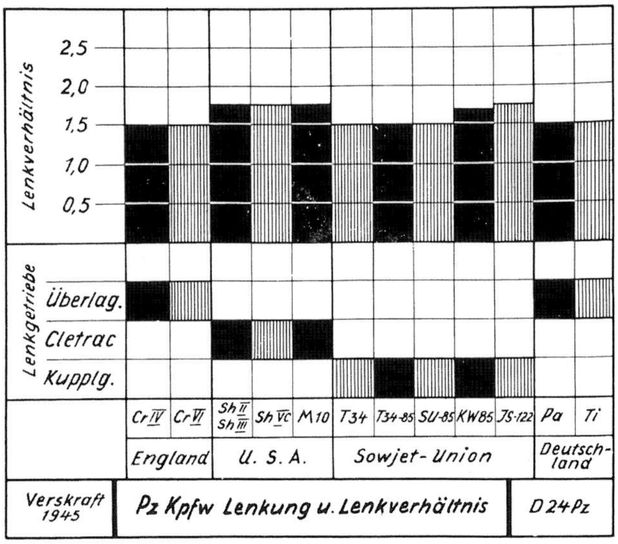

Lenkverhältnis
Lenkgetriebe
Überlag.
Cletrac
Kupplg.
Cr IV
Cr VI
Sh II Sh III
Sh Vc
M10
T34
T34-85
SU-85
KW85
JS-122
Pa
Ti
England
U. S. A.
Sowjet-Union
Deutschland
Verskraft 1945
Pz Kpfw Lenkung u. Lenkverhältnis
D24Pz

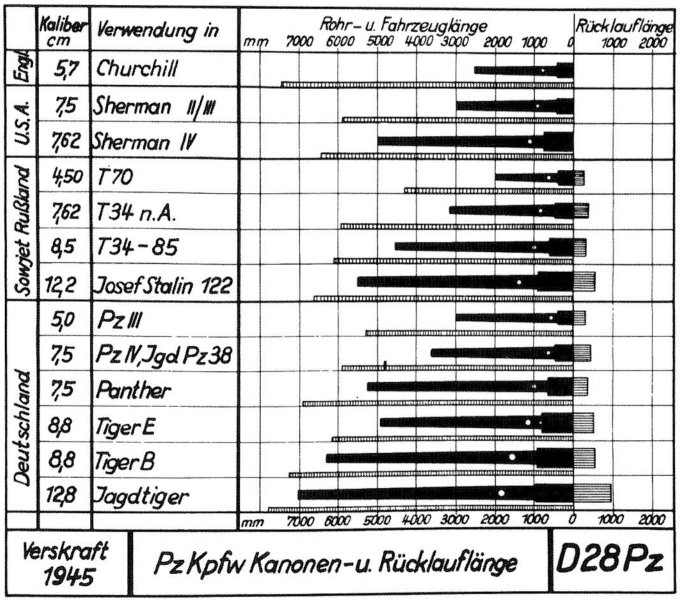

Kaliber cm
Verwendung in
Rohr- u. Fahrzeuglänge
Rücklauflänge
mm
Engl.
5,7 Churchill
U.S.A.
7,5 Sherman II/III
7,62 Sherman IV
Sowjet Rußland
4,50 T70
7,62 T34 n.A.
8,5 T34-85
12,2 Josef Stalin 122
Deutschland
5,0 Pz III
7,5 Pz IV, Jgd Pz 38
7,5 Panther
8,8 Tiger E
8,8 Tiger B
12,8 Jagdtiger
Verskraft 1945
Pz Kpfw Kanonen- u. Rücklauflänge
D28Pz

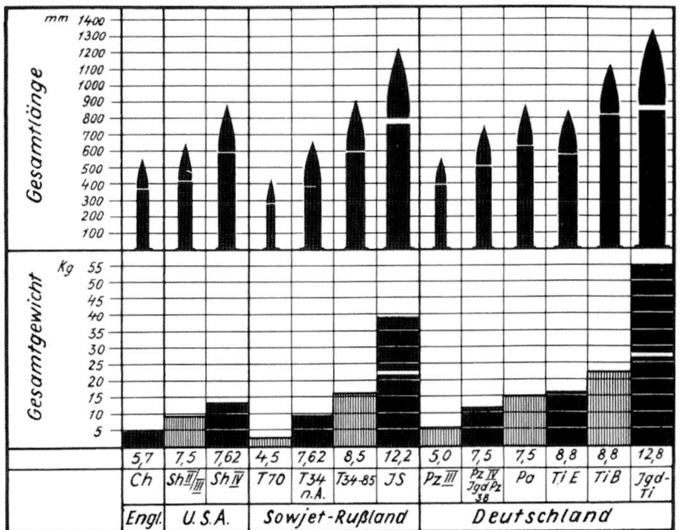

Verskraft 1945 | Länge u. Gewicht der Munition | D29Pz

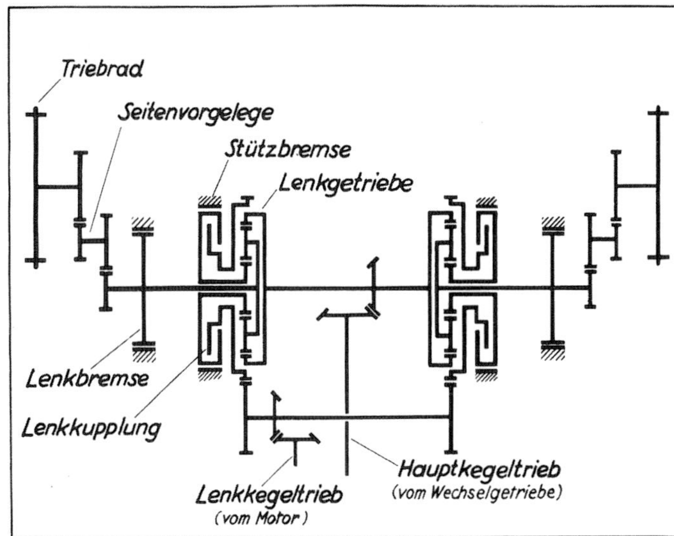

Verskraft 1945 | Einradien-Lenkgetriebe | D94Pz

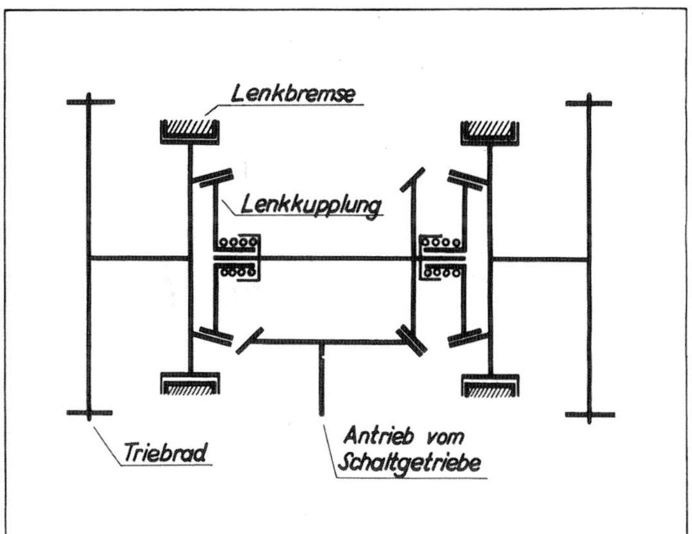

Verskraft 1945 | Kupplungs-Brems-Lenkung | D92Pz

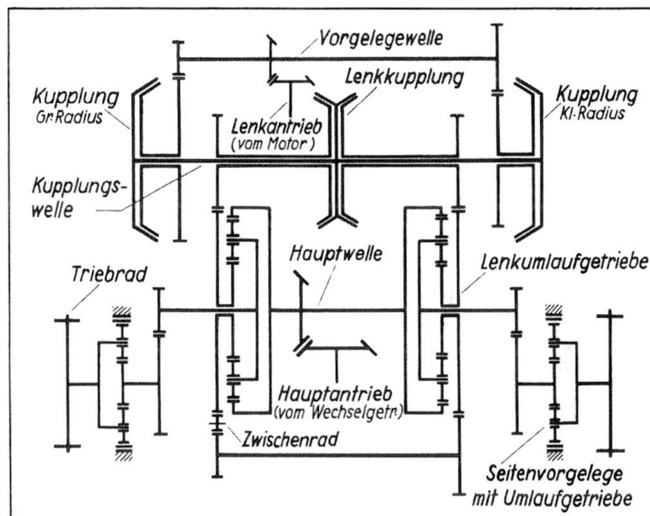

Verskraft 1945 | Zweiradien-Lenkgetriebe | D95 Pz

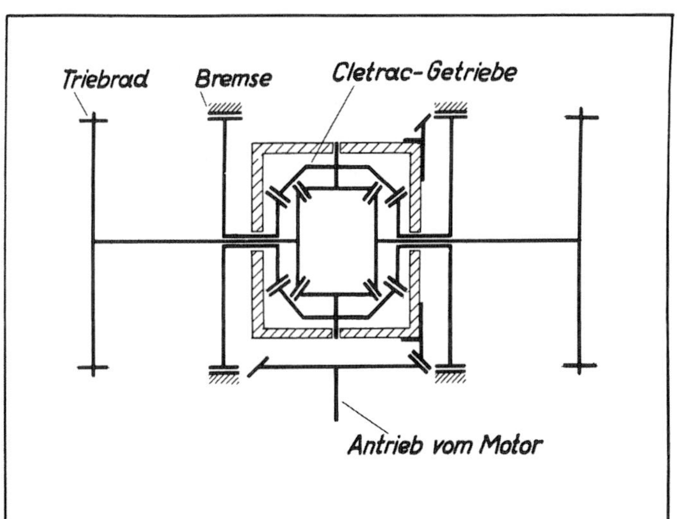

Verskraft 1945 | Cletrac-Getriebe | D93Pz

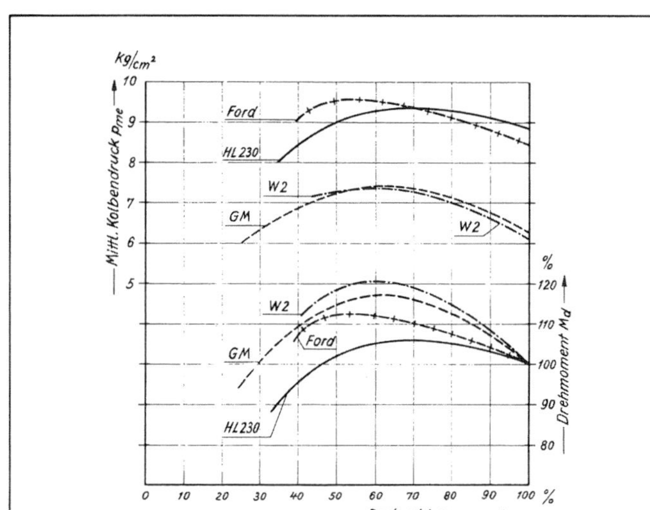

Verskraft 1945 | Kennlinien von PzKpfw-Motoren | D110 Pz

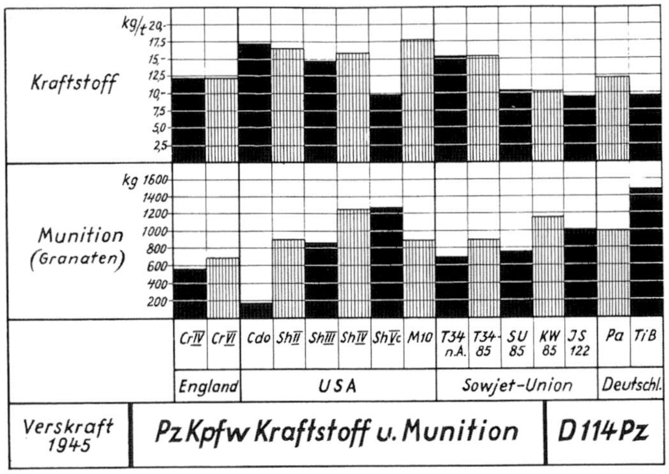

	Cromw	Cdo	Sherm	Hellcat	T34	KW JS 122	Pa	TiB
Radausschlag mm	400	140 (1Rad=280)	111 (1Rad=222)	330	240	240	510	220
Dämpfer Art	doppeltw. Teleskop	—	Reibung	doppeltw.	—	—	einfachwirkend	
Dämpfer Laufrad	1u.5	—	—	1-5	—	—	2(7)	1u.9
Federweichheit kg/mm	9		16 (1Rad=8)		20	31,5	8	1.u.9. Rad 31,3 2.-8. Rad 26
Art	Schr	Kgst	Kgst	St	Schr	St	DSt	St
	Engl.	U.S.A.			Sowj. Union		Deutschl.	

Abkürzungen:
Schr = Schraubenf.
Kgst = Kegelstumpff.
St = Stabfeder
DSt = Doppelstabf.

Verskraft 1945 — Federung u. Dämpfung — D115Pz

Sachregister

Abkürzungen

a/A	alte Art, alte Ausführung
A (2)	Infanterieabteilung des Kriegsministeriums
A (4)	Feldartillerieabteilung des Kriegsministeriums
A (5)	Fußartillerieabteilung des Kriegsministeriums
A 7 V	Verkehrsabteilung des Kriegsministeriums
AD (2)	Allgemeines Kriegsdepartment, Abteilung 2 (Infanterie)
AD (4)	Allgemeines Kriegsdepartment, Abteilung 4 (Feldartillerie)
AD (5)	Allgemeines Kriegsdepartment, Abteilung 5 (Fußartillerie)
AHA/Ag K	Allgemeines Heeresamt, Amtsgruppe Kraftfahrwesen
AK	Artillerie-Konstruktionsbüro
AKK	Armeekraftwagenkolonne
ALkW	Armee-Lastkraftwagen
ALZ	Armee-Lastzug
AOK	Armee-Oberkommando
APK	Artillerieprüfungskommission
ARW	Achtradwagen
A-Typen	mit Allradantrieb (Schell-Typ)
BAK	Ballon-Abwehr-Kanone
Bekraft	Betriebsstoffabteilung des Feldkraftfahrwesens
BMW	Bayerische Motoren Werke
Chefkraft	Chef des Feldkraftfahrwesens
(DB)	Daimler-Benz
DMG	Daimler-Motoren-Gesellschaft
Dtschr. Krprz.	Deutscher Kronprinz
E-Fahrgestell	Einheitsfahrgestell
E-Pkw	Einheits-Personenkraftwagen
E-Lkw	Einheits-Lastkraftwagen
Fa	Feldartillerie
FAMO	Fahrzeug- und Motorenbau GmbH
Fgst	Fahrgestell
FF-Kabel	Feldfernkabel
FH	Feldhaubitze
FK	Feldkanone
Flak	Flugabwehrkanone
F. T.	Funk/Telegraph
Fu	Funk
Fu Ger	Funkgerät
Fu Spr Ger	Funksprechgerät
g	geheim
Gen. St. d. H.	Generalstab des Heeres
Gengas	Generatorgas
G. I. d. MV	Generalinspektion des Militärverkehrswesens
g. Kdos	geheime Kommandosache
gp	gepanzert
g RS	geheime Reichssache
gl	geländegängig
GPD	Gewehrprüfungskommission
Gw	Geschützwagen
(H)	Heckmotoranordnung
Hanomag	Hannoversche Maschinenbau AG
HK	Halbkette, Halbkettenfahrzeug
H Techn. V Bl	Heerestechnisches Verordnungsblatt
HWA	Heereswaffenamt
I. D.	Infanteriedivision
I. G.	Infanteriegeschütz
In.	Inspektion
In. 6	Inspektion des Kraftfahrwesens
Ikraft	Inspektion des Feldkraftfahrwesens
ILuk	Inspektion des Luft- und Kraftfahrwesens
K	Kanone
KD	Krupp-Daimler
K. D.	Kavalleriedivision
KdF	Kraft durch Freude (NS-Organisation)
K. d. K.	Kommandeur der Kraftfahrtruppen
K. Flak	Kraftwagen-Flugabwehrkanone
Kfz.	Kraftfahrzeug
K	klein, -ner, kleines
KM	Kriegsministerium
KP	Kraftprotze
(Kp)	Krupp
Kogenluft	Kommandierender General der Luftstreitkräfte
Krad	Kraftrad
Kr. Zgm.	Kraftzugmaschine
KS	Kraftspritze
Kw	Kraftwagen, auch Kampfwagen
KrKW	Krankenkraftwagen
KOM	Kraftomnibus
KwK	Kampfwagenkanone
l	leicht
L/	Kaliberlänge
le	leicht
le FH	leichte Feldhaubitze
le FK	leichte Feldkanone
l. F. H.	leichte Feldhaubitze
le. I. G.	leichtes Infanteriegeschütz
le. W. S.	leichter Wehrmachtsschlepper
LHB	Linke-Hoffman-Busch
l. I. G.	leichtes Infanteriegeschütz
Lkw	Lastkraftwagen
LWS	Land-Wasser-Schlepper
m	mittel, mittlerer
MAN	Maschinenfabrik Augsburg-Nürnberg AG
MG	Maschinengewehr
MP	Maschinenpistole
MTW	Mannschaftstransportwagen
Mun.Pz	Munitionspanzer
n	Umdrehungen pro Minute
n/A	neue Art/neue Ausführung
NAG	Nationale Automobilgesellschaft
(o)	handelsüblich
Ob. d. H.	Oberbefehlshaber des Heeres
O. H. L.	Oberste Heeresleitung
O. K. H.	Oberkommando des Heeres
O. K. W.	Oberkommando der Wehrmacht
Pak	Panzerabwehrkanone
P. D.	Panzerdivision
Pf	Pionierfahrzeug
Pakw	Personenkraftwagen
Pz. F.	Panzerfähre
Pz. Kpfwg.	Panzerkampfwagen
Pz. Spwg.	Panzerspähwagen
Pz. Jg	Panzerjäger
Pz. Bef. Wg	Panzerbefehlswagen
(R)	Raupen
R/R	Räder/Raupenantrieb
(RhB)	Rheinmetall Borsig
RS	Raupenschlepper
RSG	Gebirgsraupenschlepper
RSO	Raupenschlepper Ost (Radschlepper Ost)
RV	Richtverbindung
Sankra	Sanitätskraftwagen
s	schwer
sFH	schwere Feldhaubitze
schg.	schienengängig
Schlp.	Schlepper
schf.	schwimmfähig
Sd. Kfz.	Sonderkraftfahrzeug
Sfl.	Selbstfahrlafette
Sf	Selbstfahrlafette
S-Typen	mit Hinterradantrieb (Schell-Typ)
SmK	Spitzgeschoß mit Kern
SPW	Schützenpanzerwagen
SSW-Zug	Siemens-Schuckert-Werke-Zug
s. W. S.	schwerer Wehrmachtsschlepper
StuG	Sturmgeschütz
StuK	Sturmkanone
StuH	Sturmhaubitze
Tak	Tankabwehrkanone
Takraft	Technische Abteilung der Inspektion des Kraftfahrwesens
TF	Tragefrequenz (funktechnisch)
Tp	Tropenausführung
Vakraft	Versuchsabteilung des Feldkraftfahrwesens (Erster Weltkrieg), Versuchsabteilung der Inspektion des Kraftfahrwesens (Reichswehr und Wehrmacht)
ve	voll entstört
v/max	Höchstgeschwindigkeit
V	Mündungsgeschwindigkeit
VPK	Verkehrstechnische Prüfungskommission
Vs. Kfz.	Versuchsfahrzeug
VKz	Versuchsfahrzeug
ZF	Zahnradfabrik Friedrichshafen
ZRW	Zahnradwagen
Zgkw	Zugkraftwagen
WaPrüf/WaPrw	Waffenprüfungsamt
Wumba	Waffen- und Munitionsbeschaffungsamt
wg	wassergängig